utb 8664

D1747580

Eine Arbeitsgemeinschaft der Verlage

Böhlau Verlag · Wien · Köln · Weimar
Verlag Barbara Budrich · Opladen · Toronto
facultas · Wien
Wilhelm Fink · Paderborn
A. Francke Verlag · Tübingen
Haupt Verlag · Bern
Verlag Julius Klinkhardt · Bad Heilbrunn
Mohr Siebeck · Tübingen
Nomos Verlagsgesellschaft · Baden-Baden
Ernst Reinhardt Verlag · München · Basel
Ferdinand Schöningh · Paderborn
Eugen Ulmer Verlag · Stuttgart
UVK Verlagsgesellschaft · Konstanz, mit UVK/Lucius · München
Vandenhoeck & Ruprecht · Göttingen · Bristol
Waxmann · Münster · New York

Erwin Märtlbauer
Heinz Becker (Hg.)

Milchkunde und Milchhygiene

131 Abbildungen
96 Tabellen

Verlag Eugen Ulmer Stuttgart

Dr. Heinz Becker, Fachtierarzt für Milchhygiene, Zusatzbezeichnung „Qualitäts- und Umweltmanagement im Lebensmittelbereich"; Approbation 1979. Von September 1979 bis September 2013 wissenschaftlicher Mitarbeiter am Lehrstuhl für Hygiene und Technologie der Milch der Ludwig-Maximilians-Universität München, ab 1980 Leitung der Mikrobiologischen Abteilung des Lehrstuhls mit Schwerpunkt Nachweis pathogener und saprophytärer Mikroorganismen in Milch und Milcherzeugnissen; 1981 Promotion. Seit 1983 Tätigkeit teils als Mitglied, teils als Obmann in verschiedenen lebensmittelmikrobiologisch ausgerichteten Gremien des Internationalen Milchwirtschaftsverbandes (IDF), des Deutschen Instituts für Normung (DIN), der International Organization for Standardization (ISO) und des Europäischen Komitees für Normung (CEN). Seit Oktober 2013 im Ruhestand.

Prof. Dr. Dr. h. c. Erwin Peter Märtlbauer, Fachtierarzt für Milchhygiene. Studium der Tiermedizin, Ludwig-Maximilians-Universität München, Tierärztliche Fakultät. Staatsexamen und Approbation 1982, Promotion 1988 und Habilitation 1992. Wissenschaftlicher Mitarbeiter am Lehrstuhl für Hygiene und Technologie der Milch von 1983 bis 1991 und von 1992 bis 1993 bei der r-Biopharm AG in Darmstadt im Bereich Forschung. Seit Oktober 1993 Universitätsprofessor und Inhaber des Lehrstuhls für Hygiene und Technologie der Milch der Ludwig-Maximilians-Universität München. Leiter der Fachgruppe Milchhygiene des Arbeitsgebietes Lebensmittelhygiene der Deutschen Veterinärmedizinischen Gesellschaft. Forschungsschwerpunkte: Lebensmittelmikrobiologie, Lebensmittelinfektionen und -intoxikationen, Immunchemie.

Wichtiger Hinweis: Wie jede Wissenschaft ist die Veterinärmedizin ständigen Entwicklungen unterworfen. Neue Forschungsergebnisse erweitern unsere Kenntnisse, insbesondere auch im Bereich der Milchwissenschaft. Bei den Daten in diesem Werk darf der Leser zwar darauf vertrauen, dass Autoren, Herausgeber und Verlag große Sorgfalt darauf verwendet haben, dass diese dem Wissensstand bei Fertigstellung des Werkes entsprechen. Für die Richtigkeit und die Aktualität einzelner Angaben kann vom Verlag jedoch keine Gewähr übernommen werden. Autoren und Verlag fordern jeden Benutzer auf, ihm etwa auffallende Ungenauigkeiten im allgemeinen Interesse dem Verlag mitzuteilen.
Geschützte Warennamen (eingetragene Warenkennzeichen) werden nicht immer besonders kenntlich gemacht. Aus dem Fehlen eines solchen Hinweises kann also nicht geschlossen werden, dass es sich um einen freien Warennamen handelt.

Bibliografische Information der Deutschen Nationalbibliothek
Die Deutsche Nationalbibliothek verzeichnet diese Publikation in der Deutschen Nationalbibliografie; detaillierte bibliografische Daten sind im Internet über http://dnb.d-nb.de abrufbar.

Das Werk einschließlich aller seiner Teile ist urheberrechtlich geschützt. Jede Verwertung außerhalb der engen Grenzen des Urheberrechtsgesetzes ist ohne Zustimmung des Verlages unzulässig und strafbar. Das gilt insbesondere für Vervielfältigungen, Übersetzungen, Mikroverfilmungen und die Einspeicherung und Verarbeitung in elektronischen Systemen.

© 2016 Eugen Ulmer KG
Wollgrasweg 41, 70599 Stuttgart (Hohenheim)
E-Mail: info@ulmer.de
Internet: www.ulmer.de
Lektorat: Sabine Mann, Sabine Bartsch
Herstellung: Jürgen Sprenzel
Umschlaggestaltung: Atelier Reichert, Stuttgart
Umschlagbild: © BillionPhotos.com / fotolia.com
Satz: Bernd Burkart; www.form-und-produktion.de
Druck und Bindung: Neografin, Martin, Slowakei
Printed in Slovakia

UTB-Band-Nr. 8664
ISBN 978-3-8252-8664-4

Inhalt

3 Die Zusammensetzung der Milch

Wolf-Rüdiger Stenzel

4 Eutergesundheit

Klaus Fehlings und Christian Baumgartner

5 Milchgewinnung

Christian Baumgartner und Klaus Fehlings

6 Qualitätskontrolle der Anlieferungsmilch

Christian Baumgartner und Erwin Märtlbauer

7 Konsummilch

Heinz Becker und Erwin Märtlbauer

8 Milcherzeugnisse

Heinz Becker und Erwin Märtlbauer

9 Mikrobiologie

Vorwort

Wohl vor mehr als 10 000 Jahren begann der Mensch die Milch von Ziegen oder Schafen als Nahrungsmittel zu nutzen. In der Alm- oder Alpwirtschaft ist eine sehr ursprüngliche Form der Milchverwertung erhalten geblieben, wenn auch der Großteil der erzeugten Milch heute industriell be- und verarbeitet wird. Weltweit werden jedes Jahr über 750 Millionen Tonnen Milch, das entspricht der eineinhalbfachen Wassermenge des Königssees, produziert und in vielfältiger Form – die Palette reicht von Konsummilch bis hin zum jahrelang gereiften Hartkäse – verzehrt. Milch und Milchprodukte sind somit wesentliche Bestandteile unserer Nahrung, deren hohe Qualität und Sicherheit nur durch das Zusammenwirken aller Beteiligten – vom Landwirt bis hin zum Konsumenten – erhalten und verbessert werden kann.

Das vorliegende Buch erklärt, wie Milch entsteht, wie sie zusammengesetzt ist und was sie als Lebensmittel so besonders macht. Es vermittelt einen fundierten Einblick in die Lebensmittelkette Milch und gibt einen Überblick zu den aus Milch hergestellten Produkten sowie den zugrunde liegenden technologischen Prozessen. Ein großer Teil des Buches widmet sich der Qualität und Sicherheit von Milch und Milcherzeugnissen und geht insbesondere auf die Mikrobiologie dieser Lebensmittel ein. Soweit dies nötig ist, werden in den einzelnen Kapiteln auch lebensmittelrechtliche Vorschriften angeführt.

Das Buch wurde in erster Linie für Studierende der Tiermedizin, Landwirtschaft, Lebensmittelwissenschaften und verwandter Fächer geschrieben. Die Autoren haben versucht, den aktuellen und gesicherten Stand der Wissenschaft wiederzugeben, sodass der Text auch als Nachschlagewerk oder zur Auffrischung von Wissen im Berufsalltag bei Herstellung, Vertrieb und Kontrolle von Milchprodukten hilfreich sein kann. Um diesem Anspruch gerecht zu werden, wurden einerseits grundlegende und detaillierte Informationen zusammengestellt, andererseits wurde versucht, Zusammenhänge so zu vermitteln, dass sie jedem, der sich für das Grundnahrungsmittel Milch und die hieraus hergestellten Erzeugnisse interessiert, verständlich sind.

Der Dank der Autoren gilt allen, die zum Gelingen des Buches beigetragen haben. Für das Bereitstellen von Bildmaterial bedanken wir uns insbesondere bei der Landesvereinigung der Bayerischen Milchwirtschaft e. V. und Herrn Dr. Hüfner. Ganz besonderer Dank geht an Frau Susanne Eberhard, Frau Maja Elsner und Frau Dr. Kristina Schauer für die mikrobiologischen Präparate.

Schließlich bedanken wir uns beim Ulmer Verlag, insbesondere bei Frau Sabine Mann, für die sehr angenehme Zusammenarbeit und Unterstützung sowie für das äußerst sorgfältige Lektorat bei Frau Sabine Bartsch.

München, im Mai 2016
Die Autoren

Widmung

Dieses Werk ist Professor em. Dr. Dr. h. c. Gerhard Terplan (Lehrstuhl für Hygiene und Technologie der Milch der Ludwigs-Maximilians-Universität München, 1972–1993) gewidmet.

1 Geschichte und wirtschaftliche Bedeutung der Milch und Milchprodukte

Susanne Nüssel und Erwin Märtlbauer

1.1 Geschichte

Der Prozess der Domestikation von Schafen, Ziegen und Rindern setzte vor etwa 10 500 Jahren ein, als Herkunftsregion dieser Nutztiere gilt der nördliche Fruchtbare Halbmond. Wann genau die Nutzung von sogenannten Sekundärprodukten, wie Milch, begann, lässt sich nicht endgültig klären, jedoch lassen archäozoologische Befunde darauf schließen, dass dies bereits in der Frühphase der Domestikation dieser Wiederkäuer der Fall gewesen sein muss. Rückstandsanalysen von Lipidresten in jungsteinzeitlichen Keramikgefäßen belegen die Verwendung von Milch in der Ernährung der Bewohner Anatoliens ab dem 7. Jahrtausend vor Christus und die Herstellung von Käse ab dem 6. Jahrtausend in Zentraleuropa. Die Nutzung der Milch von Wiederkäuern als Nahrungsmittel stellte einen wichtigen Schritt in der Entwicklung einer nachhaltigen Nutzung wertvoller **Tierressourcen** dar. Sie sicherte zudem die Versorgung mit hochwertigem Protein und anderen wichtigen Nahrungsbestandteilen. Da unsere Vorfahren mit dem Erwachsenwerden vielfach die Fähigkeit verloren, Laktase (ein Enzym, das zur Spaltung von Laktose nötig ist) zu produzieren (Laktosemaldigestion, → Kap. 3.4.2), ist anzunehmen, dass die Herstellung von **fermentierten Milchprodukten** ein essenzieller Schritt war, diese Nahrungsquelle effektiver zu nutzen. Damit war zugleich die Möglichkeit einer längerfristigen Aufbewahrung gegeben. Insbesondere der in verschiedenen frühen Kulturen der Alten Welt erbrachte Nachweis der Herstellung von Käse kann als ein äußerst innovativer Prozess betrachtet werden, der zudem beachtliche handwerkliche Fertigkeiten voraussetzte.

Gleichzeitig hat die Verfügbarkeit von Milch eine genetische Mutation gefördert, die dazu führte, dass Laktase lebenslang produziert wird. In den frühen Bauerngesellschaften Zentral- und Nordeuropas, die vorwiegend auf Rinderhaltung setzten, galt diese sogenannte **Laktasepersistenz** als Selektionsvorteil, da der Rohmilchkonsum es ermöglichte, Perioden mit Nahrungsmittelknappheit zu überwinden sowie die Kindersterblichkeit zu reduzieren. Heute ist die Mutation vor allem bei der Bevölkerung Nordeuropas zu finden, aber auch im Mittleren Osten und in bestimmten Gebieten Afrikas und Asiens, in denen Milch traditionell Nahrungsmittel ist.

Die ältesten bildlichen Darstellungen des Melkens stammen aus Mesopotamien und Ägypten (→ Abb. 1.1). Die Wertschätzung von Milch und Milchprodukten fand vielfältigen Ausdruck in der Antike. Beispielsweise hebt Plinius der Ältere die ausgezeichnete Milchleistung der Alpenrinder hervor, während die Schriftsteller Homer, Plato, Vergil und Ovid über den Genuss von Schaf- und Ziegenkäse berichten. Nachweislich gab es im antiken Mittelmeerraum zahlreiche Landschaften, die für ihren Schafs- bzw. Ziegenkäse berühmt waren. Letzterer galt zudem als leichter und verdaulicher als Käse aus der dickeren Schafsmilch und als die würzigste von allen Käsesorten. Milch und Käse fanden ebenfalls Verwendung in der römischen Küche, etwa zur Zubereitung von Kuchen und Soufflés. Auch das Alte Testament enthält zahlreiche Hinweise auf die Bedeutung von Käse als Nahrungsbestandteil. Im 1. Jahrhundert nach Christus beschrieb Lucius Iunius Moderatus Columella in seinem Werk „De re rustica" die damals bekannten Verfahren der Käseherstellung, an denen sich bis heute kaum etwas geändert hat. Im Mittelalter

Abb. 1.1
Oben: vermutlich älteste Darstellung des Melkens, sumerisches Tempelfries ca. 3100 v. Chr., Al-Ubaid; © The Trustees of the British Museum;
rechts: Reliefdarstellung mit Melkszene, Sarkophag der Prinzessin Kawit, Priesterin der Hathor, Theben, 11. Dynastie (2137–1994 v. Chr.) (Bildquelle: Institut für Ägyptologie und Koptologie LMU München, Sammlung D. W. Müller; Boessneck, 1988)

schließlich begann sich eine vielfältige „Käsekultur" in Europa auszubreiten, wozu auch die verschiedenen christlichen Orden und Klöster beitrugen. Im 10. und 11. Jahrhundert wurden erstmals die Käsesorten Roquefort, Gruyère und Chester erwähnt und beschrieben, im 15. Jahrhundert wurde der Emmentaler urkundlich erwähnt.

Die Gewinnung und Verarbeitung von Milch erfolgte bis ins 19. Jahrhundert überwiegend durch die meist klein strukturierte Landwirtschaft in handwerklich-traditioneller Weise. In der zweiten Hälfte des 19. Jahrhunderts begannen viele Länder Europas, die Verwertung von Milch und Milchprodukten sowie die Milchwirtschaft allgemein zu intensivieren. Dänemark war Vorreiter bei der Herstellung und Vermarktung von Butter. In Bremen wurde 1874 der „Deutsche Milchwirtschaftliche Verein" gegründet. Im Deutschen Reich waren 1892 fast 10 Millionen Milchkühe registriert. Mit dieser Entwicklung ging die Gründung zahlreicher Molkereigenossenschaften einher, die gerade für die Weiterverarbeitung und Vermarktung der Erzeugnisse kleiner bäuerlicher Betriebe von großer Bedeutung waren.

Entscheidend für die Entwicklung einer **modernen Milchwirtschaft** war schließlich die wissenschaftliche Erforschung der physikalischen, chemischen und mikrobiologischen Vorgänge bei der Verarbeitung von Milch. Bis in die zweite Hälfte des 19. Jahrhunderts basierte die Herstellung von Milcherzeugnissen im Wesentlichen auf überlieferten Erfahrungen. So schrieb bereits Karl der Große äußerste Sauberkeit bei der Käseherstellung vor, aber erst Wissenschaftler wie Luis Pasteur, Robert Koch, Rue Émile-Duclaux und Franz von Soxhlet, um nur einige zu nennen, schufen die **bakteriologischen Grundlagen**, auf denen letztlich unser heutiges Wissen über die qualitativ hochwertige, hygienische und sichere Herstellung von Lebensmitteln beruht. Zur Umsetzung der wissenschaftlichen Erkenntnisse wurde bereits 1876 die erste milchwirtschaftliche Lehr- und Versuchsanstalt Deutschlands in Raden gegründet, auf universitärer Ebene fanden erstmals 1877 in Halle Vorlesungen über Milch und Milchwirtschaft statt. An der Tierärztlichen Fakultät der Universität München wurde ab dem Sommersemester 1917 ein bakteriologischer Milchuntersuchungskurs angeboten.

Gleichzeitig wurden ab dem Ende des 19. Jahrhunderts viele Molkereien gegründet. Diese nutzten die wissenschaftlichen Erkenntnisse, um stan-

dardisierte Produkte herzustellen, die sich wiederum durch eine hohe Produktqualität und damit durch eine längere Haltbarkeit auszeichneten. Der Handel mit gesundheitlich unbedenklichen Dauermilchwaren, wie Milchpulver oder Kondensmilch, entwickelte sich rasch.
Ein Meilenstein in Deutschland war der Erlass des **Milchgesetzes** von 1930, das in der Form der ersten Verordnung zur Ausführung des Milchgesetzes bis 1989 in Kraft war und wesentlich dazu beitrug, dass Milch und daraus hergestellte Produkte nicht nur eine hochwertige Quelle für Nährstoffe darstellen, sondern auch zu den sichersten Lebensmitteln überhaupt zählen.
Speziell während und nach den beiden Weltkriegen rückte die Sicherung der Versorgung der Bevölkerung mit Milchprodukten in den Mittelpunkt – aber auch die zukünftige Vermeidung von Kriegen. So wurde bereits 1949 der Europarat gegründet und in 1951 vereinbarten die Länder Belgien, Deutschland, Frankreich, Italien, Luxemburg und Niederlande eine Zusammenarbeit im Bereich Kohle und Stahl auf Basis des sogenannten Schumann-Plans. 1957 wurde mit der Unterzeichnung der Römischen Verträge die Europäische Wirtschaftsgemeinschaft (EWG) gegründet und die Zusammenarbeit auf andere Wirtschaftszweige ausgedehnt. Hier spielte der Bereich Landwirtschaft eine besondere Rolle, denn im Juli 1962 begann die gemeinsame **Agrarpolitik der EU** und seitdem entwickeln und kontrollieren die Mitgliedsstaaten gemeinsam die Nahrungsmittelproduktion. Einerseits wurden dadurch in der EWG genügend Nahrungsmittel für den Eigenbedarf erzeugt, andererseits entstand durch die Stützung des Marktes mit der Möglichkeit der Intervention eine Überproduktion als unerwünschte Folge. In den 80er-und 90er-Jahren wurde jedoch begonnen, Überschüsse abzubauen und die Themen Nahrungsmittelqualität, Nachhaltigkeit und Verbrauchersicherheit rückten in den Vordergrund.

1.2 Wirtschaftliche Bedeutung

1.2.1 Die Entwicklung der Milchproduktion in Deutschland

Die deutsche Agrar- und Ernährungswirtschaft ist eine zentrale Branche der Volkswirtschaft, die für rund 6 % Anteil an der Bruttowertschöpfung steht und die rund 4,5 Millionen Menschen beschäftigt. Die **Ernährungsindustrie** ist der viertgrößte Industriezweig in Deutschland, mit der Milchwirtschaft als stärkster Sparte. In Deutschland werden rund 60 % des Umsatzes in der Landwirtschaft durch die Tierproduktion erzielt. Im Jahr 2013 waren von den ca.12,7 Millionen in Deutschland gehaltenen Rindern 4,3 Millionen Milchkühe und 670 000 Mutterkühe. Im Vergleich dazu waren vor dem Beginn des zweiten Weltkrieges von den rund 12,1 Millionen im Bundesgebiet gehaltenen Rindern knapp 6 Millionen Milchkühe. Der Zuwachs bei der Milchmenge trotz der sinkenden Zahl der Milchkühe ist der **Steigerung der Milchleistung** zuzuschreiben. So hat sich in den letzten 80 Jahren die Milchleistung nahezu verdreifacht und liegt bei rund 7 400 kg pro Kuh und Jahr. Dies wurde zum einen durch eine gezielte Züchtung zusammen mit der Einführung der künstlichen Besamung ermöglicht. Zum anderen aber leistet das verbesserte Herdenmanagement mit modernen Haltungsbedingungen, einer bestmöglichen

Tab. 1.1
Kennzahlen der Milchproduktion in Deutschland (Datenquelle: Arbeitsgemeinschaft Deutscher Rinderzüchter e. V., Milchindustrie-Verband)

Kennzahl	2014	Trend seit 2000
Milchkühe	4,350 Mio.	sinkend[1]
Milch erzeugende Betriebe	80 000	sinkend
Milch (gesamt)	32,2 Mio. t	steigend
Milchleistung/Kuh	ca. 7 340 Liter	steigend
Produktionswert Milch in 2013	ca.11,4 Mrd. €	steigend

[1] seit 2010 wieder leicht steigend

Abb. 1.2
Entwicklung der Milchleistung und der Rinderbestände in Deutschland (nur alte Bundesländer)

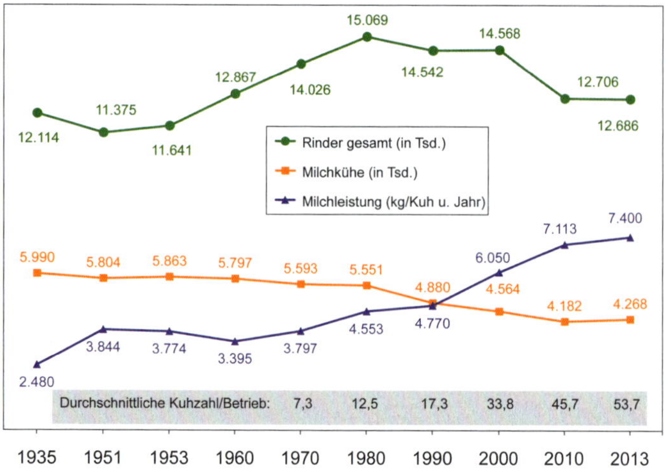

tierärztlichen Versorgung und einer Optimierung der Fütterung einen wesentlichen Beitrag zur gesteigerten Milchleistung. Für die Milchkuh haltenden Betriebe bedeutete dies eine Verbesserung der Wirtschaftlichkeit und zugleich eine Arbeitserleichterung. Durch die Haltung weniger Kühe bei gleichbleibender Versorgung der Bevölkerung mit Milch und Milchprodukten wurde auch die Belastung der Umwelt reduziert. Von 1980 bis 2013 sank die Zahl der in Deutschland gehaltenen Rinder um 15,8 % auf 12,7 Millionen. Bei den Milchkühen lag der Rückgang in diesem Zeitraum sogar bei 23,1 % – vor allem wegen des Anstiegs der Milchleistung pro Kuh.
In der EU-28 wurden in 2014 ca. 23,6 Millionen Milchkühe gemolken; das entspricht ca. 18 % der in der EU-28 gehaltenen Tiere. Deutschland liegt hier an der Spitze mit 4,3 Millionen, gefolgt von Frankreich mit 3,7 Millionen Tieren. Im Vergleich dazu: in Österreich gibt es rund 0,5 Millionen Milchkühe. Die durchschnittliche Milchleistung von 7 240 kg im Jahr 2011 in Deutschland liegt über dem in der EU-27 ermolkenen Schnitt von 6 600 kg pro Jahr.
In Deutschland blieb die **Zahl der Milchkühe** in den letzten 10 Jahren nahezu konstant, Frankreich verzeichnet einen Rückgang um 6,3 %. In Bayern liegt der Milchkuhbestand bei 1,22 Millionen, gefolgt von Niedersachsen mit 0,85 Millionen und Nordrhein-Westfalen mit 0,42 Millionen Tieren. Die Rasse Holstein-Schwarzbunt macht knapp 60 % der in der Milchleistungsprüfung erfassten Kühe aus, gefolgt von Deutschem Fleckvieh, Holstein-Rotbunt und Deutschem Braunvieh mit zusammen etwa 36 % und weiteren Rassen, wie z. B. Jersey oder Allgäuer Braunvieh.

1.2.2 Die Milch – ein wichtiger Wirtschaftsfaktor in Deutschland und der EU

Die Milch war 2013 mit 11,4 Milliarden Euro (21,4 %) am Produktionswert der Landwirtschaft (Erzeugerpreise) von insgesamt 53,3 Milliarden Euro beteiligt und stellt mit 43,2 % den größten Anteil am Produktionswert von 26,4 Milliarden Euro für tierische Produkte in Deutschland dar. Sie ist nicht nur in der landwirtschaftlichen Produktion ein wesentlicher Faktor; wegen ihrer vielseitigen Verwendung in der Ernährungswirtschaft ist Milch für die gesamte Volkswirtschaft von erheblicher Bedeutung. Die Milch- und Molkereiwirtschaft stellt in Deutschland den größten Bereich der Ernährungsindustrie dar.
Die sogenannte **Gemeinsame Agrarpolitik** wird seit über 50 Jahren entwickelt und mit ihr wurde der Agrarbereich komplett in die Zuständigkeit der EU integriert. Das Budget des EU-Haushaltes 2013 beinhaltete ca. 58 Milliarden Euro für die

Basiswissen 1.1
Milch- und Molkereiwirtschaft: Wichtige Organisationen und Definitionen

Internationale Organisationen
- EDA (European Dairy Association): Repräsentation der Interessen der Europäischen Milchindustrie gegenüber der EU-Kommission, dem EU-Parlament und den EU-Ministern; Vertretung auch gegenüber internationalen Gremien, wie z. B. dem Codex Alimentarius (WHO, FAO) und der WTO
- FAO (Food and Agriculture Organization of the United Nations): Ernährungs- und Landwirtschaftsorganisation der Vereinten Nationen
- IDF (International Dairy Federation): Internationaler Milchwirtschaftsverband, Dachorganisation der internationalen Milchwirtschaft
- OECD (Organization for Economic Co-operation and Development): Organisation für wirtschaftliche Zusammenarbeit und Entwicklung
- WHO (World Health Organization): Weltgesundheitsorganisation; Sonderorganisation der Vereinten Nationen, gegründet 1948
- WTO (World Trade Organization): Welthandelsgesellschaft; Nachfolgeorganisation des Allgemeinen Zoll- und Handelsabkommens (GATT), gegründet 1995

Nationale Organisationen
- BPM (Bundesverband der Privaten Milchwirtschaft e.V.): Interessenvertretung der privaten Molkereien gegenüber der Politik, der Verwaltung und anderen Verbänden
- DRV (Deutscher Raiffeisenverband e.V.): Engagement für die Interessen der genossenschaftlich organisierten Unternehmen der deutschen Agrar- und Ernährungswirtschaft
- MIV (Milchindustrie-Verband e.V.): zentrale Interessen- und Informationsplattform zum Themenkomplex Milchwirtschaft

Definitionen
- *Kieler Rohstoffwert Milch:* Er wird auf Basis der Preise von Magermilchpulver und Butter laufend vom ife Institut Kiel berechnet und stellt die daraus abgeleitete Milchverwertung ab Hof der Milcherzeuger, für Rohmilch mit 4 % Fett und 3,4 % Eiweiß, ohne Mehrwertsteuer dar.
- *Milchäquivalent:* Es ermöglicht die Zusammenfassung von verschiedenen Milchprodukten in einer Größe auf der Basis der Milchmenge, die im Produkt verbraucht wurde.
- *Milchquote:* Sie wurde vom EU-Ministerrat festgesetzt und vom deutschen Zoll überwacht. Sie war das Kontingent bzw. die Menge der Milch, die ein Milcherzeuger im Milchwirtschaftsjahr produzieren durfte. Am 1. April 2015 ist das EU-Milchquotensystem nach 31 Jahren und unzähligen Änderungen ausgelaufen.
- *Spotmilchmarkt:* Ca. 20 % der angelieferten Milch wird von den Unternehmen nicht selber verarbeitet, sondern an andere Molkereien verkauft. Diese bedienen sich spezialisierter Händler im In- und Ausland. Bei diesen Geschäften gibt es keine langfristigen Handelsbeziehungen zwischen zwei Partnern, sondern die Händler vermitteln die Milch je nach Angebot und Nachfrage. Am Spotmarkt sind Veränderungen des Marktes besonders schnell zu spüren.

Landwirtschaft und die Entwicklung des ländlichen Raumes, dies entspricht rund 41 % des Gesamthaushalts von rund 141 Milliarden Euro. Eine funktionierende und nachhaltige europäische Milchwirtschaft ist Ziel der EU und die EU-Kommission beschäftigt sich eingehend mit den Auswirkungen der Marktschwankungen in diesem Bereich. Mit den Luxemburger Beschlüssen in 2003 wurde versucht, die Milchproduktion in der EU zu stärken und auf die Zukunft auszurichten.

Weiterhin ist in der EU-Agrarpolitik mit der Agrarreform ein grundlegender Systemwechsel für den Milchmarkt eingeleitet worden. Der Rückzug des Staates aus der Marktstützung und -stabilisierung ist im Zuge der laufenden, konsequent betriebenen Umsetzung der Reform deutlich spürbar. Die Agrarmärkte unterliegen einer zunehmenden Liberalisierung und Internationalisierung bei einem gleichzeitigen europa- und weltweiten Konzentrationsprozess bei den industriellen Partnern, europäischen Wettbewerbern und insbesondere im Lebensmitteleinzelhandel.

Das 2012 von der EU-Kommission erarbeitete, sogenannte **Milchpaket** soll den Sektor Milch am Markt ausrichten und langfristig gegenüber Marktschwankungen stärken. Das Paket beinhaltet eine Reihe von Maßnahmen, um die Position der Milcherzeuger zu stärken. Beispielsweise wurde durch die Genehmigung von Zusammenschlüssen der Milcherzeuger eine Verbesserung der Verhandlungsmöglichkeiten mit den Molkereien erwartet und eine Erleichterung beim Ausstieg aus der Milchquote in 2015 erhofft. Auch besteht nun die Möglichkeit, in den EU-Mitgliedsstaaten verbindliche, schriftliche Verträge zwischen den Landwirten und den Verarbeitungsbetrieben vorzuschreiben. Während der Laufzeit bis 2025 ist in den Jahren 2014 und 2018 ein Bericht der Kommission über die Marktlage und die Durchführung der Maßnahmen aus dem Milchpaket gefordert, der die Umsetzung und Wirksamkeit prüft und weitere Vorschläge für die Zukunft machen soll. An dieser ausführlichen Beobachtung und Beratung des Milchmarktes durch die EU ist deutlich abzulesen, dass dem Sektor Milch und hier insbesondere der Milcherzeugung eine erhebliche Bedeutung beigemessen wird.

1.2.3 Der Weltmarkt Milch

Heute werden weltweit jährlich etwa 750 Millionen Tonnen Milch produziert, davon entfallen 85 % auf Kuhmilch, knapp 11 % Milch stammen von Büffeln und 3 % von Schafen und Ziegen. Dabei nahm die Milchproduktion in den letzten 30 Jahren weltweit um fast 50 % zu, in Asien sogar um rund 240 % von 80 Millionen Tonnen auf 270 Millionen Tonnen. Rund 60 % der **Weltmilchproduktion** werden von den zehn größten Kuhmilch-Produzenten ermolken, wobei die Europäische Union, Indien und die USA führend sind.

Neuseeland produziert zwar lediglich 3 % der Weltmilchmenge, ist aber beim Export von Milchprodukten – insbesondere Milchpulver – führend. Die Exporte sind zwischen 2005 und 2015 weltweit um 17 Millionen Tonnen Milchäquivalent gestiegen und haben maßgeblich zum Wachstum der Molkereibranche beigetragen.

Nach der Liberalisierung des Milchmarktes in der EU bestimmt der Weltmilchmarkt weitgehend den **Erzeugerpreis** in allen Teilen der Welt. Hier werden zwar nur ca. 8 % der Gesamtmilchmenge gehandelt, aber die dafür erzielten Preise wirken sich maßgeblich auf die Milchauszahlungspreise in den Regionen aus. Im Jahr 2013 war das Ange-

Abb. 1.3
Die größten Milcherzeuger der Welt

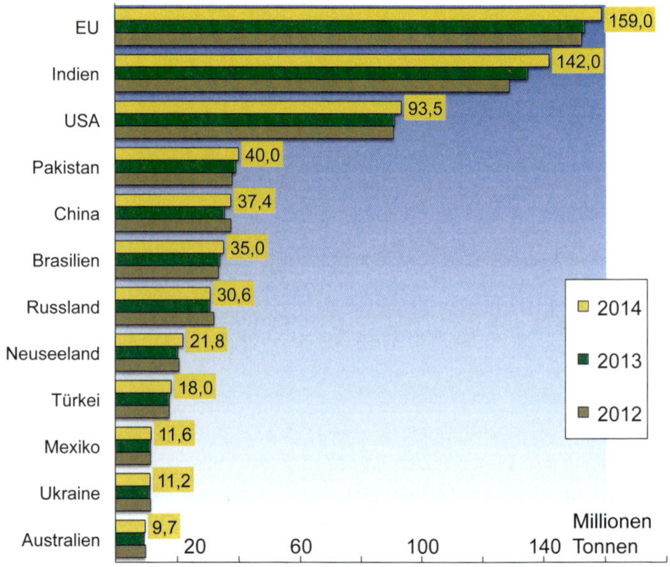

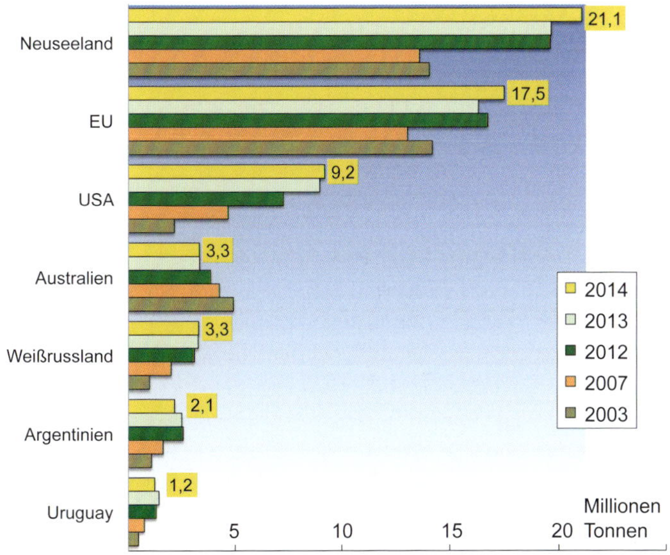

Abb. 1.4
Die größten Milchexporteure der Welt

bot am Weltmilchmarkt begrenzt, aber die Nachfrage, insbesondere aus China und Russland, stieg gegenüber den Vorjahren. Aktuell ist bei diesen beiden Hauptimporteuren allerdings ein starker Rückgang der Nachfrage festzustellen, was bei einem gleichzeitigen Wachstum der Milchmenge zu einem Preisverfall führt.

Generell gehen OECD und FAO jedoch in ihrem Agrarbericht von 2014 von einem weiteren jährlichen Wachstum des Weltmilchmarktes vor allem bei Milchpulver und weniger bei Butter sowie Käse aus. Der langfristige Trend bleibt positiv (→ Abb. 1.5), da die Nachfrage stärker steigt als die Produktion, wobei diese Prognosen stabile Wetter- und Ernteverhältnisse sowie politische Rahmenbedingungen ohne Verwerfungen voraussetzen.

1.2.4 Milcherzeugerpreise hängen von vielen Faktoren ab

Die Entwicklung der Erzeugerpreise in Deutschland hängt von vielen Faktoren ab. So spielen die Produktionsmengen der Nachbarstaaten ebenso wie die der anderen großen Milchexporteure eine wichtige Rolle. Aber auch das weltweite Angebot an Futter und die inländischen Ernteergebnisse wirken sich aus. Zunächst reagieren die Spotmilchmärkte auf eine Verschiebung im Markt, dann verändern sich die Preise von **Butter** und **Pulver**. Diese beiden Produkte sind teilweise in langfristigen, aber teilweise auch in kurzfristigen Kontrakten gebunden und werden in großen Mengen im In- und Ausland gehandelt. Das bedeutet, sie geben Marktveränderungen in einem breiten Spektrum wieder und sind dadurch als Marktindikatoren nutzbar. In dem vom Institut für Ernährungswirtschaft in Kiel berechneten, sogenannten Kieler Rohstoffwert Milch spiegeln sich die Schwankungen am Markt gut wider.

Der Erzeugerpreis ist nicht identisch mit dem Kieler Rohstoffwert Milch, da die Molkereiunternehmen in Deutschland eine große Palette der verschiedensten Produkte herstellen und damit nicht notwendigerweise von den Erträgen der Basisprodukte Pulver und Butter abhängig sind. Auch spielt der Wettbewerb um den Rohstoff Milch eine bedeutende Rolle. Gerade die hohe Molkereidichte in Bayern kommt den Milcherzeugern entgegen, da dadurch die Möglichkeit besteht, die Molkerei zu wechseln, wenn Milchauszahlungspreis oder Vertragsbedingungen nicht zufriedenstellend sind.

Abb. 1.5
Aktuelle und prognostizierte Importe von Milchprodukten

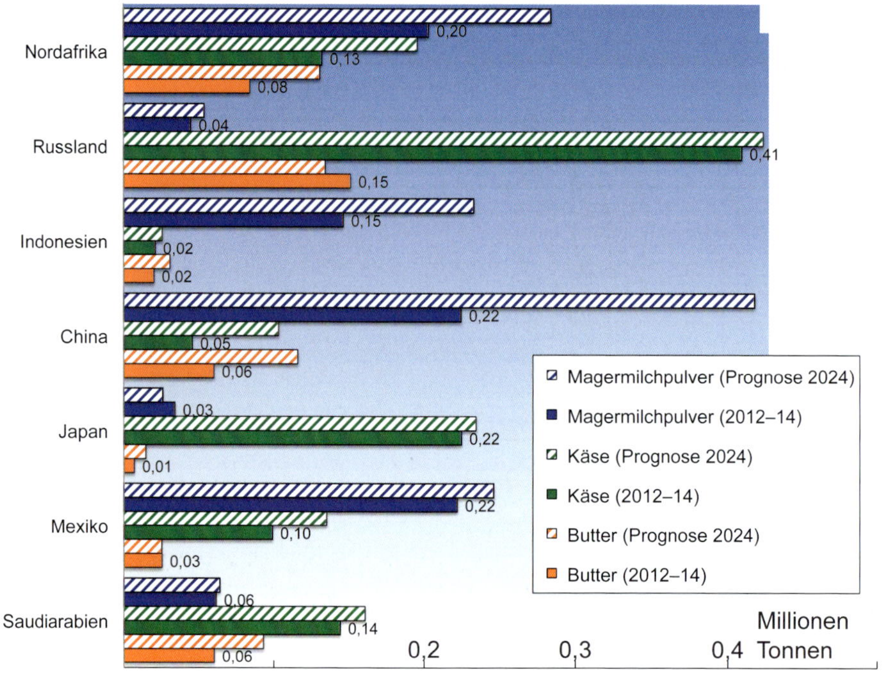

Abb. 1.6
Erzeugerpreise und Kieler Rohstoffwert Milch 2012–2015

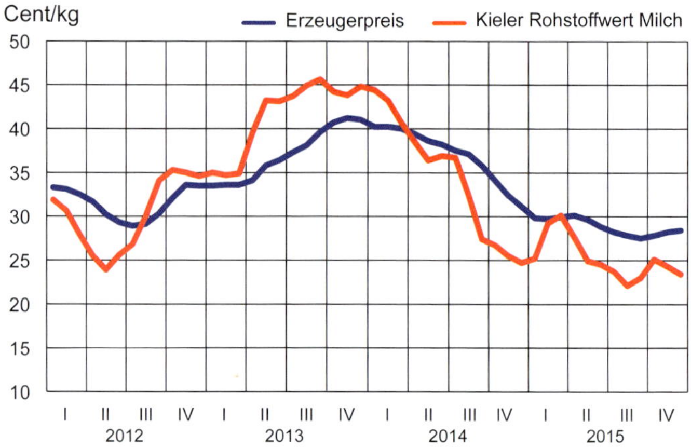

Abb. 1.7
Wohin die Milch in Deutschland fließt

1.2.5 Der Verbrauch an Milch und Milchprodukten aus Deutschland

Innerhalb der Europäischen Union ist Deutschland mit etwa 32 Millionen Tonnen jährlich der größte Milchproduzent mit einem Anteil von 4 % an der in der Welt erzeugten Milch. Das entspricht knapp 20 % der in der EU-27 erzeugten Kuhmilch. Der Großteil dieser Milch (98 %) wird in Deutschland an Molkereien geliefert, im EU-Mittel liegt dieser Anteil bei etwas über 90 %. Mit knapp 100 Molkereien (147 Betriebsstätten und 34 000 Beschäftigten) werden in Deutschland 26,4 Milliarden Euro pro Jahr umgesetzt. Die Unternehmen verarbeiteten in 2014 rund 32 Millionen Tonnen Milch und stellten daraus 5,2 Millionen Tonnen Konsummilch, 3 Millionen Tonnen Milchfrischprodukte, 2,3 Millionen Tonnen Käse, 1,4 Millionen Tonnen Dauermilcherzeugnisse, 567 600 Tonnen Sahne und 490 200 Tonnen Butter her.

Diese Produkte gelangen auf verschiedenen Wegen zu den Verbrauchern. Der größte Teil der Produkte wird exportiert, wobei der wichtigste Markt für Deutschland nach wie vor die EU ist, auch wenn die Exporte in Drittländer stetig steigen. 37 % der Produktion werden über den Lebensmitteleinzelhandel umgesetzt. Nicht zuletzt durch den steigenden Außerhausverzehr und die Beliebtheit von Convenience-Produkten bei den Verbrauchern gewinnen die Großverbraucher und die Weiterverarbeiter an Gewicht. Der durchschnittliche Bundesbürger trinkt im Jahr knapp 60 Liter Konsummilch und verzehrt ca. 25 kg Käse, 17 kg Joghurt und 6 kg Butter. Gerade im Außerhausverzehr spielen Milch und Milchprodukte eine große Rolle. Der hohe Exportanteil ergibt sich neben den attraktiven Märkten auch aus einem Selbstversorgungsgrad von 107 % bei Milch (EU 111 %) und 119 % bei Käse (EU 102 %).

1.3 Literatur

Arbeitsgemeinschaft Deutscher Rinderzüchter e.V. (Hg.) (2014): Rinderproduktion in Deutschland 2013. Bonn.

Boessneck, J. (1988): Die Tierwelt des Alten Ägypten: Untersucht anhand kulturgeschichtlicher und zoologischer Quellen. München: C. H. Beck.

Curry, A. (2013): The milk revolution. Nature 500, 20–22.

Evershed, R. P., Payne, S., Sherratt, A. G., Copley, M. S., Coolidge, J., Urem-Kotsu, D., Kotsakis, K., Ozdogan, M., Ozdogan, A. E., Nieuwenhuyse, O., Akkermans, P. M., Bailey, D., Andeescu, R. R., Campbell, S., Farid, S., Hodder, I., Yalman, N., Ozbasaran, M., Bicakci, E., Garfinkel, Y., Levy, T., Burton, M. M. (2008): Earliest date for milk use in the Near East and southeastern Europe linked to cattle herding. Nature 455, 528–531.

Kielwein, G., Luh H. K. (1979): Internationale Käsekunde. Essen: Magnus.

Kirchner, W. (1898): Handbuch der Milchwirtschaft. 4. Aufl., Berlin: Paul Parey.

Peters, J., von den Driesch, A., Helmer, D. (2005): The Upper Euphrates-Tigris Basin: Cradle of agro-pastoralism? In: Vigne J.-D., Peters J., Helmer D. (Hg.): The First Steps of Animal Domestication. Oxford: Oxbow, 96–124.

Peters, J. (1998): Römische Tierhaltung und Tierzucht. Eine Synthese aus archäozoologischer Untersuchung und schriftlich-bildlicher Überlieferung., Rahden/Westf: Leidorf.

Salque, M., Bogucki, P. I., Pyzel, J., Sobkowiak-Tabaka, I., Grygiel, R., Szmyt, M., Evershed, R. P. (2013): Earliest evidence for cheese making in the sixth millennium BC in northern Europe. Nature 493, 522–525.

Sherratt, A. (1983): The secondary exploitation of animals in the Old World. World Archeology 15, 90–104.

Tishkoff, S. A., Reed, F. A., Ranciaro, A., Voight, B. F., Babbitt, C. C., Silverman, J. S., Powell, K., Mortensen, H. M., Hirbo, J. B., Osman, M., Ibrahim, M., Omar, S. A., Lema, G., Nyambo, T. B., Ghori, J., Bumpstead, S., Pritchard, J. K., Wray, G. A., Deloukas, P. (2007): Convergent adaptation of human lactase persistence in Africa and Europe. Nature Genetics 39, 31–40.

Wohlfahrt, M. (2014): Jahrbuch Milch 2014. Zentrale Milchmarkt Berichterstattung GmbH (ZMB) Berlin.

Internetquellen (in Klammern: letzter Zugriff)

Arbeitsgemeinschaft Deutscher Rinderzüchter e.V.: http://www.adr-web.de/gut-zu-wissen/entwicklung-von-rinderbestaenden-und-milchleistung.html (09/2015)

Bauernverband: http://www.bauernverband.de/milch-rind (09/2015)

Europäische Kommission/Landwirtschaft und Ländliche Entwicklung: http://ec.europa.eu/agriculture/milk/milk-package/index_de.htm (09/2015)

ife Informations- und Forschungszentrum für Ernährungswirtschaft e. V.: http://www.ife-ev.de (09/2015)

Milchindustrie-Verband e.V.: http://www.meine-milch.de und http://www.milchindustrie.de (09/2015)

2 Anatomische, physiologische und biochemische Grundlagen der Laktation

Cornelia Deeg und Johann Maierl

2.1 Einleitung

Säugetiere haben mit der Laktation eine einzigartige Fähigkeit zur Ernährung ihrer Neugeborenen entwickelt, die sie klar von anderen Tieren abgrenzt. Um die Milchsekretion zu ermöglichen, mussten im Laufe der Evolution zunächst spezifische anatomische, biochemische und physiologische Eigenschaften herausgebildet werden.
Zu den anatomisch notwendigen Entwicklungen zählt die Entstehung und Differenzierung der **Drüsenstruktur des Euters** inklusive des Aufbaus einer Blut-Milchschranke, welche die spezifisch für die Milch gebildeten Substrate nicht ins Blut zurückdiffundieren lässt. Des Weiteren führten biochemische Differenzierungen der sekretierenden Alveolarepithelzellen zu der Fähigkeit, direkt im Euter ganz besondere Kohlenhydrate, Fette und Proteine für die Milch zu synthetisieren. Physiologische Funktionen, wie Hormonwirkungen und Stoffwechselleistungen, wurden speziell für die Laktation modifiziert. Da die Laktation in erster Linie der Versorgung des Neugeborenen mit Nährstoffen dient, kann anhand der Spezies-spezifischen **Milchzusammensetzung** auf den Bedarf der Jungtiere einer Art geschlossen werden. Beim Rind dient die Versorgung des neugeborenen Kalbs mit der Kolostralmilch außerdem dazu, über den passiven Transfer von Antikörpern einen Schutz vor Infektionserregern in den ersten Lebenswochen zu erzielen. Diese von der Mutter gebildeten und dann übertragenen Antikörper schützen das Kalb in einer Lebensphase, in der das eigene Immunsystem erst zu voller Kompetenz heranreift und deshalb noch keinen ausreichenden Schutz vor Infektionen bieten kann. Das Säugen des Jungtieres führt über den regelmäßigen Kontakt und die ausgeschütteten Hormone (vor allem Oxytozin) außerdem zu einer engen Bindung zwischen Mutter und Kalb.
Die Milchdrüse ist eine außergewöhnliche Drüse, weil sie kontinuierlich eine **komplexe Mischung von Substraten** verschiedener sekretorischer Pfade sezerniert. So befinden sich im Milchsekret Fetttröpfchen, Caseinmizellen und eine wässrige Phase, die Laktose und komplexe Oligosaccharide enthält. Die Sekretionsprodukte bleiben im Euter gespeichert, bis sie unter der Kontrolle von Hormonen und lokalen Faktoren abgerufen werden. Im Folgenden werden die verschiedenen Phasen der Euterentwicklung beschrieben, die zur Milchsekretion führen.

Basiswissen 2.1
Anatomische Fachbegriffe (Abkürzung) und Lage/Richtungsbezeichnungenn

- Arteria (A.): Arterie
- Cisterna (C.): Zisterne, Hohlraum
- Lymphonodus (Ln., Lnn.): Lymphknoten
- Musculus (M.): Muskel
- Nervus (N.): Nerv
- Ramus (R.): Ast (eines Blutgefäßes, Nerves)
- Truncus (T.): Stamm (eines Blutgefäßes)
- Vena (V.): Vene
- distal: vom Rumpf weg gerichtet
- dorsal: zum Rücken hin (rückenwärts) gerichtet
- kaudal: zum Schwanz hin gerichtet
- kranial: zum Kopf hin gerichtet
- lateral: von der Mittelebene weg gerichtet
- medial: zur Mittelebene hin gerichtet
- proximal: zum Rumpf hin gerichtet
- ventral: zum Bauch hin (bauchseits) gerichtet

2.2 Bau der Milchdrüse

2.2.1 Drüsenkörper und Hohlraumsystem

Die Milchdrüse (*Mamma*) des Rindes liegt als kompaktes Organ in der Leistengegend und wird als **Euter** (*Uber* oder *Mastos*) bezeichnet (→ Abb. 2.1). Die linke und rechte Hälfte dieser Drüse sind durch eine seichte Furche (*Sulcus intermammarius*) voneinander abgesetzt. Jede Seite besteht aus zwei Drüsenkomplexen (*Glandulae mammariae*) mit je einer eigenen Zitze. Zwischen diesen liegt eine mehr oder weniger deutliche Querfurche. Man spricht die vier Drüsenkomplexe auch als **Euterviertel** an. Die beiden vorderen Viertel werden auch als Bauchviertel bezeichnet; sie sind meist kleiner als die beiden hinteren Schenkelviertel. Größtenteils ist die dorsale Fläche des Euters an die Bauchwand angeschmiegt, weiter kaudal fügt sich das Drüsengewebe zwischen die Oberschenkel ein und wird dadurch seitlich zusammengedrückt. Die äußere Haut im Bereich des Euters ist sehr gut sensibel innerviert und fein behaart. Im Bereich des Drüsenkörpers ist sie gut verschieblich über der Faszie. Die Haut kaudal am Euter, die sich bis zur Vulva erstreckt, wird auch als Milchspiegel bezeichnet; sie weist eine aufrecht gestellte, feine Behaarung auf und bildet zahlreiche Längsfalten (→ Abb. 2.1). An den Zitzen ist die Haut unbehaart und fest mit den darunter liegenden Schichten verbunden.

Am Querschnitt (→ Abb. 2.2) lässt sich bereits makroskopisch die Gliederung des Gewebes in 1–2 mm große **Läppchen** (*Lobuli glandulae mammariae*; lat. *lobulus* = Läppchen) erkennen. Zwischen den Läppchen ist interlobuläres Bindegewebe eingelagert, das bei Tieren mit geringerer Milchleistung oder bei trockenstehenden Tieren stärker hervortritt als bei Tieren mit einer hohen Milchleistung in voller Laktation und einem entsprechend gut ausgebildeten Drüsengewebe.

Bei jungen Tieren sind am juvenilen Euter die Drüsenanteile der Viertel noch durch Fettgewebe voneinander getrennt, das in dieser Phase eine Platzhalterfunktion übernimmt.

Innerhalb der Drüsenläppchen ist auch das intralobuläre Bindegewebe bei Tieren in Laktation nur sehr zart ausgebildet. Allerdings ist auch dieser Bindegewebsanteil an der rückgebildeten Milchdrüse bzw. bei Drüsen mit geringer Milchleistung vergleichsweise stärker ausgeprägt.

Eine Drüse mit hohem Bindegewebsanteil fühlt sich auch nach dem Ausmelken derb an. Dieser Tastbefund ist hinweisend auf eine geringe Milchleistung. Neben genetischen Ursachen können auch abgelaufene Euterentzündungen (Mastitiden) an einzelnen Vierteln zu einem hohen Bindegewebsanteil führen.

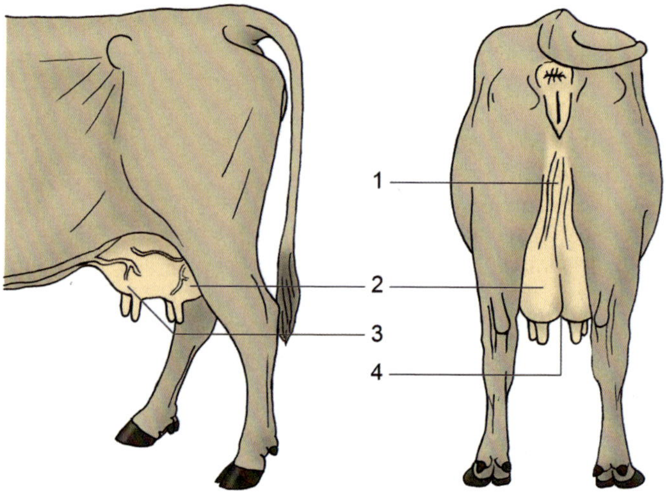

Abb. 2.1
Das Euter des Rindes:
1 – Milchspiegel,
2 – Schenkelviertel,
3 – Bauchviertel,
4 – *Sulcus intermammarius*

Abb. 2.2
Schematischer Querschnitt durch das Euter des Rindes:
1 – gerader Bauchmuskel *(M. rectus abdominis)*;
2 – *N. genitofemoralis*; **3** – *A. pudenda externa*;
4 – *V. pudenda externa*; **5** – Drüsengewebe; **6** – kollagenfaserige Blätter der lateralen Euteraufhängung *(Lamina lateralis)*;
7 – elastische Blätter der medialen Euteraufhängung *(Lamina medialis)*; **8** – Milchausführungsgang *(Ductus lactifer)*;
9 – Drüsenteil der Zisterne *(Pars glandularis des Sinus lactifer)*;
10 – Fürstenbergscher Venenring;
11 – Zitzenteil der Zisterne *(Pars papillaris des Sinus lactifer)*

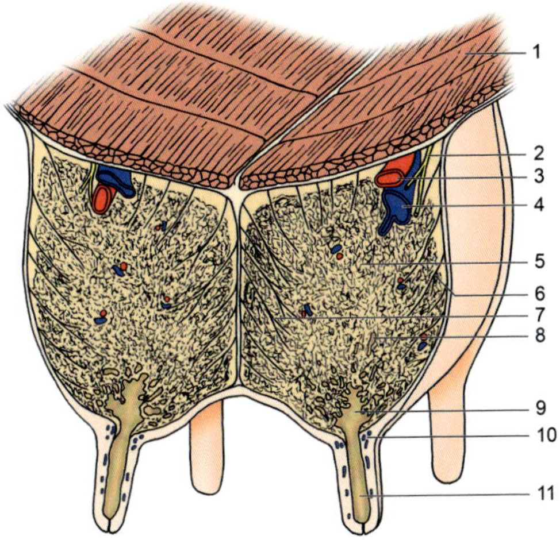

Das Hohlraumsystem im Inneren des jeweiligen Drüsenkomplexes ist stark verzweigt und beginnt mit den Milch bildenden Drüsenbläschen, den **Alveolen**. Diese nehmen bei Weitem den größten Raum ein und münden in die kleinen Milchgänge zunächst innerhalb der Drüsenläppchen. Diese vereinigen sich zitzenwärts zu größeren interlobulären Gängen zwischen den Drüsenläppchen. Nahe der Zitze münden die großen Milchgänge *(Ductus lactiferi)* in die **Zisterne** (*Sinus lactifer*), einen großen zusammenhängenden Hohlraum. Sein oberer Abschnitt wird auch als Drüsenteil (*Pars glandularis*) bezeichnet, weil er noch von Drüsengewebe umgeben ist. Er wird vom unteren Abschnitt, dem Zitzenteil (*Pars papillaris*), durch eine Schleimhautfalte abgetrennt, deren Höhe teilweise vom Füllungszustand der zahlreichen Venen (Fürstenbergscher Venenring) abhängt. Diese Falte kann so groß werden, dass sie die Weiterleitung der Milch aus der Drüsenzisterne in die Zitzenzisterne beeinträchtigt.

Das gesamte Hohlraumsystem eines Drüsenkomplexes mündet mit dem **Strichkanal** nach außen. Insgesamt ist die Zisterne, verglichen mit dem Gesamtvolumen des jeweiligen Drüsenkomplexes, relativ klein. Sie fasst mit 100–250 Milliliter in der Regel weniger als 10 % des Volumens einer Melkzeit. Das ist deswegen bedeutsam, weil der Milchentzug einen wesentlichen Stimulus für die Milchbildung darstellt.
Neben den Eutervierteln mit ihren Zitzen kommen vor allem an den Schenkelvierteln **akzessorische Zitzen** vor, die unter Umständen mit funktionsfähigem Drüsengewebe verbunden sind. Dies ist unerwünscht, da sich diese zusätzlichen Mammarkomplexe entzünden können oder den Milchentzug stören können, wenn die Nebenzitzen nahe an den Hauptzitzen liegen oder sogar mit diesen verschmelzen (→ Kap. 2.4).

2.2.2 Zitze

Die Zitzen (*Papillae mammae*), auch Striche genannt, werden in der Regel etwa 70–90 mm lang. Sie werden wegen ihrer Länge auch **Proliferationszitzen** genannt. Da es allerdings eine große Variation in der Größe, Lage, Gestalt und Richtung der Zitzen gibt, können diese auch deutlich kürzer sein.
Im Inneren der Zitze befindet sich ein **Hohlraum**, der Zitzenteil (*Pars papillaris*) der Drüsenzisterne (→ Abb. 2.3). Dieser ist an der Zitzenbasis (eutemaher Abschnitt) am weitesten und steht über den Strichkanal (*Ductus papillaris*) mit der Außenwelt in Verbindung. Die Mündung des Kanals (*Ostium papillare*) am unteren Ende der Zitze, die Strichkanalöffnung, ist von einem Epithelwall (0,5–1 mm hoch) umgeben, der für die Bildung des Milchstrahls wichtig ist. Der Strichkanal ist 8–11 mm lang und mit einem mehrschichtigen, verhornten Plattenepithel ausgekleidet. Die Zitzenwand selbst ist im mittleren Abschnitt etwa 6 mm dick.
Die Zitze ist aus mehreren **Gewebsschichten** aufgebaut. Die äußerste ist die unbehaarte, drüsenlose und gut innervierte Haut. Diese stark verhornte Schicht ist ohne Subcutis unverschieblich mit der muskulösen und bindegewebig-elasti-

Abb. 2.3
Schematischer Schnitt durch eine Zitze des Rindereuters mit Detailansicht des distalen Abschnitts der Zitze:
1 – Drüsengewebe; **2** – Arterie und Vene im Drüsengewebe; **3** – Milchausführungsgang *(Ductus lactifer)*; **4** – Drüsenteil der Zisterne *(Pars glandularis des Sinus lactifer)*; **5** – Fürstenbergscher Venenring; **6** – Zitzenteil der Zisterne *(Pars papillaris des Sinus lactifer)*; **7** – haarlose Wand der Zitze mit zahlreichen elastischen Fasern und glatter Muskulatur; **8** – glatte Muskulatur *(Sphincter papillae)*; **9** – Strichkanal *(Ductus papillaris)* mit gefältelter Schleimhaut (im vergrößerten Ausschnittsbild leicht gedehnt)

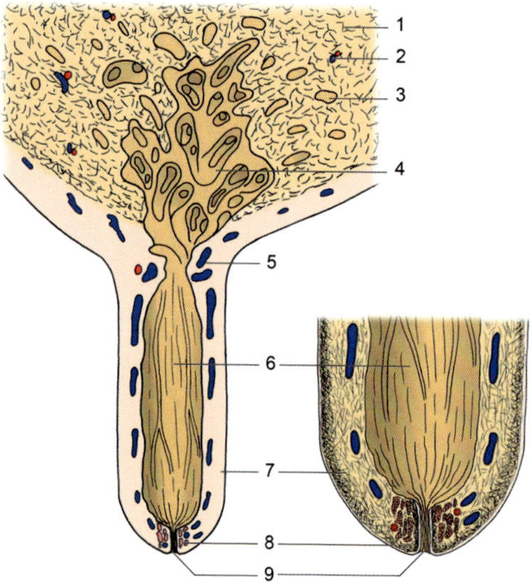

schen Zitzenwand verbunden. Daran schließt sich die mittlere Bindegewebsschicht mit kollagenen und elastischen Fasernetzen sowie glatter Muskulatur an. Von außen nach innen nimmt die glatte Muskulatur zu. Sie ist in Spiraltouren mit unterschiedlicher Steigung angeordnet. Daher erscheint sie weiter außen in Längsrichtung angeordnet, weiter innen zirkulär. Entgegengesetzt zur Dichte der glatten Muskelfasern verhalten sich die elastischen Fasern, die von außen nach innen abnehmen.
In der Wand der Zitze befinden sich zahlreiche muskelstarke Venen, die in der gesamten mittleren Schicht vorkommen. Die größeren Venen dieses Venenplexus liegen aber vor allem submukös. An der Zitzenbasis ist unter der Schleimhaut der sogenannte **Fürstenbergsche Venenring** gelegen. Hier sind in ringförmiger Anordnung großlumige Venen vorhanden, die einer Überdehnung entgegenwirken sollen.
Die gelbliche Schleimhaut als innerste Schicht bildet im oberen Teil durch zahlreiche Falten in unregelmäßiger Anordnung eine gefurchte Oberfläche. Die Falten weiter unten in der Zitze sind eher längs gerichtet und verstreichen, wenn der Zitzenteil der Zisterne ausgeweitet wird.
Im Strichkanal (→ Abb. 2.3) ist die Schleimhaut weißlich mit einem mehrschichtigen, stark verhornenden Plattenepithel, das auf einem ausgeprägten Papillarkörper verankert ist. Dies deutet auf eine entsprechende mechanische Belastung hin.
Zu den verschiedenen **Abwehrmechanismen des Euters** gegen aufsteigende Infektionen (→ Kap. 4) gehört auch das ständige Abschilfern von Zellen im Strichkanal, die im unteren Teil durch die Ausrichtung der Papillen nach außen erfolgt. Die Oberfläche ist in zahlreiche, feine Längsfalten gelegt, die an der inneren Öffnung strahlenförmig nach oben verlaufen und die Fürstenbergsche Rosette bilden. Diese kann bei besonders starker Entwicklung wie ein Verschluss wirken und das Melken erheblich erschweren. Die Abschilferung des Epithels bildet ein talgiges Material, das einerseits mechanisch den Strichkanal zu verschließen hilft, andererseits mit seinem bakteriziden Effekt einer aufsteigenden Infektion in das Drüseninnere entgegenwirkt (→ Kap. 2.13).
Im Strichkanal ist die glatte Muskulatur weitestgehend zirkulär angeordnet und bildet dadurch einen funktionellen Schließmuskel (*M. sphincter papillae*), der den Zitzenkanal verschlossen hält. Diese Verschlusswirkung wird durch elastische Fasern unterstützt, die hier lokal in größerer Menge vorkommen.

2.2.3 Aufhängung der Milchdrüse

Das Euter ist durch kräftige Faszienblätter an der Körperwand befestigt (→ Abb. 2.4), man spricht vom *Apparatus suspensorius mammae*. Diese umschließen die gesamte Drüse und dringen mit sekundären Lamellen tief in das Drüsengewebe ein, werden dabei immer zarter und gehen schließlich in das Bindegewebe zwischen den Läppchen über.

An einem Querschnitt durch das Euter lassen sich die **Aufhängeblätter** in laterale und mediale Anteile trennen.

Die **mediale Lamelle** (*Lamina medialis = Lig. suspensorium uberis*) entstammt der sogenannten gelben Bauchhaut (*Tunica flava abdominis*), die als Teil der tiefen Rumpffaszie aus elastischen Fasern besteht. Diese Faserzusammensetzung gilt auch für die mediale Lamelle. Da sich das Euter vom Bauch aber bis weit zwischen die Oberschenkel und damit unter das Becken erstreckt, beteiligen sich auch Faserzüge aus der medianen Sehnenplatte (*Tendo symphysialis*), die in erster Linie den Ursprung der medialen Oberschenkelmuskulatur bildet. Die beiden medialen Lamellen der Euteraufhängung sind durch eine geringe Menge Bindegewebe getrennt. Dadurch können die linke und rechte Euterhälfte operativ voneinander getrennt werden und eine Hälfte kann amputiert werden.

Die **laterale Lamelle** (*Lamina lateralis*) wird im vorderen Teil von der tiefen Rumpffaszie gebildet. Sie besteht aus straffem, kollagenfaserigem Bindegewebe und ist damit weniger dehnungsfähig als die mediale Lamelle. Kranial entspringt sie am lateralen Rand des oberflächlichen Leistenrings und bedeckt damit die großen Blutgefäße für das Euter (→ Kap. 2.3.1). Kaudal davon steigt die Ursprungslinie nach dorsal und medial an: direkt unter dem Becken entstammt auch der laterale Teil der Euteraufhängung weitgehend dem *Tendo symphysialis.* Durch ihre Lage bedeckt die laterale Lamelle auch die Lymphknoten des Euters (→ Kap. 2.3.1.3).

Kranial und kaudal gehen die beiden Lamellen ineinander über und bilden dadurch eine geschlossene Bindegewebskapsel. Zu den Zitzen hin verjüngen sich die beiden Lamellen und vereinigen sich in sehr ausgedünnter Form an der Unterseite des Euters und stehen mit dem Bindegewebe der Zitzen in Verbindung.

Die Verjüngung sowohl der lateralen als auch der medialen Lamelle lässt sich mit der Abspaltung zahlreicher sekundärer Lamellen (*Lamellae suspensoriae*) in das Eutergewebe erklären. Dadurch wird das Drüsengewebe in Lappen (*Lobi mammariae*) unterteilt und jeweils separat aufgehängt. Dies verhindert eine Druckwirkung der oberen

Abb. 2.4
Aufhängeapparat des Rindereuters:
1 – gerader Bauchmuskel (*M. rectus abdominis*); **2** – *N. genitofemoralis;* **3** – *A. pudenda externa;* **4** – *V. pudenda externa;* **5** – Drüsengewebe; **6** – Grenzen zwischen benachbarten Drüsenlappen (laterale Euteraufhängung nicht eingezeichnet); **7** – elastische Blätter der medialen Euteraufhängung (*Lamina medialis*); **8** – Milchausführungsgang (*Ductus lactifer*); **9** – Drüsenteil der Zisterne (*Pars glandularis des Sinus lactifer*); **10** – Fürstenbergscher Venenring; **11** – Zitzenteil der Zisterne (*Pars papillaris des Sinus lactifer*)

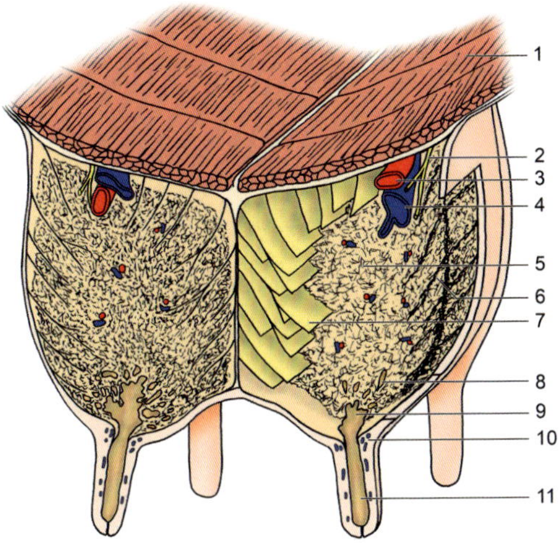

> **Basiswissen 2.2**
> **Besonderheiten des Aufbaus der Milchdrüse**
> - Das Rindereuter ist in vier anatomisch getrennte Drüsenkomplexe geteilt, die als Euterviertel bezeichnet werden. Jedes Viertel ist von einem eigenständigen Hohlraumsystem durchzogen, das in die jeweilige Drüsenzisterne mündet und über den Strichkanal an der Zitze nach außen führt.
> - Die haarlose Haut der Zitze ist fest mit der derb-elastischen Zitzenwand verbunden. Der Zitzenkanal als besonders kritische Stelle für aufsteigende Infektionen ist durch glatte Muskulatur und elastische Fasern verschlossen.
> - Durch die Lamellen des Aufhängeapparates ist das Drüsengewebe des Euters von medial und lateral in Lappen gegliedert und an der Bauchwand sowie am *Tendo symphysialis* befestigt.

Gewebsanteile auf die unteren Teile, insbesondere beim gut gefüllten Euter kurz vor dem Melken. Die Beobachtung, dass kurz vor dem Milchentzug die Zitzen schräg nach lateral stehen, lässt sich mit dem baulichen Unterschied der Lamellen erklären: das mediale Blatt gibt als elastische Struktur dem Gewicht des vollen Euters leichter nach als das weniger dehnbare, kollagenfaserige laterale.

2.3 Versorgung der Milchdrüse

2.3.1 Blutgefäßversorgung

Für die Produktion von einem Liter Milch benötigt das Euter einen Blutdurchfluss von 300–500 Litern. Diese erhebliche Menge erfordert eine entsprechend gute Versorgung.

2.3.1.1 Arterielle Versorgung

Das Hauptgefäß (→ Abb. 2.5) für das Euter ist die *A. pudenda externa*, die über den Leistenspalt nach außen an die Drüse gelangt und eine Abspaltung aus dem *Truncus pudendoepigastricus* darstellt. Hier weist die bis zu 20 mm dicke Arterie eine S-förmige Flexur auf. Diese dient als Sicherung gegen Überdehnung bei starker Füllung des Euters. In kraniale Richtung verläuft die *A. epigastrica caudalis superficialis* (→ Abb. 2.6), beim Rind auch als **kraniale Euterarterie** (*A. mammaria cranialis*) bezeichnet. Sie gibt zahlreiche Äste an das Bauchviertel ab. Dieses Gefäß anastomosiert mit einer entsprechenden Arterie aus der *A. thoracica interna*.

Der kaudale Ast *(R. labialis ventralis)* wird im Zusammenhang mit dem Rindereuter als **kaudale Euterarterie** (*A. mammaria caudalis*) bezeichnet (→ Abb. 2.6). Sie versorgt die Schenkelviertel des Euters und hat Verbindung mit dem *R. labialis dorsalis et mammarius* der *A. perinealis ventralis*. Auf diese Weise kann die Letztere noch zu einem geringen Teil zur Euterversorgung beitragen. Das Drüsengewebe wird von immer feineren Ästen der genannten Arterien versorgt, die sich im Bindegewebe verzweigen und schließlich das Kapillarnetz um die Alveolen speisen.

Abb. 2.5
Darstellung der Blutgefäßversorgung des Rindereuters (Detail):
1 – *A. mammaria cranialis (A. epigastrica caudalis supf.);*
2 – *V. epigastrica caudalis supf.;* **3** – *N. iliohypogastricus;*
4 – *N. ilioinguinalis;* **5** – abführende Lymphgefäße;
6 – *A. pudenda externa;* **7** – *V. pudenda externa;*
8 – *N. genitofemoralis;* **9** – *Ln. mammarius (inguinalis supf.);*
10 – *R. labialis dorsalis et mammarius der A. perinealis ventralis;*
11 – *V. labialis dorsalis et mammaria;*
12 – *R. mammarius des N. pudendus;*
13 – *A. mammaria caudalis (R. labialis ventralis);*
14 – zuführende Lymphgefäße aus dem Drüsengewebe

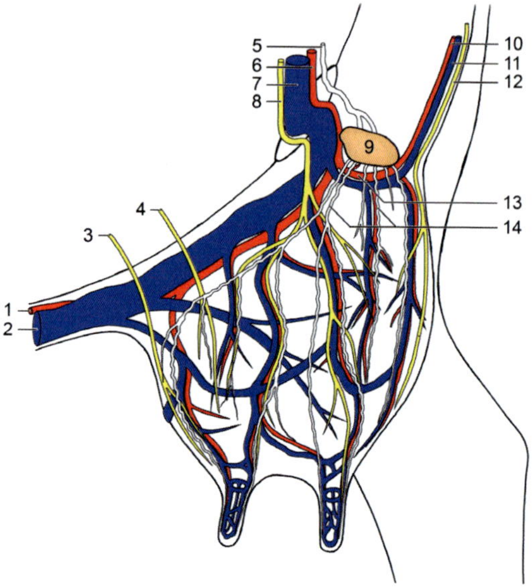

Die Versorgung der Zitzen erfolgt hauptsächlich über eine Zitzenarterie (*A. papillaris*), die aus verschiedenen Stammgefäßen abzweigen kann und deswegen einen variablen Verlauf zur Zitzenbasis aufweist. Die arteriellen Gefäßäste der Zitzenarterie verlaufen zwischen den großlumigen Venen vorwiegend unter der Schleimhaut spitzenwärts, über feinere Äste wird insgesamt die Haut der Zitze versorgt. Neben Verbindungen zwischen den Euterhälften beider Körperseiten durch die medialen Lamellen des Aufhängeapparates hindurch, besteht auch eine Anastomose um den Hinterrand der Aufhängung. Dabei kommunizieren die beiden kaudalen Euterarterien (*A. mammaria caudalis*) jeder Seite miteinander.

Abb. 2.6
Darstellung der arteriellen und venösen Blutversorgung des Rindereuters (Übersicht):
1 – *Aorta thoracica;* **2** – *Aorta abdominalis;* **3** – *V. cava caudalis;* **4** – *A./V. sacralis mediana;* **5** – *A./V. pudenda interna;*
6 – *A./V. iliaca externa;* **7** – *A./V. femoralis;* **8** – *Truncus pudendoepigastricus/V. pudendoepigastrica;* **9** – *A./V. profunda femoris;*
10 – *R./V. labialis dorsalis et mammarius/-a der A./V. perinealis ventralis;* **11** – *A./V. mammaria caudalis;*
12 – *A./V. mammaria cranialis (A. epigastrica caudalis supf.);* **13** – *A./V. epigastrica caudalis supf.;* **14** – *A./V. epigastrica cranialis supf.;*
15 – *A./V. thoracica interna;* **16** – *A./V. epigastrica caudalis;* **17** – *A./V. epigastrica cranialis;* **18** – *V. cava cranialis;*
19 – *Truncus brachiocephalicus*

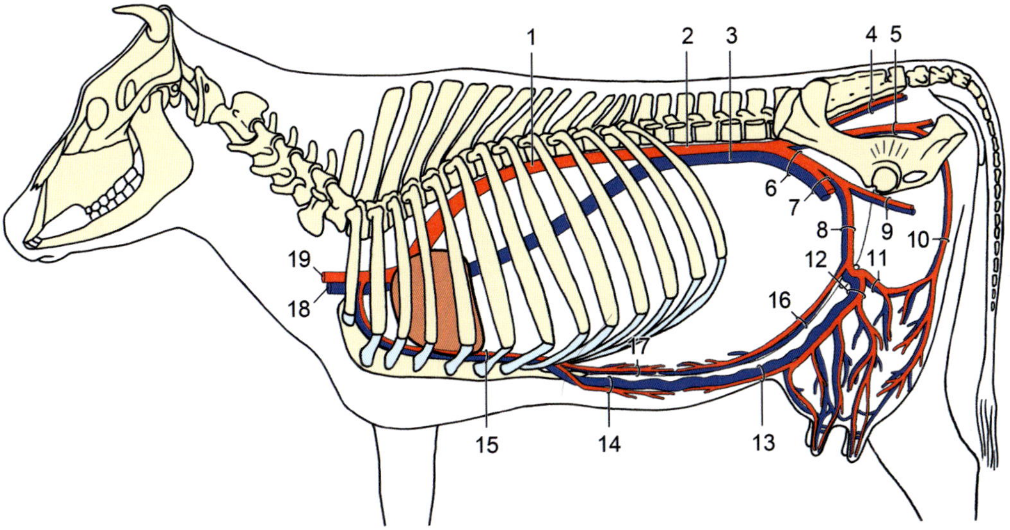

2.3.1.2 Venöse Versorgung

Die Venen verlaufen parallel zu den Arterien aus dem Drüsengewebe (→ Abb. 2.6). Sie münden in ein **venöses Ringsystem** an der Euterbasis, das sich aus den Venen jeder Körperseite und großen venösen Queranastomosen zwischen den Körperhälften zusammensetzt. Von hier aus bildet die *V. pudenda externa* jederseits den Hauptabfluss des Euters. Durch den Leistenspalt fließt das venöse Blut in die *V. pudendoepigastrica* und weiter in die *V. iliaca externa*. Daneben gibt es noch einen weiteren Abfluss: Über die *V. epigastrica caudalis superficialis* (*V. mammaria cranialis*) gibt es eine Verbindung zur *V. epigastrica cranialis superficialis*. Die Venenklappen beider Venen werden bei einem entsprechend hohen Blutdurchfluss insuffizient. Umgangssprachlich wird dieses subkutane, stark gewundene, großlumige Gefäß auch als „Milchader" (*V. subcutanea abdominis*) bezeichnet. Im Winkel zwischen Rippenbogen und *Processus xiphoideus* des Brustbeins tritt diese Vene in den Brustkorb ein. Dadurch resultiert ein funktioneller Abfluss über die *V. thoracica interna* in die *V. cava cranialis*.

Beim Kalb sind diese beiden Venen (*V. epigastrica caud.* und *cran. supf.*) noch getrennt und entsorgen zwei separate Drainagegebiete an der Bauchwand. Zunächst entleert die **kaudale Vene** in die *V. pudenda externa*. Die **kraniale Vene** führt ihr Blut letztlich in die *V. thoracica interna*. Es bestehen allenfalls feine Verbindungen zwischen den beiden Bereichen. Erst mit steigendem Blutfluss während der ersten Laktation staut sich das Blut in den Venen und führt zu deren Ausweitung. Feine Anastomosen werden stark aufgedehnt und deren Venenklappen insuffizient. Daher kann das Blut schließlich entsprechend dem geringeren Druck am stehenden oder liegenden Tier in der günstigeren Vene abfließen. Damit werden Stauungen vermieden, die die hohe Sekretionsleistung des Organs beeinträchtigen könnten. Als dritte Möglichkeit gibt es den **kaudalen Abfluss** über

die *V. labialis dorsalis et mammaria* der *V. perinealis ventralis* in die *V. pudenda interna*.
Man kann am Euter die **tiefen Venen** von den oberflächlichen unterscheiden. Die Ersteren verlaufen im Drüsengewebe, die Letzteren durchdringen die Faszienblätter des Aufhängeapparates und verlaufen schließlich direkt unter der Haut. Sie sind dabei kraniodorsal gerichtet und lassen sich dadurch von den großen Lymphgefäßen abgrenzen, die kaudodorsal in Richtung auf den *Ln. mammarius* verlaufen. Die **oberflächlichen Venen** stehen in Verbindung mit den Venenplexus der Zitzenwand und dem Fürstenbergschen Venenring am Übergang zwischen dem Drüsenteil und dem Zitzenteil der Milchzisterne.

2.3.1.3 Lymphabfluss

Neben der guten Blutgefäßversorgung besteht auch ein umfangreicher Lymphabfluss aus dem Euter (→ Abb. 2.7). Das reich verzweigte und klappenlose **Lymphgefäßnetz** durchzieht das gesamte Drüsengewebe und die Zitzenwand. Die größeren Lymphgefäßstämme liegen oberflächlich und sind aufgrund ihrer Größe unter der Haut zu erkennen. Sie verlaufen kaudodorsal zu den Euterlymphknoten (*Lnn. mammarii* = *inguinales superficiales*).
Auf jeder Seite des Euters sind meist ein oberflächlicher und ein tiefer Lymphknoten zu finden (*Ln. mammarius superficialis* und *profundus*). Der *Ln. mammarius superficialis* ist ca. 80 mm groß, bohnenförmig und seitlich von der Euteraufhängung von kaudal her tastbar. Der *Ln. mammarius profundus* ist kleiner, oval und tiefer gelegen. Von den genannten Lymphknoten ziehen efferente Lymphgefäße mit einem möglichen Durchmesser von mehr als 10 mm parallel zur *A.* und *V. pudenda externa* durch den Leistenspalt zum *Ln. iliofemoralis* oder zu den *Lnn. iliaci mediales*. Von hier aus gelangt die Lymphe des Euters in den *Truncus lumbalis* und weiter kranial in die *Cisterna chyli*.

2.3.1.4 Innervation

An der Innervation des Euters sind mehrere Spinalnerven mit ihren Ventralästen beteiligt (→ Abb. 2.7). Von kranial sind die Bauchviertel und die

Abb. 2.7
Darstellung der Lymphgefäßversorgung und Innervation des Rindereuters (Übersicht):
1 – *N. iliohypogastricus;* **2** – *N. ilioinguinalis;* **3** – *N. genitofemoralis;* **4** – *R. mammarius des N. pudendus;* **5** – *Ln. mammarius (inguinalis supf.);* **6** – *Ln. iliofemoralis;* **7** – *Lnn. iliaci mediales;* **8** – *Lnn. sacrales*

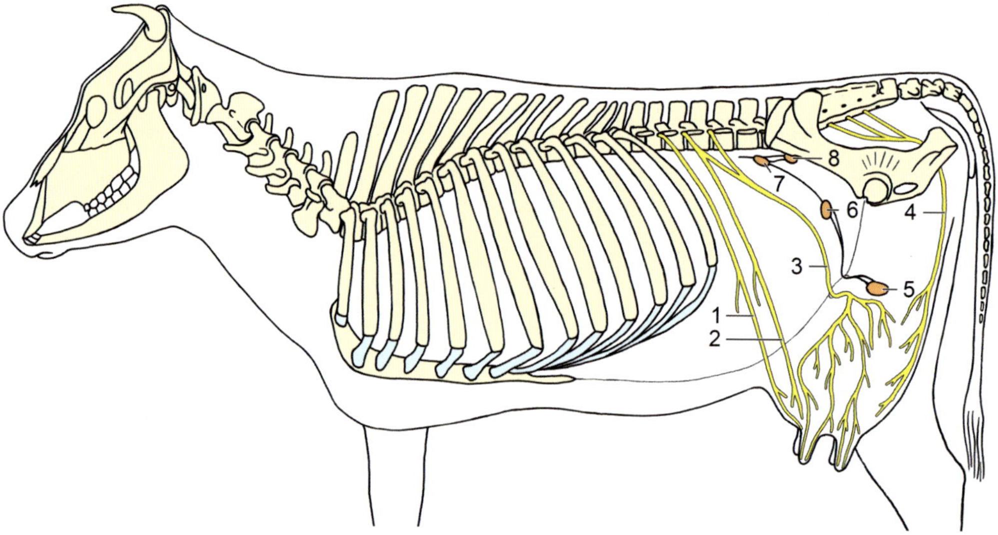

Euterbasis durch den *N. iliohypogastricus* und den *N. ilioinguinalis*, die beiden ersten Lendennerven, versorgt. Ein wichtiger Nerv für das Euter ist der *N. genitofemoralis* (3. Lendennerv), der zusammen mit *A.* und *V. pudenda externa* durch den Leistenspalt nach außen an die Milchdrüse zieht und für den mittleren Teil der Euterhaut zuständig ist. Von kaudal kommt eine weitere nervale Versorgungsroute: die hinteren Abschnitte der kaudalen Viertel werden bis oberhalb der Zitzen sowie im Bereich des Perineum (Milchspiegel) vom *N. pudendus* mit seinem *R. mammarius* innerviert. Dabei erfolgt die **somato-sensible Innervation** hauptsächlich über freie Nervenendigungen in der Haut des Euters und insbesondere in den Zitzen. Dies ist besonders deswegen wichtig, weil Berührungsreize über aufsteigende Nervenbahnen im Hypothalamus für die Ausschüttung des Hormons **Oxytozin** sorgen, das für die Freisetzung der Milch aus dem Drüsengewebe von entscheidender Bedeutung ist (→ Kap. 2.9). Postganglionäre sympathische Fasern gelangen aus dem *Ganglion mesentericum caudale* mit den Fasern des *N. genitofemoralis* an das Euter und steuern hier die Aktivität der glatten Muskulatur in den Zitzen und Blutgefäßen sowie die Korbzellen (Myoepithelien).

Basiswissen 2.3
Besonderheiten der Versorgung der Milchdrüse

- Die *A. pudenda externa* stellt das arterielle Hauptgefäß für das Euter dar. Zusätzlich stammen kleinere Zuflüsse aus der *A. epigastrica cranialis superficialis* und der *A. perinealis ventralis*.
- Der venöse Abfluss erfolgt hauptsächlich auf zwei Wegen: über die *V. pudenda externa* sowie über die gut sichtbare Verbindung zwischen der *V. epigastrica superficialis caud.* und *cran.* („Milchader").
- Verletzungen des Venenrings an der Zitzenbasis beispielsweise bei der Zitzenendoskopie können zu starken Blutungen führen.
- Die Euterlymphknoten liegen von kaudal tastbar an der Euterbasis.
- Die Ventraläste der ersten drei Lendennerven sowie der *N. pudendus* sind für die somatosensible Euterinnervation zuständig. Diese bewirkt über aufsteigende Bahnen im Rückenmark die Freisetzung von Oxytocin.

2.4 Entwicklung des Euters (Mammogenese)

Alle Vorgänge zur Bildung des Euters, die vor der eigentlichen Milchbildung stattfinden, werden als Mammogenese bezeichnet. Die Mammogenese beinhaltet deshalb die Anlage, das Wachstum und die Differenzierung der Milchdrüse bis zum Beginn der aktiven Milchsekretion (ab dann beginnt die Laktogenese). Die Entwicklung des Euters fängt beim Rind bereits embryonal ab Tag 35 an. Dabei wird zunächst sowohl bei weiblichen als auch bei männlichen Tieren ein Euter angelegt. Beim Stierkalb wird die weitere Euterentstehung aber durch den Anstieg der Testosteronkonzentration im Fetus ab Tag 65 wieder unterdrückt.

Zunächst entsteht in der äußeren Haut eine Zellleiste, die als Milchstreifen bezeichnet wird. Durch weiteres Wachstum verdickt sich diese Leiste und wird zur Milchleiste, die beim Rind nur in der Leistengegend angebildet wird. Daraus entwickeln sich durch lokale weitere Verdickung die Milchhügel. Ihre Anzahl entspricht der Zahl der späteren Mammarkomplexe, es gibt aber beim Rind häufiger noch überzählige Drüsenanlagen. Aus diesen kann sich eine zusätzliche Zitze (Hyperthelie), eventuell sogar ein zusätzlicher Drüsenkomplex (Hypermastie) bilden. Aus dem Milchhügel sprosst mit weiterem Wachstum ein zapfenartiger Spross für jede Drüsenanlage in das unterliegende Gewebe, beim Rind also insgesamt vier. An der äußeren Oberfläche bildet sich zu dieser Zeit schon die Mammarknospe, die spätere Zitze. Durch starkes Wachstum (Proliferation) des Bindegewebes wird die Mammarknospe verlängert, es entsteht die für den Wiederkäuer typische, lange Proliferationszitze.

Gleichzeitig mit der Zitzenbildung wächst jede Mammarknospe als solider, primärer Epithelstrang in das unterliegende Bindegewebe und

Tab. 2.1
Hormone und lokale Faktoren mit Funktionen bei der Laktation

Hormon	Stoffklasse und Syntheseort	Stadium der Laktation	Physiologische Wirkung
Östrogen	Steroidhormon, Ovar und Plazenta	Mammogenese	Wachstum der Zitzen und Milchgänge; Hemmung der Milchproduktion
Progesteron	Steroidhormon, Ovar und Plazenta	Mammogenese	Wachstum der Alveolen und der Alveolarepithelzellen; Hemmung der Milchproduktion u. a. über Hemmung der α-Laktalbumin-Synthese und der epithelialen Barriere im Euter über Tight junctions
Plazentäres laktogenes Hormon (Somatomammatropin)	Proteohormon, Plazenta	Mammogenese	wirkt über Prolaktin- und/oder Somatotropin-Rezeptoren; wird abhängig von der Fetusgröße ausgeschüttet und bewirkt eine Proliferation der Milchdrüsenzellen
Cortisol	Steroidhormon, Nebennierenrinde	Laktogenese	zytologische und enzymatische Ausdifferenzierung der Alveolarepithelzellen; Ausdifferenzierung des rauen endoplasmatischen Retikulums; Proteinsynthese von Casein
Insulin	Peptidhormon, Pankreas	Laktogenese	Einleitung der Proteinsynthese der Alveolarepithelzellen
Oxytozin	Peptidhormon, Hypothalamus	Laktopoese und Galaktopoese	Abgabe von Milch durch Stimulation der Kontraktion der Myoepithelzellen (Milchejektionsreflex); entscheidendes Hormon für Milchabgabe
Prolaktin	Proteohormon, Hypophysenvorderlappen	Laktogenese	Stimulation der Synthese von Substraten für die Milch in der Alveolarepithelzelle; Erhöhung des basolateralen Aminosäuretransportes
		Galaktopoese	geringere Bedeutung beim Rind im Vergleich zu anderen Spezies, völliges Fehlen führt aber zur Reduktion der Milchmenge; hält Differenzierung und Überleben der Alveolarepithelzellen aufrecht, führt zur Proliferation der Alveolarepithelzellen
Schilddrüsenhormone (T3, T4)	Peptidhormon, Schilddrüse	Galaktopoese	Beeinflussen die Synthese von Milchbestandteilen; Intensität und Dauer der Milchsekretion
Somatotropin	Proteohormon, Hypophysenvorderlappen	Galaktopoese	koordiniert Umverteilung von Nährstoffen vom Körpergewebe zur Milch; wichtigstes galaktopoetisches Hormon (nur beim Rind!)
		Involution	verhindert über Plasminhemmung die Involution
Serotonin (5-HT)	Peptidhormon, enterochromaffine Zellen der Darmmukosa	Galaktopoese	Bestandteil des autokrin-parakrinen homöostatischen Feedbacksystems des Euters; reduziert Blutfluss des Euters; erhöht Apoptoserate der Alveolarepithelzellen; verändert Tight-junction-Proteine wie Occludin 1

Tab. 2.1 (Fortsetzung)
Hormone und lokale Faktoren mit Funktionen bei der Laktation

Hormon	Stoffklasse und Syntheseort	Stadium der Laktation	Physiologische Wirkung
Feedback inhibitor of lactation (FIL)	Identität noch ungeklärt (evtl. Peptid β-Casein1-18)	Galaktopoese und Involution	Faktor, der lokal in der Milchdrüse zunehmend ansteigt; wird die Milch nicht entzogen, wirkt die hohe Konzentration involutionsfördernd; das kann auch nur ein Viertel betreffen, wenn dort keine Milch entzogen wird, da es sich um einen lokalen Faktor handelt; Veränderung der Tight junctions zwischen den Alveloarepithelzellen; Reduktion der Milchproteinsynthese; Erhöhung der Apoptoserate der Alveolarepithelzellen

verzweigt sich in sekundäre (zukünftige *Ductus lactiferi*) und tertiäre Äste (zukünftige Alveolen). Diese sind zunächst noch solide, die Ausbildung eines Hohlraums erfolgt durch Zellverlagerung, beginnt im Primärspross und schreitet in die sekundären Verzweigungen fort. Nach außen ist dieses Hohlraumsystem noch verschlossen durch einen Pfropf aus verhornten Epithelzellen.
Bis zur Geburt beschränkt sich die Entwicklung der Milchdrüse zunächst auf die Anlage der Zitzen, Zitzenhohlräume und Milchgänge ohne nennenswertes weiteres Wachstum. Im Bindegewebe zwischen den Sekundär- und Tertiärsprossen kommt beim Rind reichlich Fettgewebe mit einer Platzhalterfunktion vor. Nach der Geburt vollzieht sich die Mammogenese dann kontinuierlich weiter bis zur ersten eigenen Abkalbung des Tieres. Dabei bildet sich das Euter über einen sehr langen Zeitraum proportional (isometrisch) zum allgemeinen Wachstum der Kuh aus, wobei zunächst nur das Gangsystem angelegt wird.
Mit Einsetzen der Geschlechtsreife verläuft die weitere Euterentwicklung dann in einem exponentiellen Wachstum. Dies liegt daran, dass die Mammogenese von da ab unter dem Einfluss von Hormonen steht, die vom geschlechtsreifen Eierstock gebildet werden. Bei diesen Hormonen handelt es sich um **Ovarsteroide** (→ Tab. 2.1), zu denen Östrogene (Östradiol) und Gestagene (Progesteron) gehören. Der Beginn der ovariellen Aktivität ist rassespezifisch unterschiedlich und reicht von acht Monaten beim Jersey-Rind bis zu 27 Monaten beim Zebu-Rind. Das Einsetzen der Geschlechtsreife ist mit dem Anstieg der Sexualsteroidhormonspiegel verbunden, der zu einer massiven Zunahme der Euterentwicklung (allometrisches Wachstum) bis unmittelbar vor dem Abkalben führt. Die Ovarsteroidhormone kontrollieren dabei unterschiedliche Anteile der Weiterentwicklung des Euters. Von den Östrogenen wird hauptsächlich das Wachstum der Zitzen und Milchgänge kontrolliert, wohingegen Progesteron das Wachstum der Alveolen und der Milchdrüsenepithelzellen veranlasst. Dabei beeinflussen die Ovarsteroide vor allem die initiale Zellteilung und Entwicklung der Milchdrüse. Später wirken dann noch weitere Hormone an der Mammogenese mit, u. a. Prolaktin, Cortisol, Schilddrüsenhormone und Wachstumshormone (Somatotropin). Die Östrogene stimulieren dabei zum einen direkt die Sekretion von Prolaktin und Somatotropin aus der Hypophyse, zum anderen erhöhen sie zusätzlich die Empfindlichkeit des Milchdrüsengewebes gegenüber den mammogen wirkenden Hormonen.
Bei jedem Zyklus wird das Euter nun durch die Östrogenabgabe des Ovars dahin gehend stimuliert, dass sich die Ausführungsgänge während des Östrus verlängern und verzweigen. Im Gegensatz dazu stimuliert im Met- und Diöstrus das ausgeschüttete Progesteron des *Corpus luteum* (Gelbkörper) das Wachstum und die Differenzierung des lobulär-alveolären Systems. Eine weitere deutliche Steigerung des Milchdrüsenwachs-

tums findet dann bei einsetzender Trächtigkeit des Rindes statt, ganz besonders in der zweiten Trächtigkeitshälfte. Dies wird bedingt durch ein weiteres Hormon, das **plazentäre laktogene Hormon** (Somatomammatropin, → Tab. 2.1), ein Proteohormon, das von der Plazenta gebildet und ins Blut abgegeben wird. Die Konzentration des plazentären laktogenen Hormons korreliert positiv mit dem Gewicht der Plazenta. Somit beeinflusst das im Uterus heranwachsende Kalb über seine Größe die Intensität der Entwicklung der Milchdrüse mit, um für den eigenen Milchbedarf vorzusorgen. Das plazentäre laktogene Hormon kann dabei sowohl über Prolaktin-, als auch Somatotropin-Rezeptoren auf das Euter wirken. Unter der hormonellen Kontrolle der Trächtigkeit kommt es so zur deutlichsten strukturellen Entwicklung des Euters. Dabei verlängern sich die Milchgänge weiter, die Alveolen werden gebildet und ersetzen nach und nach das Fettgewebe. Bei dieser Verlängerung der Milchdrüsengänge wird das bindegewebige Stroma nach und nach durch Parenchym ersetzt, also durch funktionelles Gewebe, das die spezifischen Aufgaben des Euters übernimmt. Durch diese Umbildung kommt es zu einer intensiven Entwicklung des lobulo-alveolären Systems am Ende des sechsten Trächtigkeitsmonats.
Die Kapazität für die später **produzierbare Milchmenge** der Kuh wird hauptsächlich über die Mammogenese reguliert, denn die Korrelation zwischen der Menge an gebildeten alveolären Epithelzellen und der produzierten Milchmenge ist sehr hoch. Tiere, die eine erhöhte Menge an Fibroblasten und Adipozyten anstatt alveolärer Epithelzellen im Euter aufweisen, produzieren geringere Milchmengen. Während der Mammogenese wird die Milchbildung noch von der hohen Progesteronkonzentration unterdrückt, die während der Trächtigkeit vorherrscht, um diese aufrechtzuerhalten. Kurz vor der Geburt sinkt der Progesterongehalt dann entsprechend ab und gibt somit das Startsignal für die Milchbildung (Laktogenese). Mit der Geburt endet damit die anabole Phase der Mammogenese und das Euter wird nun zum Ort großer metabolischer Aktivität.

2.5 Feinbau der laktierenden Milchdrüse

2.5.1 Drüsenkomplexe

Das Gewebe des Euters besteht aus dem Milch bildenden **Drüsengewebe** sowie dem **Bindegewebe**, das für die Aufhängung verantwortlich ist (→ Kap. 2.2.3) und die versorgenden Leitungsbahnen (Blut- und Lymphgefäße sowie Nerven) zwischen die Drüsenanteile treten lässt (→ Abb. 2.8). Das Verhältnis der beiden Gewebeanteile lässt sich bereits im Tastbefund abschätzen: überwiegt das Bindegewebe, ist das Euter sowohl im gefüllten Zustand als auch nach dem Melken derb. Man spricht in diesem Fall von einem „Fleischeuter“, das eine geringere Milchleistung erwarten lässt. Besteht die Milchdrüse überwiegend aus Drüsengewebe, so fühlt sich diese vor dem Melken prall gefüllt an und weist danach eine deutlich weichere Konsistenz auf.
Das Drüsengewebe wird durch die Lamellen des Aufhängeapparates und deren Verzweigungen in Lappen (*Lobi*) und Läppchen (*Lobuli glandulae mammariae*) gegliedert. In den **Läppchen** sind mehrere Hundert bis einige Tausend mikroskopisch kleine Alveolen (lat. *alveolus* = kleine Mulde) dicht gepackt und dadurch unregelmäßig geformt (→ Abb. 2.9). Sie weisen einen Durchmesser in der Größenordnung von einigen Zehntelmillimetern auf. Die Milchdrüse wird ihrer Entstehung gemäß als **tubulo-alveoläre Drüse** (lat. *tubulus* = Röhrchen) angesprochen, da seitliche und endständige Alveolen an einem kleinen Milchgang vorhanden sind. Allerdings liegen die Alveolen bei der hochgezüchteten Milchdrüse des Rindes so dicht, dass die intralobulären Tubuli praktisch vollkommen zurückgebildet sind, zugunsten von bloßen Verbindungsöffnungen zwischen benachbarten Alveolen. Diese sind dadurch zu einem zusammenhängenden, verzweigten System kettenartig hintereinandergeschaltet (damit wäre die Bezeichnung verzweigt-alveolärer Drüsentyp besser geeignet, die Feinstruktur zu beschreiben). Dies bedeutet, dass die Milch aus peripheren Drüsenendstücken eine Kette von 4–6 Gliedern bis zu einer Sammelalveole durchfließen muss, die ihrerseits mit einem interlobulären

Abb. 2.8
Schematische Darstellung eines Drüsenläppchens:
a – Ausschnitt aus dem Querschnitt durch das Euter: das kleine rote Quadrat gibt die ungefähre Größe eines Drüsenläppchens wieder
b – schematische Darstellung eines isolierten Drüsenläppchens: die Ebene zeigt den Schnitt durch die Alveole (Abb. c)
c – schematische Darstellung einer einzelnen Alveole (aufgeschnitten)
d – schematische Darstellung des Drüsenepithels und seiner unmittelbaren Umgebung
1 – Milchfetttröpfchen von Membran umgeben; **2** – Transportvesikel mit Proteinen, das gerade mit der Zellmembran verschmilzt und den Inhalt in das Alveolenlumen freisetzt; **3** – Golgi-Apparat; **4** – raues endoplasmatisches Retikulum; **5** – Zellkern; **6** – Mitochondrium; **7** – basale Einfaltungen der Zellmembran; **8** – Basalmembran um die Alveole; **9** – Myoepithelzelle; **10** – Nervenfaser; **11** – Bindegewebe; **12** – Blutkapillare mit roten Blutkörperchen, von einer eigenen Basalmembran umgeben

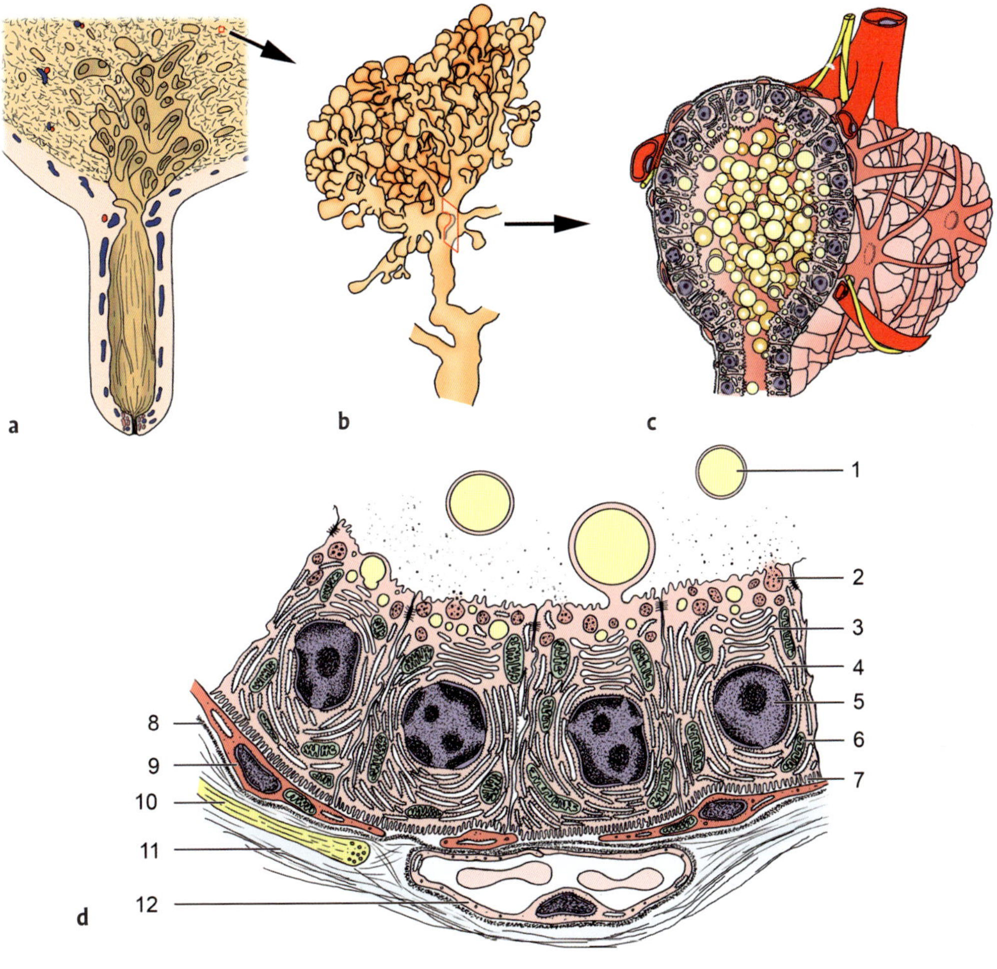

Milchgang in Verbindung steht. Die Milch wird in den Alveolen gesammelt (gestapelt) und kann zu gegebener Zeit in größerer Menge abgegeben werden. Aus diesem Grund spricht man auch von einer **Stapeldrüse**.

Um die Drüsenalveolen ist ein dichtes Netz an **Haargefäßen** ausgebildet, damit diese hochaktiven Zellen ausreichend mit Nährstoffen versorgt werden können. Die Blutgefäße machen einen Großteil des intralobulären Interstitiums aus. Der rege Stoffdurchtritt im Kapillarbereich spiegelt sich in den zahlreichen Pinozytosebläschen der Kapillarendothelien wider. Daneben kommen viele Lymphkapillaren, die in die Euterlymphknoten drainieren. Ein umfangreiches Netz an **Nervenfasern** besteht aus sensiblen und vegetativen Fasern. Die Grundsubstanz zwischen den Alveolen enthält überwiegend kollagene Fasern, die im Bereich der Alveolen und Anfangsabschnitte der *Ductus lactiferi* glatte Muskelzellen einschließen. Neben kollagenen Fasern sind im Bindegewebe sowohl intralobulär als auch interlobulär reichlich elastische Fasern vorhanden. Diese werden im Verlauf der Milchspeicherung gedehnt und unterstützen als passiver Rückstellmechanismus die Myoepithelien bei der Ejektion der Milch.

Benachbarte Gänge der Läppchen und Lappen vereinigen sich zu immer größeren Hohlräumen und münden schließlich mit etwa 10–12 großen **Milchgängen** (*Ductus lactiferi*) in die Drüsenzisterne (*Sinus lactifer*). Auf ihrem Weg zur Zisterne weisen diese Milchgänge wechselnd enge und weite Abschnitte auf, deren Durchmesser auch mehr als 3 cm betragen kann. Diese Bereiche dienen ebenfalls der Milchspeicherung. Die Einmündung geschieht an den Bauchvierteln hauptsächlich von lateral, an den Schenkelvierteln überwiegend von kaudal. Der Mündungsbereich erscheint wegen der unregelmäßigen Unterteilung wie ein großporiger Schwamm. Das Gangsystem jedes Euterviertels ist getrennt von den anderen. Zwischen der linken und rechten Euterhälfte ist eine relativ klare Trennung durch die medialen Lamellen des Aufhängeapparates vorhanden. Zwischen den Drüsenkomplexen einer Körperseite dagegen ist die Trennung weit weniger deutlich. Obwohl sich eine Infektion in einer Euterhälfte zwar nicht unmittelbar ausbreiten kann, ist es doch deutlich leichter möglich, die vergleichsweise zarten Bindegewebsanteile zwischen Bauch- und Schenkelviertel einer Körperseite zu überwinden.

2.5.2 Drüsenepithel

In der Alveolenwand kommt praktisch ausschließlich ein **Zelltyp** vor, der in der Literatur unterschiedlich bezeichnet wird. Synonym verwendet werden können folgende Ausdrücke:

- Alveolarepithelzellen
- Drüsenepithelzellen

Abb. 2.9
Histologische Bilder des Drüsengewebes und der Ausführungsgänge:
a – Drüsenläppchen, stark gefüllt, mit niedriger Höhe der Alveolarzellen (siehe eingefügtes Bild);
b – Drüsenläppchen, mäßig gefüllt; die Alveolarzellen erscheinen isoprismatisch (siehe eingefügtes Bild).
1 – Alveole; **2** – sekretorisches Drüsenepithel; **3** – intralobulärer Ausführungsgang; **4** – „Milchsteinchen" *(Corpus amylaceum);*
5 – intralobuläres Bindegewebe

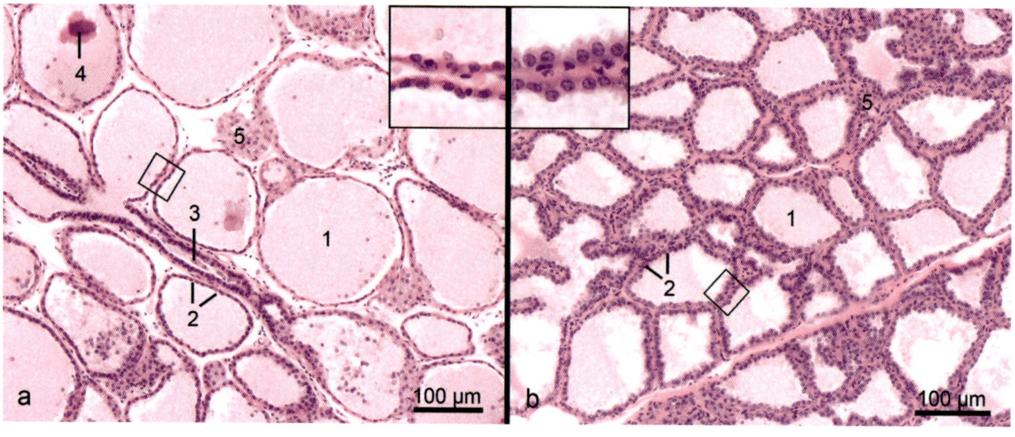

- (Milch-)Drüsenzellen
- Laktozyten

Die Alveolen werden im Mittel von etwa 50–60 Drüsenzellen ausgekleidet (Spannbreite ca. 30–150 Zellen, abhängig von der Alveolengröße). Das Milch bildende Drüsenepithel (→ Abb. 2.8) ist einschichtig und annähernd kubisch. Es ist auf einer Basalmembran aufgelagert. Stellenweise schieben sich Myoepithelzellen (→ Kap. 2.5.3) zwischen die Drüsenepithelzellen und die Basalmembran. Während der Milchspeicherung wird das Epithel niedriger, kurz nach dem Melken ist es leicht hochprismatisch. Da morphologisch nur ein Zelltyp vorkommt, ist davon auszugehen, dass dieser alle neu synthetisierten Milchbestandteile produziert. Lichtmikroskopisch fallen die **Fettvakuolen** auf. Elektronenmikroskopisch sind in diesen Zellen alle Zellorganellen vorhanden, die für eine umfangreiche Syntheseaktivität stehen. Beispielhaft seien erwähnt:

- zahlreiche Mitochondrien für die Lieferung des ATP für die energieintensiven Synthesevorgänge
- raues endoplasmatisches Retikulum für die Proteinsynthese
- Golgi-Apparat für die Herstellung von Laktose und die Verpackung von Syntheseprodukten zum intrazellulären Transport

Die Zellorganellen unterliegen im Laufe der Milchbildung starken Schwankungen in ihrem Umfang. Während der Sekretbereitung sind die Zellen anfangs hochprismatisch, ihr Zellkern ist eiförmig in Längsrichtung der Zelle. Das raue endoplasmatische Retikulum durchzieht dann große, vor allem basale Abschnitte, während der Golgi-Apparat sich in einem extrem entfalteten Zustand befindet und bis zu 2/3 des Zytoplasmavolumens ausfüllen kann. In den Golgi-Vakuolen sind zahlreiche Proteingranula enthalten (vor allem Casein). Im Abschnitt über dem Zellkern treten größere Fetttröpfchen auf, die zu einem Lipidtropfen zusammenfließen.

Basal ist die Zellmembran stark eingefaltet, was zu der Hypothese Anlass gibt, dass es sich hierbei um eine Einrichtung des selektiven Ionentransports handeln könnte.

Die Drüsenepithelzellen sind untereinander **sehr dicht verbunden** (*Zonula occludens* = Tight junctions). Dadurch bleibt die Milch unverändert, deren Ionenzusammensetzung sich teils erheblich von der des Blutplasmas unterscheidet. Diese räumliche Trennung der Milch durch die Drüsenzellen von der Blutgefäßseite wird als **Blut-Milch-schranke** bezeichnet. Lediglich in besonderen Ausnahmesituationen ist ein direkter Austausch von Substraten aus Milch und Blut anhand eines Konzentrationsgradienten möglich (Trockenstellen der Tiere am Ende der Trächtigkeit, Euterentzündung).

Zwischen den einzelnen Lobuli kann die Sekretionsaktivität etwas unterschiedlich sein im zeitlichen Ablauf, sodass die Menge an abgegebener Milch und die Erscheinung der Zellen regional unterschiedlich sein können. Mit zunehmender Füllung der zusammenhängenden Alveole innerhalb eines Läppchens gehen sowohl die Aktivität der Drüsenzellen als auch deren Zellhöhe zurück. An der vollen Alveole werden die aktiven hochprismatischen Drüsenzellen kubisch bis flach. Der Zellkern wird abgeflacht, das raue endoplasmatische Retikulum und der Golgi-Apparat werden stark zurückgebildet. Einschlüsse in der Zelle, wie Fetttröpfchen oder Proteingranula, sind nur mehr spärlich vorhanden. Die gesamte Zelle macht zu diesem Zeitpunkt einen relativ inaktiven Eindruck.

2.5.3 Myoepithelien (Korbzellen)

Im Bereich der Zellbasis sind außen auf den Alveolen Myoepithelzellen aufgelagert (→ Abb. 2.8). Diese stammen vom Ektoderm ab und liegen deshalb noch innerhalb der Basalmembran. Mit ihren langen, verzweigten **Zellausläufern** sind sie über Tight junctions (→ Kap. 2.10) verbunden und umgeben die Alveolen korbartig, daher auch der Name Korbzellen. Ähnlich den glatten Muskelzellen enthalten sie in ihrem Zytoplasma Aktin- und Myosin-Filamente. An ihrer Zelloberfläche sind Oxytozinrezeptoren, weswegen diese Zellen bei Ausschüttung des Hormons mit einer Kontraktion reagieren und dadurch Druck auf die Alveole ausüben. Auf diese Weise kommt es zum sogenannten **Einschießen der Milch**, d. h., die Milch in den Alveolen wird in die größeren Hohlräume freigesetzt (Drüsenzisterne). Sie steht damit dem säugenden Jungtier zur Verfügung oder kann ermolken werden.

2.5.4 Ausführungsgangsystem (Zellen, Verzweigung)

Das Epithel der intralobulären Milchgänge ist zur Zeit der Hochlaktation prinzipiell gleich gebaut wie das der Alveolen: es ist einschichtig und kubisch. Es beteiligt sich in dieser Phase an der Milchbildung. Dabei können sich diese Abschnitte ausweiten und Milch speichern. Weiter distal sind die interlobulären Gänge mit einem zweischichtigen iso- bis hochprismatischen Epithel ausgekleidet. Wie in den Alveolen ist auch hier das Epithel über Tight junctions dicht abgeschlossen, sodass keine Milchbestandteile in die Blutbahn übertreten können. Das Ausführungsgangsystem weist ein unterschiedlich weites Lumen auf. Dies dient der Milchspeicherung.

Myoepithelien sind im Bereich der Milchgänge so zahlreich, dass sie einen geschlossenen Zellverband bilden können. Sie dienen der **Weiterleitung der freigesetzten Milch** aus den Alveolen. Allerdings zeigen die Myoepithelien im Bereich der Milchgänge vorzugsweise eine Spindelform und sind in Längsrichtung der Gänge angeordnet. In den großen Hohlräumen der Milchzisterne ist das Epithel ebenfalls zweischichtig. Beim Rind geht dieses vergleichsweise abrupt in das mehrschichtige, verhornte Plattenepithel des Zitzenkanals über.

Basiswissen 2.4
Besonderheiten des Feinbaus der Milchdrüse

- Bei der Mammogenese wird über die Anzahl der gebildeten Alveolarepithelzellen die Grundlage für die Milchleistungskapazität der jeweiligen Kuh geschaffen.
- Die Alveolen in den Drüsenläppchen sind hintereinandergeschaltet, mit unterschiedlich weiten Hohlräumen und können so die Milch im Läppchen stapeln. Aus dieser Stapeldrüse wird die Milch erst durch die Wirkung des Hormons Oxytozin freigesetzt.
- Die Drüsenzellen in den laktierenden Alveolen weisen alle morphologischen Merkmale hoher Syntheseaktivität auf:
  - Mitochondrien
  - ausgedehntes endoplasmatisches Retikulum
  - umfangreicher Golgi-Apparat
- Die Drüsenzellen bilden mit ausgeprägten Tight junctions die funktionell wichtige Blut-Milchschranke.
- Am Ausführungsgangsystem herrscht ein zweischichtiges Epithel vor, das außen von zahlreichen Myoepithelzellen umschlossen wird.

2.6 Beginn der Milchproduktion (Laktogenese)

2.6.1 Einführung

Der Beginn der Laktogenese ist durch eine tief greifende und schnelle Folge von Veränderungen bei den Alveolarepithelzellen, von ruhenden zu sekretorisch voll aktiven und kompetenten Zellen, gekennzeichnet. Diese Differenzierung der Zellen befähigt sie letztlich erst zur Milchbildung, weswegen diesem Reifungsschritt eine zentrale Bedeutung bei der Milchsekretion zukommt. Die Milchbildung teilt sich dabei in zwei sehr ungleiche Phasen. Die erste Phase beginnt mit der Abkalbung, wird als **Laktogenese** bezeichnet und markiert den Beginn der Milchsekretion. Die zweite Phase ist wesentlich länger, umfasst die lange Aufrechterhaltung der Milchbildung und wird **Galaktopoese** genannt. Während Östrogen und Progesteron die entscheidende Rolle beim Wachstum und der Reifung des Euters spielen, inhibieren sie gleichzeitig die sekretorische Aktivität der Alveolarepithelzellen. Kurz vor der Geburt wird dann durch den Wegfall der hemmenden Wirkungen von Östrogen und Progesteron zunächst die Proliferation der Alveolarepithelzellen weitgehend beendet. Anschließend wird lediglich ein geringer Anteil dieser sekretorischen Zellen (unter 10 %) noch bis zum Laktationshöhepunkt zwei bis vier Wochen nach der Geburt (→ Abb. 2.10) neu

Abb. 2.10
Laktationskurve

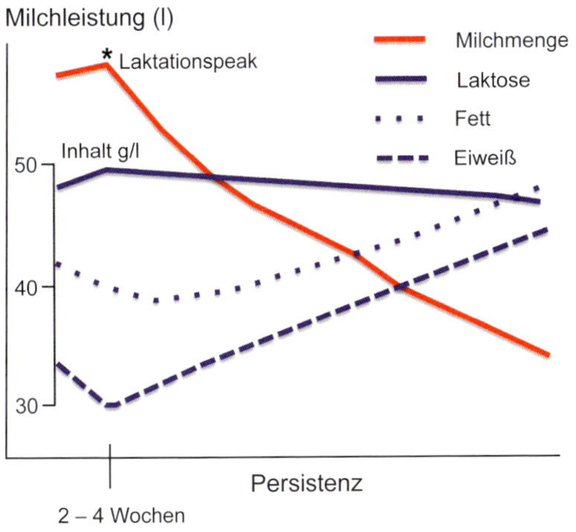

gebildet, das Myoepithelzellwachstum wird dagegen kurz vor der Geburt bereits komplett beendet. Zu diesem Zeitpunkt kommt es auch zur entscheidenden inneren Ausformung des Euters zu einer sekretionsfähigen Drüse. Dabei ist der **Differenzierungsprozess der Alveolarepithelzellen** wichtig, der dazu führt, dass diese Zellen die charakteristischen Substrate für die Milch synthetisieren können.

Dieser Vorgang verläuft in zwei Stufen. Die erste Stufe besteht aus der enzymatischen und zytologischen Differenzierung der Alveolarepithelzellen zum Ende der Trächtigkeit. Die dabei entstehende Flüssigkeit aus Blut und ersten Milchbestandteilen kann noch nicht als Milch klassifiziert werden. Daran schließt sich die zweite Phase an, die dann zur Produktion und Abgabe aller Milchbestandteile und damit einer vollwertigen Milchproduktion führt. Diese Phase beginnt ab drei Tage vor bis zum Tag der Geburt und ist gekennzeichnet durch das Schließen der Tight junctions zwischen den Alveolarepithelzellen, was durch den Abfall des Progesterons eingeleitet wird. Die Milch wird dann als Absonderung der Drüsen produziert und unwillkürlich abgeschieden; diese Abgabe von Substanzen durch Drüsen bezeichnet man als **Sekretion** oder **Sezernierung**. Geregelt wird die Milchabgabe durch das vegetative Nervensystem und durch Rückkopplungsmechanismen, an denen z. T. auch wieder Hormone beteiligt sind. Während der Trächtigkeit wird die Laktogenese zunächst wie beschrieben durch den hohen Progesteronspiegel unterdrückt. Das Progesteron ist somit der Hauptinhibitor der Milchsekretion. Durch die Rückbildung des *Corpus luteum* vor der Geburt sinkt die Progesteronkonzentration im Organismus der Kuh zunehmend ab und damit spricht die Milchdrüse auf die Hormone an, die zum sogenannten **laktogenen Komplex** gezählt werden, das sind Insulin, Cortisol und Prolaktin (→ Tab. 2.1). Unter Einwirkung dieser laktogenen Hormone differenziert sich die sezernierende Milchdrüsenzelle jetzt vollkommen aus und erwirbt dabei die Fähigkeit, besondere Kohlenhydrate, Proteine und Fette für die Milch herzustellen. Die Veränderungen beginnen mit dem Schluss der Tight junctions zwischen den Alveolarepithelzellen und einer vorübergehenden Erhöhung der Sekretion von Immunglobulin G (IgG) und Laktoferrin. Nach weiteren 36 Stunden kommt es zu einer erhöhten Synthese der spezifischen Milchbestandteile, dazu ist allerdings zunächst die weitere Entwicklung des endoplasmatischen Retikulums und des Golgi-Apparates essenziell. Insulin aus dem Pankreas führt dabei zur Einleitung der Proteinsynthese und erhöht daneben auch die Ansprechbarkeit auf weitere Hormone des laktogenen Komplexes. Das aus der Nebennierenrinde stammende Glukokortikoid **Cortisol** induziert die Differenzierung des rauen endoplasmatischen Retikulums und initiiert darüber hinaus die Synthese von Casein. Der Beginn der Milchproduktion beim Rind steht aber im Wesentlichen unter der Kontrolle von **Prolaktin**. Dieses Hormon hat bei nicht säugenden Wirbeltieren andere Funktionen und ist dort für den Salz- und Wasserhaushalt sowie das Verhalten zuständig. Beim Rind stellt Prolaktin dagegen sicher, dass die Synthese von Substraten für die Milch funktioniert. Wenn die Laktogenese abgeschlossen ist, ist jede sekretorische Einheit der laktierenden Milchdrüse aus voll differenzierten Alveolarepithelzellen zusammengesetzt, die in Läppchen organisiert sind und alle ungefähr die gleiche Größe und Struktur haben. In jedem Läppchen befinden sich Hunderte Alveolarzellen und intralobuläre Gänge.

In den nachfolgenden Abschnitten wird die Synthese der wichtigsten Milchbestandteile beschrieben, die zentraler Bestandteil der Laktogenese sind.

2.6.2 Synthese der einzelnen Hauptmilchbestandteile

Die fertig differenzierten Euterepithelzellen haben jetzt die Fähigkeit, Nährstoffe, die im Körper des Rindes zirkulieren, in Milchbestandteile umzuwandeln. Milch ist deshalb letztlich eine Mischung aus **Wasser** und **Makromolekülen**, die von exokrinen Zellen unter der Kontrolle von Prolaktin abgegeben werden. Milchdrüsen primitiver Säugetiere stellen eine einfache, dem Blut ähnliche Substanz her; im Laufe der Evolution entwickelte sich jedoch die Produktion weiter zu einem Milchdrüsensekret mit eigenen, milchspezifischen Bestandteilen. Deshalb vereint das Rindereuter eine spezielle anatomische Struktur, biochemische Besonderheiten und spezielle physiologische Regulationsmechanismen für die Milchproduktion.
Die Gangsysteme und die Milchzisterne bilden den Speicherraum für die Milch, da sie impermeabel sind für die Hauptmilchbestandteile. Fast alle Milchinhaltsstoffe müssen **transzellulär** vom Blut in die Milch transportiert werden (→ Tab. 2.2), weil die parazelluläre Route durch die dichten Verbindungen zwischen den Zellen, den sogenannten Tight junctions, verschlossen ist (→ Abb. 2.11 bis → Abb. 2.13). Das Kapillarsystem liefert dabei die Substrate für die Milch. Pro Liter gebildete Milch benötigt das Euter deshalb eine Blutmenge von 300–500 Litern, der manche Nährstoffe und Wasser für die Milch entzogen werden. Das bedeutet, dass insgesamt 10 000–20 000 Liter Blut täglich durch das Euter fließen müssen und damit alle fünf Minuten die gesamte Blutmenge der Kuh das Euter durchströmt. Das **Substratangebot** für die Milch ist dabei zum einen direkt von der Blutversorgung des Euters abhängig; zum anderen findet die Synthese der Milchbestandteile aber auch erst direkt im Euter statt.
Die Synthesekapazität und damit die Milchleistung hängen direkt von der Anzahl, der Ausdifferenzierung und der Sekretionsrate der Alveolarepithelzellen ab. Eine elementare Eigenschaft der Milchsekretion ist, dass der osmotische Druck der Milch dem des Blutes entspricht. Alle Vorstufen und Substrate der Milchkomponenten, die aus dem Blut stammen, müssen zunächst die basale Seite der Epithelzellen passieren (→ Abb. 2.11, → Abb. 2.12 und → Abb. 2.13), bevor sie zu Kohlenhydraten, Fetten oder Proteinen für die Milch aufgebaut werden. Bei der Milchbildung handelt es sich um ein sehr gut koordiniertes System – bestehend aus der Synthese der Milchbestandteile, ihrer Sezernierung und ihrem Transport – das nötig ist, um dieses komplexe Sekret in konstanter Zusammensetzung herzustellen.

2.6.2.1 Kohlenhydrate

Milch bildende Zellen sind durch ihre Ultrastruktur generell sehr gut von nicht laktierenden Zellen unterscheidbar, weil sich die Zellorganellen durch die hohe Syntheseleistung charakteristisch verändern. Die Milch enthält als sehr charakteristisches Kohlenhydrat das Disaccharid **Laktose**, das aus Glukose und Galaktose zusammengesetzt ist und den Hauptanteil der Kohlenhydrate in der Milch ausmacht (→ Abb. 2.11). Die Laktose kommt fast ausschließlich in der Milch vor und wird auch **Milchzucker** genannt. Die für den Aufbau benötigte Glukose wird über die basolaterale Membran der Alveolarepithelzellen über ein spezifisches Transportsystem, den Glukosetransporter GLUT1, aus dem Blut in die Zelle aufgenommen (→ Abb. 2.11). Dieser Insulin-unabhängige Glukosetransporter wird insbesondere im Euter von laktierenden Kühen sehr hoch exprimiert.
Die Verwendung von Glukose für die Laktosesynthese ist ein Schlüsselprozess für die erzielbare Milchmenge, denn die Laktose sorgt für die Osmolarität der Milch und zieht deshalb in Abhängigkeit von der produzierten und sekretierten Laktosemenge Wasser nach. Das Gleichgewicht ist erreicht, wenn zwischen 4,5 und 5 % Laktose in der Milch enthalten sind. Als Quelle für die zum Aufbau von Laktose benötigte Glukose steht der Milchdrüse nur Glukose aus dem Blut zur Verfügung, weil im Euter keine Glukoneogenese aus anderen Substraten stattfinden kann, da das dafür benötigte Enzym Glukose-6-Phosphatase hier

Abb. 2.11
Schematische Darstellung der Synthese des Milchzuckers

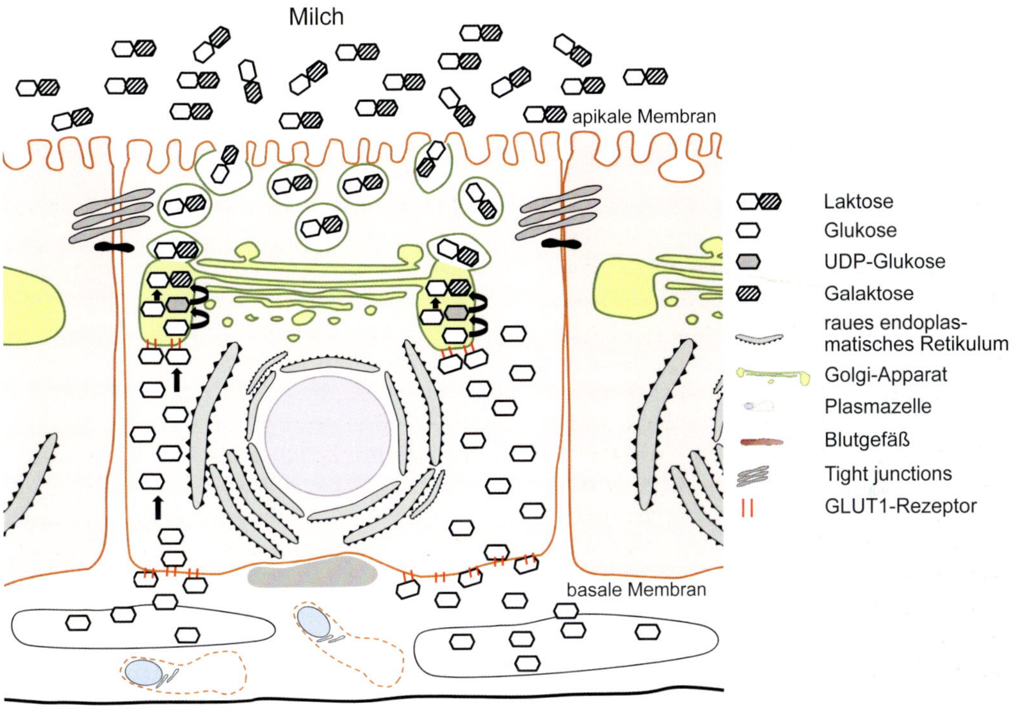

fehlt. Deshalb ist die Aufnahme von Glukose aus dem Blut in das Euter ein limitierender Faktor für die Milchproduktion und es besteht eine lineare Beziehung zwischen dem Glukosetransport und der erzielten Milchmenge. Um möglichst viel Glukose aus dem Blut für die Laktosebildung in der Alveolarepithelzelle zur Verfügung stellen zu können, kommt es im gesamten peripheren Körpergewebe des Rindes zu einem veränderten Ansprechen auf das Hormon **Insulin**. Diese Veränderungen zielen in den verschiedenen Geweben darauf ab, die Glukoseproduktion in der Leber zu erhöhen und den Verbrauch von Glukose in allen Geweben außer dem Euter einzusparen. Deshalb sind die Insulinspiegel im Blut mit einsetzender Laktation deutlich geringer und die Glukose wird zur Milchdrüse hin umverteilt, da diese die Glukose über GLUT1 Insulin-unabhängig aufnimmt. Den hohen Glukosebedarf der Milchdrüse kann man daran erkennen, dass während der Laktation zwischen 60 und 85 % der Blutglukose vom Euter aufgenommen werden. Dabei nehmen die Alveolarepithelzellen die Glukose über GLUT1 mit erleichterter Diffusion auf. Die **erleichterte Diffusion** ist ein Stofftransport, bei dem eine Substanz mit einem Carrier von der einen auf die andere Seite einer Membran transportiert werden. Im Falle des Transportes der Glukose ist der Carrier das GLUT1-Protein, das bei der Bindung der Glukose seine Konformation ändert und so den Stoff durch die Membran schleust. Da GLUT1 nur je ein Molekül transportiert, ist es ein sogenannter Uniport. Im Golgi-Apparat der Alveolarepithelzelle wird dann ein Teil der aufgenommenen Glukose zunächst zu Uridindiphosphat (UDP)-Glukose und dann mithilfe einer Epimerase weiter zu UDP-Galaktose umgewandelt. Auch über die Membran des Golgi-Apparates wird die Glukose entsprechend über GLUT1 in die Zellorganelle transportiert. Diese **GLUT1-Expression des Golgi-Apparates** der Alveolarepithelzellen ist eine physiologische Besonderheit für die Milchbildung, denn die meisten anderen Zellen exprimieren kein GLUT1 an ihrer Golgi-Membran. Aus dieser UDP-Galaktose und der nicht modifizierten Glukose wird dann im Golgi-Apparat Laktose aufgebaut, indem die Galaktose und Glukose 1,4-β-glykosidisch verbunden werden. Dies geschieht mithilfe der Laktosesynthase, einem ganz besonderen Enzym, das ausschließlich bei Säugetieren vorkommt.

Die **Laktosesynthase** ist ein Enzym, das aus zwei Untereinheiten besteht: zum einen aus der Galaktosyltransferase, einem Glykoprotein, das ubiquitär im Körper vorkommt, und zum anderen aus dem Molkeprotein α-Laktalbumin. Während der Trächtigkeit wird die Laktopoese u. a. dadurch gehemmt, dass Progesteron spezifisch die α-Laktalbuminsynthese hemmt und damit die Enzymbildung für die Laktoseherstellung verhindert. Das α-Laktalbumin ist selbst nicht katalytisch aktiv, sondern verändert stattdessen die Eigenschaften der Galaktosyltransferase dahin gehend, dass diese Laktose produziert, während sie in anderen Zellen, die kein α-Laktalbumin enthalten, Glykoproteine herstellt. Weil α-Laktalbumin nur im Euter vorkommt, kann sich nur dort der Laktosesynthasekomplex bilden und deshalb entsteht die Laktose exklusiv in der Milchdrüse. Die Expression von α-Laktalbumin im Euter wird dabei von Hormonen so reguliert, dass es nur im laktierenden Euter vorkommt (→ Kap. 2.6.2.3). Die Konzentration von α-Laktalbumin ist entscheidend für die Geschwindigkeit der Laktosebildung. Die Laktosesynthase katalysiert den Aufbau von Laktose im **Golgi-Apparat** und es entsteht dort mit Laktose ein Disaccharid, das nicht in der Lage ist, wieder über die Membran des Golgi-Apparates heraus zu diffundieren. Diese **Impermeabilität** ist ein ganz entscheidendes Charakteristikum für die Milchsynthese, da die Laktose deshalb stark osmotisch aktiv ist. Dies führt bereits im Golgi-Apparat dazu, dass Wasser angezogen wird, was zu einer typischen Schwellung des Golgi-Apparates der sekretorischen Zellen während der Laktation des Euters führt.

Die Synthese von Laktose ist eine einseitig gerichtete Reaktion, das bedeutet, dass die gebildete Laktose nicht wieder zu Glukose und Galaktose zurückreagiert und dass hohe Konzentrationen von gebildeter Laktose auch nicht dazu führen, dass die weitere Synthese gehemmt wird. Um die Laktose nun in die Milch zu bringen, muss sie im Golgi-Apparat zunächst in sekretorische Vesikel verpackt werden, die dann zur apikalen Zellmembran wandern (→ Abb. 2.11) und dort über Exozytose ausgeschleust werden. Die **Exozytose** ist ein physiologischer Transportvorgang, der den Transfer von Substanzen über die undurchlässige Zellmembran ermöglicht, ohne Kanäle, Carrier oder Transportproteine zu nutzen (→ Tab. 2.2). Die meisten Komponenten der wässrigen Milchphase werden über den Exozytosepfad in die Milch sekretiert, dabei wird die Zellmembran selbst als Transporter benutzt (→ Tab. 2.2). Bei der Exozytose fusioniert ein von einer Membran umhülltes, sekretorisches Vesikel aus dem Zellinneren mit der Innenseite der Zellmembran (→ Abb. 2.11). Wenn die Vesikelmembran mit der Zellmembran eine Einheit gebildet hat, werden die Vesikelinhaltsstoffe nach außen abgegeben. Auf diese Weise werden Kohlenhydrate (und auch Proteine, → Kap. 2.6.2.3) in die Milch sekretiert. Da die Laktose die wesentliche **osmotische Komponente** der Milch ist, steht die Milchmenge, die das Rind insgesamt produzieren kann, in direktem Zusammenhang mit der Laktosemenge. Je höher die Laktosekonzentration im Lumen der Alveolen ist, desto mehr Wasser folgt entsprechend nach. Die osmotische Wirkung der Laktose ist im Übrigen auch der Grund, warum unverdaute Laktose aus der Nahrung zu Durchfall führen kann. Fehlt das Enzym Laktase an der Bürstensaummembran des Darmes, dann bleibt die Laktose im Darm zurück, kann nicht resorbiert werden und zieht zusätzlich Wasser in das Darmlumen (Laktosemaldigestion oder Laktoseintoleranz). Neben der Laktose kommen auch komplexe Oligosaccharide in der Milch vor, allerdings in wesentlich geringerer Konzentration (0,05 g/l) als Laktose (48 g/l).

2.6.2.2 Fett

Fett ist der variabelste Faktor in der Milch und setzt sich aus Fettsäuren unterschiedlicher Länge und Sättigung zusammen. Die Fettzusammensetzung wird dabei von der Genetik des Rindes und von der Fütterung beeinflusst. Dabei sind nicht die im Futter enthaltenen Fette entschei-

Abb. 2.12
Schematische Darstellung der Synthese des Milchfettes

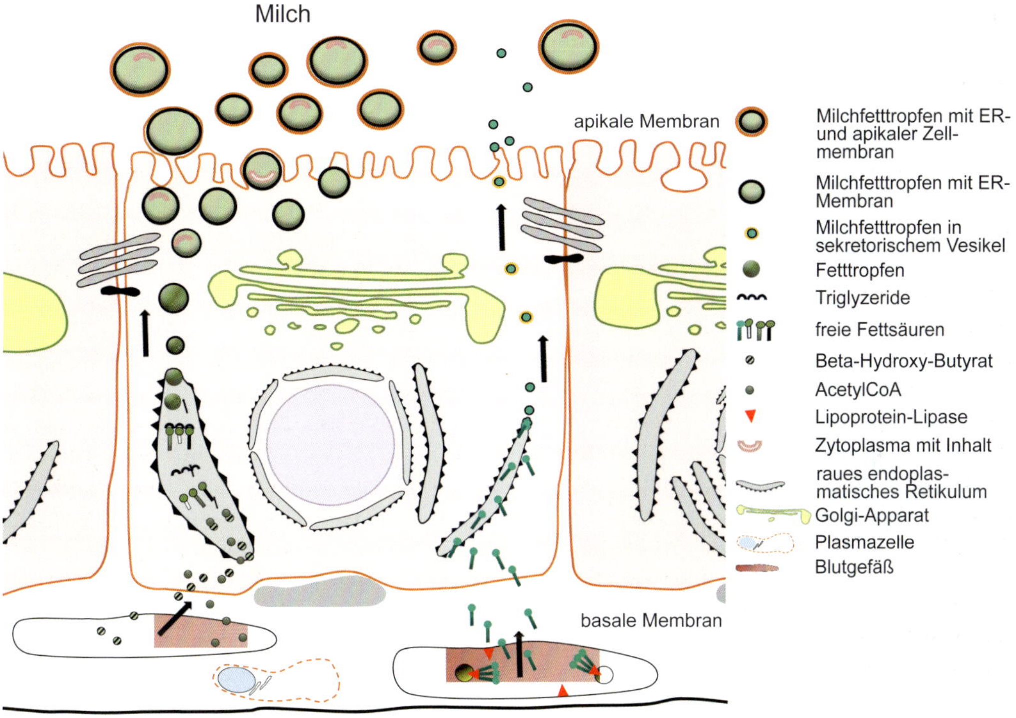

dend, sondern die energetische Versorgung der Kuh. Durch die Verdauung der Mikroorganismen kommen unabhängig von der Fettsäurezusammensetzung des Futters im Wesentlichen nur gesättigte freie Fettsäuren aus dem Pansen. Diese werden zur Produktion des größten Energielieferanten in der Milch verwendet, dem **Milchfett**. Vor Beginn der Laktation werden dabei zunächst erhebliche Fettreserven durch die Kuh gebildet, zwischen der Abkalbung und der erneuten Trächtigkeit nutzt sie dann aber alle körperlichen Reserven für die Laktation. Dies ist ein genetisches Programm, das das Rind selbst dann abruft, wenn ausreichend Nährstoffe über das Futter zur Verfügung stehen. Über 95 % der Milchfette sind **Triglyzeride**, die somit klar dominieren, der Rest sind Phospholipide und unveresterte Steroide. Das Milchfett der Rinder ist außerdem durch hohe Anteile an Butter- und Palmitinsäure gekennzeichnet. Die Triglyzeride bestehen aus drei Fettsäuren, die mit Glyzerin verestert werden.

Es gibt zwei generelle Wege für das Rind, Triglyzeride für die Milch herzustellen (→ Abb. 2.12). Der Erste ist die **De-novo-Synthese** von Fettsäuren aus Acetat und β-Hydroxybutyrat (→ Abb. 2.12). Das Acetat und β-Hydroxybutyrat werden von den Mikroorganismen des Pansens durch den Abbau von Futterrohfaser produziert und über das Blut zur basolateralen Seite der Alveolarepithelzelle transportiert. Beide Substrate werden dort zunächst über die basolaterale Membran aufgenommen und liefern den Kohlenstoff für die De-novo-Synthese von Fettsäuren beim Rind. Da Rinder einen niedrigen Blutglukosespiegel aufweisen und die Glukose bereits für die Laktosesynthese benötigt wird (Abschnitt Kohlenhydrate), verwenden sie den Kohlenstoff von Acetat anstatt jenen von Glukose für die Fettsäuresynthese. Die Fettsynthese aus Acetat und β-Hydroxybutyrat wird dann von membrangebundenen Fettacyltransferasen im endoplasmatischen Retikulum vorgenommen, dabei wird der wesentliche Anteil aus Acetat gebildet. Aus Acetat und Butyrat werden dann im Zytoplasma der Alveolarepithelzelle durch Fettsäuresynthasen Fettsäuren von vier bis 14 C-Atomen aufgebaut. Bei diesem Pfad stammen die Grundbaustoffe für das hergestellte Milchfett aus dem Stoffwechsel des Rindes, das Endprodukt (Triglyzeride) für die Abgabe in die Milch wird aber in der Alveolarepithelzelle hergestellt.

Der zweite Weg zur Gewinnung von Fettsäuren für die Triglyzeride ist die Nutzung von Fettsäuren aus Chylomikronen und Lipoproteinen, die aus dem Futter stammen oder mikrobiellen Ursprungs sind (→ Abb. 2.12). **Chylomikronen** sind kleine Fettkügelchen, die im Darm gebildet werden und zu 90 % aus Triglyzeriden bestehen. In diesen Chylomikronen werden die Fettsäuren so angeordnet, dass die hydrophilen Anteile zur Oberfläche zeigen, was eine Resorption der Fette über die Darmwand ermöglicht. Rinder weisen allerdings nur wenig Chylomikronen in der Lymphe oder im Blut auf, weil ihr Futter in der Regel fettarm ist. Die Hauptquelle für vom Blut ins Euter übertretende Fettsäuren sind deshalb **VLDL (Very low density lipoprotein)-Partikel** aus der Leber. Wie viele davon aufgenommen werden, liegt vor allem an der Aktivität des Enzyms Lipoprotein-Lipase aus dem Kapillarendothel des Euters, das freie Fettsäuren von den Fetten abspaltet. Mit Beginn der Laktation erhöht sich die Aktivität der Lipoprotein-Lipase an den Milchdrüsenkapillaren um ein Vielfaches, wohingegen sich die der Lipase im Fettgewebe der Milchdrüse vermindert. Dadurch kommt es zu einer vermehrten Aufnahme der Fettsäuren vom Blut ins Euter. Diese direkt aus dem Blut stammenden, meist langkettigen Fettsäuren sowie Glyzerol und Monoacylglyzerid werden über die basolaterale Membran in die Zelle aufgenommen. Über die Fütterung kann daher sowohl die Menge des Milchfetts, als auch die Fettzusammensetzung gesteuert werden.

Dabei hat der Gehalt an ungesättigten Fettsäuren im Futter bei Wiederkäuern allerdings nur einen geringen Einfluss auf das **Fettsäuremuster** des Milchfetts, da im Pansen eine intensive Hydrierung der Säuren durch die an der Verdauung beteiligten Mikroorganismen stattfindet. Entscheidender ist die energetische Versorgung des Rindes für den Anteil des Milchfettes und seine genaue Zusammensetzung. Im Wesentlichen werden die Triglyzeride aus dem Blut für die Gewinnung langkettiger Fettsäuren herangezogen; ein Futter mit hohem Kohlenhydratanteil erhöht dagegen den Anteil mittelkettiger Fettsäuren in der Milch. Die Bildung von Milch mit unphysiologisch niedrigem Fettgehalt kann verschiedene Ursachen haben. So kann z. B. die Verabreichung einer energiereichen, aber an Raufutter armen Ration zu einer geringeren Bereitstellung von Acetat oder β-Hydroxybutyrat durch Mikroorganismen aus dem Vormagen führen, deshalb ist eine gute Raufuttergabe sehr wichtig für die Milchkuh.

Das Milchfett besteht also je zur Hälfte aus dem neu synthetisierten Fett und der Aufnahme zirkulierender Fettsäuren aus dem Blut, die dann zur Triglyzeridsynthese verwendet werden. Die Milchfett-Triglyzeride werden im rauen endoplasmatischen Retikulum laktierender Euterzellen synthetisiert, verestert und bilden zunächst kleine Tröpfchen (→ Abb. 2.12). Die entstehenden **Fetttröpfchen** werden dann ins Zytosol abgegeben. Einige der Tropfen fusionieren dabei zu sehr großen Fetttropfen, andere bleiben in der ursprünglichen Größe und wandern zur apikalen Membran. Die Zusammenlagerung der Fetttropfen wird durch Calcium und einen noch nicht identifizierten Faktor aus dem Zytosol gefördert. Dabei werden die Tropfen außerdem von einer Proteinhülle (Milchfetttröpfchenmembran) und polaren Lipiden umgeben. Die Zusammensetzung dieser **Milchfetttröpfchenmembran** ist beim Säuger zu 98 % homolog. Die Membran sorgt dafür, dass das Milchfett in dieser Form ins Lumen des Euters abgegeben werden kann. Sie besteht u. a. aus Muzinen, die von der apikalen Membran der laktierenden Zellen stammen. Weitere Bestandteile sind ein Redoxenzym, CD36, Butyrophilin und Adipophilin. Wenn das Redoxenzym Xanthinoxidase und Butyrophilin inhibiert werden, entfällt der stabilisierende Effekt auf die Milchfetttröpfchen und es kommt zu großen Ansammlungen von Fettaggregaten in der Milchdrüse.

Neben den Anteilen der apikalen Plasmamembran enthält die Milchfetttröpfchenmembran auch Anteile der Membran des endoplasmatischen Retikulums oder Proteine, die beim Transfer durch das Zytosol mit an die Oberfläche der Fetttropfen genommen werden. Die Milchfetttröpfchenmembran hat zwei Funktionen: Sie ist zum einen die Quelle von Phospholipiden und Cholesterin für das säugende Jungtier; zum anderen verhindert die Membran die Zusammenlagerung von zu großen Fetttropfen für die Sekretion. Manchmal wird in die Milchfettkügelchen auch noch etwas Zytoplasma der Alveolarepithelzelle mit seinen Inhaltsstoffen eingeschlossen. Das bedeutet aber auch, dass über diesen Weg letztlich jede Substanz aus dem Zytoplasma über den **Einschluss in Milchfettkügelchen** in die Milch übergehen kann.

Mehr als 99 % des Milchfettes befindet sich in diesen Milchfettkügelchen, die aus ca. 73 % Fett bestehen, der Rest ist Protein. Das darin enthaltene Fett wiederum besteht zu über 95 % aus Triglyzeriden, der Rest aus Phospho- und Glykolipiden. An der apikalen Membran stülpen die Fetttropfen dann entweder die Zelloberfläche aus, bis der Tropfen komplett von der apikalen Zellmembran umgeben ist, sich losreißt und ins Lumen abgegeben wird (→ Abb. 2.12 und → Tab. 2.2), oder die sekretorischen Vesikel werden über Exozytose abgegeben (→ Abb. 2.12 und → Tab. 2.2). Im Ausführungsgangsystem des Euters ist das Fettkügelchen dann somit in jedem Fall von einer Membran (der des endoplasmatischen Retikulums und meist zusätzlich von der apikalen Zellmembran) umgeben und wird ab diesem Stadium Milchfettkügelchen genannt. Im Verlauf der Laktation (→ Abb. 2.10, Laktationskurve) nimmt der **Gesamtfettgehalt** in der Milch zu und es ändert sich dabei auch die **Zusammensetzung der Fettsäuren**. Bis zur Mitte der Laktation steigt die Konzentration der kurz- und mittelkettigen Fettsäuren an, danach ändert sich die Zusammensetzung nur noch gering. Auch die Rinderrassen unterscheiden sich im Milchfettgehalt, so bilden Jersey-Rinder deutlich mehr Milchfett als Holstein-Friesian-Kühe. Mit traditioneller Tierzucht ist der Milchfettgehalt innerhalb der jeweiligen Rasse dagegen nur gering beeinflussbar.

2.6.2.3 Proteine

Die Milchproteine werden im rauen endoplasmatischen Retikulum synthetisiert. Dabei sind die wesentlichen Proteine, die durch die Alveolarepithelzellen spezifisch für die Milch hergestellt werden, α-, β-, κ-Caseine (76–86 %), α-Laktalbumin und β-Laktoglobulin. Das Hauptprotein ist α-Casein, das deshalb auch **Milchprotein** genannt wird. α-Laktalbumin und β-Laktoglobulin gehören zu den **Molkeproteinen**. Das α-Laktalbumin ist die zweite Untereinheit der Laktosesynthase (→ Kap. 2.6.2.1) und ist an der Übertragung des Galaktosylrests von UDP-Galaktose auf Glukose bei der Laktoseherstellung beteiligt. Die für die Proteinbildung benötigten **Aminosäuren** werden als Bausteine für die Proteinsynthese zunächst über die basolaterale Membran der Alveolarepithelzelle aufgenommen (→ Abb. 2.13). Dabei werden essenzielle und nicht essenzielle Aminosäuren aus dem Blut aufgenommen. Zusätzlich werden aber die nicht essenziellen auch noch direkt in der Milchdrüse synthetisiert, da ein sehr hoher Bedarf an Aminosäuren für die Proteinsynthese besteht. Für die Versorgung des Euters mit Aminosäuren ist die generelle Energiezufuhr für das Rind entscheidend, nicht die Versorgung mit Protein, da dem Rind durch sein besonderes Verdauungssystem mikrobiell hergestellte Peptide als Aminosäurequelle zur Verfügung stehen. Die Aminosäuren, die aus dem Blut basolateral in die Alveolarepithelzelle aufgenommen werden, nutzen verschiedene Transportsysteme, die jeweils spezifisch sind für ganze Gruppen von Aminosäuren (sauer, basisch, neutral, aromatisch). Der Aminosäuretransport über bestimmte Systeme (z. B. System L, ein Na^+-unabhängiger, elektroneutraler Transport für neutrale Aminosäuren) wird über Prolaktin reguliert und die Expression dieser Transporter ist zum Zeitpunkt der Laktation an der basolateralen Membran deutlich erhöht. Die Expressionsänderung der Aminosäuretransporter kann im Übrigen auch durch vermehrtes Melken positiv beeinflusst werden. Sobald die Aminosäuren in der Zelle sind, werden daraus Proteine synthetisiert; dazu werden die einzelnen Aminosäuren im rauen endoplasmatischen Retikulum kovalent gebunden. Proteine, die über diesen Mechanismus hergestellt werden, sind die Casei-

Abb. 2.13
Schematische Darstellung der Synthese der Milchproteine

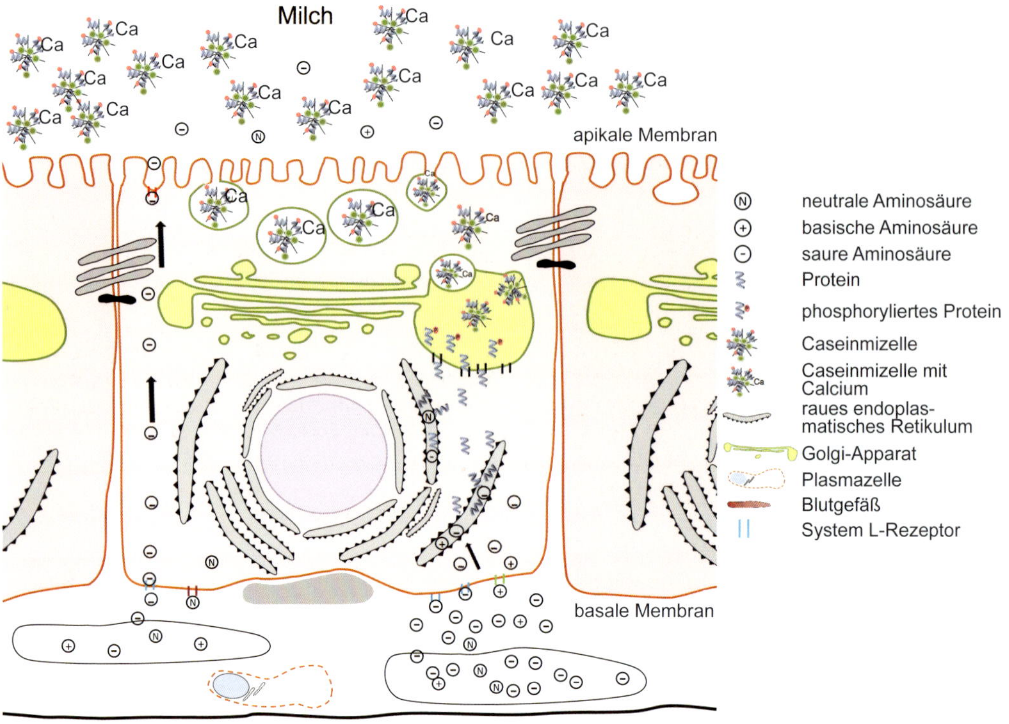

ne, β-Laktoglobulin, α-Laktalbumin, Zelloberflächenproteine und membrangebundene Enzyme. Proteine, die in der Zelle verbleiben, werden durch die Ribosomen im Zytoplasma gebildet. Dazu gehören intrazelluläre Enzyme, Strukturproteine, wie Keratine, und andere zelluläre Proteine.

Die Regulation dieser intramammären Proteinsynthese findet u. a. durch Insulin statt. Die neu synthetisierten Proteine für die Milch werden dann vom rauen endoplasmatischen Retikulum zum Golgi-Apparat transferiert und dort für die Ausschleusung aus der Zelle vorbereitet (→ Abb. 2.13). Die Caseine assoziieren in den Vesikeln des Golgi-Apparates zu runden Komplexen, den Mizellen. Die **Mizellen** sind kleine Kügelchen, in denen sich hydrophile und lipophile Substanzen so zusammenlagern, dass die hydrophilen Anteile nach außen zeigen. Sie bestehen zu 90 % aus Caseinen, darüber hinaus aus Calcium, Phosphat und geringen Anteilen an Magnesium und Citrat. Die Verpackung der Proteine in Mizellen ist nötig, damit die Proteine in das Alveolarlumen abgegeben werden können. Vor dem Aufbau der Mizellen werden vor allem die Caseine, aber auch andere Proteine im Golgi-Apparat zunächst noch posttranslational modifiziert. **Posttranslationale Modifikationen** sind Veränderungen von Proteinen, die ihre Funktion beeinflussen, z. B. eine Phosphorylierung oder Glykosylierung. Casein wird an Serin und/oder Threonin phosphoryliert und kann dadurch besonders gut Calcium binden, weswegen 90 % des gesamten Calciums in der Milch im gebundenen Zustand vorliegen.

Die fertiggestellten Milchproteine werden dann zur apikalen Membran der Alveolarepithelzelle transportiert, wofür sich **sekretorische Vesikel** vom Golgi-Apparat abspalten (→ Abb. 2.13, → Tab.

Tab. 2.2
Sekretionsmechanismen der Milchdrüse

Art des Transports/Route	Sekretorischer Prozess	Substrat
Transzellulär		
Membranroute	Substrate passieren die basolaterale oder apikale Membran ins Zytoplasma oder umgekehrt vom Zytoplasma über die Zellmembran entlang eines Konzentrationsgradienten (Diffusion); Aufnahme über z. B. Ionenkanäle oder Transporter wie GLUT1	Natrium, Kalium, Chlorid, Glukose, Wasser
Exozytose	neu synthetisierte Substrate werden vom rauen endoplasmatischen Retikulum durch den Golgi-Apparat transportiert, dort in sekretorische Vesikel verpackt und dann über Exozytose in die Milch sekretiert	Laktose, Proteine, Calcium, Citrat
Milchfettroute	bei der Milchfettroute werden Milchfetttropfen über die apikale Membran der sekretorischen Zelle ausgestoßen, dabei dehnen sie die apikale Membran aus, bis diese abreißt und den Milchfetttropfen dann umhüllt; manchmal wird dabei zusätzlich etwas Zytoplasma und die darin enthaltenen Substanzen mit eingeschlossen, deshalb können fettlösliche Hormone, aber auch Medikamente und andere Substrate mit unklarer Kinetik in der Milch auftauchen; ein geringer Anteil des Milchfettes erhält nur eine Membran vom endoplasmatischen Retikulum und wird über Exozytose abgegeben	Milchfett, fettlösliche Hormone; andere, im Zytoplasma vorhandene Substrate
Endozytose/ Transzytose	über diesen Pfad werden intakte Proteine, wie Immunglobuline, während der Laktation vom Blut in die Milch gebracht; das IgG bindet an den FcRn-Rezeptor an der basolateralen Seite der Zelle; dieser Protein-Rezeptor-Komplex wird komplett internalisiert, durch die Zelle transferiert und dann an der apikalen Membran über den Exozytose-Pfad und erneute FcRn abgegeben	Immunglobuline, Albumin
Parazellulär		
Parazelluläre Route	Der parazelluläre Austausch von Molekülen beruht auf einer Durchlässigkeit der Tight junctions, Substrate können zwischen den Zellen passieren, anstatt durch sie durch zu wandern; der Pfad ist physiologisch nur vor Beginn der Laktation (Geburt) und bei der Involution offen	Austausch von Substraten zwischen Milch und Blut nach Konzentrationsgradienten, z. B. Laktose ins Blut, Leukozyten in die Milch

2.2). Die Vesikelinhaltsstoffe sind im Wesentlichen Caseinmizellen, Molkeproteine, Laktose und Wasser. Die Proteine im Komplex mit Calcium werden dann an der apikalen Seite der Alveolarepithelzelle über die Vesikel per Exozytose (→ Tab. 2.2) in die Milch abgegeben. Genvarianten der Milchproteine ermöglichen den Nachweis der Herkunft der Milch, so wurden 16 verschiedene genetische Varianten des κ-Caseins identifiziert, die zusätzlich auch noch unterschiedlich posttranslational modifiziert werden. Weitere häufige Proteine in der Milch (die aber ubiquitär vorkommen) sind **Laktoferrin** und **lysosomale Enzyme**. Außerdem wird ein gewisser Anteil an Aminosäuren direkt in die Milch abgegeben, hier überwiegen vor allem saure Aminosäuren, wie L-Glutamat, und auch der Anteil der neutralen Aminosäuren ist in der Milch höher als im Blut. Einen Sonderfall bei den Proteinen stellt der Transfer von Immunglobulinen und Albumin in die Milch dar (→ Kap. 2.6.2.5).

2.6.2.4 Transfer weiterer Milchbestandteile

Es gibt einige Milchbestandteile, die mehr oder minder unverändert die basale Seite der Alveolarepithelzellen überwinden und so direkt vom Blut in die Milch gelangen (→ Abb. 2.14). So werden Wasser, Vitamine und Mineralien vom Blut direkt in die Milch transferiert (→ Tab. 2.2). Die Vitamine, die in der Milch vorhanden sind, müssen dazu aus der Nahrung aufgenommen oder mikrobiell im Pansen hergestellt werden. Die hochkonzentrierten Ionen in der Milch sind **Natrium**, **Kalium** und **Chlorid**. Sie gelangen transzellulär in die Milch, müssen also zunächst die basolaterale Membran passieren, um aus der Extrazellularflüssigkeit in die Alveolarepithelzelle zu gelangen, aus der sie dann über die apikale Membran in die Milch abgegeben werden können. Natrium und Kalium werden aktiv über die Na^+-K^+-ATPase von der basolateralen Seite in die Zelle transportiert. Von der Alveolarepithelzelle gelangen die Ionen dann über Diffusion entlang des Konzentrationsgradienten, der zwischen der Intrazellularflüssigkeit und der Milch herrscht, über die apikale Zellseite in die Milch.

Die Konzentrationen von Laktose, Natrium und Kalium sind sehr konstant in der Milch. Da zwischen Milch und Blut ein osmotisches Gleichgewicht besteht, folgt Wasser letztlich den Substraten Laktose, Kalium, Natrium und Chlorid nach, die damit über die produzierte Milchmenge entscheiden. Das Wasser wird entsprechend des Gradienten dieser vier sekretierten Bestandteile über die apikale Membran der Alveolarepithelzelle transportiert. Ganz entscheidend ist hierbei aber – wie beschrieben – die Konzentration von Laktose in der Milch, die wiederum von der Menge der Laktosesynthase abhängt. Ein weiterer wichtiger, direkt aus dem Blut transportierter Milchbestandteil ist das Calcium, der genaue Mechanismus seines Transportes über die basolaterale Membran ist aber noch ungeklärt. Zwei Drittel von Calcium und Magnesium, die in die Milch sekretiert werden, sind an phosphoryliertes Serin in den Caseinmizellen gebunden (→ Kap. 2.6.2.3).

Basiswissen 2.5
Laktogenese und Milchzusammensetzung

- Die Ausdifferenzierung der Alveolarepithelzellen zu sekretorisch aktiven und kompetenten Zellen ist essenziell für die Laktogenese.
- Die Laktose ist ein hochspezifisches Disaccharid der Milch. Es wird im Golgi-Apparat von der Laktosesynthase hergestellt, einem Enzym aus zwei Untereinheiten: der ubiquitären Galaktosyltransferase und dem Molkeprotein α-Laktalbumin.
- Die Fettzusammensetzung wird von der Genetik des Rindes und von der Fütterung beeinflusst.
- Mehr als 99 % des Milchfettes befinden sich in von apikaler Zellmembran umgebenen Milchfettkügelchen.
- Den größten Anteil spezifischer Proteine in der Milch machen die Caseine aus, die nach Phosphorylierung besonders viel Calcium binden können.
- Die produzierte Milchmenge wird über die Sekretion der osmotisch aktiven Substrate Laktose, Kalium, Natrium und Chlorid reguliert.

2.6.2.5 Transfer von Immunglobulinen

Weitere aus dem Blut unverändert übernommene Milchbestandteile sind eine bestimmte Klasse von Immunglobulinen und auch Albumin. Die Kuhmilch enthält IgA, IgG und IgM, wobei das IgG dominiert. Die Immunglobuline gelangen dabei entweder über die transzelluläre (üblicher Weg, → Abb. 2.14) oder parazelluläre (Ausnahme bei Kolostrum, → Abb. 2.14) Route in die Milch (→ Tab. 2.2). Beim **transzellulären Transport** von Immunglobulinen binden diese an ein Zelloberflächenmolekül der basolateralen Membran, den neonatalen Fc-Rezeptor. Der Rezeptor internalisiert die Immunglobuline in Endosomen. Eine Ansäuerung durch spezielle Protonenpumpen bewirkt eine Loslösung der in den Endosomen gebundenen Moleküle von den FcRn-Rezeptoren. Die Rezeptoren werden dann ausgeschleust und zur Zellmembran zurücktransportiert, um für einen weiteren endozytotischen Vorgang zur Verfügung zu stehen. Die Endosomen fungieren dann als Transportvesikel, interagieren auf dem Weg durch die Zelle aber nicht mit dem Golgi-Apparat, sekretorischen Vesikeln oder Fetttropfen. An der apikalen Membran fusioniert das

Abb. 2.14
Schematische Darstellung der Herkunft der Immunglobuline in der Milch

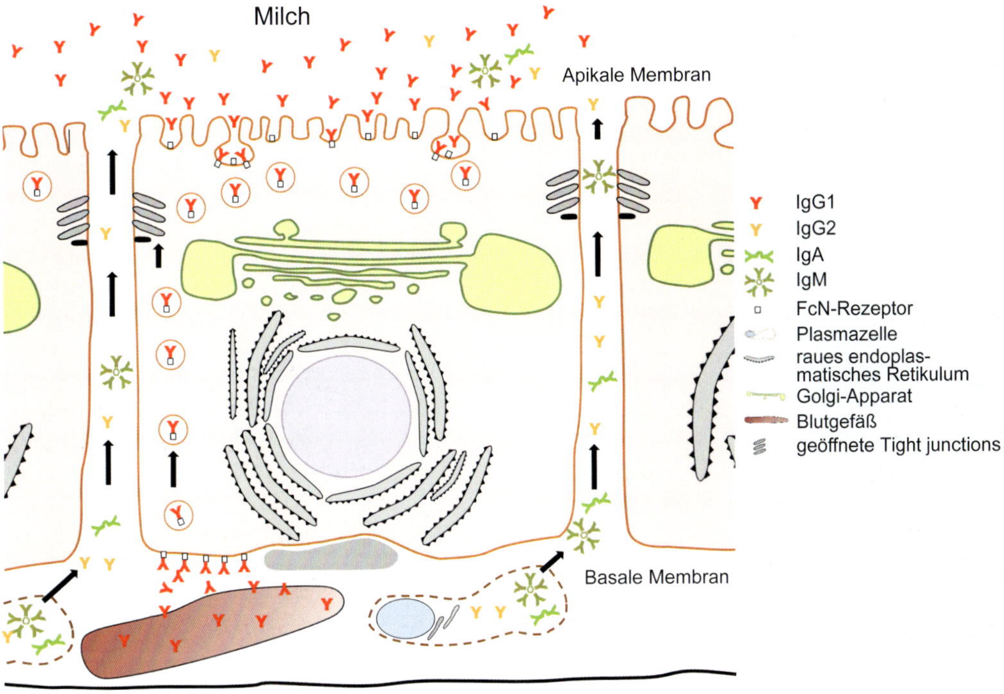

Endosom mit der Innenseite der apikalen Membran und gibt den Inhalt dann in das Alveolarlumen ab. Dieser Pfad ist während der Kolostrogenese, Laktogenese und Galaktopoese aktiv, d.h., über diesen Weg können immer Immunglobuline in die Milch gelangen. Das Albumin wird über denselben Transportweg vom Blut in die Milch transferiert (→ Kap. 2.13).

Eine weitere Möglichkeit des Immunglobulintransfers in die Milch ist der **parazelluläre Transport** (→ Tab. 2.2). Dieser Weg wird nur in besonderen Fällen als Transportweg genutzt, denn physiologischerweise sind die Zwischenräume der Alveolarepithelzellen durch Tight junctions fest verbunden, sonst wäre eine Milchproduktion unmöglich. Eine physiologische Ausnahme, die den parazellulären Transport aber ermöglicht, ist der Transfer von einigen Immunglobulinklassen (IgA, IgG2 und IgM) ins Kolostrum. Diese Route ist aber nur für wenige Tage offen, bevor die eigentliche Milchsekretion stattfindet. Die Lockerung der Tight junctions ermöglicht dann verschiedenen Substanzen, u.a. eben auch den Immunglobulinen, entlang ihres Konzentrationsgradienten vom Blut in die Milch zu wandern (→ Abb. 2.14). Das Hauptimmunglobulin im Kolostrum, IgG1, wird dagegen transzellulär über spezifische Fc-Rezeptoren transportiert und so selektiv in der Milch angereichert (→ Abb. 2.14).

2.7 Präkolostrum und Kolostrum

Das erste Produkt, das in der Milchdrüse produziert wird, ist das Präkolostrum. Wenn Laktose im Präkolostrum nachweisbar ist, ist das ein Anzeichen dafür, dass die Alveolarepithelzellen komplett ausdifferenziert sind für die Milchsekretion. Beim Rind taucht die Laktose ungefähr zehn Tage vor der Geburt auf. In dieser späten Trächtigkeitsphase unmittelbar vor der Geburt, wenn noch keine Milch entzogen wird, hält Cortisol die Tight junctions (→ Kap. 2.10) offen. Das **Präkolostrum** enthält große Moleküle, wie Immunglobuline, Fettkügelchen, Proteine, aber auch Epithelzellen und Leukozyten sowie Ionen (z. B. Chlorid, Natrium und Kalium). Mit Beginn der Milchabgabe schließt der parazelluläre Pfad durch eine feste Verbindung der Tight junctions und damit ist die Blut-Milchschranke gebildet. Während der Laktation stehen damit ausschließlich die transzellulären Transportmechanismen (→ Tab. 2.2) zur Verfügung. Die erste Veränderung im Milchsekret, die auf den Schluss der Tight junctions zurückzuführen ist, ist eine Erhöhung des Milchvolumens. Dadurch kommt es direkt zu einem Rückgang von Na^+ und Cl^- sowie einer Erhöhung der Laktosemenge in der Milch, weil die Laktose durch die Blockade des parazellulären Pfades nicht mehr in das Blut zurückdiffundieren kann. Andersherum können Natrium und Chlorid an der basolateralen Seite nicht mehr vom Interstitium in das Lumen der Alveolarepithelzellen übertreten, deshalb sinkt ihre Konzentration.

Das nächste Produkt, das nach dem Präkolostrum entsteht, wird Kolostrum genannt. Das **Kolostrum** wird in den letzten 2 bis 7 Tagen der Trächtigkeit und während der ersten 2 bis 3 Tage nach der Geburt sekretiert und zunächst im Euter gespeichert. Es ist reich an immunreaktiven und protektiven Substanzen, Wachstumsfaktoren und Vitaminen. Neben seinem hohen Nährwert hat das Kolostrum beim Rind außerdem die essenzielle Aufgabe, eine passive Immunität für das Kalb bereitzustellen. Da die Plazenta des Rindes durch ihre besondere anatomische Struktur den Transfer von Makromolekülen auf das Kalb intrauterin nicht zulässt, müssen die Antikörper in den ersten Lebensstunden mit dem Kolostrum aufgenommen werden. Im Kolostrum von Rindern dominiert insbesondere IgG1, das über spezifische intrazelluläre Transportmechanismen (neonataler Fc-Rezeptor, → Abb. 2.14) in die Milch transferiert wird. Im Gegensatz zur regulären Milch besteht das Kolostrum aus wesentlich mehr Protein, deutlich mehr Fett und weniger Laktose. Am ersten Tag nach der Geburt besteht das Kolostrum zu 19 % aus Protein (13 % davon sind Immunglobuline) und am zweiten Tag immer noch zu 7,5 % aus Protein (1 % Immunglobuline). Unter den Immunglobulinen in der Kolostralmilch befindet sich hauptsächlich IgG1, das über spezifische Rezeptoren aus dem Blut im Kolostrum angereichert wird, aber auch viel IgA, das direkt im Euter von residenten Plasmazellen gebildet wird (→ Abb. 2.14). Die Spezifität der zur Verfügung stehenden Immunglobuline hängt dabei stark von der immunologischen Erfahrung der Mutterkuh ab. Es ist möglich, dass die Kuh während der ersten fünf Milchabgaben bis zu 2 kg Immunglobuline in die Milch sekretiert. Des Weiteren sind Lipide sowie Vitamin A hochkonzentriert im Kolostrum und bei den Proteinen neben Immunglobulinen auch Casein. Drei Tage nach der Geburt ändert sich die Zusammensetzung des Kolostrums graduell zur normalen Milch.

▶ Passive Immunisierung des Kalbs durch das Kolostrum

Die Immunglobuline sind Proteine aus der Klasse der Globuline, die von B-Lymphozyten als Reaktion auf Antigene gebildet werden. Das Immunsystem neugeborener Kälber ist bis einige Wochen nach der Geburt noch nicht in der Lage, Infektionserreger eigenständig abzuwehren. Da die Plazenta des Rindes den Transfer von Immunglobulinen vom Muttertier auf das Kalb nicht zulässt, ist das weitgehend ohne Antikörper geborene Kalb auf eine frühzeitige und reichliche Kolostrumversorgung angewiesen, um sich mit den von der Mutterkuh transferierten Antikörpern vor Infektionen zu schützen. Dabei handelt es sich um eine sogenannte **passive Immunisierung** des Kalbs, denn der Schutz beruht auf den übertragenen **Antikörpern** der Mutter, das Immunsystem des Kalbs selbst bleibt dabei passiv. Dies bedeutet aber auch, dass das Kalb mit der Spezifität der übertragenen Antikörper in seiner Umwelt zurechtkommen muss, deshalb ist es günstig, wenn die Antikörper von einer Kuh verabreicht werden, deren Immunsystem sich mit den im Bestand vorhandenen Erregern bereits auseinandergesetzt hat. Kälber mit hohen Immunglobulinkonzentrationen im Blut, die sie durch eine entsprechend adäquate Kolostrumresorption erzielt haben, erkranken wesentlich seltener an Durchfall und Lungenentzündungen als Kälber mit niedrigen Immunglobulinwerten. Außerdem wachsen und entwickeln sich die gut mit Immunglobulin versorgten Kälber besser.

Die immunologische Funktion der Immunglobuline hängt von der jeweiligen **Immunglobulinsubklasse** ab. Rinder bilden mindestens fünf verschiedene Immunglobuline: IgA, IgE, IgM, IgG1 und IgG2. Die Konzentrationen der einzelnen Immunglobuline in Blut und Kolostrum variieren aufgrund verschiedener Faktoren wie Alter, Rasse, Gesundheitsstatus und Laktationsphase der Mutterkuh. Während IgG1 und IgG2 im Blut nahezu zu gleichen Teilen vorkommen, dominiert im Kolostrum ganz klar IgG1. Dieses **IgG1** gelangt durch einen aktiven, Rezeptor-vermittelten Transport aus dem Blut in die sekretorischen Epithelzellen der Milchdrüse und wird deshalb dort konzentriert (→ Abb. 2.14). Der entsprechende Rezeptor ist der **neonatale Fc-Rezeptor FcRn**, der sowohl vorübergehend gleichmäßig an den Membranen der Alveolarepithelzellen des Euters lokalisiert ist als auch im Darmepithel des Kalbs.

Die Mehrheit der IgG1-Antikörper des Kolostrums wird dabei nahezu unverändert aus dem Blut der Mutter übernommen. Dagegen werden größere Mengen von **IgG2**, aber auch von IgA und IgM von den residenten Plasmazellen der Milchdrüse produziert (→ Abb. 2.14). Für IgG1 spielt eine lokale Synthese dagegen keine Rolle. Durch den selektiven IgG1-Transfer ist die Konzentration von IgG1 im Kolostrum mit 57 g/l fünf- bis zehnfach höher als im Blut (6–12 g/l). Damit ist es das Hauptimmunglobulin im Kolostrum, wobei es individuell zwischen den Kühen große Variationen bei der gebildeten Menge gibt. Kolostrum mit mehr als 40 g/l IgG1 gilt als qualitativ hochwertig. In der Milch beträgt die Konzentration später dann nur noch 0,6 g/l. Der Gehalt der zweiten Immunglobulin G-Subklasse des Rindes, IgG2, ist mit 3 g/l im Kolostrum deutlich niedriger konzentriert als im Blut (9 g/l). In der Milch sind durchschnittlich 0,12 g/l IgG2 enthalten. Das zweithäufigste Immunglobulin im Kolostrum ist nach IgG1 das IgM mit 5 g/l. Die durchschnittliche Blutkonzentration von **IgM** liegt bei 3 g/l, in der Milch sind dann nur noch 0,04 g/l vorhanden. **IgA** ist im Kolostrum mit 3,5 g/l vertreten, im Blut dagegen nur mit 0,4 g/l und in der Milch mit 0,13 g/l. Die homogene Expression des Fc-Rezeptors FcRn in der Alveolarepithelzelle wird zum Zeitpunkt der Geburt durch den Anstieg von Prolaktin unterdrückt, sodass ab da keine Immunglobuline mehr in die Milch transferiert werden können. Danach finden sich nur noch einige FcRn-Rezeptoren an der apikalen Seite der Alveolarepithelzelle. Auch beim Kalb ist die Resorption ganzer Immunglobuline aus dem Kolostrum über den Darm nur in den ersten beiden Lebenstagen möglich, wobei die Transferrate kontinuierlich zurückgeht.

Die Immunglobulinresorption wird durch physiologische Besonderheiten beim neugeborenen Kalb ermöglicht. So ist die Darmschranke des neugeborenen Kalbs noch durchlässig für Makromoleküle, die proteolytische Aktivität im Darm des Kalbs ist noch nicht stark ausgeprägt und zusätzlich sind im Kolostrum Trypsininhibitoren vorhanden, die eine Spaltung der Proteine im Darm verhindern. Die Immunglobuline erreichen deshalb intakt das Ileum der Kälber, wo sie über **Endozytose** aufgenommen werden. Hier ist wieder der neonatale Fc-Rezeptor (FcRn) von Bedeutung, der vorübergehend im Darm des Kalbs exprimiert wird. Die Aufnahme über Endozytose ist die Umkehrung von Exozytose, das bedeutet, hier werden Stoffe durch Einstülpung und Abschnürung der Zellmembran ins Zytosol aufgenommen (→ Tab. 2.2). Der Höhepunkt der Immunglobulinaufnahme im Darm findet in den ersten sechs Lebensstunden statt und nimmt danach kontinuierlich ab. Diese zeitliche Begrenzung wird bedingt durch die Weiterentwicklung der Enterozyten und des Verdauungsapparates des Kalbs. Bereits 24 Stunden nach der Geburt verlieren die Enterozyten zunehmend die Fähigkeit, die Immunglobuline intakt zu resorbieren, nach 48 Stunden wird die Darmbarriere ebenfalls über Tight junctions geschlossen und verhindert dadurch eine weitere Aufnahme von Immunglobulinen. Deshalb ist die rasche Versorgung der Kälber mit Kolostrum sehr wichtig, um einen ausreichenden Transfer sicherzustellen. Die über die passive Immunisierung erzielten Plasma-IgG-Werte bleiben im Kalb einige Wochen stabil und schützen es vor Infektionen, bis es immunolo-

gisch selbst in der Lage ist, Immunglobuline zu bilden.
Neben den Immunglobulinen werden auch **Lymphozyten** des Muttertieres mit dem Kolostrum aufgenommen, die eine zelluläre Immunität vermitteln. Nach der Kolostrogenese gelangen die Immunglobuline weiterhin in die Milch, aber alle über den transzellulären Pfad. Dazu wird dann ein neuer Rezeptor, der polymere Immunoglobulinrezeptor, an der basolateralen Membran exprimiert, der IgG, IgA und IgM bindet und entsprechend über Endozytose internalisiert. Das Immunglobulin wird mit dem Rezeptor in Vesikeln durch die Zelle geschleust. An der apikalen Membran wird der extrazelluläre Anteil des Rezeptors abgeschnitten und der sekretorische Rezeptoranteil mit dem Immunglobulin in die Milch abgegeben.

2.8 Aufrechterhaltung der Milchbildung (Galaktopoese)

Mit der Galaktopoese wird das Aufrechterhalten der in Gang gesetzten Milchbildung bezeichnet. Beim Rind wurde über eine lange Zeit genetisch sehr stark auf eine hohe Milchleistung selektiert. Die Laktationskurve zeigt deshalb unabhängig von der Gesamtleistung der jeweiligen Kuh einen ähnlichen Verlauf und hält deutlich länger an, als es für die Ernährung des Kalbs nötig wäre (→ Abb. 2.10). Nach einer frühen Hochleistung bei der Milchproduktion (Laktationspeak nach 2 bis 8 Wochen) schließt sich dann eine Phase an, in der konstant weiter Milch produziert wird (Persistenz; → Abb. 2.10). Die Milchleistung der Kuh beruht letztlich zum einen auf der erzielten Höchstmenge an produzierter Milch pro Tag, zum anderen aber auch darauf, wie lange und in welcher Menge die Produktion aufrechterhalten werden kann. Zwischen einzelnen Rindern gibt es erhebliche Unterschiede, was diesen Rückgang der Milchmenge nach dem Laktationsmaximum angeht.
Für die Aufrechterhaltung der Milchbildung, die Galaktopoese, sind dabei letztlich zwei Faktoren entscheidend:

- die zirkulierenden Hormone, die eine Funktion bei der Galaktopoese haben (→ Tab. 2.1), und
- der regelmäßige, möglichst komplette Milchentzug.

Dabei sind verschiedene Hypophysenhormone wichtig für die endokrine Kontrolle der Milchsekretion (→ Tab. 2.1). Die Schilddrüsenhormone beeinflussen z. B. die Synthese von Milchbestandteilen sowie die Intensität und die Dauer der Milchsekretion. Das Prolaktin spielt beim Rind eine wesentlich geringere Rolle für die Galaktopoese als bei anderen Säugetieren. Es ist zwar bedeutend für den Beginn der Milchsekretion, hat danach aber im Gegensatz zu vielen anderen Tierarten keine besondere Bedeutung für die weitere Aufrechterhaltung der Milchproduktion. Dies konnte experimentell durch die Gabe eines Prolaktininhibitors nachgewiesen werden, wodurch die Auswirkungen des Wegfalles von Prolaktin auf die Milchsekretion festgestellt werden konnte. Eine Hemmung der Prolaktinsekretion reduzierte die Milchmenge bei der Kuh dabei nur gering (10 %). Nur ein dauerhaftes, völliges Fehlen von Prolaktin führt dann später im Verlauf der Galaktopoese doch zu einer Reduktion der Milchmenge, da Prolaktin für die Proliferation, Differenzierung und das Überleben der Alveolarepithelzellen verantwortlich ist. Das entscheidend wichtige Hormon für die Galaktopoese des Rindes ist aber das **Somatotropin**, ein Proteohormon des Hypophysenvorderlappens (→ Tab. 2.1). Die Verabreichung von Somatotropin an laktierende Rinder führt zu einem zuverlässigen Anstieg der Milchmenge, deshalb ist dieses Wachstumshormon das wichtigste galaktopoetische Hormon des Rindes. Das Somatotropin vermittelt seine Wirkung dabei über die Differenzierung der Alveolarepithelzellen und die Stimulation des gesamten Stoffwechsels. Somatotropin reguliert hierzu die Verteilung von Nährstoffen zwischen dem Gewebe und dem Euter. Dies geschieht durch eine Erhöhung der Blutflussrate in der Milchdrüse und einem daraus resultierenden vermehrten Substratangebot für die Synthese von Milchinhaltsstoffen. Zusätzlich wird die allgemeine metabolische Aktivität, aber auch ganz gezielt die Aktivität einiger Schlüsselenzyme für die Milchsynthese erhöht. Somatotropin verteilt dabei außerdem Nährstoffe, wie Glukose, vom Körpergewebe der Kuh zum Euter um und stellt damit zusätzlich vermehrt Substrate für die Milchsynthese zur Verfügung. Die galaktopoetischen Hormone alleine reichen allerdings nicht aus, um die Milchsekretion aufrechtzuerhalten. Wenn kein regelmäßiger Milchentzug aus dem Euter stattfindet, wird die Milchsekretion trotz vorhandener Hormone gestoppt. Diese Regulation erfolgt lokal und kann deshalb auch nur ein Euterviertel betreffen, aus dem die Milch nicht adäquat entzogen wird. Es handelt sich hier um einen lokalen, inhibitorischen **Feedbackmechanismus** der Laktation, der u. a. ebenfalls wieder hormonell durch Serotonin (→ Tab. 2.1) reguliert wird. Dieser Feedbackmechanismus hat die Funktion, die Dehnung der lobuloalveolären Einheiten der jeweiligen Milchdrüseneinheit zu kontrollieren und die Milchsekretion entsprechend anzupassen. Das Serotonin inhibiert bei einer erhöhten Dehnung die Milchproteinsynthese in diesem Viertel und induziert den programmierten Zelltod (Apoptose) der Alveolarepithelzellen. Dabei kommt dem Druck im Gewebe eine besondere Bedeutung bei der physiologischen Regulation zu. Zehn Stunden nach dem letzten Milchentzug vermindert sich die Sekretionsrate der Milch bereits nachweislich und nach 35 Stunden ohne Milchentzug wird die Sekretion dann völlig gestoppt. Ein häufiger und möglichst vollständiger Milchentzug ist deshalb besser für die Nachbildung der Milch, weil der Druck im Eutergewebe zurückgeht.

Neben Serotonin ist mindestens ein weiterer Faktor an dieser lokalen alveolären Regulation beteiligt, der **Feedback inhibitor of lactation (FIL)**. Obwohl es seit über 20 Jahren Beweise für die Existenz dieses Faktors gibt, ist seine genaue Identität bis heute ungeklärt. Gefunden wurde der Faktor durch die Beobachtung, dass dreimaliges Melken am Tag zu einer höheren Milchleistung im Vergleich zu zweimaligem Melken führt. Dass es sich dabei um einen lokalen, Viertel-spezifischen Mechanismus handelt, konnte nachgewiesen werden, indem die Viertel unterschiedlich gemolken wurden. Die Milchsekretion stieg spezifisch in den häufiger gemolkenen Vierteln an. Obwohl die intramammäre Dehnung bei der Regulation der Milchsekretion eine Rolle spielt, konnte gezeigt werden, dass die spezielle Regulation über FIL nicht vom Druck im Euter abhängt. Dazu wurde die Milch durch eine isoosmotische Sukroselösung in der Milchdrüse ersetzt. Dies führte zu gleichen intramammären Druckverhältnissen, aber einem Fehlen der Milchinhaltsstoffe, was keine Reduktion der Milchproduktion im Euter bedingte. Dies zeigt, dass diese autokrine Feedback-Regulation offenbar durch einen spezifischen Faktor in der Milch erfolgt, der den Rückgang der Milchsekretion einleitet, wenn er nicht durch Melken aus dem Euter entfernt wird. Der Feedback inhibitor of lactation wird von den Alveolarepithelzellen dann produziert, wenn Milchinhaltsstoffe synthetisiert und sezerniert werden. Wird FIL dann aber nicht entsprechend über die Milchabgabe aus dem Euter entfernt, sorgt er lokal auf der Ebene der Alveolarepithelzellen für eine Inhibition der Milchproduktion über eine Reduktion der Alveolarepithelsekretion und -syntheserate.

FIL ist ein Glykoprotein mit einem Molekulargewicht von 7 600 Dalton aus der Molkefraktion, das bislang nicht genauer identifiziert werden konnte, obwohl seine Existenz funktionell von vielen verschiedenen Forschern nachgewiesen wurde. Momentan ist eine Hypothese, dass es sich um ein 28 Aminosäuren langes Peptidfragment von beta-Casein handeln könnte (beta-Casein 1-28). In der Zelle wirkt FIL dabei hemmend auf den Transfer von Proteinen zum Golgi-Apparat. Bei Zellkulturversuchen konnte gezeigt werden, dass sich der FIL-Effekt auf den Golgi-Apparat bereits eine Stunde nach Zugabe von FIL einstellt. Dabei reduziert sich die Proteinabgabe der Zellen auf 50 %. Interessanterweise erholt sich die Sekretion genauso schnell wieder, denn bereits eine Stunde nach Entfernen von FIL aus der Kultur wurde die normale Proteinsekretionsrate wieder erreicht. Bei länger anhaltender Wirkung von FIL im Euter kommt es dann aber zu einer Veränderung der Tight junctions zwischen den Alveoloarepithelzellen. Mit der Öffnung der Tight junctions verbunden ist dann eine Reduktion der Milchproteinsynthese und eine Erhöhung der Apoptose der Alveolarepithelzellen (→ Kap. 2.11).

Die gesamte Sekretionsrate während der Galaktopoese hängt also von der hormonell gesteuerten **Produktionsaktivität der Alveolarzellen** sowie von der Häufigkeit und Vollständigkeit des **Milchentzugs** ab. Für den Erfolg des nötigen, kompletten Milchentzugs ist auch der anatomisch verfügbare Speicher im Euter verantwortlich. Die Milch, die nach dem Milchentzug noch im Euter verbleibt, heißt **Residualmilch**. Je höher der Anteil der Residualmilch ist, desto schlechter ist letztlich auch die Persistenz der Milchleistung der betreffenden Milchkuh. Weitere anatomische Faktoren vonseiten des Tieres, die zum unterschiedlichen Anteil der Residualmilch bei verschiedenen Rindern beitragen, sind neben dem verfügbaren Speicher auch die Dichtigkeit des Zitzensphinkters und der Durchmesser des Zitzengangs. Ein regelmäßiger Milchentzug führt allerdings nicht zu einer unendlich anhaltenden Laktation. Mit ansteigender Laktationsdauer verringert sich die Milchmenge durch den zunehmenden Verlust sekretorischer Zellen. Ab dem 5. Monat einer neuen Trächtigkeit geht die Milchmenge durch die zusätzlich inhibitorische Wirkung von Progesteron zurück.

2.9 Milchejektionsreflex und die Rolle von Oxytozin

Die Milchejektion ist ein aktiver Transport der Alveolarmilch in die Zisterne. Diese Abgabe der Milch wird über einen neurohormonellen Reflex ausgelöst; dies bedeutet, dass der Reflex einen afferenten neuronalen und einen efferenten hormonellen Anteil hat. Beim **afferenten Pfad** werden unmittelbar neuronale Rezeptoren in der Zitze aktiviert, wenn es dort z. B. durch Saugen des Kalbs oder Berührung beim Melken zu einer mechanischen Stimulation kommt. Der **efferente Pfad** besteht dann aus der Ausschüttung von Oxytozin aus dem Hypothalamus (→ Tab. 2.1). Der physiologische Stimulationsreiz für den Ejektionsreflex ist dabei das Saugen des Kalbs, die Abgabe von Oxytozin kann bei einem Teil der Rinder aber auch anders ausgelöst werden, und zwar über Reize, die überhaupt nicht mit Berührung oder Stimulation der Druckrezeptoren in Verbindung stehen. Stattdessen sind dies Reize, die die Kuh mit der Milchabgabe in Verbindung bringt, z. B. der Ruf des Kalbs oder aber auch der Anblick oder die Geräusche von Melkzeug, Milchkannen, Melkstand oder Ähnlichem.

Bei der Milchabgabe muss zunächst der Druckunterschied zwischen der Zitze und der Umgebung überwunden werden. Das Kalb erzeugt hierfür beim Saugen ein entsprechendes Vakuum an der Zitze, das den Widerstand des Zitzensphinkters überwindet. Außerdem stimuliert das Maul des Kalbs sensorische Rezeptoren, die vor allem an der Basis der Zitze vorhanden sind. Diese Rezeptoren reagieren auf Druckveränderungen der Haut und wandeln die Signale entsprechend in Nervenimpulse um. Der neuronale Reflexbogen führt dabei von der Zitze über somatosensible Fasern der Ventraläste der Lendennerven I-III (→ Abb. 2.7) in das Rückenmark. Von dort gelangt die Information über aufsteigende Bahnen zum Hypothalamus, von da zum Hypophysenhinterlappen und stimuliert dort Oxytozin enthaltende Neurone zur Freisetzung von Oxytozin ins Blut. Ab hier beginnt dann der efferente Anteil des Reflexbogens.

Das **Oxytozin** ist ein Peptidhormon, das aus neun Aminosäuren besteht (Cys-Tyr-Ile-Gln-Asn-Cys-Pro-Leu-Gly, eine internationale Einheit = 2 µg reines Peptid). Das Oxytozin wird zunächst in spezifischen Zonen des Hypothalamus (*Nuc. paraventricularis* und *Nuc. supraopticus*) als Vorstufe synthetisiert und in Vesikel verpackt. Diese Vorstufe des Oxytozins ist ein Molekül, das aus Oxytozin und dem Oxytozin-Carrier-Peptid Neurophysin besteht. Diese Kombination aus Oxytozin und Neurophysin in den Vesikeln ist die intrazelluläre Speicherform für Oxytozin. Diese Vesikel werden dann vom Hypothalamus in den Axonen zu den Endigungen der Neurone im Hypophysenhinterlappen transportiert. Der gespeicherte Komplex aus Oxytozin und Neurophysin wird dort in den Vesikeln proteolytisch gespalten, um Oxytozin freizusetzen. Oxytozinsynthese und -transport finden dabei grundsätzlich unabhängig vom Milchejektionsreflex statt.

Das Oxytozin wird dann vom Hypophysenhinterlappen ins Blut abgegeben und erreicht über die Blutbahn (endokrin) das Euter. Dort bindet es an Oxytozinrezeptoren auf den Myoepithelzellen (→ Kap. 2.5.3) an den Alveolen, was zur deren

Kontraktion führt. Dies löst eine Erhöhung des Druckes in den Alveolen und Gängen der Milchdrüse aus, wodurch die Milch von der Alveole in die Zisterne gepresst wird. Gleichzeitig erweitert sich das Lumen der Milchkanäle und ermöglicht so den Weitertransport der Milch. Die Ejektion der Milch beginnt zwischen 40 Sekunden und zwei Minuten nach Beginn der taktilen Stimulation und erhöht sich proportional zur Entleerung des Euters. Das Anrüsten und **Ausnutzen der Oxytozinwirkung** ist entscheidend für die Stimulation, das Ausmelken und die Aufrechterhaltung der Milchleistung. Da Oxytozin nur eine Halbwertszeit von 1–3 Minuten hat, muss der Milchentzug entsprechend zeitnah zur Euterstimulation erfolgen, damit das Oxytozin nicht bereits schon wieder abgebaut ist. Ansonsten muss der Reflex erneut ausgelöst werden. Eine manuelle Vorstimulation der Zitzen der Kuh führt dabei zu einem früheren Peak der Oxytozinmenge im Vergleich zum direkten Anlegen des Melkzeugs.

Insgesamt ist die abgegebene Oxytozinmenge nicht unterschiedlich bei vorstimulierten und nicht vorstimulierten Rindern, der Unterschied besteht nur in dem Zeitpunkt, an dem die maximale Hormonmenge ins Blut abgegeben wird und damit der Peak der Milchabgabe erreicht wird. Die durchschnittliche Milchflussrate und damit die Effizienz des Melkens ist bei vorstimulierten Rindern besser. Der **neuroendokrine Reflex** verändert sich aber physiologischerweise während der Laktationskurve, denn mit fortschreitender Laktation wird das Oxytozin zum einen zunehmend später nach der Zitzenstimulation ausgeschüttet und zum anderen nimmt die Menge ab, die ins Blut abgegeben wird. Erst während der Zeit des Trockenstehens erhöht das Rind die Empfindlichkeit dieses neuroendokrinen Reflexes wieder. Auch nicht laktierende Kühe setzen nach Stimulation des Euters Oxytozin frei, allerdings nur, wenn sie schon einmal Milch gegeben haben, deshalb kommt es bei Kalbinnen zu keiner nennenswerten Oxytozinfreisetzung.

Pro Melkvorgang wird ungefähr ein Drittel der in der Hypophyse gespeicherten Oxytozinmenge der Kuh freigesetzt. Der Reflexbogen kann durch verschiedene Reize unterbrochen werden, wodurch dann auch die Milchabgabe blockiert wird, z. B. durch Stress oder Schmerz. **Stress** kann teilweise beim Melken von Kalbinnen auftreten und durch die Abgabe von Stresshormonen (Katecholamine, beim Rind im wesentlichen Noradrenalin) den Milchejektionsreflex auf verschiedene Weisen blockieren. So können die **Katecholamine** schon auf der Ebene der Myoepithelzellen wirken, wo sie die kontraktile Antwort dieser Zellen auf Oxytozin vermindern oder sie können Oxytozin direkt vom Rezeptor verdrängen. Eine weitere hemmende Wirkung von Noradrenalin besteht in der Reduktion des Euterblutflusses, was dazu führt, dass nicht mehr so viel Oxytozin an die Zielzellen gelangen kann. Neben den inhibitorischen Wirkungen auf der Ebene des Eutergewebes kann Noradrenalin außerdem die Oxytozinausschüttung aus der Hypophyse vermindern, indem es direkt die Oxytozinfreisetzung aus dem Hypothalamus inhibiert.

2.10 Blut-Milchschranke

Es ist eine Grundvoraussetzung des Lebens, dass biologische Membranen den ungehinderten Austausch der Substanzen verhindern, die ansonsten einem Konzentrationsgleichgewicht entgegenstreben würden. Eine solche gleichmäßige Verteilung der Moleküle wäre mit dem Leben nicht vereinbar. Im Euter ist der Austausch von Substanzen durch die zusätzliche Bildung einer Blut-Milchschranke besonders streng reguliert. Außerdem ist die Bildung der Blut-Milchschranke entscheidend dafür, dass überhaupt Milch gebildet werden kann. Zwischen den Alveolarepithelzellen sorgen spezielle **Transmembranproteine** (z. B. Zonula occludens 1 und Occludin) für die Bildung von sogenannten Tight junctions.

Diese **Tight junctions** sind zunächst wichtig für die Polarisierung der sekretierenden Zelle und ermöglichen die Entstehung einer unterschiedlichen Verteilung bestimmter Substanzen, indem sie die Rückverteilung von Molekülen entlang ihres Konzentrationsgefälles verhindern. Dabei sind vor allem die milchspezifischen Substrate zu nennen, die nach dem Schluss der Tight junctions nicht mehr frei zwischen der basolateralen und apikalen Seite wandern können. Dadurch wird

mit Beginn der Laktation (→ Kap. 2.6) der freie Austausch von Substraten vom Blut in die Milch und andersherum verhindert. Früher dachte man, dass die Tight junctions recht statische physikalische Barrieren seien, die den Austausch von Substraten verhindern. Mittlerweile ist jedoch klar, dass die Tight junctions die Zellfunktion aktiv über Signale steuern. So gibt es auch Interaktionen zwischen den Tight junctions der Alveolarepithelzelle und der darunter liegenden extrazellulären Matrix. In der Phase unmittelbar vor und nach der Laktation, während der Kolostrumbildung sowie bei der Involution wird die **epitheliale Barriere** physiologischerweise **durchlässig**. Gibt es Verluste bei der Integrität der Tight junctions während der Laktation, dann führt dies sofort zu einer Verminderung der Milchsekretion und einem parazellulären Transport von Milchsubstraten ins Blut und umgekehrt.
Im Falle einer Veränderung der Blut-Milchschranke ermöglichen die gelockerten Tight junctions, dass Substanzen, wie Laktose und Kalium, entlang ihres Konzentrationsgradienten vom Alveolarlumen in die extrazelluläre Matrix zurückwandern. Durch den Nachweis von Laktose im Blut kann man deshalb Rückschlüsse über die Integrität der Tight junctions und damit der epithelialen Euterbarriere ziehen, weil Laktose nur im Euter hergestellt und bei intakter Blut-Milchschranke nicht basolateral sekretiert wird. Umgekehrt bewegen sich dann Natrium und Chlorid entlang des Gradienten von der Extrazellulärmatrix ins Alveolarlumen. Durch diese Verschiebung der Ionen entsteht eine Veränderung der elektrischen Leitfähigkeit der Milch, die man diagnostisch nutzen kann, um eine Störung der Integrität der Euterbarriere nachzuweisen, die physiologisch (→ Kap. 2.11) oder pathologisch (z. B. bei Mastitis) auftreten kann.
Der Rückgang der erzielten Milchmenge bei Kühen, die nur einmal im Vergleich zu dreimal täglich gemolken werden, ist ebenfalls über eine entstehende Durchlässigkeit der Blut-Milchschranke zu erklären. Diese Durchlässigkeit wird an den Tight junctions eingeleitet, wenn die Milch 17 Stunden im Euter akkumuliert, der Milchentzug also entsprechend ausbleibt. Die erhöhte Permeabilität ist zunächst mit einem Rückgang der Milchsekretion verbunden. Diese und der durch die Milch-Stase erhöhte parazelluläre Transport von Substraten ist durch erneutes Melken aber noch reversibel. Hält die Milch-Stase länger an (48 h), kommt es zur Involution der Milchdrüse. Ein Schlüsselereignis hierfür ist die Zerstörung des Tight-junction-Proteins **Occludin**, das die Einleitung des programmierten Zelltods der Alveolarepithelzellen zur Folge hat.
Die Regulation der Blut-Milchschranke über die Tight junctions unterliegt entsprechend ihrer Wichtigkeit einer strengen und komplexen endokrinen Kontrolle. Dabei sind insbesondere die Hormone Progesteron, Serotonin, Cortisol und Prolaktin beteiligt (→ Tab. 2.1). Das **Progesteron** ist der Hauptinhibitor der Tight-junction-Bildung vor der Laktation, deshalb kann die Blut-Milchschranke erst gegen Ende der Trächtigkeit, unmittelbar vor der Geburt gebildet werden, wenn Progesteron entsprechend abfällt. Während der Laktation ist dann Serotonin für den Aufbau der Tight junctions verantwortlich (→ Kap. 2.8). **Cortisol** und **Prolaktin** stärken dabei den Aufbau der epithelialen Barriere über die positive Regulation der Proteinexpression von Zonula occludens 1 und Occludin.

2.11 Rückbildung des Euters (Involution)

Das Beenden des Säugens oder des Milchentzuges führt zur zügigen Involution des Euters, dabei kommt es durch die Abnahme der Alveolardrüsenzellen zum schnellen **Rückgang der Milchsekretion**. Deutliche Umgestaltungen der Zusammensetzung des Milchsekretes in der Frühphase der Involution weisen dabei auf schnelle Veränderungen bei Synthese und Sekretion der Milch hin. Bereits innerhalb der ersten 48 Stunden, in denen keine Milch mehr entzogen wird, zeigen sich entsprechend deutliche **ultrastrukturelle Veränderungen** an den Euterzellen, die den Verlust der Sekretionsfähigkeit anzeigen.
Der offensichtlichste Wandel vollzieht sich in den Drüsenepithelzellen, in denen sich große Vakuo-

len bilden, weil Milchfettkügelchen und sekretorische Vesikel intrazellulär akkumulieren und nicht mehr ausgeschleust werden. Durch die fehlende Wirkung der laktogenen Hormone auf die Epithelzellen wird die Apoptose der Zellen stimuliert und ein **Umbau des Gewebes** durch Enzyme und Plasminogenaktivierung eingeleitet. Dieser Umbau beginnt an der apikalen Seite der Alveolarepithelzelle. Diese entstehenden Vakuolen sind mindestens bis zu Tag 14 der Involution nachweisbar, an Tag 28 sind sie physiologischerweise verschwunden.

Zwischen den Alveolarepithelzellen des Euters bestehen während der Laktation feste Barrieren über Tight junctions (→ Kap. 2.10), die den parazellulären Transport von Substanzen bei gesunden Rindern verhindern. Bei der Involution akkumulieren lokale Signale, wie der **Feedback inhibitor of lactation (FIL)**, in der Milchdrüse, was dazu führt, dass diese Barriere durchlässig wird (→ Kap. 2.8 und 2.12). Das bei einer intakten Blut-Milchschranke hochkonzentrierte Ion in der Milch ist Kalium. Wenn sich die Tight junctions bei der Involution öffnen, fällt die Konzentration dieses Ions in der Milch entsprechend ab, weil es jetzt durch den Wegfall der Schranke dem Konzentrationsgefälle ins Blut folgen kann. Dafür steigen Natrium und Chlorid in der Milch an, weil sie entsprechend dem umgekehrten Konzentrationsgefälle von Blut zu Milch folgen. Die entstehende Dehnung induziert außerdem, wie beschrieben, Signale über **Mechanorezeptoren** (→ Kap. 2.8), die zum einen die Permeabilität der Tight junctions steuern und zum anderen den Prozess der Milchsynthese verändern. Eine große Rolle als lokaler Faktor spielt neben FIL auch **β-Casein**, das in der Milch akkumuliert und dann über die Interaktion mit Plasmin die Bildung hitzeresistenter Peptide induziert. Das **Plasmin** ist die Hauptprotease in der Milch und wird von Plasmininhibitoren kontrolliert. Bei der Öffnung der Tight junctions steigt die Aktivität von Plasmin allerdings deutlich an und dabei erhöht sich auch die Konzentration von hitzeresistenten Peptiden im Milchsekret. Des Weiteren sind in den Lysosomen der Alveolarepithelzellen **hydrolytische Enzyme** gespeichert, die ebenfalls sehr wichtig sind für die Involution der Milchdrüse. Bei der Involution werden die lysosomalen Enzyme entsprechend freigesetzt und viele Alveolarepithelzellen dadurch lysiert. Die markanteste Veränderung in der Milchzusammensetzung während der Involution ist der sofortige Rückgang der **Laktosekonzentration** im Milchdrüsensekret. Wenn keine Laktose mehr synthetisiert wird, kommt es wegen des fehlenden osmotischen Gradienten auch zum Rückgang des Wassers im Sekret. Im Gegensatz dazu steigt die Gesamtproteinkonzentration in der Frühphase der Euterrückbildung jedoch zunächst an. Dafür gibt es zwei Ursachen: Zum einen steigt der Proteingehalt indirekt an, weil wegen des Laktoserückgangs auch weniger Wasser in das Sekret abgegeben wird und der Proteingehalt pro Milliliter Milch damit nicht mehr wie vorher durch das Wasser verdünnt wird. Dieser deutliche Rückgang der Flüssigkeitsmenge im Euter ist vor allem zwischen Tag 3 und 7 nach Beginn der Involution bemerkbar. Im Gegensatz zu dieser relativen Anreicherung erhöhen sich während der Involution zum anderen aber tatsächlich die Konzentrationen einzelner Proteine, wie Laktoferrin, Albumin, und der Immunglobuline. Das **Laktoferrin** ist dabei das Hauptprotein im Milchdrüsensekret während der Involution des Euters und seine Synthese ist dabei deutlich erhöht. Laktoferrin wirkt bakteriostatisch; diese Wirkung ergibt sich u. a. aus der Fähigkeit des Laktoferrins, Eisen zu binden. Da Eisen für Bakterien ein essenzieller Faktor beim Wachstum ist, beruhen einige angeborene Immunmechanismen darauf, der Umgebung Eisen zu entziehen.

Insgesamt ist die Rückbildung des Euters während der Involution durch einen Rückgang der gesamten Epithelzellzahl, bedingt durch den programmierten physiologischen Zelltod, gekennzeichnet, wodurch das Alveolarlumen zurückgeht. Rund 50 % der Euterepithelzellen können von einer Laktation zur nächsten behalten werden, der Rest muss neu gebildet werden. Als Ergebnis dieser Umbauvorgänge entstehen durch Zusammenballung von Casein und anderen Milchproteinen die sogenannten **Corpora amylacea** (Milchsteinchen). Diese stellen sich im histologischen Schnitt als dunkel angefärbte Körperchen im Drüsengewebe dar (→ Abb. 2.9).

Während der Involution bleiben die Myoepithelzellen dagegen vollzählig übrig und bewahren die Struktur des Euters. Der entstehende Platz, der durch die verschwindenden Alveoli entsteht, wird durch **Fettzellen** ersetzt. Beim Trockenstellen der Kuh ist es deshalb zum einen wichtig, dass dies nicht zu früh erfolgt, denn sonst gehen die Alveolarepithelzellen zu stark zurück. Erfolgt das Trockenstellen dagegen zu spät, wird die Proliferation bis in die Frühstadien der Laktation unterdrückt, was sich ebenfalls negativ auf die Milchleistung auswirkt. Da das Euter aber einen Teil seiner **sekretorischen Zellen** behält und sich nicht komplett auf den Stand vor der allerersten Laktation zurückbildet, verläuft die zweite Laktation anders als die erste. Die Milchleistung steigt rascher an, es werden mehr sekretorische Zellen gebildet im Vergleich zur ersten Laktation und die erzielte Milchmenge ist deshalb größer. Im Laufe von mehreren Laktationen kommt es zu einer bindegewebigen Involution, bei der das Drüsengewebe stärker als bei der ersten Laktation durch Bindegewebe ersetzt wird.

Basiswissen 2.6
Galaktopoese und Involution

- Somatotropin ist das wichtigste Hormon für die Galaktopoese des Rindes.
- Die Milchleistung des Rindes ist letztlich abhängig von:
  - der Sekretionsrate der spezialisierten Zellen und
  - dem verfügbaren Gewebespeicher im Euter.
- Eine Druckerhöhung im Euter bewirkt eine Reizung von Mechanorezeptoren, wodurch die Tight junctions der Blut-Milchschranke permeabel werden.
- Dadurch ändert sich die Milchsynthese und die Involution setzt ein.
- Dabei geht zuerst der Laktosegehalt in der Milch deutlich zurück.
- Im Weiteren ist die Involution durch den Verlust der sekretorischen Aktivität, den programmierten Zelltod der Alveolarepithelzellen und den Umbau des Eutergewebes gekennzeichnet.

2.12 Hormone und lokale Faktoren bei der Laktation

Die Laktation steht unter der strikten Kontrolle von Hormonen und lokalen Faktoren (zur Funktion der Hormone: → Tab. 2.1 und → Kap. 2.6 und 2.8). Bei der Mammogenese sind dabei vor allem die Steroidhormone Östrogen und Progesteron von Bedeutung. **Steroidhormone** werden immer aus Cholesterin aufgebaut, sind lipophil und entfalten ihre Wirkung nach Diffusion durch die Zellmembran direkt in der Zielzelle, indem sie dort an die DNA binden. Ein weiteres wichtiges Hormon für die Mammogenese des Rindes ist das Proteohormon **plazentäres laktogenes Hormon** (Somatomammatropin). Dieses Hormon ist unmittelbar nach der Anheftung des Trophoblasten im Endometrium des Rindes nachweisbar, also in einem sehr frühen Stadium der Trächtigkeit. Proteo- und Peptidhormone sind hydrophil, können die Membran ihrer Zielzellen deshalb nicht passieren und binden an Rezeptoren auf der Zellmembran. Je nach Hormon und Rezeptor wird die Wirkung in die Zelle unterschiedlich vermittelt, z. B. über Ionen, G-Proteine oder Tyrosinkinaseaktivität.
An der Laktogenese sind beim Rind u. a. das Steroidhormon Cortisol, die Peptidhormone Insulin und Oxytozin sowie das Proteohormon Prolaktin beteiligt. Insulin bindet an den Insulinrezeptor, der seine Wirkung dann über eine Tyrosinkinase vermittelt. Das Oxytozin wirkt über einen G-Protein-gekoppelten Oxytozinrezeptor, über den die Adenylatzyklase aktiviert wird. Die **Adenylatzyklase** wirkt dann über den Second messenger cAMP, der die Weiterleitung des extrazellulären Signals in der Zelle vornimmt. G-Protein-regulierte Rezeptoren können die Wirkung eines Hormons sehr schnell durch die Aktivierung vieler G-Protein-Komplexe verstärken, die Reaktion kann durch Einwirkung der GTPase aber ebenso schnell beendet werden.
Das Proteohormon **Prolaktin** wird auch als **laktotropes Hormon** bezeichnet und bindet an einen membranständigen Rezeptor, der keine Kinaseaktivität hat. Wenn sich zwei Prolaktinmoleküle an diesem Rezeptor zusammenlagern, erfolgt die Aktivierung des **Jak-STAT-Signalweges** (Jak =

Januskinase, STAT = Signal Transducers and Activators of Transcription Proteine). Weil der Prolaktinrezeptor keine eigene Tyrosinkinaseaktivität aufweist, wird die Weiterleitung des Signales in die Zelle von der Rezeptor-assoziierten, zytoplasmatischen Januskinase übernommen. Die Januskinase aktiviert STATs, die dann direkt an die DNA der Zielzelle binden und das Signal übertragen.
Für die Galaktopoese sind neben den schon beschriebenen Hormonen Prolaktin und Oxytozin weitere Botenstoffe von Bedeutung. Dazu zählen u.a. die **Schilddrüsenhormone** T3 und T4, die aus der nicht essenziellen Aminosäure L-Tyrosin aufgebaut werden. Diese Hormone sind lipophil und diffundieren wie Steroidhormone in die Zelle, um dort intrazellulär an ihren Rezeptor zu binden. Das entscheidende Hormon für die Galaktopoese des Rindes ist aber **Somatotropin**, ein Proteohormon aus der Familie der Wachstumshormone (bei anderen Tierarten ist dagegen Prolaktin bedeutend für die Galaktopoese, beim Rind nicht). Sowohl Somatotropin als auch Prolaktin stammen aus der Adenohypophyse. Das Somatotropin wirkt indirekt auf die Zielzellen, indem es an den Somatotropin-Rezeptor bindet, der ein Transkriptionsfaktor ist und die Expression des Proteins **Insulinähnlicher Wachstumsfaktor 1 (Insulin-like growth factor 1 = IGF-1)** erhöht, das zusätzlich die Involution verhindert. Somatotropin verhindert die Involution über die Senkung des Plasminspiegels in der Milch. Das wichtigste inhibitorische Hormon der Milchsekretion ist Serotonin, ein Peptidhormon, das aus der Aminosäure Tryptophan entsteht und an G-Protein-gekoppelte Rezeptoren an der Zellmembran bindet, um seine Wirkung zu entfalten.
Zusätzlich zu den Hormonen gibt es **lokale Faktoren**, die die Laktation regulieren. Das zeigt sich u.a. daran, dass trotz Vorhandenseins aller für die Laktation nötigen Hormone der **Milchentzug** entscheidend ist für die Laktation (→ Kap. 2.8). Wird nur ein Viertel des Euters nicht ausgemolken, dann sinkt die Milchproduktion selektiv in diesem Viertel, aber nicht in jenen, denen die Milch normal entzogen wird. Diese einseitigen Effekte können nicht auf systemische Hormone zurückgeführt werden, da alle Viertel gleichermaßen von den galaktopoetischen Hormonen versorgt werden. Diese Anhaltspunkte weisen darauf hin, dass auch Bestandteile der Milch für einen inhibitorischen Effekt zuständig sein können. Wird dieser Inhibitor durch das Melken entfernt, dann kann er seine inhibitorische Wirkung auf die Milchsekretion nicht ausüben und die Sekretion bleibt erhalten. Wie im Kapitel 2.8 beschrieben wird dieser Faktor **Feedback inhibitor of lactation (FIL)** genannt. Wenn der Feedback inhibitor of lactation in den Drüsenalveolen akkumuliert, dann führt dies über einen Feedbackmechanismus zur Hemmung der Milchsynthese und -sekretion. Damit handelt es sich um eine **autokrine Regulation**. Autokrin nennt sich ein Regulationsmechanismus, bei dem der sezernierte Faktor wieder auf die Zelle einwirkt, die ihn auch bildet. Der FIL stimuliert u.a. die intrazelluläre Degradation von neu synthetisiertem Casein und inhibiert die weitere Caseinsynthese. Diese lokale Inhibition der Milchsekretion wird durch den häufigen Entzug von Milch aus dem Euter minimiert. Außerdem beeinflusst häufiges Melken zunächst die Differenzierung der Alveolarepithelzellen, danach steigt die Gesamtzahl der sekretierenden Zellen an. Insgesamt wird der Milchejektionsreflex zu Beginn systemisch über Hormone gesteuert, deren Einfluss im Verlauf der Milchabgabe zurückgeht und dann von lokalen Faktoren abgelöst wird.

2.13 Immunabwehr des Euters

Das Euter schützt sich durch verschiedene Mechanismen vor Krankheitserregern. Zunächst gibt es mehrere anatomische Barrieren, die Mikroorganismen abwehren (Tight junctions und Blut-Milchschranke). Diese engen epithelialen Barrieren machen das Euter zu einem sogenannten **immunprivilegierten Organ**. Das Konzept des Immunprivilegs findet sich in mehreren Geweben (z.B. Auge, Gehirn, Hoden) und zeichnet sich dadurch aus, dass ein direkter Kontakt dieser Gewebe zu den löslichen Faktoren des Immunsystems verhindert wird. Im Euter gibt es zu diesem Zweck die Blut-Milchschranke (→ Kap. 2.10). Außerdem bildet der Sphinkter an der Zitzenspitze mit dem darin enthaltenen Zitzenkanal-Keratin

eine erste Barriere gegen eine Euterinfektion mit von außen eindringenden Keimen.
Des Weiteren enthält die Milch Proteine des angeborenen und des erworbenen Immunsystems, um Krankheitserreger zu kontrollieren. Das Repertoire des **angeborenen Immunsystems** ist genetisch festgelegt, steht schnell zur Verfügung und reagiert auf bestimmte molekulare Muster, die für ganze Erregergruppen typisch sind. Viele dieser Faktoren werden von den Alveolarepithelzellen selber hergestellt. Beispiele für antibakterielle Enzyme als Effektorproteine des angeborenen Immunsystems in der Milch sind das Lysozym, die Laktoperoxidase und das Laktoferrin. Das **Laktoferrin** gehört zur Familie der Transferrinproteine und hat viele Funktionen. Unter anderem schützt es das Kalb besonders in den ersten Lebenstagen über bakteriostatische und bakterizide Wirkungen vor Infektionen. Die Konzentration ist 2–5 g/l im Kolostrum und 0,1–0,3 g/l in der Milch, wobei die Menge in der Milch abhängig ist von der Rinderrasse, der Laktationsstufe und der produzierten Milchmenge. Das Laktoferrin hat viele weitere biologische Funktionen. So ist es neben der antimikrobiellen Wirkung immunmodulatorisch, probiotisch, antikanzerogen und stimuliert die Knochenbildung. Die antimikrobielle Funktion wird vor allem über die Glykosylierung von Laktoferrin erzielt. Mikroorganismen nutzen Kohlenhydrate an der Oberfläche der Zielzellen, um sich anzuheften und in die Zelle einzudringen. Laktoferrin kann die Bakterien an der Interaktion mit den Wirtszellen hindern, indem es sich an die Fimbrien heftet, z. B. von *E. coli*. Außerdem entzieht Laktoferrin der Umgebung Eisen (es kann zwei Eisenmoleküle binden). Da Mikroorganismen bei ihrem Wachstum von Eisen abhängig sind, wird ihre Vermehrung durch das Fehlen von Eisen gehemmt.
Weitere Effektorproteine des angeborenen Immunsystems sind **antimikrobielle Peptide**, darunter befinden sich z. B. beta-Defensine, S100-Calgranuline, Komplementkomponenten und Cathelicidine. Die Peptide aus der Familie der Cathelicidine werden von neutrophilen Granulozyten als inaktive Vorstufen gebildet. Bei Bedarf spaltet die Elastase der neutrophilen Granulozyten von den inaktiven Vorstufen ein aktives Peptid ab, das eine sehr potente antimikrobielle Wirkung mit breitem Spektrum aufweist. Da das Rind im Gegensatz zu anderen Säugern mehrere unterschiedliche Cathelicidine besitzt, kann es auch verschiedene antimikrobielle Peptide herstellen, deren Wirkungen noch potenter sind als die von Laktoferrin. Für das angeborene Immunsystem wurden in der Milch außerdem noch verschiedene Akute-Phase-Proteine und weitere Moleküle nachgewiesen, die zu den sogenannten **Pattern-recognition Rezeptoren** gezählt werden. Interessanterweise haben auch Proteine aus der Milchfetttröpfchenmembran Funktionen bei der Immunabwehr (z. B. die Xanthinoxidase). Bei vielen weiteren Faktoren ist die genaue Funktion bislang noch ungeklärt, hier sind in den nächsten Jahren mit Sicherheit weitere Erkenntnisse zu erwarten. Zusätzlich zu den löslichen Faktoren gibt es im Euter auch einige zelluläre Komponenten des angeborenen Immunsystems, wie z. B. Makrophagen und neutrophile Granulozyten.

Basiswissen 2.7
Beteiligung bei Immunfunktionen

- Kälber sind darauf angewiesen, in den ersten Lebensstunden Antikörper aus dem Kolostrum aufzunehmen, um in den ersten Lebenswochen vor Infektionen geschützt zu sein.
- Mit Einsetzen der Laktation wird die Kolostrumbildung durch das Schließen der Tight junctions zwischen den Alveolarepithelzellen beendet.
- Durch die geschaffene Barriere (Blut-Milch-schranke), die entscheidend für die Milchbildung ist, endet der freie Transfer von Immunglobulinen in die Milch.
- Wichtige Vertreter der angeborenen Immunabwehr in der Milch sind
  - lösliche Faktoren wie Laktoferrin und verschiedene Cathelicidine, die eine potente antimikrobielle Wirkung mit breitem Spektrum aufweisen, und
  - Zellen wie neutrophile Granulozyten und Makrophagen.
- Faktoren der erworbenen Immunabwehr in der Milch sind residente Plasmazellen, die Antikörper (IgG1 und IgA) bilden.

Außerdem gibt es Komponenten des **erworbenen Immunsystems** in der Milch. Das erworbene Immunsystem reagiert im Verlauf einer Erkrankung erst später, bildet dafür aber sehr erregerspezifische Mechanismen aus und ist auch in der Lage, diese Mechanismen lange zu speichern (immunologisches Gedächtnis). Zellen des erworbenen Immunsystems sind z. B. **residente Plasmazellen**, die lokal im Euter Immunglobuline (→ Abb. 2.13) produzieren. Die Immunglobuline sind Proteine aus der Klasse der Globuline, die als Reaktion auf Antigene gebildet werden. Ihre immunologische Funktion hängt von der einzelnen Immunglobulinklasse ab. In der Milch finden sich hier insbesondere die Immunglobuline IgG1 und IgA. Die IgG1-Antikörper besitzen verschiedene Funktionen; zu den wichtigsten unter ihnen gehört die komplementgebundene Reaktion gegen Pathogene. Die Funktion des in den Sekreten dominierenden IgA besteht hingegen in der Agglutination von Antigenen sowie der Neutralisation von Toxinen und Viren, was speziell den Schleimhäuten als lokaler Schutz dienen soll.

2.14 Literatur

Bernier-Dodier, P., Delbecchi, L., Wagner, G. F., Talbot, B. G., Lacasse, P. (2010): Effect of milking frequency on lactation persistency and mammary gland remodeling in mid-lactation cows. Journal of Dairy Science 93, 555–564.

Bommeli, W., Mosimann, W. (1972): Die Ultrastruktur der Milchdrüsenalveole des Rindes, insbesondere die Basalfalten des Epithels und der Mitochondrien-Desmosomen-Komplex. Anatomia, Histologia, Embryologia 1, 299–325.

Bragulla, H., König, H. E. (2014): Milchdrüse (Mamma). In: König, H. E., Liebich, H. G.: Anatomie der Haussäugetiere. 6. Aufl., Stuttgart: Schattauer, 619–627.

Budras, K. D., Wünsche, A. (2002): Atlas der Anatomie des Rindes., Hannover: Schlütersche.

Caruolo, E. V. (1980): Scanning Electron Microscope Visualization of the Mammary Gland Secretory Unit and of Myoepithelial Cells. Journal of Dairy Science 63, 1987–1998.

Engelhardt, W. von, Breves, G., Diener, M., Gäbel, G. (2015): Physiologie der Haustiere. 5. Aufl., Stuttgart: Enke.

Geyer, H. (2012): Milchdrüse, Mamma. In: Salomon, F.-V., Geyer, H., Gille, U.: Anatomie für die Tiermedizin. 3. Aufl., Stuttgart: Enke, 645–655.

Habermehl, K.-H. (2004): Haut und Hautorgane. In: Nickel, R., Schummer, A., Seiferle, E.: Lehrbuch der Anatomie der Haustiere. Band III, 4. Aufl., Stuttgart: Enke, 476–484, 520–534.

Liebich, H. G., Reese, S., Budras, K. D. (2009): Modifikationen der Haut. In: Liebich, H. G.: Funktionelle Histologie der Haussäugetiere und Vögel. 5. Aufl., Stuttgart: Schattauer, 358–366.

Michel, G. (1979): Zur Morphologie der Alveolen des Rindereuters. Monatshefte Veterinär Medizin 34, 385–389.

Michel, G., Schulz, J. (1987): Zur Histologie und Histochemie des Epithels der großen Milchgänge und der Milchzisterne unter besonderer Beachtung ihrer Funktion im System der lokalen Abwehrmechanismen des Rindereuters. Schweizer Archiv Tierheilkunde 129, 319–326.

Mosimann, W., Kohler, T. (1990): Milchdrüse. In: Mosimann, W., Kohler, T.: Zytologie, Histologie und mikroskopische Anatomie der Haussäugetiere. Berlin: Paul Parey.

O'Riordan, N., Kane, M., Joshi, L., Hickey, R. M. (2014): Structural and functional characteristics of bovine milk protein glycosylation. Glycobiology 24, 220–236.

Sargeant, T. J., Lloyd-Lewis, B., Resemann, H. K., Ramos-Montoya, A., Skepper, J., Watson, C. J. (2014): Stat3 controls cell death during mammary gland involution by regulating uptake of milk fat globules and lysosomal membrane permeabilization. Nature Cellular Biology 16, 1057–1068.

Shennan, D. B., Peaker, M. (2000): Transport of milk constituents by the mammary gland. Physiology Reviews 80, 925–951.

Smollich, A. (1992): Milchdrüse. In: Smollich, A., Michel, G.: Mikroskopische Anatomie der Haustiere. Stuttgart: G. Fischer, 336–354.

Svennersten-Sjaunja, K., Olsson, K., (2005): Endocrinology of milk production. Domestic Animal Endocrinology 29, 241–258.

Wall, S. K., Gross, J. J., Kessler, E. C., Villez, K., Bruckmaier, R. M. (2015): Blood-derived proteins in milk at start of lactation: Indicators of active or passive transfer. Journal of Dairy Science Aug 19. pii: S0022-0302(15)00588-3.

Ziegler, H., Mosimann, W. (1960): Anatomie und Physiologie der Rindermilchdrüse. Berlin: Paul Parey.

3 Die Zusammensetzung der Milch

Wolf-Rüdiger Stenzel

3.1 Allgemeines

Die Kenntnis über die Inhaltsstoffe der Milch ist aus unterschiedlichen Gründen von erheblicher Bedeutung. Für die Humanernährung sind die konstitutionelle Zusammensetzung und der kalorische Gehalt von ernährungsphysiologischer und lebensmittelhygienischer Relevanz. Eine **ernährungsphysiologisch ausgewogene Zusammensetzung** wird durch den Anteil an essenziellen Amino- und Fettsäuren, Vitaminen sowie durch die Mineralstoffzusammensetzung bestimmt. Milch ist die entscheidende Calciumquelle (im Zusammenwirken mit Phosphor) für den Menschen. Einzelne verarbeitete Milchinhaltsstoffe stellen darüber hinaus die charakteristische Zutat weiterer Lebensmittelgruppen. Andererseits sind bestimmte Verbraucherpopulationen gegenüber ausgewählten Bestandteilen der Milch hypersensibel (Allergie-/Enzym-assoziierte Reaktionen) und müssen diese meiden.

Aus Sicht der Tierernährung und -hygiene lassen sich aus den Veränderungen in der Zusammensetzung der Milch Schlussfolgerungen über den **Gesundheitsstatus** des Tieres (Mastitiden, Stoffwechselstörungen) ziehen. Der wirtschaftliche Ansatz berücksichtigt, dass die finanzielle Vergütung der Milch für den Erzeuger über die wertbestimmenden Inhaltsstoffe, Fett und Eiweiß sowie Abzüge bei Überschreitung der Grenzwerte für somatische Zellen (Zellzahl) und die Keimzahl (bakteriologischer Status) erfolgt. Aus der qualitativ-quantitativen Zusammensetzung einzelner Parameter lassen sich weiterhin Aussagen über Art und Weise einer Be- und Verarbeitung (Wärmeeintrag, Labfähigkeit der Caseine, Reifung von Käse) treffen. Von zunehmender Bedeutung ist weiterhin die Frage der Authentizität/Herkunft von Milch und Milcherzeugnissen (ökologisch produzierte Milch, geschützte Ursprungsbezeichnung (g. U.), geschützte geographische Angabe (g. g. A.), → Kap. 8.4.2).

Neben den originären Inhaltsstoffen (Fett, Eiweiß, Kohlenhydrate etc.) sind weiterhin in unterschiedlichem Umfang Mikroorganismen sowie verschiedene Zellstrukturen in der Milch enthalten, die einen unerwünschten Einfluss auf die Zusammensetzung und hygienische Qualität ausüben können. Auch Tierarzneimittelrückstände (→ Kap. 10) und Umweltkontaminanten können bei Fehlern in der Anwendung oder der Fütterung in die Milch übergehen.

Für die Milchbildung ist neben der komplexen Ausbildung der morphologischen Merkmale der Milchdrüse sowie der humoralen Regelkreisläufe die physiologische Rolle des **Blutes** von Bedeutung (→ Kap. 2.6.2 und 2.12). Über das Blut erfolgt überwiegend der Transport der Vorstufen für die Milchproteine, Milchfette und Laktose in das Euter (→ Kap. 2.6.2.1 bis 2.6.2.3). Andererseits werden Albumin, Immunglobuline, Vitamine, Mineralstoffe und Wasser unmittelbar in die Milch transferiert (→ Kap. 2.6.2.4 bis 2.6.2.5). Bei einzelnen Parametern bestehen erhebliche Konzentrationsunterschiede zwischen dem Blutplasma und der Milch. Dabei steht das Blut im osmotischen Gleichgewicht mit der Milch. Für dessen Aufrechterhaltung spielen die Laktose, Natrium, Kalium und das Wasser unter physiologischen Bedingungen eine entscheidende Rolle.

Als Faustregel gilt, dass für die Bildung von 1 kg Milch ca. 500 Liter Blut durch das Euter transportiert werden müssen. Tabelle 3.1 zeigt im Vergleich die Zusammensetzung von Blutplasma und Milch.

Die Definition von Milch ist abhängig von der jeweiligen Betrachtungsweise. Aus biologischer Sicht wird unter **Milch** das Sekret verstanden, das weibliche Tiere in der Milchdrüse nach der Geburt (*post partum*) des Kalbs bilden und abgeben.

Tab. 3.1
Vergleich der Zusammensetzung von Blutplasma und Milch der Kuh (%)

Bestandteil	Blutplasma	Milch
Wasser	91	87
Kohlenhydrate		
Glukose	0,05	Spuren
Laktose	–	4,9
Proteine		
Caseine	–	2,9
β-Laktoglobulin	–	0,32
α-Laktalbumin	–	0,13
Immunglobuline	2,6	0,07
Albumin	3,2	0,05
Fette		
Glyzeride	0,06	3,7
Phospholipide	0,24	0,1
Zitronensäure	Spuren	0,18
Mineralstoffe		
Calcium	0,009	0,12
Phosphor	0,01	0,10
Natrium	0,34	0,05
Kalium	0,03	0,15
Chlorid	0,35	0,11

Abb. 3.1
Milch als polydisperses System

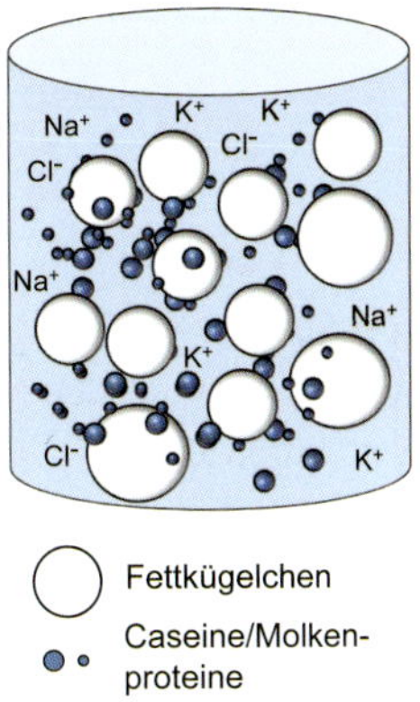

Lebensmittelhygienisch ist **Rohmilch** das unveränderte Gemelk von Nutztieren (die zur Milchgewinnung gehalten werden), das nicht über 40 °C erhitzt und keiner Behandlung mit ähnlicher Wirkung unterzogen wurde. An Rohmilch werden hinsichtlich der hygienischen Parameter (Zell- und Keimzahl) definierte Anforderungen gestellt, die für die Verkehrsfähigkeit entscheidend sind (→ Kap. 6).

Aus technologischer Sicht stellt Milch dabei ein **polydisperses System** dar, das aus einer Emulsion von Milchfett in Wasser, kolloidal gelösten Milchproteinen (Caseine, Molkenproteine, Enzyme) und echt gelösten Ionen (Na^+, K^+, Cl^-) gebildet wird (→ Abb. 3.1).

Nach dem **Milch- und Fettgesetz** (→ Kap. 7.2) wird unter Milch das Gemelk einer oder mehrerer

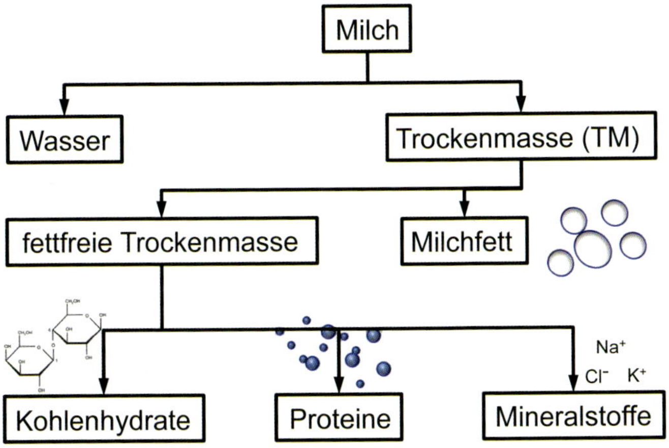

Abb. 3.2
Einteilung der wichtigsten Milchinhaltsstoffe nach technologischen Gesichtspunkten

Tab. 3.2
Zusammensetzung (%) der Humanmilch und der Milch ausgewählter Tierarten, die der menschlichen Ernährung dienen (nach Töpel 2007, Krömker 2007)

Spezies	Trockenmasse	Gesamtprotein	Casein	Molkenprotein	Fett	Laktose	Asche
Mensch	12,9	0,9	0,4	0,5	4,0	7,1	0,2
Kuh	12,7	3,4	2,8	0,6	3,9	4,7	0,7
Ziege	13,3	3,2	2,6	0,6	3,5	4,3	0,8
Zebu	13,5	3,2	2,6	0,6	4,7	4,7	0,7
Kamel	13,5	3,6	2,7	0,9	4,0	5,0	0,8
Büffel	17,2	3,8	3,2	0,6	7,6	4,8	0,8
Schaf	18,0	5,5	4,6	0,9	7,2	4,8	0,8
Yak	16,0	5,8	4,6	1,2	6,0	4,6	1,0
Lama	15,0	4,0	3,1	0,8	4,7	5,8	0,8
Ren	33,3	10,1	8,6	1,5	18,0	2,8	1,5
Stute	11,2	2,5	1,3	1,2	1,9	6,2	0,5
Esel	11,7	2,0	1,0	1,0	1,4	7,4	0,5

Milchkühe verstanden, der Begriff ist ausschließlich Kuhmilch vorbehalten. Gemelke anderer Tierarten, die für die menschliche Ernährung verwendet werden, müssen entsprechend der Tierart benannt werden (→ Kap. 7.2). Diese Festlegung gilt auch für die daraus hergestellten Erzeugnisse. Neben Kuhmilch spielen aus wirtschaftlicher Sicht Schaf-, Ziegen-, Büffel- und Stutenmilch eine bedeutende Rolle, während z. B. Kamel-, Lama-, Yak- oder Zebumilch überwiegend regional vermarktet werden.

Unter **Milchbearbeitung** werden die technologischen Schritte des Reinigens, Homogenisierens und/oder der Wärmebehandlung verstanden, während **Milchverarbeitung** zu unterschiedlichen Milchprodukten führt. Bei diesen technologischen Prozessen werden in unterschiedlichem Umfang einzelne Inhaltsstoffe der Milch verändert, z. B. durch Fermentation bei der Joghurtherstellung oder die Caseinfällung bei der Käseproduktion.

Die Einteilung von Milch unter technologischen Aspekten beinhaltet die Anforderungen, die sich aus der weiteren Be- und Verarbeitung ergeben, und berücksichtigt die lebensmittelrechtlichen Anforderungen für die Kennzeichnung der jeweiligen Milcherzeugnisse (→ Abb. 3.2).

Milch setzt sich aus ca. 12 % Trockenmasse (Summe aus Protein, Fett, Kohlenhydrate, Mineralstoffe) und ca. 88 % Wasser zusammen. Die Zusammensetzung der Gemelke einzelner Tierarten, die für die menschliche Ernährung Verwendung finden, unterscheiden sich erheblich in einzelnen Parametern (→ Tab. 3.2).

Kuh- und Ziegenmilch zählen mit einem mittleren **Eiweißgehalt** von 3,4 % zu den proteinarmen Milchen, während Schafs- und Rentiermilch als proteinreich gelten. In Frauenmilch beträgt der Proteinanteil maximal 0,9 %. Bei den Wiederkäuern ist das Verhältnis von Casein zu Molkenprotein etwa 4 : 1 und diese Milch wird dementsprechend als „Caseinmilch" bezeichnet. „Albuminmilch" werden Human-, Stuten- und Eselsmilch genannt, bei denen das Verhältnis etwa 1 : 1 beträgt. Der **Fettgehalt** der Milch der Wiederkäuer schwankt zwischen 3,5 und 18 %, während der Laktosegehalt im engen Bereich von 4,3 bis 5,8 % liegt. Eine Ausnahme bildet Rentiermilch mit nur 2,8 % Laktose. Der hohe Fett- und Eiweißgehalt dieser Milch bei einem niedrigen Laktosespiegel kann als Anpas-

Tab. 3.3
Zusammensetzung (%) der Sekrete ausgewählter Tierarten, die nicht der menschlichen Ernährung dienen (nach Töpel 2007, Krömker 2007)

Spezies	Trockenmasse	Gesamtprotein	Casein	Molkenprotein	Fett	Laktose	Asche
Hausschwein	18,8	4,8	2,8	2,0	6,8	5,5	
Reh		8,8			6,2	3,9	
Rothirsch	34,1	10,6			19,7	2,6	1,4
Damwild	25,3	6,5	5,3	1,2	12,6	6,1	
Hauskaninchen	32,8	13,9			14,3	2,1	1,5
Meerschweinchen	16,4	8,1	6,6	1,5	3,9	3,0	0,8
Goldhamster	22,6	9,4	6,7	2,7	4,9	4,9	1,4
Hauskatze		7,0	3,7	3,3	4,8	4,8	1,0
Haushund	23,5	7,9	5,8	2,1	12,9	3,1	1,2
Orang Utan	11,5	1,5	1,1	0,4	3,5	6,0	0,2
Indischer Elefant	21,9	4,9	1,9	3,0	11,6	4,7	0,7
Hausmaus	29,3	9,0	7,0	2,0	13,1	3,0	1,3
Ratte	21,0	8,4	6,4	2,0	10,3	2,6	1,3

sung an die besonderen klimatischen Umweltbedingungen der Rentiere gesehen werden.
Im Vergleich zur Kuhmilch ist die Trockenmasse bei Büffelmilch höher als bei Kuhmilch, was insbesondere auf den Fettgehalt von ca. 8 % zurückzuführen ist. Das Milchfett von Büffelmilch wird auch zur Herstellung von Ghee (Butterschmalz) genutzt.
Die Zusammensetzung von Stutenmilch ist der von Frauenmilch sehr ähnlich. Der Proteingehalt ist niedriger als bei Kuhmilch, bei gleichzeitig höherer Laktosekonzentration.
Kamelmilch ist vergleichbar mit Kuhmilch, der Geschmack von Kamelmilch ist jedoch leicht salzig bis bitter, was auf die spezifischen Futtermittel zurückgeführt wird. Bei diesen Betrachtungen ist zu berücksichtigen, dass sich die Milchleistung zwischen den einzelnen Spezies erheblich unterscheidet.
Das Sekret, das die laktierende Kuh in den ersten drei bis fünf Tagen *post partum* bildet, wird als **Kolostrum** (Kolostralmilch, Biestmilch) bezeichnet. Kolostrum ist aus lebensmittelrechtlicher Sicht keine „Milch", sondern ein eigenständiges Lebensmittel. Kolostrum und „reife" Milch unterscheiden sich erheblich in ihrer Erscheinung und konstitutionellen Zusammensetzung.
Die Zusammensetzung der Milch des Einzeltieres unterliegt während der Laktation qualitativen und quantitativen Veränderungen. In den ersten 6 bis 8 Laktationswochen steigt die Milchmenge bei einem niedrigen Protein- und Fettgehalt. Danach erhöhen sich Fett- und Eiweißgehalt bei einer sinkenden Milchmenge. Diese individuellen Unterschiede spielen für die Be-und Verarbeitung keine große Rolle, da in der Sammelmilch von Tieren verschiedener Laktationsstadien einzelne Inhaltsstoffe ausgeglichen werden. Mit Anzahl der Laktationen eines Tieres sinkt der Trockenmassegehalt, was durch einen verringerten Milchfettgehalt hervorgerufen wird.
In Tabelle 3.3 ist die durchschnittliche Zusammensetzung der Gemelke einiger Tierarten dargestellt, die nicht in der Humanernährung genutzt werden.

3.2 Milchbestandteile

3.2.1 Milchfett

Der Milchfettgehalt der zur Milchgewinnung gehaltenen Wiederkäuer liegt zwischen 3,5 und 6,0 % und ist von einer Vielzahl endogener und exogener Faktoren, wie Rasse, genetische Disposition des Einzeltiers, Fütterung, Anzahl der Laktationen, Laktationszeitpunkt und Gesundheitsstatus, abhängig. Die chemisch-physikalischen, sensorischen und technologischen Eigenschaften, wie der Gebrauchswert und das Verarbeitungsverhalten (Textur, Geschmacksträger lipophiler Aromastoffe, Schmelzverhalten, Streichfähigkeit), werden wesentlich von dem **Fettsäuremuster** geprägt. In Abhängigkeit von der Zusammensetzung des Futters wird Milchfett durch Spuren von Carotinoiden leicht gelblich verfärbt. Die Milch von Ziegen, Schafen und Büffeln ist weißlich, da sie Carotinoide nicht aus dem Futter resorbieren können. Das Milchfett setzt sich aus dem **Neutralfett** (Lipide, Acylglyzeride) und den **Fettbegleitstoffen** (Lipoiden) zusammen (→ Tab. 3.4).
Die Bildung der Triglyzeride erfolgt u. a. aus Glyzerin und Fettsäuren im endoplasmatischen Reticulum der Laktozyten. Dabei werden die Fettsäuren mit bis zu 16 Kohlenstoffatomen als De-novo-Synthese aus Acetat und β-Hydroxybutyrat unmittelbar in den Laktozyten synthetisiert (→ Kap. 2.6.2.2). Die höherkettigen gesättigten/ungesättigten Fettsäuren stammen aus den Futter- oder Depotfetten und werden durch aktive/passive Transportmechanismen aus dem zirkulierenden Blut übernommen (→ Abb. 2.12). Der Hauptteil des Fettes wird als **Fettkügelchen** (durch eine Membran umhüllt) in das Alveolarlumen sezerniert. Die Fettkügelchenmembran gewährleistet, dass der Fetttropfen in der wässrigen Phase als Fett/Wasser-Emulsion in der Schwebe gehalten werden kann (→ Abb. 2.12). Das Fettkügelchen hat eine Oberfläche von ca. 70 m^2/l Milch und eine spezifische Masse (20 °C) von 0,92 g/ml.
Der hydrophobe Fettkern wird von einer ca. 10 nm starken trilaminaren Membran umschlossen, die aus amphiphilen Phospholipidschichten gebildet wird. In der Membran sind Cholesterinester, Proteine sowie Enzyme (Saure/Alkalische Phosphatase, Xanthinoxidase, Acetylcholinesterase) lokalisiert (→ Abb. 3.3). Im Vergleich zum übrigen Milchfett weist die **Fettkügelchenmembran** einen signifikant höheren Gehalt an mehrfach ungesättigten Fettsäuren auf. Aus biochemischer Sicht schützt die Membran den Fettkern vor nativen Lipasen, gleichzeitig wird die Resorptionsfähigkeit des Fettes beim Kalb positiv beeinflusst. Die Fettkügelchenmembran ist bei technologischer Betrachtungsweise für die Stabilität der Emulsion von wesentlicher Bedeutung. Durch intensive mechanische und/oder physikalische Belastungen (Umpumpen/Gefrieren/Auftauen) kann die Struktur der Membran irreversibel zerstört werden und ein unerwünschtes Aufrahmen erfolgen. In der Folge kommt es sehr schnell zu einem verstärkten enzymatischen Fettabbau, der bereits in Rohmilch zu sensorischen Abweichungen führen kann.
Das **Fettsäurespektrum** wird wesentlich durch die Art der Fütterung sowie die Pansenflora beeinflusst und ist von ernährungsphysiologischer und technologischer Bedeutung. Buttersäure ist für Wiederkäuer eine charakteristische Fettsäure und somit als Indikator für Verfälschungen der Milch mit pflanzlichen Fetten geeignet. Durch Grasfütterung erhöht sich im Sommer der Anteil ungesättigter Fettsäuren, was zu einem weicheren

Tab. 3.4
Mittlere Zusammensetzung der Milchfettfraktion

Lipid/Lipoide	Gewichts-%
Triglyzeride	97–98
Diglyzeride	0,3–0,6
Monolglyzeride	0,02–0,04
Ketosäureglyzeride	0,9–1,3
Hydroxysäureglyzeride	0,6–0,8
freie Fettsäuren	0,1–0,4
freie Sterine (Cholesterin)	0,2–0,4
Sterinester	Spuren
Phospholipide	0,1–1,0
Glykolipide	Spuren
Kohlenwasserstoffe	Spuren

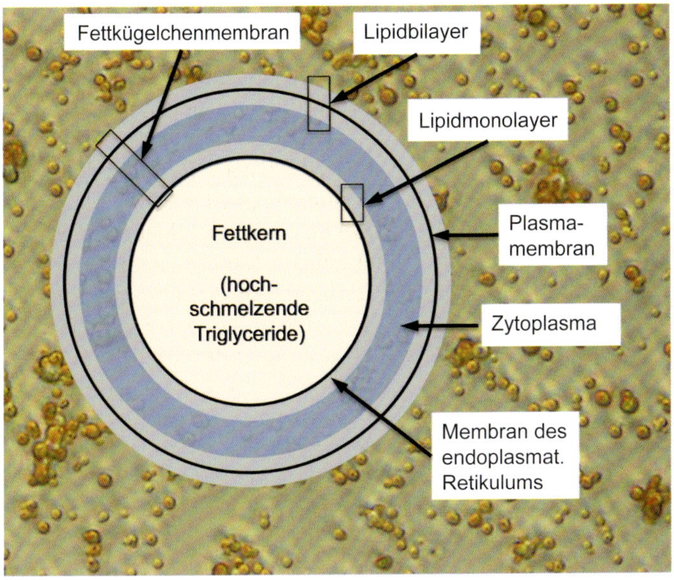

Abb. 3.3
Schematische Darstellung eines Fettkügelchens; im Hintergrund Phasenkontrastaufnahme von Fettkügelchen (2–4 µm) in wässrigem Medium

Milchfett führt, wohingegen bei Heufütterung Milchfett mit einem höheren Schmelzpunkt gebildet wird. Rückschlüsse auf die Art der Fütterung lassen sich weiterhin aus der Bestimmung des α-Linolensäuregehaltes und aus dem $^{13}C/^{12}C$-Isotopenverhältnis ziehen.

Es werden mehr als 400 Carbonsäuren beschrieben, die Bestandteil des Milchfettes sind. Dabei hat sich für diese Carbonsäuren der Begriff **„Fettsäuren“** wissenschaftlich etabliert. Der überwiegende Anteil des Milchfettes setzt sich aus geradzahligen, geradkettigen, ungesättigten und gesättigten Fettsäuren zusammen. Der Gehalt an Minorfettsäuren liegt bei etwa 8 % und umfasst ungeradzahlige, verzweigtkettige, cyclische, Oxy- und Hydroxyfettsäuren. In der Tabelle 3.5 sind die Majorfettsäuren von Kuh-, Stuten- und Humanmilch zusammengefasst.

Fettsäuren mit 4 bis 8 Kohlenstoffatomen (C) werden als **kurzkettige** Fettsäuren bezeichnet; zu den **mittelkettigen** Fettsäuren zählen die C10–C14-Fettsäuren und als **langkettige** Fettsäuren gelten jene mit mehr als 16 C.

Aus ernährungsphysiologischer Sicht ist bei den ungesättigten Fettsäuren sowohl die Art (cis- oder trans-Stellung) als auch die Position der Doppelbindungen im Kohlenstoffgerüst von Bedeutung.

Neben den generell als günstig eingeordneten Fettsäuren mit **cis-Doppelbindungen** liegen im Milchfett auch **Transfettsäuren** vor, die von der Pansenflora aus den im Futter enthaltenen Fetten gebildet werden. Nach heutigem Wissen sind auch diese tierischen Transfettsäuren gesundheitlich unbedenklich oder sogar von Vorteil.

Dabei spielt die essenzielle **Linolsäure** eine wesentliche Rolle. Als konjugierte Linolsäuren (conjugated linoleic acids oder CLAs) wird eine Gruppe von zweifach ungesättigten Fettsäuren bezeichnet, die sich von der Linolsäure ableiten. Die CLAs werden als Zwischenstufe bei der biologischen Hydrierung der Fettsäuren gebildet und liegen in Abhängigkeit von der Art der Fütterung in einer Konzentration zwischen 2–30 g/kg Milchfett vor. Das häufigste auftretende CLA-Isomer ist die zu den Transfettsäuren zählende **Rumensäure** (cis-9, trans-11-CLA).

Die Bezeichnung der Lage der Doppelbindungen in ungesättigten Fettsäuren kann unterschiedlich erfolgen, beginnend mit der Zählung der C-Atome von der Carboxyl- oder der Methylgruppe. Die Nomenklatur ist am Beispiel von Linolsäure dargestellt (→ Abb. 3.4).

Zu den Fettbegleitstoffen (→ Tab. 3.4) werden die sogenannten **Nichtacyl-Lipide** gezählt, wie die

Tab. 3.5
Fettsäurezusammensetzung von Kuh-, Stuten- und Humanmilch (%)

Fettsäuren	Summenformel (Klammer: Lage der Doppelbindung)	Rind	Stute	Mensch
gesättigte Fettsäuren				
Buttersäure	$C_4H_8O_2$	3,2	Spuren	
Capronsäure	$C_6H_{12}O_2$	1,6	Spuren	
Caprylsäure	$C_8H_{16}O_2$	1,0	1,8	
Caprinsäure	$C_{10}H_{20}O_2$	2,9	5,1	1,3
Laurinsäure	$C_{12}H_{24}O_2$	4,8	6,2	3,1
Myristinsäure	$C_{14}H_{28}O_2$	11,8	5,7	5,1
Palmitinsäure	$C_{16}H_{32}O_2$	27,4	23,8	20,2
Stearinsäure	$C_{18}H_{36}O_2$	10,4	1,1	3,0
Arachinsäure	$C_{20}H_{40}O_2$	0,2	Spuren	
Behensäure	$C_{22}H_{44}O_2$	0,2	Spuren	
einfach ungesättigte Fettsäuren				
Myristoleinsäure	$C_{14}H_{26}O_2$ (9)	1,8		
Palmitoleinsäure	$C_{16}H_{30}O_2$ (9)	2,6	7,8	5,7
Ölsäure	$C_{18}H_{34}O_2$ (9)	22,9	20,9	46,6
mehrfach ungesättigte Fettsäuren				
Linolsäure	$C_{18}H_{32}O_2$ (9,12)	3,6	14,9	13,0
α-Linolensäure	$C_{18}H_{30}O_2$ (9,12,15)	1,1	12,6	1,4
Arachidonsäure	$C_{20}H_{32}O_2$ (5,8,11,14)	0,4		

Abb. 3.4
Nomenklatur von Linolsäure

Trivialname: Linolsäure
systematischer Name: Octa-deka-9,12-diensäure
all-cis-Octa-deka-9,12-diensäure
Kurzform: C18:2 (9,12)
C18:2 (9,12) (Δ9,12)
C18:2 (Ω6)
C18:2 (n6)

Präfix „Δ“: Zählung der C-Atome von der Carboxylgruppe

18 12 9 1 ◄

CH_3-$(CH_2)_4$-CH=CH-CH_2-CH=CH-$(CH_2)_7$-CO-OH

► 1 6 18

Präfix „Ω/n“:
Zählung C-Atome von der Methylgruppe

Sterine, einschließlich Cholesterin und seine Derivate, Glykolipide, Phosphatide und Kohlenwasserstoffe. Diese Verbindungen sind Stoffwechselzwischen und -endprodukte oder Bestandteil der Membran der Fettkügelchen.
Unter physiologischen Bedingungen liegt das Milchfett, geschützt durch die Fettkügelchenmembran, stabil als Fett/Wasser-Emulsion vor. Jedoch können native Lipasen (Lipoproteinlipase aus der Caseinmizelle) oder durch Mikroorganismen sekundär eingetragene Lipasen und unspezifische Esterasen in der Milch eine enzymatische oder hydrolytische **Lipolyse** verursachen. Dieser Prozess wird durch eine beschädigte oder zerstörte Fettkügelchenmembran wesentlich beschleunigt. Aus den Triglyzeriden werden die Fettsäuren enzymatisch abgespalten und liegen in freier Form vor.
Bedingt durch die Struktur des Milchfettes weisen die Fettsäuren typische (unerwünschte) Aromen auf, die als **hydrolytische Ranzigkeit** bezeichnet werden. Einen dominanten ranzigen Geruch und Geschmack haben die kurzkettigen Fettsäuren. Die mittelkettigen Fettsäuren prägen eine seifige Note aus und die Fettsäuren mit mehr als 16 C-Atomen rufen einen öligen Geschmack hervor. Diese sensorischen Abweichungen können bereits in der unbehandelten Rohmilch auftreten und zu unerwünschten Auswirkungen bis in das Endprodukt führen. Eine induzierte Ranzigkeit ist das Resultat einer fehlerhaften technologischen Prozessführung bei der Milchgewinnung und/oder der anschließenden Be- und Verarbeitung. Primär kommt es zu einer mechanisch verursachten Schädigung der Fettkügelchenmembran und nachfolgender Freisetzung von Fettsäuren. Neben übermäßigen mechanischen Belastungen, wie vermehrtem Umpumpen verbunden mit einem erhöhten Lufteintrag, ist ein unsachgemäßes (Tief)Kühlen der Milch Ursache für die Ausbildung derartiger sensorischer Abweichungen.
Neben lipolytisch verursachten Veränderungen kann auch eine **Oxidation** der Fettsäuren Ursache für sensorische Abweichungen und nachfolgenden Verderb sein. Diese oxidativen Prozesse sind komplexer Natur und eine große Zahl aromaaktiver flüchtiger und nichtflüchtiger Verbindungen werden gebildet. Diese können einerseits positiv zum typischen Aroma des Milcherzeugnisses beitragen; andererseits kann es auch zur Entwicklung von unerwünschten, vom Verbraucher als negativ empfundenen Geschmacks- und Geruchseindrücken kommen.
Die oxidativen Prozesse lassen sich in enzyminduzierte und nichtenzyminduzierte Ursachen einteilen. Hierbei sind wesentlich die ungesättigten Fettsäuren des Milchfettes beteiligt. Eine entscheidende Rolle spielt dabei die **Ölsäure**, die mit ca. 23 % die Hauptkomponente der Fettsäuren bildet.
Im Resultat dieser zeit- und temperaturabhängigen Vorgänge wird eine Vielzahl sensorisch aktiver Reaktionsprodukte (Aldehyde/Ketone) gebildet. Die enzymatische Fettsäureoxidation, die durch spezifische Oxygenasen, Dehydrogenasen und Cyclooxygenasen hervorgerufen wird, spielt bei diesen Prozessen eine untergeordnete Rolle.
Die nichtenzymatische Fettsäureoxidation wird durch energiereiche Strahlung hervorgerufen. Besonders betroffen sind auch hier die ungesättigten Fettsäuren, wobei wieder Ölsäure die wesentliche Rolle spielt. Dabei induziert UV-Licht in einem ersten Schritt die Bildung reaktiver Fettsäureradikale, die mit Triplett-Sauerstoff $^3O_2$ zu Peroxiden und Hydroperoxiden an den Doppelbindungen der benachbarten CH_2-Gruppen reagieren. Diese Verbindungen sind unstabil und zerfallen über Zwischenprodukte zu weiteren reaktiven Fettsäureradikalen, Aldehyden und Ketonen.
Weißes Licht ist nur mittels Fotoaktivatoren (z. B. Vitamin B_2) in der Lage, eine Fettsäureoxidation zu initiieren. In einem ersten Reaktionsschritt wird Singulett-Sauerstoff $^1O_2$ gebildet, der eine Kaskade der Bildung von Fettsäureradikalen und weiter zu Peroxiden/Hydroperoxiden auslöst. Bei diesen Vorgängen wird eine prooxidative Rolle von Xanthinoxidase diskutiert, die als Nebenprodukt H_2O_2 und das Superoxidradikalion O_2^- bildet. Weiterhin forcieren Fe- und Cu-Ionen diese Reaktionen. Die durch oxidative Ranzigkeit gebildeten längerkettigen Aldehyde und Ketone spielen eine erhebliche Rolle bei der Ausprägung unerwünschter geschmacksintensiver Abweichungen.

3.2.2 Milchproteine

Die Milchproteine spielen aus ernährungsphysiologischer Sicht durch ihr günstiges Aminosäuremuster eine große Rolle für die Ernährung des Kalbs und des Menschen. Weiterhin werden Milcheiweißerzeugnisse (z. B. Caseinate, → Kap. 8.2.10) für die Herstellung von vielfältigen Milcherzeugnissen oder als Zutat in anderen Lebensmittelgruppen genutzt.

Die Milcheiweißfraktion ist nicht homogen und wird in Abhängigkeit von ihrer chemisch-physikalischen Konstitution in **Caseine**, **Molkenproteine** sowie weitere **stickstoffhaltige Verbindungen** eingeteilt. Die Verbindungen der Nicht-Proteinfraktion werden auch als **Nicht-Proteinstickstoff** oder **NPN-Verbindungen** (Non Protein Nitrogen) bezeichnet. Diese Terminologie basiert auf der differenzierten Löslichkeit bzw. Ausfällung der Eiweiße im sauren Milieu.

Die quantitative Bestimmung des Eiweißgehaltes in Milch erfolgt summarisch mit der **Kjeldahl-Methode**. Dabei wird unter Einbeziehung eines Faktors (6,38) der gesamte Stickstoffgehalt errechnet und als **Rohprotein** bezeichnet. Der Gehalt an Milcheiweiß schwankt im Bereich von 2,9 bis 4,4 %, wobei der Anteil der NPN-Verbindungen bei 0,17 % liegt. Das **Reinprotein** (Caseine/Molkenproteine) ergibt sich aus der Differenz von Rohprotein und NPN-Verbindungen (Rohprotein: Summe aus Reinprotein und NPN).

Der Eiweißgehalt der Kuhmilch wird von endogenen und exogenen Faktoren, wie genetisch bedingtes Leistungspotenzial, Laktationsstadium, Fütterung, Haltung und Gesundheitsstatus, beeinflusst. Dabei bestehen zwischen einzelnen Rassen deutliche Unterschiede.

Die Bildung der spezifischen Milchproteine Casein/Molkenprotein erfolgt in der Milchdrüse als De-novo-Synthese in den Laktozyten (→ Kap. 2.6.2.3). Dabei werden die Vorstufen (Aminosäuren, niedermolekulare Peptide) aus dem Blutplasma durch spezifische Transportsysteme von den Laktozyten aufgenommen. Die Synthese findet an den Ribosomen statt. Die synthetisierten Proteine gelangen zum Golgi-Apparat und werden in sekretorische Vesikel gehüllt. Die Aggregation der Caseinmoleküle zu den Mizellen erfolgt ebenfalls im Golgi-Apparat in Anwesenheit von Calcium. Proteine aus dem Plasma, wie Albumin, treten nur während der Kolostralperiode sowie bei Mastitiden (→ Kap. 4.1) auf.

Die **Caseine** der Milch werden in vier Untergruppen sowie β-Caseinderivate eingeteilt (→ Tab. 3.6):

- α_{s1}-Casein
- α_{s2}-Casein
- β-Casein
- κ-Casein
- β-Caseinderivate (γ_1-, γ_2 und γ_3-Casein)

Genetische Varianten dieser Fraktionen führen zu Änderungen im Aminosäurespektrum und resultieren in unterschiedlichen chemisch-physikalischen Eigenschaften.

Mit Ausnahme der Spaltprodukte γ_1 und γ_2 sind die Caseine aus chemischer Sicht Phosphoproteine, bei denen über die Hydroxylgruppe der Aminosäure Serin organisch Phosphorsäuremoleküle gebunden sind. Der Anteil des organisch gebundenen Phosphors liegt bei 0,85 %. Charakteristisch für die Struktur der Caseine ist die **Tripeptidsequenz**: Pse-X-Glutaminsäure oder Pse-X-Pse, wobei Pse für Phosphoserin, X für eine beliebige Aminosäure einschließlich Glutaminsäure und Pse stehen kann. Die Hitzestabilität der Caseine resultiert aus dem Fehlen einer Tertiärstruktur. Bedingt durch ihre Besonderheiten in der Proteinsequenz gelten die Caseine auch als nicht kristallisierbare Proteine.

α_{s1}-Casein ist mit 38 % die Hauptkomponente des Caseins in der Caseinmizelle und calciumsensitiv. Es ist im Inneren der Mizelle lokalisiert und somit gegen Calciumionen geschützt. Erst bei Strukturänderungen tritt das Calcium an Casein heran und bildet unlösliche Verbindungen.

Für α_{s1}-Casein wurden bisher fünf genetische Varianten beschrieben. So wurde die Variante E nur beim Yak (*Bos grunniens*) und Banteng-Rind (*Bos javanicus*) nachgewiesen. Beim Rind (*Bos taurus*) dominiert mit > 90 % Variante B, wobei bei der Jersey- und Guernsey-Rasse die Variante C zu 25 % vertreten ist. Diese unterschiedlichen Strukturen haben auch Auswirkungen auf die Reaktion des Chymosins (→ Kap. 8.4.3) und im weiteren Verlauf auf die Reifung des Käses (Texturbildung). α_{s2}-Casein weist eine höhere Affinität gegenüber Ca^{2+}-Ionen auf als α_{s1}-Casein.

Tab. 3.6
Proteine in der Milch-Caseinfraktion

Casein	Genetische Variante	Molekulargewicht (Dalton)	Anzahl Aminosäuren	Anteil am Gesamtprotein (%)
α_{s1}	A, B, C, D, E	23 000	199	30,6
α_{s2}	A, B, C, D	25 000	207	8,0
κ	A, B	19 000	169	10,0
β	A1, A2, A3, B, B3, C, D, E	24 000	209	28,4
γ_1[1]	A1, A2, A3, B	20 500	181	2,4[3]
γ_2[1]	A2, A3, B	11 900	104	2,4[3]
γ_3[1]	A, B	11 600	102	2,4[3]
Proteose-Peptone				
Komponenten 5, 8			28 bis 107	
λ[2]				Spuren

[1] Derivate von β-Casein; [2] Derivat von α_{s1}-Casein; [3] Summe γ-Caseine

Bei den genetischen Varianten des β-Caseins dominieren beim Rind die A-Varianten. Bedingt durch seine Struktur ist β-Casein fähig, selbst zu assoziieren und in der Lösung β-Caseinmizellen zu bilden.

In der Milch können verschiedene **Proteose-Peptone** nachgewiesen werden, die Spaltprodukte des Abbaus von β-Casein durch Plasmin sind. Dieser Anteil kann bis zu 3 % des Caseins betragen und erhöht sich im Verlauf der Laktationsperiode und bei Mastitiden. Für die Käserei sind diese Verbindungen ungünstig, da sie im Gegensatz zum β-Casein nicht in den Käsebruch eingehen und damit die Ausbeute verringern. Die Proteose-Peptone verbleiben in der Molke.

Die κ-Caseine treten unter definierten chemisch-physikalischen Bedingungen in der Milch als Tri- oder Oligomere auf und sind wesentlich verantwortlich für die Labfähigkeit und somit für die Gerinnungsausbeute. Bedingt durch die Besonderheiten der Primärstruktur und der räumlichen Anordnung an der Oberfläche der Mizelle binden κ-Caseine in geringem Umfang Calciumionen und stellen eine Barriere für die calciumsensiblen α_{s1}-, α_{s2}- und β-Caseine dar.

Die λ-Caseine bestehen überwiegend aus Fragmenten der α_{s1}-Caseine, die durch In-vitro-Inkubation mit Plasmin gebildet werden.

Das molare Verhältnis der Casein-Komponenten $\alpha_{s1}/\beta/\gamma/\alpha_{s2}$ beträgt 8/8/3/2.

In der Milch liegt das Casein gebunden in Mizellen vor. Die Anzahl der **Caseinmizellen** beträgt etwa 10^{14}–10^{16} pro Milliliter, bei einem mittleren Durchmesser von 100 nm. Die Caseinmizellen bilden eine Oberfläche von ca. 4 000 m^2/l aus, bei einer spezifischen Masse von 1,11 g/ml (20 °C). Das mittlere Molgewicht (dehydratisiert) beträgt etwa 10^8 Dalton. Die Trockensubstanz setzt sich zu 94 % aus Protein sowie zu 6 % aus einer Mischung von Calcium-, Natrium-, Kalium-, Phosphat-, Magnesium und Citrationen zusammen und wird als **kolloidales Calciumphosphat** bezeichnet. Die Mizellen liegen hydratisiert vor, wobei ein g Protein etwa zwei g Wasser binden.

Es werden verschiedene Modelle des Aufbaus dieser Mizellen diskutiert. Die Übereinstimmung in allen Modellen besteht darin, dass der überwiegende Teil des κ-Caseins an der Oberfläche lokalisiert ist und die hydrophilen Anteile in die Serumphase hineinragen („haarige Außenschicht"). Weiterhin wird dem kolloidalen Calciumphosphat eine zentrale Rolle bei der Strukturbildung zugewiesen. Über die Ausbildung von Submizellen und eine mögliche Rolle von Wasserstoffbrückenbindungen zwischen den einzelnen Casein-Aggregaten bestehen derzeit unterschiedliche wissenschaftliche Auffassungen. Grundsätzlich stellen die Caseinmizellen kein starres System dar, sondern befinden sich in einem dynamischen Gleichgewicht mit dem Milchserum. Veränderungen dieses Gleichgewichts (pH) können zu einer Verschiebung des Verhältnisses von kolloidalem Calciumphosphat in der Mizelle zu gelöstem Calciumphosphat im Serum führen. Dieser Prozess ist mit einer räumlichen Vergrößerung der Mizelle verknüpft.

Bei einer längeren Kaltlagerung von Rohmilch (< 6 °C) treten α_{s1}-Casein und insbesondere β-Casein aus dem Verband heraus und gehen in das Serum über. Diese Vorgänge sind nur teilweise reversibel.

Wesentlich beeinflusst wird die Struktur der Mizelle in Abhängigkeit vom Wärmeeintrag. Es finden Reaktionen mit Molkenproteinen, insbesondere α-Laktalbumin, mit κ- sowie α_{s2}-Casein statt. Diese **Molkenprotein-Casein-Komplexe** weisen veränderte (technologische) Eigenschaften auf. Andererseits verhindern diese Strukturen bei der weiteren Erhitzung der Milch (Ultrahocherhitzung/Sterilisation) eine Präzipitation der Milcheiweiße.

Mit einer Absenkung des pH-Wertes geht ein Teil des kolloidalen Calciumphosphates in Lösung. Unterhalb pH 5,2 lagern sich die Caseinmizellen zu größeren Aggregaten zusammen und sind im isoelektrischen Bereich (pH 4,6–4,8) unlöslich. Dieser Prozess ist abhängig von der Temperatur sowie von der Art der (thermischen) Vorbehandlung der Milch.

Caseinmizellen werden durch proteolytische Prozesse destabilisiert, wodurch in der Folge die Caseine ausgefällt werden, was im Rahmen der Käseherstellung genutzt wird. Als proteolytisches Agens wird Chymosin eingesetzt. **Chymosin** spaltet bei pH 6,7 spezifisch das κ-Casein zwischen Phenylalanin 105 und Methionin 106. Es werden als Spaltprodukte das lösliche Caseinmakropeptid und das unlösliche para-κ-Casein gebildet. Mit fortschreitender Spaltung des κ-Caseins werden

Abb. 3.5
Modell einer Caseinmizelle mit Submizellen

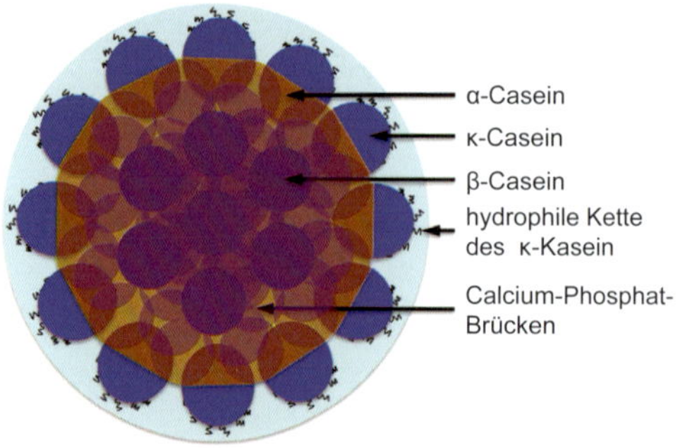

alle Mizellen zerstört. Dieser Prozess ist temperaturabhängig (≥ 15 °C) und wird durch die Konzentration an Calciumionen beeinflusst. Abbildung 3.5 zeigt schematisch den Aufbau einer Caseinmizelle nach dem Submizellen-Modell.

Unter dem Begriff **Molkenproteine** (Tab 3.7 und Basiswissen 3.1) werden alle Milchproteine, Peptide, Proteolyseprodukte und Minorverbindungen (Tab 3.9) verstanden, die bei pH 4,6 und 20 °C nach Ausfällung der Caseine in der Lösung (Molke) verbleiben.

Das α-Laktalbumin, β-Laktoglobulin sowie IgA, IgM, IgG2 werden in der Milchdrüse synthetisiert, während Albumin und IgG1 aus dem Blut in die Milch übertreten.

β-Laktoglobulin stellt in der Milch mit 3,5 % den Hauptanteil an Molkenproteinen dar. Die biologische Funktion besteht in der Bindung hydropho-

Basiswissen 3.1
Molkenproteine

- β-Laktoglobulin, α-Laktalbumin, Albumin, Immunglobuline zählen im Gegensatz zu den Caseinen zu den globulären Proteinen.
- Sie sind im nativen Zustand der Milch molekular dispers verteilt und werden durch Hitzeeinwirkung differenziert denaturiert:
  - Immunglobuline: 63 °C
  - β-Laktoglobulin: 74 °C
  - Albumin: 79 °C
  - α-Laktalbumin: 87 °C (abhängig vom Calciumgehalt)

Tab. 3.7
Proteine in der Milch: Molkenproteine

Protein	Genetische Variante	Molekulargewicht (Dalton)	Anzahl Aminosäuren	Anteil am Gesamtprotein (%)
β-Laktoglobulin	A, B, C, D, E, F, G	18 300	162	9,8
α-Laktalbumin	A, B, C	14 200	123	3,7
Albumin	A	66 000	582	1,2
Immunglobuline				
IgG1		163 000		1,2–3,3
IgG2		150 000		0,2–0,7
IgA		390 000		0,2–0,7
IgM		950 000		0,2–0,3

ber Moleküle, wie der freien Fettsäuren (Stimulierung der Lipolyse), oder des Transportes von Retinol. β-Laktoglobulin enthält fünf Cysteinreste, die durch partielle Hydrolyse freigelegt werden. Über die Ausbildung von Disulfidbrücken kann eine Dimerisierung erfolgen; bei Erhitzung der Milch treten Wechselwirkungen mit anderen Milchproteinen, wie κ-Casein und α-Laktalbumin, auf. Diese Addukte des Caseins mit β-Laktoglobulin haben technologische Auswirkungen auf den Labgerinnungsprozess. Weiterhin ist das β-Laktoglobulin ein wesentlicher Faktor bei der Ausprägung der Kuhmilchproteinallergie und zudem ist es in die Bildung von Maillard-Produkten involviert. β-Laktoglobulin tritt in den genetischen Varianten A und B sowie C bei Jersey-Kühen und D bei Montbeliarde-Kühen auf. In der Humanmilch liegt β-Laktoglobulin nicht vor.

α-Laktalbumin zeigt im Aufbau eine große Ähnlichkeit zum Lysozym, unterscheidet sich jedoch wesentlich im Wirkspektrum. Eine entscheidende biologische Funktion hat das Protein als Bestandteil der Laktosesynthase, es synthetisiert zusammen mit der Galaktosyltransferase aus Galaktose und Glukose die Laktose in den Laktozyten (→ Kap. 2.6.2.1). Die Konzentration beträgt in der Kuhmilch etwa 0,1 % und ist in Humanmilch deutlich höher.

Mit der Zahl der Laktationen und bei Gesundheitsstörungen (Mastitiden) steigt der Albuminspiegel an. **Albumin** ist ein globuläres Molekül aus 582 Aminosäuren, 17 Disulfidbrücken und einer freien Thiolgruppe in der Sequenzposition 34. Es gilt als gesichert, dass Albumin nicht in den Laktozyten synthetisiert wird, sondern aus dem Blut in die Milch übertritt.

Beim Übergang der Immunglobuline aus dem Blutserum in die Milch verändert sich das Verhältnis IgG1 zu IgG2. Während im Blutserum das Verhältnis etwa gleich ist, verschiebt es sich in der Milch zugunsten von IgG1 um den Faktor 30. In der Tabelle 3.8 sind die Konzentrationen von Immunglobulinen im Blut, Kolostrum und in der Milch im Vergleich dargestellt. Es werden wissenschaftliche Ansätze diskutiert, den hohen Gehalt

Tab. 3.8
Mittlere Konzentration von Immunglobulin im Blut, Kolostrum und in der Milch (mg/100 g) (nach Töpel 2007)

Immunglobulin	Blut	Kolostrum	Milch
IgG1	1 000	4 760	60
IgG2	790	290	2–20
IgA	50	390	14
IgM	260	420	5

Tab. 3.9
Ausgewählte Minorproteine in der Milch

	Anzahl der Aminosäuren	Molekulargewicht	Ursprung/Bedeutung
Transferrin	600–700	75 000–77 000	Blut, Eisen bindend
Laktoferrin	600–700	77 000–93 000	Eisen bindend, antibakteriell
β2-Mikroglobulin	98	11 800	unbekannt
Saures Glykoprotein	181	42 000	Wachstumsfaktor
Folat bindendes Protein	222	30 000–35 000	Folsäure bindend

an Immunglobulinen im Kolostrum therapeutisch bei gastrointestinalen Infektionen zu nutzen.
In der Milch sind Minorproteine enthalten, denen unterschiedliche physiologische Eigenschaften zugeschrieben werden (→ Tab. 3.9). Transferrin und Laktoferrin zählen zu den Eisen bindenden Glykoproteinen. Während **Transferrin** aus dem Blutserum in die Milch übergeht, wird Laktoferrin u. a. auch im Eutergewebe synthetisiert. **Laktoferrin** weist eine antibakterielle Aktivität auf, da es Eisen blockiert, das für Bakterienwachstum notwendig ist. Laktoferrin ist bis zu 90 °C über 60 Minuten hitzestabil. Bei Entzündungsprozessen ist die Konzentration des Sauren Glykoproteins in der Milch erhöht.

Tab. 3.10
NPN-Verbindungen in Kuhmilch (Mittelwerte pro l) (nach Töpel 2007)

Verbindungsklasse	mg/l
freie Aminosäuren	80
Aminosäurederivate (Histamin, Taurin, Indoxylschwefelsäure)	6
Amine (1-Propylamin, 1-Hexylamin, Ethanolamin, Cholin, Spermin, Spermidin)	bis 300
Carnitin	35
Peptide	200
Harnstoff	300
Kreatin	ca. 70
Kreatinin	ca. 9
Orotsäure	75
Ammoniumsalze	12
Harnsäure	85
Hippursäure	50
N-Acetylglucosamin	11
N-Acetylneuraminsäure	bis 270

Neben den Proteinen liegen in der Milch weitere **niedermolekulare stickstoffhaltige Verbindungen** vor (→ Tab. 3.10). Ihre Klassifikation erfolgt entsprechend ihrer Löslichkeit in 12 % Trichloressigsäure. Der NPN-Gehalt liegt im Bereich von 200–500 mg Stickstoff je Liter Milch, das entspricht etwa 2–6 % des Gesamtstickstoffs nach Kjehldal. NPN-Verbindungen sind Metabolite des Proteinstoffwechsels, die aus dem Blut in die Milch gelangen oder im Eutergewebe gebildet werden. Die qualitativ-quantitative Zusammensetzung ist abhängig vom Laktationsstadium, von der Rasse und Fütterung. Unter physiologischen Bedingungen des Tieres ist der Gehalt weitestgehend konstant. Bei der Lagerung der Milch kommt es zu einem Anstieg, der durch proteolytische Aktivität, insbesondere psychrotropher Mikroorganismen, hervorgerufen wird.
Die **freien Aminosäuren** in der NPN-Fraktion bilden mit ca. 50 mg/l eine wesentliche Energiequelle für die Mikroorganismen in der Milch.
Wie aus der Tabelle 3.10 ersichtlich ist, weisen die Amine eine Konzentration bis zu 300 mg/l aus. Den Hauptteil stellt Cholin, das aus Phosphatiden freigesetzt wird. Weiterhin ist Harnstoff mit bis zu 300 mg/l ein wesentlicher Bestandteil. Harnstoff ist ein Endprodukt des Proteinstoffwechsels, wird in der Leber synthetisiert und über die Niere ausgeschieden. In der Tierernährung ist die Harn-

stoffkonzentration ein Indikator für einen ausgewogenen Energiestoffwechsel des Rindes. Gleichzeitig beeinflusst Harnstoff die Hitzestabilität und den Gefrierpunkt der Milch. Erhöhte Harnstoffkonzentrationen wirken sich nachteilig auf die Käseherstellung aus.
Als weiteres Stoffwechselprodukt des Proteinmetabolismus gelangt Harnsäure aus dem Blut unmittelbar in die Milch. Als Abbauprodukt der Nukleotide liegt Orotsäure in der NPN-Fraktion vor, wobei im Kolostrum Werte bis zur 5-fachen Menge ermittelt werden.

3.2.3 Kohlenhydrate der Milch

Die **Laktose** ist mit einem Gehalt von ca. 4,5 % das wichtigste Kohlenhydrat in der Kuhmilch. Die Bildung findet im Golgi-Apparat der Alveolarzellen aus den Monosacchariden Galaktose und Glukose statt (→ Kap. 2.6.2.1). Die Ausschleusung aus der Zelle erfolgt in engem Zusammenspiel mit den Milchproteinen in Membranvesikeln, sie ist mit einer Wasseraufnahme verbunden. Die physiologische Bedeutung der Laktose liegt in der Stabilisierung der osmotischen Verhältnisse (Milch – Blut) im Euter. Weiterhin wird im Zusammenwirken mit den Ionen (Na^+, K^+, Cl^-) die Gefrierpunktsdepression in der Milch ausgebildet. Aus technologischer Sicht ist Laktose das entscheidende Substrat für die Starterkulturen zur Herstellung fermentierter Milcherzeugnisse. Weiterhin findet Laktose als Zutat in einer großen Zahl von Lebensmitteln und als Hilfsstoff in Arzneimitteln breite Anwendung. Darüber hinaus ist Laktose Ausgangsprodukt für die Herstellung von Lactobionsäure, Lactilol, Lactosylharnstoff und Lactulose.
Laktose ist ein Disaccharid aus Galaktose und Glukose, die durch glykosidische 1,4-β-O-Bindung zwischen dem C1-Atom der D-Galaktose und dem C4-Atom der D-Glukose verbunden sind (→ Abb. 3.6). Die Synthese erfolgt aus phosphorylierter Glukose mit Galaktose durch eine Laktosesynthase. Die Laktosesynthase ist ein Enzymkomplex, der aus den Untereinheiten α-Laktalbumin und einer Galaktosyltransferase gebildet wird (→ Kap. 2.6.2.1). Neben der Laktose sind in der Milch Spuren von Glukose, Galaktose und Aminozuckern nachweisbar. Die Monosaccharide liegen in freier oder phosphorylierter Form sowie strukturgebunden in Glykoproteinen und Sphingosinglykolipiden vor. Weiterhin wird im Rumen des Rindes mikrobiell Epilactulose gebildet. **Epilactulose** stellt ein Laktosederivat dar, bei dem die Glukose durch Mannose ersetzt ist. Zusätzlich finden sich auch komplexe Oligosaccharide in der Milch, in Kuhmilch im Vergleich zu Laktose allerdings in wesentlich geringerer Konzentration (0,05 g/l). Polysaccharide sind in Milch nicht nachweisbar, jedoch können Lipopolysaccharide durch mikrobielle Kontamination eingetragen werden.
In Abhängigkeit vom Wärmeeintrag (Temperatur und Erhitzungszeit) der Milch erfolgen chemische Veränderungen am Laktosemolekül. Als Indikator für eine Charakterisierung der Wärmeeinwirkung kann 5-Hydroxy-methyl-2-furfural (HMF) herangezogen werden.
Eine weitere erhitzungsbedingte Nebenreaktion ist die Bildung von **Lactulose**. Diese stellt ebenfalls ein Laktosederivat dar, bei dem die Glukose durch Isomerisierung in Fruktose umgelagert ist. Unter äquimolaren Konzentrationen ist Lactulose süßlicher und besser in Wasser löslich als Laktose.

Abb. 3.6
Struktur von Laktose: chemisch stellt die Laktose eine 4-O-β-D-Galaktopyranosyl-D-glukopyranose dar. Dabei liegt Galaktose in der β- und Glukose als α- oder β-Form vor. Die α- oder β-Form der Glukose wird bestimmt durch die räumliche Anordnung der Hydroxylgruppe am C1-Atom (◀). α- und β-Laktose weisen unterschiedliche physikalische Eigenschaften auf.

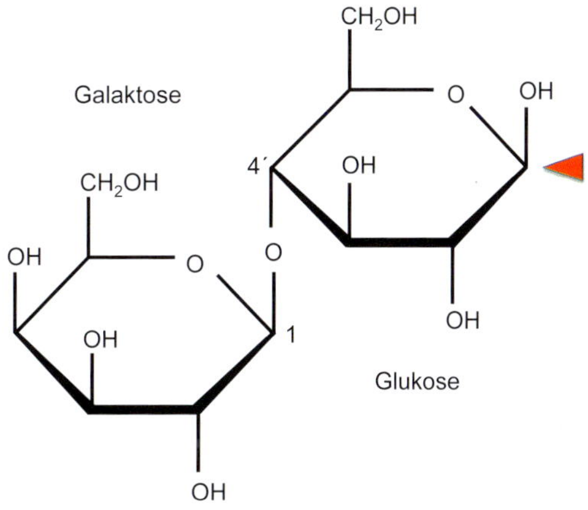

In Rohmilch ist Lactulose nicht nachweisbar. Pasteurisierte Milch weist einen Gehalt an Lactulose von < 50 mg/kg auf, der in ultrahocherhitzter Milch bis auf 100–500 mg/kg ansteigen kann. In Sterilmilch werden analytisch Konzentrationen bis zu 1 600 mg/kg ermittelt. Lactulose wird im Dünndarm nicht resorbiert, sondern erst im Dickdarm, wobei insbesondere auch Bifidobakterien beteiligt sind. Lactulose wird auch als **bifinogener Faktor** bezeichnet und weist eine milde laxierende Wirkung auf.

Unter den üblichen Temperatur-Zeit-Bedingungen bei der technologischen Wärmebehandlung der Milch kommt es zu **sensorischen Abweichungen**. Diese können von einem leichten Koch- oder Karamelgeschmack bis hin zu einer ausgeprägten brandigen Note und Verfärbungen durch Melanoidine führen. Ausgangspunkt sind die Wechselwirkungen zwischen der Laktose mit den Milchproteinen. Besonders betroffen ist die ε-Aminogruppe des Lysins, aber auch weitere Proteine mit freien Aminogruppen und/oder Aminosäuren. Diese Prozesse werden als **nichtenzymatische Bräunung** (Maillard-Reaktionen), die gebildeten Verbindungen als **Maillard-Produkte** bezeichnet. Typische Vertreter der Maillard-Produkte sind Furosin, Pyridosin und Maltol. Aus ernährungsphysiologischer Sicht kommt es in sehr stark erhitzten Milcherzeugnissen zu einem Verlust der essenziellen Aminosäure Lysin. Weiterhin ist die Löslichkeit von Milchpulver beeinträchtigt, verbunden mit unerwünschten Verfärbungen und einem brandigen Geschmack.

Nach der Hydrolyse von Laktose kann weiterhin aus Galaktose Tagatose gebildet werden, die auch an den Maillard-Reaktionen beteiligt ist.

3.2.4 Mineralstoffe in der Milch

Mineralstoffe sind ein integrativer anorganischer Bestandteil von pflanzlichen und tierischen Lebensmitteln. Die Bestimmung erfolgt in der Regel aus der „Asche". Aus analytischer Sicht bezieht sich der Terminus „Asche" auf den anorganischen Rückstand, in der nach Verbrennung des biologischen Materials die Mineralstoffe als Anionen/Kationen vorliegen. Die Einteilung der Mineralstoffe erfolgt unter toxikologischen Aspekten nach der Quantität, die für den Menschen bei täglicher Einnahme als essenziell angenommen wird. Dabei gelten Na, K, Ca, Mg, Cl und P als **Mengenelemente** mit einer Aufnahme von mehr als 50 mg pro Tag. Zu dieser Gruppe zählt auch Schwefel, der bei den essenziellen schwefelhaltigen Amino-

Tab. 3.11
Ausgewählte Mineralstoffe in Kuh- und Humanmilch

	Kuhmilch	Humanmilch	Bestandteil/ Bedeutung
Natrium (mg/l)	500	150	
Kalium (mg/l)	1 500	600	
Chlorid (mg/l)	950	430	
Calcium (mg/l)	1 200	350	
Magnesium (mg/l)	120	28	
Phosphor (mg/l)	950	145	
Sulfat (mg/l)	100		
Eisen (µg/l)	500	760	Katalase, Peroxidase
Zink (µg/l)	3 500	2 950	
Aluminium (µg/l)	500		
Kupfer (µg/l)	200	390	Cytochromoxidase
Mangan (µg/l))	30	12	Enzymaktivator
Jod (µg/l)	60	70	Thyroxin
Kobalt (µg/l)	1	12	Vitamin B_{12}
Molybdän (µg/l)	73	8	Xanthinoxidase
Nickel (µg/l)	25	25	
Selen (µg/l)	10	14	Glutathionperoxidase
Silicium (µg/l)	2 600	700	

säuren berücksichtigt wird. Als **Spurenelemente** werden Fe, F, Zn, Se, Cu, Mn, Cr, Mo, Co und Ni bezeichnet, deren Aufnahme weniger als 50 mg pro Tag beträgt. Für **Ultraspurenelemente**, wie Al, Sn, Si, wurde die Essenzialität tierexperimentell geprüft.

Die Mineralstoffe in der Milch stammen aus den Futtermitteln und werden nach Resorption durch unterschiedliche Transportmechanismen dem Blut entnommen. Sie liegen in der Milch als Anion/Kation, lösliche Komplexe sowie in (protein) gebundener Form vor. Mineralstoffe tragen wesentlich zum Aufbau und zur Struktur einzelner Milchinhaltsstoffe (z. B. Calcium-Phosphate: Caseinmizelle) bei. Weiterhin sind sie Bestandteil der aktiven Zentren in Enzymen bzw. aktivieren sie Enzymkomplexe. Darüber hinaus tragen die Mineralstoffe als Bestandteil des Puffersystems in der Milch zur Stabilisierung des pH-Wertes bei.

Andererseits können Mineralstoffe in Milch/Milcherzeugnissen unerwünschte Reaktionen (Cu/Fe-Ionen: Oxidation von Fettsäuren; Ausprägung von Fehlaromen) beschleunigen. Die Tabelle 3.11 gibt einen orientierenden Überblick über den Gehalt an Mineralstoffen und Spurenelemente in Human- und Kuhmilch.

Der Gehalt an Mineralstoffen in der Milch ist wesentlich von genetischen Faktoren und dem Laktationsstadium des Tieres abhängig. In Mangelsituationen kann der tierische Organismus die für die Milchbildung notwendigen Mineralstoffe durch die Aktivierung von Körperreserven kurzzeitig ausgleichen. Unter extremen Bedingungen kommt es zu einem Versiegen der Milchproduktion.

Ernährungsphysiologisch bedeutsam sind in der Milch das **Calcium** und der **Phosphor**. Der physiologische Vorteil von Milch im Vergleich zu anderen Lebensmitteln ist die gute Resorbierbarkeit des Calciums, wobei Laktose und Citronensäure eine positive Rolle spielen. Der **Eisengehalt** ist in Kuhmilch niedriger als in Humanmilch. Erheblichen Schwankungen unterliegt der **Jodgehalt** in der Milch, zudem ist er geographisch durch ein Nord-Südgefälle gekennzeichnet. Unter pathophysiologischen Bedingungen ist das **Verhältnis Natrium-Kalium-Chlorid** in der Milch verändert und wird als Indikator bei Mastitiden genutzt.

In Kuhmilch liegt **Zink** mit 3 500 µg/l in einer hohen Konzentration vor. Zink ist als Zentralatom am Aufbau und an der Wirkung der Alkalischen Phosphatase beteiligt.

Ziegenmilch weist im Vergleich zu Kuhmilch einen höheren Gehalt an Calcium und Phosphor auf, andererseits ist ihr Gehalt an Eisen und Kupfer niedriger (Ziegenmilchanämie).

3.2.5 Enzyme in der Milch

Die Milch enthält ca. 60 Enzyme, die unterschiedlich lokalisiert sind und alle Reaktionsklassen einschließen. Die Enzyme können unmittelbar aus der Milch stammen, aber auch über weitere typische Milchbestandteile (Blut- oder Milchzellen, Kolostrum) eingetragen werden und stoffwechselaktiv sein. Aus kalorischer Sicht spielen Enzyme als Minorproteine eine untergeordnete Rolle. Ihre Bedeutung liegt in der **Regulation** vielfältiger biochemischer Prozesse in der Milch. Sie eignen sich als **Indikatoren** für den Gesundheitsstatus des Tieres, in Konsummilch werden sie zum Nachweis der Wärmebehandlung eingesetzt oder sie können zur Ausprägung von typischen und erwünschten Eigenschaften von Milcherzeugnissen beitragen (→ Tab. 3.12). Eine wesentliche technologische Bedeutung kommt in der Milchwirtschaft jenen Enzymen zu, die über Starterkulturen zur Herstellung von fermentierten Milcherzeugnissen gezielt eingesetzt werden.

Enzyme können aber auch unerwünscht über pathogene oder saprophytäre Keime in die Milch eingetragen werden und zu nachteiligen sensorischen und technologischen Auswirkungen führen. Die **Xanthinoxidase** (Schardinger-Enzym), katalysiert in der Niere und Leber die Oxidation von Hypoxanthin und Xanthin:

$$\text{Hypoxanthin} + O_2 + H_2O \longrightarrow \text{Xanthin} + O^{2-} + 2\,H^+$$
$$\text{Xanthin} + O_2 + H_2O \longrightarrow \text{Harnsäure} + O^{2-} + 2\,H^+$$

Das aktive Zentrum des Enzyms enthält ein Molybdänatom, gebunden in Form des Molybdän-Cofaktors (MoCo). Jede Untereinheit enthält zwei unterscheidbare Eisen-Schwefel-Cluster und ein

Tab. 3.12
Ausgewählte Enzyme in der Milch

EC-Nummer	Name	Lokalisierung	Indikator
1.1.1.27	L-Laktatdehydrogenase	Plasma	Mastitis
1.1.3.2	Xanthinoxidase	Fettkügelchenmembran	Laktationsdauer
1.8.3.2	Sulfhydryloxidase	Serum	
1.11.1.6	Katalase	Leukozyten	Mastitis
1.11.1.7	Laktoperoxidase	Serum	Mastitis, Kolostralmilch Wärmebehandlung
1.15.1.1	Superoxiddismutase	Erythrozyten	
2.3.2.2	γ-Glutamyltransferase	Fettkügelchenmembran	Wärmebehandlung
2.4.1.22	Laktosesynthase	Serum	
2.6.1.2	Alanin-Aminotransferase		
3.1.1.1	Carboxylesterase	Serum	
3.1.1.7	Acetylcholinesterase	Fettkügelchenmembran	
3.1.1.34	Lipoproteinlipase	Caseinmizelle	
3.1.3.1	Alkalische Phosphatase	Fettkügelchenmembran	Wärmebehandlung
3.1.3.2	Saure Phosphatase	Fettkügelchenmembran	
3.2.1.1	α-Amylase	Serum	
3.2.1.2	β-Amylase		
3.2.1.17	Lysozym	Serum	
3.2.1.31	β-Glucuronidase		
3.2.1.52	N-Acetyl-β-Glucosaminidase	somatische Zellen	Mastitis
3.4.21.7	Plasmin	Caseinmizelle	Altersgelierung UHT-Milch

FAD-Molekül. Die Aktivität von Xanthinoxidase ist in Kuhmilch höher im Vergleich zur Milch anderer Säugetiere. Bei Kühlung der Milch, Erwärmung und Homogenisierung wird das Enzym aus der Fettkügelchenmembran freigesetzt und eine Beteiligung an der Ausprägung des Oxidationsgeschmacks der Milch wird diskutiert. Xanthinoxidase reduziert auch NO_3^- zu NO_2^-, das die Entwicklung von Sporenbildnern in Hartkäse hemmt.
Die **Katalase** in der Milch wird in den Leukozyten der somatischen Zellen gebildet. Die Zellzahl beeinflusst somit die Aktivität und stellt einen indirekten Mastitisindikator dar. Die Katalaseaktivität ist weiterhin abhängig von der Fütterung und dem Laktationsstadium. Katalase spaltet Wasserstoffperoxid unter Bildung naszierenden Sauerstoffs in Wasser. Dieser Sauerstoff weist *in statu nascendi* eine bakterizide Wirkung auf.
Die Aktivität der **Laktoperoxidase** variiert in Kuhmilch nur gering, sie steigt jedoch bei zunehmenden Zellgehalten an. Erhöhte Aktivitäten von Laktoperoxidase liegen auch in Kolostralmilch

vor. Eine bedeutende Schutzfunktion hat das Enzym als Teil des bakterizid wirkenden Laktoperoxidase-Thiocyanat-Wasserstoffperoxid-Systems der Milch im Euter.

$$H_2O_2 + 2\,SCN^- \rightarrow \text{Laktoperoxidase} \rightarrow OSCN^- + H_2O_2$$
$$H_2O_2 + 2\,SCN + 2\,H^+ \rightarrow \text{Laktoperoxidase} \rightarrow (SCN)_2 + 2\,H_2O$$
$$(SCN)_2 + H_2O \rightarrow HOSCN + SCN + H^+$$

SCN^- oder $OSCN^-$ oxidieren die Sulfydryl-Gruppen in Proteinen zu Sulfenylthiocyanaten. Die bakterizide Wirkung gegenüber einer gramnegativen Flora wird dabei dem Hypothiocyanat-Ion ($OSCN^-$) zugeschrieben.
Unter bestimmten klimatischen und geographischen Bedingungen, insbesondere bei einem Mangel an Kühlkapazitäten, kann das Laktoperoxidase-System aktiviert werden zur Verlängerung der Stabilität und Haltbarkeit von Rohmilch. Die Laktoperoxidase ist zur Charakterisierung der Wärmebehandlung der Milch (> 80 C°), wie sie bei der Hocherhitzung stattfindet, geeignet.
Durch die **Superoxiddismutase** werden Sauerstoffradikale in Wasserstoffperoxid und Sauerstoff überführt. Superoxiddismutase schützt die Milch vor Sauerstoffradikalen, die bei Oxidationsprozessen durch Xanthinoxidase, Laktoperoxidase oder energiereiche Strahlung (UV-Licht) gebildet werden.
Zur Gruppe der **Phosphatasen** in der Milch zählen die Saure und Alkalische Phosphatase. Die Saure Phosphatase ist hitzestabil (pH-Optimum 4,0 bis 4,1) und wird > 90 °C inaktiviert. Die Alkalische Phosphatase spielt als Schlüsselenzym für den Nachweis der Kurzzeiterhitzung (→ Kap. 7.3.4) der Milch bei der Konsummilchherstellung eine zentrale Rolle. Ziel der Wärmebehandlung ist die Inaktivierung pathogener Keime und eine Verlängerung der Haltbarkeit. Die Alkalische Phosphatase wird bei den üblichen Temperatur-Zeit-Kombinationen der Kurzzeiterhitzung inaktiviert. Das Auftreten von Aktivitäten der Alkalischen Phosphatase in Konsummilch lässt den Schluss zu, dass eine unzureichende Pasteurisation erfolgte. Eine weitere Möglichkeit besteht, dass es durch technische Mängel zu einer Vermischung mit Rohmilch kam.

γ-Glutamyltransferase ist an die Fettkügelchenmembran gebunden. Das Enzym ist hitzestabil und wird als ein weiterer differenzierter Hitzeindikator für den Temperaturbereich > 75 °C diskutiert.
N-Acetyl-β-D-Glucosaminidase spaltet endständige N-Acetyl-β-D-Glucosaminreste aus Glykoproteinen hydrolytisch ab. Das Enzym ist in den somatischen Zellen lokalisiert und ein Anstieg der Aktivität korreliert mit einer Mastitis des Tieres.
Plasmin ist eine Serinprotease, die β-Caseine zu den Proteosepeptonen abbaut. Bei intensivem Wärmeeintrag (142 °C, > 16 s) wird originäres Plasmin inaktiviert. Bakterielle Proteasen sind deutlich thermostabiler und können einen Abbau von Eiweißen bewirken. In UHT-Milch kann das die Ursache für einen Bittergeschmack sein.

3.2.6 Hormone in der Milch

Hormone sind biochemische Botenstoffe, die von spezialisierten Zellen produziert und sezerniert werden, um spezifische Wirkungen oder Regulationsfunktionen an den Zellen der Erfolgsorgane zu initiieren.
Der Prozess der Laktation unterliegt einer komplexen humoralen Regulation (→ Kap. 2). In Abhängigkeit vom Laktationsstadium besteht eine ausgeprägte Dynamik im Hormonhaushalt des Tieres. Die metabolisch relevanten Hormone, wie **Insulin**, **Glukagon**, **IGF1** (Insuline-like growth factor1) oder **Cortisol**, stehen im engen Zusam-

Basiswissen 3.2
Hormone

Hormone werden strukturell in vier Gruppen eingeteilt:
- Proteo- und Peptidhormone, die aus Aminosäureketten aufgebaut sind
- Prostagladine und Leukotriene, die von Arachidonsäure und Eicosapentaensäure (EPA) abgeleitet sind
- Aminosäurederivate (Tyrosin, Tryptophan)
- Steroide (Sexualsteroide und Corticoide) und Calcitriol (Vitamin D-Hormon), das durch Biosynthese aus Cholesterin gebildet wird

menhang mit der Stoffwechsellage und der Milchleistung. Dabei spielen die **Schilddrüsenhormone**, insbesondere Thyroxin T3, für den Nährstoffumsatz und die Energieausbeute eine zentrale Rolle.
Bei der Bearbeitung der Milch werden die Hormone aus der Gruppe der Proteo- und Peptidhormone durch Hitzebehandlung überwiegend inaktiviert. Die Hormone, die der Gruppe 2 zugeordnet sind, umfassen strukturell sehr verschiedene Verbindungen. Diese werden je nach Substanztyp schnell oder nur unwesentlich beeinflusst. Steroidhormone sind gegenüber technologischen Einflüssen weitestgehend stabil.

3.2.7 Vitamine in der Milch

Milch enthält alle Vitamine, ist damit eine wesentliche Quelle für die Versorgung des Menschen und trägt als Lebensmittel erheblich zur Bedarfsdeckung bei. Die Vitamine gelangen durch Aufnahme über das Futter, Synthese in der Leber oder durch die Mikroorganismen der Pansenflora in die Milch. Die Pansenflora ist zur Bildung der Vitamine B_1, B_2, B_6, B_{12}, Biotin, Folsäure, Nicotinsäureamid und Pantothensäure befähigt. Die Vitamine werden unmittelbar proteingebunden aus dem Blut durch aktive und passive Transportmechanismen in das Euter transportiert. Die Konzentration der Vitamine in der Milch ist von endogenen und exogenen Faktoren, wie Rasse, Fütterungsregime und klimatische Bedingungen (Höhenlage), abhängig.
Mikroorganismen, die als Starterkulturen zur Herstellung fermentierter Milcherzeugnisse Anwendung finden, sind partiell zur Vitaminsynthese befähigt und tragen damit zu einer Erhöhung im Lebensmittel bei. So bilden die Milchsäurebakterien Vitamin C, Propionsäurekulturen das Vitamin B_{12} und *Brevibacterium linens* sowie Schimmelpilzkulturen Folsäure.
Entsprechend ihrer Löslichkeit erfolgt eine Einteilung in die fettlöslichen Vitamine A, D, E, und K sowie wasserlöslichen Vitamine B_1, B_2, B_6, B_{12}, Niacin, Pantothensäure, Vitamin C, Biotin und Folsäure. In der Tabelle 3.13 sind die Vitamine zusammengefasst, die in der Milch vorkommen.

Tab. 3.13
Vitamine in Kuhmilch

Vitamin	Konzentration mg/l
A (Retinol)	0,4
D (Calciferol)	0,001
E (Tocopherol)	1,4
K (Phyllochinon)	0,006
B_1 (Thiamin)	0,4
B_2 (Riboflavin)	1,7
B_6 (Pyridoxin)	0,6
B_{12} (Cyanocobalamin)	0,003
Niacin	1,0
B_5 (Pantothensäure)	3,5
C (Ascorbinsäure)	20
H (Biotin)	0,03
Folsäure	0,05

Vitamin A umfasst eine Gruppe von Verbindungen mit Isoprenoidstrukturen, die die biologische Aktivität des Retinols (Vitamin A_1, Axerophthol) aufweisen. In der Milch liegen Retinol und dessen Ester sowie β-Carotin vor. β-Carotin ist ein Provitamin und wird im Darm durch eine Carotinase in Retinol umgewandelt. Das Verhältnis von β-Carotin zu Retinol ist genetisch bestimmt, wird aber wesentlich von der Qualität des Futters beeinflusst. Während β-Carotin aus Grünpflanzen vollständig zur Verfügung steht, kommt es durch Trocknungsprozesse (Heugewinnung) zu einem Abbau.
Vitamin A und β-Carotin sind gelb-rot gefärbte Substanzen, sie verleihen dem Milchfett die typisch gelbliche Farbe. Ziegenmilch enthält nur Retinol und kein β-Carotin und erscheint daher als weißes Milchfett.
Vitamin D ist die Bezeichnung für eine Gruppe von Substanzen, die chemisch den Steroiden zugeordnet werden; ihre Hauptvertreter sind Vitamin D_2 (Ergocalciferol) und D_3 (Cholecalciferol). Beide Verbindungen werden unter Einwirkung von UV-Licht aus den Provitaminen Ergosterol

(pflanzliches Sterin) und 7-Dehydrocholesterin (tierisches Sterin) gebildet. Für die Umwandlung aus den Provitaminen spielt die Höhenlage eine wesentliche Rolle. Die physiologische Bedeutung der D-Vitamine besteht in der Beteiligung an der Resorption von Calcium und Phosphor für das Knochenwachstum (Ossifikation). Die Konzentration von Vitamin D ist in Kuhmilch niedrig, sie ist abhängig von der Jahreszeit, der Haltung und Fütterung sowie der geographischen Höhenlage. Die physiologische Speicherkapazität beim Rind ist gering, sodass sich Sommer- und Wintermilch in ihrem Gehalt unterscheiden.

Das **Vitamin E** umfasst eine Gruppe von Verbindungen, die zu den Tocopherolen zählen und nur von Pflanzen gebildet werden. Zu den natürlichen Vitamin-E-Verbindungen zählen:

- α-, β-, γ- und δ-Tocopherol
- α-, β-, γ- und δ-Tocotrienol

Im Zusammenwirken mit Selen wirkt α-Tocopherol als Antioxidans für ungesättigte Fettsäuren und zeigt eine membranstabilisierende Wirkung. α-Tocopherol ist hitzestabil, aber gegenüber UV-Strahlung und Sauerstoff labil. Da die Aufnahme von Vitamin E durch das Tier nur über das Grünfutter erfolgt, ist fütterungsbedingt die Konzentration in der Wintermilch niedriger als in der Sommermilch.

Vitamin K wird mikrobiell im Pansen der Kuh gebildet und liegt in zwei biologisch aktiven Formen als Phyllochinon (Vitamin K_1) und Menachinon (Vitamin K_2) vor. Die physiologische Bedeutung der K-Vitamine besteht in der Beteiligung an der Blutgerinnung und der Aktivierung des Knochenstoffwechsels sowie am Zellwachstum. Die Konzentration in der Milch ist weitestgehend fütterungsunabhängig.

Vitamin B$_1$ (Thiamin) wird sowohl über die Futterpflanzen aufgenommen als auch durch die Mikroorganismen des Pansens synthetisiert. Die physiologische Bedeutung liegt in der Beteiligung als Bestandteil des Coenzyms Thiamindiphosphat, das am Kohlenhydratstoffwechsel beteiligt ist. Weiterhin ist Vitamin B_1 für das Wachstum von Milchsäurebakterien wesentlich. In der Milch liegt Vitamin B_1 in unveresterter, phosphorylierter Form oder proteingebunden vor.

Vitamin B$_2$ (Riboflavin oder Lactoflavin) ist ein Baustein der Coenzyme Flavinadenindinukleotid (FAD) und Flavinmononukleotid (FMN), die für den Energiestoffwechsel von zentraler Bedeutung sind. Voraussetzung für eine Resorption ist die Phosphorylierung in der intestinalen Mukosa. In der Milch liegt Riboflavin überwiegend (bis zu 95 %) in freier, aber auch phosphorylierter Form vor. Riboflavin zeigt eine gelb-grüne Fluoreszenz und trägt charakteristisch zur Farbe von Molke bei. Durch Milchsäurebakterien wird das Riboflavin in farbloses Leucoriboflavin überführt, sodass z. B. Joghurt eine blaue Fluoreszenz aufweist. Unter Lichteinwirkung wird Riboflavin abgebaut, bei gleichzeitiger Oxidation von Vitamin B_6 und Vitamin C unter Einbeziehung von Methionin. Dieser Prozess, bei dem das Riboflavin als Fotosensibilisator wirkt, führt zur Bildung von Methional. Dieses ruft in der Milch die sensorische Abweichung „Sonnen- oder Lichtgeschmack" hervor.

Vitamin B$_6$ besteht aus den drei Derivaten Pyridoxol, Pyridoxal und Pyridoxamin. Die biologisch aktive Form ist Pyridoxal und liegt überwiegend in der Milch vor. Phosphoryliertes Pyridoxalphosphat ist essenziell für eine Vielzahl enzymatischer Reaktionen im Aminosäurestoffwechsel, z. B. bei der Transaminierung.

Methoxatin oder Pyrrolochinolinchinon wird als ein weiterer Cofaktor in Stoffwechselprozessen beschrieben. Es handelt sich um einen Redox-Cofaktor, der als neues B-Vitamin, wie Riboflavin, klassifiziert werden kann.

Cobalamine sind chemische Verbindungen, die auch als **Vitamin-B$_{12}$**-Gruppe bezeichnet werden. Der wichtigste Vertreter aus der Cobalamin-Gruppe ist das Coenzym B_{12}, das als Cofaktor Bestandteil mehrerer Enzymsysteme ist. Es sind zwei Cobalamin-abhängige Enzyme bekannt, die am Stoffwechsel der Aminosäuren beteiligt sind. Cobalamine enthalten als Zentralatom das Spurenelement Cobalt. Die biologisch inaktive Form Cyanocobalamin ist im engeren Sinne das Vitamin B_{12}. Cyanocobalamin wird vom Organismus in das biologisch aktive Adenosylcobalamin (Coenzym B_{12}) umgewandelt. Adenosylcobalamin wird auch als **Extrinsic Factor** bezeichnet. Das Vitamin kommt in pflanzlichen Futtermitteln nicht vor, sondern wird im Verdauungstrakt durch Mikroorganismen gebildet. Zur Resorption von Vitamin B_{12} erfolgt eine Bindung an ein Glykoprotein, das auch als **Intrinsic Factor** bezeichnet wird. In Ziegenmilch ist im Vergleich zu Kuhmilch die Konzentration an Cobalaminen niedriger.

Niacin ist ein Sammelbegriff für die Nicotinsäure und Nicotinsäureamid. Die biologisch aktiven Formen sind als Baustein der Coenzyme Nicotinamid-Adenindinukleotid (NAD^+) und Nicotinamid-Adenindinukleotidphosphat ($NADP^+$) an Redoxreaktionen für die Übertragung von Wasserstoff im Citratzyklus und der Atmungskette beteiligt. Aus pflanzlichem Material ist Niacin schwer resorbierbar. In der Milch liegt überwiegend Nicotinsäureamid vor.

Pantothensäure ist Bestandteil von Coenzym A und umfassend am Stoffwechsel von Kohlenhydraten, Lipiden, Proteinen und Steroiden beteiligt. Pantothensäure ist hitzestabil und es bestehen Abhängigkeiten in der Konzentration von der Fütterung, der Jahreszeit und dem Laktationsstadium.

Vitamin C (Ascorbinsäure) kommt in der Milch von Kühen im Vergleich zum Bedarf für den Menschen nur in geringen Konzentrationen vor. Milch stellt somit für den Menschen keine wesentliche Quelle an Vitamin C dar. Eine biologische Wirkung weist nur L(+)-Ascorbinsäure auf, während die Stereoisomeren D-Ascorbinsäure, L-Isoascorbinsäure und D-Isoascorbinsäure biologisch inaktiv sind. Die Ascorbinsäure der Milch entstammt dem Futter oder wird unter Mitwirkung der L-Gulonolactonoxidase in der Leber synthetisiert. Unter schonender Oxidation, d. h. bereits bei der Lagerung von Milch, bildet sich Dehydroascorbinsäure, die auch biologisch wirksam ist, da sie im Organismus wieder zu Ascorbinsäure reduziert wird. Die physiologische Funktion von Vitamin C liegt in der Beteiligung an mikrosomalen Hydroxylierungsreaktionen, wie der Synthese von Catecholaminen, Hydroxyprolin, Hydroxytryptophan und der Corticosteroide. Weiterhin wird in Redoxsystemen die Reduktion von Fe^{3+} zu Fe^{2+} stabilisiert, die Resorption von Eisen begünstigt und eine Hemmung der Nitrosaminbildung diskutiert. In Anwesenheit von Licht, Sauerstoff und Spuren von Schwermetallen (Cu, Fe), bei gleichzeitiger Anwesenheit von Vitamin B_2, verliert Vitamin C seine biologische Wirksamkeit. Ohne Vitamin B_2 ist Vitamin C unempfindlich gegenüber Licht. Vitamin C beeinflusst das Redoxpotenzial der Milch. Es ist ein starkes Reduktionsmittel und wirkt in Abwesenheit von Cu-Ionen als Antioxidans. L-Ascorbinsäure bildet mit Cu-Ionen sogenannte Chelate. Diese **Chelate** binden einerseits leicht Sauerstoff, andererseits geben sie diesen wieder leicht ab. Sie sind somit Sauerstoffüberträger und beschleunigen auf diese Weise die Autoxidation von Fettsäuren. In Gegenwart von Aminosäuren können Ascorbinsäure und Dehydroascorbinsäure auch Reaktionen vom Maillard-Typ eingehen und möglicherweise zu einer unerwünschten Bräunung beitragen. Der Vitamin C-Gehalt in Kamel- und Stutenmilch ist höher als in Kuhmilch.

Biotin oder Vitamin H ist chemisch ein Derivat der Valeriansäure. Biotin weist drei asymmetrische Kohlenstoffatome auf, weshalb acht Stereoisomere möglich sind. Die biologisch aktive Form ist das D(+)-Biotin. Biotin ist die prosthetische Gruppe einer Reihe carboxylierender Enzyme und besitzt eine zentrale Funktion bei der Fettsäuresynthese sowie der Glukoneogenese.

Das Vitamin **Folsäure** (Pteroylglutaminsäure) ist biologisch nicht aktiv, sondern nur die 5,6,7,8-Tetrahydrofolsäure und ihre Derivate. Als „Folat" wird häufig die Summe der folatwirksamen Verbindungen bezeichnet. Folsäure ist Cofaktor für Enzyme, die C1-Einheiten in verschiedenen Oxidationsstufen übertragen. Damit spielt sie eine zentrale Rolle bei der Biosynthese von DNS-Bausteinen und ist somit für das Wachstum und die Zellteilung essenziell. Folsäure liegt in der Milch an Molkenproteine gebunden vor, die vor der Resorption durch eine spezifische Konjugase, γ-Glutamylhydrolase, abgespalten werden müssen. In Ziegenmilch ist im Vergleich zu Kuhmilch die Konzentration von Folsäure deutlich niedriger. Gegenüber UV-Strahlung, Sauerstoff, Schwermetallen und erhöhten Temperaturen ist das Vitamin empfindlich.

Unter den Bedingungen der Pasteurisation sind die **Vitaminverluste** als moderat einzuschätzen; in Tabelle 3.14 ist der Einfluss der Be- und Ver-

Abnahme des Vitamingehaltes	Einflussfaktor
B_1, B_2, B_6, B_{12}, C, Folsäure: geringe Verluste	Pasteurisation
B_1, B_2, B_6, Folsäure: bis 30 % Verlust	Ultrahocherhitzung
B_1, B_6, Folsäure: bis zu 50 % Verlust	Sterilisierung
B_{12}, C: bis zu 100 % Verlust	
A, C, E	in Anwesenheit von Sauerstoff
C	in Anwesenheit von Cu^{2+}, Fe^{2+}-Ionen
A, B_2, B_6, C, E, K, Nikotinsäure, Folsäure	energiereiche Strahlung (UV-Licht)
A, E, K, C, B_1	Oxidation während der Lagerung

Tab. 3.14
Einflüsse auf den Vitamingehalt durch exogene Faktoren (nach Töpel 2007)

arbeitung auf die Vitamingehalte der Milch dargestellt. Es zeigt sich, dass die wasserlöslichen Vitamine besonders stark durch Wärmeeintrag reduziert werden, aber auch die Anwesenheit von Sauerstoff und Schwermetallionen ruft Veränderungen hervor.

3.2.8 Minorbestandteile in der Milch

Neben den Makrokonstituenten Protein, Fett und Kohlenhydraten liegt in der Milch eine heterogene Gruppe von Verbindungen vor, die als Metabolite im Stoffwechsel der Tiere oder auch bei Fermen-

Bioaktive Peptide	Proteinvorstufen	Biologische Aktivität
Casomorphine	α_{S1}, β-Casein	Opioidagonist
α-Laktorphin	α-Laktalbumin	Opioidagonist
β-Laktorphin	β-Laktoglobulin	Opioidagonist
Serumalbumin	Serophin	Opioidagonist
Laktoferroxin	Laktoferrin	Opioidantagonist
Casoxin	κ-Casein	Opioidantagonist
Casokinin	α-, β-Casein	ACE-Inhibitor
Laktokinin	β-Laktoglobulin	ACE-Inhibitor
Casocidin	α_{S2}-Casein	antimikrobiell
Laktoferricin	Laktoferrin	antimikrobiell
Isracidin	α_{S1}-Casein	immunmodulierend/ antimikrobiell
Immunopeptide	α-, β-Casein	immunmodulierend
Casoplatelin	κ-Casein, Transferrin	antithrombotisch
Phosphopeptide	α-, β-Casein	Mineralstoff bindend

Tab. 3.15
Minorbestandteile in der Milch (nach Meisel 1997)

tationsprozessen entstehen können. Eine Zusammenstellung dieser Verbindungen zeigt Tabelle 3.15.
Die bioaktiven Peptide werden aus unterschiedlichen Vorstufen beim Stoffwechsel der Wiederkäuer gebildet und zeigen unter In-vitro-Bedingungen unterschiedlich ausgeprägte biologische (pharmakologische) Wirkungen.
Die Bildung von Minorbestandteilen in der Milch ist aber nicht nur an die Milchproteine gebunden, sondern kann auch von anderen bioaktiven Verbindungen, wie der Ascorbinsäure, Ribonukleosiden und Ribonukleotiden, ausgehen.

3.2.9 Geruchs-, Geschmacks- und Farbstoffe in der Milch

Rohmilch weist ein typisch mildes Aroma auf. Nach dem Melken liegen in Abhängigkeit von der jeweiligen Technologie in der Milch Reste von Sauerstoff, Stickstoff sowie Kohlendioxid, z. T. als Bicarbonat, in gelöster Form vor, die zeitabhängig entweichen. Damit verändert sich auch das Redoxpotenzial, was Auswirkungen auf die mikrobielle Flora hat und den Geschmack beeinflussen kann.
Das **Aromaprofil** von Rohmilch wird primär von flüchtigen Bestandteilen geprägt. Diese werden wesentlich durch die Haltungs- und Fütterungsbedingungen (Weide-(Höhenlage)/Stallhaltung, Zusammensetzung/Qualität von Grünfutter, Silage) beeinflusst. Aus Aromastoffkonzentraten der Milch wurden über 400 aromaaktive Verbindungen in unterschiedlichen Konzentrationsverhältnissen identifiziert.
In Abhängigkeit vom Wärmeeintrag in die Milch kommt es zu **sensorischen Veränderungen**, die aus der Reaktion einzelner Milchinhaltstoffe untereinander resultieren. Unter den Bedingungen der Kurzzeiterhitzung werden Dimethylsulfid, Diacetyl, 2-Methylbutanol, (Z)-4-Heptanal, 3-Butenylisothiocyanat und (E)-2-Nonenal gebildet. Schwefelwasserstoff und weitere Schwefelverbindungen werden bei Temperaturen > 80 °C freigesetzt und prägen den Kochgeschmack aus. In UHT-Milch werden weiterhin Lactone und 2-Alkanone synthetisiert, die zum typischen Aroma beitragen. Unter den Bedingungen der Sterilisation, die durch einen erheblich höheren Wärmeeintrag gekennzeichnet ist, werden aromaintensive Maillard-Produkte, wie Methylpropanal, 2- und 3-Butanal, Furanone, synthetisiert.
Die Ausprägung des Aromaprofils in Milcherzeugnissen ist wesentlich abhängig von deren **Wärmebelastung** und **Herstellungsverfahren**. Das in UHT-Milch auftretende Muster geruchsaktiver Substanzen wird in ähnlicher Weise auch in Kondens- und Trockenmilch ausgebildet. Bei längerer Lagerung kann in Kondensmilch ein Altgeschmack auftreten. Dieser wird in Zusammenhang mit der Bildung von o-Aminoacetophenon gebracht, das aus dem Tryptophanabbau stammt und bereits über 1 µg/kg aromaaktiv ist. An der Ausprägung gummiartiger Geruchsnoten ist auch Benzothiazol beteiligt.
In Vollmilchpulvern sind weiterhin Abbauprodukte aus der Lipidoxidation an unerwünschten sensorischen Abweichungen beteiligt. In den fermentierten Erzeugnissen, wie Joghurt und Sauermilch, spielen die Milchsäurebakterien die entscheidende Rolle für die Ausprägung des Produktaromas. Wesentlich für einen typischen Geschmack ist das Konzentrationsverhältnis von Ethanal zu Diacetyl, das etwa bei 4 liegt. Bei Werten unter 3 tritt eine „grüne" Geschmacksnote auf.
In Rahm und Butter bilden das Diacetyl, (R)-δ-Decalacton und Buttersäure die Schlüsselaromen. Die enzymatisch gebildete Milchsäure trägt erheblich zur Ausbildung des Geschmacks von Sauerrahmbutter bei. Eine Aktivierung von Lipasen führt zu unerwünschten seifig-ranzigen Abweichungen.
Das **Aromaprofil von Käsen** wird entscheidend durch die mikrobiell initiierten, zeit- und temperaturabhängigen Abbauprozesse der Glykolyse, Proteolyse und Lipolyse geprägt. An diesen Vorgängen der Käsereifung ist eine differenzierte Flora, einschließlich Hefen und Schimmelpilze, beteiligt. Diese Vorgänge sind bei jedem Käse sehr unterschiedlich, wodurch eine breit gefächerte Produktpalette resultiert.
Die sensorischen Eigenschaften von Milcherzeugnissen werden bereits geprägt durch die Qualität der Rohmilch. Bedingt durch ihre Zusammensetzung nimmt (Roh)Milch sehr schnell Fremdgerü-

che aus der Umgebung auf. Aromastoffe aus dem Futter oder der Stallluft gelangen über den Atmungs- oder Verdauungstrakt der Kuh in die Milch. Weiterhin können Stoffwechselstörungen zu erhöhten Aceton- und Harnstoffkonzentrationen führen, die sich nachteilig auswirken.
Treten bereits auf der Stufe der Milchbildung/-gewinnung Mängel – wie eine veränderte Zusammensetzung der Rohmilch durch die Erkrankung des Tieres, technologische Fehler oder eine Kontamination durch Reinigungs- und Desinfektionsmittel – auf, können diese in der Regel durch nachfolgende Produktionsschritte nicht kompensiert werden.
Die sensorische Qualität von Milch und Milcherzeugnissen wird weiterhin durch deren Farbe beeinflusst. Die „cremeweiße" Farbe der Milch resultiert aus der Streuung und Reflektion des Lichtes durch die Fettkügelchen und die Caseine. Nach der Homogenisierung erscheint die Milch „weißer", da die weitestgehend einheitlichen Fettkügelchen eine stärkere Streuung des einfallenden Lichtes bewirken. Die landläufige Bezeichnung „blaue Milch" basiert auf der Tatsache, dass in entrahmter Milch kein β-Carotin enthalten ist und dieses zu einer geringeren Absorption des einstrahlenden Lichtes führt. Weiterhin streuen die kleineren Caseinmizellen kurzwellige Anteile des Lichtes stärker als die langwelligen Spektralfarben.
Bei der Wärmebehandlung der Milch führt die Denaturierung der Serumproteine zu einer Aufhellung und UHT-Milch erscheint „weißer". Ein intensives Erhitzen (Sterilisation) bewirkt hingegen eine bräunliche Farbvertiefung durch die Bildung von Maillard-Produkten.
Die Milch enthält Riboflavin, das der Molke die typische gelb-grüne Farbe verleiht. Das orangerote β-Carotin aus dem Grünfutter färbt Butter und Käse konzentrationsabhängig gelblich. Riboflavin wirkt weiterhin als Fotosensibilisator bei der Bildung von 3-Methylthiopropanal, das im Zusammenwirken mit weiteren Sulfiden den „Lichtgeschmack" ausprägt.
Weiterhin werden durch unterschiedliche Enzyme der saprophytären und psychrotrophen Keime unerwünschte Geschmacksabweichungen hervorrufen (→ Kap. 9.3).

3.3 Physikalische Eigenschaften der Milch

Die physikalischen Eigenschaften der Milch werden durch ihre Zusammensetzung und strukturelle Ausprägung bestimmt. In der Tabelle 3.16 sind ausgewählte physikalische Eigenschaften von Kuhmilch dargestellt.
Die Stabilisierung des pH-Wertes in der Milch über einen großen Bereich basiert auf einem vielschichtigen Puffersystem, an dem Proteine, Phosphate, Carbonate, Citrate und Laktat beteiligt sind. Die Pufferkapazität wird dabei durch die Menge der vorhandenen Pufferkomponenten bestimmt.
Durch Eutererkrankungen, Manipulationen (z. B. Wasserzusatz), den Frischezustand der Milch aber auch durch technologische Prozesse verändern sich einzelne Eigenschaften der Milch. Aus diesem Grund werden ausgewählte Parameter zur Diagnostik von Krankheiten bzw. zur Steuerung technologischer Abläufe (elektrische Leitfähigkeit: Mastitisdiagnose, Kontrolle Salzbad; pH-Wert: Mastitisdiagnose, Verlauf der Gerinnung/Fermentation; Redoxpotenzial: Sauerstoffmessung, Hemmstofftest) herangezogen.
Die Kenntnis weiterer physikalischer Eigenschaften ist von technologischer Bedeutung bei der Be- und Verarbeitung der Milch (Wärmeleitfähigkeit: Wärmebehandlung; Viskosität: Fördern, Mischen, Pumpen von Milchprodukten; Oberflächenspannung: Benetzung von Oberflächen, Reinigung/Desinfektion).

Basiswissen 3.3
Änderungen des Puffersystems der Milch haben Auswirkungen auf:

- die Oberflächenladung der Caseinmizelle
- das kolloidale System der Milchproteine und die Stabilität des polydispersen Systems
- das Gleichgewicht zwischen ionisiertem und kolloidal verteiltem Calciumphosphat sowie auf die Hitzestabilität
- den Dissoziationsgrad freier niedermolekularer Fettsäuren (einschließlich Milchsäure)

Tab. 3.16
Ausgewählte physikalische Eigenschaften von Kuhmilch (Mittelwerte)

Parameter	Wert
Wasseraktivität a_w	≈ 0,993
Osmolarität	≈ 275 mOsm kg^{-1}
osmotischer Druck	≈ 700 kPa
Brechungsindex	≈ 1,3478–1,3515
Gefrierpunkt	≈ – 0,526 °C
Siedepunkt n_D^{20}	≈ 100,15 °C
Refraktionsindex	≈ 1,34460
elektrische Leitfähigkeit	≈ 5,5 mS cm^{-1}
pH-Wert	≈ 6,7 (25 °C)
Ionenstärke	≈ 0,08 molar
Dichte	≈ 1,027–1,032 g/ml
Redoxpotenzial	≈ 250–350 mV bei 25 °C
Oberflächenspannung	≈ 50 mN/m
Viskosität	≈ 2,127 mPas
spezifische Wärme	≈ 3,931 $kJkg^{-1}K^{-1}$
Wärmeleitfähigkeit	≈ 0,554 $Wm^{-1}K^{-1}$ (18 °C)
Dielektrizitätskonstante (DK)	≈ 130

3.4 Gesundheitliche Beeinflussungen des Verbrauchers durch Milchinhaltsstoffe

Milch gilt aufgrund ihrer Zusammensetzung und der Vielfalt der hergestellten Milcherzeugnisse als ein hochwertiges Lebensmittel, sie ist damit wesentlicher Bestandteil der Ernährung. Dennoch zeigen bestimmte Bevölkerungsgruppen und Ethnien gegenüber ausgewählten Milchinhaltsstoffen unerwünschte Reaktionen. Im Vordergrund stehen die **immunologisch-basierten Reaktionen** (Allergie) auf Milchproteine sowie die **nichtimmunologischen Reaktionen** (Enzymdefizit) auf die Kohlenhydrate Laktose und Galaktose (Abb. 3.7). Da Milchproteine und/oder Laktose als Zutat oder Zusatzstoff breite Anwendung in anderen Lebensmittelgruppen finden, ist es wichtig, dieses für den Verbraucher sichtbar zu machen.

Neben Kuhmilchallergie und Milchzuckerunverträglichkeit können bei empfindlichen Personen allergieähnliche Reaktionen durch biogene Amine hervorgerufen werden. Die Bildung der **biogenen Amine** erfolgt durch die Desaminierung von Proteinen oder Aminosäuren mikrobieller Proteasen. Zu den biogenen Aminen zählen die flüchtigen Amine (z. B. Trimethylamin) und nichtflüchtige Verbindungen (Histamin, Tyramin, Phenylethylamin, Cadaverin, Spermin und Spermidin). Die Symptome für die Betroffenen äußern sich differenziert in Hautrötungen, Atembeschwerden, kardiovaskulären und zentralnervalen Reaktionen sowie gastrointestinalen Beschwerden. Die physiologischen Reaktionen treten in der Regel 45 bis 120 Minuten nach dem Verzehr des Lebensmittels auf und klingen innerhalb von ca. 24 Stunden ab. Im Gegensatz zu den klassischen Allergien, die bereits durch minimale Mengen des Allergens ausgelöst werden, ist bei der Histaminintoleranz die Zufuhrmenge entscheidend. Diese pseudoallergischen Reaktionen werden nicht über IgE vermittelt, sondern es kommt zu einer direkten Freisetzung der Mediatoren von den Mastzellen oder basophilen Leukozyten.

Überempfindlichkeiten gegenüber Milchfett, die auf einer Störung der Fettverdauung und -resorption beruhen, sind bisher nicht bekannt. Eine Ausnahme bildet die **Phytansäure**. Es handelt sich um eine natürlich vorkommende langkettige, verzweigte und gesättigte Fettsäure, die Wiederkäuer als Abbauprodukt von Chlorophyll synthetisieren und die vom Menschen mit dem Verzehr von Milchprodukten oder Rindfleisch aufgenommen wird. Eine (seltene) Stoffwechselstörung von Menschen, die Phytansäure nicht abbauen können, ist das Refsum-Syndrom.

Abb. 3.7
Schematische Einteilung der Ursachen für eine Überempfindlichkeit gegen Lebensmittelbestandteile (in Anlehnung an Bruijnzeelkoomen 1995 und Turnbull 2015); die wichtigsten Milchunverträglichkeiten sind als Beispiele aufgeführt

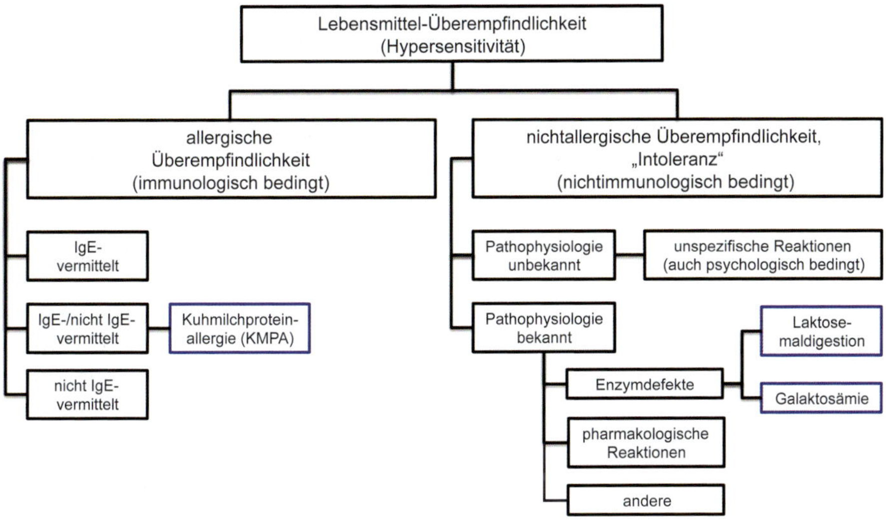

3.4.1 Kuhmilchallergie (Kuhmilchproteinallergie)

Seit dem Altertum ist bekannt, dass vereinzelt Säuglinge und Kleinkinder nach Verzehr von Kuhmilch Unverträglichkeiten zeigen. Über einen langen Zeitraum spielten solche Reaktionen eine untergeordnete Rolle, da das Stillen der Säuglinge durch die Mutter selbstverständlich war. Erst mit der Entwicklung und Nutzung von Ersatzprodukten für Frauenmilch traten diese Probleme wieder in den Vordergrund, weil als Basis dieser Austauscherzeugnisse überwiegend Kuhmilch dient.

Bei einer allergischen Reaktion reagiert das Immunsystem der sensibel reagierenden Person über mehrere Stufen sehr schnell auf die in Kuhmilch enthaltenen Proteine. Die Kuhmilchallergie (KMA), auch Kuhmilchproteinallergie (KMPA), ist eine Nahrungsmittelallergie vom Typ I (Soforttyp). Dies bedeutet, dass Symptome sofort oder innerhalb kurzer Zeit (zwei Stunden) auftreten. Während die frühen Symptome durch Immunglobulin E vermittelt werden, sind bei den späten Reaktionen T-Lymphozyten verantwortlich.

Eine KMA tritt bei 0,5 bis 7 % aller Kinder unter zwei Jahren auf. Sie manifestiert sich meist schon vor oder mit dem 6. Lebensmonat bzw. nach dem Abstillen des Säuglings. Die Ursache für dieses frühe Auftreten ist darin zu suchen, dass Kuhmilch in Mitteleuropa in der Regel das **erste Fremdeiweiß** ist, mit dem ein Säugling konfrontiert wird. In 17 bis 85 % der Fälle können sensible Kinder nach dem ersten Lebensjahr von sich aus Milch tolerieren. Bei Erwachsenen wird die Häufigkeit von Kuhmilchallergien auf 0,7 bis 1,2 % geschätzt. In der Milch sind 25 verschiedene Eiweiße enthalten, die als Allergen wirken können. Eine entscheidende Rolle spielen die verschiedenen Caseinfraktionen, β-Laktoglobulin, α-Laktalbumin und bovines Serumalbumin.

In der wissenschaftlichen Literatur liegen unterschiedliche Erkenntnisse vor, ob durch die üblichen milchtechnologischen Prozesse, insbesondere die Wärmebehandlung, das allergene Potenzial beeinflusst wird. Einerseits wird berichtet, dass durch eine Hitzebehandlung die Intensität des allergenen Potenzials der Milchproteine bei oraler Gabe, abhängig vom jeweiligen Protein und Verfahren, entweder unverändert bleibt oder teil-

weise abnimmt; andererseits wird von einer möglichen Erhöhung des allergenen Potenzials bei bestimmten Proteinen infolge von Hitzebehandlung berichtet.
Insbesondere zeigt sich das allergene Potenzial von Casein als hitzestabil. **Casein** ist als **Hauptallergen** einzuschätzen, da es die überwiegende Menge des potenziell allergenen Proteins der Kuhmilch ausmacht. Möglicherweise entsteht durch thermische Behandlung für β-Laktoglobulin eine höhere Allergenität, weshalb dieses Protein ebenfalls als bedeutendes Allergen einzuschätzen ist.
Die Homogenisierung der Milch scheint keinen Einfluss auf das allergene Potenzial zu nehmen.
In allen Fällen können allergische Reaktionen bei betroffenen Personen bereits durch sehr geringe Proteinmengen im niedrigen Milligrammbereich (ca. 0,003 mg Kuhmilchprotein) hervorgerufen werden.
In Abhängigkeit von der Art der Aufnahme, Lebensmittelmatrix, aber auch der Konzentration und individuellen Exposition der betroffenen Person können unterschiedlich ausgeprägte pathophysiologische Reaktionen hervorgerufen werden. Als mögliche Symptome treten zeitabhängig Respirationsbeschwerden, gastrointestinale Störungen oder Hautveränderungen auf. Unter extremen Bedingungen kann es auch zum anaphylaktischen Schock kommen.
Eine Standardtherapie zur Behandlung von Milchallergie gibt es bisher nicht. Die betreffenden Personen müssen das Allergen meiden, d. h. auf den Verzehr von milcheiweißhaltigen Lebensmitteln verzichten.
Eine Verminderung des allergenen Potenzials von Milchproteinen für spezifische Anwendungen durch technologische Maßnahmen ist möglich. Für nicht oder nicht voll gestillte Säuglinge mit erhöhtem Allergierisiko stehen kommerziell Säuglings- und Folgenahrungen (auf Basis von Kuhmilcheiweiß) mit hydrolysiertem Kuhmilcheiweiß zur Verfügung. Bei einer bestehenden Kuhmilchallergie werden therapeutische Säuglingsnahrungen auf Basis extensiver Eiweißhydrolysate verabreicht. In diesem Falle wird durch die gezielte enzymatische Behandlung (Proteolyse) unter Bildung hydrolysierter Kuhmilchproteine eine verringerte Allergenität („hypoallergen") erwartet.
Für den Lebensmittelhersteller ergibt sich die Konsequenz zur verpflichtenden Kennzeichnung, wenn „Milch" als Zutat verwendet wird. Andererseits können durch unerwünschte Produktverschleppungen/-vermischungen (Kreuzkontamination) oder sogenannte „versteckte Proteine" Spuren von Milchproteinen eingetragen werden.

3.4.2 Störung der Laktose- und Galaktoseverwertung

Die häufigste nichtimmunologische Überempfindlichkeit für Milchinhaltsstoffe besteht gegenüber dem Hauptkohlenhydrat **Laktose**. Unter physiologischen Bedingungen erfolgt eine Resorption des Disaccharids Laktose nach vorheriger Spaltung in die Monosaccharide durch Laktase (β-Galaktosidase). Die Laktase ist eine Disaccharidase, die zu den β-Galaktosidasen zählt und die die Spaltung in D-Glukose und D-Galaktose vornimmt. Das Enzym ist im Dünndarm im Bürstensaum der Mukosazellen lokalisiert.
Bei **Milchzuckerunverträglichkeit** (Laktoseintoleranz) wird der Milchzucker, als Folge fehlender oder verminderter Produktion von Laktase, nicht resorbiert.
Bei unzureichender Laktaseaktivität (Laktosemaldigestion) gelangt die Laktose bis in das Kolon, wo eine Metabolisierung durch spezifische Darmbakterien erfolgt. Als Stoffwechselprodukte werden u. a. Laktat, Butyrat, Propionat sowie Methan (CH_4) und Wasserstoff (H_2) gebildet. Die Gase rufen Blähungen hervor und infolge der osmotisch wirkenden Metabolite, aber auch durch Laktose, kommt es zu einem Wassereinstrom (osmotische Diarrhoe). Die Symptome können unterschiedlich stark ausgeprägt sein.
Es werden verschiedene Ursachen und Formen für die Laktoseintoleranz beschrieben:

- Ein **angeborener Laktasemangel** (absolute Laktoseintoleranz) besteht aufgrund eines Gendefektes, bei dem die Laktasebildung stark eingeschränkt ist oder kein Enzym gebildet wird (Alaktasie). Es handelt sich dabei um eine selten auftretende Erkrankung, die autosomal-rezessiv vererbt wird. Die Säuglinge zeigen bereits in den ersten Tagen nach der Geburt Blähungen und eine Diarrhoe.

- Eine weitere Form angeborener Laktoseintoleranz ist die **Laktosämie**. Dabei gelangt Laktose direkt vom Magen in die Blutbahn (Laktosämie) und wird mit dem Urin ausgeschieden (Laktosurie).
- **Primärer (natürlicher) Laktasemangel**: Bei den Säuglingen wird das Enzym in ausreichender Menge im Dünndarm gebildet. Nach der Entwöhnung verringert sich die Laktaseaktivität. Während z. B. ein Großteil der erwachsenen mittel- und südasiatischen Bevölkerung keine Milchprodukte mehr verträgt, bereitet in nördlichen Bereichen (Großteil der Bewohner Europas und des Nahen Ostens, Menschen europäischer/nahöstlicher Abstammung, mittelasiatische Ethnien) die Laktosespaltung meistens bis ins hohe Alter keine Probleme. Es wird diskutiert, dass bei diesen Populationen vor etwa 3 000 bis 7 000 Jahren unter dem Einfluss des Milchverzehrs eine Selektion von Menschen erfolgte, die mit einer durch Mutation entstandenen persistierenden β-Galaktosidase ausgestattet waren (→ Kap. 1).
- **Sekundäre** (erworbene oder vorübergehende) **Laktoseintoleranz**: Die Ursachen einer sekundären Laktoseintoleranz können z. B. in bakteriellen/viralen gastrointestinalen Erkrankungen, in der Mangelernährung oder Chemotherapie liegen. Nach Abklingen der Krankheitssymptome ist meist eine Aufnahme von Laktose wieder möglich.

Die **Galaktoseintoleranz** (Galaktosämie) tritt im Gegensatz zur Laktoseintoleranz deutlich geringer auf (1 : 40 000 Neugeborene). Bei der Galaktosämie handelt es sich um eine angeborene, autosomal-rezessiv vererbte Erkrankung mit Störungen im Galaktosestoffwechsel infolge Galaktose-Epimerase-Mangels (Galaktose-1-Phosphat-Uridyltransferase). Es kommt zu einer Anreicherung der Galaktose im Blut und in Folge für den Säugling, variabel je nach vorliegendem Defekt, zu irreparablen Schädigungen des Zentralnervensystems, Kataraktbildung sowie Nieren- und Leberschäden (Galaktosurie). Die Betroffenen müssen sich lebenslang laktosefrei bzw. galaktosearm ernähren.

3.5 Literatur

Allergen Bureau (2012): The Allergen Bureau of Australia & New Zealand Food industry. Guide to the Voluntary Incidental Trace Allergen Labelling (VITAL) Program Version 2.0.

Beelitz, H.-D., Grosch, W., Schieberle, P. (2001): Lehrbuch der Lebensmittelchemie. 5. vollst. überarb. Aufl., Berlin/Heidelberg: Springer.

Bruijnzeelkoomen, C., Ortolani, C., Aas, K., Bindslevjensen, C., Bjorksten, B., Moneretvautrin, D., Wuthrich, B. (1995): Adverse reactions to food. Allergy 50, 623–635.

Bundesamt für Risikobewertung BfR (2009): Stellungnahme Nr. 021/2009 des BfR vom 13. Februar 2009 – BfR sieht Forschungsbedarf zum Einfluss der Milchverarbeitung auf das allergene Potenzial von Kuhmilch.

Bundesamt für Risikobewertung BfR (2008): Richter, K., Kramarz, S., Niemann, B., Grossklaus, R., Lampen, A. (Hg.): Schwellenwerte zur Allergenkennzeichnung von Lebensmitteln – 15. Oktober 2008. Berlin.

Bundesamt für Risikobewertung BfR (2014): Fragen und Antworten zu Hormonen in Fleisch und Milch FAQ vom 11. Juni 2014 (http://www.bfr.bund.de/de/fragen_und_antworten_zu_hormonen_in_fleisch_und_milch-190401.html, letzter Zugriff März 2016).

Engelhardt, W. von (Hg.) (2009): Physiologie der Haustiere. 3. voll. überarb. Aufl., Stuttgart: Enke.

Farah, Z., Fischer, A. (Hg.) (2004): Milk and meat from the camel. Zürich/Singen: vdf Hochschulverlag AG ETH Zürich.

Fehlhaber, K., Janetschke, P. (Hg.) (2002): Veterinärmedizinische Lebensmittelhygiene Jena/Stuttgart: Gustav Fischer.

Foissy, H. (2005): Eine Milchtechnologie – Vorlesungsorientierte Darstellung. Wien: IMB Verlag Universität für Bodenkultur.

Frede, W. (2006): Taschenbuch für Lebensmittelchemiker. 2. Aufl., Berlin/Heidelberg: Springer.

Ganguly, R., Pierce, G. N. (2015): The toxicity of dietary trans fats. Food and Chemical Toxicology 78, 170–176.

Gayet-Boyer, C., Tenenhaus-Aziza, F., Prunet, C., Marmonier, C., Malpuech-Brugere, C., Lamarche, B., Chardigny, J. M. (2014): Is there a linear relationship between the dose of ruminant trans-fatty acids and

cardiovascular risk markers in healthy subjects: results from a systematic review and meta-regression of randomised clinical trials. British Journal of Nutrition 112, 1914–1922.
Henle, T. (2005): Amino acids protein bound glycation endproducts (AGEs). Amino Acids 29, 313–322.
Jaros, D., Partschefeld, C., Henle, T., Rohm, H. (2006): Transglutaminase in dairy products: chemistry, physics, applications. Journal of Texture Studies 37, 113–155.
Koppelman, S. I. Hefle, S. J. (Hg.) (2006): Detecting Allergens in Food. Cambridge: Woodhead Publishing Limited.
Krömker, V. (Hg.) (2007): Kurzes Lehrbuch der Milchkunde und Milchhygiene. Stuttgart: Paul Parey/MVS Medizin-Verlage Stuttgart.
Meisel, H. (1997): Biochemical properties of regulatory peptides derived from milk proteins. Biopolymers 43, 119–28.
Meyer, H. (2006): Hormone – Vorkommen in der Milch und ihre Bedeutung. Dmz (Deutsche Molkerei Zeitung) 24, 28–31.
Molkentin, J. (2009): Authentication of Organic Milk Using δ13C and the α-Linolenic Acid Content of Milk Fat. Journal of Agricultural and Food Chemistry 57, 785–790.
Rosenthal, I. (1991): Milk and Dairy Products Properties and Processing. Weinheim et al.: Wiley-VCH.
Schlimme, E., Martin, D., Meisel, H. (2000): Nucleoside and nucleotides: natural bioactive substances in milk and colostrum. British Journal of Nutrition 84, S59–S68.
Sienkiewicz, T., Kirst, E. (2006): Analytik von Milch und Milcherzeugnissen. 1. Aufl., Hamburg: Behrs.
Smith, G. (Hg.) (2003): Dairy processing – Improving quality. Boca Raton et al.: CRC press.
Spreer, E. (1995): Technologie der Milchverarbeitung. 7. neubearb. und akt. Aufl., Hamburg: Behrs.
Taylor, S. L., Baumert, J. L., Kruizinga, A. G., Remington, B. C., Crevel, R. W. R., Brooke-Taylor, S., Allen, K. J., Houben, G. (2014): The Allergen Bureau of Australia & New Zealand – Establishment of Reference Doses for residues of allergenic foods: Report of the VITAL Expert Panel. Food and Chemical Toxicology 63, 9–17.
Tetra Pak Processing GmbH (Hg.) (2003): Handbuch der Milch und Molkereitechnik. Gelsenkirchen: Th. Mann.
Thomas, L. E., Aune, M. T. (1978): Lactoperoxidase, peroxidase, thiocyanate antimicrobial system: correlation of sulfhydryl oxidation with antimicrobial action. Infection and Immunity 20, 456–463.
Töpel, A. (2007): Chemie und Physik der Milch. Naturstoff-Rohstoff-Lebensmittel. Hamburg: Behrs.
Turnbull, J. L., Adams, H. N., Gorard, D. A. (2015): Review article: the diagnosis and management of food allergy and food intolerances. Alimentary Pharmacology & Therapeutics 41, 3–25.
Varnam, A. H., Sutherland, J. P. (1994): Milk and Milk Products – Technology – chemistry – microbiology. 1. Aufl., London: Chapman & Hall.
Wiener, G., Jianlin, H., Ruijun, L. (2003/2006): The Yak. 2. Aufl., RAP publication, Bangkok: FAO.
WHO/FAO (2005): Benefits and potential risks of the lactoperoxidase systems of raw milk preservation – report of an FAO/WHO technical meeting, FAO Headquarters, Rome, Italy, 28 November–2 December 2005 (WHO) (NLM classification: WA 716).

4 Eutergesundheit

Klaus Fehlings und Christian Baumgartner

4.1 Allgemeines

Als qualitativ hochwertig wird Milch bezeichnet, die in ihrer Zusammensetzung unverfälscht und ohne negative Beeinflussung durch Keime, Rückstände oder andere, die Gesundheit des Konsumenten beeinträchtigende Faktoren als Lebensmittel in den Verkehr kommt bzw. als Rohstoff für die Lebensmittelproduktion an die Molkereien geliefert wird. Ein wichtiger Aspekt dabei ist, dass das Milch sezernierende Drüsengewebe gesund, d. h. möglichst frei von Einflüssen ist, welche die normale Sekretion stören bzw. verändern. Der häufigste Grund für derartige Störungen der normalen Sekretion, also der Eutergesundheit, sind entzündliche Vorgänge im Drüsengewebe, die als **Mastitis** bezeichnet werden. Laufen im Eutergewebe entzündliche Prozesse ab, verändert

Abb. 4.1
Schematische Darstellung wichtiger Veränderungen bei einer Mastitits auf zellulärer Ebene: Eine bakteriell bedingte Euterentzündung ist gekennzeichnet durch eine Zunahme der Permeabilität der Blut-Euterschranke (Öffnung der Tight Junctions durch die Wirkung von Entzündungsfaktoren, wie z. B. Interleukin 8 (IL-8)) und eine Abnahme der Syntheseleistung bis hin zur Apoptose und Nekrose der Laktozyten, wobei die Qualität und Quantität der Veränderungen erregerspezifisch und z. T. auch tierartspezifisch sind. Durch die Infektion kommt es zu einem Einstrom von Abwehrzellen, insbesondere polymorphkernige neutrophile Granulozyten (PMN) können in sehr kurzer Zeit hohe Zahlen in der Milch erreichen (bei einer akuten Mastitis mehr als 10 Millionen Zellen/ml Milch). Der Nachweis erhöhter Zellzahlen ist ein wichtiger Mastitisindikator. PMNs phagozytieren die Infektionserreger und setzen dabei Enzyme frei, wie z. B. Katalase oder N-Acetyl-β-D-Glucosaminidase (NAGase), die ebenfalls als Entzündungsindikatoren verwendet werden können. Durch die erhöhte Permeabilität des Gewebes kommt es zu einem verstärkten Übergang von Substanzen aus dem Blut in die Milch, wie Natrium und Chlorid, Albumin, IgG1, Laktatdehydrogenase (LDH) u. a.
Für eine ausführliche Zusammenstellung siehe Le Marechal et al. 2011; die Darstellung der einzelnen Komponenten und Zellen gibt nicht die tatsächlichen Größenverhältnisse wieder; zur Erklärung der Symbole siehe auch Abb. 2.11–14.

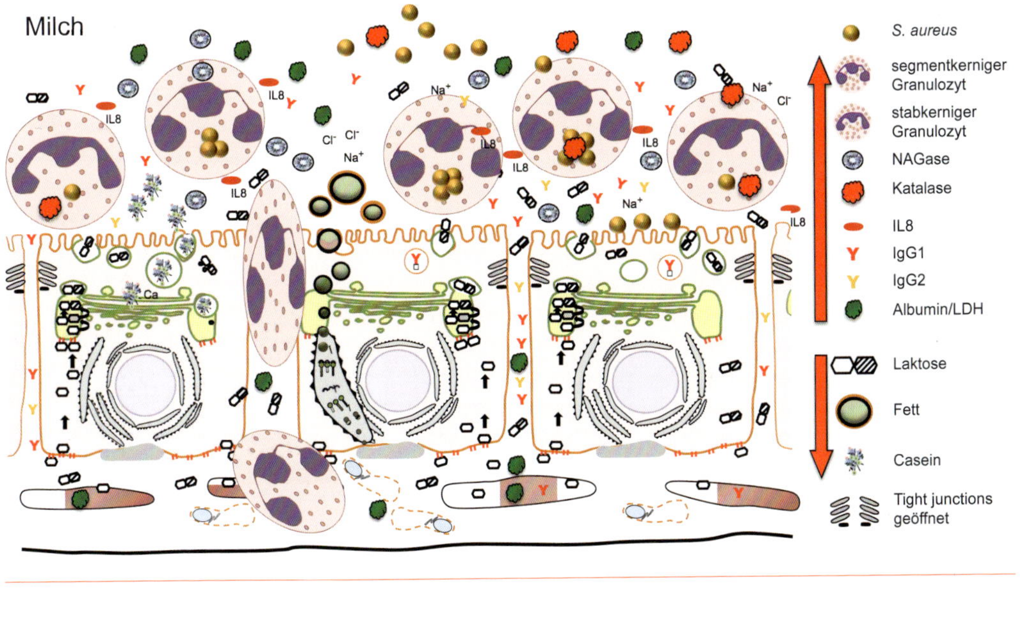

Tab. 4.1
Veränderung einzelner Milchbestandteile bei einer Mastitis (nach Le Marechal et al. 2011 und Pyorala 2003)

Parameter	Trend	Ursache
Laktose	↓	verminderte Synthese (Diffusion ins Blut)
Fett	↓→	verminderte Synthese, Angaben z. T. widersprüchlich
freie Fettsäuren	↑	Lipolyse
Gesamtprotein	←→	gegenläufige Veränderung
Caseine (gesamt)	↓	verminderte Synthese, negative Genregulierung (z. B. durch IL-8), Proteolyse?
β-Casein	↓	
α-Casein	↓	
γ-Casein	↑	
Molkenproteine (gesamt)	↑	
IgG	↑	Übertritt aus dem Blut
Albumin	↑	Übertritt aus dem Blut
α-Laktalbumin	↓	verminderte Synthese
β-Laktoglobulin	↓	verminderte Synthese
Laktoferrin	↑	erhöhte Synthese
Enzyme		
L-Laktatdehydrogenase	↑	Übertritt aus dem Blut
Laktoperoxidase	↑	Übertritt aus dem Blut
Plasmin	↑	erhöhte Aktivierung von Plasminogen
Katalase	↑	aus Leukozyten
N-Acetyl-β-Glucosaminidase	↑	aus Leukozyten
Mineralstoffe		
Chlorid	↑	Übertritt aus dem Blut
Natrium	↑	Übertritt aus dem Blut
Zellen, insbesondere PMN	↑	Chemotaxis

sich die Zusammensetzung der Milch (→ Abb. 4.1; → Tab. 4.1).
Zum einen können durch derartige Veränderungen Störungen bei der Milchverarbeitung und Abweichungen bei den sensorischen Eigenschaften der Milch auftreten, welche wirtschaftliche Schäden nach sich ziehen. Zum andern erhöhen die häufig ursächlich an den Entzündungen beteiligten Mikroorganismen das Risiko der Kontamination von Milch mit humanpathogenen Mikroorganismen oder deren Toxinen (→ Kap. 9.2). Dies kann die Verwertbarkeit der Milch einschränken oder gar unmöglich machen. Aus diesem Grund hat der Gesetzgeber die Gesundheit, und insbesondere die Eutergesundheit, der Milch liefernden Tiere in den Mittelpunkt der entsprechenden Lebensmittelhygienegesetzgebung gestellt (→ Kap. 7).

Störungen der Eutergesundheit können unter modernen Produktionsbedingungen nicht isoliert als Erkrankung des Einzeltieres betrachtet werden, sondern müssen immer als Problem des gesamten Bestandes verstanden werden. Die Milchkuh unterliegt verschiedenen, die Eutergesundheit beeinflussenden Faktoren (z. B. Melktechnik, Melkhygiene, Keimdruck aus dem Umfeld, Stressoren in Bezug auf lokale und systemische Abwehrkraft gegenüber Mastitiserregern usw.), welche nur in der Gesamtheit positiv zu beeinflussen sind.
Sanierungs- und Hygieneprogramme, die eine hohe Milchqualität und Eutergesundheit gewährleisten sollen, müssen daher die besonderen Anforderungen an ein konsequentes Hygienemanagement und eine nachhaltige Infektionsprophylaxe erfüllen. Im Hinblick auf Letztere kommt der Melkhygiene entscheidende Bedeutung zu. Die Therapie von Mastitiden, insbesondere die Anwendung von Antibiotika, wird heute nur als ein Bestandteil einer komplexen Bekämpfungsstrategie betrachtet und nicht mehr wie früher als der wichtigste, wenn nicht gar alleinige Schlüsselfaktor, der zum Erfolg führen soll.
Nach wie vor ist die **Zellzahl**, also die Zahl der somatischen Zellen pro Milliliter Milch, einer der wichtigsten Indikatoren zur Beurteilung der Eutergesundheit (→ Kap. 6.3.2). Eutergesunde Kühe haben auf der Viertelebene einen durchschnittlichen Zellgehalt von weniger als 100 000 Zellen/ml Milch.

Basiswissen 4.1
Zellgehalt

- Eutergesunde Kühe haben auf der Viertelebene einen durchschnittlichen Zellgehalt von weniger als 100 000 Zellen/ml Milch.
- Zellen in der Milch
  - stammen aus dem Eutergewebe oder dem Blut.
  - sind ein empfindlicher Indikator für eine gestörte Sekretion der Milchdrüse.
  - nehmen zahlenmäßig mit der Lagerungsdauer von Milch(proben) ab.

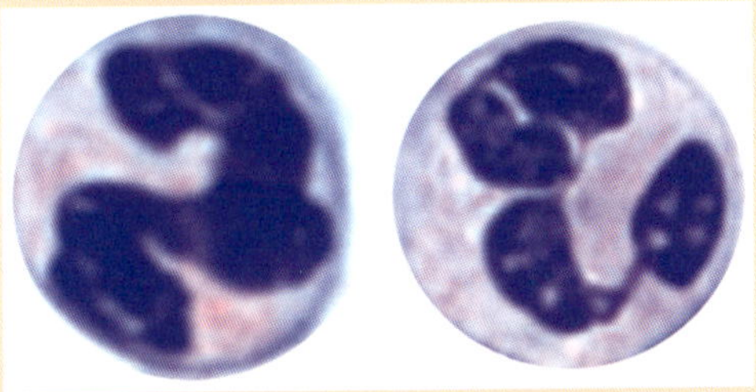

Polymorphkernige neutrophile Granulozyten (PMN): bei einer Mastitis nehmen diese Abwehrzellen stark zu.

Neben abgestorbenen Zellen aus dem Eutergewebe, insbesondere des Epithels der Milchausführungsgänge, sind es vor allem dem zellulären Abwehrsystem zuzuordnende polymorphkernige neutrophile Granulozyten (PMN), Makrophagen

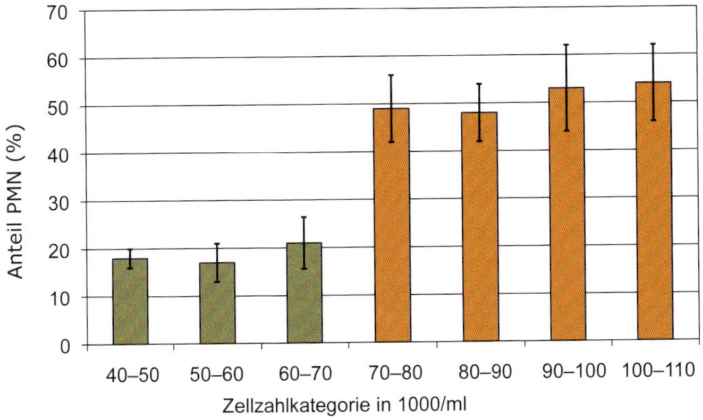

Abb. 4.2
Relativer Anteil von polymorphkernigen neutrophilen Granulozyten (PMN) an der Gesamtzellzahl von Viertelgemelken klinisch gesunder Kühe (nach Adisarta 2010)

und Lymphozyten, die den Zellgehalt der Milch ausmachen. Kommt es z. B. durch Keime, die in die Milchdrüse eingedrungen sind, zu einem Reiz, so reagiert das Gewebe mit einer vermehrten Freisetzung dieser Abwehrzellen. Insbesondere die PMN können in sehr kurzer Zeit hohe Konzentrationen in der Milch erreichen, bei einer akuten Mastitis mehr als 10 Millionen Zellen/ml Milch. Der Anstieg der PMN-Konzentration kann also als Indikator für den Beginn einer Entzündungsreaktion verstanden werden. Wie Abbildung 4.2 zeigt, sind bereits ab 70 000 Zellen/ml die relativen PMN-Konzentrationen in der Milch deutlich erhöht.

4.2 Zellgehalt als Indikator

Zur standardisierten Anwendung des Zellgehaltes (im Viertelanfangsgemelk) auf der **Einzeltierebene** als Indikator für die Eutergesundheit haben der Internationale Milchwirtschaftsverband (IDF) und die Deutsche Veterinärmedizinische Gesellschaft (DVG) ein Schema entwickelt, das die Zellzahl in Beziehung zum mikrobiologischen Status des Viertels setzt. Dieses Schema (Sechs-Felder-Schema) berücksichtigt den Zellgehalt pro Milliliter Milch sowie das etwaige Vorhandensein euterpathogener Mikroorganismen. Als Grenzwert werden 100 000 Zellen/ml zugrunde gelegt. Werden bei einer mikrobiologischen Untersuchung keine Erreger nachgewiesen und ist der Zellgehalt kleiner als 100 000 Zellen/ml, spricht man von einer normalen Sekretion; liegt der Zellgehalt über 100 000 Zellen/ml besteht eine unspezifische Mastitis. Bei einem Zellgehalt unter 100 000 Zellen/ml und dem Nachweis von euterpathogenen Mikroorganismen liegt eine latente Infektion vor, steigt der Zellgehalt bei einem positiven Erregernachweis über 100 000 Zellen/ml besteht eine Mastitis (→ Tab. 4.2).

Tab. 4.3
Zellgehaltskategorien der Anlieferungsmilch – Herdenebene

Zellen/ml	Bewertung
< 150 000	normal
> 150 000	erhöht
> 400 000	überhöht

Auf der **Herdenebene** wird in der Praxis häufig mit anderen Grenzwerten gearbeitet. National und international wird derzeit meist ein Zellgehalt für die Herdensammelmilch von unter 200 000 Zellen/ml als Voraussetzung für eine stabile Eutergesundheit angesetzt, adäquater wäre ein Durchschnittswert kleiner 150 000 Zellen/ml. Zur vereinfachten Beurteilung der Herdengesundheit ist davon auszugehen, dass bei einem Zellgehalt von unter 150 000 Zellen/ml in der Bestandsmilch die Eutergesundheit der Herde „normal" (bzw. zufriedenstellend) ist. Der Bereich bis 400 000 Zellen/ml ist als „erhöht" (bzw. nicht zufriedenstellend) einzustufen, es besteht ein erhöhter Anteil von mit Entzündungsreaktionen behafteten Eutervierteln; bei über 400 000 Zellen/ml (bzw. „überhöht") gilt die Eutergesundheit als massiv beeinträchtigt, Herden mit einem derartig erhöhten Zellgehalt werden als Mastitisproblemherden bezeichnet (→ Tab. 4.3).

Im Gegensatz zur Beurteilung der Eutergesundheit der einzelnen Milchkuh unterbleibt auf der Herdenebene zur Einschätzung der Eutergesundheit häufig zunächst die mikrobiologische Untersuchung von Milchproben. Für das weitere Vorgehen und die notwendigerweise einzuleitenden Schritte ist dies jedoch eine Grundvoraussetzung.

Tab. 4.2
Beurteilung zytologisch-mikrobiologischer Befunde im Rahmen der Mastitiskategorisierung (DVG 2012) – Einzeltierebene, Viertelanfangsgemelk

Zellgehalt Zellen/ml Milch	Euterpathogene Mikroorganismen	
	nicht nachgewiesen	nachgewiesen
< 100 000	normale Sekretion	latente Infektion
> 100 000	unspezifische Mastitis	Mastitis

Tab. 4.4
Kennzahlen zur Eutergesundheit, gewonnen aus Daten der Milchleistungsprüfung (in Anlehnung an Deutscher Verband für Leistungs- und Qualitätsprüfungen e. V. 2014)

Kennzahl	Berechnung
Anteil eutergesunder Tiere	Anteil Tiere ≤ 100 000 Zellen/ml Milch (Bezug: alle laktierenden Tiere)
Anteil chronisch euterkranker Tiere	Anteil Tiere > 700 000 Zellen/ml Milch (Bezug: letzte 3 MLP)
Neuinfektionsrate in der Laktation	Anteil Tiere > 100 000 Zellen ml Milch (Bezug: Anteil Tiere ≤ 100 000 Zellen/ml Milch in der vorherigen MLP)
Neuinfektionsrate in der Trockenperiode	Anteil Tiere > 100 000 Zellen ml Milch (Bezug: erste MLP nach der Kalbung, Vergleich Anteil Tiere ≤ 100 000 Zellen/ml Milch zum Trockenstellzeitpunkt)
Heilungsrate in der Trockenperiode	Anteil Tiere ≤ 100 000 Zellen ml Milch (Bezug: erste MLP nach der Kalbung, Vergleich Anteil Tiere > 100 000 Zellen/ml Milch zum Trockenstellzeitpunkt)
Mastitisrate Erstlaktierende	Anteil Tiere > 100 000 Zellen/ml Milch (Bezug: erste MLP nach der Kalbung, Vergleich alle Erstlaktierenden)

Die Grenzwerte auf der Herdenebene sind unabhängig von der Regelung der Milch-Gütebezahlung und gesetzlichen Vorgaben gesetzt worden, sie beruhen auf wissenschaftlichen Untersuchungen, auch hinsichtlich der ökonomischen Auswirkungen durch die reduzierte Milchleistung der betroffenen Viertel, und Erfahrungen aus der Praxis.

Eine weiterführende Möglichkeit zur Beurteilung der Eutergesundheitssituation auf der Herdenebene geben **Kennzahlen**, die auf der monatlichen Auswertung der Zellzahlen basieren, die im Rahmen der Milchleistungsprüfung ermittelt werden. Diese Kennzahlen können alleine zwar weder Entscheidungsgrundlage für eine Therapie noch für eine Merzung einzelner Tiere liefern, sie sind aber dennoch im Verbund mit anderen Informationen geeignet, Veränderungen der Eutergesundheit rechtzeitig zu erkennen und gegebenenfalls weitere Schritte einzuleiten. Im Einzelnen werden aktuell in Deutschland Kennzahlen zum Anteil der eutergesunden Kühe, der chronisch kranken Kühe, der Neuinfektionsrate in der Laktation und in der Trockenperiode sowie der Heilungsrate in der Trockenperiode ermittelt. Von Bedeutung ist auch die Mastitisrate der Erstlaktierenden (→ Tab. 4.4). Diese Kennzahlen werden von den Landeskontrollverbänden (LKV) erfasst, ausgewertet und den Teilnehmern an der Milchleistungsprüfung (MLP) zur Verfügung gestellt.

4.3 Euterentzündungen

Eutergesundheit ist kein statischer oder stabiler Zustand, sondern vielmehr ein labiles Gleichgewicht aus Infektionsdruck, Abwehrbereitschaft der Milchdrüse, Umfeldhygiene, Melkarbeit und Melkhygiene, also ein dynamischer Prozess. Eine keimfreie und damit mastitiserregerfreie Umwelt ist nicht realisierbar. Mastitiserreger können sowohl aus der Umwelt in der Zwischenmelkzeit als auch während des Melkaktes von Kuh zu Kuh übertragen werden. Dem muss bei der Findung der Ursachen und den daraus folgenden Maßnahmen Rechnung getragen werden.

4.3.1 Formen der Mastitis

Aufgrund der derzeitigen wissenschaftlichen Empfehlungen, die in Leitlinien für Laboruntersuchungen niedergelegt sind und als Referenzverfahren zur mikrobiologischen Untersuchung auf Mastitiserreger gelten, kann eine sichere Mastitisdiagnostik nur auf der Basis von aseptisch entnommenen Viertelanfangsgemelkproben erfolgen. Der Zellgehalt als einzelnes Bewertungskriterium reflektiert nur bedingt den Grad der Eutergesundheitsstörung. Die mikrobiologische Untersuchung ermöglicht unter Berücksichtigung des Zellgehaltes nach dem Sechs-Felder-Schema die Diagnosen „normale Sekretion", „unspezifische Mastitis", „latente Infektion" oder „Mastitis" (→ Tab. 4.2). Eine Diagnosestellung „Mastitis" lediglich auf den Werten des Zellgehaltes basierend – ob ermittelt durch die Einzeltierzellzahluntersuchung aus der Viertelgesamtgemelksprobe oder einem positiven semi-quantitativen Milchzelltest (z. B. California(Schalm)-Mastitis-Test C(S)MT) – ist nicht möglich und wissenschaftlich nicht haltbar.

Eutererkrankungen, ob in Form einer unspezifischen Mastitis oder bei einem positiven Erregernachweis in Form einer Mastitis, können unterschiedliche Verlaufsformen haben und verschiedenartige klinische Symptome zeigen. In der Veterinärmedizin haben sich drei Einstufungen etabliert. Man unterscheidet zwischen **subklinischen**, **klinischen** und **chronischen Mastitiden** (Basiswissen 4.2)

> **Basiswissen 4.2**
> **Merkmale und Einteilung der Mastitiden**
>
> - **Subklinische** Mastitiden zeigen keine äußerlich erkennbaren Symptome. Der Zellgehalt in der Milch ist erhöht. Es können Mastitiserreger nachgewiesen werden.
> - **Geringgradige klinische** Mastitiden können insbesondere im Vorgemelk ein verändertes Milchsekret auch ohne weitere Symptome am Euter aufweisen.
> - **Mittel-** bis **hochgradige klinische** Mastitiden zeigen klassische Entzündungssymptome – Hautrötung (Rubor), erhöhte Temperatur (Calor), Schwellung (Tumor), Schmerzen (Dolor) und Funktionsstörungen (Functio laesa) – am Euter. Das Milchsekret ist grobsinnlich verändert. Die Tiere haben vielfach Fieber.
> - **Chronische** Mastitiden entstehen nach nicht ausgeheilten langfristigen Erkrankungen. Erkrankte Viertel können atrophieren oder in der Fortdauer anomale klinische oder subklinische Befunde aufweisen. In der Regel wird ein Krankheitsgeschehen, das über mehr als vier Wochen andauert, als chronisch bezeichnet.

4.3.2 Dynamik des Mastitisgeschehens

Dieselben Mastitiserreger können Ursache sowohl klinischer als auch subklinischer Mastitiden sein. Das fehlende sichtbare Krankheitsbild subklinischer Mastitiden führt dazu, dass deren Bedeutung häufig unterschätzt wird. Die subklinische Mastitis des Rindes, die etwa 90 % aller nachweisbaren Mastitiden ausmacht, ist eine Faktorenerkrankung, die ein komplexes und z. T. schweres Herdenproblem verursacht. Faktoren, die zu Mastitiden führen, können von außen, aber auch von innen auf die Kuh einwirken. Bedingt durch einen hohen Invasionsdruck der Erreger und durch eine herabgesetzte Körperabwehr der Tiere können pathogene Mikroorganismen die natürliche physikalische und anatomische Barriere des Euters durchbrechen. Sie dringen über den Strichkanal in die Zitze ein, verursachen dort eine Infektion und lösen die entsprechenden Entzündungsreaktionen im Tier (= Mastitis) aus (→ Abb. 4.1). Von **außen einwirkende Faktoren** (Basiswissen 4.3) haben dabei den gleichen Stel-

> **Basiswissen 4.3**
> **Äußere, negative Einflussfaktoren auf die Eutergesundheit**
>
> - mangelhafte Stallhygiene
> - mangelhafte Melkhygiene
> - Haltungsmängel
> - Fütterungsfehler
> - Fehler oder Mängel im Management
> - Zitzenverletzungen
> - Mängel oder Fehler an der Melkanlage

lenwert wie die von innen auf das Tier und die Eutergesundheit einwirkenden Einflüsse (Basiswissen 4.4).

Der Kuh angepasste Haltungs- und Fütterungsverhältnisse, eine voll funktionsfähige, hygienisch einwandfreie Melkanlage, das richtige, euterschonende Melken und die konsequente Durchführung melkhygienischer und Mastitis vorbeugender Maßnahmen (Euterkontrolle, Melkreihenfolge, Vormelken, Zitzenreinigung, Zitzendesinfektion nach dem Melken) können das Risiko für Eutererkrankungen und Beeinträchtigungen der Milchqualität mindern.

Eine mangelhafte Boxenhygiene aufgrund einer unzureichenden Einstreu sowie Kotstau auf den Laufwegen, verursacht durch eine zu geringe Anzahl von Reinigungszyklen, lassen den Infektionsdruck auf das Euter anwachsen. Besondere Bedeutung bei der Unterbindung der Infektionskette kommt der Einhaltung einer **Melkreihenfolge** zu, bei der zuerst die eutergesunden Kühe gemolken werden, dann die verdächtigen und zuletzt die erkrankten bzw. in Behandlung stehenden Tiere. Bei ausreichender Bestandsgröße können Melkgruppen gebildet werden.

Eine mindestens nach DIN ISO-Anforderungen (DIN ISO 5707:2010 Melkanlagen – Konstruktion und Leistung) ausgelegte, voll funktionsfähige, d.h. regelmäßig gewartete und hygienisch einwandfreie Melkanlage ist eine grundsätzliche Voraussetzung für schnelles, euterschonendes und leistungsförderndes Melken sowie eine einwandfreie Beschaffenheit der Milch. Funktionsgestörte Anlagen können – insbesondere, wenn Melkfehler und Melkhygienemängel hinzukommen – zu Störungen der Eutergesundheit führen. Diese bestehen hauptsächlich in einer Beeinträchtigung der lokalen Abwehr (Zitze, Strichkanal), einer erhöhten Kontamination der Zitzenhaut mit Mastitiserregern sowie der Möglichkeit des Transportes von Erregern durch den Strichkanal in die Zitzenzisterne.

> **Basiswissen 4.4**
> **Innere, negative Einflussfaktoren auf die Eutergesundheit**
> - Stoffwechselerkrankungen
> - Schädigung des Immunsystems
> - Allgemeinerkrankungen
> - Schädigungen der Leber
> - Schädigungen der Schleimhaut

Da technische und hygienische Mängel an der Anlage, die in der Regel durch Verschleiß verursacht werden, allmählich eintreten und deshalb über einen längeren Zeitraum einwirken können, ist eine regelmäßige Wartung unverzichtbar. Die zu wählenden Intervalle sind dabei von Hersteller zu Hersteller unterschiedlich und von der Beanspruchung der Anlage (z.B. Melkstand, automatische Melksysteme) abhängig.

Aus dem Umfeld der Tiere kommende, Stress auslösende Faktoren – wie ein fehlerhafter Umgang mit den Tieren, eine mangelhafte Melkroutine, Hitze, eine schlechte, den Leberstoffwechsel belastende Futterqualität (z.B. Pilzbefall), durch Fütterungsfehler, die eine Störung des Stoffwechsels mit einer Folgeerkrankung (z.B. Azetonurie) hervorrufen – können die Abwehrkraft der Kühe verringern und ihr Immunsystem schädigen. Damit nimmt die Empfänglichkeit gegenüber weiteren Allgemeinerkrankungen und Euterentzündungen zu. Allgemeinerkrankungen, auch durch Viren wie Bovine Virusdiarrhoe/Mucosal Disease (BVD/MD) oder Infektiöse Bovine Rhinotracheitis/Infektiöse Pustulöse Vulvovaginitis (IBR/IPV) hervorgerufene, belasten das Immunsystem, können die Schleimhaut in der Zitze, in der Drüsenzisterne und in den Alveolen schädigen und somit das Mastitisgeschehen beeinflussen. Bakterielle Allgemeininfektionen (z.B. durch Chlamydien) können neben Erkrankungen des Genitaltraktes (z.B. Aborte) auch subklinische Mastitiden hervorrufen. Vorschädigende Faktoren, wie uneinheitlicher Immunstatus von Jungkühen durch unkontrollierte Zukäufe aus verschiedenen Ställen, begünstigen gleichfalls das Geschehen.

Keime, die aus dem Umfeld der Kuh stammen (z.B. Mikrokokken, Bazillen, Laktokokken), werden im Gegensatz zu den unter Abschnitt 4.4 aufgeführten, spezifischen Mastitiserregern auch als **unspezifische Keime** bezeichnet. Im Allgemeinen wird den unspezifischen Keimen als Mastitiserreger eine geringe Bedeutung zugemessen. Nach Literaturangaben sind etwa 90 % der bei den Qualitätsuntersuchungen (Keimzahlbestimmungen) isolierten Keime in der Anlieferungsmilch dem unspezifischen Keimgehalt zuzuordnen. Ihr Nachweis spiegelt den technisch-hygienischen Zustand der Melkanlage (u. a. Zustand der Zitzenbechergummis, Reinigung, Desinfektion, Kühlung) wider. Auch unspezifische Keime müssen wirksam an der Verbreitung gehindert werden, da gerade sie die bakteriologische Beschaffenheit der Rohmilch und damit die Verarbeitung sowie Haltbarkeit der Produkte beeinflussen (→ Kap. 9.3.2).

Eine Vermehrung potenzieller Mastitiserreger lässt den **Infektionsdruck** im Bestand und damit das Mastitisrisiko immens ansteigen. Ein falscher Umgang mit den Tieren und fehlerhafte technische Einrichtungen wirken direkt auf das Tier ein und stören dessen Wohlbefinden. Aus diesem Grund muss den natürlichen Bedürfnissen der Milchkuh entsprochen und ein störungsfreies Umfeld geschaffen werden. Wichtig sind die Einhaltung einer konsequenten Melkhygiene, eine möglichst frühe Erkennung von Eutergesundheitsstörungen und eine wirkungsvolle **Infektions- und Mastitisprophylaxe** (→ Kap. 4.5). Dabei ist auch das Management der trächtigen Tiere in der Trockenstellzeit von Interesse, insbesondere, ob zur Infektionsprophylaxe Langzeitmedikamente („Trockensteller") eingesetzt werden und, wenn dies der Fall ist, in welcher Häufigkeit. Die frühzeitige Erkennung von Euterkrankheiten und der möglichst frühe Zeitpunkt der Diagnose sind demzufolge für den nachhaltigen Erfolg therapeutischer Maßnahmen und einer gezielten Behandlung von kausaler Bedeutung.

4.3.3 Mastitisdiagnostik am Tier

Die qualifizierte Diagnostik einer Mastitis basiert zunächst auf der klinischen Untersuchung des erkrankten Euters. Auf dieser Ebene können zur Unterstützung und zur Ermittlung bzw. Beurteilung des Zellgehaltes auch sogenannte **Cow-Side-Tests** verwendet werden. Das gängigste Verfahren ist die indirekte semiquantitative Zellzahlbestimmung mit dem **California-Mastitis-Test (CMT)**. Dieser Test wird im deutschsprachigen Raum auch als **Schalm-Mastitis-Test (SMT)** bezeichnet. Sein Prinzip beruht, vereinfacht dargestellt, auf der Ermittlung der **Viskositätsveränderung** der Milch im Fall einer Mastitis. Durch ein oberflächenaktives Testreagenz (Alkylarylsulfonat) wird DNS aus den somatischen Zellen freigesetzt; in Gegenwart des Testreagenzes bildet die DNS gelartige Schlieren, deren Ausprägung anhand vorgegebener Standards beurteilt wird. Dies ermöglicht eine semiquantitative Abschätzung des Zellgehaltes. Der Test sollte unmittelbar nach dem Gewinnen der Milch an der Kuh durchgeführt werden. Zusätzlich enthält die Testlösung einen pH-Indikator, der eine Verschiebung des pH-Wertes in den alkalischen Bereich, bedingt durch die bei einer Mastitis erhöhte Permeabilität der Blut-Euterschranke (pH-Wert der Milch ist niedriger als der pH-Wert des Blutes), anzeigen kann.

Weiterhin kann die **elektrische Leitfähigkeit** (Einheit Millisiemens/cm (mS/cm)) der Milch mit elektronischen Messgeräten überprüft werden. Bei einer Mastitis verändert sich die Leitfähigkeit der Milch insbesondere durch den Anstieg von Na^+- und Cl^--Ionen. Ein gesundes Euterviertel weist einen Normalbereich von 4,8–6,2 mS/cm bei einer Milchtemperatur von 25 °C auf.

Bei einer klinischen Mastitis ist abhängig vom Grad der Erkrankung und den ausgeprägten Symptomen zusätzlich eine Allgemeinuntersuchung des Tieres angezeigt. Im Rahmen der Diagnostik ist häufig die Entnahme von **Viertelanfangsgemelksproben** und eine der jeweiligen Fragestellung angepasste Laboruntersuchung erforderlich. Dabei ist die Kuh grundsätzlich als Ganzes zu betrachten und das Milchsekret *aller vier* Viertel zu prüfen. Als Referenz dienen, wie auch für die sich anschließenden Laboruntersuchungen, die Leitlinien zur Entnahme von Milchproben unter antiseptischen Bedingungen und Leitlinien zur Isolierung und Identifizierung von

Basiswissen 4.5
Mastitisdiagnostik am Tier

- Euteruntersuchung
- ggf. Allgemeinuntersuchung
- Entnahme von Viertelanfangsgemelksproben
  - für den CMT
  - für labordiagnostische Untersuchungen
- Beurteilung des Zellgehaltes und der Ergebnisse der Laboruntersuchungen

Mastitiserregern der Deutschen Veterinärmedizinischen Gesellschaft (DVG-Leitlinien). Labordiagnostische Untersuchungen, Erregernachweis und Folgeuntersuchungen, wie z. B. die Durchführung eines Resistenztestes, sind essenziell in der Mastitisbekämpfung und Bestandteil einer „Guten veterinärmedizinischen Praxis“. Nach dem derzeitigen Kenntnisstand kann eine sichere Mastitisdiagnostik nur auf der Basis von Viertelanfangsgemelken erfolgen. Der Zellgehalt als einziges Bewertungskriterium reflektiert nur bedingt den Grad der Eutergesundheit.

Jedes Euterviertel steht, laktations-physiologisch gesehen, für eine sekretorische Einheit des Euters (→ Kap. 2.2). Daher ist davon auszugehen, dass i. d. R. keine Verbreitung von Mastitiserregern innerhalb der Milchdrüse, zwischen den einzelnen Vierteln erfolgt. Zur Beurteilung der Eutergesundheit und zum gegebenenfalls erforderlichen Nachweis von Mastitiserregern ist in den DVG-Leitlinien festgelegt, dass von jedem Euterviertel eine gesonderte Milchprobe entnommen werden muss. Fraktionsproben können Viertelanfangsgemelke, Viertelendgemelke oder Viertelgesamtgemelke sein. Für die mikrobiologische Untersuchung in der Routinediagnostik, also auch in einem Praxislabor, gilt die Forderung, dass grundsätzlich Viertelanfangsgemelke entnommen und untersucht werden sollen. Für spezielle Fragestellungen kann es jedoch erforderlich sein, auch eine andere Probenart zu wählen. So können z. B. im Viertelendgemelk Hefen unter Umständen besser nachgewiesen werden.

4.3.4 Mastitisdiagnostik im Labor

Für die Probenbearbeitung werden im Praxis- oder Routine-Mastitis-Labor im Wesentlichen keimfreie Pipetten (Glas oder Kunststoff), Petrischalen (Glas oder Kunststoff), Reagenzgläser (Glas oder Kunststoff), Ösen (Platin oder Contracid) oder Glasspatel zum Ausstreichen der Proben, Schere, Pinzette, ein Bunsenbrenner sowie ein Brutschrank (Temperaturbereich 36 ± 1 °C) und ein Mikroskop benötigt.

Zur Qualitätssicherung muss ein einheitlicher **Standard** (Referenzverfahren) eingehalten werden, insbesondere um die Vergleichbarkeit der Laboruntersuchungen zu gewährleisten. Für die Routineuntersuchung von Milchproben sollten **nichtselektive Medien** benutzt werden. Darüber hinaus stehen **kommerzielle Testsysteme** zur Verfügung, die teilweise selektiv auf spezifische Erreger ausgerichtet sind oder eine Gesamtkeimzahlbestimmung ermöglichen. Als Standardnährmedium (Nährboden) wird Äsculin-Blut-Agar (Zusatz von 5–10 % Blut oder gewaschene Erythrozyten und 0,1 % Äsculin) verwendet, Blut oder Erythrozyten stammen vom Schaf oder Rind. Dieser Agar kann kommerziell als Fertignährboden bezogen werden. Der Zusatz von Blut und Äsculin dient zur Differenzierung der verschiedenen Mastitiserreger, da sich diese in ihrem Hämolyseverhalten und Äsculinspaltungsvermögen unterscheiden (siehe folgendes Kapitel). Die erforderliche Zeit zur Bebrütung liegt bei 24–48 Stunden mit einem Temperaturoptimum von 36 ± 1 °C. Für bestimmte Keime sind spezielle Nährböden und Bebrütungsbedingungen nötig.

Der auch unter Praxisbedingungen durchzuführende **Agar-Diffusionstest** (ADT = Blättchen-Resistenztest) zur Sensitivitätsbestimmung sollte sich nach der Norm DIN 58940-1: 2002 richten.

Neben dem klassischen Verfahren des Agar-Diffusionstestes zur Empfindlichkeitsbestimmung und der Bestimmung der Penicillinsensibilität durch den Penicillinase-Reduktionstest wird in vielen Routine-Mastitis-Labors das Resistenzverhalten

Basiswissen 4.6
Mastitislabordiagnostik

- Bakteriologie (Referenzverfahren): Kultur auf blut- und äsculinhaltigem Nährboden
- Resistenztest: Agar-Diffusionstest oder Reihenverdünnungsverfahren
- Molekularbiologie:
  - zur Bestätigung und weiteren Differenzierung bakteriologischer Befunde
  - Nachweis schwer anzüchtbarer Erreger
  - für weiterführende Untersuchungen
- kommerzielle Testsysteme
  - kulturelle Verfahren
  - molekularbiologische, erregerspezifische Schnelltests (z. T. mit Resistenzgennachweis)

nachgewiesener Erreger im Reihenverdünnungsverfahren ermittelt. Als Methode der Wahl und Referenzverfahren gilt derzeit die Ermittlung der **minimalen Hemmkonzentration (MHK)** mittels der Bouillonmikrodilution nach den Vorgaben des Clinical and Laboratory Standard Institute (CLSI). Die Hemmung des Bakterienwachstums wird durch die minimale Hemmkonzentration (MHK) definiert. Die MHK ist die niedrigste Konzentration eines Wirkstoffs (µg/ml), bei der unter definierten In-vitro-Bedingungen die Vermehrung von Bakterien zu 100 % innerhalb einer festgelegten Zeitspanne verhindert wird. Die Bestimmung der MHK ermöglicht aufgrund der Standards und der Reproduzierbarkeit der fotometrisch durchgeführten Tests eine bessere Vergleichbarkeit der Ergebnisse und der Untersuchungsmethoden.

In der letzten Zeit haben mit der **Polymerase-Kettenreaktion (PCR)** auch molekularbiologische Verfahren in spezialisierten Labors Eingang in die Mastitisdiagnostik gefunden. Die Anwendung bei der Untersuchung von Mastitissekreten wurde in mehreren Studien geprüft. Molekularbiologische Milchprobenuntersuchungen haben gewisse Vorteile, die in der Schnelligkeit, der Nachweisempfindlichkeit, der Spezifität und der Möglichkeit des Nachweises schwer anzüchtbarer Erreger zu sehen sind. Nachteilig ist, dass es bei einer nicht aseptischen Probenahme, wie es z. B. bei Proben, die im Rahmen der Milchleistungsprüfung entnommen werden oder auch bei Milchsammeltankproben in der Regel der Fall ist, aber auch durch den Nachweis nicht mehr vermehrungsfähiger Erreger zu falsch-positiven Befunden kommen kann. Auch falsch-negative Befunde sind aufgrund einer geringen Sensitivität, einem häufig fehlenden oder unvollständigen Vorbericht, der keine Rückschlüsse auf die Ätiologie zulässt, oder aufgrund von Erregermutationen möglich. Ein wesentlicher Nachteil ist zudem, dass diese Untersuchungsmethode gegenüber dem klassischen mikrobiologischen Verfahren verhältnismäßig kostenintensiv ist. Die Empfindlichkeit gegenüber Antibiotika kann in der PCR nur über Nachweis von Resistenzgenen erfolgen. Zur Resistenzuntersuchung ist daher nach wie vor die klassische Anzüchtung auf Nährböden mit einer nachfolgenden Untersuchung im ADT oder die Bestimmung der MHK unabdingbar.

In der Routinediagnostik bestehen Einsatzmöglichkeiten für die PCR in einer möglichen Ergänzung der klassischen Mastitisdiagnostik. Die PCR kann zur Verkürzung der Bearbeitungszeit bei einer akuten Mastitis, als Screening aus der Tankmilchprobe auf kontagiöse Erreger bei kuhassoziierten Mastitiden, zum Nachweis bei schwer anzüchtbaren Erregern, zur weiteren Identifizierung kultureller Isolate oder zu deren Typisierung erfolgen. Für den direkten Nachweis von Mastitiserregern aus der Viertelanfangsgemelksprobe gelten weltweit nach wie vor die kulturellen mikrobiologischen Methoden als Referenzverfahren.

4.4 Mastitiserreger

4.4.1 Allgemeines

Eine keimfreie und damit eine von Mastitiserregern freie Umwelt ist in der Praxis nicht zu verwirklichen. Demzufolge ist das Übertragungsrisiko von potenziellen Erregern eng mit dem Umfeld und dem Zeitpunkt der **Milchgewinnung** vergesellschaftet. Mastitiserreger können während der Melkzeit, aber auch in der Zwischenmelkzeit in das Euter eindringen.

Mastitiserreger siedeln sich bevorzugt auf der äußeren Haut der Milchkuh, der Zitzenhaut und an den Zitzenkanalöffnungen an. Sie sind gleichfalls im Umfeld z. B. an den Melk- und Stallgerätschaf-

Basiswissen 4.7
Übertragungswege und Erreger

- **während der Melkzeit** durch den Melker oder die Melkanlage
  - typische Erreger: kuhassoziierte Erreger wie *Staphylococcus aureus*, *Streptococcus agalactiae*, *Streptococcus dysgalactiae* oder *Mycoplasma* spp.
- **während der Zwischenmelkzeit** durch verschmutztes Umfeld
  - typische Erreger: umweltassoziierte Erreger wie *Streptococcus uberis*, *Enterococcus spp.*, *Echerichia coli*, sonstige *Enterobacteriaceae* oder *Klebsiella spp.*

ten (mehrfach benutzte Reinigungstücher, Melkzeugoberflächen oder Zitzenbecherinnenwandungen), auf Lauf- und Liegeflächen, aber auch an den Händen der Melker nachzuweisen. Eine unzureichende Reinigung des Euters und der Zitzen vor dem Melken ohne die Verwendung von Einwegmateralien oder sauberen Reinigungstüchern und das Unterlassen der Händereinigung vor der Vorgemelksprobe und dem Ansetzen der Melkzeuge fördert die Übertragung der Erreger. Beim Melken können Mastitiserreger passiv, bedingt durch die Pulsierung, aber auch durch Milchrückfluss oder durch Rücksprühen den Strichkanal passieren.

Zu beachten ist auch, dass die **Erregerübertragung mit dem Melkzeug** von einer infizierten Kuh auf die nächste eines der größten Risiken darstellt. Die Kontamination kann also zum einen während der Melkzeit durch den Melker oder die Melkgerätschaften erfolgen. Die in diesem Fall übertragenen Erreger werden den kuhassoziierten Mastitiserregern (Basiswissen 4.7) zugeordnet. Zum anderen kann während der Zwischenmelkzeit durch eine unzureichende Umgebungshygiene, z. B. durch verschmutzte Einstreu, eine Erregerübertragung erfolgen. In diesem Zeitabschnitt können vorwiegend umweltassoziierte Erreger in das Euter eindringen. Bis zum vollständigen Verschluss des Strichkanals im Anschluss an das Melken sind die Zitzenkuppe und der Strichkanal der Gefahr einer ständigen Kontamination ausgesetzt. In den ersten Stunden nach dem Melken, wenn der Strichkanal noch nicht wieder vollständig geschlossen ist, können Erreger bei fehlendem Milchfluss durch den kapillaren Milchspalt im Strichkanal passiv (Kapillarwirkung) aufsteigen. Ein aktives Eindringen, begünstigt durch eine massive Vermehrung, ist bei bestimmten Erregern möglich.

Das jeweilige Kontaminationsrisiko und die Dynamik der Mastitisentwicklung ergeben sich aus dem Anteil infizierter Euterviertel in einer Herde und der Art der Übertragung.

4.4.2 Erregerreservoire und keimspezifische Verlaufsformen

Hauptreservoire (→ Tab. 4.5) in unterschiedlicher Ausprägung für **kuhassoziierte Erreger** (wie *S. aureus*, *S. agalactiae*, *S. dysgalactiae*, *Mycoplasma* spp.) sind die infizierte Milchdrüse, Zitzenverletzungen, die Tonsillen und der Respirations- bzw. Genitaltrakt. **Umweltassoziierte Erreger** (*S. uberis*, *Enterococcus* spp., *E. coli*, *Klebsiella* spp., sonstige *Enterobacteriaceae*) siedeln sich besonders auf der äußeren Haut, im Darm, an den Tonsillen, aber seltener auf Zitzenverletzungen an.

Tab. 4.5 Reservoire von Mastitiserregern (nach Neave 1971 und DVG 2012)

Erreger	Hauptreservoir
kuhassoziierte Mastitiserreger	
S. aureus	infizierte Milchdrüse
S. agalactiae	Zitzenverletzung
S. dysgalactiae	Tonsillen
Mycoplasma spp.	Respirations-/Genitaltrakt
umweltassoziierte Mastitiserreger	
S. uberis	äußere Haut
Enterococcus spp.	Darm
E. coli, *Klebsiella* spp. und	Tonsillen
sonst. *Enterobacteriaceae*	(Zitzenverletzung)
T. pyogenes	Zitzenverletzung, äußere Haut
Koagulase-negative Staphylokokken	Zitzenverletzung, äußere Haut
Prototheca spp.	Darm
Nocardia spp.	äußere Haut

Die Zuordnung der Koagulase-negativen Staphylokokken (KNS) zu diesen beiden Gruppen ist nicht eindeutig. Sie besiedeln vornehmlich die äußere Haut, bevorzugen die Euterhaut und die Zitzenaußenflächen, können sich bei Zitzenverletzungen anreichern, aber auch über die infizierte Milchdrüse zu einer weiteren Verbreitung beitragen. Sie sind daher fallweise entweder den kuh- oder umweltassoziierten Erregern zuzuordnen. Infektionen durch andere bakterielle Erreger, wie *Trueperella pyogenes* (früher *Arcanobacterium pyogenes*) oder *Nocardia* spp., sowie Hefen und Algen (*Prototheca* spp.) treten meist nur sporadisch oder räumlich begrenzt (endemisch) auf und stehen als Erkrankungsfälle weniger im Mittelpunkt.
Mastitiden können abhängig vom Erreger, vom Infektionsdruck oder von der Zahl der invadierenden Mikroorganismen unterschiedliche **Verlaufsformen** (akut, klinisch oder subklinisch) haben. Chronische Mastitiden entstehen nach nicht ausgeheilten langfristigen Erkrankungen, die in der Regel über mehr als vier Wochen andauern. Staphylokokken-Mastitiden können sowohl ein subklinisches als auch ein klinisches oder akutes Krankheitsbild haben. Streptokokken rufen mehr subklinische oder klinische Mastitiden hervor. Akute Mastitiden durch *S. agalactiae* („Galt", → Kap. 4.4.4) sind äußerst selten, perakute Mastitiden durch coliforme Keime (→ Kap. 4.4.5) hingegen treten häufiger auf. Pyogenes-Mastitiden verlaufen in der Regel akut oder chronisch, Hefe-Mastitiden akut bis subakut (→ Tab. 4.6).

Tab. 4.6
Erregerspezifische Verlaufsformen von Mastitiden (nach Grunert 1990; Fehlings 2008)

Erreger	Verlauf
Staphylokokken	subklinisch/klinisch/akut
Galt-Streptokokken	subklinisch/klinisch/ selten akut
Streptokokken	subklinisch/klinisch
coliforme Keime	meist perakut
Trueperella pyogenes	akut/chronisch
Hefen	akut/subakut

Staphylokokken und Streptokokken verursachen derzeit in Deutschland den größten Teil aller durch kuhassoziierte Erreger bedingten Mastitisfälle. Durch Veränderung in der Größe und der Struktur der Betriebe ist zukünftig jedoch von einer abnehmenden Tendenz der durch kuhassoziierte Erreger bedingten Mastitisfälle auszugehen. Strukturänderungen werden in erster Linie eine deutliche Zunahme der Laufstallhaltung und damit auch eine Aufstockung der Kuhzahlen beinhalten. Mit der Größe des Betriebes wird neben dem Stress auch der Infektionsdruck durch umweltassoziierte Mastitiserreger zunehmen. Auch langfristig zu erwartende klimatische Veränderungen, wie z. B. Temperaturerhöhungen, können diesen Trend verstärken.

4.4.3 Staphylokokken

Innerhalb der Familie *Staphylococcaceae* haben als Erreger von Euterentzündungen vor allem Koagulase-positive Staphylokokken, insbesondere *S. aureus* (→ Kap. 9.2.12), aber auch Koagulase-negative Staphylokokken (KNS) Bedeutung.
S. aureus gehört zu den wichtigsten, weltweit verbreiteten Mastitiserregern. Dieser Erreger ist ubiquitär und wird mit zunehmender Zahl von Tierpassagen virulenter. Er ist außerdem in der Lage, Enterotoxine zu bilden und hat damit eine besondere lebensmittelhygienische Bedeutung (→ Kap. 9.2.12). *S. aureus* verfügt über eine Vielzahl von Mechanismen (z. B. die Fähigkeit zur

Basiswissen 4.8
Staphylokokken

Staphylokokken
- sind weltweit bedeutende Mastitiserreger.
- sind ubiquitär.
- zeigen eine gute Empfindlichkeit gegenüber handelsüblichen Desinfektionsmitteln.
- befallen Kühe in allen Laktationsstadien.
- können das Eutergewebe nachhaltig schädigen.
- weisen häufig Resistenzen (insbesondere gegen Penicilline) auf und sprechen unterschiedlich auf therapeutische Maßnahmen an.

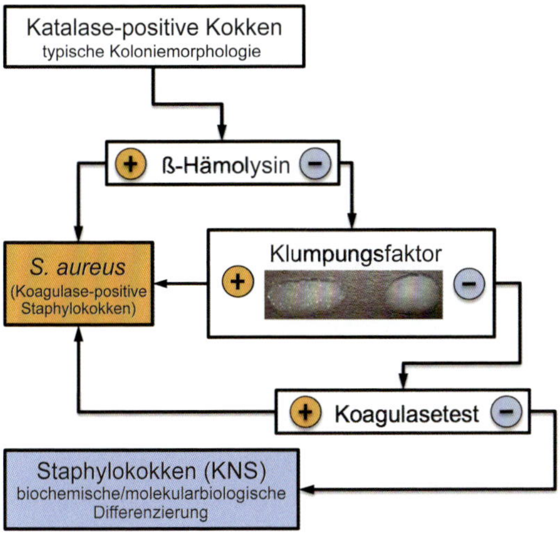

Abb. 4.3
Schema zur Differenzierung zwischen *S. aureus* und anderen Staphylokokken: Typische Kolonien mit β-Hämolysinbildung (Abb. 4.4 B) werden in der Routineuntersuchung als *S. aureus* eingestuft, ebenso bei positivem Klumpungsfaktor oder Koagulasetest. Zum Nachweis des Klumpungsfaktors *(clumping factor)* wird Koloniematerial in Kaninchenplasma verrieben. Viele *S. aureus*-Stämme besitzen Rezeptoren an der Keimoberfläche (Klumpungsfaktor), die Fibrinogen binden und über Fibrinogenbrücken zu einer sichtbaren Verklumpung der Keime führen. Als Negativkontrolle dient das Verreiben in Kochsalzlösung.
Da nicht alle *S. aureus*-Stämme den Klumpungsfaktor besitzen, ist bei einem negativen Ergebnis der Koagulasetest durchzuführen. Bei der Koagulase handelt es sich um ein von *S. aureus* und anderen Koagulase-positiven Staphylokokkenarten (Tab. 9.34) sezerniertes Protein, das Prothrombin aktiviert; dadurch entsteht ein Komplex, das sogenannte Staphylothrombin, das lösliches Fibrinogen in unlösliches Fibrin überführt (zur Durchführung Kap. 9.2.12.4).
Ergänzend kann der KOH-Test und der Katalasetest eingesetzt werden, Staphylokokken sind grampositiv (KOH-negativ) und Katalase-positiv (Kap. 9.1.3.3).

Abb. 4.4
Charakteristika von *S. aureus* auf Blutagar: mittelgroße (Ø 1–3 mm und mehr) glatte, glänzende, runde, pigmentierte (weißgelbe, oft goldgelbe) Kolonien
A: Bildung von α-Hämolysin mit vollständiger Auflösung der Erythrozyten um die Kolonie und unscharfem Übergang zum unveränderten Agar (Pfeilspitze)
B: β-Hämolysin bewirkt eine breite Zone unvollständiger Hämolyse um die Kolonie. Diese Zone ist gegen die Umgebung scharf abgesetzt (Pfeilspitze, innerhalb der Kreismarkierung wurde der Kontrast zur besseren Sichtbarkeit nachträglich erhöht). Wie zu sehen, können α- und β-Hämolysinbildung zusammen auftreten. Ebenfalls diagnostisch verwertbar ist das für β-Hämolysin typische Phänomen der „hot-cold-lysis“. Hierbei kommt es zu einem vollständigen Zerfall der Erythrozyten, wenn man die zunächst 24 h bei 37 °C bebrütete Platte mit unvollständiger Hämolysezone einige Stunden im Kühlschrank aufbewahrt.

A B

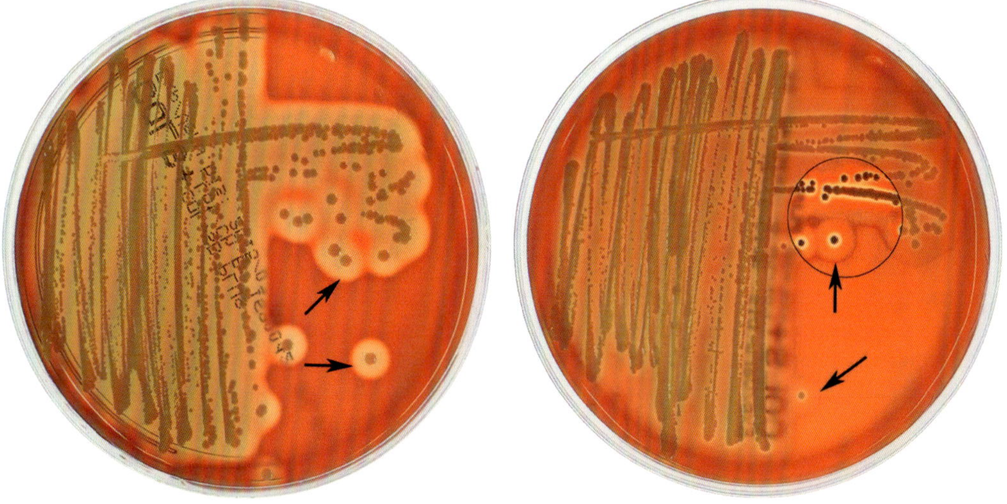

Bildung eines Biofilms), die ihn vor der tiereigenen Körperabwehr schützen können. Gleichzeitig hat der Erreger besondere Eigenschaften (z. B. Koagulase- und Hämolysinbildung), die es ihm ermöglichen, sich im Eutergewebe oder Tierkörper dauerhaft einzunisten und das Gewebe zu schädigen. *S. aureus* ist äußerst widerstandsfähig und in der Lage, auch im eingetrockneten Zustand lange Zeit im Umfeld zu überleben. Die Wirksamkeit handelsüblicher Desinfektionsmittel ist – deren Zulassung und Beachtung der Anwendungsvorschriften (Wirkungsdauer, Konzentration) vorausgesetzt – jedoch gegeben. Die Identifizierung des Erregers im Labor erfolgt nach dem in Abbildung 4.3 gezeigten Schema.

Die therapeutischen Maßnahmen sind aufgrund einer hohen Resistenzausprägung (insbesondere gegen β-Laktamantibiotika) und der Tatsache, dass sich der Erreger im Gewebe abkapseln kann, eingeschränkt. Eine immunologische Prophylaxe hat sich bisher noch nicht durchsetzen können.

Unter den **Koagulase-negativen Staphylokokken** haben *S. hyicus* (bis zu 50 % der Stämme Koagulase-negativ), *S. chromogenes* und *S. simulans* Bedeutung als Mastitiserreger. KNS treten sowohl bei Erstlaktierenden als auch bei älteren Kühen auf. In manchen Herden können über 20 % der Euterviertel der Kühe latent besiedelt sein. Eine besondere Gefährdung besteht für Tiere mit einer schlechten Zitzenkondition, Zitzenverletzungen oder Vorschädigungen der Schleimhaut des Euters. KNS sind empfindlich gegenüber handelsüblichen Desinfektionsmitteln (s. o.) und sprechen gut auf therapeutische Maßnahmen an. Stress und Störungen des Immunsystems können das Auftreten von Infektionen durch KNS beeinflussen.

Kolonien Koagulase-negativer Staphylokokken zeigen meist nur eine sehr schmale oder keine Hämolysezone. Die Differenzierung von KNS anhand biochemischer Merkmale ist oft aufwendig und unsicher, sodass für wissenschaftliche Studien häufig molekularbiologische Verfahren Verwendung finden.

Basiswissen 4.9
Streptokokken und Enterokokken

- Streptokokken und Enterokokken sind sowohl kuh- als auch umweltassoziierte Mastitiserreger.
- *S. agalactiae* und *S. dysgalactiae* sind eng an das Euter adaptiert und werden während des Melkens übertragen.
- *S. uberis*, *S. canis* und *Enterococcus* spp. finden sich im Umfeld und dringen bei mangelhafter Hygiene in der Zwischenmelkzeit und auch während der Trockenperiode in das Euter ein.

4.4.4 Streptokokken und Enterokokken

Innerhalb der Familie der *Streptococcaceae* werden *S. agalactiae*, *S. dysgalactiae* und *S. uberis* als die klassischen Mastitiserreger angesehen. Eine gewisse Bedeutung haben auch bestimmte Enterokokken und „hämolysierende“ Streptokokken (→ Kap. 9.2.13).

S. agalactiae, der Erreger des „Gelben Galtes“, war weltweit über einen langen Zeitraum der bedeutendste Mastitiserreger und gilt als der klassische Vertreter für kuhassoziierte Mastitiserreger. Der Galt-Erreger wurde durch eine gezielte Therapie zusammen mit der strengen Umsetzung von flankierenden hygienischen Maßnahmen in Milcherzeugerbeständen wirkungsvoll zurückgedrängt. Seit einiger Zeit wird dieser Erreger jedoch bei Bestandsuntersuchungen wieder öfter aus Milchproben isoliert und hat damit wieder eine gewisse Bedeutung erlangt. Der Erreger zeigt bei einem Befall eine fast seuchenhafte Ausbreitungstendenz und ist eng an das Euter adaptiert. *S. agalactiae* kann das Eutergewebe durch chronische Veränderungen schädigen („Galt-Knoten“), ist aber bei einem frühzeitigen Erkennen und der Einhaltung eines strikten Hygienemanagements, zu dem auch wiederholte mikrobiologische Kontrolluntersuchungen zählen, therapeutisch gut zu beeinflussen. Als weiterer kuhassoziierter Mastitiserreger spielt *S. dysgalactiae* eine wichtige Rolle.

Die wichtigsten Kriterien zur **Differenzierung** von *S. agalactiae*, *S. dysgalactiae* und *S. uberis* sind in

Tab. 4.7
Diagnostikkriterien für Streptokokken

Spezies	Serologische Gruppe	Hämolyseform (Abb. 4.5)	CAMP-Test (Abb. 4.6)	Äsculinspaltung (Abb. 4.7)	Hippurat-spaltung
S. agalactiae	B	α, β, γ^1	+	–	+
S. dysgalactiae	C	α, γ	–	–	–
S. uberis	(E)	α, γ	(–)	+	+

[1] Anhämolyse

Abb. 4.5
Charakteristika von *S. uberis* und *S. dysgalactiae* auf Blutagar: relativ kleine (Ø bis ca. 1 mm) Kolonien
A: *S. uberis* mit α-Hämolyse (grünliche Verfärbungszone mit unscharfem Rand, pigmentierte und unpigmentierte Kolonien)
B: *S. dysgalactiae* ohne Hämolyse

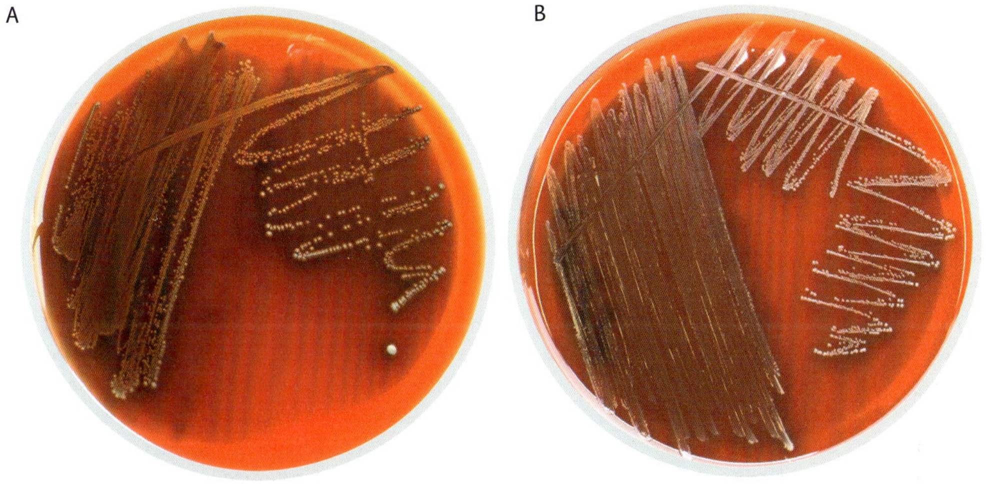

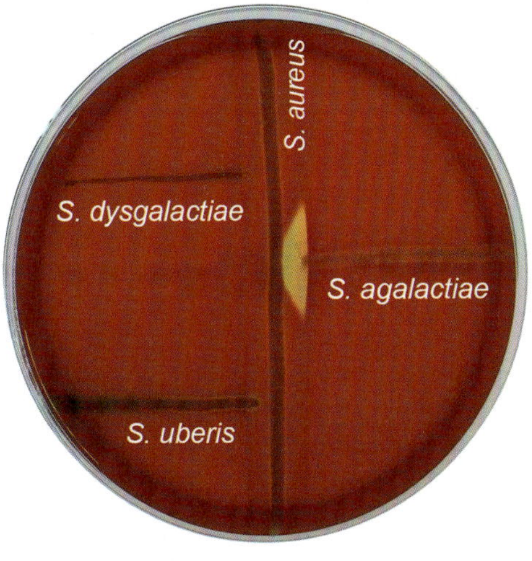

Abb. 4.6
Differenzierung zwischen *S. agalactiae* und anderen Streptokokken mit dem CAMP-Test (nach Christie, Atkins, Munch-Petersen): Auf einer Blutplatte wird diametral ein β-Hämolysin bildender *S. aureus*-Stamm verimpft. Im rechten Winkel zu diesem Staphylokokkenstamm werden die zu differenzierenden Streptokokkenkulturen bis nahe an den Staphylokokken-Impfstrich ausgestrichen. *S. agalactiae* bildet nach 24-stündiger Bebrütung bei 37 °C in der β-Hämolysinzone durch die Einwirkung des CAMP-Faktors, bei dem es sich um ein relativ hitzestabiles, Poren bildendes Toxin handelt, eine vollständige schalen- oder keilförmige Hämolyse, welche bei *S. dysgalactiae* und *S. uberis* fehlt.

Abb. 4.7
Differenzierung zwischen Äsculin-positiven (*S. uberis*) und Äsculin-negativen Streptokokken (*S. agalactiae, S. dysgalactiae*) auf äsculinhaltigem Blutagar
A: *S. agalactiae* zeigt blaue Fluoreszenz im Bereich des Impfstriches bzw. der Kolonie bei Prüfung im UV-Licht
B: *S. uberis* spaltet Äsculin und zeigt eine dunkelbraune Verfärbung ohne Fluoreszenz im Bereich des Impfstriches bzw. der Kolonie bei Prüfung im UV-Licht

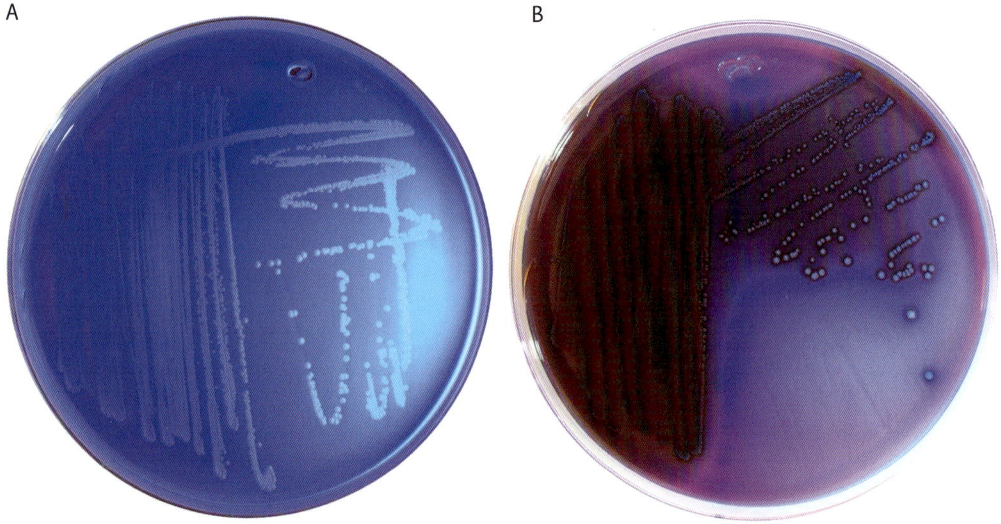

Tabelle 4.7 zusammengestellt. Streptokokken sind grampositiv und negativ im Katalasetest (→ Kap. 9.1.3.3, Einfache Differenzierungsmöglichkeiten). Bei Streptokokken mit einer ausgeprägten β-Hämolyse (vollständige Hämolyse) sollte eine serologische Identifizierung erfolgen. Wie bei den Staphylokokken finden häufig molekularbiologische Verfahren zur Differenzierung von Streptokokken Anwendung.

Zu den bekanntesten und bedeutendsten **umweltassoziierten Mastitiserregern** aus der Familie der *Streptococcaceae* zählen *S. uberis*, *S. canis* sowie *Enterococcus* spp. Die Erreger finden sich im gesamten Umfeld, aber auch auf der Haut der Kuh sowie verstärkt bei eitrigen Euter- oder Zitzenverletzungen. *S. uberis* ist häufig in nassem, verpilztem Stroh zu finden. Reservoir für Enterokokken (u. a. *E. faecalis*, *E. faecium*) ist bevorzugt Rinderkot. Als begünstigend für Infektionen erweisen sich eine starke Anreicherung der Keime sowie eine verschmutzte Umgebung des Milchviehs; diese Faktoren ermöglichen es den Erregern, über den Zitzenkanal in das Euter zu gelangen.

Streptokokken und Enterokokken zeigen eine ausgeprägte Adhäsionsfähigkeit im Gangsystem des Euters, ihre Vermehrung wird durch mangelhaftes Melken oder Fehler im Melkablauf gefördert. In der Literatur wird von einem gehäuften Auftreten dieser Umwelterreger in der wärmeren Jahreszeit (Sommer, warmer Herbst) berichtet. Ältere Kühe sind häufiger betroffen und die Endphase der Laktation sowie die Trockenperiode, die auch als eine Art verlängerte Zwischenmelkzeit eingestuft wird, haben gleichfalls Präferenz.

4.4.5 Coliforme und sonstige *Enterobacteriaceae*

Unter den Begriffen Coli-Mastitis oder Infektion durch coliforme Erreger fasst man gleichartige Krankheitsbilder zusammen, die durch verschiedene Erreger (Basiswissen 4.10) hervorgerufen werden.

Zur Familie der *Enterobacteriaceae* werden gramnegative, oxidasenegative Stäbchen gezählt, die

Abb. 4.8
Charakteristika von Coliformen auf Blutagar
A: *E. coli* : große (Ø 2–4 mm und mehr), graue Kolonien (R- und S-Formen sowie verschiedene Farbschattierungen möglich), gewölbt, glänzend, ohne Hämolyse
B: *Serratia* spp.: große (Ø 2–4 mm und mehr), rötliche Kolonien, gewölbt, glänzend-schleimig

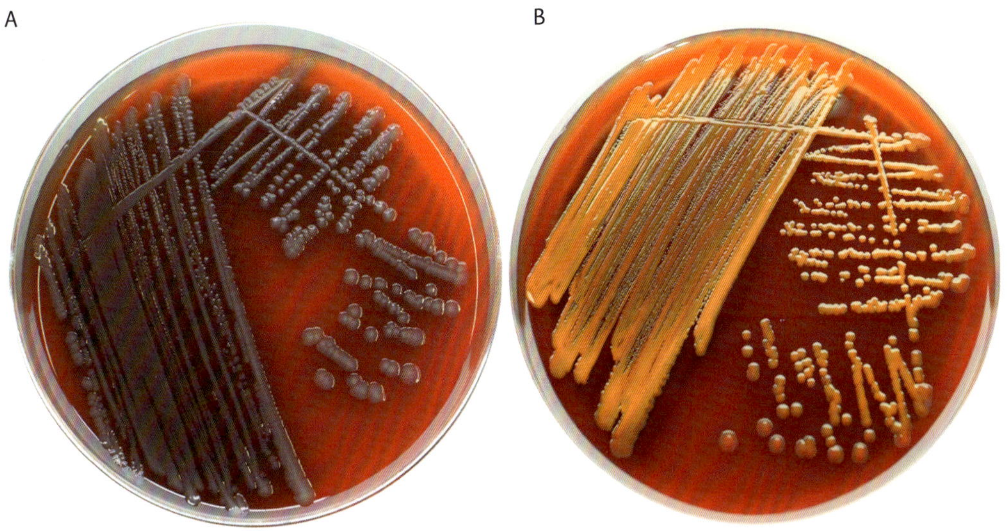

Glukose fermentieren. Die Keime können sowohl unter aeroben als auch unter anaeroben Bedingungen wachsen. Unter den *Enterobacteriaceae* besitzen einige Gattungen die Fähigkeit, Laktose unter Säurebildung, evtl. auch Gasbildung, abzubauen. Sie verhalten sich somit ähnlich wie die meisten *Escherichia (E.) coli*-Stämme und werden deshalb als **Coliforme** bezeichnet. Der Begriff hat keine taxonomische Bedeutung, ist aber bei Milch

Basiswissen 4.10
Coliforme

- Coli-Mastitiden werden durch verschiedene Erreger (u. a. *Escherichia coli, Klebsiella* spp. und sonstige *Enterobacteriaceae*) verursacht.
- Coliforme sind ubiquitär.
- Coliforme können hochwirksame Toxine bilden.
- Coliforme verursachen moderate, perakute und akute Mastitiden.
- Perakute Coli-Mastitiden können eine Verlustrate von bis zu 80 % haben.

Tab. 4.8
Diagnostikkriterien für *Enterobacteriaceae*[1]
(nach DVG 2009)

Erreger	Eigenschaften
	Koloniengröße: ca. 2–4 mm Koloniemorphologie: gewölbt, glänzend
Escherichia coli	mit und ohne Hämolyse Gassner-Agar: Laktose positiv (blau) Indol positiv
Klebsiella spp.	Gassner-Agar: Laktose positiv (blau) schleimige Kolonien
Serratia spp.	Gassner-Agar: Laktose positiv (z. T. negativ) Blut-Agar z. T. rötliche Kolonien
Proteus spp.	Gassner-Agar: Laktose negativ (gelb) evtl. schwärmend

[1] eine weitergehende Differenzierung erfolgt biochemisch (Kap. 9.1.3.3) oder molekularbiologisch

und Milchprodukten von praktischer Bedeutung. Die Identifizierung der Erreger im Labor erfolgt durch Anzüchtung und Beurteilung der Koloniemorphologie (→ Abb. 4.8) sowie nach den in Tabelle 4.8 aufgeführten Kriterien.
Die Erreger sind ubiquitär, man findet sie im Kot und Darm (vornehmlich *Escherichia coli*), aber auch in Einstreumaterialien (z. B. *Klebsiella* spp. in Sägespänen und Torf). Es gibt eine Vielzahl von Serovaren, die durch weiterführende Laboruntersuchungen zu identifizieren sind, aber nur wenige dieser Varianten sind pathogen. Coliforme können hochwirksame Toxine bilden, die für die Pathogenese im Euter verantwortlich sind. Neben der Vermehrung im Euter können durch den Weitertransport der in die Blutbahn übergetretenen Erreger (Bakteriämie) auch andere Organe betroffen sein.
Infektionen durch Coliforme können moderat als latente Infektionen oder subklinische Mastitiden ohne ein sichtbares Krankheitsbild verlaufen und spontan, ohne Behandlung ausheilen. Gefürchtet sind die perakuten und akuten schweren Coli-Mastitiden, die allerdings weniger häufig sind. Diese Form der Mastitis, die oft im Geburts- und Nachgeburtszeitraum auftritt, führt zu einer massiven Beeinträchtigung des Allgemeinbefindens der Tiere (u. a. Fieber, Milchverlust, Durchfall, Festliegen). Die Verlustrate bei perakuten Mastitiden kann bis zu 80 % der Erkrankungsfälle betragen.

Basiswissen 4.11
Sonstige Mastitiserreger

- **Mykoplasmen** sind hochkontagiös. Sie können horizontal und vertikal übertragen werden. Sie sind chemotherapeutisch nicht zu beeinflussen.
- **Hefen** sind natürliche Kommensalen, Wärme und Feuchtigkeit fördern ihre Vermehrung. Hefen können über unhygienisch gelagerte und kontaminierte Arzneimittel und Instrumente in das Euter gelangen.
- **Algen** sind ubiquitär. Schmutz, Feuchtigkeit und Wärme beschleunigen ihre Vermehrung. Unhygienische Umweltverhältnisse fördern eine Infektion des Euters, diese ist chemotherapeutisch nicht zu beeinflussen.
- **Pyogenes**-Mastitiden treten sporadisch auf. Sie sind zumeist mit Wundinfektionen vergesellschaftet. Bei Jungtieren können enzootische Erkrankungen bei einer Weidehaltung auftreten. Befallene Euterviertel werden hochgradig verändert.

4.4.6 Sonstige Mastitiserreger

Sonstige Mastitiserreger werden in der Literatur aufgrund ihrer geringeren Nachweisrate (→ Abb. 4.9, „Sonstige") auch als seltene Erreger bezeichnet. Dennoch ist ihre Bedeutung für das Mastitisgeschehen nicht zu unterschätzen. Die größte Bedeutung haben Mykoplasmen-, Hefen-, Algen- und Pyogenes-Mastitiden (Basiswissen 4.11).
Mykoplasmen (u. a. *M. bovis*, *M. agalactiae*, *M. bovigenitalium*) sind seit mehr als 50 Jahren als Mastitiserreger bekannt. Die Erreger finden sich vor allem bei Infektionen der Atmungs- und Geschlechtsorgane sowie bei Gelenkserkrankungen. Mykoplasmen sind hochkontagiös, der Erregerübertritt erfolgt in der Regel über den Zitzenkanal beim Melken (horizontale Übertragung von Kuh zu Kuh). In der Literatur wird auch eine intrauterine Übertragung oder eine Übertragung mit dem Kolostrum beschrieben (vertikale Übertragung von Kuh zu Nachkommen). Die Mastitiden verlaufen akut, gehen teilweise in eine chronische Verlaufsform über und lassen sich bisher chemotherapeutisch nicht beeinflussen. Mykoplasmen sind in der Lage, Toxine zu bilden, die das Eutergewebe schädigen. Die Tiere zeigen einen massiven Abfall der Milchleistung, gegebenenfalls bis zum völligen Versiegen der Milchproduktion, und das Drüsengewebe bildet sich bei einer längeren Krankheitsdauer zurück (Atrophie). Mykoplasmen werden in der Routinediagnostik nicht erfasst. Bei einem Verdacht auf deren Krankheitsbeteiligung sind spezifische Untersuchungsansätze und weiterführende Bestimmungen erforderlich.
Hefen sind natürliche Kommensalen im Rinderstall. Sie können sich allerdings massiv vermehren, wenn Futtermittel unsauber gewonnen und unsachgemäß gelagert werden. Besonders an-

Tab. 4.9
Diagnostikkriterien für sonstige Mastitiserreger[1] (nach DVG 2009)

Erreger	Eigenschaften
Hefen	Blutagar: 1–3 mm große Kolonien, flach, trocken bis glänzend weiß, keine Hämolyse Nativpräparat (Phasenkontrast: Größenbestimmung, Sprossung häufig erkennbar) Verwendung von Selektivnährböden
Algen (*Prototheca* spp.)	Blutagar: 1–3 mm große Kolonien, matt, grauweiß, rauh, keine Hämolyse Nativpräparat (Phasenkontrast: Größenbestimmung, keine Sprossung – jedoch Endosporen)
T. pyogenes	Blutagar: maximal 1 mm große fein granulierte Kolonien mit schmaler Hämolysezone grampositiv Serumplatte n. Loeffler (Grabenbildung) Nativpräparat (Phasenkontrast: Stäbchen mit keulenförmiger Verdickung, V-Formen)

[1] eine weitergehende Differenzierung erfolgt biochemisch oder molekularbiologisch

fällige Futtermittel sind Schnitzel, Treber und Schlempe. Wärme und Feuchtigkeit beschleunigen den Vermehrungsprozess der Hefen. Bei einem massiven Infektionsdruck können Hefen in der Zwischenmelkzeit in das Euter gelangen, neben einer latenten Infektion auch eine Mastitis induzieren und damit zu einem Eutergesundheitsproblem für das Einzeltier und auch die Herde werden.

Der wohl häufigste Grund für das Entstehen einer Hefe-Mastitis ist die unsachgemäße, unhygienische Lagerung und Applikation von Arzneimitteln in das Euter. Neben Arzneimitteln können auch kontaminierte Instrumente als Vehikel dienen. Subklinische und klinische Hefe-Mastitiden sind von massiven Zellzahlerhöhungen begleitet. Klinische Mastitiden verlaufen mit hohem Fieber und zeigen starke Veränderungen an den Euterviertein („puffige Konsistenz"). Oftmals in derartigen Fällen isolierte Spezies sind *Candida albicans* und *Cryptococcus neoformans*.

Algen (*Prototheca* spp.) sind ebenfalls ubiquitär. Sie sammeln sich im Kot und in der Einstreu an, kontaminieren den Stallboden, Wassertröge und den Futtertisch. Prototheken-Mastitiden treten sporadisch auf, zumeist sind nur einzelne Tiere betroffen. Sie können unter sehr ungünstigen Bedingungen aber auch zu einem Bestandsproblem werden und nach Literaturangaben bis zu 30 % eines Bestandes befallen. Schmutz, Feuchtigkeit und Wärme sind eine ideale Grundlage für die Ausbreitung von Prototheken im Stall. Es handelt sich um kuhassoziierte Erreger, die aber auch in der Zwischenmelkzeit (bei hoher Keimbelastung der Umgebung) übertragen werden können. Prototheken-Mastitiden können auch nach unzureichender Reinigung und Desinfektion der Strichkanalöffnung vor der Applikation von Arzneimitteln entstehen. Für die Behandlung dieser Mastitiden stehen derzeit keine Therapeutika zur Verfügung. *Prototheca zopfii* oder *Prototheca wickerhamii* sind häufig isolierte Spezies. Die Erreger können das Eutergewebe gut durchdringen (Gewebepenetranz) und verändern im fortgeschrittenen Erkrankungsstadium das Eutergewebe klein- bis grobknotig.

Pyogenes-Mastitiden treten sporadisch bei laktierenden, trockenstehenden, aber auch bei Jungtieren vor der ersten Abkalbung auf. Begünstigend sind Wundinfektionen, Abszesse und infizierte Euter. Oftmals fungieren Fliegen als Überträger der Bakterien. Besonders gefürchtet sind Jungtierinfektionen, die vor allem bei Weidehaltung in einer enzootischen Form auftreten können, auch hier dienen Fliegen als Vehikel. Der bekannteste Vertreter aus dieser Gruppe ist *Trueperella (Arcanobacterium) pyogenes*. Pyogenes-Keime finden sich überall im Umfeld der Tiere. Sie können sich auf Wundflächen ansiedeln, in tiefere Gewebsschichten eindringen und Abszesse bilden. Gelingt es ihnen, den Strichkanal zu passieren, können sie im Gangsystem des Euters die gleiche Wirkung erzielen. Das betroffene Euterviertel vergrößert sich und im Gewebe entwickeln sich mit fortschreitendem Verlauf grobknotige, derbe Abszesse. Die Milch erkrankter Tiere ist hochgradig sensorisch verändert (Farbe, Beimengungen, Geruch).

4.4.7 Vorkommen und Verteilung von Mastitiserregern

Das Vorkommen und die Verteilung von Mastitiserregern kann regional und jahreszeitlich unterschiedlich sein. Zur Feststellung von langfristigen Trends ist deshalb die Untersuchung und Auswertung einer statistisch aussagekräftigen Probenzahl im fraglichen Zeitraum nötig. Entsprechende mikrobiologische Untersuchungen der Mastitislabors des Tiergesundheitsdienstes Bayern e.V. wurden von 2000 bis 2009 analysiert und ausgewertet. Etwa 4,2 Millionen Untersuchungs-

> **Basiswissen 4.12**
> **Bedeutung der verschiedenen Keimgruppen als Mastitiserreger in Deutschland**
> - Staphylokokken sind mit ca. 50 % die häufigsten Erreger.
> - Streptokokken sind die zweithäufigsten Erreger (37–44 %).
> - Coliforme haben eine regional unterschiedliche Bedeutung (1–6 %).
> - *S. agalactiae* zeigt regional eine leicht ansteigende Tendenz (2–5 %).

Abb. 4.9
Auswertung mikrobiologischer Befunde zum Vorkommen der einzelnen Erreger(gruppen)
A: Bayern, 2000–2009, n = 4 174 777; Erregerisolierung in 24,3 % der Proben
B: Norddeutschland, 2009, n = 217 249; Erregerisolierung in 27,1% der Proben
C: Bayern, 2012, n = 66 926; Erregerisolierung in 27,1% der Proben
(Datenquelle: A und C: Tiergesundheitsdienst Bayern e.V. (Fehlings, Huber-Schlenstedt und Schlotter) mit Unterstützung des Bayerischen Staatsministeriums für Landwirtschaft und Forsten und der Bayerischen Tierseuchenkasse; B: Milchtierherden-Betreuungs- und Forschungsgesellschaft mbH (MBFG) Wunstorf (Tschischkale)

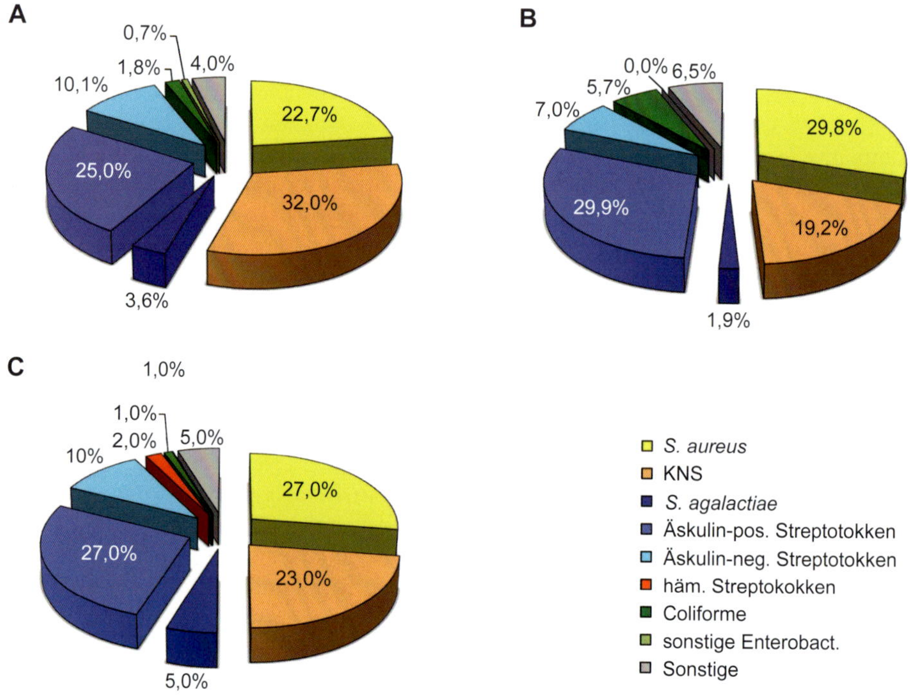

ergebnisse kamen zur Auswertung. In 77,7 % der untersuchten Milchproben konnten keine Erreger nachgewiesen werden.
Bei den labordiagnostisch nachgewiesenen Erregern überwogen mit etwa 54,0 % **Staphylokokken** (*S. aureus* 22,7 %; Koagulase-negative Staphylokokken [u. a. *S. hyicus*, *S. chromogenes*, *S. simulans*] 32,0 %), gefolgt von **Streptokokken** mit ca. 38,7 % positiven Nachweisen. Klassische umweltassoziierte Erreger (Coliforme, andere *Enterobacteriaceae*) hatten mit 2,5 % eine untergeordnete Bedeutung. Rund 4,0 % entfielen auf Hefen, *Prototheca* spp., *Trueperella (Arcanobacterium) pyogenes* und sonstige, nicht weiter differenzierte Erreger (→ Abb. 4.9 A).
Zu ähnlichen Ergebnissen kommt eine Studie aus dem Jahr 2009 in Norddeutschland (→ Abb. 4.9 B). Staphylokokken dominierten mit rund 49 %, allerdings wurde häufiger *S. aureus* (29,8 %) als KNS (19,2 %) isoliert. Streptokokken waren mit 36,9 % am Infektionsgeschehen beteiligt (*S. uberis* 29,9 %; *S. dysgalactiae* 7,0 %), der Anteil von Coliformen lag bei 5,7 % und *S. agalactiae* wurde in 1,9 % der Fälle nachgewiesen.
Neuere Auswertungen aus den Jahren 2010, 2011 und 2012 aus Bayern ergaben ein annähernd vergleichbares Bild. *S. aureus* und KNS dominierten 2012 nach wie vor – mit leicht fallender Tendenz – mit einem Anteil von etwa 50 % das Geschehen, die Anzahl von nachgewiesenen *Streptococcus* spp. stieg allerdings über den Zeitraum von drei Jahren kontinuierlich auf rund 44 % im Jahr 2012. Die Coliformen und sonstigen *Enterobacteriaceae* lagen bei ca. 1 %. Es kamen insgesamt über 200 000 Proben zur Auswertung (→ Abb. 4.9 C).

4.5 Maßnahmen zur Bekämpfung der Mastitis

Eine Mastitis ist ein multifaktorieller Krankheitskomplex, der immer als Problem des gesamten Bestandes gesehen werden muss. Die Bekämpfung von Mastitiden erfordert das Verständnis und die intensive Einbeziehung des Tierhalters bei allen durchzuführenden Maßnahmen. Das Erreichen und Aufrechterhalten eines möglichst **hohen Hygiene- und Gesundheitsstatus** muss als oberstes Ziel zur Gewährleistung der Eutergesundheit und der Produktionssicherheit verstanden werden.
Unter Berücksichtigung der wissenschaftlichen und praktischen Erkenntnisse wurden im Laufe der Zeit national und international entsprechende Verfahren entwickelt, um dieses Ziel zu erreichen. Diese berücksichtigen verstärkt melkhygienische, infektionsprophylaktische und haltungsoptimierende Erfordernisse; sie lassen sich in reine Hygienemaßnahmen und kombinierte hygienische und infektionsprophylaktische Maßnahmen sowie ausschließlich infektionsprophylaktische Maßnahmen untergliedern. Die **Optimierung der Haltungsbedingungen** schafft die Voraussetzung für das Wohlbefinden der Milchkuh (Basiswissen 4.13) und ist für die Aufrechterhaltung eines stabilen Gesundheitszustandes unerlässlich.
Konstruktive und/oder funktionelle Mängel der Haltungseinrichtungen können zu Verletzungen im Euterbereich führen. Das Risiko für eine Kontamination der Zitzen- und Euteroberfläche sowie der Hintergliedmaßen mit Mastitiserregern zeigt eine enge Beziehung

- zur Gestaltung der Liegeflächen,
- dem Platzangebot pro Kuh,
- der Art des Einstreumaterials,
- der Häufigkeit der Erneuerung der Einstreu,
- der Reinigung und Desinfektion des Stalles,
- der Länge der Behaarung der Tiere sowie
- der durchschnittlichen Aufenthaltsdauer der Kühe in den Liegeboxen.

Basiswissen 4.13
Grundlegende Maßnahmen zur Mastitisprophylaxe

- Minimierung des Risikos einer Übertragung von Mastitiserregern während des Melkens
- technisch einwandfreie Milchgewinnung
- tiergerechtes Management zur Förderung des Wohlbefindens der Kuh
- angepasstes, hygienisches Umfeld
- optimales Stallklima
- bedarfsgerechte Wasserversorgung

Umfeld und Umwelt müssen dem Wohlbefinden der Milchkuh entsprechen, Hitze, Feuchtigkeit oder Zugluft wirken sich u. a. negativ aus.
Ein **konsequentes Hygienemanagement** beginnt mit der Vorbereitung des Melkplatzes bzw. des Melkstandes durch die Bereitstellung aller für das Melken benötigten Gerätschaften (u. a. Melkhandschuhe, Reinigungstücher, Dipmittel), gegebenenfalls ist in Anbindehaltungen auch noch eine Säuberung des Standplatzes erforderlich. Wichtige Schritte sind weiterhin die Überprüfung der Funktionsfähigkeit der Anlage, das Anlegen sauberer Kleidung, das Waschen der Hände und Tragen von speziellen Handschuhen.
Bestandteil eines Hygienemanagements und gleichzeitig Teil einer **Infektionsprophylaxe** sind die korrekt durchgeführte Vormelkprobe mit der sensorischen Prüfung des Milchsekretes auf Farbveränderungen oder Beimengungen sowie das Reinigen des Euters und der Zitzen vor dem Melken mit Einwegmaterialien (Euterpapiertuch). Alternativ können Textiltücher verwendet werden, die nach jeder Benutzung gewaschen werden müssen (für jede Kuh ein sauberes Tuch!). In automatischen Melksystemen (AMS) muss gewährleistet sein, dass zur entsprechenden Kontrolle auf organoleptische und physikalisch-chemische Abweichungen sowie zur Reinigung Methoden eingesetzt werden, die zu gleichen Ergebnissen führen.
Die Möglichkeit der Erregerübertragung beim Milchentzug soll durch die weiteren **präventiven Schritte** unterbunden werden:

- Die Einrichtung einer Melkreihenfolge, bei der zunächst die gesunden, dann die verdächtigen und zum Schluss die erkrankten bzw. in Behandlung stehenden Tiere gemolken werden, ist dazu unabdingbar. In größeren Herden erleichtern spezielle Melkgruppen, die nach diesem Schema zusammengestellt werden, das Management.
- Falls das nicht möglich ist, sollte eine Melkzeugzwischenreinigung und -desinfektion während der Melkpausen erfolgen. Dies gehört in großen Herden mittlerweile zur Routine im Melkablauf. Generell dürfen nur zugelassene Desinfektionsmittel angewandt werden, nach deren Anwendung die Zitzenbecher auf jeden Fall mit sauberem Wasser auszuspülen sind.
- Eine weitere infektionsprophylaktische Maßnahme ist das Zitzentauchen nach dem Melken mit einem von der zuständigen Behörde für diesen Zweck zugelassenen Mittel.

Ein wichtiges Instrument in der Herdenbetreuung ist die **metaphylaktische Arzneimittelanwendung** zum Trockenstellzeitpunkt, welche die Anwendung eines Chemotherapeutikums in einer Langzeitformulierung beinhaltet („Trockensteller"). Unter Metaphylaxe ist in diesem Zusammenhang zu verstehen, dass der Tierarzt und der Anwender eines Arzneimittels durch regelmäßige mikrobiologische Untersuchungen Kenntnis vom Erregerspektrum im Bestand und vom Infektionsstatus der Herde haben. Aufgrund dieser Kenntnis fällt die Entscheidung, ob und in welchem Umfang ein metaphylaktischer Arzneimitteleinsatz erforderlich ist.
Der Einsatz von Arzneimitteln zur **Therapie von Eutererkrankungen** verfolgt das Ziel, Beschwerden und Erkrankungen zu beseitigen. Die kausale Therapie ist eine auf Krankheitsanzeichen gerichtete Maßnahme. Nach den tierärztlichen Leitlinien zum sorgfältigen Umgang mit antibakteriell wirksamen Arzneimitteln sind Antibiotika nur therapeutisch und metaphylaktisch beim Vorliegen einer tierärztlichen Indikation zu verwenden. Ein Erregernachweis und ein Antibiogramm sind grundsätzlich bei einem regelmäßigen oder längerfristigen Einsatz erforderlich.
Bei **klinischen Mastitiden** mit und ohne Störung des Allgemeinbefindens ist eine unmittelbare Behandlung des Tieres notwendig. Ethische Aspekte und der Tierschutz stehen vor ökonomischen Überlegungen (→ Tab. 4.10). Bestimmend für den Therapieerfolg ist die Auswahl eines geeigneten Antibiotikums und gegebenenfalls flankierend zu verabreichender Arzneimittel (z. B. Entzündungshemmer). Entsprechend den „Leitlinien für den sorgfältigen Umgang mit antibakteriell wirksamen Tierarzneimitteln" der Bundestierärztekammer sind bei einem Wechsel des Antibiotikums im Verlauf einer Therapie ein Erregernachweis und ein Antibiogramm grundsätzlich erforderlich. Daher ist es angezeigt, vor der Erstbehandlung eine Milchprobe zu entnehmen und diese entsprechend untersuchen zu lassen oder sie zumindest

Verlaufsform	Maßnahme	Begründung
klinisch	unmittelbare Therapie	Ethik, (Ökonomie)
subklinisch	erreger- und infektionsabhängige Therapie	ökonomische Einordnung
chronisch	Merzung	Ökonomie, (Ethik)

Tab. 4.10
Therapie oder Merzung? (nach Hamann u. Fehlings, 2003)

zurückzustellen, um sie später bei Bedarf untersuchen lassen zu können.
Die Therapie **subklinischer Mastitiden** ist abhängig vom Mastitiserreger, dem Infektionsgeschehen im Bestand und dem Zeitpunkt der Infektion. Als Hilfsparameter dient der Zellzahlverlauf. Die Art des Erregers bestimmt die Dauer der Therapie. Im Fall einer Therapieeinleitung sind flankierende Maßnahmen unentbehrlich. Diese betreffen die Euter-, Melk-, Futter- und Stallhygiene. Die Therapie subklinischer Mastitiden muss auch deren ökonomische Einordnung berücksichtigen (→ Tab. 4.10).
Chronische Mastitiden sollten nicht mit Antibiotika behandelt werden. Die Merzung der erkrankten Tiere ist angezeigt, ausgenommen sind hochträchtige Kühe. Ökonomische Gesichtspunkte und die vielfach in der Literatur beschriebenen mangelhaften Therapieerfolge sind ausschlaggebend für diese Entscheidung. Kühe mit chronischen Mastitiden, hervorgerufen durch *S. aureus* und *T. pyogenes*, Kühe mit permanent hohen Zellzahlen (> 500 000 Zellen/ml Milch im Gesamtgemelk) und Kühe mit einer mehrmaligen Mastitisbehandlung (> 3-mal in einer Laktation) sollten gemerzt werden.
Bei einer Häufung von Euterentzündungen sind verdachtsbezogene ungezielte, d. h. in der Regel nicht erregerbezogene, tierärztliche Behandlungen nicht zielführend. Nur systematische, langfristig angelegte Untersuchungen einzelner Tiere bzw. der gesamten Herde haben zusammen mit Technik- und Umfeldanalysen sowie Beratungen zur Anwendung flankierender Maßnahmen bei der Milchgewinnung- und Tierhygiene langfristig Erfolg. Der Weg zu einer nachhaltigen Stabilisierung der Eutergesundheit beinhaltet die Herdenüberwachung, die Analyse der Umwelt, die Diagnostik, die Therapie erkrankter Tiere, gegebenenfalls die Ausmerzung unheilbar kranker Milchkühe und die Koordinierung aller dieser Maßnahmen.

Basiswissen 4.14
Hilfskriterien für einen Arzneimitteleinsatz bei Mastitiden

- Schwere und Dauer der Infektion
- Krankheitsanzeichen (Klinik)
- Erregerspektrum
- Resistenzlage
- Kennzahlen zum Gesundheitszustand der Herde

4.6 Wirtschaftliche Verluste durch Mastitiden

Die Milchproduktion ist eine der bedeutendsten landwirtschaftlichen Einkommensquellen (→ Kap. 1.2), daher kommt der Gesundheit und der Nutzungsdauer der Milchkühe ein hoher Stellenwert zu. Mastitiden bilden ein stetes Infektionsreservoir und führen zu einer **Leistungsdepression.** Subklinische Mastitiden machen dabei den Großteil (> 90 %) aller Mastitisfälle aus. Weltweit durchgeführte Analysen von Daten aus Milchleistungsprüfungen und mikrobiologischen Befunden zeigen, dass, auf die Gesamtrinderpopulation bezogen, Mastitiden eine Milchminderproduktion von 5 bis 10 % zur Folge haben können. Eine Zellgehaltserhöhung von 100 000 auf 300 000 Zellen führt nach Literaturangaben zu Milchverlusten zwischen 4 und 8 % (→ Tab. 4.11).
Mit zunehmendem Alter und der fortschreitenden Anzahl von Laktationen wird häufig eine Ver-

Tab. 4.11
Modellrechnung zum Milchgeldverlust bei einer Erhöhung des Herdensammelmilchzellgehaltes (nach Krömker 2007; Bayerische Landesanstalt für Landwirtschaft 2011; Fehlings 2012)

Berechnungsgrundlage	Verluste
geringere Milchproduktion bei einem Zellgehaltsanstieg von 100 000/ml auf 300 000/ml	⇒ zwischen 4 % und 8 %
Beispielberechnung für das Lieferjahr 2010 Verlust bei Ø 45 Kühen Leistung: 7 113 kg/Kuh/Jahr Milchpreis: Ø 30,83 Ct/kg	⇒ 4 % = 3 947 Euro ⇒ 8 % = 7 895 Euro
Beispielberechnung für das Lieferjahr 2014 Verlust bei Ø 54 Kühen Leistung: 7 400 kg/Kuh/Jahr Milchpreis: Ø 37,55 Ct/kg	⇒ 4 % = 6 001 Euro ⇒ 8 % = 12 003 Euro

schlechterung der Eutergesundheit und in der Folge eine **geringere Milchproduktion** beobachtet. Die Auswertung von Laktationsdaten ab der ersten Laktation zeigte bei erstlaktierenden Kühen geringere Milchverluste auf. Die Mehrzahl der Jungkühe hatte einen Zellgehalt kleiner als 100 000/ml. Im Bereich bis 100 000 Zellen/ml waren 72 % der Jungkühe angesiedelt, bei den mehrlaktierende Kühen waren es nur 51 %. Aber auch ältere Kühe mit einem niedrigeren Zellgehalt haben einen deutlichen Produktionsvorteil (+ 19,4 %) gegenüber Kühen mit einem höheren Zellgehalt (+ 3 %).

Verluste, wie in Tabelle 4.11 berechnet, kommen dann zum Tragen, wenn der Milchviehhalter zu spät oder aber überhaupt nicht reagiert, um die Ursache der Zellgehaltserhöhung zu eruieren und die Ursachen abzustellen.

Der durch diese Mastitiden verursachte gesamte **finanzielle Schaden** ist jedoch deutlich höher (Basiswissen 4.15). Der Gesamtschaden wird bei einer Bestandsgröße von etwa 200 Kühen und einem durchschnittlichen Herdensammelmilchzellgehalt von 450 000 Zellen/ml auf rund 17 000 Euro im Monat (Ø 35 % Verlust) bemessen. Andere Autoren stufen die Kostenbelastung einer Mastitis grundsätzlich auf ca. 2 Cent für jeden Liter produzierter Milch ein. Eutererkrankungen gehören somit zum wirtschaftlich bedeutendsten, durch viele äußere Faktoren beeinflussten Krankheitskomplex in der Rinderhaltung. Wenn der Milcherzeuger Euterinfektionen nicht rechtzeitig erkennt und bekämpft, sind die finanziellen Auswirkungen zumeist erheblich.

Durchweg sind dem Tierhalter nur die direkten Kosten bewusst, die durch Arzneimittel, den Tierarzt, Wartezeiten durch eine Milchablieferungssperre nach der Behandlung mit Arzneimitteln und einen Milchpreisabzug durch Qualitätsverluste entstehen (Basiswissen 4.15). Festzuhalten ist jedoch, dass die größten Kostenbelastungen durch einen Milchertragsausfall (53 %) und höhere Remontierungskosten (35 %) entstehen.

Basiswissen 4.15
Kostenanteile bei Eutererkrankungen

- Tierarztkosten (Ø 2 %)
- Arzneimittel (Ø 5 %)
- Hemmstoffmilch (Ø 4 %)
- Mehrarbeit (Ø 1 %)
- Milchertragsausfall (Ø 53 %)
- Remontierungskosten (Ø 35 %)

4.7 Literatur

Adisarta, K. O. (2010): Differenzialzellbild in Milch und somatische Zellzahl. Bachelorarbeit, Mikrobiologie, Hochschule Hannover.

Arbeitskreis Veterinärmedizinische Infektionsdiagnostik AVID (2002): Methoden der Infektionsdiagnostik. Arbeitskreis für Veterinärmedizinische Infektionsdiagnostik in der DVG, Loseblattsammlung, Lieferung XIII.

Bayerische Landesanstalt für Landwirtschaft (LfL) (2011): Agrarmärkte 2010. Schriftenreihe.

Bundesinstitut für Risikobewertung BfR (2013): Gute Laborpraxis (GLP). (http://www.bfr.bund.de/de/gute_laborpraxis__glp_-258.html, http://www.bfr.bund.de/de/glp_schriften-481.html, letzter Zugriff Februar 2016).

Bundestierärztekammer (BTK) (2015): Leitlinien für den sorgfältigen Umgang mit antibakteriell wirksamen Tierarzneimitteln – mit Erläuterungen. Beilage zum Deutschen Tierärzteblatt 3/2015.

Bundesverband praktischer Tierärzte e. V. BpT (2013): Gute Veterinärmedizinische Praxis (GVP). (http://www.tieraerzteverband.de/bpt/Inhaber/gvp/07-index-gvp.php, letzter Zugriff Februar 2016).

Clinical and Laboratory Standards Institute CLSI (2008): Performance Standards for Antimicrobial Susceptibility Testing. Twenty-forth Informational Supplement, 34, 1.

Deutscher Verband für Leistungs- und Qualitätsprüfungen e. V. (2014): DLQ-Richtlinie 1.15 Zur Definition und Berechnung von Kennzahlen zum Eutergesundheitsmonitoring in der Herde und von deren Vergleichswerten. Bonn.

Deutsche Veterinärmedizinische Gesellschaft e. V. (DVG), Fachgruppe „Milchhygiene" (Hg.): Fehlings, K., Zschöck, M., Baumgärtner, B., Geringer, M., Hamann, J., Knappstein, K. (2009): Leitlinien Entnahme von Milchproben unter antiseptischen Bedingungen und Isolierung und Identifizierung von Mastitiserregern. 2. Aufl., Gießen.

Deutsche Veterinärmedizinische Gesellschaft e. V. (DVG), Fachgruppe „Milchhygiene" (Hg.): Fehlings K., Hamann, J., Klawonn, W., Knappstein, K., Mansfeld, R., Wittkowski, G., Zschöck, M. (2012): Leitlinien Bekämpfung der Mastitis des Rindes als Bestandsproblem. 5. Überarb. Aufl., Gießen.

EMEA (2000): Guideline On Good Clinical Practice. London.

Fehlings, K. (2009): Hygienemanagement zur Erhaltung der Eutergesundheit und Milchqualität. Der Praktische Tierarzt 90, 872–881.

Fehlings, K. (2011): Langzeitantibiotika als Bestandteil des Trockenstellmanagements – ist die Anwendung im Hinblick auf Resistenzen noch anzuraten? Der Praktische Tierarzt 92, 706–716.

Fehlings, K., Deneke, J., Wittkowski, G. (1997): Infektionsprophylaktische Maßnahmen in Milchviehbeständen – Notwendigkeit eines Hygienemanagementes. Deutsche Tierärztliche Wochenschrift 104, 306–312.

Fehlings, K., Randt, A., Wittkowski, G. (2012): Mastitiden und Fruchtbarkeitsstörungen. Die bedeutendsten ökonomischen Erkrankungen der Milchkuh. Gibt es ein Ranking? Der praktische Tierarzt 93, 1118–1127.

Grunert, E. (1990): Weiblicher Geschlechtsapparat und Euter. In: Dirksen, G., Gründer, H.-D., Stöber, M. (Hg.): Die klinische Untersuchung des Rindes. Berlin/Hamburg: Paul Parey.

Hamann, J. (1992): Zum Einfluss von Stresssituationen auf die Anzahl somatischer Zellen in der Milch. Der Praktische Tierarzt 73, Sonderheft colleg. vet. XXIII, 38–41.

Hamann, J. (1994a): Strategie der Mastitisbekämpfung. In: Tagung der Fachgruppe „Milchhygiene" der Deutschen Veterinärmedizinischen Gesellschaft (DVG), Arbeitskreis „Eutergesundheit", Leipzig, 15.–16.10.1993. Tagungsbericht, 112–123.

Hamann, J. (1994b): Therapie der subklinischen Mastitis. In: Tagung der Fachgruppe „Milchhygiene" der Deutschen Veterinärmedizinischen Gesellschaft (DVG), Arbeitskreis „Eutergesundheit", Leipzig, 15.–16.10.1993. Tagungsbericht, 167–180.

Hamann, J., Krömker, V. (1999): Mastitistherapie – Hilfe zur Selbsthilfe. Praktischer Tierarzt 80, Sonderheft colleg. vet. XXIX, 38–42.

Hamann, J., Fehlings, K. (2003): Zur Ökonomie der Mastitistherapie. In: Tagung der Fachgruppe „Milchhygiene" der Deutschen Veterinärmedizinischen Gesellschaft (DVG), Arbeitskreis „Eutergesundheit", Kiel, 3.–4.4.2003. Tagungsbericht, 150–163.

Hamann, J., Fehlings, K. (2006): Jod-Zitzendesinfektionsmittel. Untersuchungen zum Rückstandsstatus. Milchpraxis 44, 172–174.

Heeschen, W. (1994): Milch als Lebensmittel. In: Wendt, K., Bostedt, H., Mielke, H., Fuchs, H.-W.: Euter und Gesäugekrankheiten. Jena/Stuttgart: Gustav Fischer Verlag, 138–172.

Hoedemaker, M., Hamann, J., Baumgärtner, B. (2006): Zur Antibiotikatherapie von Mastitiden. Stellungnahme des DVG-Sachverständigenausschusses „Subklinische Mastitis". (http://www.dvg.net/fileadmin/Bilder/DVG/PDF/29-08-2006-therasta_1D01D2.doc__Schreibgeschuetzt_.pdf, letzter Zugriff Februar 2016)

Jahnke, B. (2004): Bedeutung niedriger Zellzahlen für die Ökonomie der Milchproduktion. Beiträge zur Tierproduktion. Aufzucht, Fütterung, Haltung und Gesundheit von Milchkühen. Mitteilungen der Landesforschungsanstalt für Landwirtschaft und Fischerei, Mecklenburg-Vorpommern. Heft 31, 75–78.

Kielwein, G. (1994): Leitfaden der Milchkunde und Milchhygiene. 3. neubearb. Aufl., Pareys Studientexte Nr. 11. Berlin: Blackwell Wiss.-Verl.

Kirst, E. (2008): Mastitiden rechtzeitig sanieren. Der praktische Tierarzt, 89, 582–592.

Kitchen, B. (1981): Review of the progress of Dairy Science: Bovine mastitis: milk compositional changes and related diagnostic tests. Journal of Dairy Research 48, 167–188.

Krömker, V. (2007): Kurzes Lehrbuch, Milchkunde und Milchhygiene. Stuttgart: Verlag Paul Parey in MVS Medizinverlage Stuttgart.

Le Marechal, C., Thiery, R., Vautor, E., Le Loir, Y. (2011): Mastitis impact on technological properties of milk and quality of milk products – a review. Dairy Science & Technology 91, 247–282.

Milchprüfring Bayern e. V. MPR (2015): Werte und Statistiken. (https://www.mpr-bayern.de/Download-center/Statistiken, letzter Zugriff Februar 2016)

National Mastitis Council NMC (1999): Laboratory Handbook On Bovine Mastitis. Wisconsin, USA

Neave, F. K. (1971): The control of mastitis by hygiene. In: Control of bovine mastitis. British Cattle Veterinary Association, 55–72.

Pyorala, S. (2003): Indicators of inflammation in the diagnosis of mastitis. Veterinary Research 34, 565–578.

Redetzky, R., Fehlings, K., Hamann, J. (2004): Zur direkten und indirekten Zellzählung von Milch – Vergleich von Stall- und Labortest zur Mastitisdiagnostik. 5. Berlin-Brandenburgischer Rindertag. Berlin 7.–9. Oktober 2004, Tagungsbericht, 108.

Randt, A., Fehlings, K. (2012): Wieviel Therapie brauchen wir – wo können und wo sollten wir den Therapieaufwand verändern? In: Tagung der Arbeitsgruppe Sachverständigenausschuss subklinische Mastitis, Fachgruppe „Milchhygiene“ der DVG, Herausforderungen in der Mastitisbekämpfung. Grub, 22. und 23. März 2012, Tagungsbericht, 137–143.

Rosenberger, G., Dirksen, G., Gründer H.-D., Stöber, M. (1999): Die klinische Untersuchung des Rindes. 3. Neubearb. Aufl., Berlin/Hamburg: Blackwell Wiss.-Verl.

Wendt, K., Lotthammer, K.-H., Fehlings, K., Spohr, M. (1998): Handbuch Mastitis. Osnabrück: Kamlage Verlag.

Werven, T. van, Nijhof, C., Bussel, T. van, Hogeveen, H. (2005): Use of on-farm testing of somatic cell count for selection of udder quarters for bacteriological culturing. Mastitis in Dairy production, 481–486. Wageningen: Wageningen Academic Publishers.

Winter, P. (Hg.) (2009): Praktischer Leitfaden Mastitis. Vorgehen beim Einzeltier und im Bestand. Stuttgart: MVS Medizinverlage.

Zecconi, A. (2005): Pathogenesis of mastitis and mammary gland immunity: Where we are and where we should go. In: Hogeveen, H. (Hg): Mastitis in dairy production. Current knowledge and future solutions. Wageningen: Wageningen Academic Publishers, 31–40.

5 Milchgewinnung

Christian Baumgartner und Klaus Fehlings

5.1 Allgemeines

Unter Milchgewinnung werden die ersten Schritte in der Lebensmittelkette Milch zusammengefasst, die vom **Melken** über das **Kühlen** und **Lagern** der Milch bis zur **Milchabgabe** an einen verarbeitenden Betrieb reichen. Die Abgabe der Milch, welche in der Regel durch Abholung mit einem Milchsammelwagen einer Molkerei erfolgt, aber in Einzelfällen auch direkt an den Verbraucher geschehen kann (siehe → Kapitel 7 und 8.5), markiert den Zeitpunkt des **Inverkehrbringens** der Milch durch den Milcherzeuger.

Der Begriff **Lebensmittelunternehmer** wurde durch die Verordnung (EG) Nr. 178/2002 in das Lebensmittelrecht eingeführt und bezeichnet „die natürlichen oder juristischen Personen, die dafür verantwortlich sind, dass die Anforderungen des Lebensmittelrechts in dem ihrer Kontrolle unterstehenden Lebensmittelunternehmen erfüllt werden“. Als **Lebensmittelunternehmen** gelten „alle Unternehmen, gleichgültig, ob sie auf Gewinnerzielung ausgerichtet sind oder nicht und ob sie öffentlich oder privat sind, die eine mit der Produktion, der Verarbeitung und dem Vertrieb von Lebensmitteln zusammenhängende Tätigkeit ausführen.“ Demnach ist also ein **Milcherzeuger** Lebensmittelunternehmer und sein Betrieb ein Lebensmittelunternehmen. Er hat für die Einhaltung der entsprechenden gesetzlichen Bestimmungen und der vertraglich vereinbarten Qualitätsnormen zu sorgen.

Die Produktion und Gewinnung der Milch im landwirtschaftlichen Betrieb (Primärproduktion) stellen für die **Milchqualität** besonders kritische Abschnitte dar. Einerseits wird das hochsensible Lebensmittel Milch in einem dafür hygienisch grundsätzlich ungeeigneten Umfeld gewonnen. Andererseits gibt es in den ersten Abschnitten der Lebensmittelkette Milch viele potenzielle Kontaminationsquellen und Eintragswege, die in Verbindung mit den dezentralen Produktionsstrukturen eine große Herausforderung darstellen.

Ziel bei der Milchgewinnung ist es, die Milch möglichst unverfälscht und von technischen Manipulationen (Vakuum, Druck, Temperatur, mechanische Turbulenzen usw.) unbeeinflusst zu ermelken und bis zur Abgabe aus dem Milcherzeugerbetrieb in diesem ursprünglichen Zustand zu halten. Da Milch aufgrund ihrer Zusam-

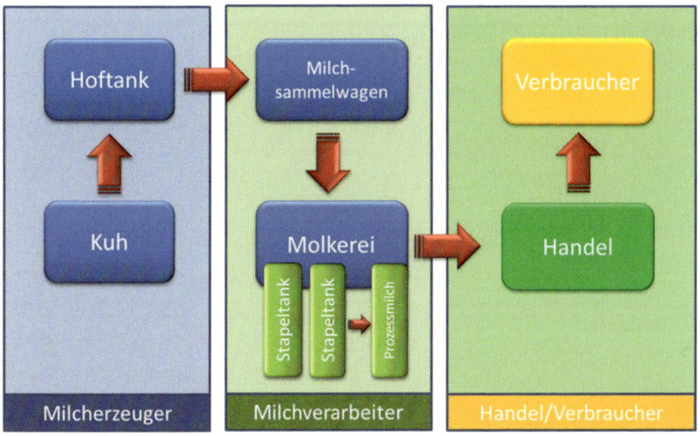

Abb. 5.1
Schematische Darstellung der Lebensmittelkette Milch: Der Milcherzeuger ist als Lebensmittelunternehmer für die Einhaltung vielfältiger Anforderungen verantwortlich. Dies betrifft gesetzliche Bestimmungen genauso wie privatrechtliche Qualitätsnormen von Milch verarbeitenden Vertragspartnern. Die Abholung der Milch durch den Milchsammelwagen stellt einen der wichtigsten Kontrollpunkte im Verlauf der gesamten Lebensmittelkette Milch dar und markiert den Zeitpunkt des Inverkehrbringens der Milch aus Sicht des Milcherzeugers.

Abb. 5.2
Risiken für die Rohmilchqualität: Futtermittel, Umwelt (Luft, Wasser, Stall und Weide), Behandlungen mit Tierarzneimitteln sowie die Anwendung von Reinigungs- und Desinfektionsmitteln (z. B. Dippen) wirken direkt auf die Kuh ein (rote Pfeile). Dadurch kann es zum Transfer von Kontaminanten (grüne Kästen) oder Rückständen (rote Kästen) in die Milch kommen. Die mikrobielle Belastung der Rohmilch erfolgt während des Melkens durch Mikroorganismen auf der Zitze und Haut des Euters, über Luft und Wasser, vor allem aber über die Milchgerätschaften. Reinigung und Desinfektion sowie Kühlung sind die entscheidenden Maßnahmen, um den Keimgehalt der Milch auf einem niedrigen Niveau zu halten. Durch mechanische Einflüsse beim Melken (Vakuum) und Pumpen (Druck) kann es zu unerwünschten Veränderungen bei einzelnen Milchbestandteilen kommen.

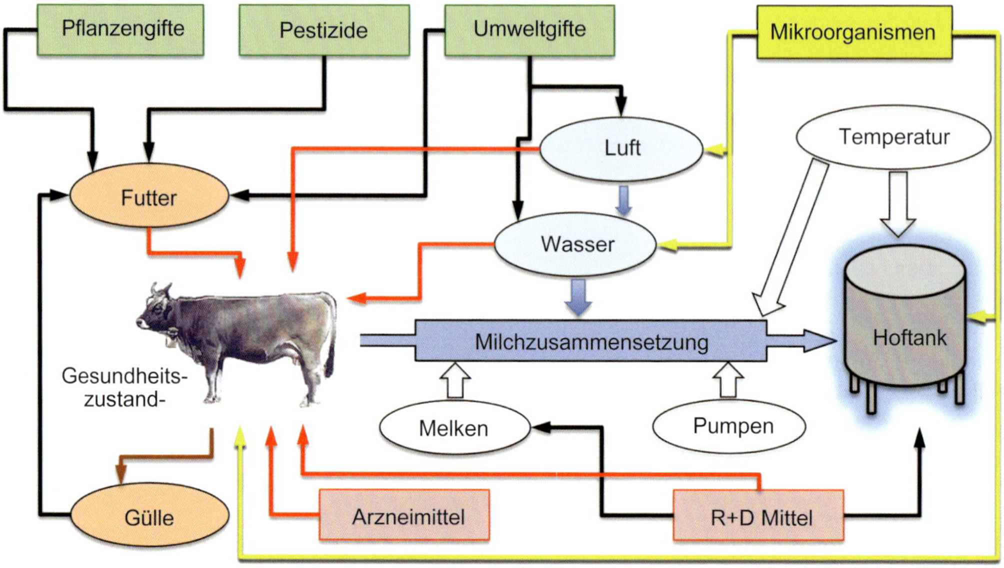

mensetzung leicht verderblich ist und selbst unter besten Produktionsbedingungen nicht keimfrei gewonnen werden kann, muss beim Melken besonders auf die Minimierung der Kontamination durch **Keime**, also auf einen möglichst niedrigen Anfangskeimgehalt, geachtet werden. In der Folge wird durch Kühlen versucht, die Keimvermehrung solange zu minimieren, bis eine thermische oder gleichwertige Behandlung zur Keimreduktion der Milch durchgeführt werden kann.

Im Erzeugerbetrieb spielen aber neben der mikrobiellen Kontamination viele andere mögliche Eintragsquellen von **Verunreinigungen** eine Rolle. Durch Futtermittel, die Umwelt (Luft, Wasser, Stall und Weide), Behandlungen mit Tierarzneimitteln sowie Reinigung und Desinfektion (R+D) von Anlagen, insbesondere von Melkanlage und Kühltank, kann es zu unerwünschten Rückständen in der Milch kommen. Da die Lebensmittelkette Milch gegenüber anderen Bereichen der Lebensmittelproduktion durch eine – unvermeidbare – ständige Vermischung von kleineren zu größeren Chargen gekennzeichnet ist, stellt die Vermeidung und Kontrolle von Rückständen bei der Milchgewinnung eine große Herausforderung dar. Ein entsprechendes **Qualitätsmanagement** erfordert eine enge Verzahnung aller Partner der Lebensmittelkette Milch und die Etablierung von stufenübergreifenden Qualitätsmanagementprogrammen, die den Besonderheiten der Lebensmittelkette Milch Rechnung tragen.

5.2 Das Melken

Das Melken ist der Anfang der Milchgewinnung im technischen Sinne, auch wenn die Arbeit des Milcherzeugers in der Lebensmittelkette Milch schon weit vorher beginnt, da er jeden Eintrag in die Milchproduktion (Futter, Wasser, Umwelt, Tiergesundheit etc.) zu steuern und zu verantworten hat. Das Melken stellt die „Ernte" dar, wodurch aber auch die Milch dem schützenden Euter entzogen und für Umwelteinflüsse angreifbar wird. Der Melkvorgang ist ein komplexes Geschehen, das letztendlich einen Kompromiss aus Ansprüchen verschiedener Bereiche und den möglichen Lösungen dafür darstellt.

Basiswissen 5.1
Der Melkvorgang aus der Sicht des Tieres

Das Melken soll

- entspannt und mit ruhiger, gleichbleibender Routine stattfinden.
- die generellen und individuellen physiologischen Gegebenheiten berücksichtigen und unterstützen.
- mit funktionell und hygienisch einwandfreien Melkanlagen durchgeführt werden.
- als einer der Kernprozesse der Milchviehhaltung eine zentrale Rolle im Herdenmanagement spielen.

5.2.1 Das Melken aus Tiersicht

Die natürliche Milchabgabe der Kuh an das Kalb unterliegt Bedingungen, die nur z. T. beim maschinellen Melken berücksichtigt werden können. Das Saugen des Kalbs findet je nach dessen Alter in Intervallen von einigen Stunden statt (vier- bis achtmal am Tag) und entzieht dem Euter während einer Mahlzeit nur relativ wenig Milch (ein bis zwei Liter). Beim maschinellen Melken im Rahmen der modernen Milchproduktion müssen demgegenüber relativ große Milchmengen in kurzer Zeit ermolken werden. Dies stellt besondere Anforderungen sowohl an die Melktechnik als auch an das Management des Melkprozesses.

Zentrale Bedeutung für das Melken wie auch für das Saugen des Kalbs hat der sogenannte **Milchejektionsreflex**, der die Melkbereitschaft der Kuh herstellt, indem die in den Alveolen gespeicherte Milch in die Milchgänge und die Zisterne gedrückt wird und so erst für die Abgabe aus der Zitze zur Verfügung steht (→ Kap. 2.9). Die einwandfreie Funktion dieses neurohormonellen Reflexes ist eine wichtige physiologische Grundvoraussetzung für eine erfolgreiche und tiergerechte Milchproduktion.

Für die **Gesunderhaltung** der Milchdrüse stellt das Melken einen der wichtigsten Einflussfaktoren dar. Dabei ist das Zusammenspiel von Technik und Physiologie der Schlüssel zum tiergerechten und gesunden Melken. Aufgrund des technischen Fortschritts, aber auch der fortschreitenden züchterischen Optimierung müssen beide Faktoren ständig aneinander angepasst und kontinuierlich weiterentwickelt werden.

Beim Melken geht es im Hinblick auf die Kühe darum, die produzierte Milch möglichst schonend und verträglich für die Gesundheit des Tieres dem Euter zu entziehen und dabei die Bedürfnisse bzw. das natürliche Verhalten der Kuh so wenig wie möglich einzuschränken. Haltungssysteme mit automatischen Melkverfahren scheinen diesem Ideal zunehmend näher zu kommen. Allerdings ist auch bei diesen Systemen noch viel an Entwicklungs- und Optimierungsarbeit zu leisten, bis sich aus Sicht der Kühe der Funktionsbereich des Melkens als zufriedenstellend darstellt.

5.2.2 Das Melken aus technischer Sicht

Technisch gesehen soll die Melkanlage die Milch möglichst schonend für das Tier, unter wirtschaftlich effizienten Bedingungen und unter Vermeidung negativer Beeinflussung aus dem Euter zum Stapeltank befördern, wo sie gekühlt und bis zur Abholung von abträglichen Umwelteinflüssen abgeschirmt aufbewahrt werden kann.

Unter natürlichen Bedingungen gelangt die Milch, welche durch das Kalb aus einer Zitze gesaugt wird, unmittelbar zur Verwendung als Nahrungsmittel in den Labmagen des Kalbs. Dort wird sie unverzüglich ihrer Bestimmung, nämlich der Ver-

Tab. 5.1
Technische Einflussfaktoren beim Melken und unmittelbare Auswirkungen auf die Milch bzw. auf Milchbestandteile

Parameter	Einfluss
Vakuum	Die Höhe des Vakuums und beim Milchtransport entstehende Turbulenzen ergeben eine mechanische Belastung, welche die Membranen der Fettkügelchen zerstören kann. freie Fettsäuren ↑
Luft	Die einströmende Luft aus der Umgebung, z. B. durch Bohrung am Sammelstück des Melkzeuges, kann Fremdstoffe – insbesondere Keime – in die Milch eintragen und zu unerwünschter Kontamination führen. Anfangskeimgehalt ↑ Geruch/Geschmack ↓ pH-Wert ↓
Wasser	Das Restwasser in der Melkanlage (vom vorangegangenen R+D-Prozess) kann Gefrierpunkterhöhung herbeiführen und ebenfalls zu unerwünschter Kontamination führen. Anfangskeimgehalt ↑ Rückstände von R+D-Mitteln ↑ Geruch/Geschmack ↓ pH-Wert ↓
R+D-Prozess	Bei mangelhafter Führung des Prozesses (Temperatur, Zeit, Mechanik, Chemie) kann es zu Rückständen ↑ und Interaktionen von aktiven Komponenten des R+D-Mittels mit Milchbestandteilen kommen, z. B. der Entstehung von Chloroform bei Kontakt von Aktivchlor mit Milchfett.

dauung und Nutzung der Nährstoffe für die Ernährung des Kalbs, zugeführt. Der Begriff der **„Haltbarkeit“** spielt im Rahmen der natürlichen Versorgung des Saugkalbs mit Milch keine Rolle, wohl aber bei der Verwendung von Milch in der menschlichen Ernährung bzw. bei der Milchgewinnung und -verarbeitung für andere, nicht die Ernährung von Saugkälbern betreffende Zwecke.

Basiswissen 5.2
Technische Aspekte des Melkens

Melken aus technischer Sicht soll
- die Milch möglichst unbeeinflusst von äußeren Einwirkungen vom Euter in den Stapeltank befördern.
- unter Beachtung der physiologischen Gegebenheiten möglichst wenig Einfluss auf die Kuh ausüben.
- insbesondere die Eutergesundheit der Kuh nicht beeinträchtigen.
- die optimale Behandlung von Kuh und Milch mit guter Wirtschaftlichkeit beim Technikeinsatz verbinden.

Beim Melkvorgang muss also aus technischer Sicht darauf geachtet werden, dass die **Manipulation** der Milch durch das Melken keinerlei Veränderungen herbeiführt, welche die Haltbarkeit und damit die Verwendbarkeit/Eignung der Milch für die vorgesehen Zwecke (Qualität) negativ beeinflussen. Milch ist eine komplex zusammengesetzte Suspension, sie unterliegt deshalb vielen, sehr unterschiedlichen, die Qualität gefährdenden Einflussfaktoren.

5.2.3 Das Melken aus hygienischer Sicht

Melken aus hygienischer Sicht bedeutet, alle Einflussfaktoren möglichst gering zu halten, welche einerseits die **hygienische Qualität** der Milch negativ beeinflussen könnten und andererseits die Eutergesundheit der Kuh gefährden. Für die hygienische Qualität der Milch bedeutet dies in erster Linie die Vermeidung von mikrobieller Kontamination durch den Kontakt der Milch mit Oberflächen und Luft. Es sind aber auch andere, nicht biologische Kontaminanten von großer Bedeu-

tung, wie Rückstände von Reinigungsmitteln oder andere im Umfeld der Kühe angewandte Substanzen, die von der Milch ferngehalten werden müssen/sollen. Nur während und unmittelbar nach dem Melken besteht die Möglichkeit, ungewollte Vermischungsprozesse in der Produktionskette durch die **Separierung von Gemelken** verschiedener Kühe zu vermeiden. So muss sichergestellt sein, dass die Milch behandelter Kühe während der Wartezeit (→ Kap. 10.3.2) nicht mit der für die Lebensmittelproduktion bestimmten Milch vermischt wird. Dies gilt auch für die Milch von Kühen mit Erkrankungen, die eine Nutzung in der Lebensmittelproduktion ausschließen (Verordnung (EG) Nr. 853/2004).
Grundsätzlich sind zwei Arten von Kontamination der Milch zu unterscheiden:

- bei der **direkten Kontamination** sind die unerwünschten Stoffe bereits vor dem Melken in der Milch; dies kann z.B. durch Transfer von aufgenommenen Umweltgiften (z.B. Aflatoxine, → Kap. 9.2.17) über die Blut-Milchschranke oder das Ausscheiden von Rückständen von Tierarzneimitteln geschehen (→ Kap. 10).
- Verlässt die Milch das Euter ohne Verunreinigung und wird erst später, in der Regel auf dem Weg zum Milchstapeltank, mit Fremdstoffen kontaminiert, spricht man von **indirekter Kontamination** oder **Verschleppungskontamination**.

Die Vermeidung der mikrobiellen Kontamination der Milch ist die wichtigste Aufgabe beim Melken aus hygienischer Hinsicht, da der **Ausgangskeimgehalt** ganz entscheidend die Milchqualität im weiteren Prozess bestimmt. Dem Melken kommt aber auch im Hinblick auf die Mastitisprävention eine wichtige Rolle zu. Nahezu alle Infektionen des Euterdrüsengewebes finden **galaktogen**, also über die Ausführungsgänge des Drüsenkomplexes vom Strichkanal aufsteigend, statt. Beim Melken wird der ansonsten recht feste Verschluss des Strichkanals gelockert und bietet bis zu 30 Minuten nach Melkende oftmals keine wirksame Barriere gegen das Eindringen von Keimen. Werden beim Melken über die Melkzeuge oder danach Keime an den äußeren Strichkanal gebracht, ist das Risiko einer Invasion und in der Folge einer Infektion erhöht. Hygienisch saubere Melkzeuge und reinigende bzw. desinfizierende Maßnahmen an der Zitzenkuppe, sowohl vor als vor allem auch nach dem Melken, stellen mit die wichtigsten **Vorbeugemaßnahmen** im Hinblick auf eine gute Eutergesundheit dar.

Basiswissen 5.3
Hygienische Aspekte des Melkens

Melken aus hygienischer Sicht soll
- die Milch möglichst ohne mikrobielle Kontamination vom Euter in den Stapeltank befördern.
- Euterinfektionen vorbeugen.
- sonstige Rückstände jeglicher Art aus der Milch fern halten.
- insgesamt durch planmäßiges Vorgehen zur Gesundheit von Mensch und Tier beitragen.

5.3 Kühlen und Lagern von Milch

Der Umgang mit dem Lebensmittel Milch im Milcherzeugerbetrieb nach der Milchgewinnung bis zur Abholung durch den Milchsammelwagen ist der zweite entscheidende Faktor für eine adäquate Qualität der Be- oder Verarbeitungsmilch in den Molkereien.
Das größte Qualitätsrisiko für Rohmilch geht von den in der Milch enthaltenen Keimen aus, die durch ihre Stoffwechselaktivität die Milchinhaltsstoffe abbauen und dadurch die Milchzusammensetzung verändern. Der Eintrag verschiedenster bakterieller Enzyme bedingt, dass selbst nach Abtötung der vorhandenen Keime durch Pasteurisierung der Verderb der Milch weitergehen und somit die Qualität der daraus hergestellten Milchprodukte und deren Haltbarkeit beeinträchtigt sein kann. Der **Anfangskeimgehalt** unmittelbar nach dem Melken ist somit ein entscheidender Parameter für den Erfolg der Maßnahmen im Bereich Kühlen und Lagern, um möglichst keimarme Milch an die Molkerei abliefern zu können.

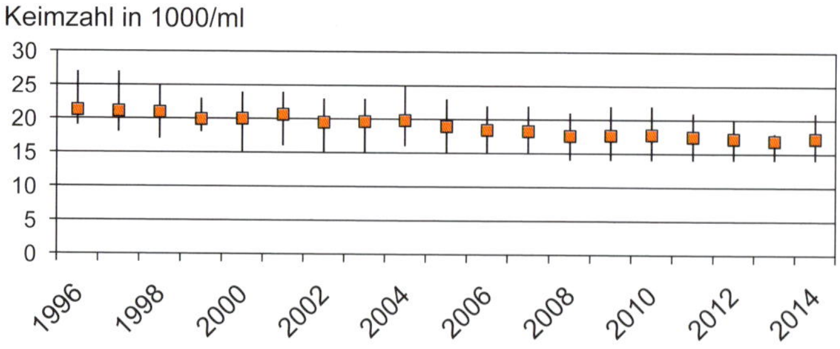

Abb. 5.3 Keimgehalt der Anlieferungsmilch in Deutschland: Mittelwert des Keimgehaltes aller Bundesländer (in 1 000 Kolonie bildenden Einheiten pro Milliliter, 1 000 KbE/ml) mit der Spannweite der Einzelwerte für die Jahre 1996 bis 2014

Aufgrund des durch die EU-Milchhygiene-Richtlinie 92/46 ausgelösten gesetzlichen Impulses zur Verbesserung der Milchqualität zu Anfang der 1990er-Jahre und der Umsetzung der Richtlinie in deutsches Recht im Jahr 1995 wurde bereits damals ein hohes Qualitätsniveau erreicht, das sich seitdem kontinuierlich noch weiter verbessert hat (→ Abb. 5.3). Vielfach haben sich auch durch die technische Weiterentwicklung und die zunehmende Automatisierung der R+D-Prozesse die Voraussetzungen für eine konstante Realisierung niedriger Gesamtkeimzahlen verbessert, sodass mittlerweile in Deutschland die Beanstandungsrate im Rahmen der Qualitätsmilchbezahlung (Grenzwert von 100 000 KbE/ml) auf etwa 1 % der Milcherzeugerbetriebe oder darunter gesunken ist.

> **Basiswissen 5.4**
> **Maßnahmen zur Sicherung der Milchqualität beim Kühlen und Lagern**
>
> - Schnelles Kühlen der ermolkenen Milch auf unter 8 °C bei Lagerzeiten von weniger als 24 Stunden (eintägige Milcherfassung) bzw. auf unter 6 °C bei Lagerzeiten von bis zu 48 Stunden (= gesetzliche Vorgabe) ist erforderlich.
> - In der Praxis werden tiefere Lagertemperaturen von 4 bis 5 °C empfohlen.
> - Es ist besonders auf die schonende Durchmischung der Milch bei tiefen Temperaturen zu achten, um negative Matrixeffekte zu vermeiden, welche die Haltbarkeit (Anstieg der freien Fettsäuren durch Schädigung der Fettkügelchen) oder die Käsereitauglichkeit (Veränderung der Protein-Tertiärstrukturen) beeinträchtigen könnten. Rahmt die Milch bei tiefen Temperaturen auf, so kann sich eine solide Fettschicht bilden, die große mechanische sowie hygienische Probleme bereiten kann.
> - Die R+D-Prozesse müssen nicht nur gut lösliche Milchreste, sondern vor allem auch Eiweiß- und Fettbeläge zuverlässig von allen Oberflächen entfernen, um in den Zwischenmelkzeiten die Vermehrung der entsprechend angepassten Keime nicht zu befördern und um damit die Anfangskeimgehalte unmittelbar nach dem Melken und beim Beginn der Milchlagerung möglichst zu minimieren.

Bei der Bewertung der Gesamtkeimzahl muss aufgrund der stattgefundenen Veränderungen berücksichtigt werden, dass die Zusammensetzung der **Keimflora** sich ebenfalls gegenüber den 1990er-Jahren bzw. den noch weiter zurückliegenden Jahrzehnten verändert hat. Heute bestimmen häufig kältetolerante Keimarten die Flora. Diese führen im Gegensatz zu den Laktoseverwertern, die früher dominierten, weniger zur Säuerung der Milch als vielmehr zu Fett- und Eiweißabbau, damit besitzen sie ein hohes, die Sensorik der Milch beeinträchtigendes Potenzial.

Besondere Herausforderungen kommen auf Betriebe zu, die **automatische Melkverfahren** nutzen und somit keine an bestimmte Melkzeiten gebundene Tagesrhythmen aufweisen bzw. organisieren können. Durch den mehr oder weniger kontinuierlichen Anfall ungekühlter Milch sollte vor dem Einleiten in den eigentlichen Stapeltank eine **Vorkühlung** auf wenigstens 8 °C erfolgen, um die geforderte Temperatur im Milchstapel einhalten und damit eine Keimvermehrung unterbinden zu können. Der kontinuierliche Milchanfall in „Roboterbetrieben" kann aber in Verbindung mit einer optimierten Abhollogistik, bei der häufig auch Teilmengen aus größeren Stapeltanks entnommen werden, zu zeitlichen Engpässen bei R+D-Maßnahmen führen. Verbleibt immer wieder eine Restmilchmenge im Stapeltank, besteht die Gefahr der **Keimanreicherung** insbesondere auch von problematischen Keimarten. Eine komplette Reinigung und Desinfektion des Tanks ist jeweils nach höchstens 48 Stunden vorzusehen.

Um die wichtigsten Aspekte der Kühlung und Lagerung der Milch zu überwachen und die Einhaltung bestimmter Anforderungen zu dokumentieren, hat sich in den letzten Jahren ein elektronisches Gerät etabliert, das als **„Tankwächter"** bezeichnet wird. Mit verschiedenen Sensoren ausgestattet bzw. verbunden, werden der Verlauf der Kühltemperatur, die Aktivität des Rührwerks, der R+D-Prozess oder auch das Öffnen vorhandener Tankluken oder -deckel sowie andere qualitätsrelevante Ereignisse aufgezeichnet und bei Bedarf Warnmeldungen an den Betriebsleiter abgesetzt. Bei steigenden Betriebsgrößen und zunehmender Technisierung bzw. Automatisierung der Milcherzeugerbetriebe werden derartige Lösungen künftig eine zunehmend wichtigere Rolle spielen und die Betriebssicherheit erhöhen.

Neben dem mikrobiologischen Aspekt der Hygiene beim Kühlen und Lagern der Milch ist aber auch die sichere Vermeidung anderer **Kontaminationen** nicht zu vernachlässigen. Häufig wird dem in der Regel mit einem Deckel verschlossenen Stapeltank hinsichtlich des Fernhaltens von schädigenden Einflüssen zu viel Vertrauen geschenkt. Zum einen steht der Deckel für bestimmte Maßnahmen und Eingriffe zeitweise offen, zum andern kann auch über die Luft oder durch Kondenswasser bei vermeintlich geschlossenem Deckel ein Eintrag unerwünschter Stoffe in die Milch erfolgen. Insofern ist es konsequent, dass sowohl durch gesetzliche Bestimmungen als vor allem auch durch **freiwillige Qualitätsmanagementprogramme** gefordert wird, dass

- die Milch in einer hygienisch einwandfreien Milchkammer zu lagern ist und
- sich keine diesem Zweck fremden Gegenstände darin befinden dürfen, insbesondere keine Waschmaschine zur Reinigung der betrieblichen Schutzkleidung oder von Euterlappen, Futtermittel oder sonstige Lagerbestände an Betriebsmitteln und Ähnliches.
- Die Milchkammer ist grundsätzlich vor fremdem Zutritt zu schützen.
- Staub, Fliegen, sonstiges Ungeziefer, Abgase von Güllelagern, Dämpfe aus dem Ölabscheider der Vakuumpumpe und andere potenziell die Milch gefährdende Faktoren sind zuverlässig fernzuhalten und zu vermeiden.

Schließlich ist auch dem Prozess bei der **Milchabholung** Aufmerksamkeit zu schenken, weil es durch die mechanische Belastung der Milch bei den sehr hohen Ansaugleistungen des Milchsammelwagens (z. T. deutlich mehr als 800 bis 1 000 Liter pro Minute) ebenfalls zu Matrixschäden, vor allem an den Fettkügelchen, kommen kann, die in der Praxis häufig den Milcherzeugerbetrieben zugeordnet werden.

5.4 Qualitätsmanagement im Erzeugerbetrieb

Unter **Management** versteht man allgemein die konkrete Organisation von Aufgaben und Abläufen. Das **Qualitätsmanagement** im Milcherzeugerbetrieb umfasst also die konkrete Planung und Organisation aller Maßnahmen, die zur Erhaltung und Optimierung der Qualität der Anlieferungsmilch führen oder zumindest dazu beitragen, sowie die entsprechende Dokumentation der durchgeführten Maßnahmen und deren Ergebnisse.

Qualität wird verstanden als die Summe aller Eigenschaften eines Objektes in Bezug auf seine Eignung für bestimmte Zwecke. Dieser Qualitätsbegriff beinhaltet, dass die Anforderungen an die Qualität eines Produktes oder eines Prozesses vom Verwendungszweck und den Ansprüchen des Nutzers abhängig sind und dementsprechend einem ständigen Wandel unterliegen können, sofern sich der Verwendungszweck und die Nutzeransprüche verändern. Dies trifft ohne Zweifel auf die Milch als Lebensmittel zu.

Basiswissen 5.5
Qualitätsanforderungen an Rohmilch im Wandel

Anforderungen an die Qualität von Rohmilch (nach Dahlberg 1954)

- frei von pathogenen Mikroorganismen
- frei von Gift- und Fremdstoffen
- niedrige Keimzahl
- hoher Nährwert
- gute Haltbarkeit
- gute sensorische Eigenschaften
- niedriger Zellgehalt

Anforderungen an die Qualität von Rohmilch (ab 1980)

- frei von pathogenen Mikroorganismen
- frei von mikrobiellen Toxinen
- frei von Rückständen wie
  - Arzneimitteln (Antibiotika, Antiparasitika)
  - chemischen Wirkstoffen für die Bekämpfung von Unkräutern, Pilzen, Insekten
  - Rückständen aus der Umwelt, die bei der Gewinnung und Verarbeitung in die Milch gelangen können (z. B. R+D-Mittel)
  - Schwermetallen und radioaktiven Zerfallsprodukten
- niedriger Zellgehalt
- niedriger Gehalt an Verderbserregern
- gute sensorische Eigenschaften

Anforderungen an die Qualität von Rohmilch heute, zusätzlich zu den Anforderungen aus den 1980er-Jahren (Basisqualität)

- hoher Nährwert, verbunden mit gesundheitlichem Zusatznutzen → Functional Food
- Qualitätsparameter, abgeleitet aus Parametern der Prozessqualität wie
  - art-/tiergerechte Haltung, wiederkäuergerechte Fütterung
  - keine Verwendung gentechnisch veränderter Futtermittel
  - nachhaltige, umweltschonende Bewirtschaftung
  - dokumentierter Produktionsablauf
  - gesicherte (regionale) Herkunft

Stand in den 1950er-Jahren ein hoher **Nährwert** der Milch noch auf der Anforderungsliste für Qualitätsmilch, so war in den 1980er-Jahren schon eine deutliche Entwicklung hin zur Betonung der **Rückstandsfreiheit** und **gesundheitlichen Unbedenklichkeit** der Milch als wichtigste Qualitätsanforderung zu beobachten; der Nährwert wurde nicht mehr als Qualitätsmerkmal gesehen. Neben der gesundheitlichen Unbedenklichkeit traten auch die sensorischen Eigenschaften in den Vordergrund und die Verbraucher begannen, sich zunehmend für den Produktionsprozess in den Milcherzeugerbetrieben zu interessieren.

Im letzten Jahrzehnt ist die sogenannte **Basisqualität** von Milch und Milchprodukten soweit fortgeschritten, dass die Einhaltung der in Basiswissen 5.5 genannten Anforderungen für selbstverständlich gehalten wird und Parameter der Prozessqualität in den Vordergrund des Verbraucherinteresses und damit der Qualitätsanforderungen gerückt sind.

Mit dieser Entwicklung werden das Management der Milcherzeugerbetriebe wie auch die Überwachung der Qualitätsanforderungen vor neue Aufgaben gestellt. Können die Parameter der Basisqualität mithilfe **analytischer Methoden** in der Milch selbst, also am Produkt, überprüft werden, ist dies bei den neuen Parametern der Prozessqualität nicht oder nur im Ausnahmefall möglich. **Dokumentations- und Auditsysteme** für die Milcherzeugerbetriebe treten deshalb an die Seite der Milchanalytik, um den Erfolg der Qualitätsmanagementmaßnahmen im Erzeugerbetrieb zu messen und letztlich die Milchqualität unter modernen Bedingungen zu bestimmen und zu beschreiben.

Das Qualitätsmanagement im Milcherzeugerbetrieb unterliegt denselben Regeln und Gesetzmäßigkeiten, wie sie in anderen Bereichen der Wirtschaft auch Anwendung finden:

- Management ist ein Regelkreis aus:
  - Messen des Ist-Zustandes
  - Vergleich des Ist-Zustandes mit dem Soll-Zustand
  - Ableiten von Maßnahmen zum Erreichen des Soll-Zustandes
  - Erfolgskontrolle durch erneutes Messen des Ist-Zustandes

- Management braucht Instrumente zur Messung des Ist-Zustandes.
- Management umfasst das Festlegen von Zielen und ihre klare Definition durch messbare Kenngrößen.
- Management braucht das Wissen, um die richtigen Maßnahmen festlegen zu können.
- Management braucht die Ressourcen zur Durchführung der erforderlichen Maßnahmen und eine klare Festlegung der Verantwortlichkeiten.
- Management umfasst die Priorisierung von Maßnahmen und die Optimierung von Aufwand und Ertrag, gemessen an den betrieblichen Zielen.
- Management bedeutet dokumentieren.

Aus der Tradition der bäuerlichen Landwirtschaft heraus sind diese Prinzipien noch nicht flächendeckend umgesetzt und die Milcherzeugerbetriebe haben die Aufgabe, die entsprechenden Strukturen und Instrumente zu schaffen, um ihre Verpflichtungen auch im Hinblick auf ihren gesetzlichen Status als Lebensmittelunternehmer (EU-VO 178/2002) sicher und nachvollziehbar erfüllen zu können.

Für das Qualitätsmanagement im Milcherzeugerbetrieb ist wohl die Schnittstelle zwischen den **gesetzlichen** (oder anderweitig unvermeidlichen) Anforderungen an den Betrieb bzw. das Produkt einerseits und den durch den **Milchkäufer**, durch das unmittelbare soziale Umfeld oder auch durch „die Gesellschaft" **gestellten Ansprüchen** andererseits eine der größten Herausforderungen.

Für die richtige Bewertung der verschiedenen Anforderungen im betrieblichen Kontext des eigenen Unternehmens und den danach entsprechend notwendigen Maßnahmen gibt es kein Patentrezept. Schließlich unterliegt auch diese Bewertung dem zeitlichen und gesellschaftlichen Wandel, wie der Qualitätsbegriff selbst.

Festzuhalten bleibt aber, dass ohne die entsprechenden **Basiswerkzeuge des Managements** keinerlei Qualitätsmanagement funktionieren kann. Deshalb ist die Einrichtung von Sensoren und Systemen zur Erfassung und Messung der verschiedensten qualitätsrelevanten Parameter eine der wichtigsten Aufgaben des Betriebsmanagements, welche durch aktuelle technische Entwicklungen unterstützt wird. Häufig fehlen aber immer noch entsprechende Instrumente in den Betrieben. Vor diesem Hintergrund ist es nur schwer verständlich, dass es noch Milcherzeugerbetriebe gibt, die nicht an der flächendeckend angebotenen **Milchleistungsprüfung (MLP)** teilnehmen. Die Daten, die im Rahmen der MLP durch die Landeskontrollverbände (LKV) erfasst werden, stellen nicht nur im Hinblick auf die Milch, sondern auch auf die Tiergesundheit des

Basiswissen 5.6
Bei der Milchleistungsprüfung in Bayern erfasste Daten (Landeskuratorium der Erzeugerringe für tierische Veredelung in Bayern e.V. 2015)

- der Herdendurchschnitt des letzten Probemelkens
- die bisherige Leistung der Herde im Prüfungsjahr
- die durchschnittliche Leistung in den einzelnen Laktationsdritteln
- die Probemelkergebnisse der Einzeltiere, und zwar jeweils vom aktuellen Probemelken sowie vom vorhergehenden Probemelken mit
  - dem Datum der letzten Kalbung
  - der Tagesmilchmenge
  - dem Fettgehalt
  - dem Eiweißgehalt
  - dem Harnstoffgehalt
  - der Zellzahl
  - dem durchschnittlichen Minutenhauptgemelk (nur bei LactoCorder-Messung)
  - Informationen zum Melkverlauf (nur bei LactoCorder-Messung)
- ein Laktationsbericht mit Hinweisen zur Rohprotein- und Energieversorgung für jedes Einzeltier und die gesamte Herde
- die aufgerechnete Jahres- bzw. Laktationsleistung für Milch, Fett und Eiweiß
- eine Liste der 100-Tageleistungen und der abgeschlossenen Laktationen
- die Herdendurchschnitte der Laktationsdrittel getrennt für erste Laktationen und Folgelaktationen

Bestandes und die Wirtschaftlichkeit wichtige Informationen zur Verfügung, die anderweitig nur schwer beschafft bzw. erhoben werden können. In Zukunft wird der Verarbeitung der im und über den Betrieb erhobenen **Daten** zu unmittelbar verwertbaren Informationen, d. h. auch zum Vergleich der eigenen Daten mit Vergleichsgrößen anderer Betriebe, noch mehr Bedeutung zukommen. Bei allen Parametern, die nicht mit absolut gültigen **Grenzwerten** zu beschreiben sind, wird der **Vergleich** mit dem Durchschnitt aller Betriebe oder bestimmten Gruppen von Betrieben an die Stelle eines Grenzwertes treten. Zunehmend machen auch staatliche Systeme von diesem Ansatz Gebrauch, da sich die Qualitätsanforderungen in kürzeren Zeitabständen ändern, als das früher der Fall war, und damit dem auch im Lebensmittelhygienerecht geltenden Prinzip eines kontinuierlichen Verbesserungsprozesses am besten Rechnung getragen werden kann.

Insgesamt bleibt festzuhalten, dass sich in den letzten Jahrzehnten das statische Verständnis von Qualität zu einem **dynamischen Konzept** verändert hat. Dies gilt für die gesamte Lebensmittelwirtschaft und darüber hinaus auch für weite Teile der Gesellschaft. Auch Milcherzeugerbetriebe werden sich diesem dynamischen Verständnis für Qualitätsarbeit anpassen und dessen Vorteile nutzen, was insgesamt zu einer noch besseren Erfüllung der Qualitätsziele und der Lebensmittelsicherheit für die gesamte Lebensmittelkette Milch führen wird.

5.5 Literatur

Dahlberg, A. C. (1954): National research council studies on milk regulations and milk quality. American Journal of Public Health 44, 489–496.

Internetseiten (letzter Zugriff Februar 2016)

Landeskuratorium der Erzeugerringe für tierische Veredelung in Bayern e.V. (LKV): http://www.lkv.bayern.de

Müller, W.: Grundzüge des Maschinenmelkens: http://www.lfl.bayern.de/mam/cms07/lvfz/achselschwang/dateien/grundzüge_des_maschinenmelkens.pdf

Wissenschaftliche Gesellschaft der Milcherzeugerberater e.V. (WGM e.V.): Handbuch für die Überprüfung von Melkanlagen: http://wgmev.de/publikationen/handbuch-melkanlagen.html

6 Qualitätskontrolle der Anlieferungsmilch

Christian Baumgartner und Erwin Märtlbauer

6.1 Allgemeines

Anlieferungsmilch ist die Rohmilch von Kühen, die ein Milcherzeuger an einen Abnehmer liefert. Die Übergabe/Übernahme der Milch zwischen Milcherzeuger und Milchabnehmer ist in der Lebensmittelkette Milch einer der wichtigsten Kontrollpunkte in rechtlicher, hygienischer und wirtschaftlicher Hinsicht.

Im **rechtlichen** Sinn bringt der Milcherzeuger ein Lebensmittel für die Be- oder Weiterverarbeitung in Verkehr und unterliegt damit allen Pflichten des EU-Lebensmittelhygienepakets, welches den einheitlichen Rahmen für diesen ersten Abschnitt der Lebensmittelkette Milch setzt. Das Feststellen der Qualität der Anlieferungsmilch bildet zusammen mit Vor-Ort-Kontrollen durch die zuständigen Behörden die wichtigste Grundlage, um zu bewerten, ob ein Milcherzeugerbetrieb die gesetzlichen Bestimmungen einhält.

Die im Rahmen der Milchabholung gezogenen Proben der Anlieferungsmilch eines individuellen Betriebes schaffen aber auch die Grundlage zur hygienischen und monetären Bewertung der Anlieferungsmilch, bevor die Milch mit den Anlieferungsmilchen anderer Milcherzeugerbetriebe im Milchsammelwagen vermischt wird. Insofern kommt der Probenahme an diesem Kontrollpunkt eine zentrale Bedeutung zu und entsprechend umfassend sind die Bedingungen geregelt, unter denen diese **Probenahme** und die **Gütebewertung** der Milch zu erfolgen hat (→ Kap. 6.2, 6.3). Insbesondere hat sich in Deutschland eine Infrastruktur **unabhängiger Prüfeinrichtungen** gebildet, die als neutrale Partner der Wirtschaftsbeteiligten im Auftrag des Staates bzw. der Bundesländer die Qualitätskontrolle organisieren und durchführen sowie deren Ergebnisse für die Gütebewertung und -bezahlung bereitstellen. Wurden früher diese Einrichtungen (Milchprüfringe und Landeskontrollverbände) als beliehene Unternehmer des Staates häufig durch öffentliche Mittel institutionell gefördert, wird heute im Sinne der Eigenverantwortlichkeit der Wirtschaft in der Regel für diese Zwecke von der öffentlichen Hand kein Zuschuss mehr gewährt und die Molkereiunternehmen bzw. die Milcherzeuger finanzieren diese Aufgabe durch Kostenerstattung direkt.

6.2 Milcherfassung

Die Erfassung der Anlieferungsmilch durch die Molkerei bzw. den Milchkäufer erfolgt in aller Regel durch die Abholung der Milch im Milcherzeugerbetrieb mit einem Milchsammelwagen. In Deutschland sind fast ausschließlich **Milchsammelwagen (MSW)** im Einsatz, welche den Milchannahmeprozess mithilfe eines elektronischen Systems steuern und überwachen. Kommt der Milchsammelwagen in den Milcherzeugerbetrieb, wird der Absaugschlauch mit dem Hoftank verbunden bzw. zur manuellen Milchannahme mittels eines Saugrüssels aus den entsprechenden Milchlagerbehältnissen vorbereitet. Dann wird die Identität des Milcherzeugerbetriebes mithilfe eines **elektronischen Identifikationssystems**, das in der Regel am Hoftank befestigt ist oder das per GPS anhand der Geodaten den Lieferanten eindeutig zuordnen kann, festgestellt. Schließlich wird die Milch unter Anlegen eines Vakuums aus dem Stapeltank des Betriebes in den Tank des MSW abgesaugt. Durch im MSW eingebaute automatische Probenahmesysteme (→ Abb. 6.1) wird von der angesaugten Milch eine repräsentative und möglichst verschleppungsfreie **Milchprobe** gezogen. Diese wird für die weitere

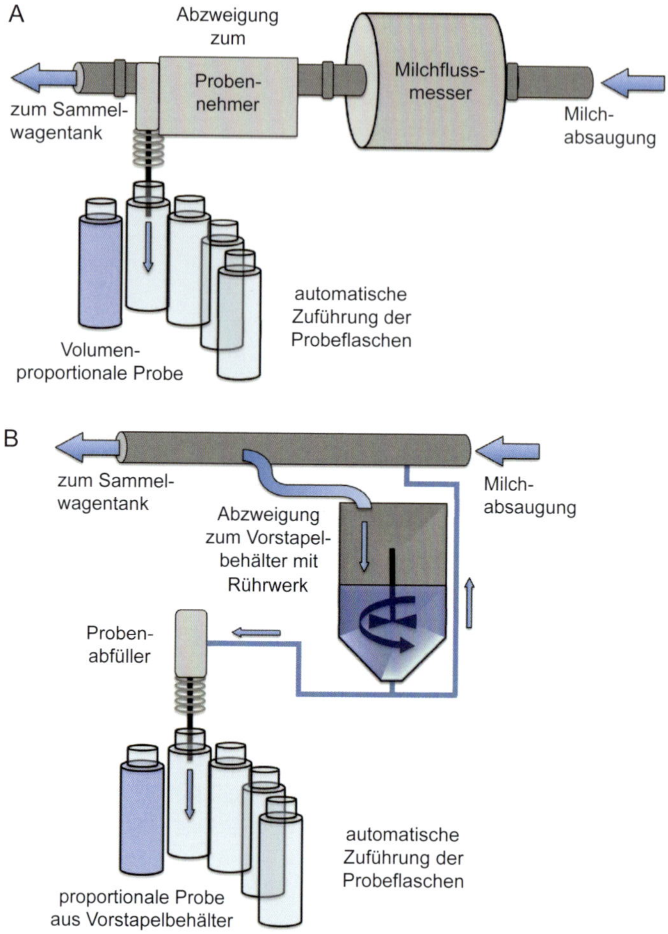

Abb. 6.1
Schema zweier Probenahmesysteme
A: (Auto-Sampler): Sobald die Milchabsaugung beginnt, entnimmt der Probenehmer im Abzweigrohr Milch und pumpt sie in eine in Abfüllposition stehende, mit Barcode versehene Probenflasche. Zur Bestimmung der abzuzweigenden Milchmenge werden vor der Milchannahme Daten über die zu erwartende Milchmenge, die Saugleistung des Sammelwagens und über das nötige Probenvolumen bereitgestellt. Anhand dieser Werte und der parallel durchgeführten Milchflussmessung wird ein volumenproportionaler Anteil der Gesamtmilchmenge von jedem Lieferanten innerhalb einer Tour in die Probenflasche abgefüllt.
B: (System mit Vorstapelbehälter): Bei diesem System wird aus der Milch eines Betriebes zunächst eine größere proportionale Probe in einen Mischbehälter abgezweigt. Diese wird kontinuierlich gerührt und daraus dann eine vorgegebene Menge über ein Abfüllsystem in die Probenflasche überführt.

Verwendung im Bereich der Qualitätskontrolle zugriffsgeschützt und gekühlt in einem eigenen Probenkühlfach aufbewahrt.

Bei den Probenahmesystemen haben sich zwei verschiedene Funktionsprinzipien bewährt, das Auto-Sampler-Prinzip (→ Abb. 6.1A) und die Probenahmegeräte mit Vorstapelbehälter (→ Abb. 6.1B). Während **Auto-Sampler** die aus dem Milchstrom abgezweigte Milch für die Probe unmittelbar in die bereitgestellte Probenflasche abfüllen, leiten die Systeme mit **Vorstapelbehälter** die abgezweigte Milch zunächst in ein Sammelgefäß, das mit einem Rührwerk zur homogenen Durchmischung der Milch ausgestattet ist. Ist die Milchannahme durch den Sammelwagen abgeschlossen, wird aus der im Vorstapelbehälter enthaltenen Milch eine repräsentative Teilprobe in die dafür bereitstehende Probenflasche abgefüllt.

Neben der repräsentativen und verschleppungsfreien Probenahme ist die Erfassung aller mit der Milchanlieferung in Zusammenhang stehenden Daten eine wichtige Funktion, die durch ein spezielles **Datenerfassungssystem** im Milchsammelwagen gewährleistet sein muss. Die damit festgehaltenen Probenahmedaten sind wesentlicher Bestandteil und Grundlage einer korrekten Milchgütebewertung sowie auch der gesetzlich geforderten Rückverfolgbarkeit im Falle von lebensmittelhygienischen Problemfällen.

Basiswissen 6.1
Die wichtigsten vom Milchsammelwagen erfassten Daten (Probenahmedaten)

- Lieferanten-Identifikation
- Datum und Uhrzeit des Beginns der Milchannahme
- Milchtemperatur
- Milchmenge
- Datum und Uhrzeit des Endes der Milchannahme
- Proben-Identifikation
- eventuelle Fehlermeldungen des Probenahmesystems

Um die korrekte Funktion der **Probenahmegeräte** zu gewährleisten, sieht der Gesetzgeber in Deutschland eine regelmäßige Prüfung vor, deren Vorgehensweise in einer DIN-Norm festgelegt wurde (DIN 11868 Teil 1–3:2016). Bei der Prüfung müssen die Probenahmegeräte beweisen, dass sie auch unter ungünstigsten Bedingungen (z. B. bei stark aufgerahmter Milch) in der Lage sind, aus den bereitgestellten, unterschiedlichen Milchmengen jeweils repräsentative Proben zu ziehen. Zudem ist die Vorgehensweise für die Verschleppungsprüfung in der DIN-Norm standardisiert. Durch abwechselnde Annahme von Voll- und Magermilch wird die Verschleppung fetthaltiger Milch in die annähernd fettfreie Milch provoziert und durch die Untersuchung von entsprechend gezogenen Proben verifiziert.

6.3 Qualität der Anlieferungsmilch

6.3.1 Untersuchungsverfahren

6.3.1.1 Bakteriologische Beschaffenheit

Als quantitativer Parameter für die hygienische Gewinnung und Lagerung der Anlieferungsmilch gilt die Bestimmung der Keimzahl (KZ), d. h. der Zahl der pro ml Milch nachgewiesenen Mikroorganismen. Als Referenzverfahren dient das **Kochsche Gussplattenverfahren** (→ Kap. 9.1.3.3), das im Wesentlichen die aeroben, mesophilen Keime erfasst, die in einem definierten Nährboden bei 30 °C wachsen. Gezählt werden die gebildeten Kolonien und das Ergebnis wird als Keimzahl in Kolonie bildenden Einheiten (KbE) pro ml Milch angegeben. Dabei wird angenommen, dass aus jedem vermehrungsfähigen Keim eine Kolonie entsteht.

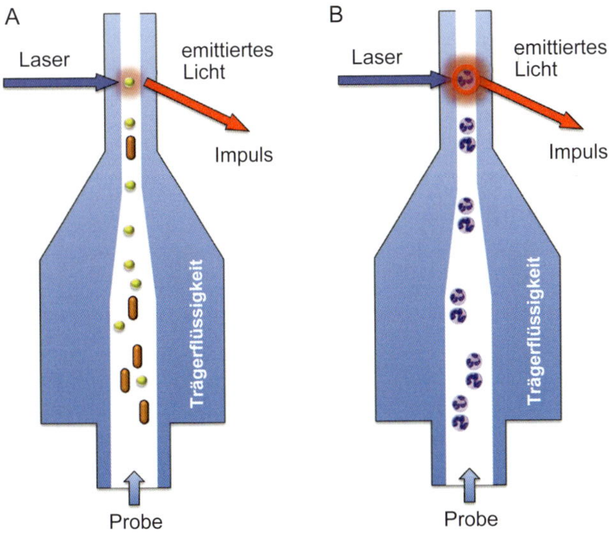

Abb. 6.2
Prinzip der durchflusszytometrischen Zählung von Bakterien und Zellen: Nach einer Vorbehandlung der Milchproben wird die DNA der Bakterien bzw. der somatischen Zellen mit Ethidiumbromid angefärbt. Von einer Trägerflüssigkeit umgeben, fließt die Probe durch die Flusszelle, in der nach Anregung durch einen Laser die DNA Licht einer spezifischen Wellenlänge emittiert. Die Geometrie der speziellen Flusszellen garantiert, dass pro Keim bzw. Zelle nur ein Impuls generiert wird.
A: Vor der Messung wird die Probe filtriert und mit einer speziellen Inkubationsflüssigkeit behandelt, wodurch störende Milchbestandteile und somatische Zellen aufgelöst werden. Die von der DNA der Bakterien ausgehenden Lichtimpulse (IBC = Individual Bacteria Count) können anschließend gezählt und anhand einer Tabelle bzw. Gleichung in KbE/ml umgerechnet werden (ISO 21187: 2004 / IDF196: 2004).
B: Wie in (A) ermöglicht eine spezielle Probenvorbereitung die Zählung der fluoreszierenden Zellen (bzw. Zellkerne) ohne störenden Einfluss anderer korpuskulärer Milchbestandteile.

Routinemäßig erfolgt in der Milchgütebewertung die automatisierte fluoreszenzoptische Zählung von Mikroorganismen entsprechend der Amtlichen Sammlung von Untersuchungsverfahren nach §64 LFGB, L01.01-7 (Bestimmung der Keimzahl in Rohmilch – Durchflusszytometrische Zählung von Mikroorganismen (Routineverfahren), Stand Mai 2002), wie in → Abb. 6.2A dargestellt. Dabei wird unter Berücksichtigung einer speziell dafür ermittelten Umrechnungscharakteristik der im Routineverfahren ermittelte Zählwert von Einzelkeimimpulsen (Individual Bacteria Count – IBC) in Kolonien bildende Einheiten (KbE) nach dem Referenzverfahren umgerechnet.

6.3.1.2 Gehalt an somatischen Zellen

Die Zellzahl ist ein Indikator für die Eutergesundheit (→ Kap. 4.2) und damit ebenfalls ein wichtiger quantitativer Qualitätsparameter für die Anlieferungsmilch. Das Prinzip der mikroskopischen Zählung somatischer Zellen wurde bereits vor mehr als hundert Jahren erarbeitet (→ Abb. 6.3). Routinemäßig erfolgt heute die automatisierte **fluoreszenzoptische Zählung** von somatischen Zellen entsprechend der Amtlichen Sammlung von Untersuchungsverfahren nach § 64 LFGB, L01.01-1 (Zählung somatischer Zellen in Rohmilch (fluoreszenzoptische Zählung), Stand September 1998) mittels Durchflusszytometrie (→ Abb. 6.2B).

6.3.1.3 Fett- und Eiweißgehalt

Unter dem Fettgehalt der Milch wird der nach der **Röse-Gottlieb-Methode** (Amtliche Sammlung von Untersuchungsverfahren, § 64 LFGB L01.00-9, Stand Januar 2012) festgestellte Gehalt an Fett und fettähnlichen Substanzen in g/100 g der Probe verstanden.

Der Eiweißgehalt der Milch ist der nach der **Kjeldahl-Methode** (§ 64 LFGB L01.00-10, Stand Dezember 2002) bestimmbare Stickstoffgehalt der Milch multipliziert mit dem Faktor 6,38.

Als Routineverfahren zur Bestimmung des Fett- und Eiweißgehaltes in Rohmilch dient fast ausschließlich die **Infrarotspektroskopie**, die bei entsprechender Kalibrierung oder Anwendung von Korrekturfaktoren auch zur Untersuchung von Milch anderer Tierarten (insbesondere von Ziegen und Schafen) verwendet werden kann. Die aufgenommenen Interferogramme werden in Extinktionsspektren (Fourier-Transformation-IR-Spektroskopie, FTIR) umgewandelt. Die für Pro-

Abb. 6.3

Zählung der somatischen Zellen nach Prescott und Breed: Eine definierte Menge Milch (0,01 ml) wird auf 1 cm^2 eines Objektträgers mittels Mikrospritze bei untergelegter Ausstrichschablone (rechteckiges Feld von 20 mm x 5 mm) gleichmäßig ausgestrichen, getrocknet und dann mit einer Methylenblau-Farblösung (enthält außerdem Ethylalkohol, Tetrachlorethan und Eisessig) 10 Minuten gefärbt. Die Untersuchung erfolgt mikroskopisch mit Ölimmersion. Stellvertretend für Zellen werden lediglich deutlich erkennbare dunkelblau gefärbte Zellkerne gezählt.
A: Milch mit normalem Zellgehalt, **B:** Milch mit erhöhtem Zellgehalt

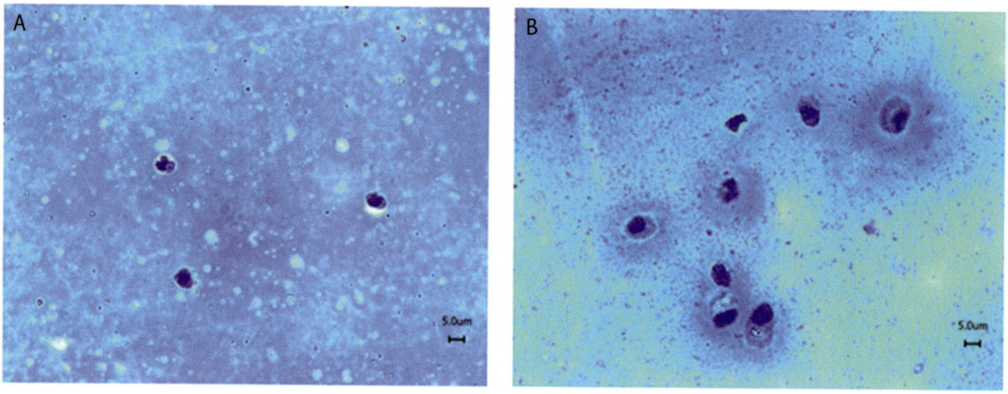

Abb. 6.4
Typisches FTIR-Spektrum von Milch mit Kennzeichnung der für die verschiedenen Milchhauptbestandteile charakteristischen Wellenzahlbereiche

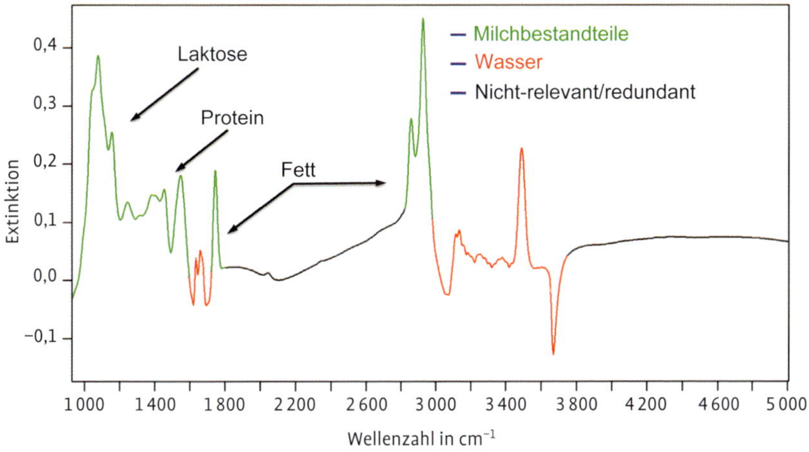

teine, Fett und Laktose typischen Extinktionswerte (→ Abb. 6.4) können in die entsprechenden Gehalte umgerechnet und in Prozent angegeben werden.

6.3.1.4 Gefrierpunkt

Über die Gefrierpunktbestimmung können Abweichungen in der Zusammensetzung der Milch, wie z. B. Wasserzusatz, nachgewiesen werden. Der typische Gefrierpunkt von Milch liegt je nach Rinderrasse bei ≤ −0,525 bis −0,515 °C (→ Kap. 3.3). Besteht aufgrund der Untersuchungsergebnisse der Verdacht auf **Wasserzusatz**, kann die zuständige Behörde oder die von ihr beauftragte Stelle im Erzeugerbetrieb eine Vollprobe ziehen, die aus den vollständig überwachten Abend- und Morgengemelken besteht, zwischen denen ein zeitlicher Abstand von mindestens 11 und höchstens 13 Stunden liegt.

Zur Feststellung des Gefrierpunktes nach Milchgüteverordnung ist monatlich mindestens eine Untersuchung nach den Bestimmungen der Amtlichen Sammlung von Untersuchungsverfahren (§ 64 Abs. 1 LFBG, L 01.00-29) durchzuführen.

Abweichungen vom Gefrierpunkt sind insofern problematisch, da Konsummilch nach VO (EG) Nr. 1308/2013 einen Gefrierpunkt haben muss, der sich an den mittleren Gefrierpunkt annähert, der für Rohmilch im Ursprungsgebiet der gesammelten Milch festgestellt wurde. Zusätzlich ist für Konsummilch eine Masse von mindestens 1 028 g je Liter bei Milch mit einem Fettgehalt von 3,5 % (m/m) und einer Temperatur von 20 °C bzw. ein entsprechender Wert je Liter bei Milch mit einem anderen Fettgehalt definiert.

6.3.1.5 Hemmstoffe

Hemmstoffe im Sinne der Milch-Güteverordnung sind Substanzen, die „dazu geeignet sind, mikrobiologische Kulturen in ihrem Wachstum so zu beeinflussen, dass es verlangsamt, gehemmt oder verhindert wird“. In der Regel handelt es sich unter modernen Produktionsbedingungen um Antibiotikarückstände, die zu positiven Hemmstoffbefunden in der Anlieferungsmilch führen. Für den Nachweis von Hemmstoffen können unterschiedliche Methoden angewendet werden. Eine Identifizierung der hemmenden Substanzen ist nach der Milch-Güteverordnung nicht nötig. Die Untersuchung auf Hemmstoffe ist in → Kapitel 10 beschrieben.

6.3.2 Bewertung der Milchqualität

6.3.2.1 Hygienerechtliche Bewertung

In dem Kapitel I des Anhangs III, Abschnitt IX der Verordnung (EG) Nr. 853/2004, das sich mit der Primärproduktion befasst, werden **Hygienevorschriften** für Rohmilch- und Kolostrumerzeugung sowie für die Erzeugerbetriebe formuliert. Insbesondere werden für Rohmilch Kriterien (→ Tab. 6.1) festgelegt, deren Einhaltung Lebensmittelunternehmer mit geeigneten Verfahren sicherstellen müssen.

Genügt Rohmilch nicht den in Tabelle 6.1 zusammengefassten Anforderungen, so muss der Lebensmittelunternehmer dies der zuständigen Behörde melden und durch geeignete Maßnahmen Abhilfe schaffen. Für Kolostrum gelten die einzelstaatlichen Kriterien hinsichtlich der Keimzahl, des Gehalts an somatischen Zellen und Rückständen von Antibiotika, bis spezifischere Gemeinschaftsvorschriften festgelegt werden (Verordnung (EG) Nr. 853/2004 Anhang III, Abschnitt IX, Kapitel I). In Deutschland wurden bisher keine entsprechenden Kriterien festgelegt.

Tab. 6.1
Kriterien für Rohmilch (nach Verordnung (EG) Nr. 853/2004)

Rohe Kuhmilch	
Keimzahl bei 30 °C (pro ml)	≤ 100 000[1]
somatische Zellen (pro ml)	≤ 400 000[2]
Rohmilch von anderen Tierarten	
Keimzahl bei 30 °C (pro ml)	≤ 1 500 000[1]
Keimzahl bei 30 °C (pro ml)	≤ 500 000[1,3]
Rohmilch (alle Tierarten)	Höchstmengen für Antibiotikarückstände

[1] über zwei Monate ermittelter geometrischer Mittelwert bei mindestens zwei Probenahmen je Monat
[2] über drei Monate ermittelter geometrischer Mittelwert bei mindestens einer Probenahme je Monat; es sei denn, die zuständige Behörde schreibt eine andere Methode vor, die saisonalen Schwankungen der Produktionsmenge Rechnung trägt
[3] Rohmilch von anderen Tierarten (ausgenommen Kühe) jedoch für die Herstellung von Rohmilcherzeugnissen nach einem Verfahren ohne Hitzebehandlung bestimmt

6.3.2.2 Bewertung nach der Milch-Güteverordnung

Die Einhaltung der in Tabelle 6.1 zusammengefassten Kriterien muss durch eine nach dem Zufallsprinzip gezogene, repräsentative Anzahl an Proben kontrolliert werden. In Deutschland geschieht dies gemäß § 14 Tierische Lebensmittel-Hygieneverordnung durch die Untersuchungen im Rahmen der Verordnung über die Güteprüfung und Bezahlung der Anlieferungsmilch (Milch-Güteverordnung). Darüber hinaus werden im Rahmen der monatlichen Untersuchungen die weiteren in Tabelle 6.2 aufgeführten Parameter als Basis für die Berechnung des Auszahlungspreises und gegebenenfalls der davon wegen Qualitätsmängel vorzunehmenden Abzüge ermittelt.

Auf der Basis der festgestellten **Keimzahlwerte** (geometrischer Mittelwert der Untersuchungen der letzten zwei Monate, auf Tausend gerundet) erfolgt die Einstufung in Klasse 1 bei einem mittleren Keimzahlwert ≤ 100 000/ml und in Klasse 2 bei einem Wert von über 100 000/ml.

Der Milcherzeuger erhält den ungekürzten Auszahlungspreis (§ 4) für gekühlte Anlieferungsmilch mit 4 % Fett und 3,4 % Eiweiß der Klasse 1, sofern die Milch den **Zellgehaltswert** von 400 000 Zellen/ml im geometrischen Mittel über die letzten drei Monate und im Abrechnungsmonat nicht überschreitet und keine Hemmstoffe nachgewiesen werden. Bei Einstufung in Klasse 2 wird der Auszahlungspreis um mindestens 2 Cent/kg gekürzt. Werden die Anforderungen an den Gehalt an somatischen Zellen nicht eingehalten, erfolgt eine Kürzung um mindestens 1 Cent/kg. Bei ei-

Tab. 6.2
Monatliche Untersuchung der Anlieferungsmilch nach § 2 der Milch-Güteverordnung

Parameter	Monatliche Mindestzahl an Untersuchungen
Fettgehalt	3
Eiweißgehalt	3
bakteriologische Beschaffenheit	2
Gehalt an somatischen Zellen	2
Gefrierpunkt	1
Hemmstoffe	2

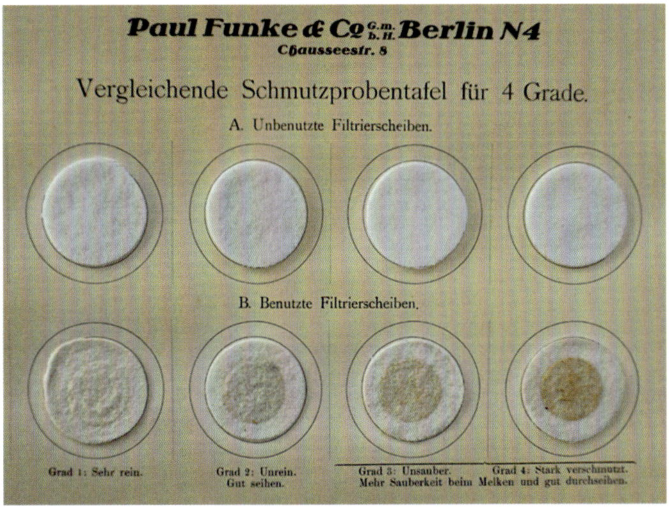

Abb. 6.5
Einteilung der Milch mit der historischen Schmutzprobe: Eine definierte Menge Milch wurde durch Filtrierscheiben gefiltert, anschließend wurde der Reinheitsgrad anhand der sichtbaren Verschmutzung der Filter bestimmt.

nem positiven **Hemmstoffnachweis** (→ Kap. 10) erfolgt ein Abzug von 5 Cent/kg. Nach § 2 hat „die Untersuchungsstelle oder der Abnehmer, wenn sie oder er in der Anlieferungsmilch Hemmstoffe oder einen Keimgehalt von mehr als 100 000 Keimen/ml oder einen Gehalt an somatischen Zellen von mehr als 400 000 Zellen/ml feststellt, dies dem Milcherzeuger unverzüglich mitzuteilen."

Bakteriologische Beschaffenheit: Die durchflusszytometrisch ermittelten Keimzahlen liegen in

Abb. 6.6
Entwicklung der Zellzahl- und Keimzahlwerte in bayerischer Anlieferungsmilch: Entscheidend für die Verbesserung beider Parameter waren die in den Richtlinien 85/397 EWG und 92/46 EWG (rote Pfeile) definierten Mindestnormen und deren stufenweise Umsetzung in nationales Recht. Die Einführung der Pyruvat- bzw. fluoreszenzoptischen Keimzahlbestimmung ist mit schwarzen Pfeilen markiert.

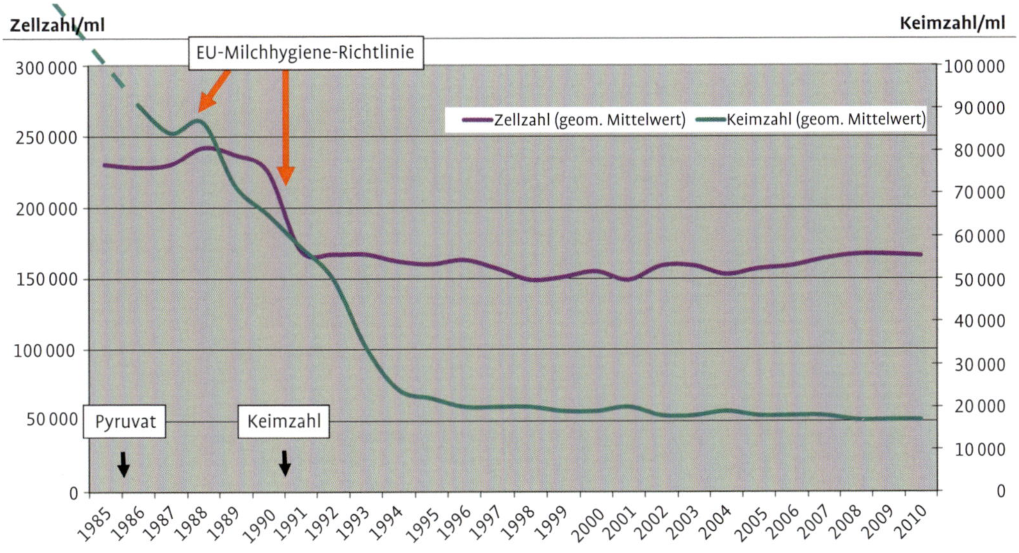

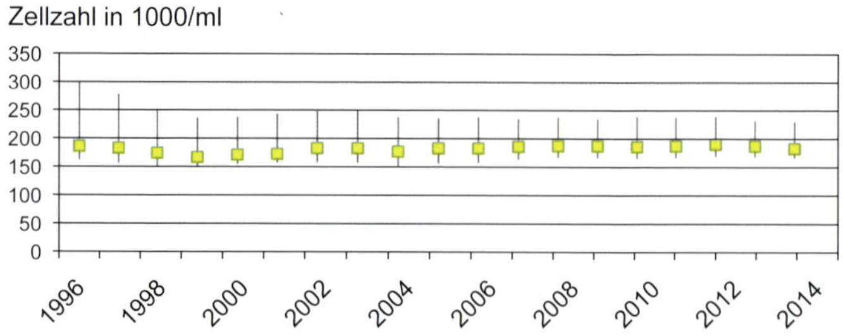

Abb. 6.7
Zellzahlwerte der Anlieferungsmilch in Deutschland: Mittelwert der Zellzahlwerte aller Bundesländer (in 1 000 pro Milliliter) mit der Spannweite der Einzelwerte für die Jahre 1996 bis 2014

Deutschland seit Jahren unter 20 000/ml (→ Abb. 5.3). Viele Erzeuger liefern Milch mit Keimzahlen unter 10 000/ml. Die hygienische Wertigkeit der Anlieferungsmilch hat damit ein sehr hohes Niveau erreicht, das vor allem auf eine konsequente Melkhygiene, effektive Reinigungs- und Desinfektionsmaßnahmen und die Einhaltung der vorgeschriebenen Kühltemperaturen zurückzuführen ist. Noch Anfang des 20. Jahrhunderts lagen die Keimzahlen im zweistelligen Millionenbereich, wobei allerdings Milchsäure bildende Keime im Vordergrund standen. Die Qualität der angelieferten Milch war auch Mitte der 1930er-Jahre noch recht gering. Die Einstufung erfolgte anhand der „Schmutzprobe" in vier Klassen (→ Abb. 6.5), der weitaus überwiegende Teil der Proben zählte zu den beiden schlechteren Klassen III und IV.

Später wurde die mikrobiologische Beschaffenheit der Milch **indirekt** mit dem Methylenblaureduktionstest oder über die Pyruvatbestimmung ermittelt. Anfang der 1990er-Jahre erfolgte die Einführung des fluoreszenzoptischen Verfahrens. Mit der Festlegung des Keimzahlgrenzwertes von 100 000 KbE/ml durch die Richtlinie 92/46 EWG (umgesetzt in nationales Recht 1995 durch die damalige Milchverordnung) wurde der entscheidende Impuls zur Verringerung der Keimzahlen gesetzt (→ Abb. 6.6).

Gehalt an somatischen Zellen: Milch enthält im Wesentlichen Epithelzellen aus dem Euter sowie dem zellulären Abwehrsystem zuzuordnende polymorphkernige neutrophile Granulozyten (PMN), Makrophagen und Lymphozyten. Kommt es zu Infektionen durch euterpathogene Mikroorganismen, so reagiert das Gewebe mit einer vermehrten Freisetzung dieser Abwehrzellen. Insbesondere die PMN können in sehr kurzer Zeit hohe Konzentrationen in der Milch erreichen, gleichzeitig kommt es durch die Entzündungsreaktion zur Änderung der Milchzusammensetzung (→ Kap. 4.1).

Qualitativ hochwertige Milch sollte aus dem Euter gesunder Kühe stammen und somit möglichst niedrige Zellzahlen aufweisen. Eine entscheidende Verbesserung bei den Zellzahlwerten brachte – wie bei der Keimzahl – die Festlegung des Grenzwertes von 400 000 Zellen/ml durch die Richtlinie 92/46 EWG. In den letzten zwanzig Jahren hat sich das mittlere Niveau der Zellzahlen in der Anlieferungsmilch in Deutschland jedoch kaum verändert (→ Abb. 6.7), obwohl die abnehmende Streuung der Werte über die Regionen hinweg eine homogenere Situation bei der Eutergesundheit deutscher Milcherzeugerbetriebe erkennen lässt.

Gefrierpunkt: Der durchschnittlich in Deutschland ermittelte Gefrierpunkt der Anlieferungsmilch liegt mit geringen Schwankungen bei −0,524 °C. In der Milch-Güteverordnung ist kein Grenzwert definiert, da der Gefrierpunkt z. B. auch fütterungsbedingt oder in Abhängigkeit von der Milchviehrasse unterschiedlich sein kann. Absichtliche Veränderungen der Milchzusammensetzung, z. B. durch Zusatz von Wasser, sind äußerst selten und selbstverständlich verboten.

Hemmstoffe: Vor über 50 Jahren wurde die Untersuchung der Anlieferungsmilch auf Hemmstoffe eingeführt. Während damals der technologische Aspekt, d. h. die Eignung der Milch zur Herstellung fermentierter Milchprodukte, im Vordergrund stand, ist heute neben der Absicherung der technologischen Eignung der Milch der Schutz des Verbrauchers vor Antibiotikarückständen oberstes Ziel (→ Kap. 10). Wie in Abbildung 6.8 zu sehen, gehen die positiven Hemmstoffbe-

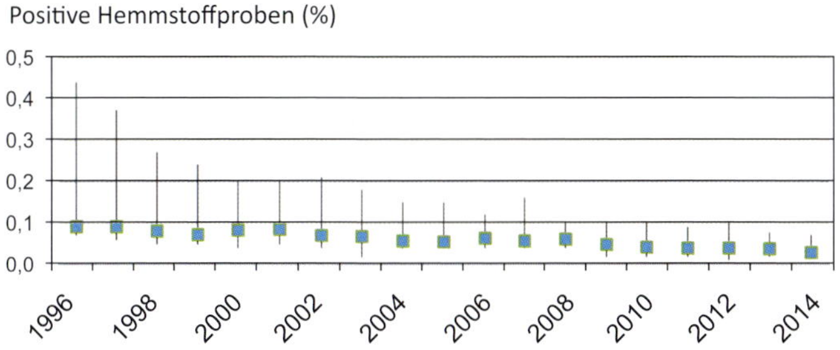

Abb. 6.8
Positive Hemmstoffbefunde in der Anlieferungsmilch in Deutschland: Mittelwert der Häufigkeit positiver Befunde aller Bundesländer (in % aller Untersuchungen) mit der Spannweite der Einzelwerte für die Jahre 1996 bis 2014

funde seit 20 Jahren kontinuierlich zurück. Entscheidend für diese positive Entwicklung war zum einen, dass mittlerweile fast alle Bundesländer monatlich vier (anstelle der vorgeschriebenen zwei) Untersuchungen durchführen. Zum anderen ist gemäß der EU-Verordnung 853/2004 im Falle eines positiven Befundes die zuständige Behörde unverzüglich zu informieren. In der Regel erfolgt daraufhin eine Überprüfung des Milch erzeugenden Betriebes zur Aufklärung und Abstellung der Ursache.

6.3.3 Monitoring-Programme

6.3.3.1 Allgemeines

Da es nicht sinnvoll und möglich ist, alle möglichen Belastungen der Rohmilch mit unerwünschten Stoffen im Rahmen der Milchgüteprüfung zu erfassen, sind zu diesem Zweck staatliche und private **Monitoring-Programme** etabliert worden. Nach § 50 des Lebensmittel-, Bedarfsgegenstände- und Futtermittelgesetzbuches (LFGB) ist „Monitoring ein System wiederholter Beobachtungen, Messungen und Bewertungen von Gehalten an gesundheitlich nicht erwünschten Stoffen wie Pflanzenschutzmitteln, Stoffen mit pharmakologischer Wirkung, Schwermetallen, Mykotoxinen und Mikroorganismen in und auf Erzeugnissen, einschließlich lebender Tiere (soweit sie der Lebensmittelgewinnung dienen, § 4 Abs. 1 Nr. 1), die zum frühzeitigen Erkennen von Gefahren für die menschliche Gesundheit unter Verwendung repräsentativer Proben einzelner Erzeugnisse oder Tiere, der Gesamtnahrung oder einer anderen Gesamtheit desselben Erzeugnisses durchgeführt werden."

Ziel dieser Monitoring-Programme ist es also, **repräsentative Daten** zum Vorkommen von **unerwünschten Stoffen in Milch** zu generieren, um Gefahren frühzeitig erkennen und eliminieren zu können.

6.3.3.2 Kontaminationsquellen

▸ Futtermittel

Der wichtigste Eintragsweg für unerwünschte Stoffe in Rohmilch ist die Fütterung mit belasteten Futtermitteln (→ Abb. 5.2; Basiswissen 6.2). Hierbei sind für die Risikobewertung betriebseigenes und zugekauftes Futter zu unterscheiden. Insbesondere Komponenten von Mischfuttermitteln, die nicht unter EU-Produktionsstandards und Überwachungssystemen erzeugt werden, können zu Grenzwertüberschreitungen führen.

Pflanzengifte: Kommerzielle und betriebseigene Futtermittel, die nach den Prinzipien „Guter Landwirtschaftlicher Praxis (GLP)" hergestellt werden, enthalten in der Regel keine Giftpflanzen. Bei Weidehaltung (oder über kontaminiertes Grünfutter/Heu) können Kühe im Einzelfall giftige

! Basiswissen 6.2
Kontaminationsquellen für Futtermittel

- falscher Einsatz von Pflanzenschutzmitteln
- Einsatz von nicht zugelassenen Pflanzenschutzmitteln
- unkontrollierter Eintrag aus industriellen Quellen (Schwermetalle, Dioxin/PCB)
- Fehler bei den Produktionsbedingungen (z. B. Dioxinbelastung durch Rauchgase bei Trocknung)
- Lager- und Transportprobleme

Tab. 6.3
Auswahl wichtiger Parameter, deren Vorkommen in Milch im Rahmen von Monitoring-Programmen geprüft wird

Substanzgruppe	Substanz (Beispiele)	Anmerkung
nicht zugelassene Stoffe		
Nitrofurane	Furazolidon	nur nach illegaler Anwendung/ positive Befunde sehr selten
Nitroimidazole	Dimetridazol	
Amphenicole	Chloramphenicol	
Stoffe mit antibakterieller Wirkung (einschließlich Sulfonamide und Chinolone)		
Penicilline	Ampicillin	Rückstände nach unsachgemäßer Anwendung; positive Nachweise in Anlieferungsmilchproben (Abb. 6.8), aber seit Langem keine Grenzwertüberschreitungen in Konsummilch (Kap. 10)
Cephalosporine	Cefquinom	
Tetracycline	Chlortetracyclin	
Sulfonamide	Sulfadiazin	
Makrolide	Erythromycin	
Aminoglykoside	Streptomycin	
Amphenicole	Florfenicol	
Chinolone	Enrofloxacin/Ciprofloxacin	
sonstige Tierarzneimittel		
Anthelminthika	Levamisol/Thiabendazol	Rückstände nach unsachgemäßer Anwendung; positive Befunde sehr selten
Pyrethroide	Cypermethrin	
Sedativa	Promazin	
NSAID	Phenylbutazon	

Pflanzen aufnehmen. Derzeit stellen mit Kreuzkraut bewachsene Flächen in verschiedenen Gebieten Deutschlands ein gewisses Problem dar, insbesondere in ökologisch arbeitenden Betrieben bei Verzicht auf Herbizideinsatz. Es gibt etwa 25 Kreuzkrautarten, die alle mehr oder weniger giftig sind und verschiedene Pyrrolizidinalkaloide (ca. 200) produzieren können. Die Transferrate vom Futter in die Milch liegt im Mittel bei 0,1 %; für Jacolin, das einen der Hauptmetabolite in Milch darstellt, bei etwa 4 %. Da nur wenige (einzelne) Tiere betroffen sind, wurden Pyrrolizidinalkaloide in deutscher Konsummilch, im Unterschied zu Honig oder Kräutertees, bisher nicht nachgewiesen.

Pflanzenschutzmittel: Derzeit sind in Deutschland mehr als 600 Pflanzenschutzmittel zugelassen, die als Herbizide, Insektizide oder Fungizide Anwendung finden. Die zulässigen Höchstmengen für Lebens- und Futtermittel pflanzlichen und tierischen Ursprungs sind in der Verordnung (EG) Nr. 396/2005 festgelegt. Vor einigen Jahren wurden höhere Gehalte des Insektizids γ-HCH (Lindan) in Kuh- und Humanmilch nachgewiesen. Derzeit werden Höchstmengenüberschreitungen durch Pestizide in Milch und Milchprodukten äußerst selten registriert. Auch der Transfer von Glyphosat aus Futtermitteln in die Milch von Kühen konnte bisher nicht nachgewiesen werden. Glyphosat ist ein weltweit eingesetztes Herbizid, dessen potenzielle Krebs erregende oder mutagene Eigenschaften derzeit diskutiert werden.

Umweltkontaminanten: Polychlorierte Biphenyle (PCB) wurden früher als Imprägniermittel,

Tab. 6.3 (Fortsetzung)
Auswahl wichtiger Parameter, deren Vorkommen in Milch im Rahmen von Monitoring-Programmen geprüft wird

Substanzgruppe	Substanz (Beispiele)	Anmerkung
andere Stoffe und Kontaminanten		
organische Chlorverbindungen, einschließlich PCB	dl-PCB Dioxine	Metallgewinnung und -verarbeitung, Abfall-Schredder- sowie Kleinfeuerungsanlagen; Grundbelastung im Milchfett
	Trichlormethan (Chloroform)	nach unsachgemäßer Anwendung von Reinigungs- und Desinfektionsmitteln; gelegentlich positive Befunde
sonstige organische Verbindungen	QAV: BAC und DDAC	
	γ-HCH (Lindan)	nach unsachgemäßer Anwendung; in der Vergangenheit vereinzelt positive Befunde
Mykotoxine	Aflatoxin M1	kontaminierte Importfuttermittel; selten, positive Befunde zuletzt 2013 (Futtermais aus Serbien)
chemische Elemente	Schwermetalle	Umweltkontamination; geringe Grundbelastung
Sonstige		
	Melamin	illegaler Einsatz 2010 in China; Verbreitung über kontaminiertes Milchpulver
	gentechnisch veränderte Futtermittel	mögliche Kreuzkontamination bei der Futtermittelherstellung; Nachweis nur im Futtermittel
	Radionuklide	sehr geringe Belastung durch natürliche (> 99 %) und künstliche Radioaktivität (< 1 %)

Ölzusätze (Hydrauliköl) und in bestimmten Anstrichmitteln (Silolacke) verwendet. Dioxine entstehen bei der Abfallverbrennung und sonstigen thermischen Prozessen. Bei den Dioxinen handelt es sich im Wesentlichen um zwei Gruppen chlorierter aromatischer Ether: die polychlorierten Dibenzodioxine (PCDD) und die polychlorierten Dibenzofurane (PCDF).

Dioxine gelangen insbesondere nach Kontamination von Futtermitteln in die Milch. Seit 2012 gelten europaweit Höchstgehalte für Dioxine und dioxinähnliche polychlorierte Biphenyle (dl-PCB) in Milch und Milcherzeugnissen einschließlich Butterfett von 2,5 bzw. 5,5 pg (Pikogramm) WHO TEq (von der WHO definierte Toxinäquivalente)/g Fett. Seit Mitte der 1980er-Jahre ist durch Maßnahmen zur Verminderung der Freisetzung von Dioxinen und PCB eine stetige Abnahme der Konzentrationen in Milch und Milchprodukten (von 1987 bis 2000 um rund 80 %) zu verzeichnen. Die Werte liegen derzeit (2015) unter 0,5 pg TEq/g Fett.

Mykotoxine: Von besonderer Bedeutung im Hinblick auf den Transfer von Futtermitteln in die Milch sind Aflatoxine (→ Kap. 9.2.17). Bei Kühen stellt Aflatoxin M1 mit einer Transferrate von 1–3 (8) % den Hauptmetaboliten von Aflatoxin B1 dar. Alle bisher in Deutschland registrierten Nachweise von Aflatoxin M1 in der Milch konnten auf Importfuttermittel zurückgeführt werden.

▸ Reinigungs- und Desinfektionsmittel

Eine weitere Eintragsquelle für unerwünschte Stoffe in Milch ist der Einsatz von Reinigungs- und Desinfektionsmitteln (R+D-Mittel). Im Milcherzeugerbetrieb werden häufig R+D-Mittel auf Chlorbasis zur Reinigung der Melkanlagen/Tanks verwendet. Bei falscher Dosierung, unzureichendem Nachspülen u. a. können Restmengen von Chlor in den Anlagen verbleiben, die in

Trichlormethan (Chloroform) umgewandelt werden können. Rückstände von Trichlormethan können auch durch den Einsatz als Arzneimittelhilfsstoff auftreten. Ebenso können Mittel, die quartäre Ammoniumverbindungen (QAV, insbesondere Didecyldimethylammoniumchlorid (DDAC) und Benzalkoniumchlorid (BAC)) enthalten, zur Rückstandsbildung führen. Die Anwendung QAV-haltiger R+D-Mittel ist allerdings aktuell stark rückläufig. Der Eintrag von Jod über jodhaltige Zitzenbäder und -sprays kann durch Bestimmung des Jodgehaltes in der Milch kontrolliert werden.

▸ Tierarzneimittel

Die häufigsten und wichtigsten Erkrankungen von Milchkühen werden durch bakterielle Infektionen verursacht und führen häufig zum therapeutischen Einsatz von Antibiotika. Im Rahmen der Milchgüteuntersuchung sowie der Eingangskontrollen der Molkereien werden in erster Linie β-Laktamantibiotika erfasst (→ Kap. 10). Darüber hinaus werden Antiparasitika sowie sedierende oder entzündungshemmende/schmerzstillende Medikamente (z. B. Nichtsteroidale Entzündungshemmer = NSAID) zur Behandlung der Tiere eingesetzt. Medikamente mit hormoneller Wirkung dürfen nur nach strenger Indikation für tierzüchterische und therapeutische Anwendungen zum Einsatz kommen. Die sachgerechte Anwendung und Einhaltung der Wartezeiten wird durch überbetriebliche Monitoring-Programme kontrolliert.

▸ Mikroorganismen

Milch kann während des Milchentzugs, bei der anschließenden Lagerung, beim Transport sowie bei der Be- und Verarbeitung mit Mikroorganismen kontaminiert werden. Die Milchmikrobiota kann qualitativ und quantitativ sehr unterschiedlich und komplex sein. Da zur Herstellung von Konsummilch und von Milchprodukten der weitaus größte Teil der Anlieferungsmilch einer Wärmebehandlung unterzogen wird (→ Kap. 7.3.4.3), wird Rohmilch nur zu speziellen Zwecken im Rahmen von Monitoring-Programmen weitergehend mikrobiologisch untersucht. Vorzugsmilch wird nach Anlage 9 zu § 17 der Tierische Lebensmittel-Hygieneverordnung regelmäßig auf verschiedene mikrobiologische Parameter untersucht (→ Kap. 7.3.4.7).

6.3.3.3 Untersuchungsparameter

Die in Anhang I der Richtlinie 96/23/EG (Kontrollmaßnahmen hinsichtlich bestimmter Stoffe und ihrer Rückstände in lebenden Tieren und tierischen Erzeugnissen) aufgeführten Stoffgruppen (die wichtigsten sind → Tab. 6.3 angegeben) reflektieren die im vorherigen Abschnitt aufgeführten Kontaminationsquellen und definieren die Schwerpunkte bundesweit einheitlicher Monitoring-Programme, die von den einzelnen Bundesländern oder der Wirtschaft durchgeführt werden.

Die für jedes EU-Mitglied verpflichtende Umsetzung dieser Bestimmungen erfolgt im Rahmen Nationaler Rückstandskontrollpläne. In Deutschland wird geltendem EU-Recht entsprechend je 15 000 Tonnen Jahresproduktion eine Milchprobe auf Rückstände geprüft. Im Jahr 2013 waren dies 1 933 Proben, von denen 1 407 auf verbotene und nicht zugelassene Stoffe, 1 442 auf antibakteriell wirksame Stoffe, 1 595 auf sonstige Tierarzneimittel und 454 auf Umweltkontaminanten untersucht wurden. Die Proben wurden direkt im Erzeugerbetrieb bzw. im Fall von Umweltkontaminanten auch aus dem Tankwagen entnommen. In zwei von 42 auf Trichlormethan (Chloroform) untersuchten Proben (4,76 %) wurde der Stoff mit Gehalten von 10 µg/kg und 20 µg/kg nachgewiesen. Benzylpenicillin wurde in einer von 445 Milchproben (0,22 %) mit einem Gehalt von 17 µg/kg gefunden. Insgesamt werden seit Jahren in Milch nur in wenigen Einzelfällen Rückstände in unerlaubter Höhe ermittelt.

Fasst man alle zur Verfügung stehenden Untersuchungsergebnisse zusammen, stellen Stoffe mit antibakterieller Wirkung unter den in Tabelle 6.3 aufgeführten Substanzgruppen die wichtigste Gruppe von Rückständen dar (→ Kap. 10).

Abb. 6.9
Bundeseinheitlicher Standard zur Milcherzeugung – QM-Milch (www.qm-milch.de, aktuelle Version 2.0, Stand Oktober 2015)

QM milch QUALITÄTSMANAGEMENT milch

BUNDESEINHEITLICHER STANDARD ZUR MILCHERZEUGUNG

Version 2.0

Gilt ab 01.01.2016

QUALITÄTSMANAGEMENT MILCH IST EINE INITIATIVE VON

drv DBV MIV

Stand 30.10.2015

6.3.4 Privatrechtliche Vereinbarungen und Prozessqualität

Neben den in der Milch unmittelbar durch analytische Methoden nachweisbaren Qualitätsparametern haben sich in den letzten ca. 20 Jahren aus steigenden Verbrauchererwartungen heraus weitere Qualitätsparameter bzw. „Milchsorten“ etabliert. Diese sind an bestimmte **Haltungsformen** der Tiere (Weidemilch, Heumilch o. Ä.) bzw. an bestimmte **Management-** und **Wirtschaftsweisen** der Milcherzeugerbetriebe (Biomilch, gentechnikfreie Milch o. Ä.) gebunden und sind nur mehr durch eine Überwachung bzw. Überprüfung der entsprechenden Prozesse vor Ort in den Betrieben zu überprüfen (→ Kap. 5.3). Ein entsprechender analytischer Nachweis wird zwar immer wieder versucht, ist aber nicht oder zumindest nicht sicher möglich. Um die entsprechenden Qualitätsanforderungen gegenüber dem Abnehmer und schließlich gegenüber dem Verbraucher abzusichern, bedarf es privatrechtlicher Vereinbarungen und deren Überprüfung vor Ort durch sogenannte **Hofaudits**, welche die Einhaltung der vereinbarten Bedingungen standardisiert – und durch neutrale Prüforganisationen ausgeführt – bestätigen.

Ein Beispiel für diese Art der privatrechtlichen Qualitätsvereinbarung und deren neutrale Überprüfung stellt der **Bundeseinheitliche Standard zur Milcherzeugung – QM-Milch** dar (www.qm-milch.de, aktuelle Version 2.0, Stand Oktober 2015), der als gemeinsame Aktion des Deutschen Bauernverbandes, des Deutschen Raiffeisenverbandes sowie des Milchindustrieverbandes 2002 ins Leben gerufen wurde und mittlerweile durch den Trägerverein QM-Milch e. V. als Standardgeber geführt wird.

Die Kriterien und Anforderungen des Standards werden durch einen Fachbeirat festgelegt, der sich aus Repräsentanten der gesamten Wertschöpfungskette Milch zusammensetzt. Der **QM-Milch-Standard** besteht aus dem Bundeseinheitlichen Standard zur Milcherzeugung, dem QM-Milch-Kriterienkatalog und dem QM-Milch-Handbuch für Milcherzeuger. Gemeinsam bilden sie die Grundlage für das normative Zertifizierungsverfahren durch die Deutsche Akkreditierungsstelle (DAkkS) zur Anerkennung als Standard. Im Rahmen des Zertifizierungsprozesses werden zwischen Zertifizierungsstelle und Milcherzeuger als Vertragspartner geeignete Vereinbarungen getroffen, die die Zertifizierungsstelle in die Lage versetzen, ihre Zertifizierungsleistung normkonform entsprechend DIN EN ISO 17065: 2012 zu erfüllen. Um ein dynamisches System zu organisieren, das sich ständig weiterentwickeln soll, wird künftig angestrebt, neue Erkenntnisse und Anforderungen in den QM-Milch-Standard aufzunehmen. Aktualisierungen sind alle drei Jahre vorgesehen. Sollten sich gesetzliche Anforderungen ändern, die die Kriterien im QM-Milch-Standard betreffen, werden diese entsprechend angepasst.

Im Standard QM-Milch werden weiterhin Aussagen zu Rückstandsuntersuchungen, zum Kon-

> **Basiswissen 6.3**
> **Qualitätsanforderungen an den Produktionsprozess**
>
> Die Kontrolle des Produktionsprozesses beinhaltet die Überprüfung
>
> - der Gesundheit und des Wohlbefindens der Tiere,
> - der Kennzeichnung und Herkunft der Tiere,
> - der Milchgewinnung und -lagerung,
> - der Fütterung sowie
> - der Einhaltung der arzneimittelrechtlichen Anforderungen
> - bis hin zu Aspekten des Umweltschutzes.

trollsystem (Anforderungen an die Zertifizierungsstellen, Anforderungen an die Auditoren, Weiterbildung und Schulung der Auditoren, Mitwirkungspflichten des zu zertifizierenden Betriebes, Prüfsystematik, Kontrollintervall und Sonderkontrollen sowie Auswertung der Kontrollergebnisse) und zur Vergabe der Zertifikate getroffen (Einzelheiten siehe www.qm-milch.de, letzter Zugriff Februar 2016).
Weitere Beispiele privatrechtlicher Vereinbarungen finden sich u. a. bei den Bio-Verbänden oder unternehmenseigenen Qualitätsprogrammen der Molkereiwirtschaft.

Abb. 6.10
Mitglieder im Deutschen Verband für Leistungs- und Qualitätsprüfungen e. V.

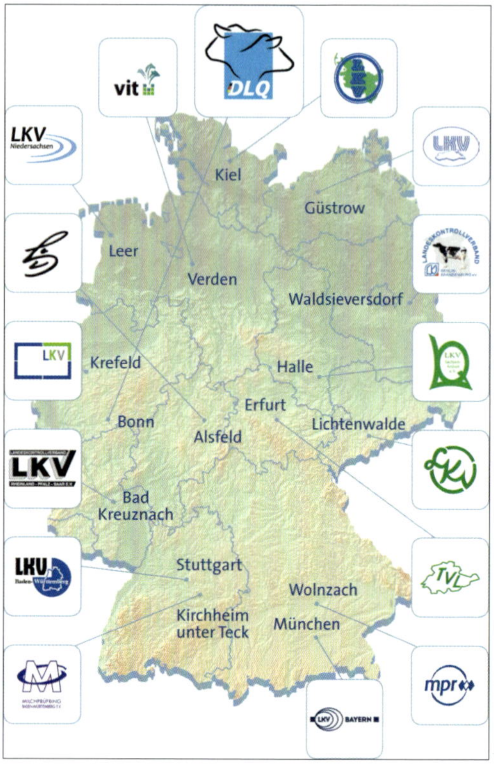

6.4 Organisation der Qualitätskontrolle

Die Qualitätskontrolle von Milch und Milchprodukten ist in Deutschland auf verschiedenen Ebenen organisiert. Neben der obligatorischen staatlichen Lebensmittelüberwachung in der Verantwortung der Bundesländer sind auf der Ebene der Rohmilch sowohl öffentliche als auch private Einrichtungen mit Kontrollaufgaben betraut.
In geringem Maß werden auch im Rahmen des nationalen Rückstandskontrollplans Proben im Rohmilchbereich erfasst und auf Rückstände untersucht. Der bei Weitem größte Schwerpunkt der Qualitätskontrolle liegt aber in Deutschland bei den in den jeweiligen Bundesländern damit beauftragten Organisationen (Landeskontrollverbände und Milchprüfringe), welche privat organisiert sind und als von der zuständigen staatlichen Stelle „beliehene Unternehmer" für diese Aufgabe agieren. Die **Landeskontrollverbände** und **Milchprüfringe** nehmen dabei einerseits die von den Landesbehörden übertragenen Überwachungsaufgaben bei der Anlieferungsmilch wahr; andererseits organisieren sie das System der **freiwilligen Milchleistungsprüfung (Milchkontrolle)**, welches bis auf Einzeltierebene für die Qualitätsbeurteilung sowie die Tiergesundheit relevante Parameter erfasst und damit die Datenbasis für eine umfassende Information der Milcherzeuger mit Daten zur Prozesskontrolle und -steuerung liefert. Durch die gemeinsame

Tab. 6.4
Datendichte für Rohmilch in Deutschland 2014 (Quelle: DLQ e. V.)

Bereich	Parameter	Anzahl der Einzelergebnisse
Milchkontrolle (9,2 Mio. Proben von Einzelkühen)	Fett, Eiweiß, Laktose, Zellzahl, Harnstoff	177 416 100
Milch-Güteverordnung (5,5 Mio. Tankmilchproben)	Fett, Eiweiß, Zellzahl, Keimzahl, Hemmstoff, Gefrierpunkt	33 042 700
sonstige Ergebnisse (Spezialparameter bzw. zur Qualitätssicherung o. Ä.)	MilchGüV Laktose, Harnstoff, pH, ungesättigte Fettsäuren; MLP pH, ungesättigte Fettsäuren; diverse andere validierte Untersuchungen	120 749 300
Summe		331 208 100

Nutzung der logistischen und labortechnischen Infrastrukturen, die für beide Aufgaben nötig sind, entstehen bedeutende Synergieeffekte, die zur Kostenminimierung und Ergebnisoptimierung beitragen.
Die Landeskontrollverbände und Milchprüfringe in Deutschland sind zusammen mit dem Verein vit – Vereinigte Informationssysteme Tierhaltung w. V. im Deutschen Verband für Leistungs- und Qualitätsprüfungen e. V. (DLQ, Bonn, www.dlq-web.de, letzter Zugriff Februar 2016) organisiert und koordinieren gemeinsam ihre Tätigkeit auf der fachlichen Ebene. Mit insgesamt 12 Verbänden wurden 2014 die Milchgüteuntersuchungen für 70 062 Milchlieferanten durchgeführt.
Durch die integrierte Bearbeitung der Milchproben aus der Milchgüteprüfung zusammen mit den Proben aus der Milchkontrolle der einzelnen Kühe entsteht ein umfangreicher Datenpool, der den Betriebsleitern zum Management ihrer Milchviehherde zur Verfügung steht. Im Jahr 2014 konnte damit jeder Betrieb durchschnittlich mehr als 6 500 validierte Einzelergebnisse bzw. fast 90 Einzelergebnisse pro Kuh und Jahr nutzen. Insgesamt wurden mehr als 330 Millionen validierte Einzelergebnisse ermittelt (→ Tab. 6.4).

6.5 Rechtsvorschriften

Nationale Rechtsvorschriften

- Verordnung über die Güteprüfung und Bezahlung der Anlieferungsmilch (Milch-Güteverordnung, MilchGüV) vom 9. Juli 1980 (BGBl. I S. 878, 1081)

Rechtsvorschriften der Europäischen Union

- Verordnung (EU) 2015/1005 der Kommission vom 25. Juni 2015 zur Änderung der Verordnung (EG) Nr. 1881/2006 bezüglich der Höchstgehalte für Blei in bestimmten Lebensmitteln
- Verordnung (EU) Nr. 1259/2011 der Kommission vom 2. Dezember 2011 zur Änderung der Verordnung (EG) Nr. 1881/2006 hinsichtlich der Höchstgehalte für Dioxine, dioxinähnliche PCB und nicht dioxinähnliche PCB in Lebensmitteln
- Verordnung (EG) Nr. 396/2005 des Europäischen Parlaments und des Rates vom 23. Februar 2005 über Höchstgehalte an Pestizidrückständen in oder auf Lebens- und Futtermitteln pflanzlichen und tierischen Ursprungs und zur Änderung der Richtlinie 91/414/EWG des Rates
- Verordnung (EG) Nr. 853/2004 des Europäischen Parlaments und des Rates vom 29. April 2004 mit spezifischen Hygienevorschriften für Lebensmittel tierischen Ursprungs

- Richtlinie 96/23/EG des Rates vom 29. April 1996 über Kontrollmaßnahmen hinsichtlich bestimmter Stoffe und ihrer Rückstände in lebenden Tieren und tierischen Erzeugnissen und zur Aufhebung der Richtlinien 85/358/EWG und 86/469/EWG und der Entscheidungen 89/187/EWG und 91/664/EWG
- Richtlinie 92/46/EWG des Rates vom 16. Juni 1992 mit Hygienevorschriften für die Herstellung und Vermarktung von Rohmilch, wärmebehandelter Milch und Erzeugnissen auf Milchbasis

6.6 Literatur

Umweltbundesamt, Bund/Länder-Arbeitsgruppe Dioxine (2002): Dioxine, Daten aus Deutschland: Daten zur Dioxinbelastung der Umwelt. 4. Bericht, Berlin.

Bundesministerium der Justiz und für Verbraucherschutz (2013): Lebensmittel-, Bedarfsgegenstände- und Futtermittelgesetzbuch (Lebensmittel- und Futtermittelgesetzbuch – LFGB) in der Fassung der Bekanntmachung vom 6. Juni 2013.

Bundesamt für Risikobewertung BfR (2013): Analytik und Toxizität von Pyrrolizidinalkaloiden sowie eine Einschätzung des gesundheitlichen Risikos durch deren Vorkommen in Honig. Stellungnahme Nr. 038/2011 des BfR vom 11. August 2011, ergänzt am 21. Januar 2013.

Bundesamt für Risikobewertung BfR (2015): Fragen und Antworten zur Bewertung des gesundheitlichen Risikos von Glyphosat FAQ des BfR vom 12. November 2015. (http://www.bfr.bund.de/de/fragen_und_antworten_zur_bewertung_des_gesundheitlichen_risikos_von__glyphosat-127823.html, letzter Zugriff Februar 2016)

Bundesamt für Verbraucherschutz und Lebensmittelsicherheit, BVL (2015): Jahresbericht 2013 zum Nationalen Rückstandskontrollplan (NRKP).

Bundesministerium für Umwelt, Naturschutz, Bau und Reaktorsicherheit (BMUB) (2015): Umweltradioaktivität und Strahlenbelastung Jahresbericht 2013.

Märtlbauer, E. (1994): Strategien zur Risikovermeidung in Lebensmitteln – am Beispiel Milch. Übersichten zur Tierernährung 22, 86–92.

International Organization for Standardization (ISO)/International Dairy Federation (IDF): ISO 21187:2004 / IDF 196:2004 Milk – Quantitative determination of bacteriological quality – Guidance for establishing and verifying a conversion relationship between routine method results and anchor method results.

7 Konsummilch

Heinz Becker und Erwin Märtlbauer

7.1 Allgemeine rechtliche Aspekte

Auf **nationaler Ebene** sind die für die Gewinnung, Be- und Verarbeitung der Milch, den Verkehr mit diesem Lebensmittel sowie die Milchmarktordnung wichtigsten Rechtsvorschriften das Lebensmittel- und Futtermittelgesetzbuch, das Milch- und Margarinegesetz, das Milch- und Fettgesetz, die Milch-Sachkunde-Verordnung, die Konsummilch-Kennzeichnungs-Verordnung sowie die Milch-Güteverordnung.

- Das **Lebensmittel- und Futtermittelgesetzbuch** ist das deutsche Dachgesetz für das Lebensmittel- und Futtermittelrecht und beinhaltet zum einen Regelungen, die durch Rechtsvorschriften der Europäischen Gemeinschaft nicht abgedeckt werden. Dies geschieht insbesondere in Ergänzung der EU-Basisverordnung (EG) Nr. 178/2002. Außerdem sollen Rechtsakten der Europäischen Gemeinschaft oder der Europäischen Union, die Sachbereiche des Lebensmittel- und Futtermittelgesetzbuches betreffen, umgesetzt und durchgeführt werden. Zentrales Anliegen des Gesetzes ist der Schutz des Verbrauchers vor Gefahren für die menschliche Gesundheit und vor Täuschung beim Verkehr mit Lebensmitteln, Futtermitteln, Kosmetika und Bedarfsgegenständen.
- Das **Milch- und Margarinegesetz** ergänzt Vorschriften der Verordnung (EU) Nr. 1308/2013 (gemeinsame Marktorganisation für landwirtschaftliche Erzeugnisse), auf die später noch detaillierter eingegangen wird.
- Das **Milch- und Fettgesetz** regelt den Verkehr mit Milch und Milcherzeugnissen (Milchmarktordnung).
- Die **Milch-Sachkunde-Verordnung** benennt die Voraussetzungen und die berufliche Ausbildung jener Personen, die für den milchwirtschaftlichen Betrieb eines Unternehmens zur Verarbeitung von Milch oder Milcherzeugnissen verantwortlich sind. Zulassungsvorschriften für Milchverarbeitungsbetriebe finden sich in der Allgemeinen Verwaltungsvorschrift AVV Lebensmittelhygiene.
- Die **Konsummilch-Kennzeichnungs-Verordnung** enthält die vorgeschriebenen Kennzeichnungselemente für Konsummilch.
- Die **Milch-Güteverordnung** regelt den Milchpreis, also jenen Betrag, den der Erzeuger pro kg Milch erhält und dessen Höhe auch von der Einhaltung definierter Gütemerkmale abhängig ist.

Neben diesen nationalen Rechtsvorschriften existieren für den Milchbereich eine Reihe **innergemeinschaftlicher Verordnungen**, die als solche in den Mitgliedsländern unmittelbare Gültigkeit besitzen. Hier sind insbesondere zu nennen die bereits erwähnte (Basis-) Verordnung (EG) Nr. 178/2002 und das sogenannte **Hygienepaket**, bestehend aus

- der Verordnung (EG) Nr. 852/2004 (Lebensmittelhygiene),
- der Verordnung (EG) Nr. 853/2004 (Hygiene Lebensmittel tierischen Ursprungs) sowie
- der Verordnung (EG) Nr. 854/2004 (amtliche Überwachung).

Für den Milchbereich wichtig ist außerdem die Verordnung (EG) Nr. 1662/2006, weil der Abschnitt über Milch in der Verordnung (EG) Nr. 853/2004 hier ergänzt und neu gefasst wurde. Die nationale Durchführung von Vorschriften des gemeinschaftlichen Lebensmittelhygienerechts wird durch die **Lebensmittelhygienerecht-Durchführungs-Verordnung** geregelt. Artikel 1 (Lebensmittelhygiene-Verordnung) und Artikel 2 (Tierische Lebensmittel-Hygieneverordnung) sind hier von besonderer Bedeutung; so wird z. B.

in Artikel 2 die Abgabe von Rohmilch oder Rohrahm an Verbraucher geregelt, zu der sich in den EU-Verordnungen keine Vorschriften finden. Die übrigen Artikel befassen sich mit der amtlichen Überwachung von Lebensmitteln tierischen Ursprungs (Tierische Lebensmittel-Überwachungsverordnung), Vorschriften zur Überwachung von Zoonosen und Zoonoseerregern, der Einfuhr von Lebensmitteln aus Drittländern sowie mit den Änderungen und Aufhebungen bestehender nationaler Verordnungen, u. a. auch aus dem Milchbereich.

Für den Milchbereich von Bedeutung sind außerdem die Verordnung (EG) Nr. 2073/2005 (mikrobiologische Kriterien für Lebensmittel) sowie deren Änderungsverordnungen Verordnung (EG) Nr. 1441/2007 und Verordnung (EU) Nr. 365/2010. Auf Einzelheiten der genannten Rechtsvorschriften sowie auf weitere innergemeinschaftliche Regelungen, die sich im Wesentlichen mit der gemeinsamen Organisation der Märkte und mit Änderungen oder Ergänzungen der oben angegebenen Verordnungen befassen, wird an den entsprechenden Stellen dieses Kapitels und des → Kapitels 8 eingegangen.

7.2 Rechtliche Definition von „Milch"

„Milch" wird in mehreren Rechtsvorschriften definiert, wobei die Begriffsbestimmungen auch inhaltlich voneinander abweichen. Hier sollen zwei Beispiele, die einen wesentlichen Unterschied hinsichtlich der Definitionen aufzeigen, genannt werden: So wird in § 4 des Milch- und Fettgesetzes **Milch** als das durch regelmäßiges, vollständiges Ausmelken des Euters gewonnene und gründlich durchmischte Gemelk von einer oder mehreren Kühen aus einer oder mehreren Melkzeiten, dem nichts zugefügt und nichts entzogen ist, bezeichnet. Aus dieser Sicht bezieht sich der Begriff damit nur auf Kuhmilch.

Laut § 2 des Milch- und Margarinegesetzes handelt es sich dagegen bei **Milch** um das durch ein- oder mehrmaliges Melken gewonnene Erzeugnis der normalen Eutersekretion von zur Milcherzeugung gehaltenen Tierarten. Hier erfolgt also keine Beschränkung auf Kuhmilch.

In Anhang VII Teil III der oben bereits erwähnten Verordnung (EU) Nr. 1308/2013 wird für „Milch" ein **Bezeichnungsschutz** formuliert:

- Der Ausdruck ‚Milch' ist ausschließlich dem durch ein- oder mehrmaliges Melken gewonnenen Erzeugnis der normalen Eutersekretion, ohne jeglichen Zusatz oder Entzug, vorbehalten.
- Die Bezeichnung kann jedoch für Milch, die einer ihre Zusammensetzung nicht verändernden Behandlung unterzogen oder für Milch, deren Fettgehalt standardisiert worden ist (→ Tab. 7.1), verwendet werden.
- Der Gebrauch dieser Bezeichnung ist auch zusammen mit einem oder mehreren Worten möglich, um den Typ, die Qualitätsklasse, den Ursprung und/oder die vorgesehene Verwendung der Milch zu bezeichnen oder um die physikalische Behandlung, der die Milch unterzogen worden ist, oder die in der Zusammensetzung der Milch eingetretenen Veränderungen zu beschreiben, sofern diese Veränderungen lediglich in dem Zusatz und/oder dem Entzug natürlicher Milchbestandteile bestehen.
- Die Bezeichnung „Milch" kann auch zusammen mit einem oder mehreren Worten für die Benennung von zusammengesetzten Erzeugnissen verwendet werden, bei denen kein Bestandteil einen beliebigen Milchbestandteil ersetzt oder ersetzen soll, und bei dem die Milch einen nach der Menge oder nach der für das Erzeugnis charakteristischen Eigenschaft wesentlichen Teil darstellt (Anhang VII Teil III Nr. 3). Falls es sich nicht um Kuhmilch handelt, muss die Tierart, von der die Milch stammt, genannt werden (Anhang VII Teil III Nr. 4).
- Dieser Bezeichnungsschutz gilt nicht für Erzeugnisse, deren Art aufgrund ihrer traditionellen Verwendung genau bekannt ist, und/oder wenn die Bezeichnungen eindeutig zur Beschreibung einer charakteristischen Eigenschaft des Erzeugnisses verwandt werden (Anhang VII Teil III Nr. 5). Dies entspricht dem Artikel 3 Abschnitt 1 der durch Artikel 201 Abschnitt 1 Buchstabe c der VO (EG) Nr. 1234/2007 aufgehobenen Verordnung (EWG)

Nr. 1898/87. Auf der Basis dieser Ausnahmeregelung in der VO (EWG) Nr. 1898/87 hatte die Kommission 1988 die Entscheidung vom 28. Oktober 1988 zur Festlegung eines Verzeichnisses der entsprechenden Erzeugnisse erlassen, die 2010 als Beschluss 2010/791/EU neu gefasst wurde. In Anhang I dieses Beschlusses findet sich eine Aufstellung deutscher Produkte. Genannt werden Kokosmilch, Liebfrau(en)milch, Fischmilch, Milchner, Milchbrätling und Milchmargarine.

7.3 Herstellung von Konsummilch

7.3.1 Anforderungen im Erzeugerbereich (Primärproduktion)

Unter dem Ausgangsmaterial für die Erzeugung von Konsummilch (auf die einzelnen Erzeugnisse wird unter Abschnitt 7.3.3 näher eingegangen), der **Rohmilch**, wird nach Anhang I Abschnitt 4 Nummer 4.1 der VO (EG) 853/2004 „das unveränderte Gemelk von Nutztieren, das nicht über 40 °C erhitzt und keiner Behandlung mit ähnlicher Wirkung unterzogen wurde“ verstanden. Milch anderer Tierarten als Rinder wird demnach miteinbezogen, wobei in der Verordnung (EG) 853/2004 explizit von Kühen, Büffelkühen, Schafen und Ziegen (sowie „weiblichen Tieren anderer Arten“) die Rede ist. Dies wird allerdings in einem Leitfaden für die Durchführung der Verordnung (EG) Nr. 853/2004 präzisiert. Dort heißt es nämlich, dass in der Praxis Milch von Stuten, Eseln, Kamelen oder anderen Nutztieren einschließlich Farmwild (z. B. Rentieren) in Verkehr gebracht werden kann, sofern ihre Herstellung und Verarbeitung den maßgeblichen Anforderungen der Verordnungen (EG) Nr. 852/2004 und (EG) Nr. 853/2004 entspricht. Als Milcherzeugungsbetrieb gilt ein „Betrieb mit einem oder mehreren Nutztieren, die zur Erzeugung von Milch, die als Lebensmittel in Verkehr gebracht werden soll, gehalten werden“. Letzteres deckt sich inhaltlich mit der weiter unten genannten Definition des Milch- und Margarinegesetzes.

In Deutschland galt gemäß der „Ersten Verordnung zur Ausführung des Milchgesetzes vom 15. Mai 1931“ **Kolostrum** als verdorben (§ 6); entsprechend der 2007 aufgehobenen Milchverordnung durfte es als Milch oder als Erzeugnis auf Milchbasis nicht in den Verkehr gebracht werden (§ 18). In der ursprünglichen Fassung der VO (EG) Nr. 853/2004 war Kolostrum zunächst nicht berücksichtigt worden. Erst bei der Neufassung des Anhangs III Abschnitt IX durch die VO (EG) Nr. 1662/2006 (Abschnitt 7.1) wurde dieser um die Definition von Kolostrum und **Hygienevorschriften für die Kolostrumerzeugung** erweitert.

Die Begründung findet sich in Erwägung 5 der genannten Änderungsverordnung: „Kolostrum wird als Erzeugnis tierischen Ursprungs eingestuft, fällt jedoch nicht unter die Definition von Rohmilch in Anhang I der Verordnung (EG) Nr. 853/2004. Kolostrum wird auf ähnliche Weise hergestellt und ist mit einem ähnlichen Risiko für die menschliche Gesundheit wie Rohmilch behaftet. Aus diesem Grund bedarf es spezifischer Hygienevorschriften für die Kolostrumerzeugung.“ Dementsprechend wird Kolostrum nun definiert als: „...das bis zu 3 bis 5 Tagen nach einer Geburt aus den Milchdrüsen milchgebender Tiere abgesonderte Sekret, das reich an Antikörpern und Mineralstoffen ist und der Erzeugung von Rohmilch vorausgeht“. „Erzeugnisse auf Kolostrumbasis“ sind „Verarbeitungserzeugnisse, die aus der Verarbeitung von Kolostrum oder aus der Weiterbearbeitung solcher Verarbeitungserzeugnisse resultieren“.

In Anlage III Abschnitt IX Kapitel I der Verordnung (EG) Nr. 853/2004, das sich mit der Primärproduktion befasst, werden Hygienevorschriften für die Rohmilch- und Kolostrumerzeugung sowie die Erzeugerbetriebe formuliert. Außerdem werden für Rohmilch vorläufige Kriterien festgelegt, deren Einhaltung Lebensmittelunternehmer (→ Kap. 5.1) mit geeigneten Verfahren sicherstellen müssen (→ Kap. 6). Die Einhaltung dieser Kriterien (→ Tab. 6.1) muss durch eine nach dem Zufallsprinzip gezogene, repräsentative Anzahl an Proben kontrolliert werden. In Deutschland geschieht dies gemäß § 14 Tierische Lebensmittel-Hygieneverordnung durch die Untersuchungen im Rahmen der Milch-Güteverordnung. Nach der Gewinnung müssen die Rohmilch bzw. das Kolostrum im Erzeugerbetrieb gekühlt werden (→ Kap. 5.3).

7.3.2 Anforderungen an den Transport

Nach § 1 des Milch- und Fettgesetzes sind Milcherzeuger verpflichtet, Milch und Rahm, die sie in den Verkehr bringen, an eine **Molkerei** (ausnahmsweise auch an andere Abnehmer), die von der obersten Landesbehörde für Ernährung und Landwirtschaft bestimmt wird, zu liefern. Dies gilt nicht für Vorzugsmilch, auf die weiter unten eingegangen wird. Aus Artikel 4 der Verordnung (EG) Nr. 853/2004, der die Eintragung und Zulassung von Lebensmittelbetrieben regelt, geht hervor, dass Milchwirtschaftliche Unternehmen (Molkereien) einer Zulassung durch die zuständige Behörde bedürfen.
Als **Milchwirtschaftliches Unternehmen** gilt im Sinne von § 2 des Milch- und Margarinegesetzes ein Unternehmen, das Milch oder Milcherzeugnisse herstellt oder abgibt; ausgenommen sind Gaststätten und Einrichtungen zur Gemeinschaftsverpflegung. Die Voraussetzungen und die berufliche Ausbildung, die Personen besitzen müssen, die für den milchwirtschaftlichen Betrieb eines Unternehmens zur Verarbeitung von Milch oder Milcherzeugnissen verantwortlich sind, benennt – wie oben bereits erwähnt – die Milch-Sachkunde-Verordnung. In dieser Verordnung wird zwischen Milchbe- und verarbeitung unterschieden. Die **Milchbearbeitung** umfasst alle zur Herstellung von Konsummilch notwendigen Arbeitsschritte, die **Milchverarbeitung** alle Arbeitsschritte der Herstellung von Milcherzeugnissen wie Butter, Käse oder Milcherzeugnisse im Sinne der Milcherzeugnisverordnung (→ Kap. 8). In der Verordnung (EG) Nr. 853/2004 ist nur von Verarbeitungsbetrieben die Rede.
Im Sinne der Milch-Güteverordnung wird die Rohmilch von Kühen, die ein Milcherzeuger an einen Abnehmer (im Allgemeinen eine Molkerei) liefert, als **Anlieferungsmilch** bezeichnet. Die Abholung der Anlieferungsmilch erfolgt heute in der Regel durch einen Milchsammelwagen, in dessen in mehrere Behälter unterteilten Tank die Milch aus dem Hofbehälter unter Vermeidung von Lufteinbringungen abgepumpt wird. Normalerweise erfolgen hierbei auch die Messung der vom jeweiligen Erzeugerbetrieb gelieferten Milchmenge sowie die eventuelle Probennahme für die in der Milch-Güteverordnung vorgesehenen Untersuchungen.
Die Kühlung muss auch während der Beförderung aufrechterhalten werden und darf beim Eintreffen im Bestimmungsgebiet nicht mehr als 10 °C betragen. Falls die Milch die in Tabelle 6.1 geforderten Kriterien erfüllt und innerhalb von zwei Stunden nach dem Melken verarbeitet wird oder aus technologischen Gründen im Zusammenhang mit der Herstellung bestimmter Milcherzeugnisse eine höhere Temperatur erforderlich ist – und die zuständige Behörde eine entsprechende Genehmigung erteilt –, gelten die Temperaturforderungen nicht (Anlage III Abschnitt IX Kapitel I der Verordnung (EG) Nr. 853/2004).
Nach der Annahme im **Verarbeitungsbetrieb** muss sichergestellt werden, dass die Milch bzw. das Kolostrum rasch auf eine Temperatur von nicht mehr als 6 °C gekühlt und bis zur Verarbeitung auf dieser Temperatur gehalten werden. Auch hiervon gibt es zeitlich und technologisch bedingte Ausnahmen (Verordnung (EG) Nr. 853/2004 Anhang III Abschnitt IX Kapitel II).

7.3.3 Als Konsummilch geltende Erzeugnisse

Anders als in Anhang VII Teil III (Abschnitt 7.2) wird in Anhang VII Teil IV der Verordnung (EU) Nr. 1308/2013 „Milch" definiert als das Gemelk einer oder mehrerer Kühe. Gemäß Anhang VII Teil IV Kapitel III gelten als **„Konsummilch"** die in Tabelle 7.1 aufgeführten Erzeugnisse, die dazu bestimmt sind, in unverändertem Zustand an den Verbraucher abgegeben zu werden.
Die unter den Ziffern 2 und 3 genannten Änderungen der Zusammensetzung der Milch müssen auf dem Erzeugnisetikett an gut sichtbarer Stelle und in deutlich lesbarer und unverwischbarer Form angegeben werden. Ein Mitgliedstaat kann die unter den Ziffern 2 und 3 genannten Änderungen der Zusammensetzung beschränken oder untersagen.

Tab. 7.1
Als Konsummilch geltende Erzeugnisse (Verordnung (EU) Nr. 1308/2013)

Erzeugnis	Definition
Rohmilch	Milch, die nicht über 40 °C erhitzt und keiner Behandlung mit entsprechender Wirkung unterzogen wurde
Vollmilch	wärmebehandelte Milch, die hinsichtlich ihres Fettgehalts einer der folgenden Formeln entspricht:
standardisierte Vollmilch	Milch, deren Fettgehalt mindestens 3,50 % beträgt; die Mitgliedstaaten können jedoch eine weitere Klasse für Vollmilch mit einem Fettgehalt von mindestens 4,00 % vorsehen
nicht standardisierte Vollmilch	Milch, deren Fettgehalt seit dem Melken weder durch Hinzufügung oder Entnahme von Milchfett noch durch Mischung mit Milch, deren natürlicher Fettgehalt geändert worden war, geändert worden ist; der Fettgehalt darf jedoch nicht unter 3,50 % liegen
teilentrahmte Milch (fettarme Milch)	wärmebehandelte Milch, deren Fettgehalt auf einen Satz gebracht worden ist, der mindestens 1,50 % und höchstens 1,80 % beträgt
entrahmte Milch (Magermilch)	wärmebehandelte Milch, deren Fettgehalt auf einen Satz gebracht worden ist, der höchstens 0,50 % beträgt
Trinkmilch[1]	wärmebehandelte Milch, deren Fettgehalt nicht den genannten Anforderungen entspricht, gilt als Konsummilch, wenn der Fettgehalt gut sichtbar und leicht lesbar auf der Verpackung in Form von „... % Fett“ mit einer Dezimalstelle angegeben ist; diese Milch ist nicht als Vollmilch, teilentrahmte Milch oder Magermilch zu bezeichnen

[1] nach § 2 Konsummilch-Kennzeichnungs-Verordnung

Basiswissen 7.1
Erlaubte Änderungen bei Konsummilch

1. Zur Einhaltung der für Konsummilch vorgeschriebenen Fettgehalte darf der natürliche Fettgehalt der Milch durch Entnahme oder Hinzufügung von Rahm oder Hinzufügung von Vollmilch, teilentrahmter Milch oder entrahmter Milch verändert werden. Dies gilt nicht für nicht standardisierte Vollmilch (→ Tab. 7.1).
2. Die Milch darf mit aus Milch stammendem Eiweiß, Mineralsalzen oder Vitaminen angereichert werden. Bei der Anreicherung mit Eiweiß muss der Milcheiweißgehalt der angereicherten Milch mindestens 3,8 % betragen.
3. Der Laktosegehalt der Milch darf durch Umwandlung von Laktose in Glukose und Galaktose verringert werden.

Basiswissen 7.2
Anforderungen an Konsummilch

Konsummilch muss

1. einen Gefrierpunkt haben, der sich an den mittleren Gefrierpunkt annähert, der für Rohmilch im Ursprungsgebiet der gesammelten Milch festgestellt wurde.
2. eine Masse von mindestens 1 028 g je Liter bei Milch mit einem Fettgehalt von 3,5 % und einer Temperatur von 20 °C bzw. einem entsprechenden Wert je Liter bei Milch mit einem anderen Fettgehalt aufweisen.
3. mindestens 2,9 % Eiweiß bei Milch mit einem Fettgehalt von 3,5 % enthalten bzw. eine entsprechende Konzentration bei Milch mit einem anderen Fettgehalt aufweisen

Nach Anlage 4 Teil B bzw. C der Zusatzstoff-Zulassungsverordnung sind als **Zusatzstoffe** zu sterilisierter und ultrahocherhitzter (Kuh)Milch Natriumphosphate und für UHT-Ziegenmilch Natriumcitrate erlaubt. Durch den Zusatz soll die Milch während der Erhitzung stabilisiert und eine Gerinnung und Sedimentierung verhindert werden.

Nur Milch, die den Anforderungen für Konsummilch entspricht, darf in unverarbeiteter Form an den Endverbraucher direkt oder über Gaststättenbetriebe, Krankenhäuser, Kantinen oder ähnliche gemeinschaftliche Einrichtungen geliefert oder abgegeben werden.

Pasteurisierte Milch muss, sofern sie nicht zur weiteren Verarbeitung in der Lebensmittelindustrie bestimmt ist, am Ende des Herstellungsprozesses das folgende mikrobiologische Prozesshygienekriterium (Definition → Kap. 9.1) erfüllen: *Enterobacteriaceae*: n = 5, c = 0, m = 10 KbE/ml (n: Anzahl der Probeeinheiten der Stichprobe, c: Anzahl der Probeeinheiten, die den Wert m überschreiten dürfen; Verordnung (EU) Nr. 365/2010). Als Maßnahmen im Fall unbefriedigender Ergebnisse sind die Kontrolle der Wirksamkeit der Wärmebehandlung und die Vermeidung einer Rekontamination sowie die Kontrolle der Rohstoffqualität vorgesehen.

7.3.4 Bearbeitung der Milch zu wärmebehandelter Konsummilch

Die Bearbeitung der Anlieferungsmilch zu Konsummilch besteht im Wesentlichen aus den Schritten Reinigung und Separation, Wärmebehandlung, Kühlung, Abfüllung. Daneben können u. a. eingesetzt werden: die Thermisierung, die Entkeimung in Entkeimungszentrifugen, die Homogenisierung, die Anreicherung mit aus Milch stammendem Eiweiß sowie die Verringerung des Laktosegehaltes.

7.3.4.1 Lagerung vor der Bearbeitung

Vor der Bearbeitung wird die angelieferte Rohmilch nochmals gekühlt und im Allgemeinen gelagert (gestapelt). Diese Lagerung erfolgt in mit Kühleinrichtungen ausgestatteten **Silo- oder Stapeltanks**. Hierbei handelt es sich um Edelstahlbehälter, die einige Tausend bis einige Zehntausend Liter Fassungsvermögen aufweisen und, je nach Größe, mit Rührwerken, die das Aufrahmen der Milch verhindern sollen, ausgestattet sind. Vor der Lagerung kann eine **Thermisierung** vorgenommen werden. Diese schonende Erhitzung im kontinuierlichen Durchfluss auf + 57 bis + 68 °C mit einer Heißhaltezeit von bis zu 30 Sekunden, nach der der Phosphatasenachweis positiv sein muss, wurde in der seit 2007 nicht mehr gültigen Milchverordnung (Anlage 6) genannt, existiert allerdings im EU-Lebensmittelhygienerecht nicht mehr. Durch die Thermisierung soll vor allem die Zahl an gramnegativen psychrotrophen Keimen (Coliforme, Pseudomonaden, Flavobakterien u. a. m., → Kap. 9.3) reduziert werden. Die Keime selbst sind relativ hitzeempfindlich, produzieren allerdings z. T. äußerst thermostabile Enzyme (Proteasen, Lipasen), die die anschließend erfolgende intensivere Wärmebehandlung überstehen und auch bei der kühl gelagerten Konsummilch eine Minderung der Qualität und Haltbarkeit bedingen können.

7.3.4.2 Reinigen und Separieren

Bei der **Reinigung** der Milch kommen heute meistens Zentrifugen zum Einsatz. Dies hat den Vorteil, dass neben der angestrebten Entfernung von milchfremden Bestandteilen (z. B. Schmutz- und Futtermittelpartikel, Tierhaare, Bakterien) und somatischen Zellen gleichzeitig auch eine Separierung der Milch in Rahm und Magermilch möglich ist. Hierbei wird der leichtere Rahm von der nach außen fließenden Magermilch abgetrennt. Die Separation wird bei höheren Temperaturen (40–50 °C) vorgenommen, die durch Wärmeaustausch mit der aus dem Erhitzer zurückfließenden, bereits wärmebehandelten Milch (siehe weiter unten) erreicht werden. Die oben genannten, schwereren Schmutzbestandteile werden als Zentrifugen- oder Separatorenschlamm im Gerät gesammelt und während des Betriebes in regelmäßigen Abständen ausgeschleudert (selbstreinigende Separatoren). Nach der Behandlung im Separator liegen demnach drei Fraktionen vor: Rahm, Magermilch und Zentrifugenschlamm.

Zentrifugen- oder Separatorenschlamm unterliegt den Vorschriften der Verordnung (EG) Nr. 1069/2009 (tierische Nebenprodukte). Er wird in Artikel 3 als „Material, das als ein Nebenprodukt nach der Reinigung von Rohmilch und Trennung von Magermilch und Rahm von Rohmilch anfällt" definiert und gemäß Artikel 7 nach dem Grad der von ihm ausgehenden Gefahr für die Gesundheit von Mensch und Tier in die niedrigste Kategorie 3 eingestuft. In Artikel 14 werden die verschiedenen Wege zur Beseitigung und Verwendung von Material der Kategorie 3 genannt. Gemäß Anhang IV Kapitel I Abschnitt 2, 6. der Verordnung (EU) Nr. 142/2011 (Durchführung der Verordnung (EG) Nr. 1069/2009) darf Material dieser Kategorie, das aus Zentrifugen- oder Separatorenschlamm besteht, über den Abwasserstrom beseitigt werden, sofern es einer der in Anhang X Kapitel II Abschnitt 4 Teil III der vorliegenden Verordnung für Zentrifugen- oder Separatorenschlamm vorgesehenen Hitzebehandlung unterzogen wurde. Im Anschluss an eine der dort genannten Hitzebehandlungen ist auch die Verfütterung an Nutztiere erlaubt. Unter bestimmten Voraussetzungen können auch „alternative Parameter" für die Hitzebehandlung genehmigt werden.

Vielfach werden heute bei der Konsummilchherstellung auch **Entkeimungszentrifugen** (Baktofugen) eingesetzt. Da Bakterien, speziell Bakteriensporen, eine höhere Dichte als Milch aufweisen, werden sie bei den hohen Drehzahlen der Baktofugen (10 000 *g* und mehr) von dieser abgetrennt und meist kontinuierlich entfernt. Das keim- und sporenhaltige Baktofugat wird einer auch Sporen abtötenden Wärmebehandlung unterzogen. Da ein gewisser Prozentsatz der Keime/Sporen sich bei der oben beschriebenen Trennung von Rahm und Magermilch in der Rahmphase befinden würden, muss die Baktofugation vor der Separation stattfinden. Zur möglichst effektiven Entkeimung sind höhere Temperaturen erforderlich, optimal zwischen 55 und 60 °C. Die Baktofuge ist daher ebenfalls in den oben erwähnten Wärmeaustauschprozess integriert.

Nach der Reinigung der Milch werden Magermilch und Rahm unverändert wieder zusammengeführt (nicht standardisierte Vollmilch) oder die entsprechenden Fettgehalte eingestellt (→ Tab. 7.1). Etwaig verbleibender Rahm wird anderweitig weiterverarbeitet.

7.3.4.3 Wärmebehandlung

Durch die anschließende **Wärmebehandlung** der Milch werden normalerweise alle eventuell in der Rohmilch vorhandenen Krankheitserreger abgetötet, sieht man von den Sporenbildnern (z. B. *Bacillus*-Spezies), deren resistente Dauerformen (Endosporen) die Pasteurisierung, zu einem gewissen Teil auch die Ultrahocherhitzung, überleben können, einmal ab. Daneben werden aber auch Verderbserreger entweder eliminiert oder in ihrer Anzahl vermindert (thermoresistente Keime, → Kap. 9.3).

Im EU-Lebensmittelhygienerecht wird eine Wärmebehandlung nicht mehr explizit gefordert. Nach Artikel 14 der Verordnung (EG) Nr. 178/2002 gilt lediglich, dass Lebensmittel, die nicht sicher sind, nicht in den Verkehr gebracht werden dürfen. Im Hinblick auf Milch und Milcherzeugnisse kann Sicherheit zwar durch eine Wärmebehandlung, aber auch durch eine „Behandlung mit ähnlicher Wirkung" (Verordnung EG Nr. 853/2004 Anhang I 4.1) erreicht werden. Zu solchen Verfahren, die allerdings in der Verordnung nicht genannt werden, zählen z. B. Mikrofiltration, Tiefenfiltration, Hochdruck und Ultraschall, allein oder eventuell auch kombiniert mit einer Wärmebehandlung. Im Hinblick auf die Konsummilchherstellung wird allerdings die Erhitzung vorgeschrieben, da sich, wie aus Tabelle 7.1 hervorgeht, die Definitionen aller Konsummilchsorten, abgesehen von der Rohmilch, stets auf wärmebehandelte Milch beziehen.

In der berichtigten Fassung (25.06.2004) der Verordnung EG Nr. 853/2004 hieß es bezüglich der „Vorschriften für die Hitzebehandlung" in Anhang III Abschnitt IX Kapitel II lediglich, dass bei der Hitzebehandlung von Rohmilch oder Milcherzeugnissen die diesbezüglichen Vorschriften der Verordnung EG Nr. 852/2004 (siehe weiter unten), die ebenfalls in dieser Verordnung auf HACCP-Grundsätzen entwickelten Verfahren sowie die Anforderungen bei der Zulassung und Kontrolle von Betrieben entsprechend der Verordnung (EG) Nr. 854/2004 (amtliche Überwachung) sicherzustellen sind. Erst durch die (Än-

Tab. 7.2
Vorschriften für die Wärmebehandlung von Rohmilch, Kolostrum, Milcherzeugnissen und Erzeugnissen auf Kolostrumbasis (gemäß Anhang III Abschnitt IX, Kapitel II der Verordnung (EG) Nr. 853/2004 in der Fassung der Verordnung (EG) Nr. 1662/2006)

Verfahren[1,2]	Temperatur-Zeit-Bedingungen	
Pasteurisierung		
• Dauererhitzung	mindestens + 63 °C	30 min Heißhaltezeit
• Kurzzeiterhitzung	mindestens + 72 °C	15 s Heißhaltezeit
	jede andere Zeit-Temperatur-Kombination mit gleicher Wirkung bei allen genannten Verfahren muss der Phosphatasenachweis (Alkalinphosphatasetest) negativ sein	
Ultrahocherhitzung (UHT)	mindestens + 135 °C (in Form kontinuierlicher Wärmezufuhr, bei geeigneter Heißhaltezeit) mikrobiologische Kontrolle: bei Aufbewahrung in einer sterilen verschlossenen Packung bei Umgebungstemperatur dürfen keine lebensfähigen Mikroorganismen oder Sporen, die sich im behandelten Erzeugnis vermehren können, vorhanden sein; weiterhin muss sichergestellt sein, dass die Erzeugnisse nach einer Inkubation in verschlossenen Packungen bei 30 °C für 15 Tage oder bei 55 °C für 7 Tage oder nach Anwendung einer anderen Methode, bei der erwiesen ist, dass die geeignete Wärmebehandlung durchgeführt wurde, mikrobiologisch stabil sind	

[1] Die Lebensmittelunternehmer müssen sicherstellen, dass bei der Wärmebehandlung von Rohmilch oder Milcherzeugnissen die Anforderungen des Anhangs II Kapitel XI der Verordnung (EG) Nr. 852/2004 eingehalten werden. Sie müssen insbesondere dafür Sorge tragen, dass bei folgenden Verfahren die vorgegebenen Spezifikationen erfüllt sind.
[2] Wenn Lebensmittelunternehmer erwägen, Rohmilch und Kolostrum einer Wärmebehandlung zu unterziehen, müssen sie dem Folgenden Rechnung tragen: a) den nach den HACCP-Grundsätzen gemäß der Verordnung (EG) Nr. 852/2004 entwickelten Verfahren und b) den Anforderungen, die die zuständige Behörde gegebenenfalls hierzu vorgibt, wenn sie Betriebe zulässt oder Kontrollen gemäß der Verordnung (EG) Nr. 854/2004 vornimmt.

derungs)verordnung (EG) Nr. 2074/2005 wurden in Anhang III Abschnitt IX Kapitel II der Verordnung EG 853/2004 detaillierte „Vorschriften für die Wärmebehandlung" eingefügt (→ Tab. 7.2).

Die in Tabelle 7.2 erwähnten Anforderungen des Anhangs II Kapitel XI der Verordnung (EG) Nr. 852/2004 gelten nur für Lebensmittel, die in hermetisch verschlossenen Behältern in Verkehr gebracht werden:

1. „Bei jeder Wärmebehandlung zur Verarbeitung eines unverarbeiteten Erzeugnisses oder zur Weiterverarbeitung eines verarbeiteten Erzeugnisses muss
   a) jeder Teil des behandelten Erzeugnisses für eine bestimmte Zeit auf eine bestimmte Temperatur erhitzt werden und
   b) verhindert werden, dass das Erzeugnis während dieses Prozesses kontaminiert wird.
2. Um sicherzustellen, dass mit dem angewandten Verfahren die angestrebten Ziele erreicht werden, müssen die Lebensmittelunternehmer regelmäßig die wichtigsten in Betracht kommenden Parameter (insbesondere Temperatur, Druck, Versiegelung und Mikrobiologie) überprüfen, u. a. auch durch die Verwendung automatischer Vorrichtungen.
3. Das angewandte Verfahren sollte international anerkannten Normen entsprechen (z. B. Pasteurisierung, Ultrahocherhitzung oder Sterilisierung)."

▸ Kurzzeiterhitzung

Die Kurzzeiterhitzung (→ Tab. 7.2) wird heute meist in **Plattenerhitzern** vorgenommen. Diese bestehen aus hintereinandergeschalteten Paketen von Edelstahlplatten, die aus strömungstechnischen Gründen mit Profilen ausgestattet sind. Die Art dieser Profile ist vom zu bearbeitenden Material abhängig. Die durch die Platten gebildeten Zwischenräume werden mit bereits wärmebehandelter Milch (in den Austauscherabteilungen)

Abb. 7.1
Schema eines Plattenerhitzers (Austauscherabteilung): Die unerhitzte Milch (blau) wird durch bereits erhitze Milch (oder heißes Wasser, rot) erwärmt.

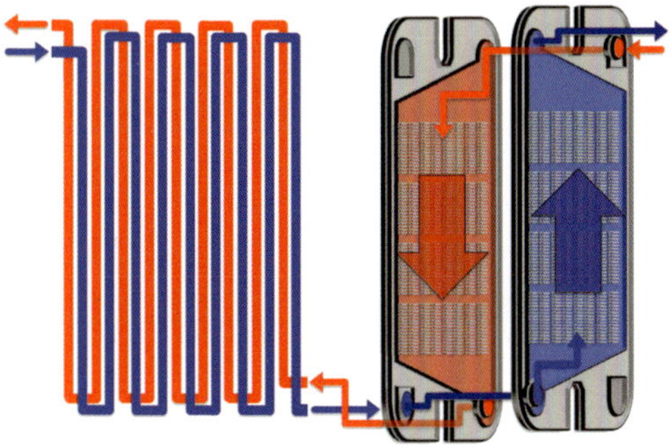

bzw. mit heißem Wasser durchströmt (→ Abb. 7.1). Dazwischen befindet sich die zu erhitzende Milch, die auf die erforderliche Temperatur gebracht wird.

Häufig wird nach folgendem Prinzip (→ Abb. 7.2) gearbeitet: Die rohe Milch gelangt aus einem **Vorlaufbehälter** zunächst in die **erste Austauscherabteilung**, wo sie durch die entgegenfließende, bereits wärmebehandelte Milch auf Temperaturen von 40–50 °C gebracht wird. Dann erfolgt die oben beschriebene Reinigung und Separierung mit Zentrifugen und gegebenenfalls die Einstellung des Fettgehaltes. In der **zweiten Austauscherabteilung** wird sie durch entgegenfließende Milch weiter erwärmt, im Erhitzer auf die Pasteurisierungstemperatur (z. B. 72 °C) gebracht und in der Heißhalteabteilung über den erforderlichen Zeitraum (z. B. 15 s) auf dieser Temperatur gehalten.

Temperatur und Zeit werden kontinuierlich gemessen und bei Nichteinhaltung der vorgegeben Bedingungen wird unterpasteurisierte Milch über ein Umschaltventil wieder in den Vorlaufbehälter zurückgeleitet. Die pasteurisierte Milch fließt wieder in die Austauscherabteilungen, wo sie die entgegenkommende Rohmilch erwärmt und dabei gleichzeitig abgekühlt wird. Danach erfolgen die eigentliche Kühlung auf die Lagerungstemperatur von ≤ 6 °C und die Abpackung.

Abb. 7.2
Vereinfachtes Schema der Herstellung pasteurisierter Konsummilch:
1 Vorlaufbehälter, **2** Pumpe, **3** Plattenerhitzer mit Austauscherabteilungen, **4** Separator, **5** Homogenisator, **6** Druckerhöhungspumpe, **7** Heißhalter, **8** Temperatur/Zeitmessung, **9** Umschaltventil

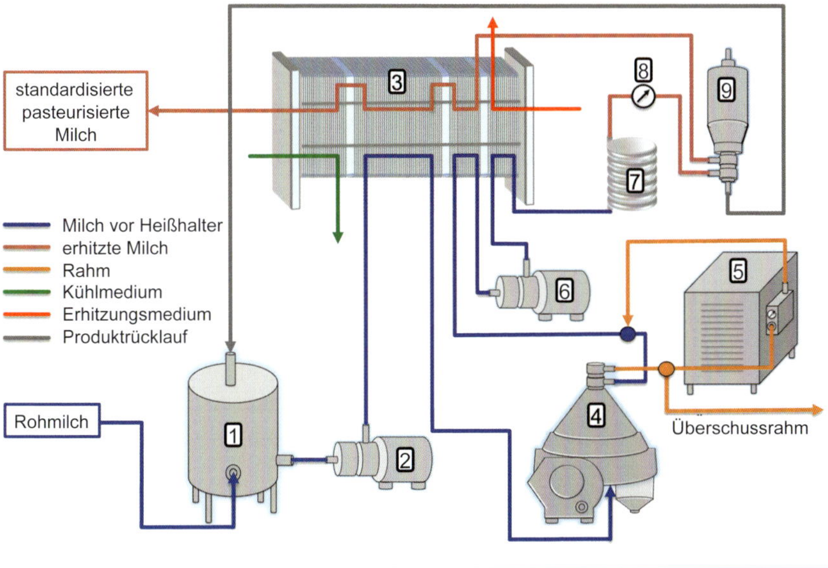

▸ **Hocherhitzung (ESL-Milch)**

Die kurzzeiterhitzte Milch wurde in den letzten Jahren mehr und mehr von der ESL-Milch verdrängt. ESL ist die Abkürzung für Extended Shelf Life, was wiederum bedeutet, dass diese Milch in der ungeöffneten Packung eine wesentlich längere Mindesthaltbarkeit aufweist (bis zu 24 Tage) als kurzzeiterhitze Milch (Mindesthaltbarkeit 6–12 Tage).

Es gibt verschiedene Verfahren zur Herstellung von ESL-Milch. Bei der **direkten Erhitzung** erfolgt nach den oben beschriebenen Schritten Thermisierung, Reinigung, Standardisierung und Vorwärmen auf etwa 70–85 °C in Wärmeaustauschern die Hocherhitzung entweder durch Injektion von Dampf in die Milch (Dampfinjektion, → Abb. 7.3) oder ihre Versprühung in Dampf (Dampfinfusion) bei Temperaturen von maximal 127 °C. Anschließend wird sie für 2 bis 3 Sekunden heiß gehalten und abrupt in einem Vakuumbehälter auf die Ausgangstemperatur von 70–85 °C zurückgekühlt (Flash-Kühlung), wobei das mit dem Dampf zugeführte Wasser der Milch wieder entzogen wird. Die weitere Kühlung erfolgt über mehrere Wärmeaustauscherabteilungen auf Temperaturen von 5 °C.

Die **indirekte Erhitzung** ähnelt dem für die Kurzzeiterhitzung beschriebenen Verfahren. Allerdings handelt es sich bei den Anlagen in der Regel nicht um Platten- sondern um Röhrenerhitzer. In der Hocherhitzerabteilung wird die Milch auf Temperaturen zwischen 110 und 125 °C gebracht und etwa 2 Sekunden heiß gehalten. Danach erfolgt die Kühlung wieder über mehrere Wärmeaustauscherabteilungen auf Temperaturen von 5 °C.

Sowohl beim direkten als auch beim indirekten Verfahren muss der gesamte Bereich des Transports und der Lagerung der wärmebehandelten Milch vor der Abfüllung aseptisch sein. Die Abfüllung selbst erfolgt ebenfalls unter aseptischen Kautelen in mittels Wasserstoffperoxid und Heißluft entkeimtes Verpackungsmaterial.

Häufig wird bei der Herstellung von ESL-Milch die Wärmebehandlung mit einer **Mikrofiltration** kombiniert. Hierbei wird die Milch zunächst in einer Wärmeaustauscherabteilung auf Temperaturen von 50–55 °C erwärmt, dann gereinigt und

Abb. 7.3
Schema der direkten Erhitzung (Dampfinjektion, rot) von ESL-Milch

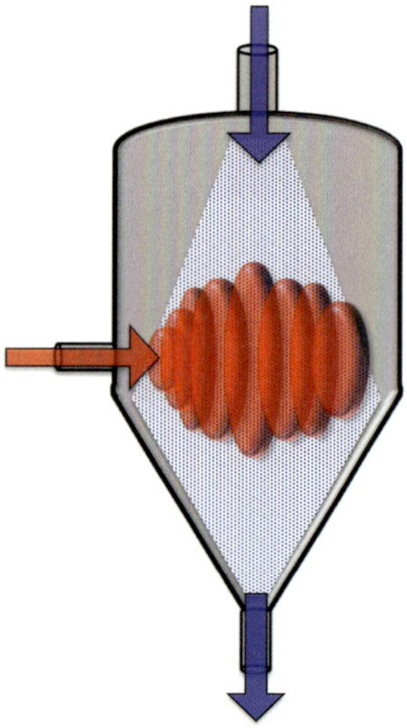

Abb. 7.4
Schema der Herstellung von ESL-Milch

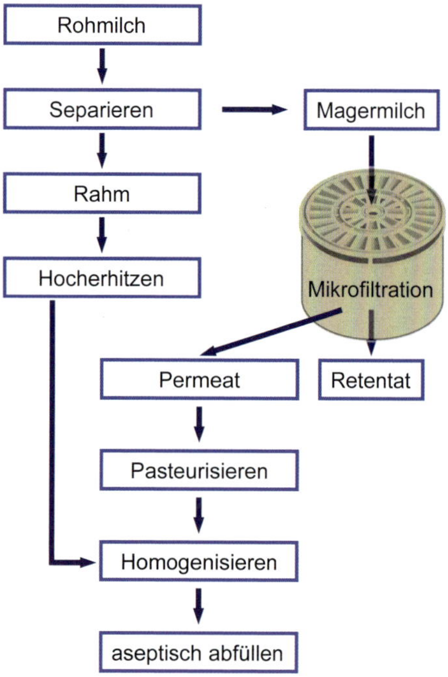

Abb. 7.5
Ausschlussgrenze bei der Mikrofiltration: Entsprechend der Porengröße der verwendeten Filter werden die meisten Mikroorganismen und größere Bestandteile im Retentat zurückgehalten. Das Permeat beinhaltet den Großteil der Milchproteine (Caseine und Molkenproteine) und aller anderen Milchinhaltsstoffe.

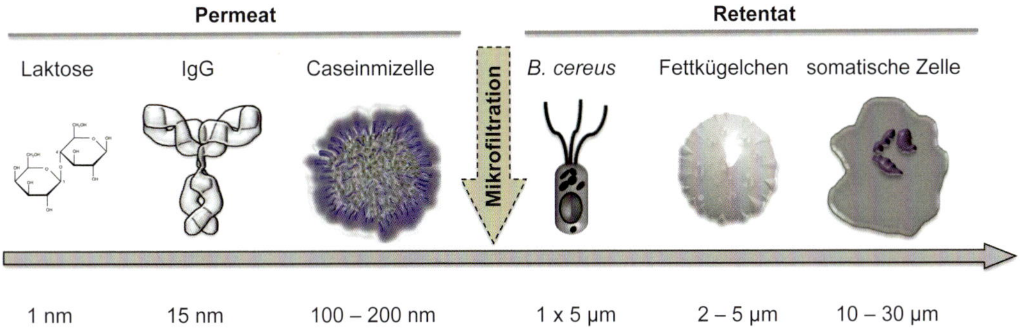

separiert. Anschließend wird die Magermilch durch Mikrofiltration entkeimt. Hierbei wird sie durch Keramikmembranen mit etwa 1,4 µm Porengröße filtriert und in ein keimarmes Permeat (Filtrat) sowie das etwa 99,5 % der Magermilchkeimflora enthaltende Retentat getrennt (→ Abb. 7.5). Das **Permeat** wird zunächst in einer Wärmeaustauscherabteilung erwärmt, dann im Erhitzer auf eine Pasteurisierungstemperatur von meist 74 °C gebracht und im Heißhalter über 15 Sekunden kurzzeiterhitzt. Das **Retentat** wird weiter konzentriert und, je nach Konzentrierungsgrad, verworfen oder mit dem zur Standardisierung vorgesehenen Rahm vermischt und bei 90–125 °C hocherhitzt. Nach der Zusammenführung erfolgt die weitere Bearbeitung wie oben beschrieben.

Bei der **Tiefenfiltration** werden ebenfalls die in der Milch befindlichen Mikroorganismen zurückgehalten, allerdings verbleiben sie im Filter und es entsteht somit kein Retentat. Die Filteranlage besteht aus einer Vorfiltereinheit mit mehreren Polypropylen-Filterkerzen, die Porengrößen von 0,3 µm aufweisen und einer entsprechenden Endfiltereinheit mit Porengrößen von 0,2 µm. An die Filteranlage ist eine Reinigungs- und Dampfsterilisationsanlage angeschlossen.

Um ein recht neues Verfahren handelt es sich bei der ESL-Milch-Herstellung mittels **Entkeimungszentrifugen** (Baktofugen, siehe oben). Hierbei passiert die Milch zunächst zwei hintereinandergeschaltete Entkeimungszentrifugen und wird anschließend einer konventionellen Kurzzeiterhitzung unterzogen.

Unabhängig von der Art der Herstellung muss ESL-Milch genau wie kurzzeiterhitzte Milch kühl gelagert werden. Ihre sensorischen Eigenschaften sollen, wie Untersuchungen und Verkostungen gezeigt haben, denen der kurzzeiterhitzten Milch nahekommen. Dies gilt zumindest für die direkte Hocherhitzung und die Filtrationsverfahren. Die indirekte Hocherhitzung schneidet demgegenüber etwas schlechter ab.

Ein anderes Problem ergibt sich hinsichtlich der **Bezeichnung für ESL-Milch**. Entsprechend der Verordnung (EG) Nr. 853/2004 gelten beide Milchsorten, kurzeiterhitzte und ESL-Milch, als Pasteurisierte Konsummilch (→ Tab. 7.2), der Verbraucher erhält somit keinen eindeutigen Hinweis auf das Herstellungsverfahren. Im Sinne einer besseren Verbraucherinformation haben sich daher 2009 die deutschen Konsummilchhersteller in Zusammenarbeit mit dem Bundesministerium für Ernährung, Landwirtschaft und Verbraucherschutz zu einer „Selbstverpflichtung ... zur Kennzeichnung von klassischer Konsummilch und ESL-Milch“ entschlossen. Demnach wird klassische Konsummilch mit dem Zusatz „traditionell hergestellt“ und ESL-Milch mit dem Zusatz „länger haltbar“ gekennzeichnet. Die maximale Mindesthaltbarkeit soll 24 Tage ab Produktion betragen. Durch diese Art der Kennzeichnung wurden allerdings nicht die Bedenken der Verbraucherverbände hinsichtlich der Bezeichnungen „frisch“, „länger frisch“, „maxifrisch“ usw., die sich normalerweise ebenfalls auf den ESL-Milch-Packungen befinden, ausgeräumt.

▸ Dauererhitzung

Die Dauererhitzung eignet sich nicht für die Pasteurisierung im industriellen Maßstab. Sie wird bei der Konsummilchherstellung kaum noch verwendet, sondern im Allgemeinen in **Kleinstbetrieben**, die Milch zu verschiedenen Milchprodukten (z. B. Käse) verarbeiten, eingesetzt. Anders als bei der Kurzzeiterhitzung, bei der die Wärmebehandlung in einem kontinuierlichen Verfahren erfolgt, wird bei der Dauererhitzung eine chargenweise Pasteurisierung in speziellen Behältern vorgenommen. Bei Letzteren handelt es sich prinzipiell, ohne auf bauartliche Details eingehen zu wollen, um doppelwandige Wannen. In der Wandung befinden sich das auf die notwendige Erhitzungstemperatur gebrachte Wasser oder Dampf, in der Wanne selbst, die mit einem Rührwerk ausgestattet ist, die zu pasteurisierende Milch. Der Erhitzungsprozess wird laufend durch Temperaturmessung überwacht.

▸ Sterilmilch

Sterilmilch wird in bereits verschlossenen Behältern autoklaviert. In der Verordnung (EG) Nr. 853/2004 wird sie nicht mehr namentlich erwähnt (→ Tab. 7.2), während die seit 2007 nicht mehr gültige Milchverordnung eine Mindesttemperatur von 110 °C und Temperatur-Zeit-Bedingungen vorschrieb, die mindestens einem Sterilisationswert von $F_0 = 3$ Minuten entsprechen müssen. Sterilmilch hat eine **Haltbarkeit von bis zu einem Jahr** und muss während der Lagerung bei ungeöffneter Packung nicht gekühlt werden. Ihr Marktanteil ist gering.

▸ Ultrahocherhitzte Milch

Die Herstellung von ultrahocherhitzter Milch (UHT-Milch, H-Milch) läuft ähnlich ab wie die direkte und indirekte Erhitzung von ESL-Milch. Die Wärmebehandlungstemperaturen liegen allerdings höher (mindestens 135 °C, → Tab. 7.2); die Heißhaltezeit beträgt wenige Sekunden. Die Abfüllung muss unter streng aseptischen Bedingungen erfolgen. UHT-Milch ist allerdings nicht grundsätzlich steril, sondern kann Bakteriensporen enthalten (→ Kap. 9.3). Die Mindesthaltbarkeitsdauer beträgt drei Monate und mehr; eine Kühlung der ungeöffneten Packungen ist während dieser Zeit nicht notwendig. UHT-Milch hat mit etwa zwei Dritteln den höchsten Anteil an der verkauften Konsummilch (Stand 2014).

In Abhängigkeit von der Intensität und Dauer der oben beschriebenen Wärmebehandlungen finden mehr oder weniger deutliche **Veränderungen** hinsichtlich der **Milchinhaltsstoffe** und der **organoleptischen Eigenschaften** der Milch statt.

▸ Eignung von Anlagen zur Wärmebehandlung von Milch und Mindestanforderungen

In der eingangs erwähnten AVV Lebensmittelhygiene finden sich Hinweise auf die Eignung von Anlagen zur Wärmebehandlung von Milch sowie Mindestanforderungen. So heißt es in § 2: „Im Falle der Zulassung von Milchverarbeitungsbetrieben ist der Lebensmittelunternehmer, sofern nach ... der Verordnung (EG) Nr. 853/2004 eine Hitzebehandlung von Rohmilch oder Milcherzeugnissen erfolgt, darüber zu informieren, dass Anlagen für die Hitzebehandlung geeignet sind, die z. B. vom Institut für Chemie und Technologie der Milch der Bundesforschungsanstalt für Ernährung und Lebensmittel, Standort Kiel, oder dem Institut für Lebensmittelverfahrenstechnik des Zentralinstituts für Ernährungs- und Lebensmittelforschung, Weihenstephan, Technische Universität München, typgeprüft sind.“ Als allgemeine Anforderungen an die Zulassung von Betrieben werden in Abschnitt 7 der AVV Lebensmittelhygiene als mögliche **Kontrollvorrichtungen** im Zusammenhang mit Wärmebehandlungsapparaturen z. B.

- Registrierthermometer (zur Aufzeichnung der Temperatur-Zeit-Kombination),
- Umschaltvorrichtungen (Rückleitung untererhitzter Milch) und
- Schutzeinrichtung (z. B. durch Herstellung eines Druckgefälles) gegen Vermischung (erhitzter mit untererhitzter Milch) genannt (→ Abb. 7.2).

Die anerkannten Wärmebehandlungsverfahren sind so anzuwenden, dass die behandelten Milch- und Milcherzeugnissorten die Anforderungen der Verordnung (EG) Nr. 2073/2005 (mikrobiologische Kriterien) erfüllen.

7.3.4.4 Homogenisierung

Die Homogenisierung der Milch ist nicht vorgeschrieben. Sie dient in erster Linie der Verhinderung des **Aufrahmens**, hat aber auch noch andere Vorteile, wie die verbesserte **Verdaulichkeit** und einen vollmundigeren **Geschmack**. Andererseits ist z. B. die Gefahr der Entstehung des Lichtgeschmacks (Methionalbildung aus Methionin unter Lichteinwirkung bewirkt einen ranzigen Geschmack) erhöht. Im Homogenisator werden die im Durchschnitt 2–5 µm großen Fettkügelchen unter hohem Druck (in Abhängigkeit vom Produkt zwischen 100 und 250 bar) durch schmale Spalten gepresst und auf einen Durchmesser von weniger als 1 µm verkleinert.

Die Homogenisierung findet bei kurzzeiterhitzter Milch und bei indirekt hocherhitzter oder doppelt baktofugierter ESL-Milch bzw. indirekt ultrahocherhitzter Milch *vor* der Wärmebehandlung statt, während sie bei direkt hocherhitzter ESL-Milch und direkt ultrahocherhitzter Milch unter aseptischen Bedingungen *nach* der Wärmebehandlung erfolgt. Bei mikro- und tiefenfiltrierter ESL-Milch wird der Rahm nach der Hocherhitzung homogenisiert. Da er zusammen mit dem Permeat noch kurzzeiterhitzt wird, ist ein Homogenisieren unter aseptischen Bedingungen nicht notwendig.

7.3.4.5 Abpackung

Bezüglich der Abpackung finden sich bereits einige Hinweise in vorangehenden Abschnitten bei der Besprechung der verschiedenen Wärmebe-

Basiswissen 7.3
Kennzeichnung von Konsummilch in Fertigpackungen

- **Verkehrsbezeichnung:** Vollmilch, teilentrahmte (fettarme) Milch, entrahmte Milch (Magermilch) oder bei Milch, bei der die Fettgehaltsstufe diesen Kategorien nicht entspricht, Trinkmilch
- **Fettgehalt:** „mindestens ...% Fett“ bei Vollmilch mit natürlichem Fettgehalt, „ ... % Fett“ bei im Fettgehalt eingestellter Vollmilch, teilentrahmter (fettarmer) Milch und Trinkmilch, „höchstens ...% Fett“ bei entrahmter Milch
- **Name und Anschrift** des Herstellers, des Einfüllers oder eines in der EU niedergelassenen Verkäufers
- **Mindesthaltbarkeitsdatum (MHD)** „mindestens haltbar bis ... „ (§ 7 Lebensmittel-Kennzeichnungsverordnung), bei pasteurisierter Konsummilch zusätzlich mit der Angabe „bei + 8 Grad C“
- **Wärmebehandlungsverfahren** nach der Verordnung (EG) Nr. 854/2004 durch die Angabe „pasteurisiert“ oder „ultrahocherhitzt“; bei Letzterer zusätzlich der Buchstabe „H“ mindestens in gleicher Schriftgröße wie die Angabe der Milchsorte
- **Zutaten:** Teilentrahmte oder entrahmte Milch kann mit Milcheiweiß angereichert sein; Zusatz von Mineralstoffen und/oder Vitaminen (Verordnung (EU) Nr. 1308/2013): in diesem Falle wird angegeben, welche Nährstoffmengen enthalten sind
- Spaltung von Laktose – **„Laktosefrei“** (Verordnung (EU) Nr. 1308/2013)
- **Nennfüllmenge** (Eichgesetz)
- **Identitätskennzeichen** (Verordnung (EG) Nr. 854/2004)
- **Nährwertdeklaration** (Verordnung (EU) Nr. 1169/2011, Lebensmittelinformations-Verordnung, LMIV)

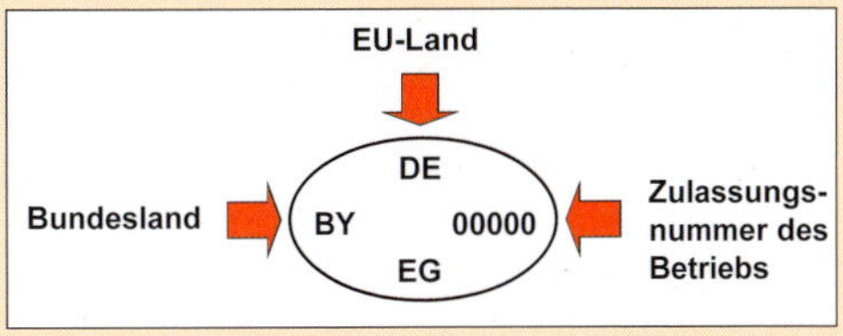

Identitätskennzeichen (die Kennzeichnung lässt keine Rückschlüsse auf den Milcherzeuger zu, sondern nur auf den Betrieb, in dem das Produkt zuletzt bearbeitet oder verpackt wurde)

handlungsverfahren. Allgemein gilt nach Anhang III Abschnitt IX Kapitel III der Verordnung (EG) Nr. 853/2004 (in der Fassung der VO (EG) Nr. 1662/2006), dass „die **Versiegelung von Verbraucherverpackungen** ... unmittelbar nach der Abfüllung in dem Betrieb erfolgen" muss, „in dem die letzte Wärmebehandlung von flüssigen Milcherzeugnissen und Erzeugnissen auf Kolostrumbasis stattfindet, und zwar durch Versiegelungsvorrichtungen, die eine Kontamination verhindern. Das Versiegelungssystem muss so konzipiert sein, dass, wenn der betreffende Behälter geöffnet wurde, dies deutlich zu erkennen und leicht nachzuprüfen ist."

7.3.4.6 Kennzeichnung von Konsummilch

Wie eingangs bereits erwähnt befinden sich die wichtigsten Kennzeichnungselemente für Konsummilch in der Konsummilch-Kennzeichnungs-Verordnung. Einige weitere ergeben sich aus anderen, unten genannten Rechtsvorschriften. Konsummilch darf nur in den Verkehr gebracht werden, wenn sie entsprechend gekennzeichnet ist.

7.3.4.7 Rohe Konsummilch (Vorzugsmilch, „Milch-ab-Hof")

Wie aus Tabelle 7.1 ersichtlich darf auch Rohmilch als Konsummilch in Verkehr gebracht werden. Nach Artikel 10 (8) der Verordnung (EG) 853/2004 kann „ein Mitgliedstaat ... aus eigener Initiative und unter Einhaltung der allgemeinen Bestimmungen des Vertrags einzelstaatliche Vorschriften beibehalten oder einführen, mit denen a) das Inverkehrbringen von Rohmilch oder Rohrahm, die für den unmittelbaren menschlichen Verzehr bestimmt sind, in seinem Hoheitsgebiet untersagt oder eingeschränkt wird ...". Hierauf basiert § 17 der Tierische Lebensmittel-Hygieneverordnung, wonach es grundsätzlich verboten ist, Rohmilch oder Rohrahm an Verbraucher abzugeben. Hinsichtlich der Rohmilch werden „Vorzugsmilch" und „Milch-ab-Hof" hiervon jedoch ausgenommen. Letztere wird in der Tierische Lebensmittel-Hygieneverordnung nicht mehr mit diesem Namen bezeichnet, wohl aber in der Begründung zur Lebensmittelhygienerecht-Durchführungs-Verordnung.

Ein wesentlicher Unterschied zu den übrigen Konsummilchsorten besteht darin, dass die **Vorzugsmilch** im Erzeugerbetrieb bis einschließlich der Abfüllung verbleibt und keine Molkerei zwischengeschaltet wird. Auch werden keinerlei Veränderungen (Einstellung des Fettgehaltes, Homogenisierung u. a. m.) vorgenommen. Da es sich um ein rohes Erzeugnis handelt, muss die Gewinnung unter strengsten hygienischen Bedingungen erfolgen und eine ununterbrochene Kühlkette unbedingt gewährleistet sein. Die Anforderungen an den Gesundheitszustand der Milchtiere, das Personal, die Räumlichkeiten etc. sind daher sehr hoch.

Milcherzeugungsbetriebe dürfen Rohmilch unter der Verkehrsbezeichnung Vorzugsmilch in Fertigpackungen und in verschlossenen Kannen oder ähnlichen Behältnissen an Verbraucher, ausgenommen sind Einrichtungen zur Gemeinschaftsverpflegung (Kindergärten, Schulen, Mensen etc.), abgeben. Voraussetzung hierfür ist, dass der Betrieb, in dem die Milch gewonnen und behandelt worden ist, eine **Genehmigung** der zuständigen Behörde besitzt. Die Genehmigung wird auf Antrag erteilt, wenn gewährleistet ist, dass die **Anforderungen der Anlage** 9 zu § 17 der Tierische Lebensmittel-Hygieneverordnung (→ Tab. 7.3) eingehalten werden. Weiterhin darf in der Zeit von der Abfüllung bis zur Abgabe eine Temperatur von + 8 °C nicht überschritten werden. Fertigpackungen müssen mit dem Verbrauchsdatum, der Angabe „Rohmilch" und dem Hinweis „Aufbewahren bei höchstens + 8 °C" gekennzeichnet sein. Bei Kannen oder ähnlichen Behältnissen befindet sich die Kennzeichnung auf einem mit diesen fest verbundenen Etikett. Das **Verbrauchsdatum** darf eine Frist von 96 Stunden nach der Gewinnung nicht überschreiten. Anders als beim Mindesthaltbarkeitsdatum ist nach Ablauf des Verbrauchsdatums das Produkt nicht mehr verkehrsfähig.

Weitere Anforderungen an das Gewinnen, Behandeln und Inverkehrbringen von Vorzugsmilch regelt § 18 der Tierische Lebensmittel-Hygieneverordnung. Demnach sind Milch liefernde Tiere, die Krankheitserreger oder deren Toxine nach Nummer 6 der Tabelle in Anlage 9 Kapitel I Nr. 3 (→ Tab. 7.3) ausscheiden, von der Gewinnung von Vorzugsmilch auszuschließen. Im Falle des Nachweises von **Krankheitserregern** oder deren **Toxinen** sind zur Erfassung der Tiere, die diese mit der Milch ausscheiden, nach Anweisung der zuständigen Behörde Untersuchungen im Tierbestand des Milcherzeugungsbetriebes durchzuführen. Tiere, die Krankheitserreger oder Toxine mit der Milch ausscheiden, dürfen erst dann in den Bestand der Vorzugsmilch liefernden Tiere eingestellt werden, wenn eine erneute Untersuchung mit negativem Ergebnis durchgeführt worden ist. Gemäß § 21 der Tierische Lebensmittel-Hygieneverordnung sind Erwerb und Abgabe, Erkrankungen der Tiere und die damit in Zusammenhang stehenden Untersuchungen sowie die Untersuchungen nach Anlage 9 zu dokumentieren und zwei Jahre zur eventuellen Vorlage bei der zuständigen Behörde aufzubewahren.

Anlage 9, Kapitel I zu § 17 der Tierische Lebensmittel-Hygieneverordnung regelt die Anforderungen an den Tierbestand, das Behandeln von Vorzugsmilch und die Anforderungen an ihre Beschaffenheit:

- So sind Nutztiere für die Gewinnung von Vorzugsmilch in einer Einrichtung zu halten, die von anderen Milch liefernden Tieren abgetrennt ist, und
- sie sind vor der ersten Vorzugsmilchgewinnung auf ihren Gesundheitszustand zu untersuchen.

Tab. 7.3
Anforderungen an die Beschaffenheit von Vorzugsmilch bei monatlichen Stichprobenuntersuchungen (Anlage 9 zu § 17 der Tierische Lebensmittel-Hygieneverordnung)

Kriterium	m[1]	M[2]	n[3]	c[4]
1. Keimzahl/ml bei + 30 °C (Milch von Rindern, Schafen, Ziegen und Pferden)	20 000	50 000	5	2
2. *Enterobacteriaceae*/ml bei + 30 °C (Milch von Rindern, Schafen, Ziegen und Pferden)	10	100	5	2
3. Koagulase-positive Staphylokokken/ml (Milch von Rindern, Schafen, Ziegen und Pferden)	10	100	5	2
4. Anzahl somatischer Zellen/ml (Milch von Rindern und Schafen)	200 000	300 000	5	2
5. Salmonellen in 25 ml (Milch von Rindern, Schafen, Ziegen und Pferden)	0	0	5	0
6. Pathogene Mikroorganismen oder deren Toxine dürfen in der Milch von Rindern, Schafen, Ziegen und Pferden nicht in Mengen vorhanden sein, die die Gesundheit des Verbrauchers beeinträchtigen können.				
7. Hämolysierende Streptokokken dürfen in der Milch von Pferden bei einer monatlich durchzuführenden Kontrolle in 1 ml Milch nicht nachweisbar sein.				
8. Bei der sensorischen Kontrolle der Milch von Rindern, Schafen, Ziegen und Pferden dürfen keine Abweichungen erkennbar sein.				
9. Der Phosphatasetest muss bei Milch von Rindern positiv reagieren.				

amtliche Anmerkungen
[1] m = Schwellenwert; das Ergebnis gilt als ausreichend, wenn die einzelnen Proben diesen Wert nicht überschreiten
[2] M = Höchstwert; das Ergebnis gilt als nicht ausreichend, wenn die Werte einer oder mehrerer Proben diesen Wert überschreiten
[3] n = Anzahl der Proben
[4] c = Anzahl der Proben mit Wert zwischen „m“ und „M“; das Ergebnis gilt als akzeptabel, wenn die Werte der übrigen Proben höchstens den Wert „m“ erreichen
Ergibt sich bei Stichprobenuntersuchungen von Einzelproben ein Wert „≤ m“, so sind im Regelfall weitere Untersuchungen nicht erforderlich. Liegt dagegen der Wert zwischen „m“ und „M“, so sind die dann zu ziehenden Proben (n) jeweils auf einen Produktionstag zu beziehen.

- Sie müssen monatlich von einem Tierarzt klinisch auf Krankheiten, die die Beschaffenheit der im Betrieb gewonnenen Milch nachteilig beeinflussen können, und ebenfalls monatlich zytologisch anhand von Einzelmilchproben untersucht werden.
- Werden Zellgehalte von mehr als 250 000/ml bei Rindern und Schafen, 10 000/ml bei Pferden und 1 000 000/ml bei Ziegen ermittelt, so ist eine bakteriologische Untersuchung von unter aseptischen Kautelen gewonnenen Anfangsgemelksproben jedes Euterviertels (Rinder) oder jeder Euterhälfte (Pferde, Ziegen, Schafe) durchzuführen. Werden Mastitiserreger nachgewiesen, so sind die Tiere von der Gewinnung von Vorzugsmilch auszuschließen.
- Wenn die Tiere erkrankt oder auf den Menschen übertragbarer Krankheiten verdächtigt sind, müssen sie aus dem Bestand entfernt werden und dürfen erst dann wieder eingestellt werden, wenn ein erneuter Untersuchungsbefund mit negativem Ergebnis vorliegt.
- Vorzugsmilch ist nach ihrer Gewinnung unverzüglich im Milchbehandlungsraum zu reinigen, auf nicht mehr als + 4 °C zu kühlen und danach bis zur Abfüllung bei dieser Temperatur zu halten, ausgenommen in Fällen, in denen sie in tiefgefrorenem Zustand gelagert oder in den Verkehr gebracht wird. In der Zeit von der Abfüllung bis zur Abgabe muss die Temperatur mindestens + 8 °C betragen.

Tabelle 7.3 enthält die bei monatlichen Untersuchungen der Vorzugsmilch einzuhaltenden Anforderungen.
Der Begriff „hämolysierende Streptokokken" in der Milch von Stuten ist weder in der Verordnung selbst noch in der Begründung zur Lebensmittelhygienerecht-Durchführungs-Verordnung näher erklärt. Ein wichtiger Vertreter ist aber z. B. *Streptococcus equi* subsp. *zooepidemicus* (→ Kap. 9.2).
In Kapitel II der Anlage 9 werden detailliert die technischen und strukturellen Anforderungen an die Milcherzeugerbetriebe, die Vorzugsmilch gewinnen, beschrieben. Hierauf soll an dieser Stelle nicht weiter eingegangen werden.
Wie oben bereits erwähnt darf abweichend von dem grundsätzlichen Verbot in § 17 der Tierische Lebensmittel-Hygieneverordnung Rohmilch auch als **„Milch-ab-Hof"** unmittelbar an Verbraucher abgegeben werden. Voraussetzungen sind, dass

- die Abgabe im Milcherzeugungsbetrieb erfolgt,
- die Rohmilch im eigenen Betrieb gewonnen und behandelt worden ist,
- die Rohmilch am Tag der Abgabe oder am Tag zuvor gewonnen worden ist,
- an der Abgabestelle gut sichtbar und lesbar der Hinweis „Rohmilch, vor dem Verzehr abkochen" angebracht ist, und
- die Abgabe von Rohmilch zuvor der zuständigen Behörde angezeigt worden ist.

Für die Milcherzeugerbetriebe gelten die „Anforderungen an die Abgabe kleiner Mengen von Primärerzeugnissen" der Anlage 2 der Lebensmittelhygiene-Verordnung. Hierbei handelt es sich im Wesentlichen um räumliche, hygienische und personalhygienische Vorschriften. Wie in der Begründung zur Lebensmittelhygienerecht-Durchführungs-Verordnung ausdrücklich erwähnt gelten ebenso die Anforderungen des Anhangs III Abschnitt IX Kapitel I (Rohmilch und Kolostrum – Primärproduktion) der Verordnung (EG) Nr. 853/2004.

7.4 Rechtsvorschriften

Relevant ist bei allen im Folgenden genannten Rechtsvorschriften die jeweils gültige Fassung.

Nationale Rechtsvorschriften

- Gesetz zur Neuregelung des gesetzlichen Messwesens (Mess- und Eichgesetz) vom 25. Juli 2013
- Lebensmittel-, Bedarfsgegenstände- und Futtermittelgesetzbuch (Lebensmittel- und Futtermittelgesetzbuch – LFGB) in der Fassung der Bekanntmachung vom 6. Juni 2013
- Gesetz über Milch, Milcherzeugnisse, Margarineerzeugnisse und ähnliche Erzeugnisse (Milch- und Margarinegesetz) vom 25. Juli 1990

- Gesetz über den Verkehr mit Milch, Milcherzeugnissen und Fetten (Milch- und Fettgesetz) in der Fassung der Bekanntmachung vom 10. Dezember 1952
- Verordnung zur Durchführung von Vorschriften des gemeinschaftlichen Lebensmittelhygienerechts vom 8. August 2007
- Verordnung über Hygiene- und Qualitätsanforderungen an Milch und Erzeugnisse auf Milchbasis (Milchverordnung) vom 20. Juli 2000, aufgehoben durch die Verordnung zur Durchführung von Vorschriften des gemeinschaftlichen Lebensmittelhygienerechts vom 8. August 2007
- Verordnung über die Kennzeichnung von Lebensmitteln – Lebensmittel-Kennzeichnungsverordnung in der Fassung der Bekanntmachung vom 15. Dezember 1999
- Verordnung über die Zulassung von Zusatzstoffen zu Lebensmitteln zu technologischen Zwecken (Zusatzstoff-Zulassungsverordnung) vom 29. Januar 1998
- Verordnung über die Güteprüfung und Bezahlung der Anlieferungsmilch (Milch-Güteverordnung) vom 9. Juli 1980
- Verordnung über die Kennzeichnung wärmebehandelter Konsummilch (Konsummilch-Kennzeichnungs-Verordnung) vom 19. Juni 1974
- Verordnung über die Sachkunde zum Betrieb eines Unternehmens der Be- oder Verarbeitung von Milch und eines Milchhandelsunternehmens (Milch-Sachkunde-Verordnung) vom 22. Dezember 1972
- Allgemeine Verwaltungsvorschrift über die Durchführung der amtlichen Überwachung der Einhaltung von Hygienevorschriften für Lebensmittel tierischen Ursprungs und zum Verfahren zur Prüfung von Leitlinien für eine gute Verfahrenspraxis (AVV Lebensmittelhygiene) vom 9. November 2009
- Bekanntmachung der Begründung der Verordnung zur Durchführung von Vorschriften des gemeinschaftlichen Lebensmittelhygienerechts vom 24. August 2007

Rechtsvorschriften der Europäischen Union

- Verordnung (EU) Nr. 1308/2013 des Europäischen Parlaments und des Rates vom 17. Dezember 2013 über eine gemeinsame Marktorganisation für landwirtschaftliche Erzeugnisse und zur Aufhebung der Verordnungen (EWG) Nr. 922/72, (EWG) Nr. 234/79, (EG) Nr. 1037/2001 und (EG) Nr. 1234/2007
- Verordnung (EU) Nr. 1169/2011 des Europäischen Parlaments und des Rates vom 25. Oktober 2011 betreffend die Information der Verbraucher über Lebensmittel und zur Änderung der Verordnungen (EG) Nr. 1924/2006 und (EG) Nr. 1925/2006 des Europäischen Parlaments und des Rates und zur Aufhebung der Richtlinie 87/250/EWG der Kommission, der Richtlinie 90/496/EWG des Rates, der Richtlinie 1999/10/EG der Kommission, der Richtlinie 2000/13/EG des Europäischen Parlaments und des Rates, der Richtlinien 2002/67/EG und 2008/5/EG der Kommission und der Verordnung (EG) Nr. 608/2004 der Kommission
- Verordnung (EU) Nr. 142/2011 der Kommission vom 25. Februar 2011 zur Durchführung der Verordnung (EG) Nr. 1069/2009 des Europäischen Parlaments und des Rates mit Hygienevorschriften für nicht für den menschlichen Verzehr bestimmte tierische Nebenprodukte sowie zur Durchführung der Richtlinie 97/78/EG des Rates hinsichtlich bestimmter gemäß der genannten Richtlinie von Veterinärkontrollen an der Grenze befreiter Proben und Waren
- Verordnung (EU) Nr. 365/2010 der Kommission vom 28. April 2010 zur Änderung der Verordnung (EG) Nr. 2073/2005 über mikrobiologische Kriterien für Lebensmittel im Hinblick auf das Vorkommen von *Enterobacteriaceae* in pasteurisierter Milch und sonstigen pasteurisierten flüssigen Milcherzeugnissen sowie das Vorkommen von *Listeria monocytogenes* in Speisesalz
- Verordnung (EG) Nr. 1069/2009 des Europäischen Parlaments und des Rates vom 21. Oktober 2009 mit Hygienevorschriften für nicht für den menschlichen Verzehr bestimmte tierische Nebenprodukte und zur Aufhebung der

Verordnung (EG) Nr. 1774/2002 (Verordnung über tierische Nebenprodukte)

- Verordnung (EG) Nr. 1441/2007 der Kommission vom 5. Dezember 2007 zur Änderung der Verordnung (EG) Nr. 2073/2005 über mikrobiologische Kriterien für Lebensmittel
- Verordnung (EG) Nr. 1234/2007 des Rates vom 22. Oktober 2007 über eine gemeinsame Organisation der Agrarmärkte und mit Sondervorschriften für bestimmte landwirtschaftliche Erzeugnisse (Verordnung über die einheitliche GMO) [*Inzwischen zum größten Teil ersetzt durch die „Verordnung (EU) Nr. 1308/2013 des Europäischen Parlaments und des Rates vom 17. Dezember 2013 über eine gemeinsame Marktorganisation für landwirtschaftliche Erzeugnisse und zur Aufhebung der Verordnungen (EWG) Nr. 922/72, (EWG) Nr. 234/79, (EG) Nr. 1037/2001 und (EG) Nr. 1234/2007*"]
- Verordnung (EG) Nr. 1662/2006 der Kommission vom 6. November 2006 zur Änderung der Verordnung (EG) Nr. 853/2004 des Europäischen Parlaments und des Rates mit spezifischen Hygienevorschriften für Lebensmittel tierischen Ursprungs
- Verordnung (EG) Nr. 2074/2005 der Kommission vom 5. Dezember 2005 zur Festlegung von Durchführungsvorschriften für bestimmte unter die Verordnung (EG) Nr. 853/2004 des Europäischen Parlaments und des Rates fallende Erzeugnisse und für die in den Verordnungen (EG) Nr. 854/2004 des Europäischen Parlaments und des Rates und (EG) Nr. 882/2004 des Europäischen Parlaments und des Rates vorgesehenen amtlichen Kontrollen, zur Abweichung von der Verordnung (EG) Nr. 852/2004 des Europäischen Parlaments und des Rates und zur Änderung der Verordnungen (EG) Nr. 853/2004 und (EG) Nr. 854/2004
- Verordnung (EG) Nr. 2073/2005 der Kommission vom 15. November 2005 über mikrobiologische Kriterien für Lebensmittel
- Verordnung (EG) Nr. 852/2004 des Europäischen Parlaments und des Rates vom 29. April 2004 über Lebensmittelhygiene
- Verordnung (EG) Nr. 853/2004 des Europäischen Parlaments und des Rates vom 29. April 2004 mit spezifischen Hygienevorschriften für Lebensmittel tierischen Ursprungs
- Verordnung (EG) Nr. 854/2004 des Europäischen Parlaments und des Rates vom 29. April 2004 mit besonderen Verfahrensvorschriften für die amtliche Überwachung von zum menschlichen Verzehr bestimmten Erzeugnissen tierischen Ursprungs
- Verordnung (EG) Nr. 178/2002 des Europäischen Parlaments und des Rates vom 28. Januar 2002 zur Festlegung der allgemeinen Grundsätze und Anforderungen des Lebensmittelrechts, zur Errichtung der Europäischen Behörde für Lebensmittelsicherheit und zur Festlegung von Verfahren zur Lebensmittelsicherheit
- Verordnung (EWG) Nr. 1898/87 des Rates vom 2. Juli 1987 über den Schutz der Bezeichnung der Milch und Milcherzeugnisse bei ihrer Vermarktung, aufgehoben durch und integriert in VO (EG) 1234/2007
- Entscheidung der Kommission vom 28. Oktober 1988 zur Festlegung des Verzeichnisses der Erzeugnisse gemäß Artikel 3 Absatz 1 zweiter Unterabsatz der Verordnung (EWG) Nr. 1898/87 des Rates (88/566/EWG)
- Beschluss der Kommission vom 20. Dezember 2010 zur Festlegung des Verzeichnisses der Erzeugnisse gemäß Anhang XII Abschnitt III Nummer 1 Unterabsatz 2 der Verordnung (EG) Nr. 1234/2007 des Rates (Neufassung) (2010/791/EU)
- Leitfaden für die Durchführung einzelner Bestimmungen der Verordnung (EG) Nr. 853/2004 mit spezifischen Hygienevorschriften für Lebensmittel tierischen Ursprungs (SANCO/1732/2008 Rev. 7)

7.5 Literatur

FAO/WHO, Codex Alimentarius (2011): Milk and milk products. 2nd ed., Rome.

Frahm, C., Grouchot, W. (2010): ESL-Milch mit Doppelentkeimung. Deutsche Molkerei Zeitung, Heft 11, 28–31.

Frank, J. F. (2007): Milk and Dairy Products. In: Doyle, M. P., Beuchat, L. R. (Hg.): Food microbiology. Fundamentals and frontiers. 3rd ed., Washington D. C.: ASM Press, 141–155.

Herbertz, G. (Hg.) (2011): Handbuch Milch. Loseblattsammlung; Grundwerk 1992. Hamburg: Behrs.

Kessler, H. G. (1988): Lebensmittel- und Verfahrenstechnik. Molkereitechnologie. 3. Aufl., Freising: Verlag A. Kessler.

Krömker, V. (Hg). (2007): Kurzes Lehrbuch Milchkunde und Milchhygiene. Stuttgart: Paul Parey in MVS Medizinverlage.

Rathke, K.-D. (Hg.) (2012): Zipfel/Rathke – Lebensmittelrecht. Loseblatt-Kommentar aller wesentlichen Vorschriften für das Herstellen und Inverkehrbringen von Lebensmitteln, Futtermitteln, kosmetischen Mitteln, sonstigen Bedarfsgegenständen sowie Tabakerzeugnissen. Teil C Kommentar, Teil 2 Lebensmittel tierischer Herkunft, IV. Milch und Milcherzeugnisse, C 270–C 277.

Schwermann, S., Schwenzow, U. (2008): Verfahrenskonzepte zur Herstellung von ESL-Milch. Teil 1–3. Deutsche Milchwirtschaft 59, 384–391, 428–432, 462–467.

Spreer, E. (2011): Technologie der Milchverarbeitung. 10. Aufl.,Hamburg: Behrs.

Stack, A., Sillen, G. (1998): Bactofugation of liquid milk. Nutrition and Food Science, No. 5, 280–282.

Strahm, W., Eberhard, P. (2010): Trinkmilchtechnologie. Eine Übersicht. 2. Aufl., Liebefeld/Posieux: Forschungsanstalt Agroscope.

Tetrapak Processing GmbH (2003): Handbuch der Milch- und Molkereitechnik. Gelsenkirchen: Verlag Th. Mann.

8 Milcherzeugnisse

Heinz Becker und Erwin Märtlbauer

8.1 Allgemeines

Im Sinne des § 2 Absatz 1 Nr. 2 des Milch- und Margarinegesetzes (Hinweise zu den einzelnen Rechtsvorschriften finden sich in Kapitel 7.1) handelt es sich bei einem Milcherzeugnis um ein ausschließlich aus Milch hergestelltes Erzeugnis, auch unter Zusatz anderer Stoffe, soweit diese nicht verwendet werden, um einen Milchbestandteil vollständig oder teilweise zu ersetzen. Dies entspricht sinngemäß der Definition des Anhangs VII Abschnitt III Nr. 2 (Begriffsbestimmungen, Bezeichnungen und Verkehrsbezeichnungen) der Verordnung (EU) Nr. 1308/2013 (gemeinsame Marktorganisation für landwirtschaftliche Erzeugnisse). Allerdings dürfen hier nur solche Stoffe zugesetzt werden, die für die Herstellung erforderlich sind.

Ebenso wie Milch (→ Kap. 7.2) genießen auch einige Milcherzeugnisse einen **Bezeichnungsschutz**. Laut der genannten EU-Verordnung sind dies: Molke, Rahm, Butter, Buttermilch, Butteroil (sic!), Caseine, wasserfreies Milchfett, Käse, Joghurt, Kefir, Kumys sowie einige Erzeugnisse anderer EU-Mitgliedsstaaten. Weitere Details bezüglich der Verkehrsbezeichnungen für Lebensmittel einschließlich Milcherzeugnissen finden sich in der Richtlinie 2000/13/EG bzw. in der Verordnung (EU) Nr. 1169/2011 (Information der Verbraucher über Lebensmittel), durch die die genannte Richtlinie aktualisiert und mit Wirkung vom 13. Dezember 2014 aufgehoben wurde.

Entsprechend der Verordnung (EU) Nr. 1308/2013 können die für Milcherzeugnisse verwendeten Bezeichnungen auch zusammen mit einem oder mehreren Worten für die Bezeichnung von zusammengesetzten Erzeugnissen verwendet werden, bei denen kein Bestandteil einen beliebigen Milchbestandteil ersetzt oder ersetzen soll, und bei dem die Milch oder ein Milcherzeugnis einen nach der Menge oder nach der für das Erzeugnis charakteristischen Eigenschaft wesentlichen Teil darstellt (Anhang VII Teil III Nr. 3). Bei Milch ist, falls es sich nicht um Kuhmilch handelt, die Tierart des Ursprungs anzugeben. (Anhang VII Teil III Nr. 4). Der Bezeichnungsschutz gilt nicht für Erzeugnisse, deren Art aufgrund ihrer traditionellen Verwendung genau bekannt ist, und/oder wenn die Bezeichnungen eindeutig zur Beschreibung einer charakteristischen Eigenschaft des Erzeugnisses verwandt werden (Anhang VII Teil III Nr. 5). Dies entspricht dem Artikel 3 Abschnitt 1 der inzwischen aufgehobenen Verordnung (EWG) Nr. 1898/87. Auf der Basis dieser Ausnahmeregelung in der VO (EWG) Nr. 1898/87 hatte die Kommission 1988 die Entscheidung 88/566/EWG vom 28. Oktober 1988 zur Festlegung eines Verzeichnisses der entsprechenden Erzeugnisse erlassen, die 2010 als Beschluss 2010/791/EU neu gefasst wurde. In Anhang I dieses Beschlusses findet sich eine Aufstellung deutscher Produkte. Genannt werden Butterbirne, Rahmapfel, Butterbohne, Butterkohl, Butterpilz, Buttersalat, Erdnussbutter, Kakaobutter, Fleischkäse, Leberkäse, Käseklee, Butterhäuptel, Butterschnitzel, Faschiertes Butterschnitzel und Margarinestreichkäse.

Auf nationaler Ebene erfolgt die rechtliche Regelung der verschiedenen Milcherzeugnisse durch **Produktverordnungen**. In diesem Zusammenhang sind die **Milcherzeugnisverordnung**, die **Butterverordnung** und die **Käseverordnung** zu nennen. Neben Käse, Butter und den Milcherzeugnissen im Sinne der Milcherzeugnisverordnung wurden als „Erzeugnisse auf Milchbasis" (ein Begriff, der zumindest in den EU-Hygieneverordnungen (→ Kap. 7.1) nicht mehr auftaucht) in der seit 2007 aufgehobenen Milchverordnung noch genannt: „Speiseeis mit einem Anteil an Milch oder Milcherzeugnissen" sowie „sonstige aus Milch hergestellte Erzeugnisse, auch unter Zusatz anderer Stoffe, sofern diese nicht zugesetzt werden, um einen Milchbestandteil vollständig oder teilweise zu ersetzen und der Anteil an Milchbestandteilen in der Trockenmasse des Erzeugnisses überwiegt".

Es sei ausdrücklich darauf hingewiesen, dass die oben genannten drei Produktverordnungen keine Hygienevorschriften enthalten. Dieser Aspekt wird, soweit es Rohmilch als Ausgangsprodukt für die Herstellung von Milcherzeugnissen betrifft, durch die Verordnung (EG) Nr. 853/2004 abgedeckt. Im Gegensatz zur Konsummilch, die dazu bestimmt ist, an den Verbraucher abgegeben zu werden, wird die zur Verarbeitung zu Milcherzeugnissen bestimmte Milch gemeinhin als Werkmilch bezeichnet. Der Begriff **Werkmilch** war in § 2 der (nicht mehr gültigen) Milchverordnung definiert, hat aber keine Entsprechung im EU-Hygienerecht.

8.2 Milcherzeugnisse im Sinne der Milcherzeugnisverordnung

In Anlage 1 zur Milcherzeugnisverordnung wird eine Reihe von Erzeugnissen aufgelistet, die zur Verwendung als Lebensmittel bestimmt sind. Nicht unter die Verordnung fallen Butter und Käse (→ Kap. 8.3 und 8.4), für diätetische Lebensmittel gelten zusätzliche, in der Diätverordnung festgelegte Vorschriften. Wie aus Tabelle 8.1 hervorgeht, wird zwischen **Gruppenerzeugnissen** und **Standardsorten** unterschieden. Für Letztere gelten strengere Qualitätsanforderungen hinsichtlich der Herstellung und Zusammensetzung als für die Gruppenerzeugnisse. So darf z. B. bei Sauermilcherzeugnissen eine Anreicherung mit Milcheiweiß erfolgen, während dies bei den Sauermilchstandardsorten nicht zulässig ist. Auch dürfen Gruppenerzeugnisse nicht mit dem Namen der Standardsorte bezeichnet werden. Die ersten vier in Tabelle 8.1 genannten Produktgruppen werden als **fermentierte Milcherzeugnisse** zusammengefasst, da sie mithilfe von Milchsäurebakterien, die Laktose fermentieren, hergestellt werden (→ Kap. 9.4.2). Die meisten fermentierten Milcherzeugnisse dienen dem unmittelbaren Verzehr. Da sie z. T. auch Mikroorganismen enthalten, die als Probiotika gelten (z. B. bestimmte *Lactobacillus* und *Bifidobacterium* spp., → Kap. 9.4.5), werden ihnen diätetisch wertvolle Eigenschaften zugeschrieben. Andere fermentierte Milcherzeugnisse, wie Sauerrahm und Crème fraîche, dienen der Verfeinerung von Speisen.

8.2.1 Sauermilcherzeugnisse

Sauermilcherzeugnisse (→ Abb. 8.1) werden aus Milch oder Sahne unter Verwendung von mesophilen Milchsäurebakterien (z. B. *Lactococcus* spp., *Leuconostoc* spp.) hergestellt. Dabei handelt es sich um Keime, die ihr Wachstumsoptimum bei Temperaturen zwischen 20 und 40 °C haben. Die Milchtrockenmasse darf erhöht werden. Dies kann z. B. durch Eindampfen (Vakuumverdampfer) oder Zugabe von Milchpulver geschehen. Die Anreicherung mit Milcheiweißerzeugnissen (→ Kap. 8.2.10) ist ebenfalls zulässig. Eine Erhöhung der Milchtrockenmasse soll die Konsistenz der Sauermilcherzeugnisse verbessern und insbesondere bei fettarmen und entrahmten Produkten Dünnflüssigkeit bzw. den Austritt von Molke (Molkenlässigkeit) verhindern. Die Lebensmittel Stärke und Speisegelatine (Verdickungsmittel) dürfen zur Erhöhung der Viskosität von Sauermilcherzeugnissen verwendet werden, falls diese nach der Fermentation einer Wärmebehandlung von mehr als 50 °C unterzogen werden (§ 2 Abs. 2 Nr. 2a Milcherzeugnisverordnung).

Bei den **Sauermilch- bzw. Dickmilchstandardsorten** (→ Tab. 8.1) werden in der Milcherzeugnisverordnung strengere Anforderungen formuliert. So entfallen die Anreichung mit Milcheiweißerzeugnissen sowie die Wärmebehandlung nach der Fermentation und damit auch die Zugabe der genannten Verdickungsmittel. Entrahmter Sauermilch oder Dickmilch darf Reine Buttermilch oder Buttermilch (→ Kap. 8.2.4), bei deren Herstellung dem Butterungsgut nur Magermilch zugesetzt wurde, beigegeben werden. Sahnesauer- bzw. Sahnedickmilch werden aus Sahne gegebenenfalls unter Einstellung des Fettgehaltes hergestellt.

Crème fraîche (Küchenrahm, Küchensahne) ist ein mildgesäuerter Rahm, der aus pasteurisierter

Abb. 8.1
Schema mit den wichtigsten Schritten zur Herstellung von Sauermilch- und Joghurterzeugnissen: Sauermilcherzeugnisse werden aus Milch oder Sahne unter Verwendung von mesophilen Milchsäurebakterien hergestellt, während bei Joghurterzeugnissen thermophile Milchsäurebakterien eingesetzt werden. Die Bebrütungstemperatur liegt bei Ersteren zwischen 20 und 30 °C, bei Letzteren zwischen 37 und 45 °C ([1] nicht bei den Standardsorten, [2] nicht vorgeschrieben).

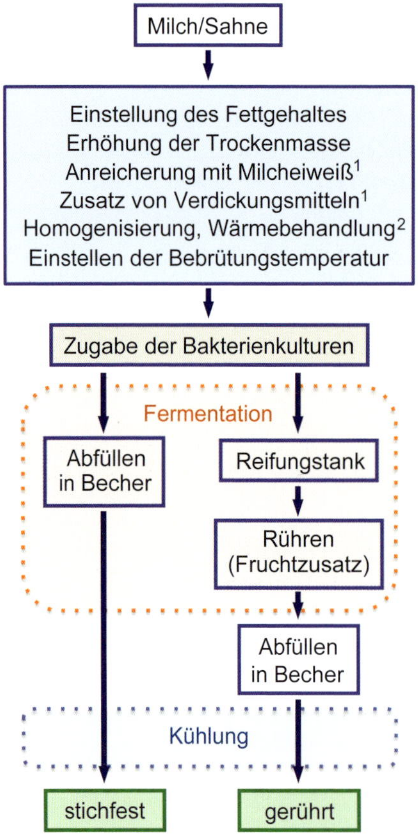

Milch oder Sahne unter Verwendung von in der Milcherzeugnisverordnung nicht näher charakterisierten Milchsäurebakterienkulturen, (verwendet werden *Lactococcus* spp. und *Leuconostoc* spp., *Steptococcus thermophilus*) hergestellt wird. Der Fettgehalt beträgt mindestens 30 %; Saccharose darf bis zu 15 % des Gesamterzeugnisses zugesetzt werden. Eine Wärmebehandlung nach der Fermentation ist nicht zulässig.

Falls fermentierten Milcherzeugnissen und Sahneerzeugnissen bzw. den entsprechenden Standardsorten (→ Tab. 8.1) Früchte, Nüsse oder andere Lebensmittel beigegeben werden, handelt es sich um **Milchmischerzeugnisse** (→ Kap. 8.2.11). Wird z. B. Sauermilch unter Zusatz von Himbeeren hergestellt, kann sie als „Sauermilch mit Himbeeren" bezeichnet werden. „Beigegebene Lebensmittel" werden in § 2 der Milcherzeugnisverordnung als Lebensmittel definiert, die bei der Herstellung von Milchmischerzeugnissen oder Molkenmischerzeugnissen (→ Kap. 8.2.12) zur Erzielung einer besonderen Geschmacksrichtung, ohne einen Milchbestandteil zu ersetzen, zugesetzt werden, ausgenommen Milch und Milcherzeugnisse.

Entsprechend den Empfehlungen des Codex Alimentarius für fermentierte Milcherzeugnisse (CODEX STAN 243-2003) sollte bei Sauermilcherzeugnissen, Joghurt und Kefir die Summe der als Reifungskulturen eingesetzten Mikroorganismen unter den vorgegebenen Lagerungsbedingungen bis zum Ende des Mindesthaltbarkeitsdatums mindestens 10^7 KbE/g betragen. Falls noch andere Mikroorganismen eingesetzt und auf der Verpackung ausgelobt werden, sollte deren Summe unter den vorgegebenen Lagerungsbedingungen bis zum Ende des Mindesthaltbarkeitsdatums nicht unter 10^6 KbE/g liegen. In Kefir sollte der Gehalt an Hefen mindestens 10^4 KbE/g betragen. Diese Anforderungen gelten natürlich nicht für nach der Fermentation wärmebehandelte Produkte.

8.2.2 Joghurterzeugnisse

Joghurterzeugnisse (→ Abb. 8.1) werden aus Milch oder Sahne hergestellt. Anders als bei den Sauermilcherzeugnissen werden hierbei spezifische thermophile Reifungskulturen, die ihr Wachstumsoptimum bei Temperaturen über 42 °C haben, verwendet (→ Kap. 9.4.2.3). Die Erhöhung der Milchtrockenmasse, eine Anreicherung mit Milcheiweißerzeugnissen und die Zugabe von Stärke und Speisegelatine sind zulässig (→ Kap. 8.2.1).

Tab. 8.1
Milcherzeugnisse (Gruppen und Standardsorten) im Sinne der Anlage 1 der Milcherzeugnisverordnung

Gruppe	Standardsorten
Sauermilch erzeugnisse	Sauermilch (Trinksauermilch), Sauermilch dickgelegt (Dickmilch), jeweils mit verschiedenen Fettgehalten (≥ 3,5 %, 1,5–1,8 %, ≤ 0,5 %); Sahnesauermilch (Sauerrahm), Sahnedickmilch (≥ 10 % Fett); Crème fraîche (≥ 30 % Fett)
Joghurterzeugnisse	Joghurt, Joghurt mild (mit Fettgehalten wie bei Sauermilch)
Kefirerzeugnisse	Kefir, Kefir mild (mit Fettgehalten wie bei Sauermilch)
Buttermilcherzeugnisse	Buttermilch, reine Buttermilch (≤ 1 % Fett)
Sahneerzeugnisse	Kaffeesahne (≥ 10 % Fett), Schlagsahne (≥ 30 % Fett)
ungezuckerte Kondensmilcherzeugnisse	Kondensmilch mit verschiedenen Fett- und Trockenmassegehalten (≥ 15 %/≥ 26,5 %; ≥ 7,5/≥ 25,0 %; 1,0–7,5 %/≥ 20,0 %; ≤ 1,0 %/20,0 %)
gezuckerte Kondensmilcherzeugnisse	gezuckerte Kondensmilch mit verschiedenen Fett- und Trockenmassegehalten (≥ 8,0 %/≥ 28,0 %; 1,0–8,0 %/≥ 24,0 %; ≤ 1,0 %/24,0 %)
Trockenmilch-erzeugnisse	Milchpulver, Joghurtpulver, Kefirpulver jeweils mit hohem Fettgehalt (≥ 42,0 %); Milchpulver, Joghurtpulver, Kefirpulver jeweils mit mind. 26 % Fett; Milchpulver, Joghurtpulver, Kefirpulver jeweils teilentrahmt (1,5–26,0 % Fett); Magermilchpulver, Magermilchjoghurtpulver, Magermilchkefirpulver jeweils mit ≤ 1,5 % Fett; Buttermilchpulver mit ≤ 15 % Fett
Molken-erzeugnisse	Süßmolke; Sauermolke; Molkensahne (≥ 10,0 % Fett); Süßmolkenpulver und Sauermolkenpulver, beide auch teilentzuckert; entsalztes Molkenpulver; eiweißangereichertes Molkenpulver
Milchzuckererzeugnisse	Milchzucker Arzneibuchqualität; Milchzucker
Milcheiweiß-erzeugnisse	Milcheiweiß, wasserlösliches Milcheiweiß, Säurecasein, Labnährcasein, aufgeschlossenes Milcheiweiß (Caseinat), Labcasein, Molkeneiweiß
Milchmisch-erzeugnisse	Vollmilch, teilentrahmte oder entrahmte Milch jeweils in Verbindung mit der Verkehrsbezeichnung des beigegebenen Lebensmittels; Standardsorten der ersten 5 Gruppen dieser Tabelle jeweils in Verbindung mit der Verkehrsbezeichnung des beigegebenen Lebensmittels
Molkenmisch-erzeugnisse	Molke oder Molkensahne in Verbindung mit der Verkehrsbezeichnung des beigegebenen Lebensmittels
Milchfetterzeugnisse	Butterreinfett (≥ 99,8 % Fett), Butterfett (≥ 96 % Fett), Butterfett fraktioniert (≥ 99,8 % Fett)

Ebenso wie bei den Sauermilchstandardsorten gelten für **Joghurtstandardsorten** (→ Tab. 8.1) strengere Anforderungen als für Joghurterzeugnisse. Die Reifungskulturen müssen überwiegend aus *Streptococcus thermophilus* (*Streptococcus salivarius* subsp. *thermophilus*) und *Lactobacillus bulgaricus* (*Lactobacillus delbrueckii* subsp. *bulgaricus*) bestehen. Die Anreicherung mit Milcheiweißerzeugnissen und eine Wärmebehandlung nach der Fermentation (→ Kap. 8.2.1) sind nicht erlaubt. Die verschiedenen Fettgehalte der Joghurtstandardsorten finden sich in Tabelle 8.1. Neben der Standardsorte „Joghurt" wird in Anlage 1 zur Milcherzeugnisverordnung die Standardsorte „Joghurt mild", ebenfalls mit den in Tabelle 8.1 genannten Fettgehaltsstufen, definiert. Bei allen milden Joghurtstandardsorten erfolgt ein Ersatz von *Lactobacillus bulgaricus* durch andere

Laktobazillen (z. B. *Lactobacillus acidophilus*). Damit kommt man den heutigen Verbrauchererwartungen nach einem weniger sauren Produkt ohne deutliches Acetaldehydaroma entgegen. Sowohl eine stärkere Säuerung als auch das für Joghurt eigentlich charakteristische Acetaldehydaroma sind auf die Stoffwechselaktivität von *Lactobacillus bulgaricus* zurückzuführen. Außerdem können bei den milden Sorten probiotisch aktive Kulturen verwendet werden.
Ebenso wie bei den Sauermilcherzeugnissen wird bei Joghurt zwischen stichfesten und gerührten Erzeugnissen (stichfester Joghurt, Rührjoghurt) unterschieden. Die Herstellung beider Produktgruppen erfolgt ähnlich wie bei Sauermilcherzeugnissen. Allerdings sind aufgrund der anderen Reifungskulturen die Temperaturanforderungen und Bebrütungszeiten entsprechend zu modifizieren. So erfolgt die Bebrütung bei Temperaturen von 37–45 °C über etwa drei Stunden, bei Herstellung milder Sorten auch länger.
Bezüglich der Codex-Alimentarius-Empfehlungen zum Gehalt an vermehrungsfähigen Reifungskulturen am Ende der Mindesthaltbarkeit (CODEX STAN 243-2003) sowie der Zugabe anderer Lebensmittel zu Joghurterzeugnissen und Joghurtstandardsorten siehe Kapitel 8.2.1.

8.2.3 Kefirerzeugnisse

Kefirerzeugnisse werden nach Anlage 1 zur Milcherzeugnisverordnung aus Milch oder Sahne unter Verwendung von spezifischen Kefirknöllchen (Kefirkörnern) oder einer von diesen abgeleiteten Kultur hergestellt. Die Erhöhung der Milchtrockenmasse, die Anreicherung mit Milcheiweißerzeugnissen und die Zugabe von Stärke und Speisegelatine sind zulässig (→ Kap. 8.2.1).
Die **Kefirstandardsorten** (→ Tab. 8.1) werden aus Milch, Rahmkefir (mindestens 10 % Fett) aus Sahne, mit den spezifischen **Kefirknöllchen** oder einer aus diesen direkt hergestellten Kultur gefertigt, die alle charakteristischen Mikroorganismen des Kefirknöllchens enthalten muss (u. a. Hefen), sodass im verzehrsfertigen Erzeugnis mindestens 0,05 % Ethanol und Kohlendioxid enthalten sind. Die Erhöhung der Milchtrockenmasse ist erlaubt, nicht aber die Anreicherung mit Milcheiweißerzeugnissen oder die Wärmebehandlung nach der Fermentation (→ Kap. 8.2.1).
Die für die Herstellung von Kefir notwendigen und in den Kefirknöllchen enthaltenen **Mikroorganismen** werden in der Anlage 1 zur Milcherzeugnisverordnung nicht näher definiert. Laut dem unter Abschnitt 8.2.1 bereits erwähnten Codex-Alimentarius-Standard für fermentierte Milcherzeugnisse (CODEX STAN 243-2003) bestehen die für die Herstellung von Kefir spezifischen Reifungskulturen aus Kefirkörnern, *Lactobacillus kefiri*, Spezies der Genera *Leuconostoc*, *Lactococcus* und *Acetobacter*, die alle in einer engen spezifischen Wechselbeziehung stehen. Kefirkörner enthalten Laktose fermentierende (*Kluyveromyces marxianus*) und Laktose nicht fermentierenden Hefe (*Saccharomyces unisporus*, *Saccharomyces cerevisiae*, *Saccharomyces exiguus*). Eine ganze Reihe von Untersuchungen hat allerdings gezeigt, dass die in den Kefirkörnern enthaltene Keimflora wesentlich umfangreicher und komplexer sein kann, als im Codex-Standard beschrieben. Welche der in Kefirkörnern nachgewiesenen Mikroorganismen essenziell für die Produktion und Eigenschaften von Kefir sind, ist nicht geklärt. Wie mehrere Untersuchungen gezeigt haben, spielen vor allem die im Codex-Standard genannten Bakterien und Hefen eine wesentliche Rolle. Neben Mikroorganismen enthalten Kefirkörner, deren Größe im Bereich von einigen Zentimetern liegt und die blumenkohlartig geformt sind, Proteine, Lipide und Kohlenhydrate. Die Struktur ist wesentlich durch den **Kefiran-Komplex** bedingt, ein Polysaccharid, das von *Lactobacillus kefiranofaciens* gebildet wird. Die Oberfläche der Körner besteht aus einem kompakten Biofilm, das Innere ist relativ unstrukturiert.
Neben der Standardsorte „Kefir" mit unterschiedlichen Fettgehalten (→ Tab. 8.1) wird in der Anlage 1 zur Milcherzeugnisverordnung auch die Standardsorte „Kefir mild" (ebenfalls mit unterschiedlichen Fettgehalten, → Tab. 8.1) definiert. Demnach werden die milden Sorten mit spezifischen, von Kefirknöllchen abgeleiteten Kulturen mit Milchsäurestreptokokken und Laktobazillen hergestellt.

Die Herstellung von Kefir mithilfe von Kefirkörnern im **industriellen Maßstab** ist schwierig, da eine gleichmäßige Qualität nur sehr schwer zu erreichen ist. Aufgrund der **CO_2-Bildung** entstehen oft bombierte Packungen, die vom Verbraucher als verdorben angesehen werden. Außerdem wird der stark hefige Geschmack abgelehnt. Die Hersteller sind daher mehr und mehr dazu übergegangen, die von den Kefirkörnern abgeleiteten Kulturen einzusetzen und milde Kefirsorten zu produzieren, die kaum noch Ethanol und CO_2 enthalten. Daher weichen die milden Sorten hinsichtlich der sensorischen Eigenschaften deutlich von dem traditionell gefertigten Produkt ab.
Kefir werden gesundheitsfördernde Eigenschaften, wie die Stimulierung des Immunsystems, die Senkung des Cholesterinspiegels, antimutagene und antikanzerogene Wirkungen u. a. m., zugeschrieben. Für eine wissenschaftlich fundierte abschließende Beurteilung ist es aber wohl noch zu früh.
Die nicht traditionelle Fertigung von Kefir erfolgt heute nach Zugabe der definierten Kulturen in Reifungstanks über 12 bis 15 Stunden bei 20–25 °C. Danach wird in Becher abgefüllt.
Bezüglich der Codex-Alimentarius-Empfehlungen zum Gehalt an vermehrungsfähigen Reifungskulturen am Ende der Mindesthaltbarkeit (CODEX STAN 243-2003) sowie der Zugabe anderer Lebensmittel zu Kefirerzeugnissen und Kefirstandardsorten siehe Kapitel 8.2.1.

8.2.4 Buttermilcherzeugnisse

Die flüssigen **Buttermilcherzeugnisse** fallen als Nebenprodukte bei der Herstellung von Butter (→ Kap. 8.3) aus Milch oder Rahm bzw. bei der Produktion von Milchfetterzeugnissen (→ Kap. 8.2.13) aus Sahne an. Bei der Herstellung von Süßrahmbutter, mildgesäuerter Butter und Milchfetterzeugnissen entsteht süße, bei der von Sauerrahmbutter saure Buttermilch. Erstere darf nachträglich mit Milchsäurebakterien gesäuert werden. Die Erhöhung der Milchtrockenmasse, die Anreicherung mit Milcheiweißerzeugnissen und die Zugabe von Stärke und Speisegelatine sind zulässig (→ Kap. 8.2.1). Ebenso darf Sahne zugesetzt werden.

Die **Buttermilchstandardsorten** (→ Tab. 8.1) werden wie Buttermilcherzeugnisse gewonnen, dürfen aber nicht mit Milcherzeugnissen und/oder Sahne angereichert bzw. nach der Fermentation wärmebehandelt werden (→ Kap. 8.2.1). Eine Erhöhung der Milchtrockenmasse ist zulässig. Bei der Standardsorte „Buttermilch“ darf das bei der Butterung zugesetzte Wasser nicht mehr als 10 %, bei Verwendung von Magermilch statt Wasser darf diese nicht mehr als 15 % ausmachen. Bei der Standardsorte „Reine Buttermilch“ ist der Zusatz von Wasser bzw. Magermilch nicht gestattet. Eine Erhöhung der Trockenmasse ist nur durch Entzug von Wasser zulässig. Beide Standardsorten dürfen nicht mehr als 1,0 % Fett enthalten. Die Herstellung von Buttermilch wird im Kapitel 8.3 beschrieben.
Buttermilch ist ein ernährungsphysiologisch wertvolles Getränk, das oft auch wegen des geringen Fettgehaltes verzehrt wird. Häufig werden auch Früchte beigemischt. Weitere Verwendungsbereiche sind die Zugabe zu anderen Lebensmitteln, die Trocknung und die Verarbeitung in Tierfuttermitteln.

8.2.5 Sahneerzeugnisse

Sahneerzeugnisse werden aus Milch durch Abscheiden von Magermilch oder durch Einstellen des Fettgehaltes auf mindestens 10 % hergestellt. Die Anreicherung mit Milcheiweißerzeugnissen ist zulässig.
Als **Standardsorten** (→ Tab. 8.1) werden in der Milcherzeugnisverordnung „Kaffeesahne“ und „Schlagsahne“ genannt. Bei diesen ist eine Anreicherung mit Milcheiweißerzeugnissen nicht erlaubt. Kaffeesahne muss mindestens 10 %, Schlagsahne mindestens 30 % Fett enthalten. Letztere ist schlagfähig und die Milchtrockenmasse darf erhöht werden (→ Kap. 8.2.1).
Bei der Herstellung von **Kaffeesahne** wird die Milch zunächst in einem Separator in Magermilch und Sahne mit einem Fettgehalt von 30–40 % getrennt; Letztere wird anschließend mit Magermilch auf den gewünschten Fettgehalt eingestellt, homogenisiert, bei Temperaturen von 85–90 °C, evtl. auch höher, pasteurisiert, anschließend ge-

kühlt und abgepackt. Die Anwendung dieser Temperaturen ist notwendig, weil das Fett und die höhere Viskosität die in der Sahne enthaltenen Mikroorganismen vor der Hitzeeinwirkung schützen. **Schlagsahne** wird auf einen entsprechend höheren Fettgehalt eingestellt, pasteurisiert, gekühlt und in Reifungstanks vor der Abpackung zur Stabilisierung des Milchfetts durch Kristallisation kühl gelagert. Eine Homogenisierung wirkt sich ungünstig auf die Schlagfähigkeit aus. Kaffee- und Schlagsahne kommen auch als ultrahocherhitzte oder sterilisierte Produkte in den Handel (→ Kap. 7.3.4.3). Zur Vermeidung des Aufrahmens darf bei „Pasteurisierter Sahne mit vollem Fettgehalt" das Verdickungsmittel Carrageen zugesetzt werden (Anlage 4, Teil C Zusatzstoff-Zulassungsverordnung). Kaffeesahne wird zum Verfeinern von Kaffee, Tee und anderen Getränken sowie Lebensmitteln verwendet. Schlagsahne dient häufig als Auflage oder Bestandteil von Konditoreiwaren und Speiseeis sowie allgemein zur Verfeinerung von Lebensmitteln.

8.2.6 Kondensmilcherzeugnisse

In der Milcherzeugnisverordnung werden ungezuckerte und gezuckerte Kondensmilcherzeugnisse beschrieben.

Ungezuckerte Kondensmilcherzeugnisse werden aus Milch, auch unter Zusatz von Sahne (→ Kap. 8.2.5) und/oder Trockenmilcherzeugnissen (→ Kap. 8.2.7), durch teilweisen Entzug von Wasser eingedickt und durch eine Wärmebehandlung keimfrei gemacht. Der Zusatz von Trockenmilcherzeugnissen darf 25 % der Trockenmasse des Fertigerzeugnisses nicht überschreiten. Der Eiweißgehalt der als Ausgangsmaterial verwendeten Milch kann durch Zugabe von Milchretentat oder Milchpermeat und/oder Zugabe von Laktose und/oder Entzug von Milchbestandteilen auf mindestens 34 %, bezogen auf die fettfreie Trockenmasse, eingestellt werden. Das Verhältnis von Molkeneiweiß zu Casein darf sich in der standardisierten Milch nicht verändern. **Milchretentat** wird in § 1a der Milcherzeugnisverordnung definiert als das Erzeugnis, das durch Konzentrieren von Milcheiweiß mithilfe der Ultrafiltration von Milch, teilentrahmter Milch oder Magermilch gewonnen wird; **Milchpermeat** gilt als das Erzeugnis, das durch Entzug von Milcheiweißen und Milchfett aus Milch, teilentrahmter Milch oder Magermilch mithilfe der Ultrafiltration entsteht.

Die **Standardsorten** unterscheiden sich im **Fett- und Trockenmassegehalt** (→ Tab. 8.1).

Bei der Herstellung werden zunächst der Fett- und Trockenmassegehalt eingestellt. Danach erfolgen die Vorerhitzung zur Eiweißstabilisierung, das Eindampfen und die Homogenisierung. Das heruntergekühlte Produkt wird durch Zugabe von Salzen (Phosphate, Zusatzstoff-Zulassungsverordnung Anlage 4, Teil B) stabilisiert und entweder in Dosen abgefüllt und sterilisiert oder ultrahocherhitzt und anschließend aseptisch in Kartonverpackungen abgefüllt. Bezüglich der Wärmebehandlung gilt nach § 2 der Milcherzeugnisverordnung, dass ungezuckerte Kondensmilch nur in den Verkehr gebracht werden darf, wenn sie nach einem Verfahren wärmebehandelt worden ist, das den Anforderungen des Anhangs III Abschnitt IX Kapitel II Teil II der Verordnung (EG) Nr. 853/2004 entspricht (→ Kap. 7.3.4.3, → Tab. 7.2).

Die Haltbarmachung **gezuckerter Kondensmilch** erfolgt nicht durch Sterilisation oder Ultrahocherhitzung, sondern durch Absenkung der Wasseraktivität auf einen a_W-Wert (→ Kap. 9.1.2.1) von etwa 0,83 mithilfe der Zugabe von Zucker. Allerdings wird, wie bei der Herstellung der ungezuckerten Kondensmilch beschrieben, die im Fett- und Trockenmassegehalt eingestellte Milch einer Erhitzung unterzogen, bei der neben der Eiweißstabilisierung auch eine Abtötung zumindest der meisten vegetativen Mikroorganismen erfolgt. Die Sporen oft sehr hitzeresistenter *Bacillus* spp. werden allerdings nicht eliminiert.

Entsprechend Anlage 1 zur Milcherzeugnisverordnung werden gezuckerte Kondensmilcherzeugnisse aus Milch, auch unter Zusatz von Sahne (→ Kap. 8.2.5) und/oder Trockenmilcherzeugnissen (→ Kap. 8.2.7) und/oder Laktose (→ Kap. 8.2.9), durch teilweisen Entzug von Wasser eingedickt und durch Zusatz von Saccharose haltbar gemacht. Der Zusatz von Trockenmilcherzeugnissen darf 25 %, der von Laktose 0,03 % der Trockenmasse des Fertigerzeugnisses nicht überschreiten. Bezüglich der Einstellung des Eiweißgehaltes gilt das bereits bei der Definition der ungezuckerten Kondensmilch Gesagte.

Die **Standardsorten** unterscheiden sich im **Fett- und Trockenmassegehalt** (→ Tab. 8.1).

Bei der Herstellung erfolgt nach der oben bereits erwähnten Standardisierung und Erhitzung das Eindampfen, in dessen Verlauf meist auch der Zucker in flüssiger Form zugesetzt wird. Im Anschluss an die Kühlung, bei der auch ein Teil der Laktose auskristallisiert, wird das Produkt in sterile Dosen oder aseptisch in Flaschen, Tuben oder Kartonverpackungen abgefüllt. Generell gilt, dass zur Abgabe im Einzelhandel bestimmte ungezuckerte und gezuckerte Kondensmilcherzeugnisse nur in Behältnissen in den Verkehr gebracht werden dürfen, die fest verschlossen sind und die die Erzeugnisse vor nachteiliger Beeinflussung schützen (§ 2 (5) Milcherzeugnisverordnung).

Sowohl den Kondensmilch-Gruppenerzeugnissen als auch den Standardsorten dürfen Vitamine und Mineralstoffe zugegeben werden (§ 2 Abs. 2 Nr. 3 Milcherzeugnisverordnung).

Kondensmilch wird zum Verfeinern von Kaffee und Tee, Suppen, Saucen, Salaten aber auch als Brotaufstrich (gezuckerte Kondensmilch) sowie in Süß- und Backwaren verwendet.

8.2.7 Trockenmilcherzeugnisse

Trockenmilcherzeugnisse werden aus Milch, die auch mit Milchsäurebakterienkulturen (→ Kap. 8.2.1), Joghurtkulturen (→ Kap. 8.2.2) oder Kefirkulturen (→ Kap. 8.2.3) gesäuert sein kann, oder aus Sahneerzeugnissen (→ Kap. 8.2.5) hergestellt und durch Entzug von Wasser getrocknet. Der Wassergehalt darf im Enderzeugnis nicht mehr als 5 % betragen. Werden Trockenmilcherzeugnisse als Zusatz zu Getränken verwendet, dürfen Milchzuckererzeugnisse (→ Kap. 8.2.9) bis zu einem Anteil von 32 % des Gesamterzeugnisses zugesetzt werden. Dieser Zusatz empfiehlt sich vor allem dann, wenn die Erzeugnisse in Getränkeautomaten eingesetzt werden, weil ihre Löslichkeit und Rieselfähigkeit verbessert wird. Erlaubt sind auch die Verwendung von Laktase (Verminderung des Laktoseanteils, → Kap. 7.3.3) sowie die Einstellung des Eiweißgehaltes auf mindestens 34 % bezogen auf die fettfreie Trockenmasse. Zu diesem Zweck sind Milchretentat und -permeat (→ Kap. 8.2.6), Laktosezusatz sowie der Entzug von Milchbestandteilen erlaubt, wobei das Verhältnis von Molkeneiweiß zu Casein in der standardisierten Milch allerdings nicht verändert werden darf.

Die **Standardsorten** mit den entsprechenden Fettgehalten finden sich in Tabelle 8.1. Anders als bei den Gruppenerzeugnissen dürfen ihnen Milchzuckererzeugnisse und Laktase nicht zugesetzt werden. Milchpulver wird aus ungesäuerter Milch und/oder Sahneerzeugnissen hergestellt – die gesäuerten Sorten aus den entsprechenden Joghurt- oder Kefirstandardsorten (→ Tab. 8.1) – und Buttermilchpulver aus Buttermilcherzeugnissen (→ Kap. 8.2.4). Bei dem letztgenannten Produkt darf der Wassergehalt maximal 7 %, bei den übrigen maximal 5 % betragen.

Den Trockenmilch-Gruppenerzeugnissen und den Standardsorten Milchpulver (mit den verschiedenen Fettgehalten) dürfen Vitamine und Mineralstoffe, den Gruppenerzeugnissen auch bestimmte Zusatzstoffe zur Vitaminisierung von Lebensmitteln zugegeben werden (§ 2 Abs. 2 Nr. 3 und Anlage 2 Nr. 1 Milcherzeugnisverordnung).

Es gibt verschiedene Technologien zur **Herstellung von Trockenmilcherzeugnissen**. Hier sollen nur die beiden gängigsten Verfahren, Sprüh- und Walzentrocknung, erwähnt werden. In Abhängigkeit vom Ausgangsmaterial erfolgt zunächst die Einstellung des Fettgehaltes und die Wärmebehandlung, eventuell auch eine Homogenisierung. Im Verdampfer wird eine Eindickung auf einen Trockenmassegehalt von etwa 45–55 % vorgenommen, an die sich die eigentliche Trocknung anschließt. Bei der **Sprühtrocknung** in Sprühtürmen wird das zu trocknende Material entweder über Düsen oder rotierende Scheiben bzw. Räder in Form von feinen Tröpfchen in einen Heißluftstrom versprüht. Die Eintrittsstemperatur bei der Herstellung von Magermilchpulver beträgt etwa 180–230 °C, die Trocknungszeit 15–30 s, die Austrittstemperatur liegt bei 65–85 °C. Je nach der eingesetzten Temperatur-Zeit-Kombination werden verschiedene Produktklassen mit unterschiedlichen Verwendungsbereichen definiert. Die Trock-

nung kann einstufig oder in mehreren Stufen erfolgen. Im Sprühturm sinken die trocknenden Partikel nach unten ab und werden z. B. beim zweistufigen Verfahren in einem Fließbetttrockner nachgetrocknet. Um eine bessere Löslichkeit zu erreichen, können die Partikel agglomeriert werden. Hierbei werden sie z. B. im Fließbett mittels Dampf leicht befeuchtet und lagern sich zu größeren Aggregaten zusammen. Bei stärker fetthaltigen Produkten wird zur besseren Agglomerierung auch Lecithin zugesetzt. Danach erfolgt, ebenfalls im Fließbett, die Trocknung der Agglomerate.
Bei der **Walzentrocknung** wird die Milch ebenfalls vorbehandelt und im Verdampfer eingedickt. Anschließend wird ein dünner Konzentratfilm auf von innen mit Dampf beheizte (120–160 °C) rotierende Walzen verbracht, getrocknet und mit über den Walzen angebrachten Messern abgeschabt. Die flachen Partikel werden mit einer Schnecke abtransportiert und hierbei grob zerkleinert. Die Einstellung der endgültigen Partikelgröße erfolgt in einem Mahlwerk.
Die Sprühtrocknung gilt als das schonendere Herstellungsverfahren, da aufgrund der Verdunstungskälte im Inneren der Partikel eine Temperatur von nicht mehr als 65–70 °C herrscht. Bei der Walzentrocknung ist die Temperatureinwirkung wesentlich intensiver, woraus eine stärkere Proteindenaturierung und vermehrte Bräunungsreaktionen resultieren. Auch die Löslichkeit sinkt, während das Wasserbindungsvermögen höher ist als bei sprühgetrocknetem Material.
Trockenmilcherzeugnisse werden in den verschiedensten Lebensmittelbereichen eingesetzt, z. B. bei der Herstellung von Fleischwaren, Back- und Süßwaren (hier insbesondere walzengetrocknete Produkte), Speiseeis, Getränken sowie Säuglings- und Kleinkindernahrung (schonend sprühgetrocknete Produkte).

8.2.8 Molkenerzeugnisse

Unter **Molkenerzeugnissen** werden im Sinne der Anlage 1 zur Milcherzeugnisverordung durch vollständiges oder teilweises Abscheiden des Eiweißes aus Milch hergestellte Produkte sowie hieraus gewonnene Erzeugnisse verstanden. Der Zusatz von Laktase (Verminderung des Laktoseanteils, → Kap. 7.3.3) ist sowohl bei den **Gruppenerzeugnissen**, als auch bei den **Standardsorten** erlaubt. Letztere finden sich in Tabelle 8.1.
Bei der Standardsorte **„Süßmolke“** handelt es sich um ein durch Abscheiden des Käsestoffes (Casein) bei überwiegender Labeinwirkung gewonnenes Milchserum. **„Sauermolke“** entsteht durch Abscheiden des Caseins bei überwiegender Säureeinwirkung. Beides sind Nebenprodukte der Käse- (→ Kap. 8.4) bzw. Caseinherstellung (→ Kap. 8.2.10).
„Molkensahne“ fällt bei der Entrahmung von Molke an. Die verschiedenen Molkenpulver (→ Tab. 8.1) werden durch weitgehenden Entzug von Wasser gewonnen.
Vor der eigentlichen Weiterverarbeitung der Molke zu den einzelnen Molkenerzeugnissen werden Reste von Casein und Fett mithilfe von Sieben bzw. Separatoren entfernt. Erstere werden nach dem Abscheiden und eventuell teilweisem Entzug von Wasser als Käsestaub bezeichnet, der z. B. zu Schmelzkäse weiterverarbeitet werden kann. Der Molkenrahm kann in der Käserei verwertet werden (Einstellung des Fettgehaltes der Kesselmilch, → Kap. 8.4). Die Trocknung der geklärten Molke erfolgt, wie unter Abschnitt 8.2.7 beschrieben, vorwiegend durch Sprühtrocknung.
Die Entzuckerung bei der Herstellung von „teilentzuckertem Süß- oder Sauermolkenpulver“ (Süßmolkenpulver muss mindestens 70 %, Sauermolkenpulver mindestens 60 % Laktose enthalten) erfolgt in den Schritten Kristallisation, Separierung und Trocknung. Das Entsalzen („entsalztes Molkenpulver“) geschieht durch Nanofiltration, Elektrodialyse oder Ionenaustauschverfahren. „Eiweißangereichertes Molkenpulver“ wird aus Süß- oder Sauermolke durch weitgehenden Entzug des Wassers nach Verfahren, die das Molkeneiweiß anreichern, hergestellt.
Aus Molke können also wertvolle Inhaltsstoffe, wie z. B. Laktose, gewonnen werden. Molke bzw. ihre Inhaltsstoffe werden in vielen anderen Lebensmittelbereichen sowie in der Tierfütterung eingesetzt.

8.2.9 Milchzuckererzeugnisse

Milchzuckererzeugnisse können auch aus Milch, werden aber meistens aus Molkenerzeugnissen durch Auskristallisieren oder andere Verfahren gewonnen (→ Kap. 8.2.8). Als **Standardsorten** nennt die Milcherzeugnisverordnung **„Milchzucker Arzneibuchqualität“** und **„Milchzucker (Laktose)“**. Erstere muss bei der Herstellung raffiniert, d.h. mit speziellen Verfahren (u. a. Adsorption von Nichtzuckerstoffen an Aktivkohle, Kieselgur und Blankit) von Eiweißresten, Farbstoffen, Salzen und anderen Zucker-Fremdstoffen gereinigt werden. Die Einzelheiten und Anforderungen werden im Arzneibuch geregelt. Milchzucker Arzneibuchqualität wird im pharmazeutischen Bereich z.B. als Trägerstoff in Tabletten eingesetzt. Milchzucker wird in der Süß- und Backwarenindustrie, in Kindernahrung, Suppen Saucen u.a.m. verwendet.

8.2.10 Milcheiweißerzeugnisse

Die **Gruppenerzeugnisse** werden aus entrahmter Milch, Buttermilch (→ Kap. 8.2.4) oder Molke (→ Kap. 8.2.8) nach Verfahren, die das Milcheiweiß in seiner Gesamtheit oder in Teilen von den übrigen Milchbestandteilen trennen, hergestellt. Eine vorherige Behandlung mit Ionenaustausch- und Konzentrationsverfahren ist zulässig. Werden Labaustauschstoffe verwendet, müssen sie den Anforderungen der Käseverordnung entsprechen (→ Kap. 8.4).
Für die einzelnen **Standardsorten** (→ Tab. 8.1) werden in der Milcherzeugnisverordnung Ausgangsmaterialien, Herstellungsverfahren und Anforderungen bezüglich des Eiweiß-, Fett-, Asche- und Wassergehalts u.a.m. definiert, auf die im Detail hier nicht eingegangen werden soll.
„Milcheiweiß“ und **„Wasserlösliches Milcheiweiß“** enthalten sowohl die Caseine als auch die Molkenproteine und werden daher als Kopräzipitate bezeichnet. „Molkeneiweiß“ wird aus Molke hergestellt und enthält dementsprechend nur Molkenproteine. Die übrigen Caseine/Caseinate werden so hergestellt (Lab- und Säurefällung), dass ihr Hauptinhaltsstoff das spezifische Milcheiweiß ausmacht. Säurecasein, Labnährcasein und Caseinat dürfen nicht mehr als 1 mg Blei pro kg und keine Fremdstoffe, insbesondere keine Holz- oder Metallpartikel, Haare oder Insektenfragmente, in 25 g enhalten (§ 2 Abs. 1b Milcherzeugnisverordnung). Milcheiweißerzeugnisse finden vielseitige Anwendung in verschiedenen Lebensmittelbereichen, wie z.B. im Milchsektor (Eiweißanreicherung), Fleischsektor (Stabilisatoren, Emulgatoren), in Kindernahrung (Eiweißanreicherung), im Getränkebereich (z.B. als Klärhilfsmittel beim Schönen von Wein), in der Back-, Teigwaren- und Süßwarenindustrie.

8.2.11 Milchmischerzeugnisse

Milchmischerzeugnisse werden aus Milch und/oder einem oder mehreren Erzeugnis/sen der Gruppen Sauermilch-, Joghurt-, Kefir-, Buttermilch- und Sahneerzeugnisse hergestellt. Bei Getränken aus Automaten dürfen auch Trockenmilcherzeugnisse verwendet werden. Die Anreicherung mit Molken- und Milcheiweißerzeugnissen sowie die Zugabe von Stärke und Speisegelatine (→ Kap. 8.2.1), Vitaminen, Mineralstoffen und bestimmten Zusatzstoffen zur Vitaminisierung von Lebensmitteln (§ 2 Abs. 2 Nr. 3 und Anlage 2 Nr. 1 Milcherzeugnisverordnung) sind erlaubt. Ebenso dürfen **beigegebene und färbende Lebensmittel** bis zu insgesamt 30 % der Füllmenge des Fertigerzeugnisses zugesetzt werden. Der Begriff „beigegebene Lebensmittel“ wird in § 2 der Milcherzeugnisverordnung definiert (→ Kap. 8.2.1). In diesem Zusammenhang häufig zugegebene Lebensmittel sind Früchte, Kakao, Schokolade, Nüsse u.a.m. Was unter „färbende Lebensmittel“ zu verstehen ist, wird nicht näher erläutert. Es handelt sich aber wohl nicht um Farbstoffe im Sinne der Zusatzstoff-Zulassungsverordnung, sondern um stark färbende Produkte, wie Kirschsaft, Holundersaft oder Rote-Bete-Saft. Zur Herstellung in Automaten dürfen die Milchmischerzeugnisse auch ganz oder teilweise getrocknet sein. Nicht als Milchmischerzeugnisse gelten Speiseeis, Halberzeugnisse für Speiseeis (gemäß den Leitsätzen für Speiseeis und Speiseeishalberzeugnisse handelt es sich bei Letzteren um Zubereitungen, die zwar zur Herstellung von Speiseeis, nicht aber zum unmittelbaren Verzehr bestimmt sind), Puddings, Milchreis, Crèmes, Saucen und Suppen.

Als **Standardsorten** werden genannt:

1. 1.–3. Milchmischerzeugnis oder Vollmilch, teilentrahmte Milch, entrahmte Milch jeweils mit der Verkehrsbezeichnung (§ 4 Lebensmittel-Kennzeichnungsverordnung) des beigegeben Lebensmittels. Diese Erzeugnisse sind flüssig, ihre Herstellung erfolgt aus Vollmilch, teilentrahmter oder entrahmter Milch unter Berücksichtigung der sonstigen bei den Gruppenerzeugnissen genannten Herstellungsmerkmale.
2. 4. Bezeichnung der Standardsorten der Gruppen Sauermilch-, Joghurt-, Kefir-, Buttermilch- und Sahneerzeugnisse, jeweils in Verbindung mit der Verkehrsbezeichnung des beigegebenen Lebensmittels. Die Herstellung erfolgt aus den oben genannten Standardsorten der fermentierten Erzeugnisse bzw. Sahneerzeugnisse. Bei Ersteren ist eine Wärmebehandlung nach der Fermentation nicht zulässig.

Den Milchmischgetränken werden als beigegebene Lebensmittel vor allem Kakao (Kakao- oder Schokoladentrunk), Kaffee, Fruchtzubereitungen (z. B. Erdbeer, Kirsch, Banane), Vanille u. a. m. zugesetzt.

8.2.12 Molkenmischerzeugnisse

Molkenmischerzeugnisse werden aus Molkenerzeugnissen (→ Kap. 8.2.8) hergestellt. Die Zugabe von färbenden und beigegebenen Lebensmitteln (→ Kap. 8.2.11) sowie Laktase, die Anreicherung mit Milcheiweißerzeugnissen (→ Kap. 8.2.10) sowie die Zugabe von Stärke und Speisegelatine (→ Kap. 8.2.1 und § 2 Abs. 2 Nr. 2b Milcherzeugnisverordnung), Vitaminen, Mineralstoffen und bestimmten Zusatzstoffen zur Vitaminisierung von Lebensmitteln (§ 2 Abs. 2 Nr. 3 und Anlage 2 Nr. 1 Milcherzeugnisverordnung) ist zulässig, soweit der Anteil der Molkenerzeugnisse größer ist als die Summe der anderen Anteile. Zur Herstellung in Automaten dürfen die Erzeugnisse auch ganz oder teilweise getrocknet werden.

Tab. 8.2
Prozesshygienekriterien für Milcherzeugnisse (VO (EG) 2073/2005)

Lebensmittelkategorie	**Mikroorganismus**	**Grenzwerte (KbE/ml, g)**[4]		
		n/c	m	M
pasteurisierte flüssige Milcherzeugnisse, sofern sie nicht zur weiteren Verarbeitung in der Lebensmittelindustrie bestimmt sind[1]	*Enterobacteriaceae*	5/0	10	
Sahne aus Rohmilch oder Milch, die einer Wärmebehandlung unterhalb der Pasteurisierungstemperatur unterzogen wurde[2]	*Escherichia coli* (hier als Hygieneindikator)	5/2	10	100
Milch- und Molkenpulver, sofern es nicht zur weiteren Verarbeitung in der Lebensmittelindustrie bestimmt ist[3]	*Enterobacteriaceae*	5/0	10	
Milch- und Molkenpulver, sofern es nicht zur weiteren Verarbeitung in der Lebensmittelindustrie bestimmt ist[4]	Koagulase-positive Staphylokokken	5/2	10	100

[1] als Maßnahmen im Fall unbefriedigender Ergebnisse sind die Kontrolle der Wirksamkeit der Wärmebehandlung und die Vermeidung einer Rekontamination sowie die Kontrolle der Rohstoffqualität vorgesehen

[2] als Maßnahmen im Fall unbefriedigender Ergebnisse sind Verbesserungen in der Herstellungshygiene und bei der Auswahl der Rohstoffe vorzunehmen

[3] als Maßnahmen im Fall unbefriedigender Ergebnisse sind die Kontrolle der Wirksamkeit der Wärmebehandlung und die Vermeidung einer Rekontamination vorgesehen

[4] als Maßnahmen im Fall unbefriedigender Ergebnisse sind Verbesserungen in der Herstellungshygiene und bei der Auswahl der Rohstoffe vorzunehmen; sofern Werte von > 105 KbE/g nachgewiesen werden, ist die Partie auf Staphylokokken-Enterotoxine zu untersuchen

Als **Standardsorten** gelten Molke bzw. Molkensahne in Verbindung mit der Verkehrsbezeichnung (§ 4 Lebensmittel-Kennzeichnungsverordnung) des beigegebenen Lebensmittels. Bei Letzteren handelt es sich um Fruchtkonzentrate, Fruchtsäfte, Kaffee u. a. m.

8.2.13 Milchfetterzeugnisse

Milchfetterzeugnisse werden aus Milch oder Sahne durch Abtrennen von Buttermilch und/oder aus Butter durch Abtrennen von Wasser und Einstellen der fettfreien Trockenmasse hergestellt. Erlaubt – außer bei den Standardsorten – ist auch die Auftrennung in unterschiedliche Erweichungs- und Erstarrungsbereiche. Die Erzeugnisse sind flüssig oder teilkristallisiert, ihr Fettgehalt muss mindestens 90 % betragen.
Als **Standardsorten** werden „Butterreinfett" (wasserfreies Butterfett, wasserfreies Milchfett, Butterschmalz), „Butterfett" (Butteröl) und „Butterfett fraktioniert" mit jeweils vorgeschriebenen Mindestfettgehalten (→ Tab. 8.1) sowie weiteren Anforderungen, auf die hier nicht näher eingegangen werden soll, genannt. „Butterfett fraktioniert" wird geschmolzen und kristallisiert beim Abkühlen in unterschiedlichen Fraktionen, die jeweils abgetrennt werden, aus.
Nach der Herstellung werden die Milchfetterzeugnisse in Behälter abgefüllt, wobei ein Inertgas (Stickstoff) zur Verhinderung von Oxidationen zugegeben werden darf.
Milchfetterzeugnisse sind bei +4 °C wesentlich länger lagerfähig als Butter (→ Kap. 8.3). Sie werden bei der Herstellung von Süßwaren (Schokolade), Konditorei- und Backwaren, Speiseeis sowie zum Kochen, Braten und Frittieren eingesetzt.

8.2.14 Mikrobiologische Kriterien

Für Milcherzeugnisse im Sinne der Milcherzeugnisverordnung gelten am Ende des Herstellungsprozesses folgende Prozesshygienekriterien (Definitionen → Kap. 9.1).

8.3 Butter

8.3.1 Definitionen

Laut Artikel 78, Anhang VII Teil VII sowie Anlage II der Verordnung (EU) Nr. 1308/2013 (gemeinsame Marktorganisation für landwirtschaftliche Erzeugnisse) gehört Butter zu den Streichfetten (bei einer Temperatur von 20 °C festbleibende streichfähige Erzeugnisse) und zur Fettart **Milchfette**. Letztere werden definiert als: „Erzeugnisse in Form einer festen, plastischen Emulsion, überwiegend nach dem Typ Wasser in Öl, ausschließlich bestehend aus Milch und/oder bestimmten Milcherzeugnissen mit Fett als wesentlichem Wertbestandteil; allerdings dürfen auch andere zu ihrer Herstellung notwendige Stoffe zugesetzt werden, sofern diese Stoffe nicht dazu bestimmt sind, einen Milchbestandteil ganz oder teilweise zu ersetzen." **Butter** ist ein „Erzeugnis mit einem Milchfettgehalt von mindestens 80 % und weniger als 90 %, einem Höchstgehalt an Wasser von 16 % sowie einem Höchstgehalt an fettfreier Milchtrockenmasse von 2 %".
Daneben werden als Milchfette noch genannt: **Dreiviertelfettbutter** („Erzeugnis mit einem Milchfettgehalt von mindestens 60 % und höchstens 62 %"), **Halbfettbutter** („Erzeugnis mit einem Milchfettgehalt von mindestens 39 % und höchstens 41 %") und **Milchstreichfette** X % („Erzeugnis mit folgenden Milchfettgehalten: weniger als 39 %; mehr als 41 % und weniger als 60 %; mehr als 62 % und weniger als 80 %"). Bei den Bezeichnungen aller vier genannten Produkte handelt sich um Verkehrsbezeichnungen, die ausschließlich diesen Erzeugnissen vorbehalten sind (Verordnung (EU) Nr. 1308/2013, Anhang VII Teil VII Abschnitt I). Die Begriffsbestimmungen gelten nicht für Erzeugnisse, deren genaue Beschaffenheit sich aus ihrer traditionellen Verwendung ergibt, und/oder wenn die Bezeichnungen eindeutig zur Beschreibung einer charakteristischen Eigenschaft des Erzeugnisses verwendet werden sowie Konzentrate mit einem Fettgehalt von mindestens 90 % (Anhang VII Teil VII Abschnitt I). Unabhängig von den in Kapitel 8.1 bereits genannten und auf dem Beschluss 2010/791/EU basierenden, die Bezeichnung Butter betref-

fenden Ausnahmen, werden in Anlage 1 der Verordnung (EG) Nr. 445/2007 weitere Ausnahmen, die der obigen Definition von Butter nicht entsprechen, formuliert: „Butterkäse“ (ein halbfester Kuhmilchkäse fetter Konsistenz mit einem Milchfettgehalt von mindestens 45 % in der Trockenmasse); „Kräuterbutter“ (eine Kräuter enthaltende Zubereitung aus Butter, mit einem Milchfettgehalt von mindestens 62 %); „Milchmargarine“ (eine mindestens 5 % Vollmilch, Magermilch oder geeignete Milcherzeugnisse enthaltende Margarine).
Laut Anhang VII Teil III Nr. 3 der Verordnung (EU) Nr. 1308/2013 können die für Milcherzeugnisse verwendeten Bezeichnungen (→ Kap. 8.1) auch zusammen mit einem oder mehreren Worten für die Bezeichnung von **zusammengesetzten Erzeugnissen** verwendet werden, bei denen kein Bestandteil einen beliebigen Milchbestandteil ersetzt oder ersetzen soll und bei dem ein Milcherzeugnis einen nach der Menge oder nach der für das Erzeugnis charakteristischen Eigenschaft wesentlichen Teil darstellt. Dies wird in Artikel 3 und Anhang III der (Durchführungs-) Verordnung (EG) Nr. 445/2007 konkretisiert. Demnach darf für ein zusammengesetztes Erzeugnis, das als wesentlichen Bestandteil Butter enthält, die Bezeichnung „Butter“ nur verwendet werden, wenn das Enderzeugnis mindestens 75 % Milchfett enthält und ausschließlich aus Butter im Sinne der weiter oben angegebenen Definition sowie einem oder mehreren Zusätzen hergestellt ist, die in der Bezeichnung ebenfalls genannt werden müssen.
Die Bezeichnung „Butter“ kann auch für zusammengesetzte Erzeugnisse mit einem Milchfettgehalt zwischen 62 und 75 % verwendet werden, sofern sie ausschließlich aus Butter im Sinne der weiter oben angegebenen Definition sowie einem oder mehreren Zusätzen hergestellt sind, die in der Bezeichnung ebenfalls genannt werden müssen. Die Produktbezeichnung muss den Begriff **Butterzubereitung** enthalten. Dieser Begriff sowie der Fettgehalt des Erzeugnisses sind an gut sichtbarer Stelle der Verpackung und deutlich lesbar anzubringen. Als Beispiele für derartige Produkte sind Joghurtbutter, Senfbutter, Paprikabutter und Zitronenbutter zu nennen.
Mindestens 34 % muss der Milchfettgehalt **Alkoholhaltiger Butter** betragen. Derartige Erzeugnisse setzen sich aus Butter, Spirituosen und Zucker zusammen. Auch hier kann die Bezeichnung „Butter“ in Verbindung mit einem oder mehreren anderen Inhaltsstoffen verwendet werden.
Der Anwendungsbereich der nationalen Verordnung über Butter und andere Milchstreichfette (Butterverordnung) erstreckt sich auf Butter, Dreiviertelfettbutter, Halbfettbutter sowie Milchstreichfett X vom Hundert und gilt für das Herstellen, Behandeln sowie das Inverkehrbringen dieser Produkte. Im Folgenden soll nur auf Butter näher eingegangen werden.

8.3.2 Handelsklassen

In Deutschland kann, entsprechend Abschnitt 3 der Butterverordnung, Butter nach **Handelsklassen** („Deutsche Markenbutter“ und „Deutsche Molkereibutter“) in den Verkehr gebracht werden. Dazu muss sie bestimmte, in den §§ 5 und 6 der Butterverordnung definierte **Herstellungs- und Qualitätsanforderungen** erfüllen. So darf Butter der Handelsklassen nur unmittelbar aus Milch von Kühen oder daraus unmittelbar gewonnenem Rahm oder Molkenrahm hergestellt werden, die oder der einem in der Verordnung (EG) Nr. 853/2004 genannten Pasteurisierungsverfahren (→ Kap. 7.3.4.3) unterzogen worden ist. Danach muss der Peroxidasenachweis negativ sein. Da die in der Verordnung genannten Kurzzeit- bzw. Dauererhitzungstemperaturen und -zeiten nicht ausreichen, um die Peroxidase vollständig zu inaktivieren, müssen effektivere Temperatur-/Zeitkombinationen gewählt werden (→ Kap. 8.3.3).
„Deutsche Markenbutter“ darf nur unmittelbar aus **pasteurisiertem Rahm** hergestellt werden. Wie in der Begründung zu Artikel 21 der Lebensmittelhygienerecht-Durchführungsverordnung ausgeführt wird trotz Wegfall des generellen Wärmebehandlungsgebotes im EU-Lebensmittelhygienerecht bei der Herstellung von Butter der Handelsklassen an dem Erfordernis der Pasteurisierung des Rohstoffs festgehalten, „da einschlägige Vorschriften des EU-Marktorganisationsrechts unter anderem voraussetzen, dass Butter aus pasteurisiertem Rahm hergestellt

wurde". Hierbei wird auf Artikel 11 der Verordnung (EU) Nr. 1308/2013 (gemeinsame Marktorganisation für landwirtschaftliche Erzeugnisse) Bezug genommen, wonach für die öffentliche Intervention „... ausschließlich aus pasteurisiertem Rahm gewonnene Butter ..." in Betracht kommt. Weiter werden in der Begründung Hygienezwecke (Keimreduktion) sowie die Qualitätssicherung (Eliminierung unerwünschter Aromen) genannt.

Bei der Herstellung Deutscher Marken- oder Molkereibutter dürfen nur Wasser und Speisesalz (Letzteres auch jodiert) und – entsprechend der Zusatzstoffzulassungs-Verordnung – Carotine (Farbstoffe), bei Sauerrahmbutter auch Natriumcarbonat und Polyphosphate (Säureregulatoren), verwendet werden.

Soll **Butter aus Rohmilch** hergestellt werden, dürfen zur Säuerung ausschließlich spezifische Milchsäurebakterien eingesetzt werden. Derartige Butter war bis 2007 als „Landbutter" zu kennzeichnen. Da die Herstellung von Butter als Rohmilcherzeugnis inzwischen nicht mehr auf Erzeugerbetriebe beschränkt ist, entfällt diese Bezeichnung (Begründung zu Artikel 21 der Lebensmittelhygienerecht-Durchführungsverordnung). Butter aus Rohmilch wird allerdings nicht nach Handelsklassen in den Verkehr gebracht.

Basiswissen 8.1
Buttersorten der Handelsklassen

Butter der Handelsklassen muss einer der folgenden Buttersorten entsprechen:

- **Sauerrahmbutter:** Butter, die aus mikrobiell gesäuerter Milch, Rahm oder Molkenrahm hergestellt ist und deren pH-Wert im Serum 5,1 nicht überschreitet
- **Süßrahmbutter:** Butter, die aus nicht gesäuerter Milch, Rahm oder Molkenrahm hergestellt ist, der auch nach der Butterung keine Milchsäurebakterienkulturen zugesetzt wurden und deren pH-Wert im Serum 6,4 nicht unterschreitet
- **Mildgesäuerte Butter:** Butter, die weder der Definition für Sauerrahmbutter noch der für Süßrahmbutter entspricht und deren pH-Wert im Serum unter 6,4 liegt

Sauerrahmbutter und Mildgesäuerte Butter dürfen nur unter Verwendung spezifischer Milchsäurebakterienkulturen hergestellt werden; zusätzlich darf bei Mildgesäuerter Butter ein aus diesen gewonnenes Milchsäurekonzentrat, das ausschließlich durch Einwirkung von Milchsäurebakterien auf Milchinhaltsstoffe erzeugt wurde, verwendet werden.

Auf die Herstellung der einzelnen Buttersorten wird unter Abschnitt 8.3.3 eingegangen.

Butter der Handelsklassen darf nur in den Verkehr gebracht werden, wenn bestimmte Qualitätsanforderungen erfüllt sind. Um dies sicherzustellen, werden die **sensorischen Eigenschaften** des Produkts (Aussehen, Geruch, Geschmack und Textur), die Wasserverteilung, die Streichfähigkeit und der pH-Wert geprüft. Die Anforderungen an Deutsche Markenbutter liegen hierbei etwas höher als die an Deutsche Molkereibutter. Deutsche Markenbutter darf außerdem ein **Gütezeichen** (stilisierter Adler mit ovaler Umrandung) führen. Nach der Erteilung der Berechtigung, Butter der Handelsklassen in den Verkehr zu bringen, wird die **Butterprüfung** im Fall von Deutscher Markenbutter monatlich, im Fall von Deutscher Molkereibutter zweimonatlich wiederholt. Ein Widerruf der Berechtigung ist unter den in § 8 der Butterverordnung formulierten Bedingungen möglich.

8.3.3 Herstellung

Die Milch wird zunächst in Rahm und Magermilch separiert. In Abhängigkeit vom Herstellungsverfahren, der Buttersorte und der Jahreszeit wird der Rahm auf einen bestimmten **Fettgehalt** (z. B. Sauerrahmbutter etwa zwischen 35 und 40 %) eingestellt und erhitzt (→ Abb. 8.2). Das **Erhitzen** dient einmal der Eliminierung unerwünschter Mikroorganismen, zum anderen aber auch der Inaktivierung von Enzymen, vor allem von Lipasen, Proteasen und Oxidasen, die später zu Qualitätsminderungen und Haltbarkeitsproblemen Anlass geben können. Die relativ hohen Erhitzungstemperaturen (meist 95–110 °C) sind notwendig, weil zum einen die Mikroorganismen durch das Fett geschützt werden und weil zum

Abb. 8.2
Schema der Herstellung von Butter

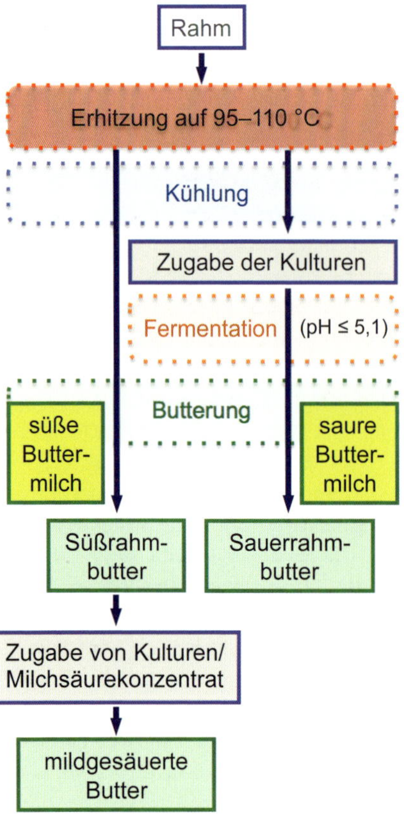

anderen viele Enzyme eine hohe Thermoresistenz aufweisen. Flüchtige unerwünschte Aromastoffe, die z. B. aus dem Futter oder der Stallluft in die Milch gelangt sind und sich im Milchfett anreichern, können durch eine **Vakuumentgasung** entfernt werden. Nach dem **Abkühlen**, das für Gefüge und Konsistenz der Butter von Bedeutung ist, erfolgt die **Reifung**.

Bei der Herstellung von Sauerrahmbutter werden spezifische Milchsäurebakterienkulturen (§ 5 Abs. 4 Butterverordnung) zugesetzt. Hierbei kann es sich um *Lactococcus* spp. (*L. lactis* subsp. *lactis*, *L. lactis* subsp. *cremoris*, *L. lactis* subsp. *lactis* biovar *diacetylactis*) und *Leuconostoc mesenteroides* subsp. *cremoris* handeln (→ Kap. 9.4.2.3). Während der **Fermentation** wird von den Bakterienkulturen Diacetyl gebildet, das wesentlich das charakteristische Aroma der Sauerrahmbutter bestimmt. Der pH-Wert im Serum liegt am Ende der Säuerung unter 5,1.

Bei der sich anschließenden **Butterung** werden vor allem diskontinuierliche Verfahren in Butterfertigern (Butterfass) oder kontinuierliche in Butterungsmaschinen eingesetzt. Das Milchfett liegt in einige Mikrometer großen Fetttröpfchen vor, die von Membranen (aus Proteinen, Phospholipiden u. a. m. bestehend) umgeben sind (→ Kap. 2.6.2.2). Ziel der Butterung ist es, diese Membranen zu zerstören, damit das Fett zusammenfließen kann. Bei beiden genannten Herstellungsverfahren geschieht dies auf mechanischem Wege durch geeignete Schlageinrichtungen. Hierbei entstehen zunächst die wenige Millimeter großen **Butterkörner**, die anschließend von der Buttermilch (→ Kap. 8.2.4) getrennt, gewaschen und geknetet werden. Bei Letzterem sollen die Butterkörner zu der unter Abschnitt 8.3.1 beschriebenen „festen plastischen Emulsion" zusammengefügt und eine Wasserfeinverteilung in Tröpfchen von maximal zehn Mikrometer erreicht werden, was für die mikrobiologische Stabilität des Produktes mitentscheidend ist.

Bei der Herstellung von **Mildgesäuerter Butter** nach dem **NIZO-Verfahren** (Niederländisches Institut für milchwirtschaftliche Forschungen) werden zunächst mithilfe von Milchsäurebakterien Aroma- und Milchsäurekonzentrate produziert und diese beim Kneten in das Süßrahmbutterkorn verbracht, sodass ein sauerrahmbutterähnliches Erzeugnis entsteht. Neben dem Anfall süßer Buttermilch, die sich vielseitiger weiterverwenden lässt als saure Buttermilch, werden als Vorteile der Mildgesäuerten Butter eine geringere Anfälligkeit gegenüber Oxidationen und ranzigem Aroma genannt. Sie hat inzwischen in Deutschland einen wesentlich höheren Marktanteil als Süß- oder Sauerrahmbutter. Soll **gesalzene Butter** produziert werden, so erfolgt der Salzzusatz in Form einer Kochsalzlösung ebenfalls während des Knetens. Laut Butterverordnung ist Butter mit dem Zusatz „Gesalzen" zu kennzeichnen, wenn sie mehr als 0,1 % Salz enthält.

8.3.4 Mikrobiologische Kriterien

Butter und Sahne aus Rohmilch oder Milch, die einer Wärmebehandlung unterhalb der Pasteurisierungstemperatur unterzogen wurde, muss am Ende des Herstellungsprozesses das folgende Prozesshygienekriterium (Verordnung (EG) 2073/2005; Definitionen → Kap. 9.1) erfüllen: *Escherichia coli* (Hygieneindikator): n = 5, c = 2, m = 10 KbE/g, M = 100 KbE/g. Als Maßnahmen im Fall unbefriedigender Ergebnisse sind Verbesserungen in der Herstellungshygiene und bei der Auswahl der Rohstoffe vorzunehmen.

8.4 Käse

8.4.1 Definitionen

Wie bereits in Abschnitt 8.1 erwähnt genießt Käse einen **Bezeichnungsschutz** (Anhang VII Teil III Nr. 2 der Verordnung (EG) 1308/2013 (gemeinsame Marktorganisation für landwirtschaftliche Erzeugnisse)). Was unter Käse zu verstehen ist, regelt in Deutschland die **Käseverordnung**. Gemäß § 1 handelt es sich bei **Käse** um „frische oder in verschiedenen Graden der Reife befindliche Erzeugnisse, die aus dickgelegter Käsereimilch hergestellt sind".

Basiswissen 8.2
Käsereimilch (Kesselmilch) entsprechend §1 Käseverordnung

Zur Herstellung von Käse bestimmte Milch (auch unter Mitverwendung von Buttermilcherzeugnissen, Sahneerzeugnissen, Süßmolke, Sauermolke und Molkenrahm). Als Käsereimilch gelten auch:

- Buttermilcherzeugnisse (ohne Bindemittel)
- Sahneerzeugnisse zur Herstellung von Frischkäse
- Süßmolke, Sauermolke und Molkenrahm (auch unter Zusatz von Milch und Sahneerzeugnissen, zur Herstellung von Molkeneiweißkäse)

Die (Kuh)milch bzw. die genannten Milcherzeugnisse können ganz oder teilweise durch Schaf-, Ziegen- oder Büffelmilch ersetzt werden. Die Erzeugnisse dürfen miteinander vermischt und durch Entzug von Wasser oder – unter Anwendung von Verfahren zur Konzentration des Milcheiweißes – durch Entzug anderer Milchinhaltsstoffe eingedickt sein, wobei der Anteil des Molkeneiweißes am Gesamteiweiß nicht größer sein darf als in der Käsereimilch.

In § 1 der Käseverordnung werden noch weitere Erzeugnisse definiert, die ebenfalls als Käse gelten:

Molkenkäse: wird aus Süß- oder Sauermolke durch Entzug von Wasser, auch unter Zusatz von Milch, Rahm, Molkenrahm, Butter, Butterschmalz, Schaf-, Ziegen- oder Büffelmilch, hergestellt.

Sauermilchkäse: wird aus Sauermilchquark hergestellt

Pasta filata Käse: wird durch Behandlung der Bruchmasse mit heißem Wasser, heißem Salzwasser oder heißer Molke und durch Kneten und Ziehen der plastischen Masse zu Bändern oder Strängen und Formen hergestellt

In allen genannten Fällen ist die Verwendung von Milch anderer Tierarten kennzeichnungspflichtig (§ 14 Abs. 2 Nr. 7 Käseverordnung).

§ 3 regelt die **Anforderungen an die Herstellung von Käse**. So dürfen laut § 3 Abs. 1 Nr. 1, ausgenommen bei der Produktion von Molkenkäse, nur

- Käsereimilch sowie
- Lab, Lab-Pepsin-Zubereitungen oder Labaustauschstoffe,
- Bakterien-, Hefe- und Pilzkulturen (bei Frischkäse dürfen Hefe- und Pilzkulturen nicht und Bakterienkulturen nur verwendet werden, soweit sie nicht zu einer Oberflächenreifung führen),
- Trockenmilcherzeugnisse,
- Milcheiweißerzeugnisse, ausgenommen Casein und Caseinat (Ausnahmeregelungen finden sich in der Verordnung (EG) Nr. 760/2008) und, außer bei Frischkäse, unter gewissen Voraussetzungen eiweißangereichertes Molkenpulver zur Eiweißstandardisierung verwendet werden.

Das Zentrifugat aus Entkeimungseinrichtungen, die einer Einrichtung zur Reinigung der Milch

nachgeschaltet sind, darf ebenfalls unter gewissen Voraussetzungen (z. B. nach einer Wärmebehandlung) zugesetzt werden.
Nach § 3 Abs. 1 Nr. 2 dürfen daneben verwendet werden:

- Speisesalz und jodiertes Speisesalz
- Gewürze, Gewürzzubereitungen
- Kräuter und Kräuterzubereitungen sowie die ihnen jeweils entsprechenden Aromen mit natürlichen Aromastoffen und Aromaextrakten
- Trinkwasser
- die zur Lösung oder Emulgierung von Beta-Carotin erforderliche Menge Speiseöl unter Mitverwendung von Speisegelatine und Stärke

Die übrigen zugelassen Stoffe beziehen sich auf spezielle Käsegruppen und werden gegebenenfalls dort besprochen. Neben Käse werden in § 1 der Käseverordnung auch **Erzeugnisse aus Käse** definiert (siehe Basiswissen 8.3).

Basiswissen 8.3
Erzeugnisse aus Käse

- **Schmelzkäse**: Erzeugnisse, die mindestens zu 50 % der Trockenmasse aus Käse, auch unter Zusatz anderer Milcherzeugnisse, durch Schmelzen unter Anwendung von Wärme, auch unter Verwendung von Schmelzsalzen, und Emulgieren hergestellt sind.
- **Käsezubereitungen**: Erzeugnisse, die aus Käse unter Zusatz anderer Milcherzeugnisse, ausgenommen Schmelzkäse, Schmelzkäsezubereitungen, Casein und Caseinat, oder beigegebener Lebensmittel ohne Schmelzen hergestellt sind. Der Gewichtsanteil des Käses muss an den insgesamt zur Herstellung verwendeten Stoffen mindestens 50 % betragen.
- **Schmelzkäsezubereitungen**: Erzeugnisse, die unter Zusatz anderer Milcherzeugnisse oder beigegebener Lebensmittel aus Käse, aus Schmelzkäse oder aus Käse und Schmelzkäse durch Schmelzen unter Anwendung von Wärme, auch unter Verwendung von Schmelzsalzen, und Emulgieren hergestellt sind.
- **Käsekompositionen**: Erzeugnisse, die aus zwei oder mehr Sorten von Käse, Schmelzkäse, Käsezubereitungen oder Schmelzkäsezubereitungen zusammengesetzt sind.

Beigegebene Lebensmittel sind solche, die bei der Herstellung von Käsezubereitungen und Schmelzkäsezubereitungen zur Erzielung einer besonderen Geschmacksrichtung und ohne einen Milchbestandteil zu ersetzen, zugesetzt werden. Ihr Anteil darf bei Käsezubereitungen und Schmelzkäsezubereitungen nicht mehr als 15 % des Gesamtgewichts des Fertigerzeugnisses betragen. Abweichend hiervon dürfen Käsezubereitungen aus Frischkäse, die unter Verwendung von Früchten, Fruchterzeugnissen, Gemüse oder Gemüseerzeugnissen hergestellt werden, 30 % des Gesamtgewichts des Fertigerzeugnisses an diesen Lebensmitteln enthalten. Nicht als beigegebene Lebensmittel gelten die oben genannten Stoffe Lab, Kulturen, Zentrifugat, Salz etc. (§ 3 Abs. 1) sowie Milch und Milcherzeugnisse. Im Falle der Herstellung von Käsezubereitungen aus Speisequark sind die ebenfalls oben genannten Stoffe (Gewürze, Kräuter etc.) beigegebene Lebensmittel.
Allgemein können alle Erzeugnisse aus Käse die weiter oben im Abschnitt „Anforderungen an die Herstellung von Käse" unter § 3 Abs. 1 Nr. 2 genannten Stoffe enthalten, Käsezubereitungen mit einem Trockenmassegehalt von mindestens 35 % zusätzlich Caseinat bis zu 5 % des Gesamtgewichts des Fertigerzeugnisses, und Käse- und Schmelzkäsezubereitungen zusätzlich auch Stärke und Speisegelatine.

Tab. 8.3
Vorgeschriebene Fettgehaltsstufen (§ 5 Käseverordnung)

Fettgehaltsstufe	Fettgehalt in der Trockenmasse
Doppelrahmstufe	≤ 87 % bis 60 %
Rahmstufe	≥ 50 %
Vollfettstufe	≥ 45 %
Fettstufe	≥ 40 %
Dreiviertelfettstufe	≥ 30 %
Halbfettstufe	≥ 20 %
Viertelfettstufe	≥ 10 %
Magerstufe	< 10 %

Tab. 8.4
Käsegruppen nach dem Wassergehalt in der fettfreien Käsemasse (§ 6 Abs.1 Käseverordnung)

Käsegruppe	Wff-Gehalt
Hartkäse	≤ 56 %
Schnittkäse	> 54 % bis 63 %
halbfester Schnittkäse	> 61 % bis 69 %
Sauermilchkäse	> 60 % bis 73 %
Weichkäse	> 67 %
Frischkäse	> 73 %

Käse und Erzeugnisse aus Käse dürfen nach ihrem **Fettgehalt in der Trockenmasse** (abgekürzt Fett i. Tr.) nur in den in § 5 angegeben Fettgehaltsstufen in den Verkehr gebracht werden (→ Tab. 8.3).

8.4.2 Käsegruppen, Standardsorten, Geographische Herkunftsbezeichnungen

In der Käseverordnung wird zwischen Käsegruppen, Standardsorten und Geographischen Herkunftsbezeichnungen unterschieden. Als Krite-

Tab. 8.5
Anlage 1A zu § 7 KäseV – Standardsorten bei Hartkäse, Schnittkäse, halbfestem Schnittkäse, Weichkäse und Frischkäse (Auszug)

Gruppe	Standardsorte	Herstellungsvorschriften[1]	Mindestalter
Hartkäse	Emmentaler		2 Monate
	Bergkäse		3 Monate
	Cheddar (Chester)		3 Monate
Schnittkäse	Gouda	Pfeffer, Kümmel	5 Wochen
	Edamer		5 Wochen
	Tilsiter	Pfeffer, Kümmel	5 Wochen
	Wilstermarschkäse		4 Wochen
halbfester Schnittkäse	Steinbuscher		3 Wochen
	Edelpilzkäse	auch aus Schafmilch oder einem Gemisch von Kuhmilch und Schafmilch; Reifung nur mit Kulturen von *Penicillium roqueforti*	5 Wochen
	Butterkäse		
	Weißlacker		
Weichkäse	Camembert	Reifung nur mit Kulturen von *Penicillium camemberti* oder *Penicillium candidum* (Camembertschimmel)	
	Brie	Reifung nur mit Kulturen von Camembertschimmel	
	Romadur		
	Limburger		
	Münsterkäse		
Frischkäse	Speisequark	nur aus Milch, Sahne oder entrahmter Milch oder daraus anfallender Molke, der Anteil des Molkeneiweißes am Gesamteiweißgehalt darf nicht größer als 18,5 % sein	
	Schichtkäse	nur aus Milch, Sahne oder entrahmter Milch	
	Rahmfrischkäse	nur aus Milch, Sahne oder entrahmter Milch	
	Doppelrahmfrischkäse	wie Rahmfrischkäse	

[1] Zur Herstellung dürfen Milch und daraus gewonnene Buttermilch, Sahne (Rahm), Süßmolke, Sauermolke und Molkensahne (Molkenrahm) verwendet werden, sofern nachstehend nichts anderes bestimmt ist; die Eindickung darf, ausgenommen die Standardsorten der Gruppe Frischkäse, nur durch Entzug von Wasser erfolgen; außerdem dürfen bei der Herstellung bestimmte Gewürze, auch in Form von Gewürzzubereitungen, und die ihnen entsprechenden Aromen mit natürlichen Aromastoffen verwendet werden, die bei der jeweiligen Standardsorte angegeben sind.

Tab. 8.6
Anlage 1B zu § 7 KäseV – Standardsorten bei Sauermilchkäse (Auszug)

Gruppe	Standardsorten	Herstellungsvorschriften[1]
Sauermilchkäse	Harzer-Käse Mainzerkäse	Reifung nur mit Gelb- oder Rotschmierebakterien (Typ „Gelbkäse"); auch mit Kümmel
	Handkäse Bauernhandkäse Korbkäse Stangenkäse Spitzkäse	Herstellung zulässig als Typ „Gelbkäse" und als Typ „Edelschimmelkäse" (Reifung überwiegend durch Edelschimmel); bei Typ „Edelschimmelkäse" Reifung nur mit Camembertschimmel; auch mit Kümmel
	Olmützer Quargel	Herstellung nur zulässig als Typ „Gelbkäse"; auch mit Kümmel

[1] Bei der Herstellung dürfen bestimmte Gewürze, auch in Form von Gewürzzubereitungen, und die ihnen entsprechenden Aromen mit natürlichen Aromastoffen verwendet werden, die bei der jeweiligen Standardsorte angegeben sind.

rium für die Einteilung in **Käsegruppen** gilt der **Wassergehalt in der fettfreien Käsemasse** (Wff-Wert; → Tab. 8.4). Ausgenommen hiervon sind Molken- und Molkeneiweißkäse, Pasta filata Käse sowie Käse, der aus oder in einer Flüssigkeit, wie Salzlake, Molke oder Speiseöl, in den Verkehr gebracht wird.
Käse darf unter der Bezeichnung einer **Standardsorte** der Anlage 1 zu § 7 der Käseverordnung nur in den Verkehr gebracht werden, wenn er deren Vorschriften über die Herstellung und Beschaffenheit der Standardsorte und in seinen sonstigen Eigenschaften dem Sortentyp der Standardsorte entspricht. Laut Amtlicher Begründung werden als Standardsorten Käsesorten behandelt, die sich in Deutschland und im internationalen Handel als solche durchgesetzt haben. Auf internationaler Ebene (Codex Alimentarius) existieren neben **horizontalen Standards** für Käse (z. B. General Standard for Cheese CODEX STAN 283-1978) zurzeit auch 16 **individuelle**, also auf Sorten wie Emmentaler, Cheddar, Brie, aber auch Danbo, Havarti u. a. m. bezogene **Standards**, sodass Letztere ebenfalls als Standardsorten anzusehen sind. Die Anlage 1 zu § 7 besteht aus drei Teilen, die auszugsweise in den Tabellen 8.5 bis 8.7 wiedergegeben sind.
Nach § 8 der Käseverordnung darf Käse unter einer der in Anlage 1b Spalte 1 (→ Tab. 8.8) aufgeführten **geographischen Herkunftsbezeichnungen** nur in den Verkehr gebracht werden, wenn er in dem jeweiligen in der Anlage bezeichneten Herkunftsgebiet hergestellt worden ist und den jeweiligen Anforderungen an die Herstellung und Beschaffenheit entspricht.
§ 8 und Anlage 1b waren 1993 durch die Verordnung zur Änderung der Käseverordnung und anderer Verordnungen vom 20. Dezember 1993 in die Käseverordnung aufgenommen worden. Dies sollte der Umsetzung der Verordnung (EWG) Nr. 2081/92 zum Schutz von geographischen Angaben und Ursprungsbezeichnungen für Agrarerzeugnisse und Lebensmittel in nationales Recht dienen. Nach Maßgabe der letztgenannten Verordnung können die Mitgliedsländer Ursprungsbezeichnungen und geographische An-

Tab. 8.7
Anlage 1C zu § 7 KäseV – Standardsorten bei Pasta filata Käse (Auszug)

Gruppe	Standardsorten	Herstellungsvorschriften
Pasta filata Käse	Provolone Mozzarella Schnittfeste Mozzarella	gereift (Mindestalter 15 Tage) nicht gereift, auch in Aufgussflüssigkeit nicht gereift

Tab. 8.8
Anlage 1b zu § 8 KäseV – Geographische Herkunftsbezeichnung (Auszug)

Bezeichnung	**Herstellungsgebiet**	**Herstellungsvorschriften**	**Mindestalter**	**Art des Käses**[1]
Allgäuer Emmentaler Allgäuer Bergkäse	Landkreise Lindau (Bodensee), Oberallgäu, Ostallgäu, Unterallgäu, Ravensburg und Bodenseekreis; Städte Kaufbeuren, Kempten und Memmingen	die Herstellung erfolgt ausschließlich aus roher Kässereimilch, die im Herstellungsgebiet nach den Bestimmungen der Milchlieferungsordnung für Lieferanten von Emmentalerkäsereien vom 12. August 1980 gewonnen und vor dem Einlaben nicht über 40 °C erwärmt wird	Emmentaler: 3 Monate, während dieser Zeit muss der Käse mind. 4 Wochen bei einer Temperatur von mind. 20 °C im Gärkeller reifen Bergkäse: 4 Monate	Hartkäse
Altenburger Ziegenkäse	Landkreise Altenburg, Schmölln, Gera, Zeitz, Geithain, Grimma, Wurzen, Borna; Stadt Gera	die Herstellung erfolgt ausschließlich aus Käsereimilch, die im Herstellungsgebiet gewonnen wird; die Käsereimilch muss mind. 15 % Ziegenmilch enthalten; auch unter Zusatz von Kümmel	14 Tage	Weichkäse mit Oberflächenschimmel
Odenwälder Frühstückskäse	Landkreise Odenwaldkreis und Bergstraße	die Herstellung erfolgt ausschließlich aus Käsereimilch, die im Herstellungsgebiet gewonnen und pasteurisiert wird, Reifung nur mit Gelb- oder Rotschmierebakterien (*B. linens*)	14 Tage	Weichkäse mit Rotschmiere
Sonneborner Weichkäse	Landkreise Altenburg und Schmölln	die Herstellung erfolgt ausschließlich aus Käsereimilch, die im Herstellungsgebiet gewonnen wird, unter Zusatz von Gewürzen	14 Tage	Weichkäse mit Gewürzen
Tiefländer	Landkreise Malchin, Grimmen, Altentreptow, Teterow, Demmin, Güstrow, Waren	die Herstellung erfolgt ausschließlich aus Käsereimilch, die im Herstellungsgebiet gewonnen wird	8 Wochen	Hartkäse (Typ Emmentaler)
Tollenser	Landkreise Altentreptow, Teterow, Malchin, Demmin, Neubrandenburg und Stadt Neubrandenburg	die Herstellung erfolgt ausschließlich aus Käsereimilch, die im Herstellungsgebiet gewonnen wird	6 Wochen	Schnittkäse (Typ Tilsiter)

[1] Angabe nicht in der Anlage enthalten

gaben von Agrarerzeugnissen und Lebensmitteln auf Gemeinschaftsebene schützen lassen. Um eine „geschützte Ursprungsbezeichnung" (g. U.) oder eine „geschützte geographische Angabe" (g. g. A.) führen zu können (inzwischen ergänzt um das Gütezeichen „garantiert traditionelle Spezialität (g. t. S.), müssen die Agrarerzeugnisse oder Lebensmittel einer Spezifikation entsprechen, die unter Titel II (g. U. und g. g. A.) bzw. Titel III (g. t. S.) der Verordnung (EU) 1151/2012 Qualitätsregelungen für Agrarerzeugnisse und Lebensmittel, die inzwischen die oben genannte Verordnung abgelöst hat, konkretisiert wird.

Zwischen den drei **EU-Gütezeichen** bestehen erhebliche Unterschiede. Die strengsten Anforderungen werden an die **„geschützte Ursprungsbezeichnung"** gestellt: Alle zum fertigen Erzeugnis führenden Schritte, angefangen von der Erzeugung der Rohstoffe über die Verarbeitung bis hin zur Herstellung müssen in einem definierten geographischen Gebiet erfolgen. Bei der **„geschützten geographischen Angabe"** genügt es, wenn nur einer der Produktionsschritte in dem betreffenden geographischen Raum stattfindet, der Rohstoff kann z. B. irgendwo anders erzeugt werden. Bei der **„garantiert traditionellen Spezialität"** muss hinsichtlich der Produktion überhaupt kein geographischer Bezug mehr gegeben sein. Voraussetzung ist nur noch, dass eine traditionelle Rezeptur oder ein traditionelles Produktionsverfahren eingesetzt werden. Wo dies geschieht, ist unerheblich. Im Sinne dieser Definitionen handelt es sich bei den in Tabelle 8.8 aufgelisteten „geographischen Herkunftsbezeichnungen" also eher um „geschützte Ursprungsbezeichnungen".
Damit ein Erzeugnis in das „Register der geschützten Ursprungsbezeichnungen und der geschützten geographischen Angaben" eingetragen werden kann, muss zunächst ein Antrag eingereicht werden (Einzelheiten regelt die Verordnung (EU) Nr. 1151/2012), den die Europäische Kommission prüft und zwecks Einspruchsmöglichkeiten veröffentlicht. Erfüllen das Erzeugnis bzw. der Antrag die Voraussetzungen, kann der Eintrag in das Register erfolgen. Registrierte deutsche Käsesorten sind zurzeit (Stand 2015) „Hessischer Handkäse" (g. g. A.), „Nieheimer Käse" (g. g. A.), „Odenwälder Frühstückskäse" (g. U.), „Allgäuer Emmentaler" (g. U.), „Allgäuer Bergkäse" (g. U.) „Weißlacker/ Allgäuer Weißlacker" (g. U.) „Altenburger Ziegenkäse" (g. U.) und „Holsteiner Tilsiter" (g. g. A.). Veröffentlicht zwecks Einspruchsmöglichkeit wurde ein Antrag auf Schutz von „Obazda/Obatzter" (g. g. A.), allerdings nicht wie die anderen genannten Sorten unter der Produktklasse 1.3 Käse, sondern unter 1.4 Sonstige Erzeugnisse tierischen Ursprungs. Für „Allgäuer Sennalpkäse" (g. U.) liegt ein Antrag zur Registrierung vor. Sämtliche Angaben zu den in der EU geschützten Erzeugnissen finden sich auf der im Literaturverzeichnis angegebenen Internetseite (Landwirtschaft und ländliche Entwicklung „DOOR") der Europäischen Kommission.

8.4.3 Die Herstellung von Käse

Die Herstellung von Käse ist sehr komplex und beinhaltet wegen der Vielfalt der Sorten auch zahlreiche, z. T. recht unterschiedliche Herstellungsschritte. Im Folgenden soll daher nur auf die wichtigsten und allgemeinen Punkte, die in Abbildung 8.3 anhand der Weichkäseherstellung dargestellt sind, eingegangen werden.
Wie aus der Begriffsbestimmung der Käseverordnung (→ Kap. 8.4.1) hervorgeht, wird zwischen **gereiften** und **ungereiften** (Frischkäse) **Käsen** unterschieden. Unabhängig davon kann Käse aus roher, thermisierter oder pasteurisierter Käsereimilch hergestellt werden. Für die Produktion von Allgäuer Emmentaler und Allgäuer Bergkäse darf z. B. grundsätzlich nur rohe Käsereimilch verwendet werden (→ Tab. 8.8). Insbesondere bei derartigen Hartkäsen, aber auch bei Schnittkäsen und halbfesten Schnittkäsen können bestimmte **Sporen bildende Bakterien** („Laktat vergärende Clostridien", → Kap. 9.3), die sich bevorzugt in Silage anreichern, schwerwiegende **Käsefehler** hervorrufen (Spätblähung). Es gibt verschiedene Möglichkeiten, dies zu vermeiden, hierzu zählen z. B. das Verbot der Silagenverfütterung (Milchlieferungsordnung für Milchlieferanten von Allgäuer Emmentalerkäsereien vom 12. August 1980) und der Einsatz von Entkeimungszentrifugen (Baktofugation), mit denen Bakterien und Bakteriensporen aus der Milch entfernt werden. Der Verordnungsgeber erlaubt daneben in der Zusatzstoff-Zulassungsverordnung bei Hartkäse, Schnittkäse und halbfestem Schnittkäse den Zusatz von **Natrium-/Kaliumnitrat** bis zu einer Konzentration von 150 mg/kg und bei gereiftem Käse den von **Lysozym** (quantum satis). **Nisin** darf bis zu 12,5 mg/kg bei gereiftem Käse und Schmelzkäse, bis zu 10 mg/kg bei Mascarpone zugesetzt werden. Der Zusatz von **Hexamethylentetramin** (bis 25 mg/kg) ist bei Provolone statthaft.
Das in der Käseverordnung ursprünglich enthaltene Gebot Weichkäse, Frischkäse und Sauer-

Abb. 8.3
Wichtige Schritte bei der Herstellung von Camembert

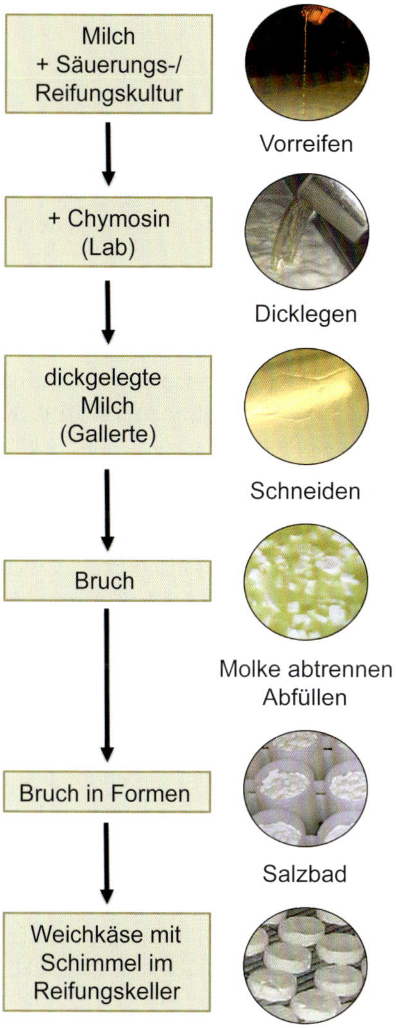

milchquark nur aus pasteurisierter Käsereimilch herstellen zu dürfen, wurde aufgrund des EU-Lebensmittelygienerechts durch Artikel 21 der Lebensmittelhygienerecht-Durchführungs-Verordnung aufgehoben (→ Kap. 7.3.4.3).
Nach dem Einstellen des Fettgehaltes werden **Mikroorganismenkulturen** (→ Kap. 9.4), Lab oder Lab-Pepsin-Zubereitungen oder Labaustauschstoffe sowie Zusatzstoffe zugegeben.

Die **enzymatische Gerinnung des Caseins** wird mithilfe von Lab, Lab-Pepsin-Zubereitungen oder Labaustauschstoffen vorgenommen. **Lab** wird aus dem Labmagen junger, noch Milch saugender Wiederkäuer, meist Kälber aber auch Schafe und Ziegen, gewonnen. Die spezifisch wirksame Komponente im Lab ist das proteolytisch aktive Chymosin, dessen Konzentration bei sehr jungen Tieren am höchsten ist. Später, wenn Festfutter aufgenommen wird, findet eine Verschiebung zugunsten des weniger spezifischen Pepsins statt, was sich in einer Minderung der Käseausbeute und der Käsequalität äußern kann. Es werden daher Lab-Pepsin-Zubereitungen verwendet. Anstelle von Kälberlab werden heute meist **Labaustauschstoffe**, das sind mikrobielle Enzyme (Proteasen) von Schimmelpilzen oder Bakterien, eingesetzt. Deren Herstellung, Kennzeichnung u. a. m. muss den in den §§ 20 bis 22 der Käseverordnung bestimmten Anforderungen entsprechen. Ein auf gentechnischem Wege mithilfe von Bakterien oder Schimmelpilzen hergestelltes **Chymosin**, das mit dem Enzym aus Kälberlab nahezu identisch ist, wurde 1997 durch eine Allgemeinverfügung nach § 47a des damals gültigen Lebensmittel- und Bedarfsgegenständegesetzes (heute § 54 des Lebensmittel- und Futtermittelgesetzbuchs) zur Käseherstellung zugelassen. Die Ver-

Basiswissen 8.4
Labgerinnung

- *Primärphase* (enzymatische Phase)
  - Abspaltung des hydrophilen Teils (Glykomakropeptid) vom κ-Casein
  - Verlust der negativen Ladungsgruppen
  - Verlust der Hydrathülle
- *Sekundärphase* (Gerinnungs- oder Koagulationsphase)
  - Aneinanderlagerung von Caseinmizellen
  - Formierung von Ketten aufgrund elektrostatischer Kräfte
  - Vernetzung der Ketten zu einem dreidimensionalen Netzwerk
  - Bildung der Gallerte
- *Tertiärphase* (Synärese)
  - Kontraktion des Caseingerüsts
  - spontane Abgabe von Molke

Abb. 8.4
Emmentaler **(a)** und Bergkäse **(b)**

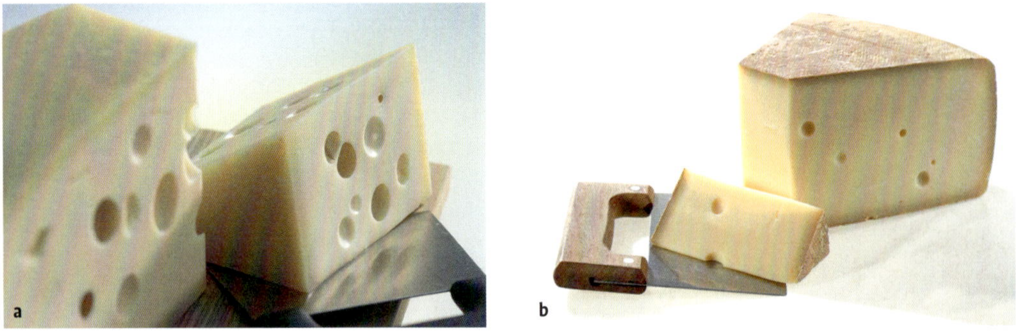

wendung von Labaustauschstoffen ist nicht kennzeichnungspflichtig (§ 14 Käseverordnung).

Lab, Lab-Pepsin-Zubereitungen oder Labaustauschstoffe werden zur **Labgerinnung** benötigt. Das aus einzelnen Fraktionen bestehende Casein liegt in der Milch in Form von Caseinmizellen vor (→ Kap. 3). Deren äußere Hülle enthält **κ-Casein**, das über eine negativ geladene **hydrophile Komponente** (Glykomakropeptid) die Bildung einer Hydrathülle vermittelt und die gegenseitige Abstoßung der Mizellen bedingt. Chymosin, Pepsin aber auch andere Proteasen spalten dieses Glykomakropeptid vom κ-Casein ab (**enzymatische Phase** der Labgerinnung), es kommt zum Verlust von negativen Ladungsgruppen sowie der Hydrathülle und die Mizellen können sich über Calciumbrücken zunächst zu Ketten, später zu einem dreidimensionalen Netzwerk, der **Gallerte**, zusammenlagern (**Koagulationsphase**). Die Abstände zwischen den Mizellen verringern sich und ein Teil der Molke wird aus dem Netzwerk abgepresst (**Synäresephase**).

Abb. 8.5
Tilsiter **(a)** und Gouda **(b)**

Abb. 8.6
Weißlacker **(a)** und Romadur **(b)**

Dieser Prozess wird durch die **Bruchbereitung**, also das Zerschneiden der Gallerte mit der sogenannten Käseharfe, gefördert. Die Größe des Bruchs ist von der Käsesorte, die produziert werden soll, abhängig. Bei Weichkäsen, z. B. Romadur oder Camembert, hat er etwa Haselnussgröße, bei Hartkäsen, wie Emmentaler oder Bergkäse, Weizenkorn- bis Erbsengröße.

Bei Schnitt- und Hartkäse werden die Synärese und damit die Molkenabgabe aus dem Bruch noch weiter durch das **Brennen** (Nachwärmen) gefördert. Der Bruch wird hierbei innerhalb bestimmter Zeiten unter Rühren auf höhere Temperaturen gebracht. Zeiten und Temperaturen des Brennens sind nicht nur von der jeweiligen Käsesorte, sondern auch von deren Fettgehalt und der Käsereiqualität der Kesselmilch abhängig. Die Temperaturen bewegen sich in Bereichen von etwa 30 bis 57 °C. Zu hohe Temperaturen wirken sich negativ aus. Insbesondere in den höheren Temperaturbereichen werden als Nebeneffekt auch die enthaltenen erwünschten und unerwünschten Mikroorganismen mehr oder weniger stark beeinflusst. Nach dem Brennen wird das Bruch/Molke-Gemisch noch einige Zeit gerührt und anschließend wird der Bruch in perforierte Formen geschöpft, damit die Molke abtropfen kann.

Manche Käse, z. B. Emmentaler, Bergkäse, Gouda, werden in den Formen gepresst, um den **Molkeabfluss** weiter zu fördern. Diesem sowie der Formgebung und der Rindenbildung dient

Abb. 8.7
Edelpilzkäse **(a)** und Brie **(b)**

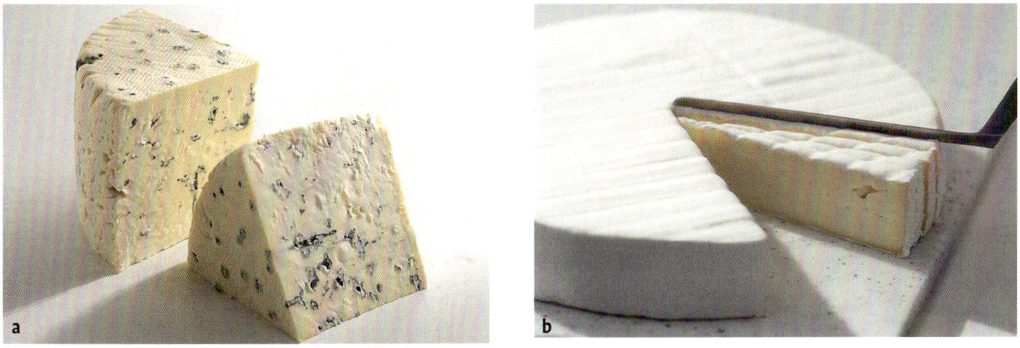

Abb. 8.8
Frischkäse: Speisequark **(a)** und Schichtkäse **(b)**

auch das **Wenden**, das je nach Käsesorte mehrmals vorgenommen wird. Durch das **Salzen** mit Natriumchlorid wird nicht nur die Geschmacksbildung gefördert, sondern auch der weitere Molkeaustritt sowie die Rindenbildung. Es gibt verschiedene Möglichkeiten des Salzens, die aber im Wesentlichen auf dem Trockensalzen oder dem Einlegen der Käse in Salzbäder beruhen.

Im **Reifungskeller** werden die Käse unter definierten klimatischen Bedingungen über einen sortenabhängigen Zeitraum gelagert, wobei es zu mikrobiell, biochemisch und physikalisch bedingten Veränderungen der Milchinhaltsstoffe kommt. Viele Käsesorten werden während der Reifungsphase noch verschiedenen Behandlungsverfahren unterzogen. In diesem Zusammenhang soll beispielhaft das **„Schmieren"** erwähnt werden, das sowohl bei einigen Weichkäsen, wie Romadur- und Münsterkäse, aber auch bei Hartkäsen (z. B. Bergkäse), Schnittkäsen (z. B. Tilsiter) und halbfesten Schnittkäsen (z. B. Weißlacker) vorgenommen wird. Die Schmiere entsteht durch die Aktivität von Mikroorganismen (*Brevibacterium linens*, Mikrokokken, Hefen; → Kap. 9.4), die in einer Salzlösung per Hand oder maschinell auf der Käseoberfläche verteilt werden. Je nach Pigmentierung der Mikroorganismen und Salzgehalt bildet sich Rotschmiere, wie sie z. B. für Romadur und Limburger charakteristisch ist oder eine ins Gelblich bis Weißliche gehende Schmiere (z. B. Weißlacker) aus.

Viele Käsesorten, insbesondere Weichkäse (z. B. Camembert und Brie) oder Edelpilzkäse (z. B. Roquefort) werden mit **Außen- bzw. Innenschimmel** oder einer Kombination aus beidem hergestellt. Bei Ersterem handelt es sich um *Penicillium camemberti/candidum*, bei Letzterem um *Penicillium roqueforti* (→ Kap. 9.4). Unter hygienischen Gesichtspunkten sind sowohl Käse mit Schmiere- als auch mit Schimmelbildung – insbesondere, wenn sie aus Rohmilch hergestellt werden – als **nicht unbedenklich** anzusehen. Im Bereich der Rinde und der oberen Randschichten, die in Folge der Aktivität der Starterkulturen ebenso wie das Innere der Käse zunächst einen niedrigen pH-Wert aufweisen, kommt es zur Entsäuerung, wodurch ein Wachstum eventuell vorhandener pathogener Mikroorganismen ermöglicht wird. Bei solchen Krankheitserregern, die sich auch bei Kühlungstemperaturen noch vermehren können, wie *Listeria monocytogenes* (→ Kap. 9.2), kann dies zu einer Gefährdung des Konsumenten führen.

Penicillium roqueforti benötigt zur Vermehrung im Käseinneren ein aerobes Milieu. Die Käse werden daher **pikiert**, d. h. mit Hohlnadeln (heute maschinell, früher per Hand) werden Luft führende Kanäle eingestochen, an denen entlang und in damit verbundene Risse und Spalten sich ausbreitend der Blauschimmel wächst (→ Abb. 8.7). Das charakteristische Aroma sowohl der Schmiere- als auch der Schimmelpilzkäse ist wesentlich auf **proteolytische Vorgänge**, z. T. auch auf die Bildung freier Fettsäuren, zurückzuführen.

Abb. 8.9
Sauermilchkäse (Harzer Rolle)

Abb. 8.10
Mozarella

Vielen Käsen werden **Farbstoffe**, wie Carotin, Carotinoide (z. B. Annatto, der gelb-rot pigmetierte Samen des Annattostrauchs) u. a. m., zugesetzt, um eine bestimmte Farbgebung zu erreichen (Anlage 1 Zusatzstoff-Zulassungsverordnung). Als weitere in § 23 der Käseverordnung explizit genannte Zusatzstoffe wird beim Herstellen und Behandeln von Käse und Erzeugnissen aus Käse zur äußerlichen Anwendung frisch entwickelter **Rauch** aus naturbelassenen Hölzern und Zweigen, Heidekraut und Nadelholzsamenständen, auch unter Verwendung von Gewürzen, zugelassen. Der Gehalt an Benzo(a)pyren unterliegt dabei einer Begrenzung.

Bei Hartkäse, Schnittkäse und halbfestem Schnittkäse mit geschlossener Rinde oder Haut darf die Oberfläche mit **Speiseöl** behandelt werden (§ 3 Abs. 1 Nr. 4 der Käseverordnung). Außerdem können Hart- und Schnittkäse auch **gerieben**, **geraspelt** oder **gestiftelt** in Verkehr gebracht werden. Als Trennmittel darf dabei bis zu 3% Kartoffel- und Maisstärke, auch in einer Mischung, zugesetzt werden (§ 3 Abs. 2 Nr. 3 der Käseverordnung).

Die **Reifungsdauer** variiert zwischen den verschiedenen Käsesorten, aber auch innerhalb der einzelnen Käsegruppen erheblich. Einige italienische Hartkäsesorten, wie Parmigiano-Reggiano, reifen über einige Jahre, während manche Weichkäsesorten nur eine Reifungszeit von zwei Wochen oder sogar weniger haben.

Keiner Reifung unterliegen die **Frischkäse** (→ Tab. 8.5, → Abb. 8.8). Sie wurden früher nur durch Säuerung mithilfe von Milchsäurebakterien hergestellt, heute wird meist auch eine geringe Menge Lab zugegeben. Nach § 3 Abs. 1 Nr. 5 und 6 der Käseverordnung darf der Fettgehalt mit Sahneerzeugnissen eingestellt und bei wärmebehandelten Frischkäsen Stärke und Speisegelatine zugegeben werden. Das wohl am häufigsten hergestellte Erzeugnis ist **Quark** unterschiedlicher Fettgehalte, dessen Produktion im Folgenden beispielhaft skizziert werden soll. Beim **kontinuierlichen Verfahren** wird die dickgelegte Kässereimilch zerkleinert und anschließend im Quarkseparator die Molke abgetrennt. Die Quarkmasse wird gekühlt, mit Rahm auf den gewünschten Fettgehalt eingestellt und abgepackt. Heute werden auch häufig **Thermo- und Ultrafiltrationsverfahren** eingesetzt. Auf weitere in der Käseverordnung definierte Anforderungen wurde bereits unter Abschnitt 8.4.1 eingegangen.

Wie unter Abschnitt 8.4.1 erwähnt wird **Sauermilchkäse** (→ Tab. 8.6; → Abb. 8.9) aus Sauermilchquark hergestellt. Letzterer wird mittels Säuregerinnung durch Milchsäurekulturen und unter Wärmeeinwirkung aus Magermilch gewonnen und muss eine fettfreie Milchtrockenmasse von mindestens 32% aufweisen; Frischkäse und bis zu 9% Milcheiweißerzeugnisse dürfen zugesetzt werden (§ 3 Abs. 2a und 2b Käseverordnung). Bei der Herstellung des Sauermilchkäses werden dem Sauermilchquark **Reifungssalze** (Carbonate) zur Säureregulation zugegeben. Als weitere Zutaten sind Speisesalz, Gewürze, Gewürzzubereitungen, Kräuter und Kräuterzubereitungen sowie die ihnen jeweils entsprechenden Aromen mit natürlichen Aromastoffen und Aromaextrakten erlaubt (§ 3 Abs. 2a Käseverordnung). Nach der Zugabe der genannten Zutaten wird der ursprünglich körnige Sauermilchquark zu einer homogenen Masse vermahlen, bei einigen Standardsorten mit **Schimmelpilzkultur** besprüht und anschließend gereift (Typ „Edelschimmelkäse", → Tab. 8.6). Andere Sorten werden als Typ „Gelbkäse" (→ Tab. 8.6) mit **Gelb- oder Rotschmierekulturen** (→ Kap. 9.4) hergestellt. Hierbei kommen die Käse zunächst einige Tage in einen sogenannten Schwitzraum, der eine hohe Luftfeuchtigkeit aufweist. Die sich entwickelnden Hefen entsäuern die Käseoberfläche und bereiten so den Nährboden für die Schmierekulturen, die vor dem eigentlichen Reifungsprozess aufgesprüht werden. Da Sauermilchkäse nur in der Fettgehaltsstufe „Magerstufe" (Fettgehalt in der Trockenmasse < 10 %, → Tab. 8.3) in den Verkehr gebracht werden dürfen (Anlage 1b zu § 7 Käseverordnung), sind sie fett- und kalorienarm.

Ebenfalls aus Sauermilchquark (oder auch Labquark) wird **Kochkäse** hergestellt. Dieser ist allerdings im Sinne von § 13 der Käseverordnung ein Erzeugnis aus Käse (→ Kap. 8.4.1), da es sich im Prinzip um einen Schmelzkäse handelt. Wie dieser wird auch Kochkäse einem Erhitzungsprozess unterzogen.

Pasta filata Käse („Brühkäse") stammt ursprünglich aus Italien und wurde 1999 durch die Erste Verordnung zur Änderung milch- und margarinerechtlicher Vorschriften in die Käseverordnung aufgenommen (→ Kap. 8.4.1 und → Tabelle 8.7). Ein typischer Vertreter dieser Käse ist die **Mozzarella**, die aus Büffelmilch (Mozzarella di bufala), aus einem Gemisch aus Büffelmilch und Kuhmilch oder – wie heute in Deutschland – meist nur aus Kuhmilch hergestellt wird. Charakteristisch ist, dass der Bruch in heißem Wasser, Salzwasser oder Molke gerührt und geknetet wird, bis sich ein weicher, elastischer, langfaseriger Teig bildet, der ausgeformt, gehärtet und in ein Salzbad verbracht wird. Anschließend erfolgt die Abpackung in Kunststoffbehälter unter Zugabe einer milden Salzlake. Ähnlich wie Frischkäse reift Mozzarella nicht und besitzt keine Rinde.

Abb. 8.11
Verschiedene Schmelzkäse

Molken- und Molkeneiweißkäse werden aus Molke (→ Kap. 8.4.1) hergestellt und enthalten kein Casein sondern Molkenproteine. Bei **Molkeneiweißkäse** (§ 1 Abs. 2 Nr. 3 Käseverordnung) werden Letztere durch Fällung des Molkeneiweißes mit Milch- oder Zitronensäure und Erhitzen gewonnen. Typische Beispiele sind die italienische Ricotta aus Kuh- oder Schafsmilchmolke und der griechische Manouri-Käse aus Schafs- oder Ziegenmilchmolke. Bei der Produktion von **Molkenkäse** (§ 1 Abs. 3 Nr. 1 Käseverordnung) wird die Molke durch Eindampfen bis zur Bräunung eingedickt und die abgekühlte Masse ausgeformt. Molkenkäse werden hauptsächlich in Teilen Skandinaviens hergestellt. Beispiele sind Mysost aus Kuhmilch und Geitost aus Ziegenmilch.

Von den **Erzeugnissen aus Käse** (bezüglich der einzelnen Gruppen siehe → Kap. 8.4.1 bzw. § 1 Abs. 4 Käseverordnung) soll hier nur auf **Schmelzkäse** (→ Abb. 8.11) eingegangen werden. Im Verlauf von dessen Herstellung erfolgt zunächst die Vorbehandlung der Rohware, bei der die Käse (hauptsächlich Hart- und Schnittkäse) gereinigt, gegebenenfalls entrindet, zerkleinert und mit Zutaten (→ Kap. 8.4.1) sowie Wasser und Schmelzsalzen vermischt werden. Bei Letzteren handelt es sich um Salze der Milchsäure, Zitronensäure oder Phosphate. Nach Anlage 7 Nr. 10 der Zusatzstoff-Zulassungsverordnung sollen sie die in Käse enthaltenen Proteine in eine dispergierte Form überführen und hierdurch eine homogene Verteilung von Fett und anderen Bestandteilen herbeiführen. Außerdem dienen sie der Regulierung des pH-Wertes. Das Schmelzen und Verarbeiten zu einem geschmeidigen Teig wird bei Temperaturen von 70 bis 95 °C und höher im Chargenverfahren oder kontinuierlichen Verfahren vorgenommen. Danach erfolgt das Abpacken und Auskühlen. Durch Zugabe von anderen Lebensmitteln (z. B. Champignons, Salami, Schinken, Kräuter, Nüsse) entstehen **Schmelzkäsezubereitungen** in verschiedenen Geschmacksrichtungen und Fettstufen.

8.4.4 Mikrobiologische Kriterien

Für Käse gelten folgende Prozesshygienekriterien (Definitionen → Kap. 9.1): Als Maßnahmen im Falle unbefriedigender Ergebnisse sind Verbesserungen in der Herstellungshygiene und bei der Auswahl der Rohstoffe vorgesehen. Sofern bei Koagulase-positiven Staphylokokken Werte > 10_5 KbE/g nachgewiesen werden, ist die Partie auf Staphylokokken-Enterotoxine zu untersuchen.

8.4.5 Rechtsvorschriften

Relevant ist bei allen im Folgenden genannten Rechtsvorschriften die jeweils gültige Fassung.

Nationale Rechtsvorschriften

- Verordnung über diätetische Lebensmittel (Diätverordnung) vom 28. April 2005
- Erste Verordnung zur Änderung milch- und margarinerechtlicher Vorschriften vom 8. Juni 1999
- Verordnung über Butter und andere Milchstreichfette (Butterverordnung) vom 3. Februar 1997
- Käseverordnung in der Fassung der Bekanntmachung vom 14. April 1986
- Verordnung über Milcherzeugnisse (Milcherzeugnisverordnung) vom 15. Juli 1970

Rechtsvorschriften der Europäischen Union

- Verordnung (EU) Nr. 1151/2012 des Europäischen Parlaments und des Rates vom 21. November 2012 über Qualitätsregelungen für Agrarerzeugnisse und Lebensmittel
- Verordnung (EU) Nr. 1169/2011 des Europäischen Parlaments und des Rates vom 25. Ok-

Tab. 8.9
Prozesshygienekriterien nach VO (EG) 2073/2005 für Käse

Produkt	Mikroorganismus	Proben		Grenzwerte KbE/g	
		n	c	m	M
Käse aus Milch oder Molke, die einer Wärmebehandlung unterzogen wurden[1]	*Escherichia coli* (hier als Hygieneindikator)	5	2	100	1 000
Käse aus Rohmilch[1]	Koagulase-positive Staphylokokken	5	2	10 000	100 000
Käse aus Milch, die einer Wärmebehandlung unterhalb der Pasteurisierungstemperatur unterzogen wurde gereifter Käse aus Milch oder Molke, die pasteurisiert oder einer Wärmebehandlung über der Pasteurisierungstemperatur unterzogen wurden[1]	Koagulase-positive Staphylokokken	5	2	100	1 000
nicht gereifter Weichkäse (Frischkäse) aus Milch oder Molke, die pasteurisiert oder einer Wärmebehandlung über der Pasteurisierungstemperatur unterzogen wurden[2]	Koagulase-positive Staphylokokken	5	2	10	100

[1] zu einem Zeitpunkt während der Herstellung, zu dem der höchste Gehalt des in Spalte 2 genannten Keimes erwartet wird
[2] am Ende des Herstellungsprozesses

tober 2011 betreffend die Information der Verbraucher über Lebensmittel und zur Änderung der Verordnungen (EG) Nr. 1924/2006 und (EG) Nr. 1925/2006 des Europäischen Parlaments und des Rates und zur Aufhebung der Richtlinie 87/250/EWG der Kommission, der Richtlinie 90/496/EWG des Rates, der Richtlinie 1999/10/EG der Kommission, der Richtlinie 2000/13/EG des Europäischen Parlaments und des Rates, der Richtlinien 2002/67/EG und 2008/5/EG der Kommission und der Verordnung (EG) Nr. 608/2004 der Kommission

- Verordnung (EG) Nr. 760/2008 der Kommission vom 31. Juli 2008 mit Durchführungsvorschriften zur Verordnung (EG) Nr. 1234/2007 des Rates hinsichtlich der Genehmigungen für die Verwendung von Casein und Caseinaten bei der Käseherstellung
- Verordnung (EG) Nr. 445/2007 der Kommission vom 23. April 2007 mit bestimmten Durchführungsbestimmungen zur Verordnung (EG) Nr. 2991/94 des Rates mit Normen für Streichfette und zur Verordnung (EWG) Nr. 1898/87 des Rates über den Schutz der Bezeichnung der Milch und Milcherzeugnisse bei ihrer Vermarktung (kodifizierte Fassung)
- Verordnung (EG) Nr. 510/2006 des Rates vom 20. März 2006 zum Schutz von geographischen Angaben und Ursprungsbezeichnungen für Agrarerzeugnisse und Lebensmittel
- Verordnung (EWG) Nr. 2081/92 des Rates vom 14. Juli 1992 zum Schutz von geographischen Angaben und Ursprungsbezeichnungen für Agrarerzeugnisse und Lebensmittel
- Richtlinie 2000/13/EG des Europäischen Parlaments und des Rates vom 20. März 2000 zur Angleichung der Rechtsvorschriften der Mitgliedstaaten über die Etikettierung und Aufmachung von Lebensmitteln sowie die Werbung hierfür; mit Wirkung vom 13.12.2014 aufgehoben durch Art. 53 VO (EU) 1169/2011
- Europäische Kommission, Landwirtschaft und ländliche Entwicklung – DOOR (http://ec.europa.eu/agriculture/quality/door/list.html, letzter Zugriff Februar 2016)

8.4.6 Literatur

FAO/WHO, Codex Alimentarius (2011): Milk and milk products. 2nd ed., Rome.

Guzel-Seydim, Z. B., Kok-Tas, T., Greene, A. K., Seydim, A. C. (2011): Review: functional properties of kefir. Critical Reviews in Food Science and Nutrition 51, 261–268.

Kammerlehner, J. (1986): Labkäse-Technologie. Band I, 2. Aufl., Gelsenkirchen-Buer: Verlag Th. Mann.

Kammerlehner, J. (1988): Labkäse-Technologie. Band II. Gelsenkirchen-Buer: Verlag Th. Mann.

Kammerlehner, J. (1989): Labkäse-Technologie. Band III. Gelsenkirchen-Buer: Verlag Th. Mann.

Kammerlehner, J. (1999): Die Labgerinnung der Milch. Einflüsse auf die Gallertbildung und die -struktur. Deutsche Molkerei Zeitung 120, 712–718.

Kammerlehner, J. (1999): Milchgerinnungsenzyme. Von der manuellen Labbereitung bis zur Großfabrikation von tierischem Lab und von Labaustauschstoffen – ihre Attribute. Deutsche Molkerei Zeitung 120, 554–564.

Lopitz-Otsoa, F., Rementeria, A., Elguezabal, N., Garaizar, J. (2006): Kefir: a symbiotic yeasts-bacteria community with alleged healthy capabilities. Revista iberoamericana de micología 23, 67–74.

Olszewski, E., Reuter, H. (1992): Das Inaktivierungs- und Reaktivierungsverhalten der Lactoperoxidase in Milch im Temperaturbereich von 50 bis 150 °C. Zeitschrift für Lebensmittel-Untersuchung und -Forschung 194, 235–239.

Sarkar, S. (2007): Potential of kefir as a dietetic beverage – a review. British Food Journal 109, 280–290.

Sarkar, S. (2008): Biotechnological innovations in kefir production: a review. British Food Journal 110, 283–295.

Strampe, U. (1982): Kulturen in der Sauermilchkäserei. Deutsche Molkerei Zeitung 103, 468–473.

Töpel, A. (2007): Chemie und Physik der Milch. Hamburg: Behrs.

Van den Berg , G., Smale, E. J. W. L., Stadhouders, J., Veringa, H. A. (1978): Neuere Entwicklung einer Alternativmethode für die Herstellung von Sauerrahmbutter zur beschleunigten Aromabildung. Deutsche Milchwirtschaft 29, 654–662.

Veringa, H. A., Berg, G. van den, Stadhouders, J. (1976): An alternative method for the production of cultured butter. Milchwissenschaft 31, 658–662.

Wiese, W. von (1986): Kefir – ein Sauermilcherzeugnis im Widerstreit zwischen Hersteller, Lebensmittelüberwachung und Verbraucher. Deutsche Milchwirtschaft 37, 9, 227–229.

8.5 Rohmilch, Rohmilcherzeugnisse und Direktvermarktung

Peter Zangerl

8.5.1 Einleitung

In den alpenländischen Regionen hat die Alpwirtschaft seit jeher eine besondere Bedeutung. Auf Almen (Alpen), die auf 1 000 bis 2 500 Metern während des Sommers zwischen Juni und September bewirtschaftet werden, erfolgt die Verarbeitung der Rohmilch ohne weitere Behandlung zu Käse und Butter. Almkäse unterscheiden sich von industriell hergestellten Käsen durch ihre besondere Geschmacksausprägung und Vielfalt. In Österreich sind bestimmte Almkäse herkunftsgeschützt (Vorarlberger Alpkäse g. U., Tiroler Alm-/Alpkäse g. U., Gailtaler Almkäse g. U.). Die Milchverarbeitung auf Almen erfolgt unter schwierigen topographischen Verhältnissen mit häufig sehr einfacher Einrichtung und Ausrüstung und unter erschwerten Arbeitsbedingungen (Abbildung 8.12).
In den 1980er-Jahren begannen Landwirte, ihre Milch am Hof selbst zu verarbeiten. Dies kam dem Wunsch vieler Konsumenten entgegen, die Alternativen zu den industriell hergestellten Nahrungsmitteln suchten. Argumente für den Kauf bäuerlich erzeugter Produkte sind ihre Frische und „Naturbelassenheit", die handwerkliche Verarbeitung sowie der direkte Kontakt der Kunden zu den Produzenten. Für die Landwirte ergibt sich bei der **Milchverarbeitung am Hof** eine höhere Wertschöpfung. Dem stehen allerdings Nachteile, wie ein hoher Arbeits- und Organisationsaufwand sowie hohe Investitionskosten, gegenüber, wobei die Ausstattung der Betriebe sehr unterschiedlich ist. Sie reicht von einfachen Alpen (→ Abb. 8.12) bis hin zu industriellem Niveau. Die Produkte, wie Käse und Butter, werden dabei z. T. aus Rohmilch oder thermisierter Milch hergestellt.
Häufig wird nur die am Bauernhof selbst produzierte Milch verarbeitet. Dies bietet – insbesondere bei der Verarbeitung zu Rohmilchprodukten – den Vorteil, dass die Verantwortung für die Milchgewinnung und Milchverarbeitung in einer Hand liegt. Bei einem Milchzukauf steigen die Risiken an, da der Verarbeiter keinen direkten Einfluss auf die Beschaffenheit der Rohmilch mehr hat.
Zur Gewährleistung der **Sicherheit** und einer **einwandfreien Qualität** der am Bauernhof oder auf Almen erzeugten Produkte sind daher besondere Anstrengungen notwendig, die beim Personal ein hohes Maß an Fachwissen erfordern. Dazu zählt auch die Kenntnis der Gefahren, die von den Erzeugnissen ausgehen können. Nur dadurch ist es möglich, Risiken durch entsprechende Maßnahmen bei der Milchgewinnung und Milchverarbei-

Abb. 8.12
Traditionelle Einraumalm mit schwenkbarem Kupferkessel, offener Feuerstelle (rechte Bildseite) und Käsepresse (linke Bildseite)

tung zu minimieren bzw. zu beseitigen. Krankheitsausbrüche durch Rohmilch und bäuerlich erzeugte Milchprodukte zeigen, dass diese Voraussetzungen nicht immer gegeben sind.
In **Österreich** wurden daher sowohl für bäuerliche Milchverarbeitungsbetriebe als auch für Almen **Leitlinien** zur Umsetzung der Verordnungen (EG) Nr. 582/2004 und Nr. 853/2004 geschaffen, die auch Hilfsmittel zur Erstellung eines **betriebsspezifischen Eigenkontrollsystems** (HACCP) beinhalten. Die Leitlinien stehen als Download auf der Homepage des Bundesministeriums für Gesundheit zur Verfügung.
In der **Schweiz** hat das Eidgenössische Departement des Inneren (EDI) eine Verordnung über die **hygienische Milchverarbeitung auf Almen** erlassen. In **Deutschland** sind in der Lebensmittelhygiene-Verordnung (LMHV) bzw. in der Tierische Lebensmittel-Hygieneverordnung (Tier-LMHV) Anforderungen und Ausnahmen (LMHV § 6a in Verbindung mit Anlage 3a; Tier-LMHV § 19a) für die Herstellung von Hart- und Schnittkäse in Betrieben der Alm- oder Alpwirtschaft festgelegt.

8.5.2 Abgabe von Rohmilch für den unmittelbaren menschlichen Verzehr

Die Abgabe von Rohmilch zum Verzehr ist im Europäischen Hygienerecht mit Ausnahme der Kennzeichnung als „Rohmilch" nicht geregelt. Die Verordnung (EG) Nr. 853/2004 mit spezifischen Hygienevorschriften für Lebensmittel tierischer Herkunft lässt jedoch Regelungen der Mitgliedstaaten zur Abgabe von Rohmilch und Rohrahm, die für den unmittelbaren menschlichen Verzehr bestimmt sind, zu. Die nationalen Bestimmungen der Mitgliedstaaten können sich daher stark unterscheiden. In Deutschland und Österreich ist eine **direkte Abgabe von Rohmilch** prinzipiell unter bestimmten Voraussetzungen möglich. In diesen Ländern darf Rohmilch generell nur vom **Milcherzeuger** abgegeben werden. Der Hinweis „Rohmilch, vor dem Verzehr abkochen" in schriftlicher Form ist zwingend vorzusehen. Während in Deutschland nur die direkte Abgabe am Bauernhof erlaubt ist („Milch ab Hof", → Kap. 7.3.4.7), kann Rohmilch in Österreich auch an Einzelhandelsunternehmen abgegeben werden, wenn diese die Milch direkt an Letztverbraucher abgeben. Mit Ausnahme von Schulen und Kindergärten ist in Österreich die Abgabe von Rohmilch und Rohrahm auch an Einrichtungen der Gemeinschaftsversorgung (Kantinen, Restaurants, Krankenhäuser etc.) möglich, sofern diese die Milch bzw. den Rahm für die Herstellung von Speisen und Getränken einem **Erhitzungsprozess** unterwerfen. Die Erhitzung muss ausreichend sein, um pathogene Mikroorganismen abzutöten.
In Deutschland kann eine Rohmilch unter speziellen Auflagen mit behördlicher Genehmigung als „Vorzugsmilch" (→ Kap. 7.3.4.7) in Verkehr gebracht werden. Die Abgabe von Vorzugsmilch an Einrichtungen der Gemeinschaftsverpflegung ist allerdings nicht gestattet.
In der Schweiz gibt es keine Beschränkungen für die Abgabe der Rohmilch, es ist aber darauf hinzuweisen, dass es sich um Rohmilch handelt, die vor dem Konsum auf mindestens 70 °C erhitzt werden muss. Die Abgabe von Rohmilch durch Einrichtungen der Gemeinschaftsverpflegung ist auch in der Schweiz nicht möglich, da Rohmilch nicht als genussfertig gilt.

8.5.3 Milchverarbeitung am Bauernhof und auf Almen

Die auf Bauernhöfen erzeugten Produkte zeichnen sich durch eine **große Vielfalt** aus. Neben fermentierten Milch- und Milchmischerzeugnissen und Butter werden verschiedenste Hart-, Schnitt- und Weichkäsesorten sowie Frischkäse und Frischkäsezubereitungen hergestellt. Eine Pasteurisierung der Milch vor der Verarbeitung ist bei der Käseherstellung vielfach nicht üblich.
Auf Almen werden traditionell **Hart- und Schnittkäse**, regionale **Sauermilchkäse** (z. B. Graukäse, Sauerkäse) und **Sauerrahmbutter** aus Rohmilch hergestellt.
Das Europäische Hygienerecht ermöglicht unter bestimmten Umständen Ausnahmen bei den Anforderungen hinsichtlich Einrichtung und Ausstattung der Betriebe sowie bei den Anforderun-

gen bezüglich Milchbeschaffenheit und Milchlagerung, sofern die Sicherheit der Erzeugnisse nicht beeinträchtigt wird. Neben entsprechenden Räumen und Einrichtungen sind noch andere Faktoren für die **Herstellung von sicheren Produkten** von Bedeutung. Dazu zählen

- die Qualität der Milch,
- die Art der hergestellten Produkte,
- die Beherrschung des Produktionsprozesses,
- die Arbeitsorganisation und
- die Einhaltung der guten Hygienepraxis (angefangen von richtiger Händehygiene bis hin zur richtig durchgeführten Reinigung der Räume und Gerätschaften).

8.5.3.1 Sicherheit von Milchprodukten aus Rohmilch

Da in Rohmilch das Vorkommen von Krankheitserregern nicht ausgeschlossen werden kann, sind Erzeugnisse aus Rohmilch im Allgemeinen mit einem höheren Gesundheitsrisiko verbunden als Erzeugnisse aus pasteurisierter Milch. Aus diesem Grund ist durch entsprechende Maßnahmen bei der Milchgewinnung, Milchlagerung und Milchverarbeitung sicherzustellen, dass das Risiko auf ein Minimum reduziert wird. In diesem Zusammenhang ist die **Erstellung betriebs- und produktspezifischer HACCP-Konzepte** von großer Bedeutung. Bei der Beurteilung des Risikos kommt dem sogenannten **Hürdenkonzept** (Basiswissen 8.5) eine besondere Bedeutung zu.

Basiswissen 8.5
Hürdenkonzept zur Keimreduktion

Hürden, die eine Vermehrung von pathogenen Keimen hemmen:

- eine rasche Anfangssäuerung durch aktive Säuerungskulturen
- eine schnelle Absenkung des Redoxpotenzials der Milch durch die Aktivität der Milchsäurebakterien
- die Bildung von organischen Säuren (in erster Linie Milchsäure) und Bakteriocinen durch die Starterkultur
- ein niedriger pH-Wert im Produkt
- ein tiefer a_W-Wert des Produkts
- hohe Temperaturen bei der Verarbeitung („Brennen" des Bruch-Molke-Gemisches bei der Käseherstellung)
- die Kühllagerung von Milch und den daraus hergestellten Erzeugnissen
- eine lange Reifezeit im Falle von Käse

Basiswissen 8.6
Kritische Bereiche bei der Herstellung von Rohmilchprodukten

- Milchgewinnung
- Milchlagerung
- Säuerung der Milch
- Lagerung der Produkte
- Reifung bei Käse

Krankheitserreger, die bei Rohmilch und Rohmilcherzeugnissen die größte Rolle spielen, sind Enterotoxin bildende Staphylokokken (→ Kap. 9.2.12), Shigatoxin bildende *Escherichia coli* (→ Kap. 9.2.8.7), *Campylobacter* spp. (→ Kap. 9.2.4) und *Listeria monocytogenes* (→ Kap. 9.2.9). Der letztgenannte Erreger ist allerdings nicht auf Rohmilchkäse beschränkt, sondern spielt aufgrund seiner Ubiquität auch als Rekontaminationskeim vor allem bei oberflächengereiftem Käse aus pasteurisierter Milch eine bedeutende Rolle. Salmonellen spielen in Rohmilch und Rohmilchprodukten in Deutschland, Österreich und der Schweiz eine untergeordnete Rolle.

8.5.3.2 Milchgewinnung

Bei der Verarbeitung von Rohmilch muss eine Kontamination mit Krankheitserregern vermieden und ihre Vermehrung durch ausreichende Kühlung und rasche Verarbeitung verhindert werden. Bei der Verarbeitung von Rohmilch kommt der Gesundheit der Tiere, insbesondere der **Eutergesundheit**, große Bedeutung zu (Basiswissen 8.7). Der wichtigste Parameter zur Erkennung einer Euterentzündung ist die Zellzahl (→ Kap. 4), wobei tierartspezifische Unterschiede zu beachten sind. Schafmilch weist einen ähnlichen Zellgehalt wie Kuhmilch auf. Die Aussage des **Schalmtests** ist bei Ziegenmilch dagegen eingeschränkt, weil die Tiere einen hohen physiologischen Gehalt an somatischen Zellen aufweisen. Reagieren aller-

Basiswissen 8.7
Wichtige Maßnahmen bei der Milchgewinnung für die Herstellung von Rohmilchprodukten

- tägliche Beobachtung der Tiere und Absonderung von Tieren mit Verdacht auf Infektionskrankheiten; tierärztliche Kontrolle
- Vermeiden von Durchfällen bei den Tieren (z. B. durch Verhinderung plötzlicher Futterumstellungen beim Almauftrieb)
- Stallhygiene, Vermeidung von Euterverschmutzungen
- sorgfältig durchgeführte Euter- und Zitzenreinigung
- Melkhygiene zur Verhinderung von Melkverunreinigungen (Kot, Einstreu)
- effektive Reinigung und Desinfektion der Melkgeräte und der Milchtanks
- keine Verarbeitung von Milch euterkranker Tiere – Schalmtest-positiv bzw. Milch mit einer Zellzahl von über 200 000/ml im Einzelgemelk bei Kuhmilch

dings beide Euterhälften im Schalmtest unterschiedlich, ist dies ein deutlicher Hinweis auf das Vorliegen einer Euterentzündung. Der Schalmtest sollte alle 14 Tage durchgeführt werden.

8.5.3.3 Milchlagerung

Um eine Keimvermehrung während der Milchlagerung zu verhindern, muss die Milch entsprechend **gekühlt** und so **schnell** wie möglich **verarbeitet** werden. Bei der Rohmilchverarbeitung sollte die Milchlagerung bei maximal 8 °C für maximal 15 Stunden erfolgen. Bei der Käseherstellung ist jedoch zu beachten, dass eine Milchkühlung von unter 8 °C zu einem Zerfall der Caseinmizelle führt. Dieser ist umso intensiver, je niedriger die Lagertemperatur der Milch ist. Dies führt zu einer **Verschlechterung der Käsereitauglichkeit** der Milch; die Folgen sind verlängerte Gerinnungszeiten und eine verringerte Festigkeit der Labgallerte und des Bruches.

In kleinen Käsereien und auf Almen wird die Rohmilch häufig einer sogenannten **Vorreifung** („Vorstapelung“) unterzogen, um ihre Verkäsbarkeit zu

Abb. 8.13
Holzgebsen zum Aufrahmen der Milch

verbessern. Bei der Vorreifung wird die Milch ohne oder mit geringem Zusatz einer Säuerungskultur (0,1–0,3 %) bei einer Temperatur von etwa 10–12 °C über etwa 15 Stunden gelagert.

Eine Sonderform der Vorreifung stellt das **Aufrahmen der Milch** in flachen Holzwannen, sogenannten Gebsen, dar (→ Abb. 8.13). Diese Art der Milchentrahmung wird auch heute noch auf vielen Almen und in manchen Käsereien des Alpenraums bei der Herstellung gebrannter Hartkäse eingesetzt. Dabei wird die „Abendmilch“ in den Gebsen aufgestellt und ohne Kühlung über Nacht stehen gelassen. Am nächsten Morgen erfolgen das Abschöpfen des Rahms und die Verkäsung der gereiften, (teilweise) entrahmten Milch zusammen mit der frischen „Morgenmilch“. Die Reinigung der Gebsen erfolgt üblicherweise mit erhitzter (ca. 90 °C) Molke.

Eine **lange Vorreifung** der Milch – insbesondere die Aufrahmung in Gebsen – ist allerdings nicht unproblematisch, da sich auch **unerwünschte Keime** während der Milchreifung in Abhängigkeit von der Lagertemperatur vermehren können. Hohe Zahlen an gramnegativen Keimen beeinträchtigen die Produktqualität (→ Kap. 9.3) und die Vermehrung von Infektions- bzw. Intoxikationserregern gefährdet die Produktsicherheit (→ Kap. 9.2). Bei einer Lagerung bei 15 °C über Nacht ist eine Vermehrung von Staphylokokken um das Drei- bis Vierfache zu erwarten, bei 18 °C jedoch um mehr als das Zehnfache. In Modellver-

suchen zur Aufrahmung konnte während einer 16-stündigen Lagerung bei Temperaturen von 20 °C und 25 °C eine Vermehrung von Krankheitserregern sowohl in der teilweise entrahmten Rohmilch als auch im Rahm festgestellt werden.
Eine mögliche Keimvermehrung durch zu hohe Lagertemperaturen ist in Hinblick auf Produktqualität und Lebensmittelsicherheit als problematischer anzusehen als eine mögliche Verschlechterung der Käsereitauglichkeit durch geringere Lagertemperaturen. Aus diesem Grund ist es wichtig, die Entrahmung der Milch mit einer **Milchzentrifuge** durchzuführen und die Milch generell nicht über 8 °C zu lagern.

8.5.3.4 Säuerung der Milch

Bei der Verarbeitung von Rohmilch stellt eine schnelle Säuerung der Milch ein wesentliches Element für die Produktsicherheit dar. Je schneller die Säuerung, umso rascher wird die Vermehrung von Schadkeimen und Krankheitserregern unterdrückt.
Von entscheidender Bedeutung ist dabei nicht der pH-Wert am Ende der Säuerung (d. h. im Käse vor Salzbad), sondern eine **rasche Anfangssäuerung** in den ersten Stunden der Produktion (Säuerungsgeschwindigkeit). Die Auswirkung einer verzögerten Säuerung während der Käseherstellung wurde bei den Koagulase-positiven Staphylokokken intensiv untersucht. Unter normalen Säuerungsverhältnissen steigt die Staphylokokkenzahl bei den meisten Käsesorten innerhalb der ersten 24 Stunden um etwa 1,5 bis 3,0 Zehnerpotenzen an, während bei schwacher Säuerungsaktivität oder zu geringer Starterzugabe mit einer Zunahme um drei bis fünf Zehnerpotenzen zu rechnen ist. Eine verzögerte Anfangssäuerung hat aber nicht nur Auswirkung auf die Keimvermehrung, sondern verzögert auch die Molkeabgabe während des Formens bzw. Pressens der Käse. Dies kann zu beträchtlichen **Qualitätsfehlern** im reifen Käse führen.

▸ Ursachen für Säuerungsverzögerungen

Eine ungenügende Säuerungsgeschwindigkeit stellt ein Hauptproblem bei der Milchverarbeitung am Bauernhof dar. Ursachen dafür sind:

- **Spontane Milchsäuerung** (Säuerung ohne Zusatz einer Starterkultur): Der Anteil an Milchsäurebakterien in der Rohmilch liegt heute nur bei wenigen Prozent. Bei einer spontanen Säuerung säuert die Milch nur langsam und der Säuerungsverlauf lässt sich nicht steuern.
- **Ungeeignete Säuerungskulturen**: Die Art der Kultur muss auf die Temperaturführung während der Produktion abgestimmt sein. Beispielsweise führt bei der Herstellung von Käse ohne Nachwärmen die Verwendung einer thermophilen Kultur zu einer langsameren Säuerung als der Einsatz mesophiler Kulturen. Ungeeignet sind auch Kulturen aus spontan gesäuerter Milch oder die Verwendung von Molke als Kultur. Hofkäsereien verwenden manchmal auch Sauermilchprodukte aus dem

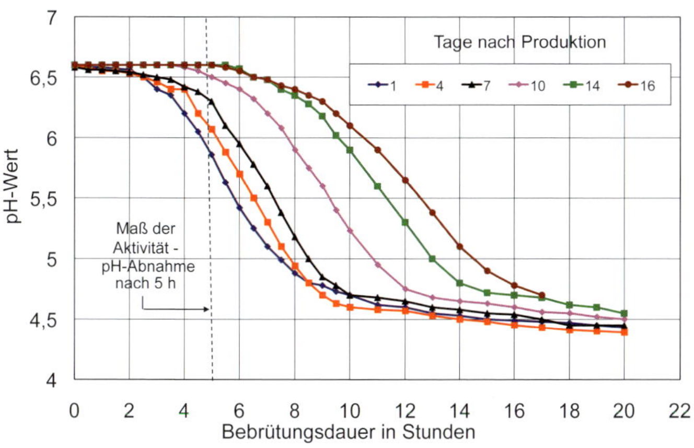

Abb. 8.14
Säuerungsverlauf von Sauermilch als Kultur in Abhängigkeit von der Lagerdauer im Kühlschrank

Handel als Kultur. Da diese Produkte bis zum Kauf mehr oder weniger lange Distributionswege hinter sich haben, weisen sie nicht die notwendige Säuerungsaktivität auf. In Abbildung 8.14 ist der pH-Verlauf einer Sauermilch im Aktivitätstest in Abhängigkeit von der Lagerdauer dargestellt. Die Sauermilch wurde dabei bis zu 16 Tage nach der Produktion im Kühlschrank gelagert. Beim Aktivitätstest werden 200 ml rekonstituierte und für 10 Minuten auf 100 °C erhitzte Magermilch mit 1 % Kultur beimpft und im Wasserbad während 20 Stunden bei 30 °C bebrütet. Eine genügende Aktivität liegt dann vor, wenn die pH-Abnahme 5 Stunden nach Beimpfung zumindest 0,8 beträgt. Abbildung 8.14 zeigt, dass nur die einen Tag gelagerte Sauermilch eine ausreichende Säuerungsaktivität aufweist. Je länger die Lagerung dauert, umso geringer ist die Aktivität; nach 10 Tagen liegt sie praktisch bei null. Die Abbildung zeigt auch deutlich, dass die Lagerdauer sich in erster Linie auf die pH-Absenkung während der ersten Stunden der Säuerung auswirkt. Nach einer 20-stündigen Bebrütung unterscheiden sich die pH-Werte nur noch geringfügig.

- **Fehler beim Kultureneinsatz**: Bei Verwendung gefriergetrockneter Kulturen sind die Anwendungshinweise der Hersteller strikt zu beachten. Beispielsweise verringert eine zu lange Lagerung bei Zimmertemperatur die Aktivität. Bei der Herstellung von Rohmilchprodukten ist zu berücksichtigen, dass gefriergetrocknete Kulturen eine etwas geringere Aktivität aufweisen als frisch angezüchtete Kulturen. Aus diesem Grund sollte eine „Aktivierung" vor der Beimpfung erfolgen. Dabei wird die entsprechende Menge der Kultur in etwa einem Liter abgekochter und auf Bebrütungstemperatur temperierter Milch für ca. eine Stunde stehen gelassen und dann der Verarbeitungsmilch zugesetzt. Auch bei Flüssigkulturen müssen die Lagerungsbedingungen nach den Angaben der Hersteller gewählt werden. Bei der Kulturenzucht sind konstante Bebrütungsbedingungen (Temperatur, Zeit) entsprechend den Anweisungen der Hersteller zu gewährleisten. Nach der Bebrütung auf den gewünsch-

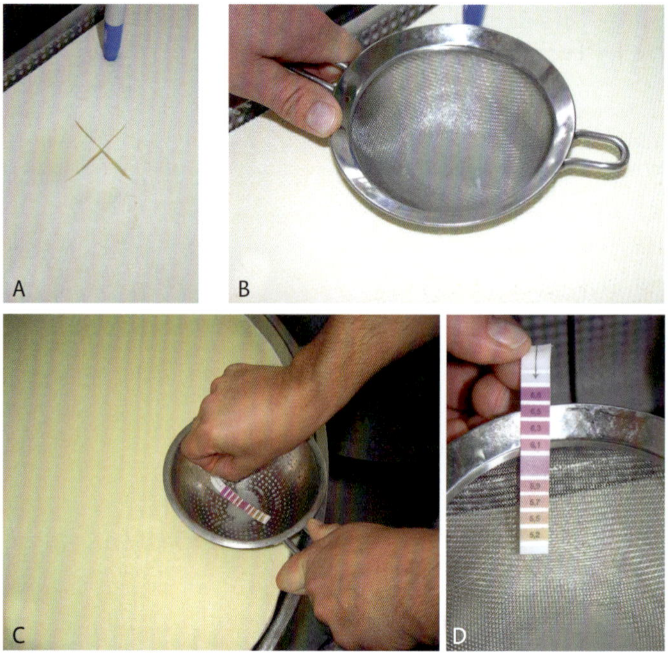

Abb. 8.15
Säuerungskontrolle durch pH-Messung der Molke mittels Teststreifen zwei Stunden nach dem Abfüllen des Käsebruchs:
A: mit einem Messer wird ein Kreuzstich im Randbereich des Käses durchgeführt;
B: die Molke wird mittels eines Siebs ausgepresst;
C: der Teststreifen wird durch die Molke gezogen;
D: der pH-Wert soll zwei Stunden nach dem Abfüllen bei Schnittkäse maximal 6,0 und bei Weichkäse maximal 5,8 betragen.

ten End-pH-Wert oder Säuregrad ist eine schnelle Abkühlung im Wasserbad auf 6–8 °C Voraussetzung für die Erhaltung der Säuerungsaktivität der Kultur (Verhinderung einer Übersäuerung, die zu einer Schädigung der Milchsäurebakterien führt). Wesentlich ist, dass für die Produktion stets eine frische Kultur verwendet wird (→ Abb. 8.14). Die Impfmenge sollte so gewählt werden, dass nach dem Kulturenzusatz die Verarbeitungsmilch Keimzahlen von etwa 10^6 bis 10^7 pro ml aufweist.

- **Phageninfektionen**: Phageninfektionen der Kultur führen zur Lyse der Zellen und beeinträchtigen somit die Säuerungsaktivität. Phagen sind insbesondere in der Molke in hohen Zahlen vorhanden; aus diesem Grund sind Molkekontaminationen unbedingt zu vermeiden. Da eine Übertragung der Phagen auch über Aerosole möglich ist, muss die Kulturenzucht vom Produktionsraum getrennt sein.

▸ Säuerungskontrolle

Werden die Kulturen selbst weitergezüchtet, ist die Kontrolle des pH-Wertes bzw. Säuregrades der Kultur notwendig. Diese Kontrolle kann durch Aktivitätstests, wie sie z. B. im vorigen Abschnitt zu den Ursachen für Säuerungsverzögerungen beschrieben wurden, ergänzt werden.

Wesentlich ist eine Säuerungskontrolle während der Produktion. Bei der Herstellung von Käse erfolgt dies durch pH-Messung des Käses zwei Stunden nach dem Abfüllen im Randbereich mittels einer pH-Elektrode. Für Hofkäsereien oder Almen ist die Verwendung eines pH-Teststreifens eine einfache Möglichkeit der Überprüfung. Die Vorgangsweise ist in Abbildung 8.15 dargestellt. Bei der Herstellung von Rohmilchkäse ist der pH-Wert zwei Stunden nach dem Abfüllen als kritischer Kontrollpunkt (CCP) zu bewerten.

8.5.3.5 Risiken bei Rohmilchprodukten

Bei einer Bewertung des Risikos von Rohmilchprodukten ist zu berücksichtigen, dass die Risiken von der Art des Produktes abhängen. In Abbildung 8.16 wurde versucht, Rohmilchprodukte hinsichtlich ihres Gesundheitsrisikos durch pathogene Keime grob zu vergleichen. In der Abbildung sind nicht fermentierte Rohmilcherzeugnisse (Süßrahmbutter, Buttermilch aus der Süßrahmbuttererzeugung und ungesäuerte Labfrischkäse) nicht enthalten, da bei diesen Produkten weder ein kritischer Kontrollpunkt noch andere Maßnahmen zur Beherrschung einer Gesundheitsgefahr festgelegt werden können. Im Sinne des Eigenkontrollsystems ergibt sich daraus zwingend eine Pasteurisierung der Milch

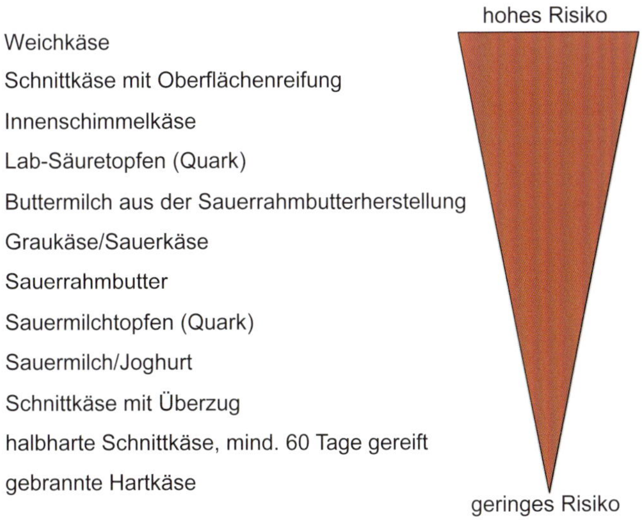

Abb. 8.16
Risiko einer Belastung mit pathogenen Keimen bei Milcherzeugnissen aus Rohmilch

oder ein Verzicht auf die Herstellung dieser Produkte.
Die Abbildung zeigt, dass sich die Produkte hinsichtlich des Risikos stark unterscheiden. Produkte mit hohem Risiko (Weichkäse) sollten daher nicht mit Rohmilch hergestellt werden. Auch bei ungenügenden Umgebungsbedingungen, wie sie z. B. in Abbildung 8.12 gezeigt werden, ist nur die Herstellung von gebranntem Hartkäse vertretbar.

▸ Gebrannte Hartkäse

Bei der Herstellung von gebrannten Hartkäsen aus Rohmilch wird das Bruch-Molke-Gemisch im Käsekessel oder Käsefertiger auf hohe Temperaturen erwärmt, um eine entsprechende Synärese zu gewährleisten. Dieser Vorgang wird als „Brennen" bezeichnet (→ Kap. 8.4.3). Die Brenntemperaturen bei Emmentaler und Bergkäse liegen bei etwa 50–53 °C, bei Gruyère, Beaufort, Comté, Parmigiano Reggiano oder Sbrinz etwa zwischen 53 °C und 57 °C. Die Mindestreifezeit beträgt meist drei bis sechs Monate; Parmigiano Reggiano reift mindestens 12 Monate, Sbrinz mindestens 16 Monate. Durch die hohen Brenntemperaturen, die hohen Temperaturen auf der Presse, die schnelle Säuerung durch thermophile Starterkulturen, die lange Reifezeit und den niedrigen a_W-Wert werden mögliche in der Rohmilch vorhandene Krankheitserreger abgetötet, sodass diese Rohmilchkäse als sicher gelten. Eine starke Inaktivierung der Krankheitserreger erfolgt dabei schon im Käsekessel während des Brennens.

▸ Schnittkäse

Bei der Herstellung von Schnittkäse aus Rohmilch reichen die Hürden nicht aus, um Krankheitserreger mit Sicherheit zu inaktivieren. Maßnahmen zur Minimierung des Risikos liegen in einer hygienischen Milchgewinnung und einer raschen Milchverarbeitung sowie in der Gewährleistung einer schnellen Säuerung durch aktive Starterkulturen (→ Kap. 8.5.3.2-4). Auch bei einer optimalen Säuerung kommt es in der ersten Phase des Käsungsprozesses zu einer Vermehrung unerwünschter Keime. Ab dem Salzbad nimmt die Keimzahl aufgrund der ungünstigen Vermehrungsbedingungen mehr oder weniger rasch ab, d. h., je länger der Käse reift, umso sicherer ist er. Das Absterben ist dabei umso intensiver, je höher die Reifetemperatur liegt. Es ist jedoch zu berücksichtigen, dass selbst eine Reifedauer von mehr als 60 Tagen nicht ausreicht, um Krankheitserreger mit Sicherheit zu eliminieren. Halbweiche (halbfeste) Schnittkäse, die einen Wff-Gehalt zwischen 61 % und 69 % aufweisen, stellen innerhalb dieser Käsegruppe das höchste Risiko dar.
Käse mit Oberflächenreifung, vor allem geschmierte Käsesorten, weisen ein erhöhtes Risiko hinsichtlich einer Belastung mit *L. monocytogenes* auf, da diese Keime bei ungenügenden Hygienemaßnahmen im Käsekeller persistieren, somit die Käseoberfläche kontaminieren und sich auf dieser während der Reifung vermehren können.

▸ Weichkäse

Unter den gereiften Käsen weisen Weichkäse aufgrund des hohen a_W-Wertes und der kurzen Reifedauer das höchste Risiko auf. Bei geschmierten und schimmelgereiften Käsen kann der pH-Wert innerhalb kurzer Zeit sowohl auf der Käseoberfläche als auch im Käseinneren stark ansteigen und somit zu einer Vermehrung von pathogenen Keimen während der Reifung führen. Eine Verarbeitung von Rohmilch sollte aus diesem Grund nicht erfolgen. Auf Almen sollten generell keine Weichkäse hergestellt werden.

Basiswissen 8.8
Risikofaktoren einer Staphylokokkenintoxikation

Ein hohes Risiko einer Staphylokokkenintoxikation ist gegeben, wenn folgende Faktoren zusammentreffen:

- eine erhöhte Kontamination der Rohmilch mit Enterotoxin bildenden Staphylokokken beim Vorliegen von Staphylokokken-Mastitiden in der Herde
- eine starke Vermehrung während der Käseproduktion infolge einer langsamen Säuerung der Milch

▶ Quark/Topfen

Quark (Topfen) weist pH-Werte von weniger als 4,8 auf. Pathogene Keime können sich somit in dem Produkt nicht vermehren, sondern werden weitgehend inaktiviert. Da allerdings ein Überleben von Krankheitserregern bis zum Konsum nicht ausgeschlossen ist, sollte die Herstellung von Frischkäse aus pasteurisierter Milch erfolgen. Lab-Säuretopfen weist ein höheres Risiko auf als Sauermilchtopfen; eine Verzögerung der Säuerung, die sich bei der Herstellung von Sauermilchtopfen in einer verzögerten Dicklegungszeit äußert, kann bei einem Lab-Säuretopfen nicht ohne Weiteres erkannt werden kann.

▶ Butter

Butter wird am Bauernhof häufig und auf Almen üblicherweise aus Rohrahm im Butterfass hergestellt. Die Verarbeitung von rohem Süßrahm ist mit einem sehr hohen Risiko verbunden, da bei der Rahmreifung eine Vermehrung von pathogenen Keimen erfolgen kann. In Deutschland darf aus Rohmilch nur Sauerrahmbutter unter Verwendung spezifischer Milchsäurebakterien hergestellt werden (→ Kap. 8.3.2). In der Praxis wurden auch Fehler bei der Rahmlagerung (zu lange Lagerdauer, zu hohe Temperaturen von über 6 °C) festgestellt, die eine Keimvermehrung begünstigen. Bei Sauerrahmbutter liegen die pH-Werte üblicherweise bei 4,8 und darunter. Bei diesen pH-Werten ist eine Vermehrung von pathogenen Keimen unwahrscheinlich. Außerdem sind in der Butter die Mikroorganismen nur in der Wasserphase (Butterserum) enthalten. Durch den maximalen Wassergehalt von 16 % und durch das Waschen des Butterkorns gehen nur etwa 5 % der Keime, die sich im Rahm befinden, in die Butter über. Dies führt zu einer Verringerung des Risikos.

▶ Fermentierte Milcherzeugnisse

Sauermilch (Dickmilch) und Joghurt werden aus technologischen Gründen auch am Bauernhof üblicherweise aus pasteurisierter Milch hergestellt. Die pH-Werte liegen etwa zwischen 4,0 und 4,4, sodass eine Inaktivierung von pathogenen Keimen erfolgt. Das Risiko ist daher als gering einzustufen. Bei einer Rohmilchverarbeitung ist allerdings ein Überleben von Keimen – insbesondere von Shigatoxin bildenden *E. coli* – bis zum Konsum nicht ausgeschlossen.

> **Basiswissen 8.9**
> **Wichtige Aspekte und Maßnahmen zur Lebensmittelsicherheit bei der Herstellung von Rohmilchprodukten**
> - Käse
>   - unter sehr einfachen Produktionsbedingungen ist nur die Herstellung von gebranntem Hartkäse mit langer Reifungszeit vertretbar
>   - bei der Herstellung von Schnittkäse kann ein Überleben von Krankheitserregern nicht mit Sicherheit ausgeschlossen werden
>   - Frischkäse und insbesondere Weichkäse sind mit einem erhöhten Risiko behaftet und sollen daher aus pasteurisierter Milch hergestellt werden
>   - auf Almen sollte auch kein Weichkäse aus pasteurisierter Milch hergestellt werden
>   - Käse mit Oberflächenreifung, vor allem geschmierte Käsesorten, weisen ein erhöhtes Risiko hinsichtlich einer Belastung mit *L. monocytogenes* auf
> - Butter
>   - nur die Herstellung von Sauerrahmbutter ist akzeptabel

8.5.4 Rechtsvorschriften

Deutschland

- Verordnung über Anforderungen an die Hygiene beim Herstellen, Behandeln und Inverkehrbringen von Lebensmitteln (Lebensmittelhygiene-Verordnung – LMHV) vom 8. August 2007 (BGBl. I S. 1816, 1817)
- Verordnung über Anforderungen an die Hygiene beim Herstellen, Behandeln und Inverkehrbringen von bestimmten Lebensmitteln tierischen Ursprungs (Tierische Lebensmittel-Hygieneverordnung – Tier-LMHV) vom 8. August 2007 (BGBl. I S. 1816, 1828)

Österreich

- Rohmilchverordnung 2006 (BGBl. II Nr. 106/2006)
- Lebensmittelhygiene-Direktvermarktungsverordnung 2006 (BGBl. II Nr. 108/2006)
- Leitlinie für eine gute Hygienepraxis und die Anwendung der Grundsätze des HACCP für bäuerliche Milchverarbeitungsbetriebe vom 19.12.2005
- Leitlinie für eine gute Hygienepraxis und die Anwendung der Grundsätze des HACCP bei der Milchverarbeitung auf Almen vom 19.12.2005

Schweiz

- SR 817.024.1 Hygieneverordnung des EDI (HyV) vom 23. November 2005
- SR 817.022.108 Verordnung des EDI über Lebensmittel tierischer Herkunft vom 23. November 2005
- SR 817.024.2 Verordnung des EDI über die hygienische Milchverarbeitung in Sömmerungsbetrieben vom 11. Mai 2009

Rechtsvorschriften der Europäischen Union

- Verordnung (EG) Nr. 852/2004 des Europäischen Parlaments und des Rates vom 29. April 2004 über Lebensmittelhygiene
- Verordnung (EG) Nr. 853/2004 des Europäischen Parlaments und des Rates vom 29. April 2004 mit spezifischen Hygienevorschriften für Lebensmittel tierischen Ursprungs

8.5.5 Literatur

Allerberger, F., Kreidl, P., Dierich, M. P., Klingsbichel, E., Jenewein, D., Mader, C., Khaschabi, C., Schönbauer, M., Berghold, C. (2000): *Salmonella enterica* serotype Oranienburg infections associated with the consumption of locally produced Tyrolean cheese (Outbreak Report). Eurosurveillance Vol. 5, Nr. 11, November 2000.

Bachmann, H. P., Spahr, U. (1995): The fate of potentially pathogenic bacteria in Swiss hard and semihard cheeses made from raw milk. Journal of Dairy Science 78, 476–483.

Berger, T., Jakob, E., Haldemann, J. (2012): Milchprodukte von der Alp – schmackhaft und sicher! Empfehlungen für Alp-Berater. ALP Forum Nr. 92, Mai 2012.

Carminati, D., Bonvini, B., Neviani, E., Mucchetti, G. (2008): The fate of pathogenic bacteria during the spontaneous creaming process of raw milk: a laboratory-scale study. Milchwissenschaft 63, 416–419.

Internationaler Milchwirtschaftsverband (2013): Guidelines for the use and interpretation of bovine milk somatic cell counts (SCC) in the dairy industry. IDF Bulletin 466.

Lehner, A., Schneck, C., Feierl, G., Pless, P., Deutz, A., Brandl, E., Wagner, M. (2000): Epidemiologic application of pulsed-field gel electrophoresis to an outbreak of *Campylobacter jejuni* in an Austrian youth centre. Epidemiology and Infection 125, 13–16.

Lücke, F.-K., Zangerl, P. (2014): Food safety challenges associated with traditional foods in German-speaking regions. Food Control 43, 217–230.

Schmid, D., Fretz, R., Winter, P., Mann, M., Höger, G., Stöger, A., Ruppitsch, W., Ladstätter, J., Mayer, N., de Martin, A., Allerberger, F. (2009): Outbreak of staphylococcal food intoxication after consumption of pasteurized milk products, June 2007, Austria. Wiener Klinische Wochenschrift 121, 125–131.

Zangerl, P., Ginzinger, W. (2001): *Staphylococcus aureus* in Käse – eine Übersicht. Ernährung/Nutrition 25, 389–395.

9 Mikrobiologie

9.1 Grundlagen

Erwin Märtlbauer und Heinz Becker

9.1.1 Mikroorganismen in Milch

Lebensmittel sind komplexe Ökosysteme und bieten Mikroorganismen vielfältige, aber auch unterschiedliche Wachstumsbedingungen. Bei gesunden Tieren ist die Milch im Euter nahezu steril, kann aber während des Milchentzugs, bei der anschließenden Lagerung, beim Transport und bei der Be- und Verarbeitung mit Mikroorganismen kontaminiert werden. Milch stellt für eine Vielzahl von Mikroorganismen ein gutes, aber nur für wenige ein ideales Nährmedium dar. In Milch finden sich einerseits natürlich vorkommende **Inhibitoren**, wie das Laktoperoxidasesystem, Immunglobuline und Laktoferrin, die sich auf das Wachstum von Mikroorganismen negativ auswirken können (→ Kap. 2 und 3). Andererseits ist Laktose, die nur von bestimmten Mikroorganismen metabolisiert werden kann, die Hauptkohlenhydratquelle, wodurch ebenfalls das Keimspektrum beeinflusst wird.

> **Basiswissen 9.1**
> **Phylogenetische Klassifizierung von Bakterien**
>
> **Beispiel: *Bacillus cereus***
> - Domäne: *Bacteria*
> - Phylum: XIII. *Firmicutes*
> - Klasse: I. *Bacilli*
> - Ordnung: I. *Bacillales*
> - Familie: I. *Bacillaceae*
> - Genus: I. *Bacillus*
> - **Spezies: *Bacillus cereus***
> - (Typstamm: ATCC 14579)
>
> **Abkürzung:**
> erster Buchstabe des Genus (Großbuchstabe, kursiv, Punkt): *B. cereus*
>
> **Subspezies (subsp.) und Serovar:**
> *Salmonella enterica* subsp. *enterica* serovar Enteritidis
>
> **Abkürzungen:**
> *Salmonella enterica* subsp. *enterica* ser. Enteritidis oder *Salmonella* Enteritidis

Die wesentlichen Mikroorganismen in **Rohmilch** (→ Kap. 9.3.2) sind zwar weitgehend charakterisiert, dennoch kann ihre Zahl und Zusammensetzung regional sehr unterschiedlich und komplex sein. Die einzelnen Mikroorganismen werden entweder auf der Basis ihres Phänotyps oder ihrer Phylogenie klassifiziert. Die Taxonomie der Bakterien basiert i. d. R. auf der **phylogenetischen Analyse** der 16S rRNA (Basiswissen 9.1). Eine weitere Differenzierung in Subspezies und gegebenenfalls verschiedene Serovaren ist bei bestimmten Keimen, wie Salmonellen, von Bedeutung.

Unabhängig von der klassischen **Taxonomie** erfolgt in der Milchmikrobiologie die Einteilung der Mikroorganismen – aus praktischen Erwägungen – häufig nach deren Funktion und Bedeutung in die in Tabelle 9.1 aufgeführten Gruppen.

Diese Keimgruppen vermehren sich in Milch und Milchprodukten unterschiedlich schnell, in Abhängigkeit von ihren physiologischen Eigenschaften und den in Basiswissen 9.3 genannten Faktoren. Eine Bakterienzelle kann sich innerhalb von 10 Minuten verdoppeln, sie kann aber auch mehr als 24 Stunden dazu benötigen. Diese Zeit wird als **Generationszeit** bezeichnet. Sie ist während der einzelnen **Vermehrungsphasen** unterschiedlich (Basiswissen 9.2). Die Dauer der **Anlaufphase** ist abhängig von der Adaptation der Keime an das sie umgebende Milieu. Gelangen beispielsweise Wasserkeime erstmals in eine Melkanlage, so müssen sie sich zunächst an das neue Medium Milch anpassen. Wurde andererseits die Melkanlage nicht ausreichend gereinigt und desinfi-

Tab. 9.1
Praktische Einteilung der in Milch und Milchprodukten vorkommenden Mikroorganismen

Keimgruppen	Beispiele
Mastitiserreger (Kap. 4)	*Staphylococcus aureus*, Streptokokken
Markerkeime (Kap. 7, 8, 9.1)	*Enterobacteriaceae*, Coliforme, *Escherichia (E.) coli*
Lebensmittelinfektions- und intoxikationserreger (Kap. 9.2)	Salmonellen, pathogene *Escherichia (E.) coli, Staphylococcus aureus, Listeria monocytogenes*, toxinogene Schimmelpilze, Viren
saprophytäre Keime (Kap. 9.3) (Verderbserreger)	Pseudomonaden, *Enterobacteriaceae*, Sporenbildner, heterofermentative Laktobazillen, Hefen, Schimmelpilze
technologisch wichtige Keime (Kap. 9.4) (Starter- und Reifungskulturen)	vor allem Spezies aus den Gattungen *Lactococcus, Lactobacillus, Leuconostoc*, daneben auch Hefen und Schimmelpilze

ziert, sodass die Keime Zeit hatten, sich an das verbliebene Wasser-Milchgemisch anzupassen, können sie sich beim nächsten Melkvorgang bereits in der exponentiellen Wachstumsphase befinden und zu hohen Keimbelastungen in der Anlieferungsmilch führen.
Unter optimalen Bedingungen verdoppeln sich z. B. Milchsäurestreptokokken alle 10–20 Minuten, Laktobazillen alle 30–40 Minuten und Coliforme alle 20–30 Minuten. In statischen Kulturen – als solche sind Lebensmittel anzusehen – können sich die Keime auch unter optimalen Wachstumsbedingungen nicht auf beliebig hohe Keimzahlen vermehren. Neben der rein geometrisch bedingten Wachstumsbeschränkung sind hierfür u. a. der Verbrauch an Nährstoffen, das Anfallen toxischer Stoffwechselprodukte und Antagonismen innerhalb der Keimpopulation verantwortlich.

9.1.2 Das Wachstum von Mikroorganismen in Milch und Milcherzeugnissen

Art und Umfang der mikrobiologischen Besiedelung von Milch und Milchprodukten hängen von zahlreichen, oft eng zusammenwirkenden Faktoren ab. Neben der sehr wesentlichen mikrobiellen **Ausgangsbelastung** (→ Kap. 9.3.2) spielen dabei

Basiswissen 9.2
Vermehrung von Mikroorganismen in statischen Kulturen

Schematische Wachstumskurve

A Anlauf-(Lag)-Phase
(Wachstumsgeschwindigkeit: null)
B Beschleunigungsphase
(Wachstumsgeschwindigkeit: ansteigend)
C exponentielle Phase
(Wachstumsgeschwindigkeit: maximal, konstant)
D Verzögerungsphase
(Wachstumsgeschwindigkeit: abfallend)
E stationäre Phase
(Wachstumsgeschwindigkeit: null)
F Absterbephase
(Wachstumsgeschwindigkeit: negativ)

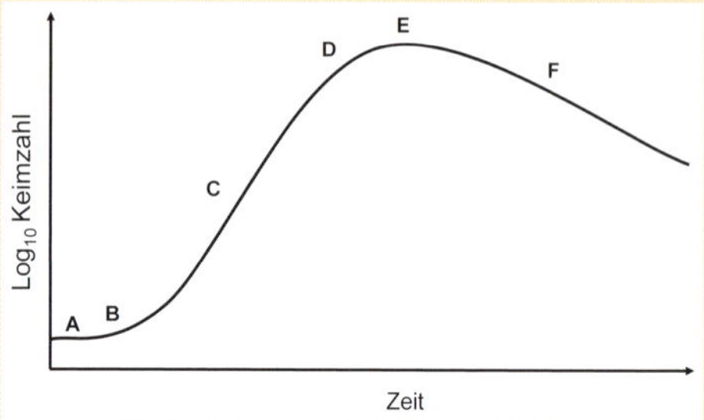

spezifische, dem Lebensmittel **eigene (intrinsische) Faktoren**, die Be- und Verarbeitung (**Prozessfaktoren**), **äußere** – vor allem die Lagerungs- und Distributionsbedingungen charakterisierende – **(extrinsische) Faktoren** sowie synergistische und antagonistische Wechselbeziehungen zwischen den verschiedenen Vertretern der jeweiligen Keimflora (**implizite Faktoren**) eine Rolle. Alle diese Parameter bedingen in ihrem Zusammenwirken eine für das jeweilige Lebensmittel spezifische und dominierende Mikrobiota, die auch als **mikrobielle Assoziation** bezeichnet wird (Basiswissen 9.3).

Basiswissen 9.3
Mikrobielle Assoziation von Milch und Milchprodukten

- **Art und Umfang der Ausgangskontamination**
- **Intrinsische Faktoren**: Darunter werden chemische, physikalische und biologische Eigenschaften des Lebensmittels verstanden, insbesondere:
  - Wasseraktivität
  - pH-Wert
  - Redoxpotenzial
  - Nährstoffe
  - natürlich vorkommende und zugesetzte Hemmstoffe
  - Struktur
- **Prozessfaktoren**: Dabei handelt es sich um zulässige Be- und Verarbeitungsverfahren, die auf die Ausgangskeimflora einwirken, insbesondere:
  - Wärmebehandlungen
  - Trocknung
  - Säuerung
  - Salzen, Pökeln, Räuchern
- **Extrinsische Faktoren:** Diese umfassen Parameter, die sich vor allem aus den Lagerungs- und Distributionsbedingungen ergeben. Wesentlich sind:
  - Temperatur
  - Feuchtigkeit
  - partieller Sauerstoffdruck
- **Implizite Faktoren**: Antagonismus oder Synergismus zwischen Mikroorganismen

9.1.2.1 Intrinsische Faktoren

▸ Wasseraktivität

Stoffwechsel und Vermehrung von Mikroorganismen in Lebensmitteln sind an das Vorhandensein von Wasser gebunden. Hierbei ist weniger die absolute Feuchtigkeit des Milieus, als das den Keimen frei zur Verfügung stehende und nicht durch lösliche Substanzen – wie Salze oder Zucker – gebundene oder das an unlösliche Komponenten adsorbierte Wasser entscheidend. Der Anteil an verfügbarem Wasser wird als **Wasseraktivität** bezeichnet, seine Messgröße ist der a_W-Wert. Ist der a_W-Wert eines Lebensmittels bekannt, so lässt sich abschätzen, welche Keime Wachstumschancen haben. Tabelle 9.2 zeigt die Wasseraktivitätsbereiche für einige Milchprodukte.

Die minimalen a_W-Werte, bei denen sich Bakterien noch vermehren können, liegen für die meisten Verderbserreger etwa bei 0,93–0,95. Hefen und Schimmelpilze tolerieren z. T. wesentlich niedrigere Wasseraktivitäten. Unter einem a_W-Wert von 0,60 ist eine Vermehrung von Mikroorganismen nicht mehr möglich, allerdings sterben die Keime nicht unbedingt ab. Bei sehr niedrigen a_W-Werten werden sie sogar in Abhängigkeit von den sonstigen Faktoren des Lebensmittels mehr oder weniger lange konserviert. Salmonellen können z. B. in eiweißreichen Milchtrockenprodukten (Casein) mit einem a_W-Wert von etwa 0,25 jahrelang überleben. Außerdem ist zu berücksichtigen, dass die übrigen **Einflussfaktoren des Milieus**, wie pH-Wert, Temperatur, Nährstoffe usw., für die Vermehrung der Mikroorganismen eine große Rolle

Tab. 9.2
a_W-Werte von Milch und Milchprodukten

Lebensmittel	a_W-Wert-Bereich[1]
Milch	> 0,98
Gouda, Schmelzkäse	0,98–0,93
alter Cheddar, gezuckerte Kondensmilch	0,93–0,85
lang gereifter Hartkäse	0,85–0,60
Trockenmilch	< 0,60

[1] die Wasseraktivität wird definiert als das Verhältnis zwischen dem Wasserdampfdruck über einem Lebensmittel (p) und dem über reinem Wasser (p_0) bei gleicher Temperatur: $a_W = p/p_0$

spielen, sodass man durch Veränderungen der genannten Faktoren den Einfluss der Wasseraktivität auf die jeweiligen Mikroorganismen steuern kann.

▸ pH-Wert

Das Haltbarmachen von Lebensmitteln durch Erzeugung eines **sauren Milieus**, z. B. bei fermentierten Milcherzeugnissen (→ Kap. 9.4), oft auch kombiniert mit anderen Faktoren (Wasseraktivitätssenkung, Wärmebehandlung, Zusatz von Konservierungsstoffen) ist ein bereits seit Tausenden von Jahren praktiziertes Verfahren. In Tabelle 9.3 findet sich eine Zusammenstellung von pH-Werten typischer Milchprodukte.

Mikroorganismen vermögen innerhalb eines relativ weiten pH-Wert-Spektrums (etwa 1–11) zu wachsen. Hierbei erstrecken sich die Toleranzen weiter in den sauren Bereich als in den alkalischen. Zwischen den einzelnen **Keimgruppen** sind oft erhebliche Unterschiede hinsichtlich der **pH-Wert-Empfindlichkeit** zu registrieren. Im Allgemeinen vermehren sich Schimmelpilze und Hefen bei niedrigen pH-Werten besser als Bakterien. Maximale pH-Werte (bis etwa 11) werden von einigen Schimmelpilzen toleriert, während Hefen schon früher ihre Vermehrung einstellen. Über einem pH-Wert von 10 wachsen nur noch wenige der in Lebensmitteln relevanten Bakterien. Eine wesentliche Rolle spielt außerdem die Art der Säure, mit der ein Medium gesäuert wurde. So können sich Laktobazillen in Anwesenheit von Essigsäure nur oberhalb eines pH-Wertes von 4,0 vermehren, bei Salzsäure wird dagegen ein pH-Wert von 3,0 noch toleriert.

Unter den in Milch und Milchprodukten gewöhnlich vorkommenden Bakterien besitzen die **Laktobazillen** eine relativ hohe Toleranz gegenüber niedrigen pH-Werten. Sie vermehren sich bis zu einem Wert von etwa 3,7. *Enterobacteriaceae* stellen im Allgemeinen ihr Wachstum bereits bei einem Wert von 4,5 ein. Dies gilt auch für viele andere Bakterien. Saure Milcherzeugnisse, wie Joghurt oder Quark, sind daher weniger anfällig gegen bakteriell bedingten Verderb als gegen jenen durch Hefen und Schimmelpilze.

Tab. 9.3
pH-Werte von Milch und Milchprodukten

Produkt	pH-Wert-Bereich
frisch ermolkene Milch	6,7–6,5
Schnittkäse (im Alter von 30 d)	5,40–5,28
Weichkäse	zunächst Absinken auf etwa 4,8, später Anstieg auf etwa 7,0
Hüttenkäse	5,0–4,8
Sauerrahmbutter	< 5,1
Süßrahmbutter	> 6,4
Joghurt	4,6–3,8

▸ Redoxpotenzial

Elemente und Verbindungen können Elektronen abgeben (Oxidation) oder aufnehmen (Reduktion). Ein Maß für die **Stärke der Elektronenabgabe bzw. -aufnahme** ist das Redoxpotenzial. In einem Lebensmittel hängt das Redoxpotenzial (E_h) von mehreren Faktoren, wie dem pH-Wert, dem Gehalt an reduzierenden Substanzen und dem Sauerstoffpartialdruck, ab. Dementsprechend weisen die einzelnen Lebensmittel recht unterschiedliche E_h-Werte auf, in frisch ermolkener Milch liegt das Redoxpotenzial z. B. zwischen +250 und +350 mV, also relativ hoch.

Mikroorganismen können aufgrund ihrer Stoffwechseltätigkeit das Redoxpotenzial des sie umgebenden Milieus erheblich verändern. Gleichzeitig sind sie hinsichtlich ihrer Vermehrungsfähigkeit an bestimmte E_h-Wert-Bereiche gebunden. Das Redoxpotenzial beeinflusst wesentlich, ob in einem Lebensmittel eine mehr aerobe oder eine mehr anaerobe Keimflora dominiert (Basiswissen 9.4).

Aerobier wachsen im Allgemeinen am besten bei hohen, Anaerobier bei niedrigen E_h-Werten. Für manche Pseudomonaden werden Zahlen von +500 bis +100 mV, für in Lebensmitteln häufig vorkommende Clostridien Werte um −300 mV angegeben. Da das Redoxpotenzial sich im Verlauf der Lagerung eines Lebensmittels verändert, kann es zu Verschiebungen in der Zusammensetzung der Keimflora kommen.

Basiswissen 9.4
Einteilung von Mikroorganismen aufgrund ihrer Anforderungen an den Sauerstoffgehalt

- **Aerobier:** wachsen bei hoher Sauerstoffspannung (z. B. Hefen und Schimmelpilze, viele *Bacillus* spp. = aerobe Sporenbildner, Pseudomonaden)
- **Anaerobier:** wachsen nicht bei Anwesenheit von Sauerstoff (z. B. Clostridien = anaerobe Sporenbildner)
- **Fakultative Aerobier oder Anaerobier:** wachsen sowohl unter anaeroben als auch unter aeroben Verhältnissen (z. B. *Enterobacteriaceae*)
- **Mikroaerophile:** wachsen nur bei niedriger Sauerstoffspannung (z. B. *Campylobacter jejuni*, Laktobazillen)

▸ **Nährstoffe**

In Milch und Milchprodukten liegen im Allgemeinen genügend Nährstoffe vor, um das Wachstum von Mikroorganismen zu ermöglichen. Hinzu kommt die Tatsache, dass gerade die **saprophytären Keime** in dieser Hinsicht nur geringe Anforderungen stellen (Oligotrophie). Unter dem Aspekt des Substratangebotes des jeweiligen Lebensmittels können hauptsächlich Kohlenhydrate bzw. Eiweiß und/oder Fett spaltende Mikroorganismen unterschieden werden. Je nach Zusammensetzung des Lebensmittels wird dementsprechend eine gewisse **Selektion der Keime** stattfinden. So sind in Lebensmitteln pflanzlichen Ursprungs häufig solche Keime anzutreffen, die aufgrund ihrer Enzymmuster in der Lage sind, Stärke, Zellulose und Pektine abzubauen. Viele der in Milch vorkommenden Mikroorganismen können Laktose zu Milchsäure metabolisieren. So dominieren z. B. in Milch und Milchprodukten die Laktose spaltenden Gattungen der *Enterobacteriaceae* (= Coliforme, → Kap. 9.1.3.3), während in anderen Lebensmitteln, die keine Laktose enthalten, sich häufiger Laktose-negative *Enterobacteriaceae* finden.

Proteolytisch und **lipolytisch aktive Mikroorganismen** werden in zahlreichen Lebensmitteln nachgewiesen. In einigen Produkten ist ihre Anwesenheit erwünscht, da sie zur Ausbildung eines spezifischen Aromas beitragen. Als Beispiel seien in diesem Zusammenhang die Weichkäse mit ihrer Schimmelpilz- bzw. Rotschmiereflora genannt (→ Kap. 8 und 9.4). Im Allgemeinen tragen allerdings Proteolyten und Lipolyten in erheblichem Umfang zum Verderb von Lebensmitteln bei (→ Kap. 9.3).

▸ **Natürlich vorkommende/zugesetzte Hemmstoffe und Struktur des Lebensmittels**

In Milch und Milchprodukten finden sich natürlich vorkommende Inhibitoren, wie das Laktoperoxidasesystem, Immunglobuline und Laktoferrin (→ Kap. 3), die sich auf das Wachstum von Mikroorganismen negativ auswirken können. Diese Faktoren sind aber nur mäßig aktiv und tragen nicht zu einer deutlichen Haltbarkeitsverlängerung bei.

Von einer gewissen Bedeutung für die Besiedelung von Lebensmitteln mit Mikroorganismen ist auch die physikalische Struktur. So wird z. B. bei der Butterherstellung (→ Kap. 8.3.3) das Wasser in der Buttermasse derart fein verteilt, dass eine nennenswerte Vermehrung von Keimen in den winzigen Tröpfchen nicht mehr stattfinden kann. Neben den natürlichen können auch künstlich zugesetzte Inhibitoren in Lebensmitteln auf die Keimflora einwirken. Der Zusatz derartiger Substanzen ist gesetzlich reglementiert und in Kapitel 8 bei den entsprechenden Produkten angegeben.

9.1.2.2 Prozessfaktoren

Unter den Prozessfaktoren stellen die verschiedenen **Wärmebehandlungsverfahren** (→ Kap. 7) die wohl effektivste Maßnahme zur Beeinflussung des Keimgehaltes von Milch dar. Je nach Intensität der Wärmebehandlung wird die Zahl der Mikroorganismen vermindert (Thermisierung, Pasteurisierungsverfahren) bzw. es entsteht ein keimfreies Produkt (Sterilisation). Die Wärmebehandlung beeinflusst vor allem die mikrobiologische Sicherheit der ihr unterzogenen Produkte. So werden die meisten pathogenen Keime, mit Ausnahme der thermoresistenten Vertreter, durch die gängigen Pasteurisierungsverfahren eliminiert. Die Wärmebehandlung hat aber auch den Zweck, mikrobiell bedingten Produktionsschäden vorzubeugen (z. B.

Abb. 9.1
Grafische Darstellungen des D-Wertes

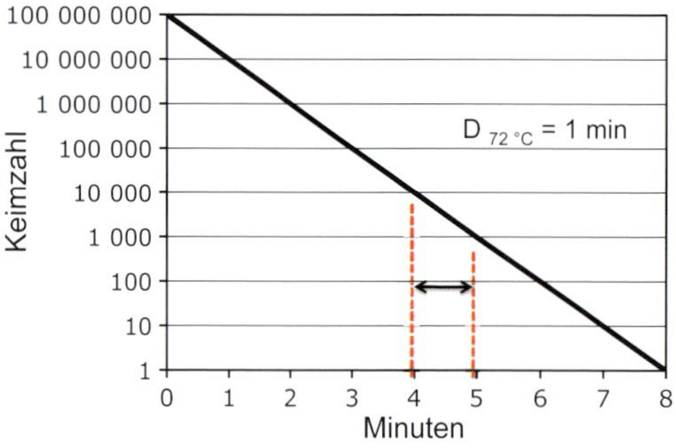

Thermisierung von Milch bei der Herstellung von Käse) oder Produkte über einen längeren Zeitraum haltbar zu machen (z. B. H-Milch).
Um die Einflüsse einer Wärmebehandlung auf einen bestimmten Mikroorganismus charakterisieren zu können, wird häufig der **D-Wert** (dezimale Reduktionszeit) verwendet (→ Abb. 9.1). Er gibt die Zeit an, die notwendig ist, um eine Keimpopulation bei definierter Temperatur in einem definierten Medium um 90 % zu reduzieren. „$D_{72\,°C}$ = 1 min" bedeutet demnach, dass die Keimzahl des geprüften Mikroorganismus im Erhitzungsmedium bei einer Temperatur von 72 °C nach 1,0 Minuten um eine Zehnerpotenz abgenommen hat. Eine weitere oft verwendete Größe ist der **z-Wert.** Er gibt Aufschluss darüber, um wie viel °C die Temperatur erhöht werden muss, um den D-Wert auf ein Zehntel zu reduzieren. Wenn im obigen Beispiel ein z-Wert von 18 ermittelt wird, so bedeutet dies, dass eine Erhöhung der Temperatur auf 90 °C den D-Wert auf 6 Sekunden verringert. Wie auch im Fall der anderen bisher besprochenen Parameter ist bei der Wärmebehandlung der Einfluss der übrigen Faktoren zu berücksichtigen. So wird bei einigen Keimen eine Erhöhung der Hitzeresistenz bei erniedrigter Wasseraktivität beobachtet. Auch die Inhaltsstoffe des Lebensmittels können eine Rolle spielen. Rahm muss z. B. wegen seines Fettgehaltes (schlechte Wärmeleitfähigkeit) bei höheren Temperaturen (oder länger) erhitzt werden als Milch.
Neben der Wärmebehandlung spielt bei Milch und Milchprodukten vor allem die **Trocknung** (→ Kap. 8.2.7) und die **Säuerung** bei fermentierten Milcherzeugnissen (→ Kap. 8.2. und 9.4) eine große Rolle.

9.1.2.3 Extrinsische Faktoren

Unter den extrinsischen Faktoren ist die **Temperatur**, insbesondere bei der Lagerung und Distribution von Milch und Milchprodukten, der wichtigste Faktor. Mikroorganismen vermögen über einen weiten Temperaturbereich zu wachsen. Die meisten im Zusammenhang mit Milch und Milchprodukten wichtigen Keime vermehren sich optimal im Bereich zwischen 20 und 40 °C. Mikroorganismen mit einem derartigen Temperaturoptimum werden auch als **mesophil** bezeichnet. **Psychrophil** sind Keime mit einem Wachstumsoptimum unter 20 °C, **thermophil** solche mit

Abb. 9.2
Einteilung von Mikroorganismen bezüglich optimaler und tolerierter Temperaturbereiche

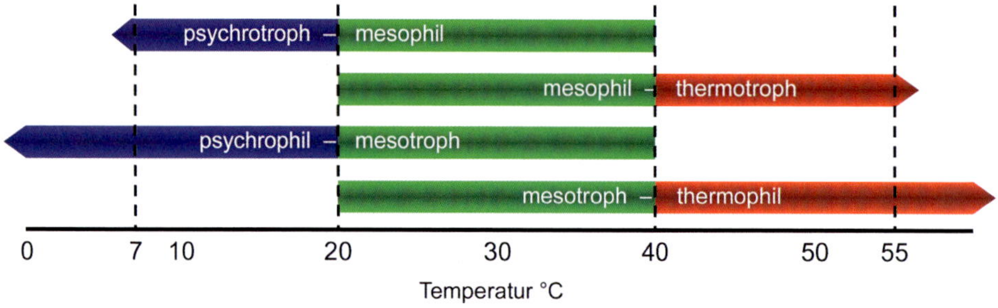

einem Wachstumsoptimum über 40 °C. Um die Wachstumstoleranz nach der „kühlen" bzw. „warmen" Seite hin angeben zu können, werden die Begriffe **psychrotroph** (Wachstum noch bei Temperaturen unter 7 °C möglich) und **thermotroph** (Wachstum noch bei Temperaturen über 55 °C möglich) angewendet.
Damit ergeben sich einige Variationsmöglichkeiten der Charakterisierung eines Mikroorganismus unter dem Aspekt der Temperatur. So bedeutet z. B. mesophil-psychrotroph, dass der Keim zwar noch bei Temperaturen unter 7 °C wächst, sein Vermehrungsoptimum aber zwischen 20 und 40 °C liegt. Für die Qualität und Haltbarkeit gekühlter Lebensmittel ist die Gruppe der **mesophil-psychrotrophen Keime**, oft auch kurz als **Psychrotrophe** bezeichnet, von besonderer Bedeutung. Obwohl ihre Vermehrungsrate bei Kühlungstemperaturen herabgesetzt ist, können sie doch aufgrund ihrer starken Enzymaktivität (hauptsächlich proteolytischer, daneben auch lipolytischer Art) erhebliche Schäden hervorrufen. Psychrotrophe Verderbserreger sind vor allem die Pseudomonaden, Coliforme, einige aerobe Sporenbildner und verschiedene Hefen und Schimmelpilze (→ Kap. 9.3.3.1). Auch pathogene Keime können psychrotroph sein, wie z. B. *Yersinia enterocolitica* und *Listeria monocytogenes*. Für die Qualität lange haltbarer, nicht gekühlter Produkte, wie H-Milch und Kondensmilcherzeugnisse, können thermophile Sporenbildner, insbesondere beim Export in warme Länder, ein Problem darstellen (→ Kap. 9.3.3.2 und 9.3.4).
Gegenüber dem Einfrieren zeigen Mikroorganismen ein sehr unterschiedliches Verhalten. Während Sporen kaum beeinflusst werden, reagieren vegetative Formen mehr oder weniger empfindlich auf das Gefrieren, die Lagerung in gefrorenem Zustand und/oder das Auftauen.
Gegenüber der Bedeutung der Temperatur treten andere Faktoren, wie Feuchtigkeit und Sauerstoffpartialdruck, die einen Einfluss auf die Mikroorganismen bei der Lagerung und Distribution von Lebensmitteln ausüben, in den Hintergrund. Für getrocknete Produkte kann Wasseraufnahme, die eventuell das Wachstum von Schimmelpilzen ermöglicht, bei unsachgemäßer Lagerung eine gewisse Rolle spielen. Ein reduzierter Sauerstoffpartialdruck kann bei in luftundurchlässigen Kunststofffolien gereiften (foliengereiften) Käsen zur Begünstigung der Vermehrung von anaeroben Sporenbildnern und zum Verderb der Käse führen (→ Kap. 9.3.7.2).

9.1.3 Mikrobiologische Untersuchung von Milch und Milcherzeugnissen

9.1.3.1 Mikrobiologische Kriterien

Mikrobiologische Kriterien werden, soweit sie Milch betreffen, in der Verordnung (EG) Nr. 2073/2005 bzw. deren Änderungsverordnungen (EG) Nr. 1441/2007 und (EU) Nr. 365/2010 formuliert. Grundsätzlich wird zwischen **Lebensmittelsicherheitskriterien** und Prozesshygienekriterien unterschieden. Entsprechend der Verordnung (EG) Nr. 2073/2005 wird unter einem **Prozesshygienekriterium** „ein Kriterium" verstanden, „das die akzeptable Funktionsweise des Herstellungsprozesses angibt. Ein solches Kriterium gilt nicht für im Handel befindliche Erzeugnisse. Mit ihm wird ein Richtwert für die Kontamination festgelegt, bei dessen Überschreitung Korrekturmaßnahmen erforderlich sind, damit die Prozesshygiene in Übereinstimmung mit dem Lebensmittelrecht erhalten wird". Die für die verschiedenen Milcherzeugnisse, einschließlich der nationalen Vorschriften für Vorzugsmilch, resultierenden Untersuchungen sind in Tabelle 9.4 aufgeführt. Die Prozesshygienekriterien sind im Detail bei den einzelnen Erzeugnissen angegeben (→ Kap. 7 und 8), die Lebensmittelsicherheitskriterien bei den jeweiligen pathogenen Keimen in Kapitel 9.2.

9.1.3.2 Probenpläne

Wenn eine Lebensmittelcharge hinsichtlich ihrer mikrobiologischen Qualität beurteilt werden soll, muss man sich notwendigerweise auf die Prüfung einer Stichprobe beschränken und aus dem Untersuchungsergebnis auf die Gesamtheit rückschließen. Um das Risiko einer Fehlentscheidung (Annahme einer in Wirklichkeit nicht akzeptablen Charge oder Zurückweisung einer in Wirklichkeit akzeptablen Charge) möglichst gering zu halten, werden Stichproben nach statistisch ab-

Tab. 9.4
Mikrobiologische Untersuchung von Milch und Milcherzeugnissen

Erzeugnis	Keimzahl	*E. coli*	*Enterobacteriaceae*	Koagulase-positive Staphylokokken[1]	*L. monocytogenes*	*Salmonella*	*Cronobacter*	*B. cereus*
Rohmilch (Erzeugerbetrieb)	▲							
Vorzugsmilch[2]	▲		▲	▲		▲		
pasteurisierte Milch			▲		(▲)[3]			
Käse aus wärmebehandelter Milch oder Molke		▲			(▲)			
Käse aus Rohmilch				▲	(▲)	▲		
Käse aus Milch, wärmebehandelt unter Pasteurisierungstemperatur				▲	(▲)	▲		
Käse, gereift, aus mindestens pasteurisierter Milch oder Molke				▲	(▲)			
Frischkäse aus mindestens pasteurisierter Milch oder Molke				▲	(▲)			
Butter/Sahne aus Rohmilch oder wärmebehandelter Milch unter Pasteurisierungstemperatur		▲			(▲)	▲		
Milch-, Molkenpulver			▲	▲	(▲)	▲		
Speiseeis			▲		(▲)	▲		
Säuglingsnahrung und Nahrung für bestimmte medizinische Zwecke			▲		▲	▲	▲	▲

[1] Bei Überschreiten bestimmter Grenzwerte für Koagulase-positive Staphylokokken ist das Produkt auf Staphylokokken-Enterotoxine zu untersuchen.
[2] Darüber hinaus dürfen pathogene Mikroorganismen oder deren Toxine in der Vorzugsmilch von Rindern, Schafen, Ziegen und Pferden nicht in Mengen vorhanden sein, die die Gesundheit des Verbrauchers beeinträchtigen können. Vorzugsmilch vom Pferd ist zusätzlich auf hämolysierende Streptokokken zu untersuchen (Tab. 7.3).
[3] gegebenenfalls entsprechend Tab. 9.27 und Kap. 9.2.9.5

gesicherten Probenplänen gezogen und untersucht.

Der Begriff **Probenplan** wird als eine Aufstellung derjenigen Kriterien, die eine Lebensmittelcharge erfüllen muss, um akzeptiert zu werden, definiert. Basis ist hierfür die Untersuchung einer für die Beurteilung der Charge ausreichenden Zahl an Proben mit definierten analytischen Verfahren. Probenpläne sollen es ermöglichen, eine Lebensmittelcharge, über die evtl. keine weiteren Informationen vorliegen, in mikrobiologischer Hinsicht zu beurteilen. Wobei unter **Charge** im kommer-

Basiswissen 9.5
Inhalt eines Probenplans

Ein Probenplan beinhaltet mindestens:

- die Art des zu untersuchenden Lebensmittels
- die für das Produkt relevanten Mikroorganismen, evtl. auch ihre Toxine
- die mikrobiologischen Untersuchungsverfahren
- die Zahl der zu ziehenden Proben
- die entsprechenden Grenzwerte

ziellen Sinn eine bestimmte Quantität eines Lebensmittels, von der anzunehmen ist, dass sie unter identischen Bedingungen hergestellt und behandelt wurde, angesehen werden kann.

Bei der Entnahme der Stichprobe bedient man sich sogenannter Zwei- oder Drei-Klassen-Pläne. Ein **Zwei-Klassen-Plan** wird durch die Komponenten *n*, *c* und *m* charakterisiert. Der Parameter *n* definiert den Umfang der Stichprobe, die aus der Charge zu ziehen ist, also die Zahl an Proben, die untersucht werden sollte, um Chargen guter von solchen schlechter mikrobiologischer Qualität zu trennen. Der Parameter *c* gibt an, wie viel der *n* Proben die gesuchten Mikroorganismen enthalten dürfen (Anwesenheits-/Abwesenheitstest), bzw. wie viele Proben maximal einen bestimmten Gehalt an dem gesuchten Mikroorganismus (den Grenzwert *m*) überschreiten dürfen.

Ein Zwei-Klassen-Plan für die Untersuchung von Milch- und Molkenpulver auf Salmonellen (→ Tab. 9.5) würde demnach besagen, dass eine Stichprobe, die aus 5 Einzelproben ($n = 5$) besteht, zu ziehen und zu untersuchen ist. Von diesen 5 Proben darf keine ($c = 0$) in 25 g Salmonellen enthalten. Ein Zwei-Klassen-Plan unterscheidet nur zwischen den beiden Attributklassen **akzeptable Qualität** und **nicht akzeptable Qualität.**

Ein **Drei-Klassen-Plan** enthält neben dem „unteren" Grenzwert *m* auch noch einen „oberen" Grenzwert *M*, der von keiner Probe überschritten werden darf. Ein Drei-Klassen-Plan für *E. coli* in Käse, wie in Tabelle 9.6 dargestellt, wäre wie folgt zu interpretieren: $n = 5$ Proben sind aus der Charge zu ziehen und zu untersuchen; $c = 2$ der Proben dürfen den „unteren" Grenzwert von 100 *E. coli*/g überschreiten, keine aber den „oberen" Grenzwert von 1 000 *E. coli*/g.

Beim Drei-Klassen-Plan kann eine Einteilung in drei Attributklassen vorgenommen werden:

- Werte, die unter *m* liegen, sind **akzeptabel**,
- Werte die, in Abhängigkeit von *c*, zwischen *m* und *M* liegen, sind **noch tolerierbar**,
- ein Wert, der über *M* liegt bzw. Werte, die in mehr als den durch *c* erlaubten Fällen (im Beispiel: $c = 2$) *m* überschreiten, sind **nicht akzeptabel** und führen zur Zurückweisung der Charge.

Tab. 9.5
Beispiel für einen Zwei-Klassen-Plan (ohne Angabe des mikrobiologischen Untersuchungsverfahrens)

Produkt	Mikroorganismus	Probenplan		Grenzwerte KbE/g
		n	c	m
Milch- und Molkenpulver	*Salmonella*	5	0	in 25 g nicht nachweisbar

Tab. 9.6
Beispiel für einen Drei-Klassen-Plan (ohne Angabe des mikrobiologischen Untersuchungsverfahrens)

Produkt	Mikroorganismus	Probenplan		Grenzwerte KbE/g	
		n	c	m	M
Käse aus Milch oder Molke, die einer Wärmebehandlung unterzogen wurden	*E. coli*	5	2	100	1 000

Die zweite Attributklasse („noch tolerierbar") berücksichtigt also die Tatsache, dass auch bei Einhaltung der **Guten Herstellungspraxis (GHP)** innerhalb der Charge in einem gewissen Umfang Qualitätsunterschiede auftreten können.
Die **Schärfe eines Probenplans** kann mithilfe der Parameter *n* und *c* gesteuert werden. Vereinfacht ausgedrückt wird durch Erhöhung des Parameters *n* bzw. durch Verminderung des Parameters *c* der Probenplan strenger gestaltet. Anders als bei *n* und *c*, deren Festsetzung hauptsächlich von dem Verhältnis zwischen Nutzen und Aufwand bestimmt wird, sind die Werte für *m* und *M* unter Einbeziehung zahlreicher Gesichtspunkte und aufgrund empirischer Daten zu ermitteln und nicht beliebig festsetzbar. Der Wert von *m* gibt in einem Drei-Klassen-Plan den Gehalt an einem entsprechenden Keim wieder, der akzeptabel und unter den Bedingungen einer GHP erreichbar ist. In einem Zwei-Klassen-Plan markiert er die Grenze zum Risiko. Wenn der gesuchte Keim pathogen ist (z. B. Salmonellen), nimmt *m* daher in der Regel den Wert 0 an. *M*, eine Größe, die nur in Drei-Klassen-Plänen erscheint, wird als absoluter Grenzwert angesehen, der – falls er überschritten wird – grobe hygienische Mängel bei der Herstellung bzw. Lagerung des Produktes reflektiert. Derartige Chargen sind grundsätzlich nicht akzeptabel und sollten den Herstellerbetrieb zu einer sofortigen kritischen Überprüfung seiner Herstellungsbedingungen veranlassen. Der Wert von *M* hängt von der Intention des Probenplanes ab. So kann er als Index für die Qualität und die Dauer der Haltbarkeit einer Charge, als allgemeiner Hygieneindikator oder als gesundheitliches Risiko angesehen werden.

9.1.3.3 Methoden

Die mikrobiologische Qualität von Lebensmitteln wird mit unterschiedlichen Verfahren ermittelt. Sehr wesentlich ist in diesem Zusammenhang die quantitative Erfassung der Keime oder Keimgruppen. Bei einigen pathogenen Keimen, wie den Salmonellen, begnügt man sich mit dem rein qualitativen Nachweis. Sowohl zur quantitativen als auch zur qualitativen Bestimmung bedient man sich meist der klassischen kulturellen Verfahren, bei denen die Keime über feste und/oder flüssige Nährböden nachgewiesen und evtl. anschließend differenziert bzw. identifiziert werden. Daneben finden in Routineuntersuchungen häufig immunchemische und molekularbiologische Verfahren Verwendung.

▸ Kulturelle Verfahren

Unter klassischen kulturellen Verfahren sollen hier solche Methoden verstanden werden, bei denen die Keime über feste und/oder flüssige **Nährböden** nachgewiesen werden. Diese Medien enthalten **Nährsubstanzen** (Eiweißhydrolysate, Zucker u. a. m.), können aber auch, je nach den Ansprüchen der verschiedenen Mikroorganismen, sehr komplex zusammengesetzt sein (Basiswissen 9.6). Feste Nährböden enthalten als Geliermittel **Agar-Agar**, der aus bestimmten Algen gewonnen wird. Agar-Agar hat gegenüber der früher häufiger verwendeten Gelatine den Vorteil, dass er von den in der Lebensmittelmikrobiologie relevanten Keimen im Allgemeinen nicht abgebaut wird und dass er erst bei Temperaturen von etwa 95 °C schmilzt. Die Erstarrungstemperatur liegt bei etwa 45 °C. Somit kann bei allen gängigen Bebrütungstemperaturen inkubiert werden, ohne dass sich der Nährboden wieder verflüssigt.
In Lebensmitteln liegen die gesuchten Keime nur ausnahmsweise als Reinkulturen vor und es be-

Basiswissen 9.6
Bestandteile mikrobiologischer Nährböden

- Nährstoffe: Eiweißhydrolysate (Pepton, Trypton, Soyton), Fleischextrakt, Hefeextrakt, Malzextrakt, Kohlenhydrate (Glukose, Laktose, Stärke)
- Mineralstoffe: Ca, Mg, P, S, K
- Wachstumsförderer: Vitamine, Pyruvat, Glutamin
- Puffer: Phosphatpuffer
- Selektivstoffe: Farbstoffe (Brillantgrün, Malachitgrün, Kristallviolett), Lithiumchlorid, Glycin, Tellurit, Antibiotika
- Indikator(systeme): Kohlenhydrat/pH-Indikator (Laktose/Phenolrot), Redox-Indikatoren (Brillantschwarz, Tellurit), Thiosulfat/Eisensalz (H_2S-Bildung), Eigelb
- gelierende Substanzen: Agar-Agar, Gelatine
- Wasser

Abb. 9.3
Lichtmikroskopie verschiedener Bakterien (von links nach rechts): *Escherichia coli*, *Pseudomonas aeruginosa*, *Clostridium perfringens*, *Staphylococcus aureus*, *Streptococcus agalactiae* (Gesichtsfelddurchmesser ca. 30 µm)

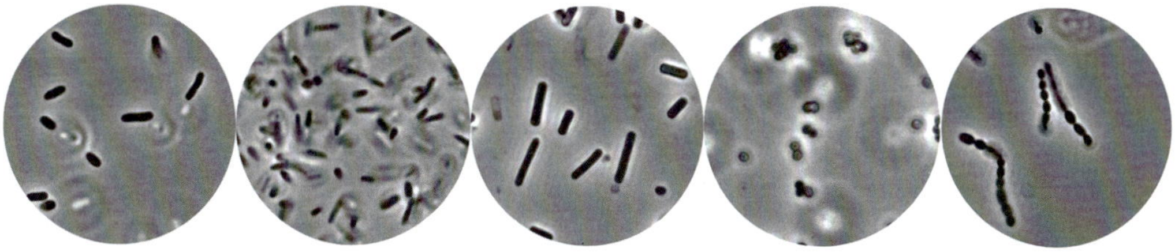

steht die Gefahr, dass sie bei der Anzüchtung von der oft sehr umfangreichen **Begleitflora** überwachsen werden. Um dies zu unterdrücken, werden verschiedene **Selektivzusätze**, wie Farbstoffe (z. B. Brillantgrün, Kristallviolett, Malachitgrün), Antibiotika (Novobiocin, Polymyxin B Sulfat u. a. m.) oder andere Substanzen (z. B. Tellurit, Glycin), zugesetzt. Die Selektivität eines Nährbodens kann noch gesteigert werden durch die Menge und Zusammensetzung der Nährsubstanzen, den pH-Wert, die Wasseraktivität und die Bebrütungstemperatur. In den seltensten Fällen gelingt es allerdings, die Selektivität eines Nährbodens so zu gestalten, dass nur die gesuchten Keime auf ihm wachsen. Deshalb enthalten die meisten **Selektivnährböden** Prinzipien, die für die gesuchten Keime charakteristische Stoffwechselleistungen anzeigen. So setzt man z. B. festen Selektivmedien für Coliforme Laktose und einen pH-Wert-Indikator zu. Da die Coliformen in der Lage sind, diesen Zucker zu spalten, kommt es zu einer Säuerung des Mediums und damit zu einem Farbumschlag des Indikators. Bei der Besprechung der pathogenen Keime (→ Kap. 9.2) wird im Zusammenhang mit ihrem Nachweis auf diese Systeme eingegangen.

Neben diesen gleichzeitig selektiv und indikativ wirksamen Medien gibt es auch solche, die keine selektiv wirksamen Komponenten enthalten und nur **anzeigende Funktion** haben. Hierzu gehören z. B. Nährböden, die zur Gesamtkeimzahlbestimmung verwendet oder mit denen biochemische Differenzierungen und Bestätigungen verdächtiger Isolate vorgenommen werden.

Die klassischen kulturellen Methoden gelten im Allgemeinen immer noch als **Referenzverfahren**, an deren Leistungsfähigkeit die Ergebnisse alternativer Techniken gemessen werden. Ihre Durchführung ist allerdings oft mit einem erheblichen Zeit-, Arbeits- und Materialaufwand verbunden.

Tab. 9.7
Vereinfachtes Differenzierungsschema für wichtige Bakteriengattungen in Milch

Gramnegative Stäbchen[1]			Grampositive Stäbchen[1]			Grampositive Kokken[1]		
Oxidase	O/F-Test	Genus	Katalase	Sporen	Genus	Katalase	O/F-Test	Genus
+	O	*Pseudomonas*	+	+	*Bacillus*	+	O	*Micrococcus*
+	O/F	*Aeromonas*	–	+	*Clostridium*	+	O/F	*Staphylococcus*
–	O/F	*Enterobacteriaceae*	+	–	*Corynebacterium*	–	F	*Streptococcus* *Enterococcus* *Lactococcus*
			–	–	*Lactobacillus*			

[1] Gramfärbung bzw. KOH-Test, Morphologie im Phasenkontrastmikroskop

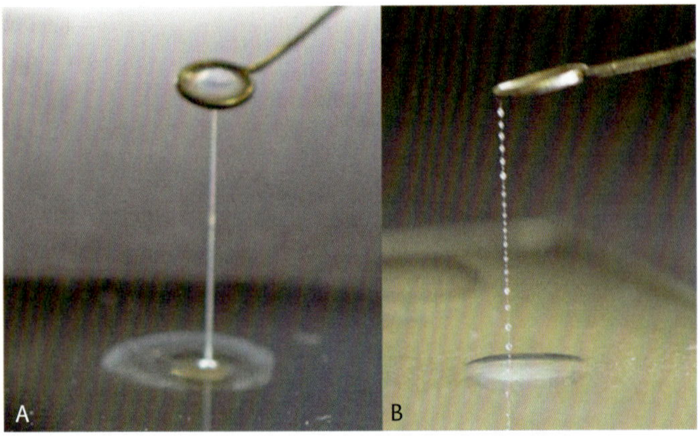

Abb. 9.4
KOH-Test: Die zu testende Kolonie wird mit einer Öse in 3 %-iger Kalilauge verrieben, beim Anheben der Öse erkennt man bei gramnegativen Keimen einen daran haftenden, schleimigen Faden **(A)**, der nach einigen Sekunden meist eine perlenschnurähnliche Form annimmt **(B)**.

▸ Einfache Differenzierungsmöglichkeiten

Die Bakterien in Lebensmitteln lassen sich durch Gramfärbung, Morphologie und verschiedene biochemische Kriterien dem Schema in Tabelle 9.7 entsprechend grob differenzieren.

KOH-Test: Dieser Test ist eine schnelle und einfache Alternative zur Gramfärbung und beruht darauf, dass die Zellwand gramnegativer Keime in 3 %-iger Kalilauge schnell zerstört wird, während die Zellwand grampositiver Keime der KOH-Einwirkung widersteht. Die austretende DNA der gramnegativen Keime führt zu einer Viskositätsveränderung der Lösung, die bei Anheben der Öse durch Fadenbildung sichtbar wird.

Abb. 9.5
Katalase-Test: Auf einem Objektträger wird die zu testende Kolonie mit einigen Tropfen 3 %-iger H_2O_2-Lösung versetzt. Ist Katalase vorhanden, so entsteht in der Reaktion $2\ H_2O_2 \rightarrow 2\ H_2O + O_2\uparrow$ freier Sauerstoff, was durch Schaumbildung sichtbar wird.

Katalase-Test: Katalase baut das bei vielen Reaktionen in der Bakterienzelle anfallende Wasserstoffperoxid ab. Würde H_2O_2 in der Zelle angehäuft, so käme es zur Hemmung verschiedener Enzyme und zu Störungen im Zellstoffwechsel. Da nicht alle Bakterien H_2O_2 über die Katalase eliminieren, ist eine Differenzierung in Katalase-positive und Katalase-negative Keime möglich. Der Katalase-Test kann z. B. zur Unterscheidung zwischen Staphylokokken (Katalase-positiv) und Streptokokken (Katalase-negativ) sowie zwischen aeroben (Katalase-positiv) und anaeroben (Katalase-negativ) Sporenbildnern herangezogen werden.

Oxidativ/Fermentativ-Test (O/F-Test): In diesem Test macht man sich die unterschiedlichen Abbauwege für Zucker (Oxidation, Fermentation), deren sich Bakterien aufgrund ihrer Enzymmuster bedienen können, zunutze. Als Nährboden wird allgemein das Medium nach Hugh und Leifson empfohlen, dem Glukose als Substrat zugesetzt ist. Je nach Fragestellung können auch andere Zucker zugesetzt und geprüft werden. Mithilfe des Tests ist außerdem die Unterscheidung zwischen Aerobiern und Anaerobiern möglich.

Oxidase-Test: Einige Bakteriengruppen (z. B. Pseudomonaden, Aeromonaden) besitzen Cytochrom C-Oxidase. In Gegenwart von molekularem Sauerstoff und Cytochrom C oxidiert dieses Enzym N,N,N‘,N‘-Tetramethyl-p-phenylendiamindihydrochlorid . Nach Zugabe von alpha-Naphtol wird Indophenolblau gebildet. Der Test wird mit

Abb. 9.6
Oxidativ/Fermentativ-Test: Nach der Beimpfung von zwei den Nährboden enthaltenden Reagenzgläsern im Stichverfahren wird eines zum Erreichen anaerober Bedingungen mit Paraffin überschichtet (**B** und **D**) und inkubiert, das andere wird unter aeroben Bedingungen (ohne Überschichtung, **A** und **C**) bebrütet. Säurebildung aus Glukose wird über einen Umschlag des enthaltenen pH-Wert-Indikators, bei Bromthymolblau z. B. von blau nach gelb, angezeigt. Fermentativ Glukose abbauende Mikroorganismen bilden Säure in beiden Röhrchen (**A** und **B**), solche, die den Zucker oxidativ verwerten, nur im – infolge der Diffusion aus der Luft – sauerstoffhaltigen, oberen Bereich des nicht mit Paraffin verschlossenen Röhrchens (**C**).

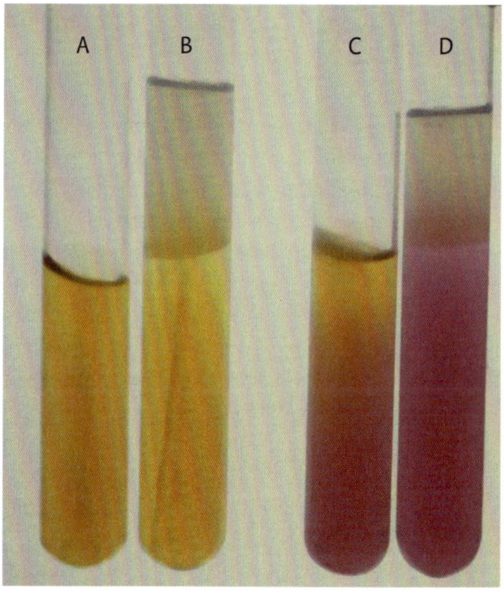

Abb. 9.7
Oxidase-Test: Beim Verreiben von Koloniematerial auf einem Teststreifen, der N,N,N',N'-Tetramethyl-p-phenylendiamindihydrochlorid enthält, ensteht bei Oxidase-positiven Keimen schnell eine intensive Blaufärbung.

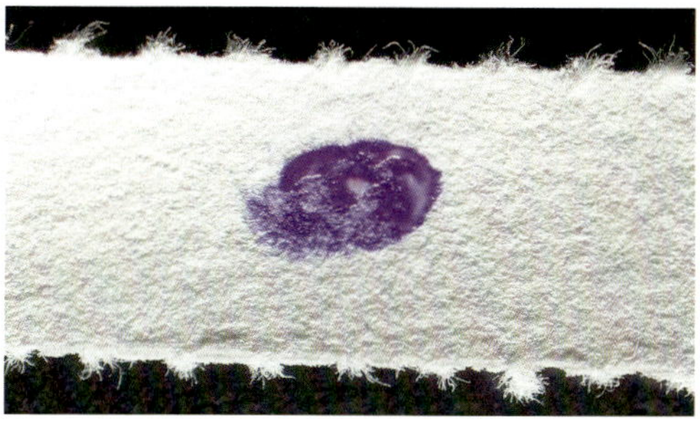

Teststäbchen oder Teststreifen durchgeführt, auf denen Kolonien Oxidase-positiver Bakterien eine blaue Färbung ergeben (→ Abb. 9.7), Oxidasenegative bleiben unverändert. Mithilfe des Oxidase-Testes lassen sich z. B. die *Enterobacteriaceae* (Oxidase-negativ) von anderen, Oxidase-positiven gramnegativen Stäbchen unterscheiden.
Diese drei einfachen biochemischen Tests erlauben natürlich nur eine sehr grobe und orientierende Klassifizierung. Bei Fragestellungen, die ein höheres Maß an Sicherheit verlangen, stehen miniaturisierte biochemische Testsysteme für verschiedene Bakteriengruppen, molekularbiologische Methoden, spektroskopische Verfahren (MALDI-TOF) u. a. zur Verfügung.

▶ Keimzahlbestimmung

Unter **Gesamtkeimzahl (GKZ)** versteht man die Zahl der pro ml oder g eines Stoffes nachgewiesenen Mikroorganismen. Die ermittelte Keimzahl ist von der Untersuchungsmethode abhängig und muss nicht identisch mit der Menge aller tatsächlich vorhandenen Keime sein. So erfasst man z. B. mit dem Gussplattenverfahren nur die aeroben, mesophilen Keime, die unter aeroben Bedingungen in einem definierten Nährboden bei 30 °C zu wachsen vermögen, während strikte Anaerobier oder manche Psychrophile sich unter diesen Bedingungen nicht oder nur schlecht vermehren können.
Die Bestimmung der GKZ ist nicht bei jedem Lebensmittel sinnvoll. Aufgrund der zugesetzten Säuerungskulturen hat sie z. B. bei fermentierten Produkten wenig Aussagekraft. Um in diesen Erzeugnissen die Zahl der Fremdkeime bestimmen zu können, müssen besondere Verfahren (z. B. Verwendung eines zuckerfreien Nährbodens) angewendet werden. Auch bei der Untersuchung von pasteurisierter Trinkmilch ist es sinnvoller, statt der GKZ-Bestimmung oder zumindest ergänzend zu ihr über geeignete Indikatoren (z. B. Coliforme) den Grad der Rekontamination zu erfassen. In der rohen Anlieferungsmilch kann die GKZ Hinweise sowohl auf die hygienischen Gegebenheiten der Milchgewinnung als auch auf die Verarbeitungsfähigkeit geben. Allerdings ist der **Aussagewert einer GKZ-Bestimmung** nicht zu hoch, oft ist für das Ausmaß mikrobiell bedingter

Veränderungen weniger die Quantität der Gesamtflora als ihre **Zusammensetzung** bzw. die **Stoffwechselaktivität der dominierenden Arten** von Bedeutung (→ Kap. 9.3).

Zwischen der Höhe der GKZ eines Lebensmittels und der möglichen Anwesenheit von pathogenen Keimen besteht im Allgemeinen kein Zusammenhang. Niedrige Keimzahlen garantieren nicht, dass ein Produkt frei von derartigen Mikroorganismen bzw. deren toxischen Stoffwechselprodukten ist. In Abhängigkeit vom Lebensmittel und der Konsumentengruppe, für die es bestimmt ist, kann allerdings die Gesamtheit der Keimflora selbst einen der Gesundheit abträglichen Effekt haben.

Die Gesamtkeimzahl eines Lebensmittels lässt sich durch direkte oder indirekte Verfahren ermitteln. Bei den **direkten Verfahren** wird entweder mikroskopisch die Zahl der enthaltenen Bakterien bestimmt oder kulturell der Gehalt an teilungsfähigen Keimen nachgewiesen. Die **indirekten Verfahren** messen dagegen in der Regel Veränderungen, die aufgrund der Stoffwechselaktivität von Mikroorganismen im Untersuchungsmaterial auftreten und setzen diese gegebenenfalls in Beziehung zur Keimzahl.

Beim **Gussplattenverfahren** wird aus geeigneten Verdünnungen der Probe eine definierte Menge Material in eine Petri-Schale verbracht und mit dem noch flüssigen Nährboden (etwa 47 °C) vermischt. Nach dem Erstarren des Nährbodens erfolgt die Bebrütung unter aeroben Bedingungen über 72 h bei 30 °C. In der Lebensmittelmikrobiologie werden im Allgemeinen dezimale Verdünnungen (Verhältnis 1 : 10) angelegt. Als Verdünnungslösungen eignen sich vor allem viertelstarke Ringer-Lösung, Kochsalz-Peptonlösung (0,1 % Pepton in physiologischer Kochsalzlösung) oder Phosphatpuffer. Die Berechnung der Keimzahl erfolgt mit dem gewogenen arithmetischen Mittel.

Basiswissen 9.7
Wichtige direkte Verfahren zur Keimzahlbestimmung in Milch und Milchprodukten

- Bactoscan-Verfahren (Durchflusszytometrie, Gesamtkeimzahl)
- Kochsches Gussplattenverfahren (z. B. Gesamtkeimzahl)
- Oberflächen(spatel)verfahren (z. B. *Enterobacteriaceae*)
- Most Probable Number Technique (MPN-Verfahren, z. B. Coliforme, *E. coli*)

Basiswissen 9.8
Auswertung des Kochschen Gussplattenverfahrens mit dem gewogenen arithmetischen Mittel

$$\overline{c} = \frac{\sum c}{n_1 \cdot 1 + n_2 \cdot 0{,}1} \times d$$

$\overline{c}$: Anzahl der Kolonien bildenden Einheiten (KbE) je ml bzw. g (Keimzahl)
$\sum c$: Summe der Kolonien aller Petrischalen, die zur Berechnung herangezogen werden
n_1: Anzahl der Petrischalen der niedrigsten Verdünnungsstufe, die zur Berechnung herangezogen werden
n_2: Anzahl der Petrischalen der nächsthöheren Verdünnungsstufe, die zur Berechnung herangezogen werden
d: Faktor der niedrigsten ausgewerteten Verdünnungsstufe, hierbei handelt es sich um die auf n_1 bezogene Verdünnungsstufe

Beim **Oberflächenverfahren** werden auf die Oberfläche des in Petrischalen befindlichen, erstarrten Nährbodens 0,1 ml der Probe (flüssige Lebensmittel) bzw. der Verdünnungen mit einer Pipette aufgetragen und anschließend mit einem Drygalski-Spatel gleichmäßig verteilt. Bebrütung und Auswertung unterscheiden sich nicht vom Gussplattenverfahren.

Beim **MPN-Verfahren** (MPN = most probable number) handelt es sich dagegen um eine auf mathematisch-statistischen Überlegungen beruhende Methode, mit deren Hilfe die Keimdichte im Untersuchungsmaterial geschätzt werden kann. Aus diesem Grund ist auch keine direkte Auswertung möglich, sondern das Ergebnis des Versuchsansatzes muss nach der Transformierung in eine Stichzahl einer Tabelle entnommen werden. Ein weiterer Unterschied liegt darin, dass in der Regel keine festen, sondern flüssige Nährböden zum Einsatz kommen. Dies bringt zwei Vorteile gegenüber den Gussplatten- und Oberflä-

Abb. 9.8
Keimzahlbestimmung im Oberflächenverfahren: Beispiel für drei aufeinander folgende Probenverdünnungen, die auf Plate-Count-Agar aufgebracht wurden. A: Verdünnungsstufe 10^{-1}; B: Verdünnungsstufe 10^{-2}; C: Verdünnungsstufe 10^{-3}; üblicherweise werden nur Platten mit weniger als 300 und mehr als 10 Kolonien ausgewertet.

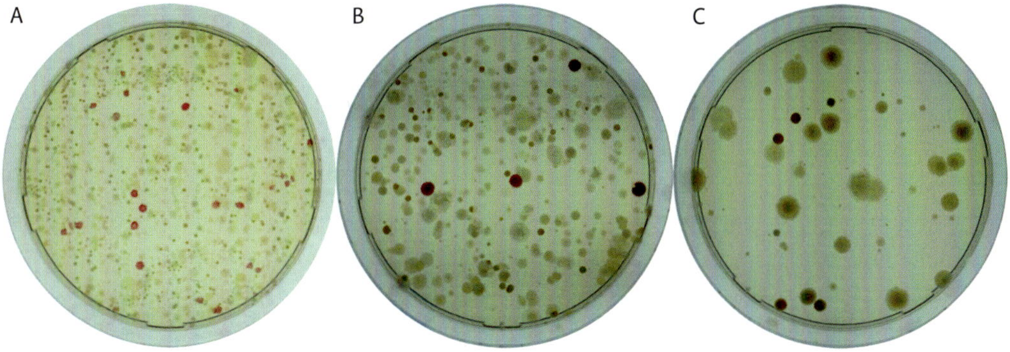

Abb. 9.9
MPN-Verfahren zur Bestimmung des Gehaltes an coliformen Keimen in Milch:
A: Bei der Auswertung bestimmt man zunächst die Anzahl der positiven Röhrchen in jeder Verdünnungsstufe (rot markierte Röhrchen). Für die weitere Auswertung werden die höchste Verdünnungsstufe, in der noch möglichst alle Röhrchen positiv sind, sowie die nächsten beiden Verdünnungen berücksichtigt. Aus der Zahl der positiven Röhrchen in den entsprechenden Verdünnungen ergibt sich die dreistellige Stichzahl: = 3-2-0.
B: Unter dieser Zahl wird in einer Tabelle (Auszug einer MPN-Tabelle für Verdünnungsreihen mit dreifachem Ansatz) die höchstwahrscheinliche Keimzahl (MPN) abgelesen und unter Berücksichtigung der Verdünnungsstufe auf die Ausgangsmenge (g oder ml) umgerechnet.

Im Beispiel ergibt sich eine höchstwahrscheinliche Keimzahl von 9,3 in 0,01 g, d. h. 930/g.

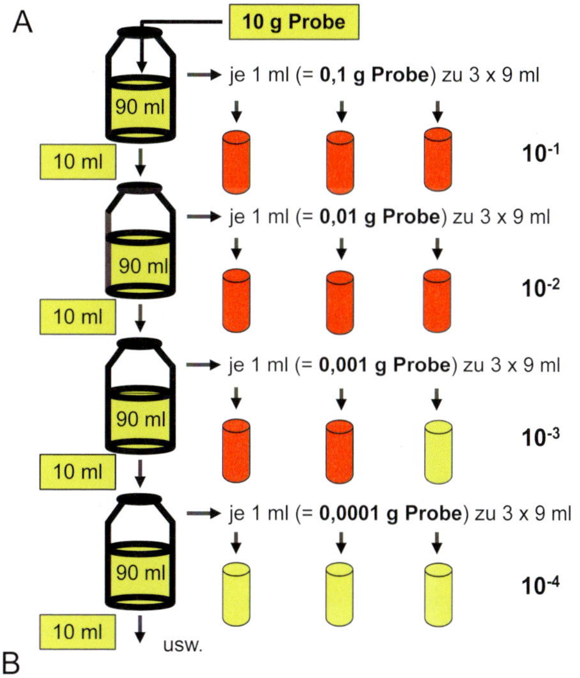

B

3 x 1,0 g	3 x 0,1 g	3 x 0,01 g	MPN	Kategorie	Vertrauensbereich (≥ 95 %)	
3	0	0	2,30	1	0,30	11,10
3	0	2	6,40	3	1,30	20,00
3	2	0	9,30	1	1,60	36,00
3	3	2	110,00	1	20,00	480,00

chenverfahren mit sich: Während bei den letztgenannten Methoden durch die in bzw. auf den Agar maximal zu verbringende Menge an Probenmaterial die Empfindlichkeit begrenzt wird, kann die zu untersuchende Einheit bei der MPN-Technik beliebig variieren und so eine hohe Empfindlichkeit (d.h. eine niedrige Nachweisgrenze) erreicht werden. Außerdem bieten flüssige Medien den Mikroorganismen im Allgemeinen bessere Wachstumsbedingungen als feste, was sich besonders bei einer geringen Keimdichte bemerkbar macht. Daher ist die Anwendung von MPN-Verfahren immer dann angezeigt, wenn in einem Untersuchungsmaterial mit geringen Keimgehalten zu rechnen ist bzw. wenn Keime erst nach einem Anreicherungsschritt, z.B. zur Wiederbelebung von hitzegeschädigten Populationen, erfasst werden können. Im Prinzip handelt es sich bei der MPN-Technik um eine Weiterentwicklung des Titer-Verfahrens, bei dem durch Verdünnung des Probenmaterials und Bebrütung in einem geeigneten Medium die kleinste Menge ermittelt wird, in der sich noch Wachstum zeigt, und damit noch mindestens 1 Keim vorhanden sein muss.
Beim MPN-Verfahren werden normalerweise aus jeder Verdünnungsstufe drei parallele Röhrchen, die den Nährboden enthalten (→ Abb. 9.9), beimpft. Nach der Bebrütung wird beurteilt, ob in den Röhrchen Keimvermehrung stattgefunden hat, im einfachsten Fall anhand einer aufgetretenen Trübung. Eventuell muss dies durch Ausstriche auf einem festen Medium (Koloniebildung) bestätigt werden, vor allem dann, wenn bestimmte Keime selektiv nachgewiesen werden sollen. Eine weitere Möglichkeit besteht im Nachweis der Gasbildung aus Laktose durch im Nährboden befindliche Durham-Röhrchen (→ Abb. 9.11) zur Bestimmung der coliformen Keime.

▸ Markerkeime

Bei Milch und Milchprodukten stellen *Enterobacteriaceae* bzw. **Coliforme Keime** und *E. coli* die am besten untersuchten Markerkeime dar. Zur Familie der *Enterobacteriaceae* werden gramnegative, Oxidase-negative Stäbchen gezählt, die Glukose fermentieren. Die Keime können sowohl unter aeroben als auch unter anaeroben Bedingungen wachsen und stellen relativ wenig Ansprüche an das sie beherbergende Milieu, sie vermehren sich also auch auf einfachen Nährböden. Unter den *Enterobacteriaceae* besitzen einige Gattungen die Fähigkeit, Laktose unter Säure- evtl. auch Gasbildung abzubauen. Sie verhalten sich somit ähnlich wie die meisten *E. coli*-Stämme und werden deshalb als **Coliforme** bezeichnet. Der Begriff hat keine taxonomische Bedeutung, ist aber bei Milch und Milchprodukten von praktischer Bedeutung.
Aus dem Nachweis von *Enterobacteriaceae* oder Coliformen können Rückschlüsse auf die Effektivität der bei der Be- und Verarbeitung von Lebensmitteln aufgewendeten Hygienemaßnahmen gezogen werden. So spricht z.B. die Anwesenheit von Coliformen in pasteurisierter Milch entweder für eine nicht ordnungsgemäße Durchführung der Erhitzung oder für eine Rekontamination nach der Wärmebehandlung, hervorgerufen z.B. durch nicht ausreichende Hygienemaßnahmen im Bereich der Abfüllung. Keime, die Hinweise auf die Effizienz von Hygienemaßnahmen geben können, werden auch **Indikatorkeime** genannt. In der Vergangenheit hatte sich bei Milch und Milchprodukten im Allgemeinen der Nachweis der Coliformen bewährt, da sie den weitaus größten Anteil der *Enterobacteriaceae*-Flora repräsentieren. Im Zuge der Horizontalisierung der EU-weit geltenden mikrobiologischen Kriterien für Lebensmittel, wurden auch im Milchbereich die Grenzwerte für Coliforme durch Grenzwerte für *Enterobacteriaceae* ersetzt.
Der **Nachweis** der **Coliformen** erfolgt auf Kristallviolett-Neutralrot-Galle-Laktose-Agar (Violett-Red-Bile = VRB-Agar; → Abb. 9.10), der von *Enterobacteriaceae* z.B. auf einem modifizierten VRB-Agar, bei dem Laktose durch Glukose ersetzt ist (VRBG). Die quantitative Bestimmung erfolgt nach Anschüttelung und Verdünnung im Oberflächenverfahren. Auf den genannten Nährböden sind Kolonien von Coliformen oder *Enterobacteriaceae* aufgrund der Säuerung durch Laktose- bzw. Glukoseabbau purpurrot gefärbt. Da auch andere Keime, wie z.B. Pseudomonaden, sich auf dem Nährboden entwickeln und wie *Enterobacteriaceae* aussehen können, muss zur Absicherung der Oxidase-Test (siehe oben) durchgeführt werden. *Enterobacteriaceae* sind stets Oxidase-negativ.

Abb. 9.10
Coliforme auf VRB-Agar: Charakteristisch sind rote Kolonien mit einem Durchmesser > 0,5 mm; um die Kolonien ist meist ein Gallepräzipitationshof zu sehen.

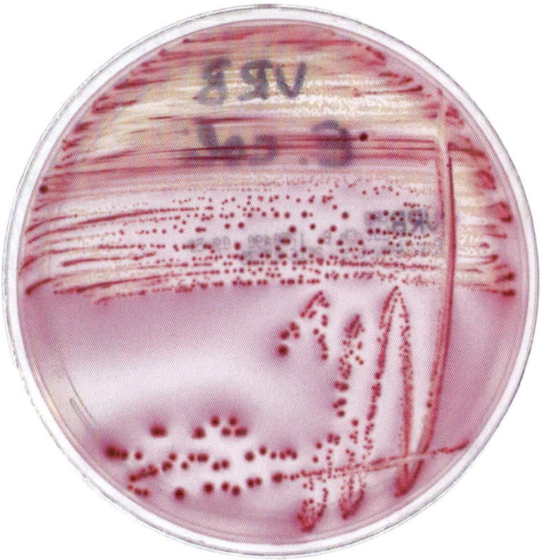

Abb. 9.11
Nachweis von *E. coli* in LST/MUG: In den ersten drei Röhrchen (von links) ist eine deutliche blaue Fluoreszenz zu sehen. In den Röhrchen sind auch die Durham-Röhrchen – auf dem Kopf stehende kleine Röhrchen, in denen sich gebildetes Gas (z. B. CO_2) sammeln kann – erkennbar.

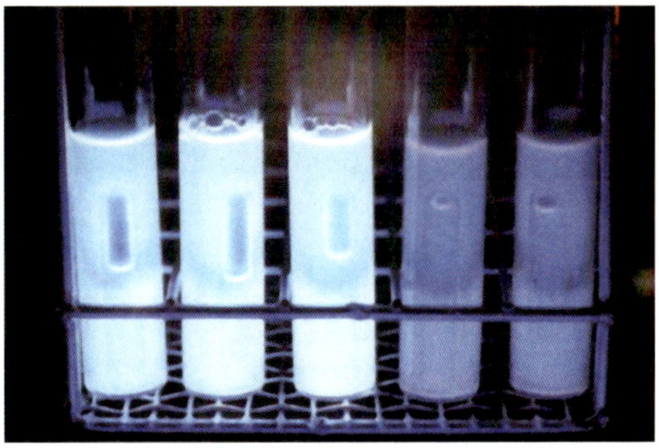

Zum **Nachweis von** *E. coli* in flüssigem Medium wird eine 4-Methylumbelliferyl-β-D-glucuronid-(MUG)-haltige Laurylsulfat-Tryptose-Bouillon (LST/MUG) verwendet. Die für *E. coli* typische β-Glucuronidase vermag MUG zu spalten. Mit langwelligem UV-Licht kann das Spaltprodukt zur Fluoreszenz angeregt werden. Blau fluoreszierende Röhrchen werden gezählt und im MPN-Verfahren ausgewertet (→ Abb. 9.11).

9.1.3.4 Standardisierte Untersuchungsverfahren

Die Entwicklung von Nachweisverfahren für Mikroorganismen findet auf verschiedenen Ebenen (national, supranational, d. h. europäisch und international) statt. Ziel ist es, einheitliche, standardisierte Methoden zu erstellen, die in allen beteiligten Ländern eingesetzt werden und die zu vergleichbaren, wissenschaftlich abgesicherten Resultaten führen (Abb. 9.12). Eine weitere Zielsetzung besteht darin, die Verfahren so zu gestalten, dass sie möglichst in allen Lebensmittelbereichen anwendbar sind. Derartige Methoden, die z. B. für die Untersuchung von Milch und Milcherzeugnissen ebenso gut geeignet sind wie für die von Fleisch und Fleischerzeugnissen, Geflügel, Eiern, Fisch usw., werden als **horizontale Verfahren** bezeichnet. Ist dagegen eine Methode nur auf eine bestimmte Lebensmittelgruppe anwendbar, z. B. auf Milch und Milcherzeugnisse, so spricht man von **vertikalen Verfahren**. Horizontale Standards, die heute bevorzugt erstellt werden, bringen erhebliche Erleichterungen für das untersuchende Labor, da nicht mehr mit verschiedenen Protokollen gearbeitet werden muss.

Träger sowohl der internationalen als auch der europäischen Normung sind die **Normungsinstitute** der verschiedenen Mitgliedsländer (s. u.). Aufgrund nationaler Unterschiede haben sie keine einheitliche Organisationsstruktur. So ist z. B. das 1917 gegründete **Deutsche Institut für Normung (DIN)** als eingetragener gemeinnütziger Verein für die Normungsarbeit in Deutschland zuständig und vertritt die deutschen Interessen in den weltweiten und europäischen Normungsorganisationen. Dieser Status wurde 1975 von der Bundesrepublik Deutschland offiziell anerkannt. Die Experten für die jeweiligen Arbeitsgebiete, die durch das DIN vertreten werden, kommen aus unterschiedlichen gesellschaftlichen Interessengruppen (z. B. Industrie, Behörden, Wissenschaft und Forschung) und sind in **Normenausschüssen (NA)** aktiv. Im Zusammenhang mit lebensmittelmikrobiologischen Standards ist vor allem der „NA 057 –

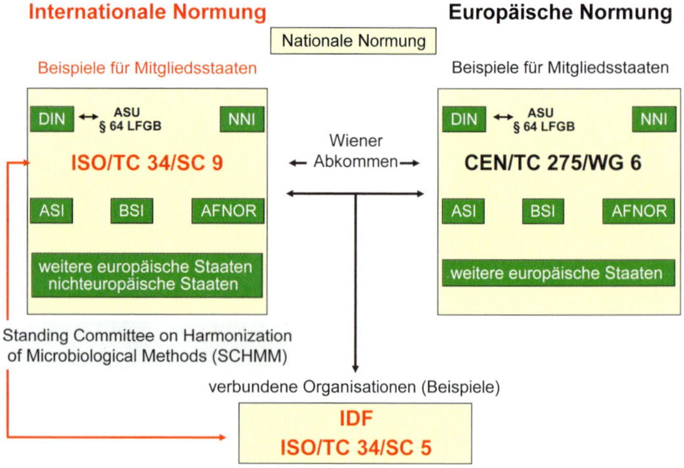

Abb. 9.12
Beziehungen zwischen internationalen, supranationalen und nationalen Normungsinstitutionen – Abkürzungen:
DIN – Deutsches Institut für Normung
NNI – Nederlands Normallisatie-Institut
ASI – Austrian Standards Institute
BSI – British Standards Institute
AFNOR – Association Française de Normalisation
ISO – International Organization for Standardization
CEN – Comité Européen de Normalisation
TC – Technical Committee
SC – Subcommittee
IDF – International Dairy Federation
ASU § 64 LFGB – Amtliche Sammlung von Untersuchungsverfahren nach § 64 Lebensmittel- und Futtermittelgesetzbuch

DIN-Normenausschuss Lebensmittel und landwirtschaftliche Produkte (NAL)“ interessant. Die Normenausschüsse untergliedern sich in **Fachbereiche (FB)** (z. B. NA 057-01 FB Fachbereich Lebensmittelanalytik – Horizontale Verfahren) und diese in **Arbeitsausschüsse (AA)**, z. B. der NA 057-01-06 AA Mikrobiologie der Lebensmittelkette mit zurzeit sieben Untergruppen). Aufgabe dieses Arbeitsausschusses ist die „Normung von mikrobiologischen Untersuchungsverfahren für Lebensmittel und Futtermittel und für jede andere Probe, die die Quelle der mikrobiologischen Kontamination von Lebensmitteln sein kann“.

In Deutschland existiert neben der Normensammlung des DIN noch die **Amtliche Sammlung von Untersuchungsverfahren nach § 64 des Lebensmittel- und Futtermittelgesetzbuchs (ASU)**. In § 64 LFGB heißt es sinngemäß: Das Bundesamt für Verbraucherschutz und Lebensmittelsicherheit veröffentlicht eine amtliche Sammlung von Verfahren zur Probenahme und Untersuchung von Lebensmitteln, einschließlich Lebensmittelzusatzstoffen, Futtermitteln, kosmetischen Mitteln und Bedarfsgegenständen. Die mikrobiologischen Verfahren werden in der Regel mit dem DIN abgestimmt bzw. direkt übernommen.

Auf internationaler Ebene sind inzwischen nach eigenen Angaben 163 Länder, vertreten durch ihre Normungsinstitutionen, unter dem Dach der 1946 gegründeten **International Organization for Standardization (ISO)** (von griech. ἴσος – „isos“ = gleich) zusammengeschlossen. ISO befasst sich, ebenso wie DIN, nicht nur mit mikrobiologischen Verfahren, sondern erstellt Normen für verschiedenste Aspekte innerhalb nahezu aller Industriebereiche. Die entsprechenden Experten der nationalen Normungsinstitute sind in **Technical Committees (TC)** organisiert. Für den Lebensmittelsektor ist – mit wenigen Ausnahmen, auf die hier nicht näher eingegangen werden soll – das „TC 34 Food products“, speziell für mikrobiologische Nachweisverfahren das „Subcommittee 9 (SC 9 Microbiology)“ zuständig.

Das **Comité Européen de Normalisation (CEN)** (Europäisches Komitee für Normung) vereint zur Zeit 33 europäische Länder, ebenfalls vertreten durch ihre jeweiligen Normungsinstitute. Im Rahmen der Europäischen Normung sollen die nationalen Standards der Mitgliedsländer vereinheitlicht werden. Die Organisation ist von der EU anerkannt und deckt auf europäischer Ebene einen ähnlich breiten Aufgabenbereich ab wie ISO auf internationaler. Während ISO-Standards von den nationalen Komitees allerdings nicht notwendigerweise übernommen werden müssen, gelten CEN-Standards unmittelbar in allen 33 europäischen Mitgliedsländern. Eigene Normen müssen, wenn sie den europäischen entgegenstehen, zurückgezogen werden. Die CEN-Expertengruppen sind wie bei ISO in **Technical Committees (TC)** organisiert. Den Bereich „Nachweis von Zusatzstoffen, Rückständen und Kontaminanten in Lebensmitteln" deckt TC 275 ab. Die einzelnen TC sind in **Working Groups (WG)** unterteilt. Die Normung von horizontalen Verfahren für die mikrobiologische Untersuchung von Lebensmitteln und Futtermitteln und von allen anderen Proben, die Lebensmittel mikrobiell kontaminieren können, liegt bei WG 6 („Mikrobiologie der Lebensmittelkette").

ISO und CEN arbeiten eng zusammen. Grundsätzlich haben dabei internationale, also ISO-Normen Priorität. Für den Fall, dass eine für den europäischen Raum benötigte Norm auf internationaler Ebene nicht existiert, wird sie in Kooperation von ISO und CEN erstellt, wodurch die gleichzeitige Anerkennung als Internationale und Europäische Norm ermöglicht wird. Grundlage der Zusammenarbeit ist die **Wiener Vereinbarung** (Agreement on technical cooperation between ISO and CEN – Vienna Agreement) von 1991 mit dem zugehörigen „Leitfaden für die Anwendung der Vereinbarung über die technische Zusammenarbeit zwischen ISO und CEN". Ziel der Vereinbarung ist die Schaffung einheitlicher Normen auf europäischer und internationaler Ebene und die damit verbundene Integration des gemeinsamen europäischen Marktes in den globalen Markt. Von ISO/CEN erarbeitete Normen werden nach der Übersetzung in das jeweilige europäische nationale Normenwerk übernommen und mit einer Nummer sowie einem Titel versehen. So wird z. B. das Koloniezählverfahren für *Bacillus cereus* als „DIN EN ISO 7932 Mikrobiologie von Lebensmitteln und Futtermitteln – Horizontales Verfahren zur Zählung von präsumtivem *Bacillus cereus* – Koloniezählverfahren bei 30 °C" bezeichnet. EN steht für Europäische Norm.

Eine weitere, insbesondere für den Milchsektor wichtige internationale Organisation, die in den Normierungsprozess einbezogen wurde, ist die **International Dairy Federation (IDF)** (Internationaler Milchwirtschaftsverband), deren Basis nicht wie bei ISO und CEN die nationalen Normungsinstitute, sondern **National Committees (NC)** bilden, in denen Interessenvertreter u. a. aus der Milchwirtschaft, Landwirtschaft, den Behörden, der Wissenschaft und Forschung organisiert sind. IDF wurde bereits 1903 gegründet und befasst sich seither intensiv mit der Erstellung von Standards aus den Bereichen Chemie, Physik, Mikrobiologie, Eutererkrankungen u. a. m. Seit 1963 besteht eine enge Zusammenarbeit mit ISO/TC 34/SC 5 – Milch und Milchprodukte. Deren **gemeinsam erarbeitete Normen** werden als „Joint ISO/IDF International Standards" unter Leitung von ISO publiziert. Allerdings handelt es sich hierbei um vertikale, also speziell auf die Untersuchung von Milch und Milchprodukten ausgerichtete, Verfahren. Da, wie oben ausgeführt, im mikrobiologischen Bereich grundsätzlich die Entwicklung horizontaler Verfahren angestrebt wird, besteht bereits seit Längerem eine Kooperation zwischen IDF/ISO/TC 34/SC 5 auf der einen und ISO/TC 34/SC 9 auf der anderen Seite. Ziel ist die Erarbeitung **gemeinsamer horizontaler Standards** zum Nachweis und/oder zur Zählung von lebensmittelassoziierten Krankheitserregern, einschließlich ihrer Toxine, sowie von Verderbserregern und Markerkeimen. In diese Standards werden die spezifischen Anforderungen an die Untersuchung von Milch und Milchprodukten integriert (Harmonisierung). Vertikale Verfahren sollen nur noch dann entwickelt werden bzw. gültig bleiben, wenn eine Harmonisierung aus wissenschaftlichen oder praktischen Erwägungen heraus nicht möglich ist.

Die **Harmonisierung** existierender bzw. neu zu entwickelnder Verfahren, die auch für den Milchbereich interessant sind, wird vom **Standing Committee on Harmonization of Microbiological Methods (SCHMM)** des Internationalen Milchwirtschaftsverbandes geleistet. Das SCHMM vertritt in den Arbeitsgruppen von ISO/TC 34/SC 9 Belange des Milchsektors und ist offiziell auch auf dessen Jahressitzungen vertreten, um u. a. über die beim SCHMM getroffenen Beschlüsse zu berichten. Soweit auf den ISO/TC 34/SC 9-Jahressitzungen für den Milchsektor relevante Resolutionen verabschiedet werden, sind sie durch das SCHMM zu bestätigen. Besondere Bedeutung kommt der Harmonisierung durch die Verordnung (EG) Nr. 2073/2005 über mikrobiologische Kriterien für Lebensmittel zu. Hier sind für Untersuchungen auf die jeweiligen Lebensmittelsicherheits- und Prozesshygienekriterien auch für Milch und Milcherzeugnisse als Analytische Referenz-

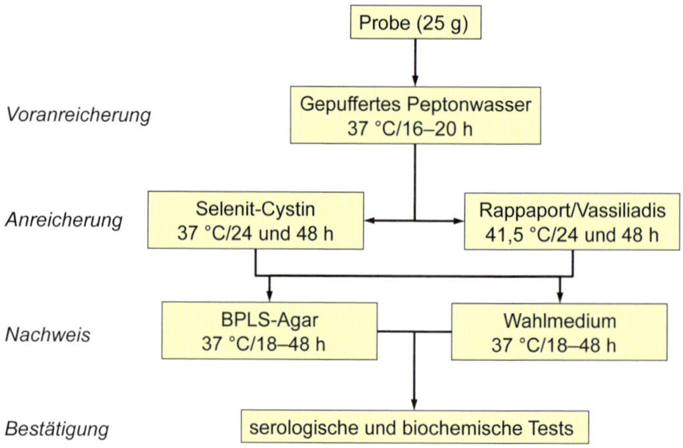

Abb. 9.13
Milch und Milcherzeugnisse: Nachweis von *Salmonella* spp. (ISO 6785/IDF 93:2007), BPLS: Brillantgrün-Phenolrot-Laktose-Saccharose-Agar

methoden grundsätzlich EN ISO- bzw. – wenn diese noch nicht ausgearbeitet wurden – ISO-Methoden vorgesehen.

Bei den **EN ISO-Standards zum Nachweis oder zur Zählung von Mikroorganismen** handelt es sich in der Regel um konventionelle kulturelle Verfahren, d. h., die Keime werden mithilfe von nicht-selektiven und/oder selektiven Nährmedien aus dem Untersuchungsmaterial isoliert und anschließend identifiziert. Welche Medien und Untersuchungsgänge angewendet werden, ist vor allem von den nachzuweisenden Mikroorganismen und vom jeweiligen Untersuchungsmaterial abhängig. Insbesondere wenn nur wenige der gesuchten Keime in der Probe erwartet werden, die eventuell noch zusätzlich durch deren Herstellungsprozess geschädigt, aber nicht vollständig inaktiviert wurden (subletale Schädigung), sind mehrere Wiederbelebungs- und Anreicherungsschritte notwendig.

Am Beispiel des **qualitativen Salmonellennachweises** soll dies, ohne auf Details einzugehen, skizziert werden (→ Abb. 9.13; → Kap. 9.2.11.4). Zunächst wird das Untersuchungsmaterial in einem nicht-selektiven flüssigen Medium inkubiert. Diese „Voranreicherung" dient der Wiederbelebung (Resuszitation) subletal geschädigter Salmonellen und soll deren Vermehrungsfähigkeit wieder herstellen. Das Voranreicherungsmedium enthält keine Selektivsubstanzen, weil die Keime infolge der Schädigung gegen diese – auch wenn sie im vitalen Zustand von ihnen toleriert werden – empfindlich sind. Da hauptsächlich wegen der – in meist erheblich größerem Umfang – vorhandenen konkurrierenden Begleitflora eine Vermehrung der Salmonellen auf zum sicheren Nachweis ausreichende Zahlen nicht gegeben ist, wird im nächsten Untersuchungsschritt eine selektive Anreicherung vorgenommen („Hauptanreicherung" oder „Selektivanreicherung"). Die enthaltenen Selektivsubstanzen sollen die Begleitflora unterdrücken und damit den Salmonellen gute Vermehrungsbedingungen bieten. Weil die einzelnen *Salmonella*-Serovaren unterschiedliche Toleranzen gegenüber den Selektivsubstanzen aufweisen, wird parallel in einem hochselektiven und einem weniger selektiven flüssigen Medium angereichert. Da eventuell gewachsene Salmonellen in diesen Anreicherungen nicht erkannt werden können, erfolgt ihr „Nachweis" anschließend auf festen Selektivnährböden, die durch indikative Komponenten die Ausbildung einer für den gesuchten Keim typischen Koloniemorphologie erlauben. Verdächtige Kolonien werden serologisch und biochemisch untersucht („Bestätigung").

Bei quantitativen Nachweisverfahren wird natürlich auf eine Anreicherung verzichtet, da sonst die gefundenen Werte nicht mehr den Keimkonzentrationen im Untersuchungsmaterial entsprechen.

Neben dem **International Standard (IS)** (Internationaler Standard, Internationale Norm) existieren noch weitere Veröffentlichungsformen, von denen hier die **Technical Specification (TS)** (Technische Spezifikation) und der **Technical Report (TR)** (Technischer Bericht) erwähnt werden sollen. Für die Veröffentlichung eines Verfahrens als TR können verschiedene Umstände sprechen, z. B. dass eine Methode noch nicht weit genug entwickelt oder etabliert bzw. in der Praxis erprobt ist, um die Publikation eines IS zu rechtfertigen. Während die Erarbeitung eines IS bei einem Zeitplan von 36 Monaten mehrere Umfragen bzw. Abstimmungen beinhaltet, erfolgt bei der Erarbeitung einer TS (Zeitplan 21,5 Monate) nur eine formelle Abstimmung. Eine TS muss spätestens nach drei Jahren überprüft werden und sollte, wenn sie nicht in einen IS überführt wird, nach sechs Jahren ihre Gültigkeit verlieren. Ein IS muss regelmäßig alle fünf Jahre überprüft werden und kann dabei ohne oder mit Änderungen akzeptiert bzw. zurückgezogen werden. In einem TR werden Daten publiziert, die normalerweise nicht Gegenstand eines IS oder einer TS sind: z. B. Angaben zur Arbeit anderer internationaler Organisationen, zu in Mitgliedsländern durchgeführten Erhebungen oder zu dem Stand der Technik entsprechenden Methoden und Verfahren. Ein Beispiel für ein solches, dem Stand der Technik entsprechenden Verfahren ist DIN CEN ISO/TR 6579-3:2014 Mikrobiologie der Lebensmittelkette – Horizontales Verfahren zum Nachweis, zur Zählung und zur Serotypisierung von Salmonellen – Teil 3: Leitfaden für die Serotypisierung von *Salmonella* spp., der Angaben zur Taxonomie von *Salmonella* spp. und einen Leitfaden zur Serotypisierung von Salmonellen-Serovaren beinhaltet. TR sind nicht normativ, sondern informativ, werden nicht regelmäßig überprüft und ihre Gültigkeitsdauer unterliegt keiner zeitlichen Begrenzung.

9.1.4 Standardisierung

- CEN/CENELEC (2013): Geschäftsordnung Teil 2 – Gemeinsame Regeln für die Normungsarbeit.
- DIN-Normenausschuss Lebensmittel und landwirtschaftliche Produkte (NAL) (2014): Jahresbericht 2014.
- ISO/IEC (2015): Directives Part 1 and Consolidated ISO Supplement. 6th ed.
- ISO/CEN (2014): Guidelines for the implementation of the Agreement on Technical Cooperation between ISO and CEN – The Vienna Agreement. 6th ed.
- ISO/IEC (2011): Directives Part 2 Rules for the structure and drafting of International Standards. 6th ed.
- ISO/CEN (2001): Agreement on Technical Cooperation between ISO and CEN (Vienna Agreement).

9.1.5 Literatur

Doyle, M. P., Beuchat, L. R. (2007): Food Microbiology: Fundamentals and Frontiers. 3rd ed., Washington: ASM Press.

Morris, J. G., Potter, M. E. (2013): Foodborne Infections and Intoxications. 4th ed., San Diego: Academic Press.

Quigley, L., O'Sullivan, O., Stanton, C., Beresford, T. P., Ross, R. P., Fitzgerald, G. F., Cotter, P. D. (2013): The complex microbiota of raw milk. FEMS Microbiol. Rev. 37, 664–698.

9.2 Pathogene Mikroorganismen und Toxine

Erwin Märtlbauer und Heinz Becker

9.2.1 Allgemeines

Mikrobiell bedingte und durch Lebensmittel übertragene Erkrankungen haben einen großen Anteil an der Zahl aller statistisch erfassten Erkrankungen. Eine auf umfangreichem Datenmaterial basierende US-amerikanische Studie der Centers for Disease Controle and Prevention (CDC) aus dem Jahr 2011 kommt zu dem Schluss, dass jährlich einer von sechs US-Amerikanern (entspricht insgesamt 48 Millionen Personen) eine derartige Erkrankung durchmacht. Hiervon müssen 128 000 Patienten in eine Klinik eingewiesen werden, etwa 3 000 sterben an den Folgen der Erkrankung. Die Zahl der Fälle, bei denen der Er-

reger identifiziert werden konnte, lag nur bei etwa 20 %, meist blieb das auslösende Agens somit unbekannt.
In Deutschland besteht bei einer Reihe von durch Lebensmittel übertragenen Krankheitserregern eine **Meldepflicht** und zwar nach einem direkten oder indirekten Nachweis, soweit dieser auf eine akute Infektion hinweist (§ 7 Infektionsschutzgesetz). Quantitativ gesehen standen nach Angaben des Robert Koch-Instituts (RKI) im Jahr 2014 die gemeldeten Norovirusinfektionen an erster Stelle (75 040 Fälle), gefolgt von *Campylobacter*-Enteritiden (70 972 Fälle), Rotavirusinfektionen (32 399 Fälle) und Salmonellosen (16 222 Fälle). Dabei ist von einer **hohen Dunkelziffer** auszugehen, da – zumindest bei weniger schweren Verläufen – der Unterschied zwischen der Anzahl tatsächlich Erkrankter und den in Statistiken erfassten Fällen erheblich sein kann.
Im Vergleich zu vielen anderen Lebensmitteln sind Milch und Milchprodukte in der Regel zu einem geringeren Anteil an der Gesamtzahl der Ausbrüche bzw. Erkrankungsfälle beteiligt. Dies ist zum einen auf die mit wenigen Ausnahmen regelmäßig durchgeführte Wärmebehandlung der Konsum- bzw. Werkmilch und die relativ hohe mikrobiologische Stabilität vieler fermentierter Milchprodukte zurückzuführen. Zum anderen entsprechen aber auch die hygienischen Bedingungen bei der Herstellung und deren technologische Voraussetzungen einem sehr hohen Standard.
Bei den mikrobiell bedingten, durch Lebensmittel übertragenen Erkrankungen kann zwischen **Lebensmittelinfektionen** und **Lebensmittelintoxikationen** unterschieden werden, die durch obligat oder fakultativ pathogene Keime (Basiswissen 9.9) verursacht werden.

Basiswissen 9.9
Definitionen

- **Pathogenität**
  - Fähigkeit einer Mikroorganismen-Spezies, in einem Wirt eine Erkrankung auszulösen
- **Virulenz**
  - Ausprägungsgrad der Fähigkeit eines Stammes dieser Spezies, in einem Wirt eine Erkrankung auszulösen (avirulent – wenig virulent – hochvirulent)
- **obligat pathogene Keime**
  - lösen regelmäßig bei gesunden Erwachsenen nach Erreichen der minimalen infektiösen bzw. toxischen Dosis eine Erkrankung aus – Beispiel: viele *Salmonella*-Serovaren
- **fakultativ pathogene Keime**
  - im Allgemeinen erkranken nur Risikokonsumenten (Kinder, Kranke, Senioren, Immunkompromittierte) – Beispiel: *Cronobacter* spp.
- **Opportunisten**
  - normalerweise keine Krankheitserreger, können aber bei herabgesetzter Abwehrfunktion des Wirts eine Erkrankung auslösen – Beispiel: viele *Enterobacteriaceae*-Spezies (die Begriffe „fakultativ pathogene Keime“ und „Opportunisten“ werden auch synonym verwendet)
- **apathogene Keime**
  - besitzen keine krank machenden Eigenschaften – Beispiel: *Listeria innocua* (lat. *innocuus* – unschädlich, harmlos)

9.2.1.1 Lebensmittelinfektionen

Bei Lebensmittelinfektionen ist für die Entstehung einer Erkrankung die Anwesenheit des vermehrungsfähigen Erregers im Darm eine unabdingbare Voraussetzung. Als Erreger stehen pathogene Bakterien und Viren im Vordergrund. Diese gelangen mit dem Lebensmittel in den Darm, können sich dort bzw. in den Darmzellen vermehren und auf verschiedenen Wegen die Erkrankung auslösen.
Die Entstehung bakteriell bedingter **Lebensmittelinfektionen** (→ Abb. 9.14) mit Hauptmanifestation im Darm kann im Wesentlichen auf drei unterschiedliche Infektionsmechanismen zurückgeführt werden:

- **Enteroinvasive Erreger** dringen in die Darmschleimhaut ein und vermehren sich innerhalb der Zelle. Zu diesem Erregertyp gehören z. B. die Enteroinvasiven *Escherichia coli* (EIEC) und Enteritissalmonellen.
- Andere Erreger besitzen die Fähigkeit, sich an die Darmschleimhaut anzuheften und mithilfe spezieller Injektionssysteme Effektorproteine in die Darmzelle zu injizieren, die die Zellstruk-

Abb. 9.14
Schematische Darstellung verschiedener Arten von bakteriellen Lebensmittelinfektionen und Intoxikationen. Beispielhaft sind jeweils einige typische Erreger (grün) bzw. Toxine (rot) angeführt.

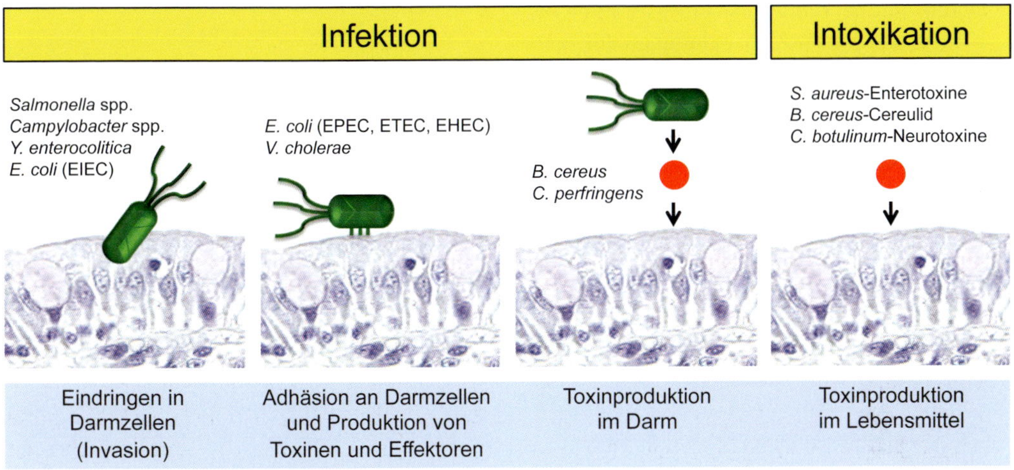

tur verändern und, gemeinsam mit weiteren Virulenzfaktoren, die Zelle schädigen oder den Zelltod herbeiführen. Als Beispiel für derartige Erreger bzw. Pathogenitätsmechanismen sind die Enteropathogenen *Escherichia coli* (EPEC) zu nennen.

Tab. 9.8
In Milch und Milchprodukten relevante bakterielle Erreger von Lebensmittelinfektionen und -intoxikationen

Lebensmittelinfektionserreger	
Hauptmanifestation Darm	Hauptmanifestation andere Organe
Bacillus cereus (Diarrhoeform)	*Brucella* spp.[1]
Campylobacter spp.[1]	*Coxiella burnetii*[1]
Salmonella spp.[1]	*Cronobacter* spp.
Enteropathogene *Escherichia coli*[1]	*Mycobacterium* spp.[2]
Yersinia enterocolitica[1]	*Streptococcus equi* subsp. *zooepidemicus*
Clostridium perfringens	
Listeria monocytogenes[3]	
Lebensmittelintoxikationserreger	
Bacillus cereus (emetische Form)	*Clostridium botulinum*[4]
Staphylococcus aureus	

[1] Meldepflicht nach § 7 IfSG (siehe oben)
[2] Meldepflicht nach § 7 IfSG für *M. tuberculosis/africanum*, *M. bovis*
[3] Meldepflicht nach § 7 IfSG nur für den direkten Nachweis aus Blut, Liquor oder anderen normalerweise sterilen Substraten sowie aus Abstrichen von Neugeborenen
[4] Meldepflicht nach § 7 IfSG auch für Toxinnachweis

- Die Bakterien oder deren Sporen gelangen mit dem Lebensmittel in den Darm, können sich dort vermehren (nach Auskeimung) und Toxine (ohne direkte Interaktion mit den Darmzellen) bilden, die an die Darmschleimhaut binden und – auf vom Toxintyp abhängigen Wegen – die Erkrankung auslösen. Ein solcher Mechanismus liegt der Wirkung der Diarrhoetoxine von *Bacillus cereus* und des *Clostridium perfringens*-Enterotoxins zugrunde.

Andere Erreger, wie *Cronobacter* spp. oder *Listeria monocytogenes*, gelangen über die Darmepithelzellen und phagozytierende Zellen in andere Organsysteme, z. B. das Zentralnervensystem, und lösen dort spezifische Krankheitsbilder aus. Die wichtigsten, in den folgenden Abschnitten besprochenen, bakteriellen Erreger von Lebensmittelinfektionen sind in Tabelle 9.8 aufgeführt.

9.2.1.2 Lebensmittelintoxikationen

Im Fall einer mikrobiell bedingten **Lebensmittelintoxikation** (→ Abb. 9.14) ist die Anwesenheit des Erregers im Darm nicht zwingend notwendig. Die Mikroorganismen sezernieren während ihrer Vermehrung Toxine, die oft eine erhebliche Stabilität besitzen, in das Lebensmittel. Werden diese in den Organismus aufgenommen, können sie, falls die hierzu notwendige Dosis erreicht wurde, eine akute Erkrankung auslösen. Die wichtigsten bakteriellen Erreger von Lebensmittelintoxikationen sind in Tabelle 9.8 aufgeführt. Bei den im Zusammenhang mit Lebensmittelinfektionen und Intoxikationen als Virulenzfaktoren bedeutsamen bakteriellen Toxinen handelt es sich um Peptide oder Proteine, die normalerweise intra vitam von den Bakterien gebildet und über unterschiedliche Sekretionswege oder beim Zerfall der Keime in das umgebende Milieu abgegeben werden. Die Bezeichnung dieser Toxine (Basiswissen 9.10) folgt keiner einheitlichen Systematik, sie werden u. a. nach dem Organ oder Ort ihrer Wirkung, nach bestimmten Eigenschaften, nach der Symptomatik bzw. Erkrankung, die durch sie ausgelöst wird, oder nach den Keimen, von denen sie gebildet werden, bezeichnet.

Auslöser einer „klassischen“, der obigen Definition entsprechenden Lebensmittelintoxikation sind nur die **Staphylokokken-Enterotoxine**, die **Botulinum-Neurotoxine** und das **emetische Toxin** von *Bacillus cereus*. Die zweite Gruppe der in Basiswissen 9.10 aufgeführten Toxine sind Enterotoxine (Hämolysin BL, nicht-hämolytisches Enterotoxin, Cytolysin K, *Clostridium perfringens*-Enterotoxin), die allein ausreichend sind, eine Durchfallerkrankung auszulösen, sie werden aber in der Regel erst im Darm gebildet. Shigatoxine stellen die Hauptvirulenzfaktoren bei Infektionen mit Shigatoxin bildenden *Escherichia coli* (STEC) dar und können nach oraler Infektion z. B. auch schwere Nierenschäden hervorrufen.

Darüber hinaus können in Milch und Milcherzeugnissen einige von Schimmelpilzen produzierte **Mykotoxine** eine chronische Gesundheitsgefährdung des Verbrauchers darstellen (→ Kap. 9.2.17). Es ist nicht völlig auszuschließen, dass auch pathogene Isoformen von Prion-Proteinen kleiner Wiederkäuer in dieser Hinsicht ein Problem darstellen (→ Kap. 9.2.16).

! Basiswissen 9.10
Bakterielle Toxine
(Abkürzung, Mikroorganismus)

- Bildung im Lebensmittel
  - Staphylokokken-Enterotoxine (SE; *Staphylococcus* spp.)
  - Botulinum-Neurotoxine (BoNt; *Clostridium botulinum*)
  - emetisches Toxin oder Cereulid (Cer; *Bacillus cereus*)
- Bildung und Wirkung im Intestinaltrakt
  - Hämolysin BL (Hbl; *Bacillus cereus*)
  - nicht-hämolytisches Enterotoxin (Nhe; *Bacillus cereus*)
  - Cytolysin K (CytK; *Bacillus cytotoxicus*)
  - *Clostridium perfringens*-Enterotoxin (CPE; *Clostridium perfringens*)
- Bildung im Intestinaltrakt, Wirkung im Intestinaltrakt und anderen Organen
  - Shigatoxine (ST; *Shigella* spp., STEC)

9.2.1.3 Sicherheit beim Umgang mit pathogenen Mikroorganismen

Der Umgang mit biologischen Arbeitsstoffen ist grundlegend in der Verordnung über Sicherheit und Gesundheitsschutz bei Tätigkeiten mit biologischen Arbeitsstoffen (Biostoffverordnung – BioStoffV) geregelt und dient entsprechend § 1 „... für Tätigkeiten mit biologischen Arbeitsstoffen einschließlich Tätigkeiten in deren Gefahrenbereich. Zweck der Verordnung ist der Schutz der Beschäftigten vor der Gefährdung ihrer Sicherheit und Gesundheit bei diesen Tätigkeiten. Diese Verordnung gilt nicht für Tätigkeiten, die dem Gentechnikrecht unterliegen, soweit dort gleichwertige oder strengere Regelungen bestehen." Konkretisiert werden die Vorgaben der BioStoffV in den **Technischen Regeln für Biologische Arbeitsstoffe (TRBA)**. Sie werden vom **Ausschuss für Biologische Arbeitsstoffe** ermittelt bzw. angepasst und vom Bundesministerium für Arbeit und Soziales im Gemeinsamen Ministerialblatt bekannt gegeben (auch auf der Internetseite der Bundesanstalt für Arbeitsschutz und Arbeitsmedizin). Von Bedeutung beim Umgang mit Mikroorganismen sind insbesondere folgende TRBA:

- Schutzmaßnahmen für gezielte und nicht gezielte Tätigkeiten mit biologischen Arbeitsstoffen in Laboratorien (TRBA 100)
- Biologische Arbeitsstoffe im Gesundheitswesen und in der Wohlfahrtspflege (TRBA 250)
- Einstufung von Pilzen (TRBA 460), Viren (TRBA 462) und Prokaryonten (Bacteria und Archaea) (TRBA 466) in Risikogruppen
- Mikroorganismen werden auf der Basis der TRBA 450 (Einstufungskriterien für Biologische Arbeitsstoffe) in vier Risikogruppen eingeteilt, wobei die Riskogruppe 1 das geringste (bzw. kein) und die Risikogruppe 4 das höchste Infektionsrisiko darstellt. Im speziellen Teil dieses Kapitels ist zu den jeweiligen pathogenen Keimen die derzeitig gültige Risikogruppe angegeben.

Einige der in den folgenden Kapiteln besprochenen pathogenen Bakterien und gegebenenfalls deren Toxine sind auf der List of human and animal pathogens and toxins for export control der Australia Group aufgeführt. Die **Australia Group** ist ein Forum von Ländern, zu denen auch Deutschland und die EU gehören, „... die durch die Harmonisierung von Exportkontrollen versuchen, sicherzustellen, dass Exporte nicht zur Entwicklung chemischer oder biologischer Waffen beitragen." Bei den betroffenen Keimen findet sich ein Hinweis am Ende des jeweiligen Kapitels. Ebenso unterliegen einige Spezies den Bestimmungen der Verordnung über anzeigepflichtige Tierseuchen (TierSeuchAnzV) oder der Verordnung über meldepflichtige Tierkrankheiten (TKrMeldpflV). Eine entsprechende Anmerkung findet sich unter „Gesetzliche Bestimmungen" im jeweiligen Kapitel.

9.2.2 *Bacillus cereus*

9.2.2.1 Allgemeines

Das Genus *Bacillus* (*Bacillus* lat. Stäbchen; Betonung auf der zweiten Silbe) umfasst 299 Spezies sowie 7 Subspezies (LPSN Stand Mai 2015) und kann unter praktischen Gesichtspunkten in sogenannte **morphologische Gruppen** unterteilt werden. *Bacillus cereus* und einige sehr nahe Verwandte gehören zur Gruppe 1A und innerhalb dieser zur Cereus-Gruppe (Basiswissen 9.11).
Anhand der genannten Kriterien lassen sich die Vertreter der morphologischen Gruppe 1A mithilfe einer speziellen Färbung (Basiswissen 9.11) von denen anderer morphologischer Gruppen (1B, 2A/B, 3) abgrenzen. In Tabelle 9.9 sind wichtige Eigenschaften der Vertreter der Cereus-Gruppe zusammengefasst.

9.2.2.2 Charakteristika

B. cereus (Basiswissen 9.12) gehört zu den **fakultativ anaeroben Endosporenbildnern**. Das Temperaturoptimum der meisten Stämme liegt im mesophilen Bereich bei etwa 30 °C, allerdings gibt es auch psychrotrophe Stämme, die sich bei Kühlungstemperaturen noch vermehren. Ursprünglich aus dem Boden stammend ist der Keim heute in Lebensmitteln und in der gesamten Umwelt des Menschen weitverbreitet.
Weltweit wird *B. cereus* als Lebensmittelinfektions- und -intoxikationserreger zunehmend registriert. So stieg innerhalb der EU die Anzahl der durch *B.*

Basiswissen 9.11
Genus *Bacillus*: Morphologische Gruppe 1A (unterstrichen: Mitglieder der Cereus-Gruppe)

- **Kriterien:**
  - Zelldurchmesser > 1,0 µm
  - Sporangium nicht aufgetrieben
  - Spore zentral bis terminal
  - Spore ellipsoid oder zylindrisch
  - Lipidkörperchen in großer Zahl
- **Vertreter:**
  - *Bacillus megaterium*
  - *Bacillus cereus*
  - *Bacillus weihenstephanensis*
  - *Bacillus mycoides*
  - *Bacillus pseudomycoides*
  - *Bacillus anthracis*
  - *Bacillus thuringiensis*
  - *Bacillus cytotoxicus*

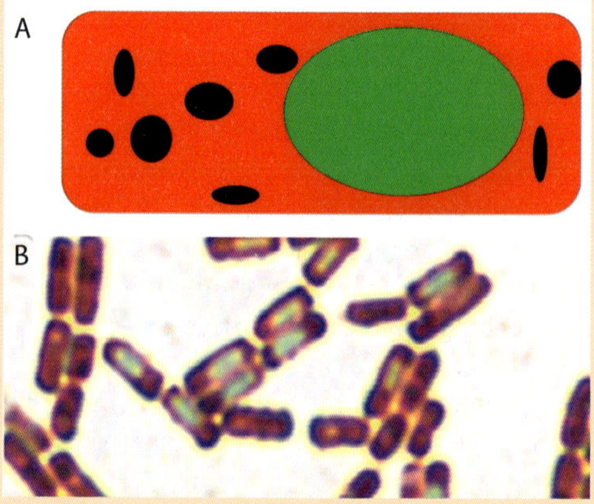

B. cereus:
A – schematische Darstellung (Spore blaugrün, Lipidkörperchen schwarz, Sporangium rot);
B – mikroskopisches Präparat

cereus verursachten Lebensmittelvergiftungen im Jahr 2011 im Vergleich zum Vorjahr um 122 % an. Auch in den USA hatte sich 2011 die Anzahl der durch *B. cereus* verursachten Lebensmittelvergiftungen im Vergleich zu 1999 verdoppelt.
Beim Menschen können neben den gastroenteralen auch systemische (Septikämien, Endocarditiden, zentralnervöse Infektionen) oder lokale (Wunden, Osteomyelitiden, Arthritiden) Erkrankungen hervorgerufen werden. Bei Letzteren sind Infektionen des Auges besonders gefürchtet, die binnen kurzer Zeit zu dessen Verlust führen können. Bei Milchkühen wurden schwere, häufig tödlich verlaufende Euterentzündungen beschrieben,

Tab. 9.9
Vorkommen und Eigenschaften der einzelnen Vertreter der Cereus-Gruppe

Spezies	Herkunft/Vorkommen	Eigenschaften
B. cereus	Boden/Stallmilieu, Milch, Milcherzeugnisse, Pflanzen (Reis), sonstige Lebensmittel	Toxinbildner; Erreger intestinaler und extraintestinaler Erkrankungen; spezifischer Verderb von Milch; einige Stämme wachsen auch unter 7 °C
B. weihenstephanensis	Boden/Stallmilieu, Milch, Milcherzeugnisse	alle Stämme psychrotroph; Wachstum unter 7 °C (Toxinbildner)
B. mycoides *B. pseudomycoides*	Boden/Stallmilieu, Milch, Milcherzeugnisse	Toxinbildner; assoziiert mit Koniferenwurzeln als Wachstumsförderer der Pflanzen; einige Stämme von *B. mycoides* wachsen auch unter 7 °C
B. thuringiensis	Boden/Pflanzen	Toxinbildner; Einsatz als Insektizid (parasporale Kristallkörperchen, Cry-Toxine) z. B. bei Saatgut, Getreide, Wasser
B. anthracis	Boden, erkrankte Tiere	Toxinbildner; Milzbranderreger (Anthrax)
B. cytotoxicus	pflanzliche Lebensmittel	Toxinbildner

Basiswissen 9.12
Bacillus cereus

cereus: lat. wachsartig, wachsfarben, Betonung auf der 1. Silbe

- **Risikogruppe:** 2
- **Morphologie:**
  - grampositives Stäbchen
  - einzeln, doppelt oder in Ketten
  - 1 ovale Sporen, zentral oder subterminal, Sporangium nicht aufgetrieben
  - Größe: (1–1,2) · (3–5) µm
  - Kolonie: 2–7 mm Durchmesser, rund oder irregulär, weißlich bis cremefarben

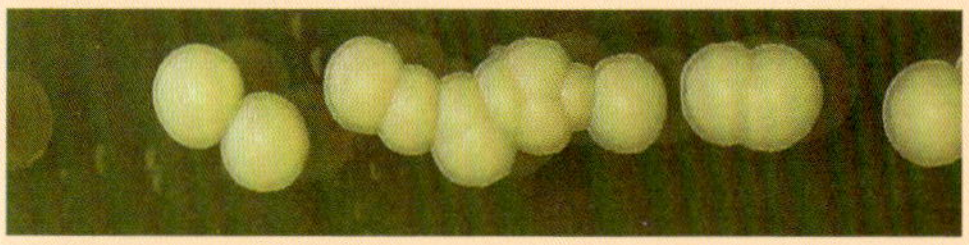

Koloniemorphologie *B. cereus*

- **Charakteristische Eigenschaften:**
  - beweglich
  - fakultativ anaerob
  - Katalase-positiv
  - Oxidase-positiv
- **Wachstumsbedingungen:**
  - Temperatur: 5–50 °C (–6 bis +59 °C für Sporenauskeimung)
  - pH-Wert: 4,5–10,5
  - a_W-Wert: 0,93–0,95 (Minimum); 0,91 (Minimum für Sporenauskeimung)
  - NaCl: 0,5–9 %
  - Generationszeit: 26–57 min (30 °C), (12)–17 h (6 °C in Milch)
- **empfindlich gegenüber:**
  - hohen Salzkonzentrationen
  - niedrigen pH-Werten
- **resistent gegenüber:**
  - Wärmebehandlung: $D_{100\,°C}$ = 2,7–3,1 min (Sporen)
- **Reservoir:**
  - Umwelt: ubiquitär
  - Lebensmittel: sehr häufig in Gemüse, Getreide, Gewürzen; häufig in Milch
- **Bedeutung:**
  - Verderbserreger
  - Lebensmittelintoxikationserreger
  - Lebensmittelinfektionserreger
  - Erreger systemischer und lokaler Infektionen bei Mensch und Tier

die z. T. auf mit Sporen des Erregers kontaminierte Trockensteller (→ Kap. 4 und 10) zurückzuführen waren.
Milch ist recht häufig mit Sporen von *B. cereus* kontaminiert. Wenn diese Gelegenheit haben, auszukeimen und es zu einer Vermehrung der vegetativen Formen kommt, kann im Fall der Süßgerinnung (Pfropfenbildungen in Milchflaschen) oder „bitty cream" (Flockenbildung z. B. im Kaffee) enzymatisch bedingter Verderb eintreten (→ Kap. 9.3). Auch Säuerungsstörungen bei Joghurt wurden beschrieben.

9.2.2.3 Gastroenterale Erkrankungen

B. cereus kann verschiedene Toxine bilden, die zwei unterschiedliche Erkrankungsbilder (→ Tab. 9.10) hervorrufen. Eine klassische Lebensmittelintoxikation stellt das **emetische Syndrom** dar, das von einem bereits im Lebensmittel produzierten hitzestabilen Toxin hervorgerufen wird. Beim **diarrhoeischen Syndrom** dagegen werden über das Lebensmittel Sporen oder vegetative *B. cereus*-Zellen aufgenommen. Die Keime bzw. die Sporen (nach Auskeimung) bilden dann im Darm Enterotoxine, die in der Regel zu wässrigen Durchfällen führen.
Die Eigenschaften der durch *B. cereus* produzierten Toxine sind in Tabelle 9.11 dargestellt. Das **emetische Toxin (Cereulid)** ist ein zyklisches Dodekadepsipeptid mit Strukturähnlichkeit zu Valinomycin und wird von einer nicht-ribosomalen Peptidsynthetase synthetisiert. Cereulid ist sehr stabil gegenüber Säuren, Proteolyse sowie Hitze und schädigt intrazellulär vor allem die Mitochondrien. Die emetische Wirkung scheint auf der Stimulation von 5-HT_3-Rezeptoren afferenter Neuronen des vegetativen Nervensystems zu beruhen. *B. cereus*-Stämme, die Cereulid produzie-

Tab. 9.10
Klinische Symptomatik von *Bacillus cereus*-Intoxikationen und -Infektionen

	Emetisches Syndrom	Diarrhoeisches Syndrom
Inkubationszeit	0,5–6 h	8–16 h
Krankheitsdauer	6–24	12–24 h
primäre Symptome	Erbrechen	Durchfall (meist wässrig)
sonstige Symptome	Übelkeit, Leberschädigung, (Durchfall)	Schmerzen (abdominal), (Erbrechen)

ren, zeigen nur eine geringe genetische und phänotypische Diversität und bilden innerhalb der Spezies einen eigenen Cluster. Emetische Isolate können weder Stärke abbauen noch Salicin fermentieren und besitzen keine Gene für das Enterotoxin Hämolysin BL.
Die Durchfallerkrankung kann durch zwei verschiedene, je aus drei Proteinen bestehende Enterotoxinkomplexe, das **Hämolysin BL (Hbl)** und das **Non-haemolytic Enterotoxin (Nhe)**, hervorgerufen werden. Vereinzelt wurden auch schwere, blutige Durchfälle, bewirkt durch das Einzeltoxin **Cytotoxin K (CytK)**, beobachtet. Stämme, die dieses Toxin produzieren, werden mittlerweile der Spezies *B. cytotoxicus* zugeordnet. Der Wirkmechanismus der Diarrhoetoxine ist nur teilweise aufgeklärt, das detaillierteste Modell existiert für Nhe. Die drei Komponeten NheA, NheB und NheC werden von *B. cereus* über den Sec-Translokationsweg in das umgebende Medium sezerniert. NheB und NheC bilden dort Komplexe, die vermutlich aus einem NheC und unterschiedlich vielen Molekülen NheB zusammengesetzt sind. Diese Komplexe sind sehr stabil und in der Lage, an die Darmepithelzellen zu binden. Erst wenn NheB und -C an die Zellmembran gebunden sind, kann NheA an diese binden und die volle Transmembranpore ausbilden, sodass es zum Austritt von Elektrolyten sowie Flüssigkeit und letztendlich zu wässrigem Durchfall kommt. Die Komponenten von Nhe und Hbl sind untereinander sehr ähnlich und besitzen eine **α-helikale Struktur**, während CytK zur Familie der **β-barrel-porenformenden Toxine** zählt

Tab. 9.11
Eigenschaften der *Bacillus cereus*-Toxine

	Emetisches Toxin	Diarrhoe-Toxine
Struktur (MG)	zyklisches Peptid (1,19 kDa)	Hbl: 3 Proteine (38–43 kDa) Nhe: 3 Proteine (36–41 kDa) CytK: 1 Protein (34 kDa)
Stabilität	thermostabil; stabil gegenüber Verdauungsenzymen	thermolabil (Inaktivierung bei 60 °C); Abbau z. B. durch Trypsin
biologische Eigenschaften	Zytotoxin, Ionophor, vermutlich Aktivierung von Rezeptoren des vegetativen Nervensystems	Zytotoxine porenbildende Toxine
Toxinbildung	im Lebensmittel (v. a. Reis, Nudeln)	im Dünndarm (Toxinbildung im Lebensmittel ist für die Erkrankung von untergeordneter Bedeutung, da die Enterotoxine im Magen inaktiviert werden)
effektive Dosis	ca. 8 µg/kg Körpergewicht[1]	?

[1] aus einer Lebensmittelvergiftung rechnerisch ermittelt

und vermutlich einen dem α-Hämolysin von *Staphylococcus aureus* ähnlichen Wirkmechanismus hat.

9.2.2.4 Nachweisverfahren

Mit den im Routinelabor gängigen kulturellen Nachweisverfahren (→ Abb. 9.15) erfolgt der Nachweis „präsumtiver" *B. cereus*, da eine Unterscheidung zwischen den einzelnen Spezies der Cereus-Gruppe mit diesen Methoden nicht sicher durchzuführen ist. Beim horizontalen **Koloniezählverfahren** erfolgt nach Anschüttelung und Herstellung einer Verdünnungsreihe der direkte Ausstrich auf Mannit-Eigelb-Polymyxin-Agar (MYP) mit anschließender Koloniezählung (DIN EN ISO 7932:2005). Beim ebenfalls horizontalen Verfahren mit **selektiver Anreicherung** erfolgt der Ausstrich auf einen festen Nährboden nach einer Bebrütung in Trypton-Soja-Bouillon mit Polymyxin (TSBP) und die Bestimmung der Keimzahl mittels MPN-Technik (DIN EN ISO 21871:2006). Als feste Nährböden können bei letzterem Verfahren alternativ der Polymyxin-Pyruvat-Eigelb-Mannit-Bromthymolblau-Agar (PEMBA) oder der MYP-Agar verwendet werden. Zur Bestätigung verdächtiger Kolonien dienen der Hämolysetest auf Blutagar (Kolonien von MYP oder PEMBA) oder eine spezielle Keimfärbung mit anschließender Mikroskopie (PEMBA). Als vertikales Verfahren speziell für Milch und Milcherzeugnisse kann auch die Methode nach DIN 10198:2010 (Koloniezählverfahren auf PEMBA, Bestätigung verdächtiger Kolonien mittels Hämolysetest oder Färbung) herangezogen werden.

Der **Nachweis der Diarrhoetoxine** erfolgt üblicherweise mittels Immuntests. Aktuell sind drei Systeme zum Nachweis von Hbl (BCET-RPLA Kit, Oxoid), Nhe (TECRA-BDE Kit, 3M) sowie von Nhe und Hbl (Duopath® Cereus Enterotoxins, Merck) kommerziell verfügbar. Das **emetische Toxin** kann mittels Zellkulturtests oder Massenspektrometrie detektiert werden. Ebenso wird ein Immuntest (Singlepath® Cereus Emetic toxin, Merck) angeboten, der die Expression eines für emetische Stämme spezifischen Markerproteins anzeigt.

Besonderheiten: Der Hämolyse-Test wird zwar als Bestätigungsreaktion generell eingesetzt, doch gibt es auch schwach hämolytische *B. cereus*-Stäm-

Abb. 9.15
Bacillus cereus auf PEMBA und Blutagar: PEMBA enthält als Indikatorsysteme Mannit/Bromthymolblau und Eigelb, als Selektivstoff Polymyxin B.
A: Aufgrund der fehlenden Mannitspaltung bildet *B. cereus* auf PEMBA große (5 mm) türkis bis blau gefärbte Kolonien, die durch Lecithinaseaktivität von einem Eigelbhof umgeben sind.
B: Auf Blutagar zeigt *B. cereus* häufig eine ausgeprägte Zone vollständiger Hämolyse.

A B

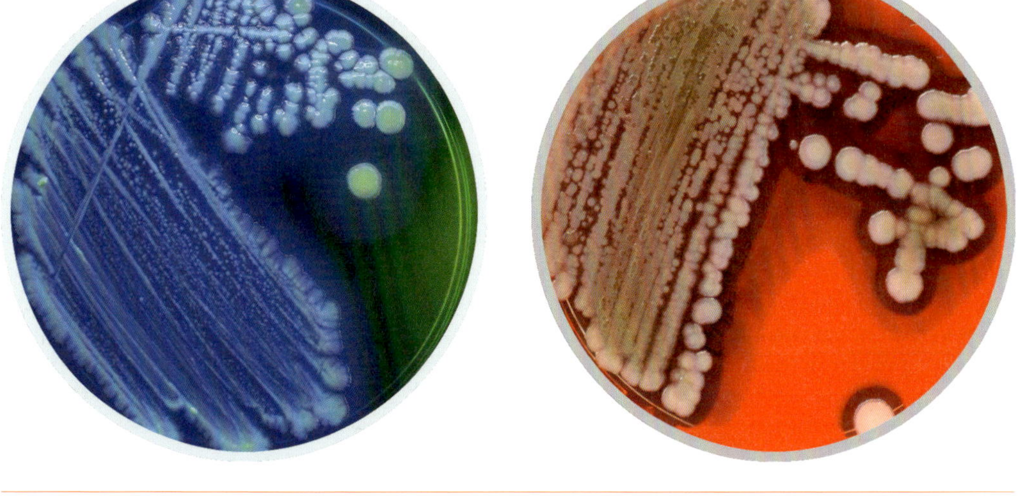

me, was die Interpretation des Ergebnisses erschwert. Auch anhämolytische Stämme sind beschrieben.
Die bisher untersuchten emetischen *B. cereus*-Stämme können im Gegensatz zu den übrigen Stämmen keine Stärke abbauen. Diesen Unterschied kann man sich für einen einfachen Suchtest auf einem festen Nährboden zunutze machen.
Ein generelles analytisches Problem ist die hohe Biodiversität von *B. cereus*, die Spezies umfasst hochtoxische (high producer), aber auch gering- oder atoxische Stämme. Für eine Unterscheidung zwischen hoch- und geringtoxischen Isolaten ist die Kombination verschiedener Methoden, wie quantitative Immunoassays, Zytotoxizitätstests und molekularbiologische Verfahren, nötig.

9.2.2.5 Mikrobiologische Kriterien und Hygienemaßnahmen

Auf EU-Ebene wurden bisher nur Prozesshygienekriterien für präsumtive *Bacillus cereus* in getrockneter Säuglingsanfangsnahrung und getrockneten diätetischen Lebensmitteln für besondere medizinische Zwecke, die für Säuglinge unter 6 Monaten bestimmt sind, festgelegt (n = 5; c = 1; m = 50; M = 500).
Aufgrund der weiten Verbreitung in Umwelt und Rohstoffen kann *B. cereus* trotz bester Hygienestandards in vielen Lebensmitteln nicht vollständig vermieden werden. Um die Gefahr einer *B. cereus*-assoziierten Lebensmittelvergiftung so gering wie möglich zu halten, sollten Speisen, sofern sie nicht sofort verzehrt werden, auf unter 7 °C gekühlt oder bei Temperaturen über 60 °C heiß gehalten werden.

9.2.2.6 Standardisierte Nachweisverfahren

- DIN 10198:2010 Mikrobiologische Milchuntersuchung – Bestimmung präsumtiver *Bacillus cereus* – Koloniezählverfahren bei 37 °C
- DIN EN ISO 21871:2006 Mikrobiologie von Lebensmitteln und Futtermitteln – Horizontales Verfahren zur Bestimmung niedriger Zahlen von präsumtivem *Bacillus cereus* – Verfahren der wahrscheinlichsten Keimzahl (MPN) und Nachweisverfahren
- DIN EN ISO 7932:2004 Mikrobiologie von Lebensmitteln und Futtermitteln – Horizontales Verfahren zur Zählung von präsumtivem *Bacillus cereus* – Koloniezählverfahren bei 30 °C

9.2.3 *Brucella* spp.

9.2.3.1 Allgemeines

Die Gattung *Brucella* (benannt nach Sir David Bruce, Betonung auf der zweiten Silbe) zählt zur Familie der *Brucellaceae*. *Brucella* spp. sind fakultativ intrazelluläre, gramnegative, unbewegliche Kokken, die keine Sporen und keine Kapsel bilden. Derzeit (LPSN Stand Mai 2015) sind zehn Spezies nominiert (→ Tab. 9.12), von denen *B. abortus*, *B. melitensis* und *B. suis* die „klassischen“ Brucellen im engeren Sinn darstellen, die wiederum in verschiedene Biovaren unterteilt werden.
Die Brucellose kann durch Inhalation, Kontakt zu erkrankten Tieren (Ausscheidung mit Milch, Harn, Fruchtwasser) und durch die Aufnahme von nicht erhitzten tierischen Produkten übertragen werden. Da in weiblichen Tieren das Bakterium bevorzugt im Uterus und im Euter angesiedelt ist, erfolgt die Ausscheidung insbesondere über die Milch. Die Brucellose war bis zur Mitte des letzten Jahrhunderts eine Berufskrankeit der Tierärzte, Landwirte und Melker und zählt nach wie vor weltweit zu den häufigsten bakteriellen Infektionskrankheiten. In Europa ist sie jedoch mittlerweile weitgehend auf die an das Mittelmeer angrenzenden Staaten begrenzt. Hier steht die Infektion von Ziegen, Schafen und Büffeln im Vordergrund. 2013 wurden in der EU keine positiven Nachweise in Milch und Milchprodukten gemeldet. In Frankreich wurde jedoch 2012 ein Fall von Brucellose nach dem Verzehr eines lokal produzierten Rohmilchkäses registriert.

9.2.3.2 Erkrankungen

Brucellose manifestiert sich beim Menschen als akute, intermittierende fiebrige Infektion. Sie kann von schwerwiegenden osteoartikulären, gastrointestinalen, hepatobiliären, respiratorischen, urogenitalen (einseitige Orchitis, Abort) und weiteren Komplikationen begleitet sein. Chronische Erkrankungen sind durch Rückfälle (meist innerhalb von sechs Monaten nach Therapie), chronische lokale Infektionen oder verzögerte Heilung

Tab. 9.12
Genus *Brucella*

Spezies	Risikogruppe[1]	Biovar	Wirt[2]
B. abortus	3	1–6, (7, 8), 9	Rind, Büffel, (Schaf), (Ziege), (Schwein), Hund, (Kamel), Pferd, (Nager)
B. melitensis	3	1–3	Rind, Büffel, Schaf, Ziege, (Schwein), Hund, Kamel, (Pferd), (Nager)
B. suis	3	1–5	(Rind), (Schaf), Schwein, (Hund), (Pferd), (Nager)
B. ovis	3		Schaf
B. canis	3		Hund
B. neotomae	3		Nager
B. microti	2		Wühlmaus, (Fuchs)
B. ceti	2		Delfin, Schweinswal
B. pinnipedialis	2		Seehund
B. inopinata	–[3]		? (isoliert aus einer Brustimplantat-Infektion)

[1] alle in Risikogruppe 2 oder 3 eingestufte Vertreter gelten als Zoonoseerreger
[2] Angaben in Klammern: selten
[3] nicht in TRBA 466 aufgeführt (Kap. 9.2.1.3)

gekennzeichnet. Die meisten autochthonen Fälle von Brucellose werden in den Mittelmeerstaaten registriert, wobei in den letzten Jahren der Trend weder ab- noch zunehmend war.

9.2.3.3 Gesetzliche Regelungen und Hygienemaßnahmen

Der direkte oder indirekte Nachweis von *Brucella* spp. ist nach § 7 Infektionsschutzgesetz zu melden, soweit die Nachweise auf eine akute Infektion hinweisen. Die Brucellose der Rinder, Schweine, Schafe und Ziegen ist anzeigepflichtig und wird staatlich bekämpft, Einzelheiten sind in der Brucellose-Verordnung geregelt. Seit 1999 gilt Deutschland offiziell anerkannt als frei von Brucellose. Nach Verordnung (EG) Nr. 853/2004 muss Rohmilch von Kühen (oder Büffelkühen) stammen, die einem im Sinne der Richtlinie 64/432/EWG brucellosefreien bzw. anerkannt brucellosefreien Bestand angehören, oder von Schafen oder Ziegen, die einem im Sinne der Richtlinie 91/68/EWG brucellosefreien bzw. amtlich anerkannt brucellosefreien Betrieb angehören.

Da die direkte Übertragung der Brucellose vom Tier auf den Menschen fast ausschließlich durch Kontakt mit dem Tier oder dessen Sekreten, z. B. durch Aerosole (Inhalation oder Resorption über

Basiswissen 9.13
Hygienemaßnahmen zur Vermeidung einer lebensmittelübertragenen Brucellose

- kein Verzehr (gilt insbesondere in nicht brucellosefreien Ländern)
  - von rohem Fleisch (insbesondere Innereien von Wiederkäuern und daraus hergestellte Produkte)
  - von Rohmilch und Rohmilchprodukten (Ausnahme Hartkäse mit einer Reifungszeit von mehr als 60 Tagen)
- Erhitzungsverfahren wie Kochen (mehrmaliges kurzes Aufkochen), Braten (durcherhitzen) und Pasteurisieren (Kurzzeiterhitzung: 71,7 °C/15 s) töten Brucellen sicher ab
- Küchenhygiene (Vermeidung von Kreuzkontamination beim Umgang mit rohen Produkten)
- Händehygiene

die Konjunktiva) oder durch kleine Verletzungen der Haut, erfolgt, sind gegebenenfalls entsprechende Maßnahmen (Handschuhe, Atemschutz, Desinfektion) zu treffen.
Brucella abortus, *Brucella melitensis* und *Brucella suis* sind in den Kontrolllisten der Australia Group (→ Kap. 9.2.1.3) aufgeführt.

9.2.4 *Campylobacter* spp.

9.2.4.1 Allgemeines

Vermutlich hat Theodor Escherich bereits 1886 einen Vertreter der Gattung als ein nicht kultivierbares, spiralförmiges Bakterium beschrieben. Fast 40 Jahre später wurde aus dem Kot von Rindern *Vibrio jejuni* isoliert und 1944 *Vibrio coli* beschrieben. Zur Unterscheidung von den „echten“ *Vibrio* spp. wurde 1963 das Genus *Campylo-*

Tab. 9.13
Genus *Campylobacter*

Spezies	Humanpathogenität
C. fetus subsp. *fetus*	Gastroenteritis, Septikämie
C. fetus subsp. *venerealis*	Septikämie
C. fetus subsp. *testudinum*	Gastroenteritis, unspez. Symptome
*C. coli**	Gastroenteritis
C. concisus	Zahninfektionen
C. curvus	Gastroenteritis, Zahninfektionen
C. rectus	Zahninfektionen, Lungeninfektion
C. gracilis	extraintestinale Infektionen
C. helveticus	apathogen (Enteritis?)
C. hominis	Gastroenteritis (bei Immundefizienz)
C. hyointestinalis subsp. *hyointestinalis*	Gastroenteritis
C. hyointestinalis subsp. *lawsonii*	apathogen (?)
C. jejuni subsp. *jejuni**	Gastroenteritis, extraintestinale Infektionen
C. jejuni subsp. *doylei*	Gastroenteritis, Septikämie
C. lanienae	apathogen (?)
C. lari subsp. *lari**	Gastroenteritis, Septikämie
C. lari subsp. *concheus*	Gastroenteritis
C. mucosalis	apathogen (?)
C. showae	Zahninfektionen
*C. upsaliensis**	Gastroenteritis, Septikämie

Weitere Spezies: *C. avium, C. butzleri, C. canadensis, C. cinaedi, C. corcagiensis, C. cryaerophilus, C. cuniculorum, C. fennelliae, C. hyoilei, C. iguaniorum, C. insulaenigrae, C. mustelae, C. nitrofigilis, C. peloridis, C. pylori* subsp. *mustelae, C. pylori* subsp. *pylori, C. sputorum* subsp. *bubulus, C. sputorum* subsp. *mucosalis, C. sputorum* subsp. *sputorum, C. subantarcticus, C. ureolyticus, C. volucris*

* Bedeutung als Lebensmittelinfektionserreger

bacter (griech. καμπύλος = gekrümmt, βακτηρία = Stab; Campylobacter = gekrümmtes Stäbchen, Betonung auf der vierten Silbe) vorgeschlagen. Das Genus *Campylobacter* beinhaltet derzeit 34 Spezies (→ Tab. 9.13) und 14 Subspezies (LPSN Stand Mai 2015).

Campylobacter spp. sind die Hauptursache für bakteriell bedingte Durchfallerkrankungen weltweit. Nach Schätzung der WHO liegt die Infektionsrate bei etwa 1 % der Bevölkerung Westeuropas pro Jahr. Von den pathogenen Spezies der Gattung sind im Zusammenhang mit Gastroenteritiden *C. jejuni*, *C. coli*, *C. lari* und *C. upsaliensis* von Bedeutung, wobei der Großteil der Erkrankungen auf die beiden erstgenannten Spezies zurückzuführen ist. Neben Trinkwasser spielen Lebensmittel tierischen Ursprungs eine wesentliche Rolle bei der Übertragung des Erregers. Die Hauptreservoire sind Geflügel (v. a. *C. jejuni*), Schweine (v. a. *C. coli*), Wiederkäuer und Wildtiere. Aufgrund ihres Wachstumsoptimums bei 42 °C werden *C. coli*, *C. jejuni*, *C. lari* und *C. upsaliensis* als thermophile Campylobacter bezeichnet.

9.2.4.2 Charakteristika

Campylobacter spp. sind spiralförmige, gramnegative Stäbchen, die ein vergleichsweise kleines Genom (1,6–2 Megabasen) besitzen. Sie können

Basiswissen 9.14
Campylobacter jejuni, coli

jejuni (Betonung auf der 2. Silbe, lat. Genitiv „des Jejunums“), *coli* (Betonung auf der 1. Silbe, griech./lat. Genitiv „des Colons“)

- **Risikogruppe**: 2
- **Morphologie:**
  - gramnegative Stäbchen
  - spiralförmig (korkenzieherartig)
  - einzeln, doppelt (S- oder V-Form) oder in Gruppen
  - Größe: ca. 0,2–0,9 x 0,5–5 µm
  - Kolonie: *C. c.:* 1–2 mm Durchmesser, glatt, konvex, erhaben, glitzernd, gräulich
    C. j.: 1–2 mm Durchmesser, flach, grau, granuliert, unregelmäßiger Rand oder glatt, konvex, erhaben, transparenter Rand, opakes Zentrum
- **charakteristische Eigenschaften:**
  - beweglich (monopolares Flagellum oder (zwei) bipolare Flagellen)
  - mikroaerophil
  - Katalase-positiv
  - Oxidase-positiv
- **Wachstumsbedingungen:**
  - Temperatur: Optimum = 42 °C; Maximum = 46 °C; Minimum = 30 °C
  - Sauerstoff: Optimum = 5 % (10 % CO_2, 85 % N_2)
  - pH-Wert: 4,9–9; Optimum = 6,5–7,5
  - a_W-Wert: Minimum = 0,987; Optimum = 0,997
  - NaCl: < 2 %
  - Generationszeit: 37–42 °C/90 min
- **empfindlich gegenüber:**
  - Wärmebehandlung: $D_{60\,°C}$ = 8,2 s; z-Wert = 4,8 °C (Mittelwerte aus verschiedenen Studien); $D_{60\,°C}$ = 0,7–1,4 min in Heart Infusion Broth; z-Wert: 5,5–6,3 °C
  - Absterberate ($\log_{10}$): −2,8 in 2 Tagen (5 °C, Rohmilch); −7,4 pro h (Joghurt pH 4,4–5,4)
  - Ascorbinsäure: 0,9 % bakteriozid
  - sehr geringe Tenazität außerhalb des Darmtraktes
- **resistent gegenüber:**
  - Gallensalzen, Magensäure
- **Reservoir:**
  - Umwelt: Wasser (VBNC, viable but not culturable)
  - Tiere: landwirtschaftliche Nutztiere (Geflügel, Rinder, Schafe, Schweine), Hunde, Katzen, Wildtiere
- **Bedeutung:**
  - Lebensmittelinfektionserreger
  - Erreger lokaler und systemischer Infektionen

Kohlenhydrate weder fermentieren noch oxidieren und benutzen Aminosäuren als Hauptkohlenstoffquelle. Die meisten Spezies, außer *C. gracilis*, besitzen eine einzelne oder zwei polar angeordnete Flagelle/n, *C. showae* besitzt mehrere Flagellen. *Campylobacter* spp. zeigen eine sehr geringe Tenazität außerhalb des Darmtraktes des jeweiligen Wirtes. Für die hohe Anzahl weltweiter Infektionen sind vermutlich eine niedrige Infektionsdosis und die ausgeprägte Anpassung der Keime an das Darmmilieu ursächlich.

9.2.4.3 Gastroenterale Erkrankungen

Die Inkubationszeit für gastroenterale Erkrankungen durch *Campylobacter* spp. liegt zwischen einem und zehn Tagen, wobei klinische Symptome (profuse, wässrige oder blutige Durchfälle) im Mittel nach vier Tagen auftreten. Begleitet wird die Diarrhoe von akuten abdominalen Schmerzen und Fieber. Die Symptome verschwinden meist innerhalb von ein bis zwei Wochen. Die Infektionsdosis liegt in der Regel unter 1 000 Keimen. Die Inzidenz ist bei Kindern unter 4 Jahren und Erwachsenen zwischen 20 und 30 Jahren besonders hoch. Eine saisonale Häufung der Erkrankung in den Sommermonaten ist zu beobachten. Derzeit sind **Geflügelfleisch** und daraus hergestellte Produkte mit 50–70 % die **Hauptursache für Infektionen**. In der Europäischen Union waren 2013 *Campylobacter* spp. mit 214 779 registrierten Fällen (65 Fälle pro 100 000 Einwohner) die häufigste Ursache für bakteriell bedingte gastrointestinale Erkrankungen beim Menschen. Die 414 gemeldeten Ausbrüche von Lebensmittelinfektionen repräsentieren 8 % aller lebensmittelassoziierten Infektionen. An erster Stelle der mit hoher Sicherheit als Ursache identifizierten Lebensmittel stand Hühnerfleisch mit 50 %, gefolgt von verschiedenem Geflügelfleisch und daraus hergestellten Produkten (19 %) sowie einzelne Ausbrüche mit Milch und anderen (gemischten) Lebensmitteln. Tabelle 9.14 zeigt, dass es sich bei den Ausbrüchen durch Milch in Deutschland in den letzten beiden Jahrzehnten (fast) ausschließlich um den Verzehr von **Rohmilch** direkt auf dem Bauernhof, vor allem von Schulklassen oder Kindergartengruppen, handelte. In den USA wurden seit 2000 von den Centers for Disease Control and Prevention über 80 Ausbrüche durch Rohmilch registriert.

Für die Pathogenese der gastroenteralen Erkrankungen spielen die Flagellen-basierte Motilität sowie die Fähigkeit, an Darmepithelzellen zu adhärieren und in diese einzudringen die größte

Tab. 9.14
Typische *Campylobacter*-Enteritiden durch Rohmilch

Jahr	Ort	Zahl der Erkrankten	Ursache der Erkrankungen
1997	Bayern	5	Verzehr von Rohmilch auf einem Bauernhof (Familie)
1997	Lübeck	> 3	Verzehr von Rohmilch bei einem Schulfest (Kinder, 1 Erwachsener)
1997	Zerbst (Sachsen-Anhalt)	115	Verzehr von mit Rohmilch angerührter Quarkspeise aus einer Großküche (6 Kindergärten betroffen)
1999	Nordrhein-Westfalen	22	Verzehr von aus Rohmilch eines Bauernhofs hergestelltem Kakaotrunk (Kindergartengruppe)
1999	Südwürttemberg	21	Verzehr von Rohmilchprodukten aus einer Käserei (Schulklasse)
1999	Nordwürttemberg	19	Verzehr von mit Rohmilch angerührtem Müsli (Schulklasse)
2000	Sachsen-Anhalt	62	Verzehr von Rohmilch auf einem Bauernhof (Schulkinder und Betreuer)
2005	Bayern	18	Verzehr von Rohmilch auf einem Bauernhof (Schulklasse)
2012	Bayern	12	Verzehr von Rohmilch auf einem Bauernhof (Schulklasse)

Rolle. Intrazellulär erfolgt scheinbar nur eine geringe Vermehrung, mit Bewegung entlang der Mikrotubuli und anschließender basolateraler Infektion von benachbarten Epithelzellen. Außerdem ist die Produktion von Toxinen, insbesondere des **CDT (cytolethal distending toxin)**, vermutlich ein wichtiger Virulenzfaktor. Das CDT-Holotoxin besteht aus drei Untereinheiten, CdtA, CdtB und CdtC, es unterbricht den Zellzyklus und verhindert die Mitose, was schließlich zum Zelltod führt.

9.2.4.4 Nachweisverfahren

Da in Kürze mit der Veröffentlichung der Neufassung des horizontalen Verfahrens zum Nachweis von *Campylobacter* spp. (DIN EN ISO 10272-1:2006) zu rechnen ist, soll im Folgenden nur auf diese Aktualisierung eingegangen werden. Sie besteht aus zwei Teilen: Teil 1: **Nachweisverfahren** und Teil 2: **Koloniezählverfahren**.

- Teil 1 beinhaltet zwei Möglichkeiten der Anreicherung: **(A)** Bei Produkten mit geringer Anzahl von *Campylobacter* und geringer Begleitflora und/oder mit subletal geschädigten *Campylobacter* (z. B. gekochte oder gefrorene Produkte) erfolgt eine Bebrütung in Bolton-Bouillon, einem sehr produktiven Medium, unter mikroaeroben Bedingungen (5 % O_2, 10 % CO_2, 85 % N_2) für 4–6 h bei 37 °C und anschließend für 44 h bei 41,5 °C. Aus dieser Anreicherung wird auf einen modifizierten Holzkohle-Cefoperazon-Desoxycholat-Agar (mCCD, → Abb. 9.16) sowie auf ein Medium freier Wahl ausgestrichen und unter mikroaeroben Bedingungen bei 41,5 °C für 24–48 h inkubiert. **(B)** Bei Produkten mit geringer Anzahl von *Campylobacter* und hoher Begleitflora (z. B. rohes (Geflügel-)Fleisch oder Rohmilch) erfolgt die Anreicherung in Preston-Bouillon, einem sehr selektiven Medium, unter mikroaeroben Bedingungen (s. o.) für 24 h bei 41,5 °C. Danach wird auf mCCD-Agar ausgestrichen und wie oben beschrieben inkubiert. **(C)** Bei Produkten mit hoher Anzahl von *Campylobacter* (z. B. Kot, Blinddarminhalt von Geflügel oder rohes Geflügelfleisch) wird ohne vorherige Anreicherung auf mCCD-Agar ausgestrichen und dieser wie oben beschrieben inkubiert. Bei allen drei Verfahren erfolgt die Bestätigung verdächtiger Kolonien durch mikroskopische Beurteilung (Morphologie und Motilität), Subkultivierung auf einem nicht-selektiven Blut-Agar mit anschließendem Oxidase-Test (positiv) sowie eine aerobe Wachstumsprüfung bei 25 °C (negativ). Wahlweise kann eine Identifizierung der *Campylobacter* spp. durch spezifische biochemische Prüfungen und/oder molekulare Verfahren (PCR) vorgenommen werden.
- Beim Koloniezählverfahren werden dezimale Verdünnungen der Probe angelegt und aus diesen mCCD-Agarplatten beimpft. Letzte werden bei 41,5 °C unter mikroaeroben Bedingungen (s. o.) bebrütet und nach 44 h auf das Wachstum verdächtiger Kolonien geprüft. Diese werden ausgezählt und wie in Teil 1 beschrieben bestätigt.

Abb. 9.16
Campylobacter jejuni auf Holzkohle-Cefoperazon-Desoxycholat-Agar: Auf dem Medium bildet *Campylobacter jejuni* graue, feuchte und flache Kolonien.

9.2.4.5 Gesetzliche Regelungen und Hygienemaßnahmen

Der direkte oder indirekte Nachweis von „*Campylobacter* spp., darmpathogen" ist nach § 7 Infektionsschutzgesetz zu melden, soweit die Nachweise auf eine akute Infektion hinweisen. Die Campylobacteriose (durch thermophile Campylobacter) der Rinder, Schafe, Ziegen, Hunde, Katzen, Puten, Gänse, Enten, Hühner und Tauben ist nach der Verordnung über meldepflichtige Tierkrankheiten meldepflichtig. Auf EU-Ebene wurden bisher keine spezifischen mikrobiologischen Kriterien für pathogene *Campylobacter* spp. in Lebensmitteln festgesetzt.

Basiswissen 9.15
Hygienemaßnahmen zur Vermeidung einer *Campylobacter*-Infektion

- kein Verzehr
  - von rohem Fleisch (Geflügelfleisch immer durcherhitzen)
  - von Rohmilch
- Erhitzungsverfahren wie Kochen (mehrmaliges kurzes Aufkochen), Braten (durcherhitzen) und Pasteurisieren (Kurzzeiterhitzung: 71,7 °C/15 s) töten *Campylobacter* spp. ab
- Küchenhygiene (Vermeidung von Kreuzkontamination beim Umgang mit rohen (Geflügel)-Produkten)
- Händehygiene

9.2.4.6 Standardisierte Nachweisverfahren

- DIN EN ISO 10272-1 Mikrobiologie der Lebensmittelkette – Horizontales Verfahren zum Nachweis und zur Zählung von *Campylobacter* spp. – Teil 1: Nachweisverfahren (ISO/DIS 10272-1:2015); Deutsche Fassung prEN ISO 10272-1:2015
- DIN EN ISO 10272-2 Mikrobiologie der Lebensmittelkette – Horizontales Verfahren zum Nachweis und zur Zählung von *Campylobacter* spp. – Teil 2: Koloniezählverfahren (ISO/DIS 10272-2:2015); Deutsche Fassung prEN ISO 10272-2:2015

9.2.5 *Clostridium* spp.

9.2.5.1 Allgemeines

Clostridien (abgeleitet vom griech. Wort κλωστήρ für Spindel, Betonung auf der zweiten Silbe) sind Endosporenbildner, von denen die meisten obligat anaerob wachsen. Das Temperaturoptimum vieler Spezies liegt im mesophilen Bereich zwischen etwa 30 und 37 °C. Das Genus *Clostridium* umfasst derzeit 208 Spezies und 5 Subspezies (LPSN Stand Mai 2015), allerdings gilt davon anhand der 16 sRNA-Gensequenz weniger als die Hälfte dem Genus *Clostridium* sensu stricto zugehörig. Zu diesen zählen *Clostridium perfringens* und *Clostridium botulinum*, die als Lebensmittelinfektions- und -intoxikationserreger die größte Rolle spielen. Im Zusammenhang mit Milch und Milchprodukten sind sie jedoch von untergeordneter Bedeutung. Zur Abgrenzung von anderen Infektions- und Intoxikationserregern sind in den beiden folgenden Abschnitten einige grundlegende Daten zu beiden Keimen angegeben.
Von großer Bedeutung für die Milchindustrie, insbesondere die Hersteller von Hart- und Schnittkäse, sind *Clostridium* spp. jedoch als Verderbserreger. Hier sind in erster Linie *Clostridium tyrobutyricum*, *Clostridium sporogenes* und *Clostridium oceanicum* zu nennen (→ Kap. 9.3).

9.2.5.2 *Clostridium perfringens*

Clostridium perfringens (Basiswissen 9.16) ist einer der wichtigsten Infektionserreger sowohl im human- als auch im veterinärmedizinischen Bereich. *C. perfringens* ist in der Umwelt (Boden) weitverbreitet und wird häufig im Darm von Mensch und Tier gefunden. Deshalb stellt der Keim ein Problem für die Lebensmittelproduktion dar und wird häufig in Fleisch, aber auch in pflanzlichen Lebensmitteln nachgewiesen. Einrichtungen der Gemeinschaftsverpflegung sind besonders häufig in größere Ausbrüche involviert. Unter optimalen Bedingungen kann die Generationszeit von *C. perfringens* weniger als zehn Minuten (das ist die kürzeste Generationszeit aller in diesem Kapitel besprochenen Erreger) betragen, was bei Hygienefehlern (beim Kochen, Kühlen oder Aufbewahren) schnell zu hohen, für eine Infektion ausreichenden Keimzahlen führen kann.
C. perfringens kann bei Mensch und Tier neben gastroenteralen Symptomen auch Gasbrand und Gasödeme verursachen. Bei verschiedenen Tierarten können sich spezifische Krankheitsbilder, wie die Dysenterie bei Lämmern, nekrotisierende Enteritis beim Ferkel oder Enterotoxämien bei Schaf und Ziege, entwickeln, auch Euterentzündungen wurden beschrieben.

Basiswissen 9.16
Clostridium perfringens

perfringens: lat. durchbrechend, Betonung auf der 2. Silbe

- **Risikogruppe**: 2
- **Morphologie:**
  - grampositives Stäbchen
  - einzeln oder doppelt
  - große, ovale Sporen, zentral oder subterminal, Sporangium aufgetrieben
  - Größe: (0,6–2,4) x (1,3–19) µm
  - Koloniemorphologie: 2–5 mm Durchmesser, rund oder unregelmäßiger Rand, grau bis graugelb, evt. transparent

Koloniemorphologie *C. perfringens*

- **charakteristische Eigenschaften:**
  - unbeweglich
  - anaerob (E_h < 350 mV)
  - Katalase-negativ
- **Wachstumsbedingungen:**
  - Temperatur: 15–50 °C (Optimum 43–46 °C)
  - pH-Wert: 5–8,3 (Optimum 6–7)
  - a_W-Wert: 0,93 (Minimum)
  - NaCl: < 6–8 %
  - Generationszeit: < 10 min (unter optimalen Bedingungen)
- **empfindlich gegenüber:**
  - hohen Salzkonzentrationen
  - niedrigen pH-Werten
- **resistent gegenüber:**
  - Wärmebehandlung: $D_{55\,°C}$ = 11–17 min (vegetative Zellen mit chromosomal kodiertem CPE [siehe Text]; $D_{55\,°C}$ = 5–9 min (vegetative Zellen mit Plasmid-kodiertem CPE); $D_{100\,°C}$ = 32–124 min (Sporen von Isolaten mit chromosomal kodiertem CPE); $D_{100\,°C}$ = 0,5–1,9 min (Sporen von Isolaten mit Plasmid-kodiertem CPE)
- **Reservoir:**
  - Umwelt: Boden, Wasser, Abwasser
  - Tier und Mensch: Darm
  - Lebensmittel: Fleisch aller Tierarten, Pflanzen, Gewürze
- **Bedeutung:**
  - Lebensmittelinfektionserreger
  - Erreger systemischer und lokaler Infektionen bei Mensch und Tier

Clostridium perfringens-Toxin-Typen

C. perfringens-Stämme werden, entsprechend dem Vorhandensein der Gene zur Bildung von alpha (α)-, beta (β)-, epsilon (ε)- und iota (ι)-Toxin, in **fünf Gruppen** (Typ A–E, → Tab. 9.15) eingeteilt. Beim Menschen sind Typ A-Vertreter die Ursache für Lebensmittelinfektionen, sporadic diarrhea (SD), antibiotic-associated diarrhea (AAD), sudden infant death syndrome (SIDS) und Gasödem. Typ C-Stämme können schwere, lebensbedrohende Enteritiden (Enteritis necroticans) auslösen, wobei das β-Toxin der Hauptvirulenzfaktor ist.

Gastroenterale Erkrankungen

Seit den 40er-Jahren des letzten Jahrhunderts wird *C. perfringens* als **Lebensmittelinfektionserreger** weltweit zunehmend registriert. So stieg innerhalb der EU die Anzahl der durch *Clostridum* spp. verursachten Lebensmittelvergiftungen im Jahr 2011 im Vergleich zum Vorjahr um 32 % an. In den USA war 2011 *C. perfringens* für 10 % der lebensmittelbedingten Erkrankungen verantwortlich und belegte damit hinter Noroviren und Salmonellen den dritten Platz in dieser Statistik. Erkrankungen im Zusammenhang mit Milch und Milchprodukten sind den Autoren allerdings nicht bekannt.
Für die Lebensmittelinfektionen sind Typ A-Stämme verantwortlich, die das *Clostridium perfringens*-**Enterotoxin (CPE)** bilden können. Die CPE-Biosynthese beginnt nach der Induktion der Sporulation und nimmt für 6 bis 8 Stunden kontinuierlich zu. CPE ist ein Protein mit einem Molekulargewicht von etwa 35 kDa, es wird nicht

Tab. 9.15
Clostridium perfringens-Toxin-Typen

Typ	α-Toxin	β-Toxin	ε-Toxin	ι-Toxin
A	+	–	–	–
B	+	+	+	–
C	+	+	–	–
D	+	–	+	–
E	+	–	–	+
Gen	*plc* (chromosomal)	*cpb1, cpb2* (Plasmid)	*etx* (Plasmid)	*iap, ibp* (Plasmid)
Aktivität	Phospholipase C, Sphingomyelinase	Porenbildung	Porenbildung	ADP-Ribosylierung (*iap*)

aktiv sezerniert, sondern während der Sporulation (beim Zerfall der Mutterzelle) freigesetzt. Das Toxin bindet an Rezeptoren der Darmzellen im Ileum und führt innerhalb von 15 bis 30 Minuten zu Veränderungen der Zellmembranpermeabilität. Die Sporulationsdauer bestimmt somit im Wesentlichen die Inkubationszeit, während die (kurze) Krankheitsdauer mit der Elimination des Toxins durch die selbstinduzierte Diarrhoe erklärt werden kann.

Weniger als 5 % der weltweit isolierten *C. perfringens*-Stämme besitzen das CPE-Gen *(cpe)*, das hochkonserviert und entweder chromosomal oder auf einem Plasmid verankert ist. „*C. perfringens* type A food poisoning“ wurde meist im Zusammenhang mit Stämmen mit chromosomal kodiertem CPE beobachtet, die eine höhere Resistenz gegenüber hohen und niedrigen Temperaturen (Basiswissen 9.16) sowie Kochsalz und Nitrit aufweisen als Isolate mit Plasmid-kodiertem CPE.

Tab. 9.16
Symptomatik einer *Clostridium perfringens*-Lebensmittelinfektion

Inkubationszeit	8–18 h
Krankheitsdauer	1(– 2) Tage
primäre Symptome	Durchfall, Krämpfe im unteren Abdomen
sonstige Symptome	Erbrechen (selten), Fieber (sehr selten)

Allerdings werden seit einigen Jahren auch Letztere mit Lebensmittelinfektionen in Europa und Japan in Verbindung gebracht.

9.2.5.3 *Clostridium botulinum*

Dr. Justinus Kerner, Oberamtsarzt zu Weinsperg, beschrieb 1820 in seinem Artikel „Neue Beobachtungen über die in Würtemberg so häufig vorfallenden tödtlichen Vergiftungen durch den Genuß geräucherter Würste“ klinische Fälle, die wir heute als Botulismus bezeichnen. Fast 70 Jahre später identifizierte der belgische Mikrobiologe Emile van Ermengem den *Bacillus botulinus*, nach einem Ausbruch in Ellezelles im Jahr 1885. Zur Unterscheidung von den aeroben *Bacillus* spp. wurde dieses Bakterium in *Clostridium botulinum* (Basiswissen 9.17) umbenannt.

Das **Hauptreservoir** des strikt anaerob wachsenden Erregers ist der **Erdboden und Sedimente**, wobei eine unterschiedliche geographische Verbreitung der einzelnen Neurotoxin-Serotypen vorliegt. *C. botulinum* liegt in meist geringen Zahlen in vielen Lebensmitteln tierischen und pflanzlichen Ursprungs vor, wobei die hauptsächliche Ursache für Erkrankungen hausgemachte Gemüse-, Fleisch-, Fisch- und Obstkonserven, die mit Erregern der Gruppe I (s. u., hoch hitzeresistente Sporen) kontaminiert wurden, sind. Bekannt sind aus den Jahren 1912 bis 2007 rund 20 auf den Verzehr von Milch und Milchprodukten zurückzuführende Ausbrüche bzw. Einzelerkankungen. Bei einigen waren die Milch/Milchprodukte

Basiswissen 9.17
Clostridium botulinum

botulus: lat. Wurst, Betonung auf der 3. Silbe, *botulinum*

- **Risikogruppe**: 2
- **Morphologie:**
  - grampositives Stäbchen
  - einzeln, doppelt oder Ketten
  - ovale Sporen, subterminal, Sporangium aufgetrieben
  - Größe: (0,5–2,4) x (2–22) µm
  - Koloniemorphologie: 1–6 mm Durchmesser, rund bis irregulär, grau bis grauweiß, evtl. transparent
- **charakteristische Eigenschaften:**
  - beweglich
  - anaerob (Optimum: E_h −350 mV; Wachstumsbeginn bei E_h < +250 mV)
  - Katalase-negativ
  - Sulfit-reduzierend
- **Reservoir:**
  - Umwelt: Boden, Sedimente
  - Lebensmittel: Fleisch, Fisch, Honig, Konserven, vakuumverpackte Produkte
- **Bedeutung:**
  - Lebensmittelintoxikationserreger
  - Infektionserreger

selbst belastet (z. B. 1996 Mascarpone in Italien mit acht Erkrankungen), bei anderen erfolgte die Kontamination der Produkte erst während der Reifung (auf belastetem Stroh gereifter Weichkäse mit 32 Erkrankungen 1973 in Frankreich) bzw. durch kontaminierte beigegebene Lebensmittel (Joghurt durch belastete Haselnussmasse – mit Aspartam-Süßstoff gesüßt! mit 27 Erkrankungen 1989 in Großbritannien).

▸ *Clostridium botulinum*-Gruppen

C. botulinum bildet sieben verschiedene **Neurotoxine**, die serologisch unterscheidbar sind (BoNT A–G) und von denen Typ A, B, E und (selten) F beim Menschen Erkrankungen (Botulismus) hervorrufen. Die einzelnen Stämme sind sehr heterogen in ihren Eigenschaften (z. B. Hitzestabilität der Sporen oder Salz- und pH-Wert-Toleranz) (→ Tab. 9.17). Neben *C. botulinum* können noch einige weitere Clostridien-Spezies (*C. argentinense, C. baratii, C. butyricum*) Neurotoxine produzieren. Die verschiedenen *C. botulinum*-Stämme werden anhand ihrer phänotypischen und genetischen Eigenschaften in unterschiedliche Gruppen eingeteilt.

Tab. 9.17
Einteilung von *Clostridium botulinum* in Gruppen

Gruppe	I	II	III	IV (*C. argentinense*)
BoNT	A, B, F	B, E, F	C, D	G
proteolytisch	+	–	–/(+)	(+)
saccharolytisch	–	+	–	–
lipolytisch	+	+	+	–
minimale Wachstumstemperatur (°C)	10–12	2,5–3,0	15	
optimale Wachstumstemperatur (°C)	37	25	40	37
minimaler pH-Wert	4,6	5,0	5,1	
minimaler a_w-Wert	(0,93)–0,94	(0,94)–0,97		
bakteriostatische NaCl-Konzentration	10 %	5 %		6,5 %
$D_{121\,°C}$ (Sporen)	0,21 min	< 0,005 min		

▸ Erkrankungen

Beim menschlichen Botulismus werden hauptsächlich drei Formen (Basiswissen 9.18) unterschieden. BoNT B ist die Hauptursache des **klassischen Botulismus** oder Lebensmittelbotulismus, gefolgt von BoNT A und E sowie in seltenen Fällen von BoNT F. Der **Säuglingsbotulismus** steht meist im Zusammenhang mit *C. botulinum* der Gruppe I, deren Temperaturoptimum der Körpertemperatur des Menschen entspricht. Vereinzelt wurden Fälle durch *C. baratii* und *C. butyricum* berichtet. Der **Wundbotulismus** ist eine seltene Form, die aber zunehmend im Zusammenhang mit der Injektion von Drogen (kontaminierte Injektionsnadeln, verunreinigtes Heroin) beobachtet wird. Selten kann auch eine dem Säuglingsbotulismus ähnliche Form bei Erwachsenen nach chirurgischen Eingriffen im Abdominalbereich, nach langer oraler Antibiotikatherapie oder im Zusammenhang mit gastrointestinalen Wunden oder Abszessen vorkommen. In Aerosolform werden die BoNT auch über die Lunge aufgenommen.

Die **BoNT** sind **Proteine** mit einem Molekulargewicht von ca. 150 kDa. Sie stellen die stärksten biologischen Gifte dar, die geschätzte letale intravenöse Dosis für den Menschen liegt zwischen 0,1–1 ng pro Kilogramm Körpergewicht. Auch die orale letale Dosis von 0,1–1 µg pro Kilogramm Körpergewicht ist für ein Proteintoxin außerordentlich hoch. Natürlicherweise liegen die Toxine als **Komplexe** mit anderen Proteinen und RNA vor, was einen Schutz gegen Prozessfaktoren bei der Lebensmittelproduktion, aber auch während der Magen-Darmpassage darstellt. BoNT bestehen aus einer leichten (L) und einer schweren (H) Kette, die über eine Disulfidbrücke miteinander verbunden sind. Die leichte Kette fungiert als Metalloendopeptidase, die schwere Kette bildet zwei Domänen, von denen die C-terminale (H_C) an Rezeptoren bindet: H_C von BoNT A bindet an „synaptic vesicle 2", H_C von BoNT B an „synaptotagmin". Der Toxin/Rezeptorkomplex wird auf endozytotischem Wege internalisiert. Die N-terminale Domäne (H_N) der schweren Kette, die als Translokationsdomäne bezeichnet wird, vermittelt die Freisetzung der leichten Kette aus den Endosomen in das Zytosol. Die leichte Kette spaltet verschiedene SNARE-Proteine, wodurch die Acetylcholinfreisetzung unterbunden wird. Die leichten Ketten der BoNT B, D, F und G spalten das „vesicle-associated membrane protein" (VAMP; synaptobrevin), die der BoNT A und E das „synaptosomal associated protein of 25 kDa" (SNAP-25). Durch die Hemmung der präsynaptischen Acetylcholinausschüttung kommt es letztendlich zu einer „schlaffen" Lähmung.

> **Basiswissen 9.18**
> **Botulismusformen**
>
> - klassischer Botulismus
>   - Sporen gelangen in ein Lebensmittel
>   - Auskeimung, Vermehrung und BoNT-Bildung im Lebensmittel
>   - Aufnahme des Lebensmittels
>   - Intoxikation
> - Säuglingsbotulismus (Kinder unter einem Jahr)
>   - Sporen werden aufgenommen (Honig!)
>   - Auskeimung, Vermehrung und BoNT-Bildung im Darm
>   - Erkrankung
> - Wundbotulismus
>   - Infektion von Wunden mit Sporen
>   - Auskeimung, Vermehrung und BoNT-Bildung im Wundgewebe
>   - Erkrankung

▸ Vorsorge- und Hygienemaßnahmen

An vorderster Stelle der Hygienemaßnahmen steht die sachgerechte Erhitzung von Konserven (Botulinumkochung), Bombagen (Gasbildung durch *C. botulinum*) dürfen auf keinen Fall verzehrt werden. Besonders bei Gemüse ist eine gründliche Reinigung wichtig. Eine Erhitzung des Lebensmittels bei 85 °C für 30 Minuten oder Kochen für 5 Minuten inaktiviert BoNT. Die Auskeimung der Sporen kann durch niedrigen pH-Wert, hohen Zuckergehalt (Marmelade), hohe Kochsalzgehalte, Pökeln und Temperaturen von unter 4 °C verhindert werden.

Tab. 9.18
Symptomatik einer *Clostridium botulinum*-Lebensmittelintoxikation

Inkubationszeit	12–30 (72) h
Krankheitsdauer	1(– 2) Tage
intestinale Symptome	Durchfall oder Obstipation, Übelkeit
neurologische Symptome	Mundtrockenheit, Sehstörungen (Doppeltsehen), Lichtscheue (erweiterte Pupillen), Schluckstörungen, Sprachstörungen, Gesichtsmuskellähmung, Augenmuskellähmung, rasch fortschreitende schlaffe Lähmung der Skelett- und Atemmuskulatur
Therapie	Antikörpergabe, künstliche Beatmung

9.2.5.4 Nachweisverfahren

Clostridium perfringens: Bei DIN EN ISO 7937:2004 handelt es sich um ein horizontales Verfahren (Gussplattenverfahren) zur Zählung von *Clostridium perfringens* in Lebens- und Futtermitteln unter Verwendung von Tryptose-Sulfit-Cycloserin-Agar (TSC).

Clostridium botulinum: Zurzeit existieren beim Deutschen Institut für Normung (DIN) zwei Verfahren zum Nachweis von *Clostridium botulinum* bzw. Botulinum-Toxinen:

Abb. 9.17
Clostridium perfringens in TSC-Agar (Gussplatte): Die Reduktion von Sulfit wird durch die Indikatorsubstanzen Natriumdisulfit und Eisenammoniumcitrat als Schwarzfärbung angezeigt. *C. perfringens* bildet relativ große (2–4 mm), schwarze Kolonien in der Nährbodenschicht.

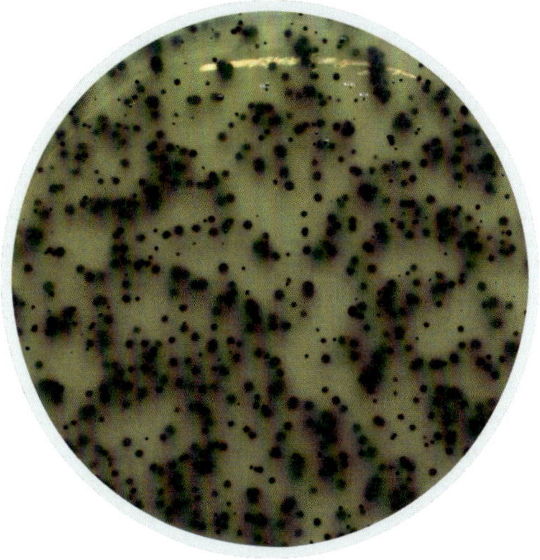

- DIN 10102 ist ein vertikales Verfahren für den Fleischbereich und kombiniert den konventionellen kulturellen Nachweis mit einem Tierversuch, ist also für die Routineuntersuchung wenig geeignet.
- Bei DIN CEN ISO/TS 17919 handelt es sich um ein horizontales Verfahren (PCR) zum indirekten Nachweis von Clostridien, die über Gene für die Botulinum-Neurotoxine A, B, E und F verfügen. Da nur die Gene und nicht die Toxine selbst nachgewiesen werden, lässt ein positives Ergebnis nicht den Schluss zu, dass auch Letztere im Untersuchungsmaterial vorliegen.

Clostridium botulinum sowie BoNT produzierende Stämme von *Clostridium argentinense*, *Clostridium baratii* und *Clostridium butyricum*, ε-Toxin produzierende Stämme von *Clostridium perfringens* und die Botulinum-Neurotoxine sind in den Kontrolllisten der Australia Group (→ Kap. 9.2.1.3) aufgeführt.

9.2.5.5 Standardisierte Nachweisverfahren

- DIN EN ISO 7937:2004 Mikrobiologie von Lebensmitteln und Futtermitteln – Horizontales Verfahren zur Zählung von *Clostridium perfringens* – Koloniezählverfahren
- DIN 10102-1988 Mikrobiologische Untersuchung von Fleisch und Fleischerzeugnissen; Nachweis von *Clostridium botulinum* und Botulinum-Toxin

9.2.6 *Coxiella burnetii*

9.2.6.1 Allgemeines

Die Gattung *Coxiella* (benannt nach Harold Cox, Betonung auf der dritten Silbe) besteht nur aus der Spezies *Coxiella burnetii* (LPSN Stand Mai 2015), dem Erreger des **Q-Fiebers**.

9.2.6.2 Charakteristika

C. burnetii sind obligat intrazelluläre, gramnegative, pleiomorphe Keime, die keine Sporen und keine Kapsel bilden. Sie besitzen keine Flagellen und sind unbeweglich. Die Erreger sind **sehr resistent** gegenüber physikalischen und chemischen Einflüssen. Bei der Kurzzeiterhitzung wird jedoch eine Reduktion der Keimzahl um bis zu 7 Zehnerpotenzen erreicht.

Basiswissen 9.19
Coxiella burnetii

burnetii: Betonung auf der 2. Silbe, benannt nach Frank MacFarlane Burnet

- **Risikogruppe**: 3 (Zoonoseerreger)
- **Morphologie:**
  - gramnegativ
  - pleiomorph: kleine, kurze Stäbchen oder kokkoid
  - Größe: ca. 0,2–0,4 x 0,4–1 µm
  - klein- und großzellige Variante
- **charakteristische Eigenschaften:**
  - obligat intrazellulär
- **Wachstumsbedingungen:**
  - Generationszeit (intrazellulär): 20–45 h
- **empfindlich gegenüber:**
  - Wärmebehandlung: $D_{72\,°C}$ = 1,88 s; $D_{63\,°C}$ = 3,72 min; z-Wert = 4,34 °C
- **resistent gegenüber:**
  - Desinfektionsmitteln, erhöhten Temperaturen und Austrocknung
- **überleben:**
  - in Milch bei 4–6 °C bis zu 9 Monate; in trockenem Zeckenkot bis 2 Jahre
- **Reservoir:**
  - landwirtschaftliche Nutztiere (Schafe, Ziegen, Rinder)
  - Zecken (hohe Keimzahlen im Zeckenkot)
- **Bedeutung:**
  - Erreger des Q-Fiebers

Unter den Nutztieren sind vor allem Schaf, Ziege und Rind betroffen. Beim Rind werden von der Lunge ausgehend andere Organe infiziert, vor allem die Plazenta (Aborte) und das Euter bzw. die Euterlymphknoten. Im Euter kann der Erreger über Jahre persistieren und wird mit der Milch ausgeschieden (auch bei serologisch negativen Tieren). Entzündliche Reaktionen des Euters (subklinische Mastitis) und Milchveränderungen sind jedoch selten.

Die **Übertragung des Erregers** auf den Menschen erfolgt in erster Linie über **Aerosole** und **Kontakt** (z. B. mit erregerhaltigem Zeckenkot oder kontaminierter Wolle). Eine Infektion des Menschen durch den Verzehr von Rohmilch, Rohmilchprodukten oder rohem Fleisch ist möglich, entsprechende Fälle sind jedoch selten und stehen meist auch im Zusammenhang mit Tierkontakt.

9.2.6.3 Erkrankungen

2013 wurden 648 bestätigte Fälle von Q-Fieber beim Menschen in der EU registriert. Der Trend ist seit 2009 leicht sinkend. Allerdings waren in Deutschland 2013 20 % von 1 000 getesteten Herden serologisch positiv. Der Mensch infiziert sich meist über die **Atemwege** (siehe oben) und entwickelt **grippeähnliche Symptome**, die leicht oder schwer sein können.

Bei einer akuten Infektion kommt es meist nach etwa 20 (bis maximal 40) Tagen zur einer selbstlimitierenden fiebrigen Erkrankung mit Kopf-, Muskel- und Gelenkschmerzen, die bei einem Teil der Patienten von Husten begleitet ist. Die Krankheit dauert etwa ein bis zwei Wochen. Es kann allerdings auch zu einer atypischen Pneumonie und, vor allem bei chronischen Erkrankungen, zu Endocarditis, Hepatitis, Meningoenzephalitis u. a. m. kommen. Tierärzte, Metzger, Landwirte, Schafhirten etc. gelten als Risikogruppen.

9.2.6.4 Gesetzliche Bestimmungen und Hygienemaßnahmen

Der direkte oder indirekte Nachweis von *C. burnetii* ist nach § 7 Infektionsschutzgesetz zu melden, soweit die Nachweise auf eine akute Infektion hinweisen. Q-Fieber ist bei Rindern, Schafen und Ziegen meldepflichtig.

Auch wenn die alimentäre Infektion selten ist, sollte Milch serologisch positiver Herden nur nach Erhitzung verzehrt und verarbeitet werden. Da die direkte Übertragung des Erregers vom Tier auf den Menschen fast ausschließlich durch Aerosole erfolgt, sind gegebenenfalls Maßnahmen zum Atemschutz zu treffen.
Coxiella burnetii ist in den Kontrolllisten der Australia Group (→ Kap. 9.2.1.3) aufgeführt.

9.2.7 *Cronobacter* spp.

9.2.7.1 Allgemeines

Aufgrund genetischer und phänotypischer (Pigmentierung, biochemische Besonderheiten) Eigenschaften wurden die Keime zunächst der Spezies *Enterobacter sakazakii* (wird auch heute noch häufig so verwendet) zugeordnet. 2007 und 2008 wurde die Gattung *Cronobacter* (nach dem Titan Cronos, der in der griechischen Mythologie seine Kinder frisst) mit sechs verschiedenen Spezies (*C. sakazakii*, *C. malonaticus*, *C. muytjensii*, *C. turicensis*, *C. dublinensis* und *C.* genomospecies 1) vorgeschlagen und 2012 eine weitere Spezies (*C. condimenti*) aufgenommen. *C.* genomospecies 1 wurde in *C. universalis* umbenannt. Die derzeit anerkannten Vertreter der Gattung *Cronobacter* und ihre Serovaren sind in Tabelle 9.19 darstellt (LPSN Stand Mai 2015).

9.2.7.2 Charakteristika

Die Vertreter der Gattung *Cronobacter* sind gramnegative, mesophile, motile und peritrich begeißelte Stäbchenbakterien (Basiswissen 9.20), die zur Familie der *Enterobacteriaceae* gehören. Erstmals beschrieben wurden diese Keime als gelb pigmentierte *Enterobacter cloacae* in Zusammenhang mit Meningitis-Fällen im Jahr 1958.
Cronobacter spp. sind in der **Umwelt (Boden) weitverbreitet** und werden häufig in Pflanzen, Kräutern, Gewürzen, Getreide, Gemüse, Salat aber auch Käse, Fleisch, Wurst, Tofu und Speiseeis gefunden. Vereinzelt erfolgte der Nachweis auch in Insekten und Nagetieren.
Cronobacter spp. sind fakultativ pathogene Keime, die seltene, aber meist **schwer verlaufende Infektionen** – insbesondere bei Frühgeborenen und Säuglingen – hervorrufen können. Stämme der Spezies *C. sakazakii*, insbesondere die Serovaren O1, O2, O3 und O4, *C. malonaticus* und *C. turicensis* stehen dabei derzeit im Vordergrund. Die In-

Tab. 9.19 Genus *Cronobacter*

Spezies	Serovar	Pathogenität
C. condimenti	O1	–
C. dublinensis *C. dublinensis* subsp. *dublinensis* *C. dublinensis* subsp. *lactaridi* *C. dublinensis* subsp. *lausannensis*	O1, O2, O3	+
C. helveticus[1]		–
C. malonaticus	O1, O2, O3, O4	+
C. muytjensii	O1, O2	+
C. pulveris[1]		–
C. sakazakii	O1, O2, O3, O4, O7	+
C. turicensis[2]	O1, O2, O3, O4	+
C. universalis	O1, O2	+
C. zurichensis		+

[1] anerkannt ist auch die Zuordnung zum Genus *Franconibacter* (*Franconibacter helveticus*, *Franconibacter pulveris*)
[2] anerkannt ist auch die Zuordnung zum Genus *Siccibacter* (*Siccibacter turicensis*)

fektion erfolgt meist über kontaminierte, rekonstituierte und falsch gelagerte Säuglingsnahrung auf Milchpulverbasis (powdered infant formula, PIF). Bei Erwachsenen – meist ältere, kranke oder immunsupprimierte Personen – können *Cronobacter* spp. ebenfalls Erkrankungen, wie Bakteriämie, Urosepsis, Konjunktivitis, Osteomyelitis und Pneumonie, hervorrufen. Dabei handelt es sich meist um **nosokomiale Infektionen**, die mit hoher Wahrscheinlichkeit nicht lebensmittelbedingt sind.

9.2.7.3 Erkrankungen

Erkrankungen durch *Cronobacter* spp. sind durch schwere Meningitiden, nekrotisierende Enterocolitiden (NEC) oder Septikämien mit hohem Fieber und meist letalem Ausgang oder bleibenden neurologischen Schäden, insbesondere bei Frühgeborenen und Säuglingen, gekennzeichnet. Erfolgt die Infektion oral über die Säuglingsnahrung, handelt es sich um eine Lebensmittelinfektion, die enteral begrenzt sein, aber auch andere Organsysteme betreffen kann (→ Tab. 9.20).

Basiswissen 9.20
***Cronobacter* spp.**

Cronobacter: Betonung auf der 3. Silbe

- **Risikogruppe**: 2
- **Morphologie:**
  - gramnegatives Stäbchen
  - einzeln oder doppelt
  - Größe: ca. 1 x 3 µm
  - Kolonie: 2–5 mm Durchmesser, rund, häufig gelb pigmentiert

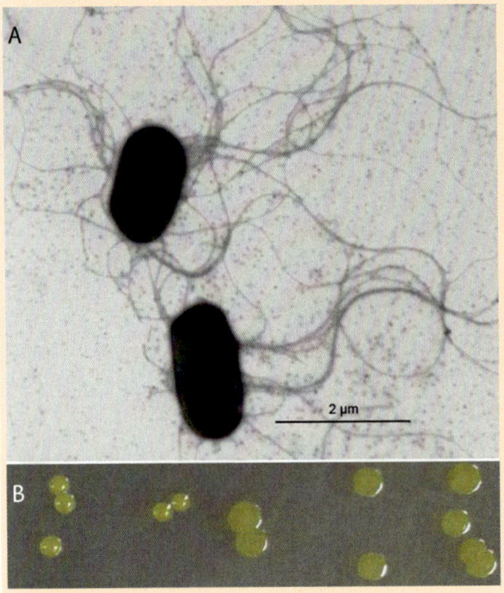

A: elektronenmikroskopische Aufnahme *C. turicensis*
B: Koloniemorphologie *C. sakazakii*

- **charakteristische Eigenschaften:**
  - beweglich
  - fakultativ anaerob
  - Oxidase-negativ
  - Katalase-positiv
  - α-Glucosidase-Bildung
- **Wachstumsbedingungen:**
  - Temperatur: Optimum 37–43 °C; Toleranz (5,5 °C) 6–45 °C (47 °C)
  - pH-Wert: 4,5–10, Wachstum einzelner Stämme noch bei pH 3,5 (BHI, HCl), kein Überleben bei pH 2,5 (BHI, HCl), Anpassung erhöht Säureresistenz!
  - a_W-Wert: Minimum = 0,96 (BHI/37 °C)
  - NaCl: 4–10 %
  - Generationszeit: 6 °C/13,7 h; 21 °C/1,7 h; 37 °C/20 min (in rekonstituierter Säuglingsnahrung)
- **empfindlich gegenüber:**
  - Wärmebehandlung: $D_{71,2\,°C} = 0,7$ s
- **resistent gegenüber:**
  - hohe Resistenz gegenüber osmotischem Stress und Trocknung
- **Reservoir:**
  - Umwelt: Boden, Staub, Luft
  - Lebensmittel: häufig in pflanzlichen Lebensmitteln, Milchpulver
  - Biofilmbildung: in den Gerätschaften zur Zubereitung von Säuglingsnahrung
- **Bedeutung:**
  - Lebensmittelinfektionserreger
  - Erreger lokaler und systemischer Infektionen

Tab. 9.20
Beispiele für Erkrankungen bei Neugeborenen/Kindern durch Kontamination von Säuglingsnahrung[1] mit *Cronobacter* spp.

Jahr	Land	Erkrankte/Tote	Alter	Symptome
1986/87	Island	3/1	5 d	Meningitis
1988	USA	4/0	28–34,5 Wo.[2]	Septikämie, blutige Durchfälle
1988	USA	1/0	6 Mon.	Bakteriämie
1998	Belgien	12/2	35 Wo.[3]	nekrotisierende Enterokolitis
1999/2000	Israel	2/0	3 d, 4 d	Septikämie, Meningitis
2001	USA	1/1	11 d	Meningitis
2004	Frankreich	4/2	Frühgeburten	Meningitis, hämorrhagische Kolitis, Konjunktivitis
2005	Schweiz	2/2	Frühgeburten	Meningitis
2006	Spanien	1/0	k. A.	Bakteriämie

[1] In einigen Fällen war die getrocknete Säuglingsnahrung kontaminiert, in anderen erfolgte die Kontamination bei der Zubereitung der fertigen Nahrung durch Gerätschaften.
[2] Schwangerschaftszeit
[3] durchschnittliche Schwangerschaftszeit

Die Pathogenitätsmechanismen von *Cronobacter* spp. sind nur unzureichend aufgeklärt. Ihr Vermögen, an Wirtszellen zu adhärieren, in diese einzudringen, intrazellulär zu überleben und sich zu vermehren, ist dabei jedoch von wesentlicher Bedeutung. Nach der oralen Aufnahme der Bakterien kommt es zu einer primären lokalen Infektion im Darm. In der Folge können die Keime von dendritischen Zellen oder Makrophagen aufgenommen werden, in denen es nicht zur Phagozytose und Lyse der Bakterien kommt, sodass sie über den Blutkreislauf im Körper verbreitet werden. Da die Erreger in der Lage sind, in mikrovaskuläre Hirnendothelzellen einzudringen, können sie die Bluthirnschranke überwinden und das zentrale Nervensystem (ZNS) infizieren. Die Bildung eines Enterotoxins wurde zwar beschrieben, konnte aber nicht verifiziert werden.

9.2.7.4 Nachweisverfahren

Das vertikale kulturelle Verfahren (→ Abb. 9.18) zum Nachweis von *Enterobacter sakazakii* in Milch und Milcherzeugnissen (ISO/TS 22964:2006 (IDF/RM 210:2006); derzeit in Überarbeitung) beinhaltet eine nicht-selektive Voranreicherung der Probe (10 g) in gepuffertem Peptonwasser; 0,1 ml der Voranreicherung werden in 10 ml modifizierte Laurylsulfat-Tryptose-Bouillon (Zusatz von Laktose und Vancomycin) überführt. Die hohe Salzkonzentration der Bouillon sowie die Be-

Abb. 9.18
Cronobacter sakazakii auf ESIA: Der Agar enthält als Indikator für die α-Glucosidase-Aktivität das Chromogen 5-Brom-4-Chlor-3-Indolyl-α-D-Glucopyranosid und als Hemmstoffe Desoxycholat und Kristallviolett. Die *Cronobacter*-Kolonien zeigen eine typische blau-grüne Färbung.

brütungstemperatur von 44 °C hemmen das Wachstum von anderen *Enterobacteriaceae*. Anschließend erfolgt der Ausstrich auf selektive Nährböden, z. B. ESIA (*Enterobacter sakazakii* isolation agar) oder CCI (Chromogenic *Cronobacter* isolation agar). Die Selektivmedien enthalten als Indikator für die α-Glucosidase-Aktivität das Chromogen 5-Brom-4-Chlor-3-Indolyl-α-D-Glucopyranosid und als Hemmstoffe Desoxycholat (CCI und ESIA) und Kristallviolett (ESIA). Die *Cronobacter*-Kolonien nehmen auf diesen Medien während der Inkubation eine spezifische blau-grüne Färbung an.
Besonderheiten: Einige Stämme wachsen nicht bei Temperaturen von 44 °C und darüber, weshalb heute die Inkubation bei 41,5 °C vorgenommen wird.

9.2.7.5 Mikrobiologische Kriterien und Hygienemaßnahmen

Auf EU-Ebene wurden bisher nur Höchstwerte für getrocknete Säuglingsanfangsnahrung und getrocknete diätetische Lebensmittel für besondere medizinische Zwecke, die für Säuglinge unter 6 Monaten bestimmt sind, festgelegt (n = 30; M = in 10 g nicht nachweisbar). Dabei ist zu beachten, dass eine Paralleluntersuchung auf *Enterobacteriaceae* und *E. sakazakii* durchzuführen ist, sofern nicht eine Korrelation zwischen diesen Mikroorganismen auf Ebene der einzelnen Betriebe festgestellt wurde. Werden in einem Betrieb in einer Probeneinheit *Enterobacteriaceae* nachgewiesen, ist die Partie auf *E. sakazakii* zu untersuchen. Der Hersteller muss zur Zufriedenheit der zuständigen Behörde nachweisen, ob zwischen *Enterobacteriaceae* und *E. sakazakii* eine derartige Korrelation besteht.
Um das Infektionsrisiko zu reduzieren, muss das Wasser für die Rekonstitution von PIF eine Temperatur von über 70 °C haben, das rekonstituierte Produkt muss unter 4 °C gelagert werden und die Aufbewahrungszeit sollte möglichst kurz sein.

9.2.7.6 Standardisierte Nachweisverfahren

- Entwurf: DIN EN ISO 22964 Mikrobiologie der Lebensmittelkette – Horizontales Verfahren zum Nachweis von *Cronobacter* spp. (ISO/DIS 22964:2015); Deutsche Fassung prEN ISO 22964:2015
- ISO/TS 22964:2006 Milch und Milcherzeugnisse – Nachweis von *Enterobacter sakazakii*

9.2.8 Enteropathogene *Escherichia coli*

9.2.8.1 Allgemeines

Escherichia coli ist essenzieller Bestandteil der **Darmflora** des Menschen und bildet mit den Spezies *E. albertii*, *E. blattae*, *E. fergusonii*, *E. hermannii* und *E. vulneris* die Gattung *Escherichia* (nach dem Bakteriologen Theodor Escherich) aus der Familie der *Enterobacteriaceae* (LPSN Stand Mai 2015). Mit Ausnahme von *E. blattae* sind alle Spezies potenziell pathogen. Pathogene *E. coli*-Stämme (Basiswissen 9.21) werden üblicherweise in sechs enteropathogene Gruppen sowie zwei weitere Gruppen, die extraintestinale Erkrankungen hervorrufen, unterteilt.
Nach dem großen **EHEC-Ausbruch** 2011 in Deutschland, der durch einen Shigatoxin bildenden Enteroaggregativen *E. coli* (STEAEC) O104:H4 ausgelöst wurde, kam der Vorschlag auf, STEAEC (alternativ: Enteroaggregative Hämorrhagische *Escherichia coli*, EAHEC) als eigene enteropathogene Gruppe zu führen. Daneben wird diskutiert, die „Adhärent Invasiven *E. coli*" (AIEC) als neue Gruppe aufzunehmen. AIEC werden im Zusammenhang mit der Ätiologie von **Morbus Crohn** als möglicher kausaler Faktor diskutiert. Bisher konnte keine monokausale Ursache für Morbus Crohn identifiziert werden und es wird angenommen, dass eine Kombination aus genetischer Prädisposition, intestinaler Mikrobiota, Um-

> **Basiswissen 9.21**
> **Pathogene *Escherichia coli***
> - Enteropathogene *E. coli* (EEC)
>   - Enteropathogene *E. coli* (EPEC)
>   - Enterotoxinogene *E. coli* (ETEC)
>   - Enteroinvasive *E. coli* (EIEC)
>   - Enteroaggregative *E. coli* (EAEC)
>   - Diffus-adhärente *E. coli* (DAEC)
>   - Enterohämorrhagische *E. coli* (EHEC)
> - Extraintestinal-pathogene *E. coli* (ExPEC)
>   - Uropathogene *E. coli* (UPEC)
>   - Neonatale Meningitis *E. coli* (NMEC)

Tab. 9.21
Charakteristika von enteropathogenen *Escherichia coli*

EEC-Typ	Virulenzfaktoren	Symptome	Risikogruppen
EPEC	**Adhäsine:** BFP; Intimin; EspA; T-III-SS, EspB/D **Effektorproteine:** Tir, EspF/G; Map	**Kinder:** schwere Durchfälle, oft persistierend, Fieber, Erbrechen, abdominale Krämpfe **Erwachsene:** schwere wässrige und schleimige Durchfälle, Übelkeit, Erbrechen, abdominale Krämpfe, Fieber, Kopfschmerzen, Schüttelfrost	Kinder unter 2 Jahren in weniger entwickelten Ländern
ETEC	**Adhäsine:** CFA/I, CFA/II, CFA/IV; Tia, TibA, EtpA **Toxine**: LT, ST, ClyA, EAST-1	wässrige Durchfälle, geringradiges Fieber, abdominale Krämpfe, Übelkeit, Erbrechen schwere Form: choleraähnliche Durchfälle („Reiswasserstuhl"), Dehydrierung	Kinder und Touristen („Reisediarrhoe") in weniger entwickelten Ländern
EIEC	**Invasine**: T-III-SS (Plasmid), Ipa	profuse Durchfälle (Dysenterie-Ruhr), Fieber, Kopfschmerzen, Muskelschmerzen, abdominale Krämpfe	alle Altersgruppen; häufiger in weniger entwickelten Ländern
EAEC	**Adhäsine**: AAF/I-III, Hda **Effektorproteine:** Pic **Toxine**: EAST-1, Pet, ClyA, ShET1	persistierende wässrige Durchfälle, Erbrechen, Dehydrierung	Kinder und Touristen („Reisediarrhoe") in weniger entwickelten Ländern
DAEC	**Adhäsine**: Afa/Dr **Toxine**: Sat	wässrige Durchfälle, bei Kindern auch persistierend	Kinder, wahrscheinlich auch in entwickelten Ländern
EHEC	**Adhäsine**: Intimin (*eae*-Gen), T-III-SS **Effektorproteine:** Tir, TccP **Toxine**: Shigatoxine, Hämolysin (*hly*)	Hämorrhagische Colitis (HC); Hämorrhagisch-urämisches Syndrom (HUS); Thrombotisch-thrombo-zytopenische Purpura (TTP)	Kleinkinder bis zu 4 Jahren, Ältere, Immunschwache
STEAEC (EAHEC)	**Adhäsine**: AAF; Iha **Effektorproteine:** Pic **Toxine**: Shigatoxine, Pet	Hämorrhagische Colitis (HC); Hämorrhagisch-urämisches Syndrom (HUS)	? (Kap. 9.2.8.5)

AAF: aggregative Adhärenzfimbrien
Afa: fibrillenartige Adhäsine (afimbrial adhesins)
BFP: bundle-forming pili
CF: Kolonisations-Faktor
ClyA: Cytolysin A (porenbildendes Toxin, syn.: Hämolysin E (HlyE))
Dr: fimbrien- und nicht-fimbrienartige Adhesine (syn.: O75X, Dr hemagglutinin)
EAST: enteroaggregatives hitzestabiles Enterotoxin
Esp: *E. coli* secreted protein
EtpA: ETEC two-partner adhesin (Glykoprotein, das vorübergehend an die Flagellen gebunden als Adhäsin fungiert)
Hda: Afa/Dr/AAF-ähnliches Adhäsin
Iha: IrgA homolog adesin
Ipa: Invasions-Plasmid-Antigene
LT: (hitze)-labiles Toxin
Map: mitochondrial-associated protein
Pet: Plasmid-kodiertes Toxin
Pic: Protease involved in colonisation
Sat: secreted autotransporter toxin
ShET1: *Shigella* Enterotoxin 1
ST: (hitze)-stabiles Toxin
T-III-SS: Typ-III-Sekretionssystem
TccP: Tir cytoskeleton-coupling protein
Tia/Tib: Proteine kodiert von *tia* and *tib* (toxigenic invasion loci A and B)
Tir: translocated intimin receptor

weltfaktoren und enteropathogenen Keimen zur Erkrankung führen kann. Neben *M. avium* subsp. *paratuberculosis* (→ Kap. 9.2.10.3) und anderen Keimen zählen AIEC zu diesen potenziell involvierten Erregern. Für alle diese Erreger ist jedoch ungeklärt, ob sie primär die Krankheit mitauslösen oder nur sekundär den Krankheitsverlauf beeinflussen.
ETEC, EPEC und EAEC gelten als eine der Hauptursachen für Durchfallerkrankungen bei Kindern in Entwicklungsländern, während EHEC (und STEAEC) die Enteropathogenen *E. coli* sind, die in Europa und Nordamerika am häufigsten im Zusammenhang mit Lebensmittelinfektionen auftreten. Als wichtigste Virulenzfaktoren gelten Adhäsine, Effektorproteine und Toxine. **Adhäsine** ermöglichen es den Keimen, sich an die Darmzellen anzuheften und so ihre Eliminierung aus dem Darm zu verzögern oder zu verhindern. Gleichzeitig können sie durch die Nähe zu den Wirtszellen effektiv **Proteine** und **Toxine** in die Zellen translocieren. EHEC, EPEC und EIEC benutzen dazu ein **Typ-III-Sekretionssystem** (T-III-SS), während die anderen Enteropathogenen *E. coli* die Toxine sekretieren. Die wichtigsten Daten zu den Enteropathogenen *E. coli* sind in Tabelle 9.21 zusammengestellt.

9.2.8.2 Enteropathogene *Escherichia coli* (EPEC)

Enteropathogene *E. coli* im engeren Sinne sind als **Dyspepsiecoli** schon seit Langem bekannt und stellen in den Entwicklungsländern eine der Hauptursachen für Durchfallerkrankungen bei Kleinkindern dar. Es liegen allerdings auch Berichte aus den USA und europäischen Ländern vor, nach denen trinkwasser- oder lebensmittelbedingte Ausbrüche bei Erwachsenen aufgetreten sind. Typisch sind **Attaching/Effacing-Läsionen**, die zu einem Verlust der Mikrovilli an den Darmepithelzellen führen (→ Abb. 9.19). Für die primäre Anlagerung an die Darmzellen und die Bildung von Mikrokolonien (Cluster) spielen die **bundle-forming pili** (BFP, Typ IV Pili auf EAF-Plasmid) und die in Tabelle 9.21 aufgeführten Adhäsine eine wichtige Rolle. Die entsprechenden Gene sind auf einer **Pathogenitätsinsel** (locus of enterocyte effacement, LEE) kodiert.

Abb. 9.19
Enteropathogene *E. coli* (EPEC) und Enterohämorrhagische *E. coli* (EHEC): Die wesentlichen Virulenzfaktoren, die zu den Attaching/Effacing-Läsionen führen, sind Intimin (kodiert durch das *eae*-Gen = enterocyte attaching and effacing-Gen) auf der Bakterienoberfläche und der Tir (translocated intimin receptor), ein Effektorprotein, das über das Typ-III-Sektretionssystem in die Wirtszelle injiziert wird und dann an der Zelloberfläche als Intiminrezeptor fungiert. Dies ermöglicht einen engen Kontakt zwischen Bakterium und Wirtszelle und führt zu einer Akkumulation von Aktin an der Kontaktstelle, zur Ausbildung von sockelartigen Strukturen, auf denen die Bakterien „sitzen", und zum Verlust der Mikrovilli (Abkürzungen siehe Fußzeile Tab. 9.21).

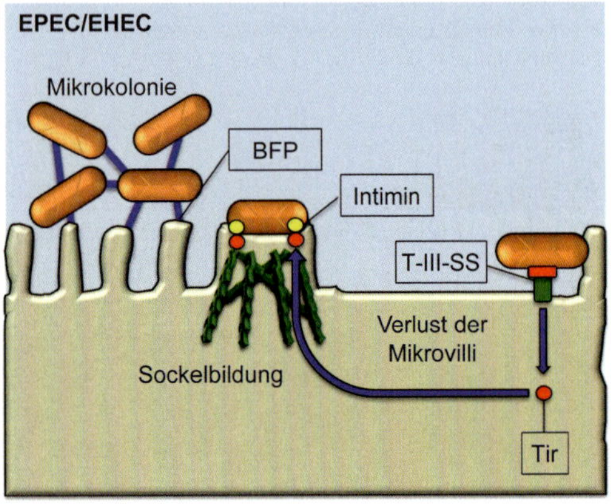

EPEC, die kein EAF-Plasmid (EPEC aderence factor) besitzen und damit keine BFP (bundle-forming pili) bilden können, werden als untypische (atypical, aEPEC) EPEC bezeichnet. Diese Gruppe ist sehr heterogen und beinhaltet auch Vertreter, die früher anderen enteropathogenen *E. coli* zugeordnet waren, wie z. B. Afa/Dr-negative aber *eae*-positive DAEC (→ Kap. 9.2.8.6).

9.2.8.3 Enterotoxinogene *Escherichia coli* (ETEC)

Enterotoxinogene *E. coli* stellen in erster Linie für Entwicklungsländer ein Problem dar, in denen sie als eine der **Hauptursachen von Durchfällen** bei Menschen aller Altersgruppen, besonders aber bei Kindern, gelten. Häufig erkranken auch Reisende aus Industrieländern, wenn sie subtropische und tropische Zonen besuchen (Reisediarrhoe).
Für die Erkrankung sind unterschiedliche **Enterotoxine**, die hitzelabilen (LT) und die hitzestabilen (ST) Toxine, verantwortlich. Die Toxine werden nach Anheftung der Erreger an die Darmschleim-

Abb. 9.20
Enterotoxinogene *E. coli* (ETEC): Die wesentlichen Virulenzfaktoren sind Adhäsine und Enterotoxine. Die primäre Adhäsion wird durch das ETEC two-partner adhesin (EtpA) und Kolonisations-Faktoren (CF) wie CFA vermittelt. Für den engen Kontakt sind outer membrane-Proteine (Tia, TibA, die auf den toxigenic invasion loci A and B kodiert sind) nötig. Das hitzelabile Toxin (LT), ein AB5-Toxin, ähnelt sowohl hinsichtlich der Struktur als auch der Funktion dem Choleratoxin. Nach der Bindung an die Zelle (Gangliosidrezeptor GM1) aktiviert eine Untereinheit des LT die zelleigene Adenylatzyklase, infolgedessen kommt es zu Wasser- und Elektrolytverlusten. Das hitzestabile Toxin (ST) aktiviert die zelleigene Guanylatzyklase, sodass es über die Aktivierung von Proteinkinasen zu einer erhöhten Chloridsekretion, einer verminderten Natriumresorption und somit zur Diarrhoe kommt (Abkürzungen siehe Fußzeile Tab. 9.21).

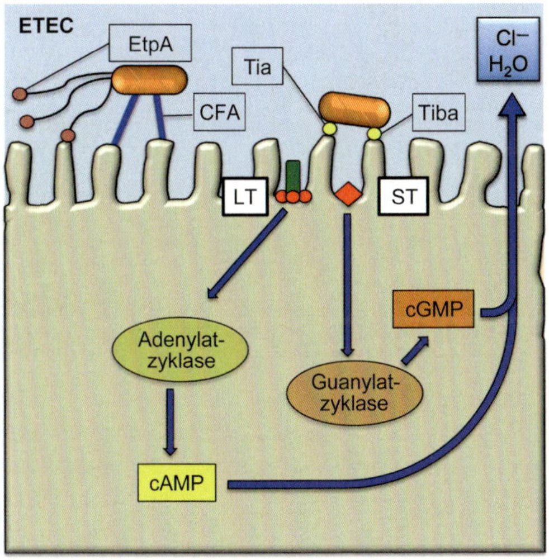

Abb. 9.21
Enteroinvasive *E. coli* (EIEC): Die primäre Invasion im Darm erfolgt durch Transzytose von M-Zellen. In der Submukosa werden EIEC von Makrophagen aufgenommen, sie können jedoch aus dem Phagosom entkommen und dringen nach Freisetzung aus den Makrophagen – IpaB kann Caspase 1 aktivieren und zum Zelltod der Makrophagen führen – basolateral in Darmepithelzellen ein. Dabei kommt es durch das Zusammenspiel der Invasions-Plasmid-Antigene IpaA und IpaC zur Bildung von Zellprotrusionen, was die Aufnahme der Keime in die Zelle unterstützt. In der Zelle aktiviert das outer membrane-Protein VirG (an einem Pol von EIEC lokalisiert) die Aktinpolimerisierung, wodurch das Bakterium durch die Zelle bewegt wird und Nachbarzellen infizieren kann (Abkürzungen siehe Fußzeile Tab. 9.21).

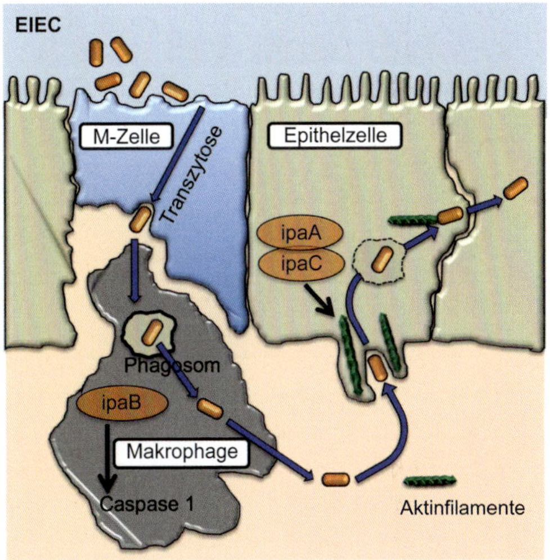

haut produziert, wofür insbesondere die **Kolonisations-Faktoren (CF)** und z. T. andere **Adhäsionsfaktoren** (→ Tab. 9.21, → Abb. 9.20) Voraussetzung sind. In Europa, Japan und den USA traten einige Ausbrüche durch den Verzehr von mit ETEC kontaminierten Lebensmitteln auf. Bekannt wurde ein Ausbruch in verschiedenen Staaten der USA, für den importierter französischer Brie verantwortlich gemacht wurde.

9.2.8.4 Enteroinvasive *Escherichia coli* (EIEC)

Enteroinvasive *E. coli* und Shigellen zeigen ein identisches Pathogenitätsmuster (→ Abb. 9.21). Sie dringen in die Darmschleimhaut ein und vermehren sich in den Epithelzellen, die dabei zerstört werden. Die Fähigkeit zum Eindringen in die Darmschleimhaut ist an die Anwesenheit eines 140 MDa-Plasmids gebunden, das u. a. die Gene für ein Typ-III-Sekretionssystem sowie verschiedene Invasions-Plasmid-Antigene (Ipa) trägt. EIEC können in ihren biochemischen und physiologischen Eigenschaften von dem Verhalten anderer *E. coli* abweichen (*E. coli* inaktiv). Dies betrifft z. B. das Laktosefermentationsvermögen, das diesen Stämmen oft fehlt sowie die ebenfalls häufig nicht vorhandene Toleranz gegenüber erhöhten Bebrütungstemperaturen (44–45 °C). Mit Verfahren, die auf diesen Prinzipien basieren, sind daher EIEC evtl. nicht nachzuweisen. Erkrankungen durch mit EIEC kontaminierte Lebensmittel sind selten.

Abb. 9.22
Enteroaggregative *E. coli* (EAEC): Aggregative Adhärenzfimbrien (AAF) spielen bei der Anheftung an die Darmzellen eine wichtige Rolle. Die Sekretion von Toxinen und Effektorproteinen bestimmt die weitere Pathogenese. Das Plasmid-kodierte Toxin Pet ist ein Autotransporter (serine protease autotransporter der *Enterobacteriaceae*, SPATE), der das Zytoskelett zerstört und zur Abrundung und Ablösung der Epithelzellen führen kann. Pic (protease involved in colonisation) andererseits fördert die vermehrte Produktion von Mucus durch die Darmepithelzellen, der den von den Bakterien gebildeten Biofilm umgibt (Abkürzungen siehe Fußzeile Tab. 9.21).

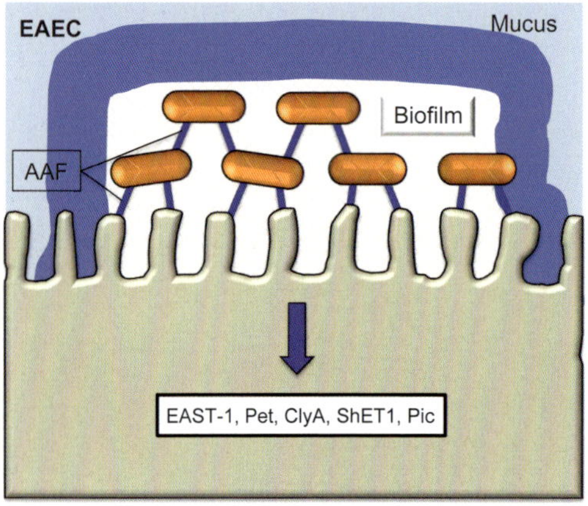

9.2.8.5 Enteroaggregative *Escherichia coli* (EAEC)

Enteroaggregative *E. coli* zeigen ein charakteristisches Adhäsionsmuster in Form von ziegelartig gestapelten Keimen auf der Zelloberfläche (→ Abb. 9.22). Das Muster beruht auf der Eigenschaft der Keime, an Oberflächen, Zellen und aneinander adhärieren zu können. Insgesamt führt die Toxin- und Effektorproteinproduktion durch die Keime zur Entzündung und bis zur Zerstörung der Mukosa.

2011 kam es in Deutschland mit über 3 800 Erkrankten und 54 Todesfällen zu dem bisher schwersten Ausbruch, der durch Enteropathogene *E. coli* verursacht wurde. Eine Besonderheit lag darin, dass es sich um die Serovar O104:H4 handelte, die in Deutschland bis dahin nur einmal im Zusammenhang mit dem Hämolytisch-urämischen Syndrom (HUS) isoliert worden war, die Symptomatik jedoch von einer hohen Zahl (22 %) von HUS-Fällen geprägt war. Außerdem waren hauptsächlich Erwachsene (88 %, Median Alter 42 Jahre), vor allem Frauen (68 %), betroffen, während üblicherweise bei EHEC-Infektionen Kinder unter vier Jahren HUS ausbilden. Der isolierte Stamm besaß Plasmid-kodierte EAEC-typische Gene, die das EAEC-typische Adhäsionsmuster zur Folge hatten. Darüber hinaus waren das Gen für Shigatoxin 2a (→ Kap. 9.2.8.7) und weitere EHEC-

Abb. 9.23
Diffus-adhärente *E. coli* (DAEC): Die Interaktion der Afa-Dr-Adhäsine mit Rezeptoren auf den Darmepithelzellen (human decay-accelerating factor, hDAF und/oder human carcinoembryonic antigen (CEA)-related cellular adhesion molecules, hCEACAM) ist der Hauptpathogenitätsfaktor. In der Folge werden u. a. Tyrosinkinasen und mitogenaktivierte Proteinkinasen (MAPKs) aktiviert, ebenso DAF- und CEA-abhängige Signalwege. Die Bildung und mögliche Bedeutung von Toxinen bei der Erkrankung ist nicht eindeutig geklärt. Eine gewisse Rolle scheint das Sat (secreted autotransporter toxin) zu spielen, das zu den Typ-V-Sekretionsweg-abhängigen SPATE (serine protease autotransporters of *Enterobacteriaceae*)-Toxinen zählt. Sat bewirkt Läsionen in den Tight junctions (TJ, Zonula occludens), was zu einer Erhöhung der Permeabilität im interzellulären Raum führt (Abkürzungen siehe Fußzeile Tab. 9.21).

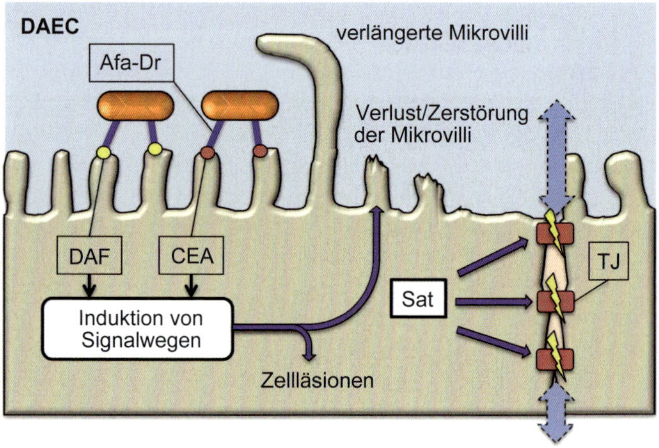

charakteristische Virulenzfaktoren vorhanden, was zu den EHEC-typischen Erkrankungen führte. In der Folge wurde vorgeschlagen, Keime mit diesen Eigenschaften als **Shigatoxin bildende Enteroaggregative** *Escherichia coli* **(STEAEC)** oder **Enteroaggregative Hämorrhagische** *Escherichia coli* **(EAHEC)** zu bezeichnen (→ Tab. 9.21).

9.2.8.6 Diffus-adhärente *Escherichia coli* (DAEC)

Diffus adhärente *E. coli* zeigen ein typisches Adhäsionsmuster in Form einer diffusen Anlagerung an die Zelloberfläche (→ Abb. 9.23). Durch die Interaktion der Adhäsine werden rezeptorspezifische Signalwege induziert, wodurch es zur Bildung von verlängerten Mikrovilli (die sich um die Bakterien „wickeln"), zur Ablösung von Teilen der Mikrovilli, zum Verlust der Mikrovilli und zur Zellschädigung kommt.

9.2.8.7 Enterohämorrhagische *Escherichia coli* (EHEC) und Shigatoxin bildende *Escherichia coli* (STEC oder VTEC)

▸ Charakteristika

Enterohämorrhagische *E. coli* (EHEC) wurden erst zu Beginn der 80er-Jahre als Erreger **blutiger Durchfälle** (Hämorrhagische Colitis), von **Nierenversagen** (Hämolytisch-urämisches Syndrom) und **zentralnervösen Störungen** (Thrombotisch-thrombozytopenische Purpura) bekannt. Anfangs wurde insbesondere die Serovar O157:H7 mit Ausbrüchen in den USA, Kanada und England in Zusammenhang gebracht. Mittlerweile wurde eine Reihe weiterer Serovaren, insbesondere O26, O45, O91, O103, O111, O113, O121 und O145, identifiziert, die die genannten Erkrankungen beim Menschen auslösen können. **Rinder** stellen ein wesentliches Reservoir des Erregers dar. Lebensmittel, die mit EHEC-Infektionen in Verbin-

Basiswissen 9.22
Enterohämorrhagische *Escherichia coli* (O157:H7)

- **Risikogruppe**: 3** (Risikogruppe 3 mit teilweise reduzierten Anforderungen)
- **Morphologie:**
  - gramnegatives Stäbchen
  - einzeln oder doppelt
  - Größe: ca. 1–1,5 x 2–6 µm
  - Kolonie:
  - S-Form: 2–3 mm Durchmesser, rund, konvex, feucht, glitzernd, grau, glatter Rand
  - R-Form: 1–5 mm Durchmesser, flach, trocken, unregelmäßig, verschwommener Rand

Koloniemorphologie *E. coli* O157:H7

- **charakteristische Eigenschaften:**
  - beweglich
  - fakultativ anaerob
  - Oxidase-negativ
  - Katalase-positiv
- **Wachstumsbedingungen:**
  - Temperatur: Optimum 37 °C; Toleranz (6 °C) 16,4–42,5 °C (49 °C)
  - pH-Wert: (3,0) 3,6–9,0 (9,6); Anpassung erhöht Säureresistenz!
  - a_W-Wert: Minimum = 0,945
  - NaCl: Hemmung ≥ 8,5 %
  - Generationszeit: 6,5 °C/83 h; 9,5 °C/11,5 h; 12 °C/4,6 h (in Vollmilch)
- **empfindlich gegenüber:**
  - Wärmebehandlung: $D_{63°C}$ = 0,05–0,22 min in Milch; z-Wert: 4,6–7 °C
- **resistent gegenüber:**
  - niedrigen pH-Werten (Anpassung, Art der Säure), Einfrieren
- **Reservoir:**
  - Tier: Rinder, kleine Wiederkäuer
  - Mensch: infizierte Personen (symptomlose Ausscheider)
- **Bedeutung:**
  - Lebensmittelinfektionserreger
  - Erreger lokaler Infektionen

Tab. 9.22
Typische Beispiele für Erkrankungen durch Milch und Milchprodukte

Jahr	Land	Erzeugnis	Serovar (Virulenzgene)	Nachweis[1]	Erkrankung (Anzahl)[2]
1992/3	Frankreich	Rohmilchkäse	O119:B14 (*stx2*)	***	HUS (4)
1998	England	roher Rahm (direkt vom Bauernhof)	O157	**	G (7)
1999	Schottland	roher Ziegenmilchkäse[3]	O157	**	G (30), HUS (1)
2001	Österreich	rohe Kuh-/Ziegenmilch	O157:H (*stx1, stx2c, eae*)	**	G (2), HUS (1)
2003/04	Dänemark	pasteurisierte Biomilch[4]	O157:H-(*eae, stx1, stx2c*)	*	G (25)
2006	Deutschland	Rohmilch[5]	O80:H- (*stx1, eae, hly*) O145 (*stx1, stx2, eae*)	*	G (59), HUS (1)
2007	Belgien	Eiscreme (direkt vom Bauernhof)	O145 (*stx2, eae*) O26 (*stx1, eae*)	***	G (12), HUS (5)

[1] * = Nachweis des Erregers beim Patient, kein Nachweis im Lebensmittel
** = Nachweis beim Patient und im Tierbestand, kein Nachweis im Lebensmittel
*** = Nachweis beim Patient, im Lebensmittel und im Tierbestand
[2] G: gesamt; HUS: Hämorrhagisch-urämisches Syndrom
[3] Schulklasse auf einem Bauernhof, betroffen waren Schüler, Lehrer, Angehörige
[4] Ausbruch endete, nachdem der Biobetrieb hygienisch saniert wurde
[5] Besucher eines Ferienlagers, Rohmilch bezogen von einem örtlichen Betrieb

dung gebracht wurden, sind u. a. rohes oder nicht durchgegartes Rinderhackfleisch, Rohmilch/Rohmilchprodukte, Gemüse, Sprossen, Trinkwasser/Badegewässer oder nicht erhitzte Fruchtsäfte.
Mehr als 400 Serovaren von *E. coli* können **Shigatoxine** bilden. Nicht alle dieser Serovaren lösen eine der oben genannten Erkrankungen beim Menschen aus, weshalb sie allgemein als Shigatoxin bildende *E. coli* (STEC) oder Verotoxin bildende *E. coli* (VTEC) bezeichnet werden.

▶ Erkrankungen

EHEC sind solche *E. coli*-Stämme, die beim Menschen schwere Enteritiden mit lebensbedrohlichen Komplikationen in Form von Hämorrhagischer Colitis (HC), Hämorrhagisch-urämischem Syndrom (HUS) oder Thrombotisch-thrombozytopenischer Purpura (TTP) verursachen können. Die infektiöse Dosis ist in der Regel niedrig (< 100 Keime), insbesondere bei Risikogruppen, d. h. bei Kleinkindern bis zu 4 Jahren sowie älteren und immungeschwächten Personen. Die Inkubationszeit beträgt meist 2–3 Tage, dann treten wässrige Durchfälle und abdominale Schmerzen auf. Blutige Durchfälle folgen bei Kindern unter 10 Jahren in 80 % der Fälle nach 2–4 Tagen und 10–15 % der Kinder entwickeln HUS (Nierenschädigung häufig auch mit lebenslangen Spätfolgen) innerhalb von zwei Wochen. Das Hauptreservoir der Erreger sind Wiederkäuer, vor allem Rinder, und menschliche Ausscheider. Die Übertragung auf den Menschen kann durch Kontakt zu infizierten Tieren, von Mensch zu Mensch durch Schmierinfektionen oder über kontaminierte Lebensmittel (auch Wasser) erfolgen. Auch über Milch und Milchprodukte können EHEC-Infektionen ausgelöst werden (→ Tab. 9.22); es handelte sich bisher jedoch fast immer um Rohmilch oder Produkte aus Rohmilch, die epidemiologisch mit den Erkrankungen in Zusammenhang stehen. Häufig gelingt es nicht, den Erreger im Lebensmittel nachzuweisen, z. T. waren jedoch Kotproben der Tiere der betroffenen landwirtschaftlichen Betriebe positiv.
2013 wurden in der EU 73 durch STEC (VTEC) verursachte Ausbrüche, das sind 1,4 % aller lebensmittelbedingten Ausbrüche, registriert. Nur bei 12 Ausbrüchsfällen konnten die involvierten Lebensmittel mit hoher Sicherheit identifiziert

Tab. 9.23
Shigatoxin-Subtypen

Toxin-Typ	Primärer Rezeptor	Wirt/Reservoir	Assoziierte Krankheit[1]	ED50 Verozellen (ng/ml)[2]
Stx1a	Gb3[3]	Mensch, Rind, u. a.	D, HUS	0,06
Stx1c	Gb3	Mensch, Schaf, Rotwild	D, HUS	k. A.[4]
Stx1d	?	Rind	?	> 100
Stx2a	Gb3	Mensch	D, HUS	0,5
Stx2b	Gb3	Mensch, Rotwild	?	1,5
Stx2c	Gb3	Mensch, Rind	D, HUS	47
Stx2d	Gb3	Mensch, Schaf	D, HUS	0,4
Stx2e	Gb4	Schwein	Ödemkrankheit	k. A.
Stx2f	Gb3	Taube	?	ca. 1,5[5]
Stx2g	?	Rind	?	k. A.

[1] Mensch: D = Diarrhoe (z. T. blutig), HUS = Hämorrhagisch-urämisches Syndrom
[2] Konzentration, bei der 50 % der Verozellen absterben
[3] Globotriaosylceramid
[4] keine Angaben
[5] berechnet (relativ zu Stx2a)

werden, viermal Rindfleisch und daraus hergestellte Produkte, dreimal Gemüse und Säfte, zweimal Käse sowie einzelne Ausbrüche durch Fischprodukte, Kräuter oder Gewürze. Bei der Untersuchung von 860 Rohmilchproben (zum direkten Verzehr vorgesehen) waren 2,3 % STEC-positiv. Fast 7 % der getesteten Rinder (Kotproben) in der EU waren STEC-positiv. In Deutschland wurden 2013 insgesamt 1 673 STEC-Infektionen beim Menschen gemeldet.

Die wichtigsten Virulenzfaktoren der EHEC sind die **Shigatoxine** (Synonym: Vero(zyto)toxine), hochvirulente Zytotoxine, von denen derzeit die in Tabelle 9.23 aufgeführten Subtypen bekannt sind. **Shigatoxin 1a** (Stx1a) ist weitgehend identisch mit dem Toxin aus *Shigella dysenteriae* (Stx), daneben wurden bisher **Stx1c** (Stx1OX3) und **Stx1d** (Stx1v52) mit einer Homologie von 97 % bzw. 93 % in der Aminosäuresequenz zu Stx1 beschrieben.

Shigatoxin 2 (Stx2) zeigt keine immunologische Kreuzreaktion mit Stx1, die Gensequenzen weisen nur 55 % Homologie auf. Die Stx2-Varianten unterscheiden sich in ihrer biologischen Aktivität z. T. erheblich: Stx2a, Stx2c und Stx2d sind häufig bei HUS involviert; Stx2b wird häufig bei LEE-negativen Stämmen nachgewiesen; Stx2e ist pathogen für Schweine; Stx2f ist eine Tauben-spezifische Variante und Stx2g wurde beim Rind nachgewiesen.

Die meisten Shigatoxine sind auf einem λ-ähnlichen temperenten Phagen kodiert, außer Stx1c und Stx2e, die chromosomal kodiert sind. Die Lokalisation von *stx1d* ist nicht bekannt. Die Kodierung der *stx*-Gene auf Phagen führt dazu, dass die genetische Information leicht auf andere Stämme übertragen werden, aber auch durch Subkultivierung verloren gehen kann.

Der erste Schritt in der **Pathogenese** (→ Abb. 9.19) von EHEC besteht wie bei EPEC in der Anlagerung an Darmepithelzellen, wobei Pili (haemorrhagic coli pilus, HCP und *E. coli* common pilus, ECP) beteiligt sind. Wie bei EPEC wird dann über **Intimin** – ein 94 kDa-Membranprotein, das vom *eae*-Gen kodiert wird – und den **Tir** (translocated intimin receptor) der enge Kontakt zwischen Bakterium und Wirtszelle herbeigeführt. Darauf folgt die Akkumulation von Aktin an der

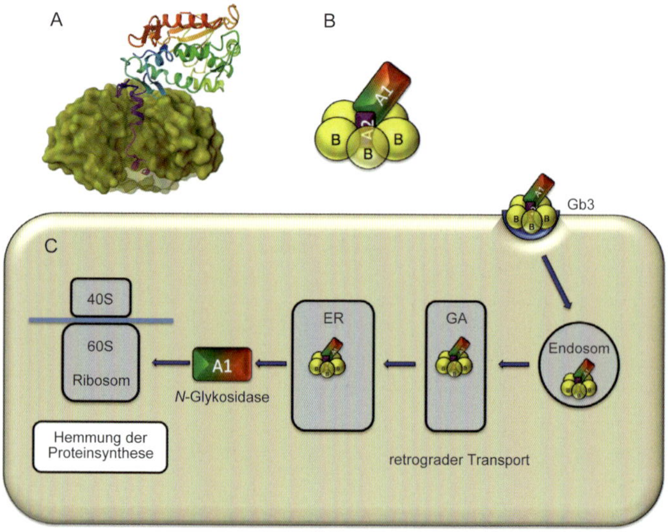

Abb. 9.24
Shigatoxine: (A) Röntgenkristallstruktur von Stx2 (PDB 1R4P), A-Untereinheit Darstellung der α-Helices und β-Faltblätter, B-Untereinheiten als Oberflächenmodell; (B) Struktur von Stx2 schematisch und (C) intrazelluläre Wirkung von Shigatoxinen: Nach der Bindung an den Rezeptor werden die Shigatoxine durch Endozytose in Endosomen aufgenommen und retrograd zum Golgi-Apparat (GA) und zum endoplasmatischen Retikulum (ER) transportiert. Dabei wird die A-Einheit durch Furin in zwei Untereinheiten gespalten (A1 und A2), von denen die aktive Kette (A1) ins Zytosol freigesetzt wird. An den Ribosomen (60S-Untereinheit) wirkt A1 als RNA N-Glykosidase und hemmt die Proteinsynthese. Außerdem können Shigatoxine Apoptose auslösen.

Kontaktstelle, Ausbildung von sockelartigen Strukturen (die dazu führenden intrazellulären Mechanismen sind allerdings nicht völlig identisch mit denen von EPEC) und von Attaching/Effacing-Läsionen. Die entsprechenden Gene sind wie bei EPEC auf einer **Pathogenitätsinsel** (locus of enterocyte effacement, LEE) kodiert. EHEC besitzen ebenfalls ein Typ-III-Sekretionssystem, über das sie jedoch fast doppelt so viele Effektorproteine in die Wirtszelle injizieren wie EPEC. Beim Zerfall der Bakterien werden die Shigatoxine freigesetzt, die dann die (vorgeschädigte) Darmschranke überwinden können, in die Blutbahn gelangen und zu den Zielzellen transportiert werden.

Shigatoxine sind AB_5-Toxine, die aus einer enzymatisch aktiven A-Einheit und fünf identischen B-Ketten, die die Bindung an den Zellrezeptor (Globotriaosylceramid, Gb3) vermitteln, bestehen. Die nicht toxischen B-Untereinheiten formen ein ringartiges Pentamer, das den C-Terminus der A-Kette umgibt (→ Abb. 9.24). Die einzelnen Stx-Subtypen zeigen allerdings gewisse strukturelle Unterschiede in den A- und B-Untereinheiten, woraus unterschiedliche Affinitäten zum Rezeptor resultieren. Beim Menschen wird der Gb3-Rezeptor vor allem auf Nierenepithel- und endothelzellen und mikrovaskulären Endothelzellen der intestinalen Lamina propria und in geringem Umfang auf Paneth-Zellen in den Dünndarmkrypten exprimiert, was weitgehend die typischen Krankheitsbilder bei EHEC-Infektionen erklären kann.

▸ Nachweisverfahren

Mit mehr als 400 Serovaren, die Shigatoxine bilden können, sind die pathogenen *E. coli* sehr heterogen sowohl im Hinblick auf ihre physiologischen Eigenschaften als auch in ihrer Virulenz. Zur Unterscheidung von apathogen *E. coli* werden hauptsächlich zwei Strategien verfolgt: der Nachweis bestimmter **Serovaren** oder bestimmter **Virulenzfaktoren** (meist Shigatoxine oder deren Gene). Im ersten Fall beschränkt sich die Diagnostik auf einige wenige Serovaren, wie O26, O45, O91, O103, O111, O121, O145 und O157, dies beinhaltet aber das Risiko, dass neu auftretende Serovaren (wie O104:H4) nicht erfasst werden. Die Detektion der Shigatoxine oder der entsprechenden Gene ist demgegenüber sicherer, ergibt aber unter Umständen auch bei nicht humanpathogenen Isolaten ein positives Ergebnis.

Das horizontale Verfahren für den Nachweis von **Shigatoxin (Verotoxin) bildenden** *E. coli* (STEC, VTEC) – DIN CEN ISO/TS 13136:2012 – basiert auf der Polymerase-Kettenreaktion (PCR) und weist anhand von allgemeinen VTEC-Virulenzgenen (*stx* und *eae*, → Tab. 9.21) sowohl die gesamte Gruppe der VTEC als auch anhand O-Antigen-spezifischer Gene die eventuelle Zugehörigkeit des Isolates zu den als besonders häufig auftretenden und schwere Erkrankungsformen (HUS) hervorrufenden Serovaren O157, O26, O111, O103, O145 nach. Zunächst erfolgt eine Anreicherung in einer Selektivbouillon unterschiedlicher Zusammensetzung: Bei Anwesenheit einer umfangreichen Begleitflora in Trypton-Soja-Bouillon mit Gallensalzen und Novobiocin (mTSB+N), bei der Untersuchung von Milch und Milcherzeugnissen in Trypton-Soja-Bouillon mit Gallensalzen und Acriflavin (mTSB+A). Bei Anwesenheit einer geringen Begleitflora und subletal geschädigten VTEC wird nicht-selektives Gepuffertes Peptonwasser (BPW) verwendet.

Die Untersuchung auf die entsprechenden **Ziel-Gene** (*stx, eae*, O-Antigen-spezifische Gene der oben genannten Serogruppen) erfolgt mittels einer **Multiplex-PCR**. Beim Nachweis von *vtx*-Genen bzw. *vtx*- und *eae*-Genen werden die VTEC-Stämme durch Ausstriche aus den Anreicherungen auf Trypton-Galle-Glucuronid-Agar (TBX) isoliert. Verdächtige Kolonien werden auf Nutrient-Agar überimpft und nach der Inkubation mittels PCR auf Anwesenheit der *vtx*-Gene und gegebenenfalls des *eae*-Gens überprüft. Verläuft der Nachweis positiv, werden die Isolate als *E. coli* identifiziert und gegebenenfalls serologisch ihre Zugehörigkeit zu der dem Ergebnis des Tests aus den Anreicherungen entsprechenden Serogruppe bestätigt.

Besonderheiten: Da EHEC einige biochemische und physiologische Besonderheiten aufweisen, können sie im Allgemeinen mit den für *E. coli* üblichen Verfahren nicht nachgewiesen werden. Von praktischer Bedeutung sind in diesem Zusammenhang das Unvermögen von O157 (evtl. auch von anderen Stämmen), bei erhöhten Bebrütungstemperaturen (44–45 °C) zu wachsen, Sorbit zu fermentieren sowie das Fehlen des Enzyms β-Glucuronidase. Außerdem zeigen insbesondere geschädigte Keime eine verringerte Resistenz gegenüber Gallensalzen.

▸ Gesetzliche Bestimmungen und Hygienemaßnahmen

Nach § 7 Infektionsschutzgesetz ist der direkte oder indirekte Nachweis von „Escherichia coli, enterohämorrhagische Stämme (EHEC) und Escherichia coli, sonstige darmpathogene Stämme" zu melden, soweit die Nachweise auf eine akute Infektion hinweisen. Der Nachweis „Verotoxin bildender Escherichia coli" bei Einhufern, Rindern, Schweinen, Schafen, Ziegen, Hunden, Katzen, Hasen/Kaninchen und Fischen (Forellen/Karpfen) ist nach der Verordnung über meldepflichtige Tierkrankheiten meldepflichtig.

Auf EU-Ebene wurden bisher keine mikrobiologischen Kriterien für pathogene *E. coli* in Lebensmitteln festgesetzt.

Shigatoxin produzierende *Escherichia coli* (STEC) der Serovaren O26, O45, O103, O104, O111, O121, O145, O157 und andere Shigatoxin produzierende Serovaren sowie Verotoxin und „shiga-like ribosome inactivating proteins" sind in den Kontrolllisten der Australia Group (→ Kap. 9.2.1.3) aufgeführt.

Basiswissen 9.23
Hygienemaßnahmen zur Vermeidung einer EHEC-Infektion

- kein Verzehr (gilt insbesondere für Risikokonsumenten) von
  - rohem Rindfleisch
  - rohen Rindfleischprodukten (Tartar etc.)
  - Rohmilch
  - Sprossen (Keimlingen)
  - nicht pasteurisierten Obst- und Gemüsesäften
- Erhitzungsverfahren wie Kochen, Braten und Pasteurisieren (Kurzzeiterhitzung: 71,7 °C/15 s) töten EHEC ab
- Küchenhygiene (Vermeidung von Kreuzkontamination beim Umgang mit rohem Rindfleisch oder Sprossen)
- Händehygiene
- Kühllagerung roher Lebensmittel (auch Sprossen)

9.2.8.8 Standardisierte Nachweisverfahren

DIN CEN ISO/TS 13136:2012 – Mikrobiologie von Lebensmitteln und Futtermitteln – Real-time-Polymerase-Kettenreaktion (PCR) zum Nachweis von pathogenen Mikroorganismen in Lebensmitteln – Horizontales Verfahren für den Nachweis von Shiga-Toxin bildenden *Escherichia coli* (STEC) und Bestimmung der Serogruppen O157, O111, O26, O103 und O145

9.2.9 *Listeria monocytogenes*

9.2.9.1 Allgemeines

Die Familie der *Listeriaceae* wird auf der Grundlage von phylogenetischen Analysen der 16 sRNA in die Gattungen *Listeria* und *Brochothrix* unterteilt. Die Gattung *Listeria* ist nach dem englischen Arzt Joseph Lister benannt und die einzelnen Spezies sind in der Umwelt weitverbreitet. Die Gattung *Listeria* umfasst derzeit 19 Spezies und 6 Subspezies (LPSN Stand Mai 2015), von denen einige aufgrund ihrer somatischen (O-)Antigene und ihrer Geißel-(H-)Antigene in verschiedene Serovaren unterteilt werden (→ Tab. 9.24). Das Typisierungsschema beruht auf 15 O-Antigenen (mit römischen Zahlen bezeichnet) und sechs H-Antigenen (mit Großbuchstaben bezeichnet). In Lebensmitteln sind, von den in Tabelle 9.24 aufgeführten Spezies, vor allem *L. innocua* und *L. monocytogenes* von Bedeutung, von denen nur *L. monocytogenes* Lebensmittelinfektionen hervorruft. Die meisten Erkrankungen werden durch die Serovaren 1/2a, 1/2b und 4b hervorgerufen.

Tab. 9.24
Gattung *Listeria*

Spezies/Subspezies	Humanpathogen	Serovar
lebensmittelrelevante Spezies nach DIN EN ISO 11290-1:2005		
L. monocytogenes	+	1/2a, 1/2b, 1/2c, 3a, 3b, 3c, 4a, 4ab, 4b, 4c, 4d, 4e, 7
L. grayi subsp. *grayi*, *L. grayi* subsp. *murray*	–	
L. innocua	–	4ab, 6a, 6b
L. ivanovii subsp. *Ivanovii* *L. ivanovii* subsp. *londoniensis*	+	5
L. seeligeri	(+)	1/2b, 4c, 4d, 6b
L. welshimeri	–	6a, 6b
weitere Spezies		
L. aquatica	*L. grandensis*	
L. booriae	*L. marthii*	
L. cornellensis	*L. murrayi*	
L. denitrificans	*L. newyorkensis*	
L. fleischmannii subsp. *coloradonensis*	*L. riparia*	
L. fleischmannii subsp. *fleischmannii*	*L. rocourtiae*	
L. floridensis	*L. weihenstephanensis*	

9.2.9.2 Charakteristika

L. monocytogenes ist ein grampositives, bewegliches Stäbchenbakterium (Basiswissen 9.24), das 1926 als *Bacterium monocytogenes* im Zusammenhang mit einer mononukleären Leukozytose bei Kaninchen beschrieben wurde. Einer der ersten epidemiologisch aufgeklärten, lebensmittelbedingten Listerioseausbrüche ereignete sich 1981 in Kanada und wurde durch einen mit *L. monocytogenes* kontaminierten Krautsalat hervorgerufen. In der Folge wurde dieser Keim bei einer Vielzahl von Erkrankungsfällen aus den unterschiedlichsten Lebensmitteln pflanzlichen und tierischen Ursprungs (Salate, rohes Gemüse, Sprossen, Feinkostsalate, rohe Milch, Rohmilchkäse, geräucherter Fisch, roher Fisch, Hackfleisch, Rohwürste, Mettwürste, Geflügelfleisch, verzehrsfertige Fleischerzeugnisse etc.) isoliert. Die weite Verbreitung sowie das **oligotrophe und psychrotrophe Verhalten** der Listerien stellen ein besonderes Problem für die Lebensmittelindustrie dar. Gegenüber Umwelteinflüssen, wie Trockenheit, Kälte, Sonnenlicht, Kochsalz, Säuren usw., sind Listerien **sehr resistent**, weswegen sie sich in sogenannten **„ökologischen Nischen"** in Lebensmittel produzierenden Betrieben halten und vermehren können.

L. monocytogenes ist ein fakultativ pathogener Keim, der meist schwer verlaufende Infektionen, insbesondere bei Schwangeren, Feten und Neugeborenen sowie immungeschwächten Personen, hervorruft. Daneben werden zunehmend auch bei

Basiswissen 9.24
Listeria monocytogenes

monocytogenes: Betonung auf der 4. Silbe, Kombination aus *monocytum* (lat.) und dem griechischen Wort γεννάω für hervorbringen

- **Risikogruppe:** 2
- **Morphologie:**
  - gramnegatives Stäbchen
  - einzeln oder kurze Ketten
  - Größe: ca. (0,4–0,5) x (1–2) µm
  - Kolonie (nach 24–48 h): 0,5–1,5 mm Durchmesser, rund, konvex, glatte Oberfläche, nicht pigmentiert

Koloniemorphologie *L. monocytogenes*

- **charakteristische Eigenschaften:**
  - beweglich (unter 30 °C)
  - aerob, fakultativ anaerob
  - hämolytisch (CAMP-positiv)
  - β-Glucosidase-Bildung
  - Phospholipase C-Bildung
  - Laktoseabbau
  - Katalase-positiv
- **Wachstumsbedingungen:**
  - Temperatur: 1–45 °C, Optimum 30–37 °C
  - pH-Wert: 4,5–9,6; Optimum bei 7,0
  - a_W-Wert: Minimum 0,92–(0,90)
  - NaCl: Wachstum bis 10 %; Überleben bis 30 % (5 d/37 °C); Salzbad bei der Käseherstellung!
  - Generationszeit: 4 °C/34,5 h; 21 °C/1,85 h (in Vollmilch)
- **empfindlich gegenüber:**
  - Wärmebehandlung: $D_{71,7\,°C}$ = 1,6 s (in Milch)
  - antagonistischen Einflüssen der Begleitflora (z. B. bestimmte Starter- und Reifungskulturen, Enterokokken)
- **resistent gegenüber:**
  - hohe Resistenz gegenüber osmotischem Stress
- **Reservoir:**
  - Umwelt: Boden, Pflanzen (Silage!)
  - Mensch und Tier: Fäzes
  - Lebensmittel: häufig in pflanzlichen und tierischen Lebensmitteln, Rohmilchkäse, geschmierte Käse
  - Biofilmbildung: in Rohrleitungssystemen
- **Bedeutung:**
  - Lebensmittelinfektionserreger: invasiver Verlauf und fieberhafte Gastroenteritis
  - Erreger lokaler und systemischer Infektionen

gesunden Erwachsenen fieberhafte Gastroenteritiden beobachtet, die allerdings milde und – zumindest soweit bisher bekannt – ohne Todesfälle verlaufen (nicht-invasive Listeriosen).

9.2.9.3 Erkrankungen

Nach dem oben erwähnten lebensmittelbedingten Listerioseausbruch 1981 in Kanada kam es 1983 und 1985 in den USA zu zwei weiteren epidemiologisch untersuchten Ausbrüchen nach dem Verzehr von pasteurisierter Milch (ohne Erregernachweis, siehe Besonderheiten beim Nachweis) bzw. einem Labkäse mexikanischer Art. Es folgten weitere Listerioseausbrüche, von denen einige, die durch Milch- oder Milcherzeugnisse hervorgerufen wurden, in Tabelle 9.25 dargestellt sind. Wie die Zusammenstellung zeigt ist die **Sterblichkeit** im Allgemeinen **sehr hoch**. Bei zwei Ausbrüchen (1994 Illinois, 2002 Kanada) verlief die Erkrankung im Wesentlichen unter dem Bild einer Gastroenteritis (siehe weiter unten) ohne Todesfälle. Derartige Ausbrüche wurden in den letzten Jahren mehrfach unter Beteiligung anderer Lebensmittel beobachtet.

Insgesamt gesehen ist die Zahl der Listeriose-Fälle verglichen mit der anderer Lebensmittelinfektionen und -intoxikationen nicht hoch. Nach Angaben des Robert Koch-Instituts lag sie in Deutschland im Jahr 2001 (Beginn der Meldepflicht entsprechend Infektionsschutzgesetz) bei etwa 200 Erkrankungen, stieg 2005/2006 auf über 500 Fälle an, sank bis 2008 zunächst deutlich ab, um seit 2009 wieder anzusteigen; 2013 erreichte die Zahl mit 467 gemeldeten Fällen den höchsten Stand seit 2005/2006. 2013 wurden in der EU 1 763 bestätigte Fälle von Listeriose registriert, das entspricht einer Zunahme um 8,6 % im Vergleich zu 2012. Mit 15,6 % war die Letalität die höchste aller erfassten Zoonosen in der EU.

Das Erkrankungsbild reicht bei der invasiven Form von grippeähnlichen Symptomen bis zu zerebralen Störungen, Septikämien sowie Früh- und Totgeburten. Insbesondere die Manifestation im Zentralnervensystem bedingt die oben erwähnte hohe Sterblichkeit. Von der Listeriose sind hauptsächlich zwei Risikogruppen betroffen, **schwangere Frauen** und ihre **un- oder neugeborenen Kinder** sowie Menschen, deren **Immunsystem geschwächt** ist. Bei der Mutter zeigt die Erkran-

Tab. 9.25
Beispiele für Listeriosen durch Milch und Milcherzeugnisse

Jahr	Ort	Lebensmittel	Erkrankte (% Tote)	Serovar
1983	Massachusetts (USA)	pasteurisierte (?) Milch	49 (29)	4b
1985	Kalifornien (USA)	Weichkäse („Mexican style“)	142 (34)	4b
1983–87	Kanton Waadt (CH)	Weichkäse (Vacherin Mont d'Or)	122 (27)	4b
1989/90	Dänemark	Hart- oder Blauschimmelkäse	26 (23)	?
1994	Illinois (USA)	Schokoladenmilch	45[1] (0)	1/2b
1995	Frankreich	Brie (aus Rohmilch)	20 (20)	?
1998/99	Finnland	Butter	18 (22)	3a
2000/01	North Carolina (USA)	Weichkäse („Mexican style“)	10[2] (50[3])	?
2002	Kanada	Tomme-Käse (aus past. Milch)	82[1] (0)	4b
2005	Neuenburg (CH)	Weichkäse (aus past. Milch)	10 (30)	1/2a
2008	Chile	Brie	91 (5,5)	?
2009/2010	DE, AT, CZ	Quargel	34 (24)	1/2a

[1] Gastroenteritiden; [2] Schwangere; [3] Totgeburten

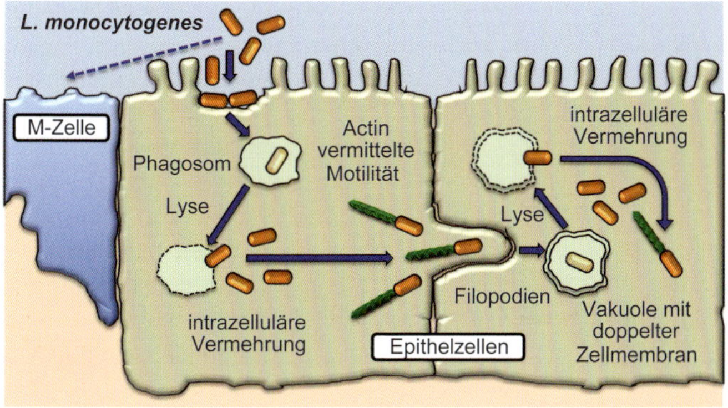

Abb. 9.25
Listeria monocytogenes: Die Internalisierung von *L. monocytogenes* durch nicht phagozytierende Zellen wird durch Internalin A und B induziert. In der Zelle befinden sich die Krankheitserreger im Phagosom, in dem sie normalerweise abgetötet werden. *L. monocytogenes* bildet jedoch ein hämolytisch aktives Toxin (Listeriolysin O, LLO), das innerhalb kurzer Zeit die Membran des Phagosoms lysiert, wodurch der Erreger in das Zytoplasma gelangen kann. LLO zählt zur Familie der porenbildenden, Cholesterin-abhängigen Zytolysine und zeigt optimale Aktivität bei einem pH-Wert von unter 6, was dem Wert im frühen Phagosom entspricht. An diesem Vorgang ist die Phosphatidyl-Inosit-spezifische Phospholipase C (PlcA) beteiligt. Nach dem Übertritt ins Zytoplasma vermehrt sich der Erreger und kann nun mithilfe Aktin-vermittelter Motilität in benachbarte Wirtszellen eindringen. Zur Ausbildung des an einem der Zellpole des Bakteriums lokalisierten „Actin-Schwanzes" ist die Bildung des Oberflächenproteins ActA Voraussetzung. Zur Freisetzung aus der in der neu befallenen Zelle nun von einer Doppelmembran umgebenen Vakuole ist ein weiterer Faktor, die Phosphatidyl-Cholin-spezifische Phospholipase C (PlcB), notwendig.

kung im Allgemeinen einen milden Verlauf, während sie beim Ungeborenen oder Neugeborenen häufig zum Tode führt. Entsprechend dem klinischen Bild unterscheidet das Robert Koch-Institut (2007) zwischen der „Listeriose des Neugeborenen", der „Listeriose der Schwangeren" und der „Andere[n] Form". Obwohl die in den involvierten Lebensmitteln ermittelten Keimzahlen meist über 100/g lagen, kann die Infektionsdosis im Einzelfall sehr niedrig sein.

Vereinfacht läuft die Pathogenese der **invasiven Listeriose** wie folgt ab: nach der oralen Aufnahme dringt *L. moncytogenes* in die Darmschleimhaut ein, wird von Phagozyten aufgenommen und über das Blut in Leber und Milz transportiert. Dort wird ein Großteil der Keime durch gewebetypische Makrophagen abgetötet. Den überlebenden Keimen kann es gelingen, in die Leberzellen einzudringen und sich dort zu vermehren. Schließlich erfolgt die weitere Ausbreitung in andere Organe wie das Zentralnervensystem oder die Plazenta. Eine für die Entstehung der Listeriose wesentliche Eigenschaft der Erreger ist ihre Fähigkeit, in phagozytierenden und nicht phagozytierenden Zellen überleben und sich vermehren zu können.

Bei gesunden Personen kann *L. monocytogenes* eine **fieberhafte Gastroenteritis** auslösen. Die Inkubationszeit beträgt etwa einen Tag (in Einzelfällen bis zu sechs Tage), Durchfall und Fieber sind die Leitsymptome und die Erkrankungsdauer liegt bei zwei Tagen. Als weitere Symptome wurden Kopf- und Gelenkschmerzen, Erbrechen und abdominale Schmerzen beobachtet. Die Infektionsdosis lag bisher (soweit ermittelt) meist bei über 10^5 Keimen pro Gramm Lebensmittel (Bereich 3×10^1–$1{,}6 \times 10^9$). Die Pathogenitätsmechanismen, die zur Gastroenteritis führen, sind weitgehend ungeklärt, die Invasion der Darmepithelzellen ist dabei aber vermutlich von Bedeutung.

9.2.9.4 Nachweisverfahren

Beim horizontalen Verfahren für den Nachweis und die Zählung von *L. monocytogenes* Teil 1: **Nachweis** (DIN EN ISO 11290-1:2005) wird die Lebensmittelprobe zunächst in **halbkonzentrierter Fraser-Bouillon** (Primäranreicherung mit reduziertem Gehalt an selektiven Inhaltsstoffen) inkubiert. Das Medium enthält neben Pepton, Trypton, Fleisch- und Hefeextrakt einen höheren Anteil an Kochsalz sowie einen Phosphatpuffer. Als Indikatorsystem sind Äskulin und Eisen(III) ammoniumcitrat (Schwärzung bei der für Listerien typischen Äskulinspaltung) zugefügt. Als selektive Komponente dient neben Acriflavin und

Nalidixinsäure Lithiumchlorid. Nach der Bebrütung wird aus der Anreicherung auf ALOA-Agar nach Ottaviani und Agosti (→ Abb. 9.26 A/B) und auf ein zweites Medium freier Wahl ausgestrichen und gleichzeitig im Verhältnis 1 : 100 (0,1 ml zu 10 ml) in Fraser-Bouillon übertragen (Unteranreicherung). Die Zusammensetzung der Fraser-Bouillon unterscheidet sich von der des „halbkonzentrierten" Mediums hinsichtlich der Acriflavin- und Nalidixinsäureanteile. Nach der Inkubation dieser Unteranreicherung wird erneut auf die genannten festen Selektivmedien ausgestrichen. Der Vorteil dieses Verfahrens ist darin zu sehen, dass sich durch die starke Verdünnung des Probenmaterials bei der Übertragung aus der Primär- in die Unteranreicherung die **Hemmwirkung der Selektivstoffe** auf die Begleitflora voll entfalten kann und antagonistische Einflüsse Letzterer auf die Listerien gemindert werden.

Beim horizontalen Verfahren für den Nachweis und die Zählung von *L. monocytogenes* Teil 2: **Zählung** (DIN EN ISO 11290-2:2005) erfolgt eine Wiederbelebung in gepuffertem Peptonwasser oder 1/2 Fraser-Bouillon (ohne Selektivkomponenten) bei 20 °C für eine Stunde. Danach wird auf ALOA ausgestrichen und nach einer Bebrütung bei 37 °C für 24–48 h erfolgt die Zählung der Kolonien.

Als Medium freier Wahl können u. a. der Polymyxin-Acriflavin-LiCl-Ceftazidim-Aesculin-Mannitol (PALCAM)- oder der Oxford-Agar verwendet werden.

Durch die Bestätigungsreaktionen (Katalase, Gram-Verhalten, (Beweglichkeit), Hämolyse und CAMP-Test), insbesondere das Hämolyseverhalten, kann zwischen einzelnen Listerienspezies unterschieden werden (→ Tab. 9.26). Vor allem die Differenzierung zwischen der pathogenen Spezies *L. monocytogenes* und der apathogenen Spezies *L. innocua* ist in diesem Zusammenhang wesentlich.

Besonderheiten: Es wurden nichthämolytische *L. monocytogenes*-Isolate aus Milcherzeugnissen

Abb. 9.26
Listeria monocytogenes und *L. innocua* auf Listerien-Agar nach Ottavani und Agosti (ALOA): ALOA (wird von mehreren Herstellern mit unterschiedlicher Bezeichnung angeboten) ist ein chromogenes Medium zur Differenzierung zwischen *L.monocytogenes* und anderen *Listeria* spp. und enthält 5-Brom-4-Chlor-3-Indolyl-β-D-Glucopyranosid sowie L-α-Phosphatidyl-Inosit als Substrate. A: Alle *Listeria* spp. (hier *L. innocua*) bilden β-Glucosidase und zeigen sich somit als hellblaue oder blaue Kolonien. B: Nur *L. monocytogenes* produziert Phosphatidyl-Inosit-spezifische Phospholipase C (siehe auch Abb. 9.25), sodass die hellblauen Kolonien zusätzlich mit einem opaken Hof umgeben sind (Pfeile). Der Nährboden enthält als Selektivstoffe Nalidixinsäure, Ceftazidim, Polymyxin B-Sulfat und Cycloheximid.

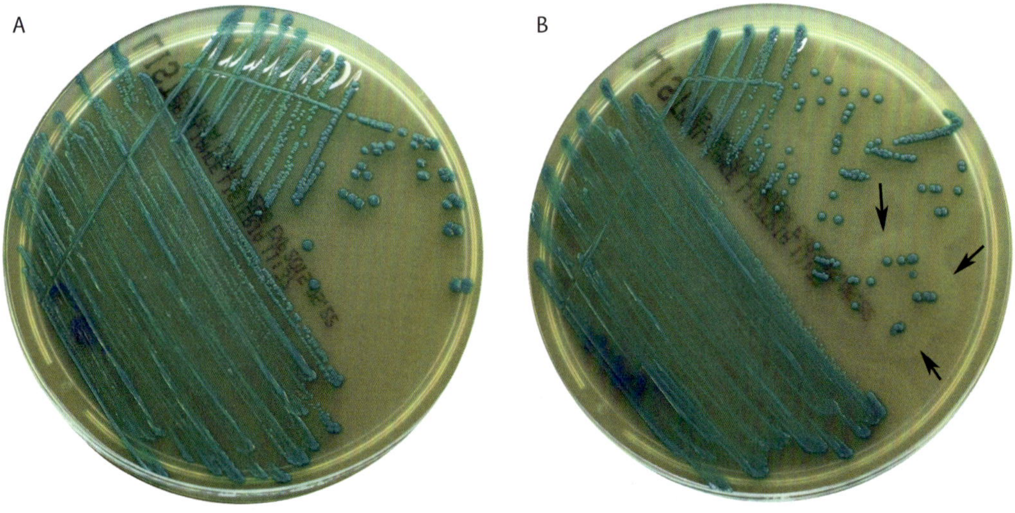

Tab. 9.26
Differenzierung von *Listeria* spp. (nach DIN EN ISO 11290-1:2005)

Spezies	Hämolyse	Säurebildung aus Rhamnose/Xylose	CAMP-Test *S.aureus*/*R. equi*
L. monocytogenes	+	+/–	+/–
L. grayi subsp. *grayi*	–	–/–	–/–
L. grayi subsp. *murray*		v/–	–/–
L. innocua	–	v/–	–/–
L. ivanovii	+	–/+	–/+
L. seeligeri	(+)	–/+	(+)/–
L. welshimeri	–	v/+	–/–

+ > 90 % positiv; – negativ; v variabel; (+) schwache Reaktion

beschrieben, auch das Auftreten Katalase-negativer *L. monocytogenes*-Stämme wurde beobachtet. *Bacillus* spp., Enterokokken, Staphylokokken und einige weitere Genera können β-Glucosidase bilden und zeigen somit hellblaue oder blaue listerienähnliche Kolonien.

Listerien können beim Kontakt mit Antibiotika, die die Zellwandsynthese verhindern, **L-Formen** bilden, die mit klassischen, kulturellen Methoden nicht nachweisbar sind. Die L-Formen sind kugelig, stark vergrößert und zeigen eine geringe Empfindlichkeit gegenüber Stressfaktoren (Salz, pH-Wert, Temperatur etc.). Sie können in einem speziellen Medium oder Milch kultiviert werden und bilden untypische Kolonien. Man geht heute davon aus, dass bei dem Ausbruch 1983 in Massachusetts (→ Tab. 9.25) die Listerien sich in der Milch im reversiblen Übergangsstadium zur L-Form (transient) befanden und deshalb nicht nachgewiesen werden konnten.

Tab. 9.27
Lebensmittelsicherheitskriterien – *Listeria monocytogenes*

Lebensmittelkategorie	Probenplan		
	n	c	Grenzwerte (m/M)
verzehrfertige Lebensmittel, die für Säuglinge oder für besondere medizinische Zwecke bestimmt sind	10	0	in 25 g nicht nachweisbar
andere als für Säuglinge oder für besondere medizinische Zwecke bestimmte, verzehrfertige Lebensmittel, die die Vermehrung von *L. monocytogenes* begünstigen können	5	0	100 KbE/g[1] oder in 25 g nicht nachweisbar[2]
andere als für Säuglinge oder für besondere medizinische Zwecke bestimmte, verzehrfertige Lebensmittel, die die Vermehrung von *L. monocytogenes* nicht begünstigen können[3]	5	0	100 KbE/g

[1] Dieses Kriterium gilt, sofern der Hersteller zur Zufriedenheit der zuständigen Behörde nachweisen kann, dass das Erzeugnis während der gesamten Haltbarkeitsdauer den Wert von 100 KbE/g nicht übersteigt.
[2] Dieses Kriterium gilt für Erzeugnisse, bevor sie aus der unmittelbaren Kontrolle des Lebensmittelunternehmers, der sie hergestellt hat, gelangt sind, wenn er nicht zur Zufriedenheit der zuständigen Behörde nachweisen kann, dass das Erzeugnis den Grenzwert von 100 KbE/g während der gesamten Haltbarkeitsdauer nicht überschreitet.
[3] Erzeugnisse mit einem pH-Wert von ≤ 4,4 oder a_W-Wert von ≤ 0,92, Erzeugnisse mit einem pH-Wert von ≤ 5,0 und a_W-Wert von ≤ 0,94; Erzeugnisse mit einer Haltbarkeitsdauer von weniger als 5 Tagen werden automatisch dieser Kategorie zugeordnet. Andere Lebensmittelkategorien können vorbehaltlich einer wissenschaftlichen Begründung ebenfalls zu dieser Kategorie zählen.

9.2.9.5 Mikrobiologische Kriterien und Hygienemaßnahmen

In der EU gelten die in Tabelle 9.27 zusammengestellten Lebensmittelsicherheitskriterien für *L. monocytogenes*.
Die Kurzzeiterhitzung (71,7 °C/15 s) ist ein sicheres Verfahren, um Listerien abzutöten. Eine regelmäßige Untersuchung von Lebensmitteln, die einer Wärmebehandlung oder einer anderen Verarbeitung unterzogen wurden (durch die *Listeria monocytogenes* abgetötet werden) und bei denen eine Rekontamination ausgeschlossen werden kann, ist in der Regel nicht nötig.
Zur Bekämpfung der Listerien in milchwirtschaftlichen Betrieben muss verhindert werden, dass durch Personen (z. B. aus einem landwirtschaftlichen Betrieb) oder Tiere (Insekten, Vögel und Nager) Listerien eingebracht werden. Alle Roh- und Zusatzstoffe müssen listerienfrei sein. Als Maßnahmen zur Abwehr der Keime innerhalb des Betriebes stehen konsequente Personalhygiene, Vermeidung von nassen Stellen und stehendem Wasser sowie regelmäßige Reinigung und Desinfektion an erster Stelle. Dampfstrahlgeräte sollen keine Verwendung finden, da dadurch die Keime im Betrieb verteilt, aber nicht vollständig inaktiviert werden! Im landwirtschaftlichen Betrieb kommen Listerien häufig in schlecht gesäuerter Silage vor, wobei sie sich vor allem in den Randschichten gut vermehren können.

Basiswissen 9.25
Empfehlungen für Schwangere, Kinder, Senioren und abwehrgeschwächte Personen (Auszug aus BfR 2008)

- keine Lebensmittel tierischen Ursprungs roh verzehren
- auf Verzehr von geräucherten (Lachs) oder marinierten Fischerzeugnissen verzichten
- keinen Rohmilchweichkäse verzehren
- Käserinde immer entfernen
- keine klein geschnittenen, verpackten Salate verarbeiten
- Lebensmittel, insbesondere solche in Vakuumverpackungen, weit vor Ablauf des MHD konsumieren
- Erhitzungsverfahren wie Kochen und Braten töten Listerien ab (mind. 2 min 70 °C Kerntemperatur)

9.2.9.6 Standardisierte Nachweisverfahren

- DIN EN ISO 11290-1:2005 Mikrobiologie von Lebensmitteln und Futtermitteln – Horizontales Verfahren für den Nachweis und die Zählung von *Listeria monocytogenes* Teil 1: Nachweis
- DIN EN ISO 11290-2:2005 Mikrobiologie von Lebensmitteln und Futtermitteln – Horizontales Verfahren für den Nachweis und die Zählung von *Listeria monocytogenes* Teil 2: Zählung

9.2.10 *Mycobacterium* spp.

9.2.10.1 Allgemeines

Die Gattung *Mycobacterium* (pilzähnlich wachsendes Bakterium, griech. μύκης = Pilz) aus der Familie der *Mycobacteriaceae* umfasst 170 Spezies und 13 Subspezies (LPSN Stand Mai 2015). Der Erreger der Tuberkulose beim Menschen (*Mycobacterium tuberculosis*) wurde 1882 von Robert Koch beschrieben. Mittlerweile werden im *Mycobacterium tuberculosis*-Komplex human- und tierpathogene Spezies zusammengefasst, von denen insbesondere *Mycobacterium bovis* und *caprae* bei Milch liefernden Tieren als Tuberkuloseerreger im Vordergrund stehen. Darüber hinaus ist *Mycobacterium avium* subsp. *paratuberculosis*, das zum *Mycobacterium avium*-Komplex zählt, als Erreger der Paratuberkulose bei Wiederkäuern von Bedeutung.

9.2.10.2 *Mycobacterium bovis* und *caprae*

Mycobacterium bovis (*bovis* lat. Genitiv Singular: des Rindes) ist die häufigste Ursache der Tuberkulose bei Rindern und anderen Arten der Gattung *Bos*. Daneben kann der Erreger auch bei einer Vielzahl weiterer Säugetiere sowie beim Menschen Infektionen auslösen. *Mycobacterium caprae* (*caprae* lat. Genitiv Singular: der Ziege) wurde früher als Subspezies von *M. tuberculosis* bzw. von *M. bovis* geführt, ist jedoch heute aufgrund genetischer Unterschiede als eigene Spezies anerkannt und war phylogenetisch wahrscheinlich ein Vorläufer von *M. bovis*. Das Hauptverbreitungsgebiet von *M. caprae* ist vor allem Spanien, West- und Mitteleuropa. Seit einigen Jahren wird *M. caprae*

Basiswissen 9.26
Mycobacterium bovis* und *caprae

bovis/caprae: Betonung auf der ersten Silbe

- **Risikogruppe**: 3
- **Morphologie:**
  - grampositive Stäbchen
  - Größe: ca. 0,5 x 2–4 µm
  - Kolonie: *M. b.* klein, rund, weiß, unregelmäßiger Rand, granulierte Oberfläche; *M. c.* glatt, nicht pigmentiert
- **charakteristische Eigenschaften:**
  - unbeweglich
  - nicht Sporen bildend
  - mikroaerophil (aerob nach Adaptation)
  - säure(-alkohol)fest
  - fakultativ intrazellulär
- **Wachstumsbedingungen:**
  - Wachstumsförderung durch Pyruvat
  - Temperatur: Optimum 37 °C (kein Wachstum bei 25 oder 42 °C)
  - pH-Wert: Optimum bei 6,4–7,0
  - NaCl: kein Wachstum bei 5 %
  - Generationszeit: > 20 h
- **Wärmebehandlung:**
  - *M. b.*: $D_{71,7\,°C}$ = 4 s (in Laktatlösung)
- **resistent gegenüber:**
  - hohe Resistenz gegen: Säuren, Laugen, Desinfektionsmittel, Detergentien, Eintrocknen
  - lange Überlebensfähigkeit in der Umwelt
- **Reservoir:**
  - Tier (obligat wirtsgebunden): Wiederkäuer (Schweine, Hunde, Katzenartige)
- **Bedeutung:**
  - Erreger der Tuberkulose bei Rindern und anderen Wiederkäuern

im Allgäu vermehrt in Rinderbeständen, aber auch beim Rotwild nachgewiesen, während *M. bovis* eher in Norddeutschland verbreitet ist.

Die **Tuberkulose** manifestiert sich beim Rind als chronische, granulomatöse, nekrotisierende Entzündung, wobei die Primärherde bei einem hohen Prozentsatz der Tiere in der Lunge und deren Lymphknoten liegen. Die Infektion kann Monate oder Jahre subklinisch verlaufen, durch die staatlichen Kontrollprogramme werden infizierte Tiere jedoch meist frühzeitig identifiziert. Die **Infektion** erfolgt meist **aerogen**, kann aber auch durch kontaminiertes Futter oder Wasser vermittelt werden. Eine Ausscheidung der Erreger über die Milch kann bereits während der subklinischen Phase erfolgen, ebenso ist eine Kontamination der Milch während des Melkens nicht auszuschließen. Der Mensch kann sich durch den **Genuss von mit Mykobakterien kontaminierter Milch** alimentär infizieren. Die Kurzzeiterhitzung (71,7 °C/15 s) gilt als sicheres Verfahren um *M. bovis* und *M. caprae* abzutöten, sodass lediglich Rohmilch oder daraus hergestellte Produkte eines betroffenen (und nicht als infiziert erkannten) Betriebes ein Risiko für den Verbraucher darstellen. In Studien zum Überleben von Mykobakterien in Cheddar und Tilsiter konnten infektiöse Erreger noch nach 220 bzw. 305 Tagen nachgewiesen werden.

Die **Rindertuberkulose** ist eine anzeigepflichtige Tierseuche. Seit 1997 gilt Deutschland offiziell anerkannt als frei von Rindertuberkulose, die Kontrolle der Tiere bzw. Bestände ist in der Tuberkulose-Verordnung geregelt. Nach Verordnung (EG) Nr. 853/2004 muss Rohmilch von Kühen (oder Büffelkühen) stammen, die einem im Sinne der Richtlinie 64/432/EWG amtlich anerkannt tuberkulosefreien Bestand angehören.

9.2.10.3 *Mycobacterium avium* subsp. *paratuberculosis*

▸ Allgemeines und Charakteristika

Mycobacterium avium (*avium* lat. Genitiv Plural: der Vögel) wird derzeit in 4 Subspezies unterteilt, die eine unterschiedliche Wirtsspezifität aufweisen und als Krankheitserreger bei Tieren, aber auch beim Menschen eine Rolle spielen (→ Tab. 9.28). Von diesen ist *M. avium* subsp. *paratuberculosis*, der Erreger der Paratuberkulose oder Johneschen Krankheit bei Wiederkäuern, von besonderer Bedeutung. Die Johnesche Krankheit wurde erstmals 1895 in Deutschland von Johne und Frothingham beschrieben, der Erreger konnte 1910 isoliert werden und wurde zunächst *Mycobacterium enteriditis chronicae pseudotuberculosae bovis* genannt. *M. avium* subsp. *paratuberculosis* (Basiswissen 9.27) ist ein grampositives, säurefestes Bakterium mit einer hydrophoben Zellwand. Es bildet keine Sporen und ist unbeweglich. Die Vermehrung ist sehr langsam, die Genera-

Tab. 9.28
Unterteilung der Spezies *Mycobacterium avium*

Subspezies	Wirt	Insertionssequenzen[1]	Krankheit
avium	Vögel	IS*900*, IS*901*, IS*1245*, IS*1311*	Tuberkulose
hominissuis	Schwein, Mensch	IS*1245*, IS*1311*	Schwein: tuberkulöse Veränderungen der Darmlymphknoten Mensch (insbesondere immungeschwächte Personen): Infektionen der Lunge und Weichgewebe
silvaticum	Vögel (Tauben!), Säugetiere (experimentelle Infektion)	IS*901*, IS*1245*, IS*1311*	Vögel: Tuberkulose Säugetiere: paratuberkuloseähnliche Erkrankung
paratuberculosis	Wiederkäuer, (auch andere Tierarten)	IS*900*, IS*1311*, IS*Mav2*, IS*Mpa1*	Paratuberkulose (chronisch progressive, infektiöse, granulomatöse Enteritis)

[1] genetische Elemente, die häufig als Zielsequenz für den molekularbiologischen Nachweis (PCR) oder zur Typisierung verwendet werden

tionszeit kann in vitro Tage betragen. *M. avium* subsp. *paratuberculosis* zeigt eine hohe Resistenz gegen Hitze, Säuren, Laugen, gängige Desinfektionsmittel, Eintrocknen und Einfrieren und kann in Wasser, Boden, Kot oder Gülle Monate bis Jahre überleben.

Die Paratuberkulose ist eine chronisch-entzündliche Darmerkrankung, die weltweit in Rinderbeständen verbreitet ist. Rinder, die die Johnesche Erkrankung entwickeln, zeigen erhebliche Krankheitssymptome wie Durchfall, starke Abmagerung und Rückgang der Milchleistung. Infizierte Tiere können Mykobakterien in sehr hoher Zahl mit dem Kot ausscheiden, was zur Kontamination des gesamten Umfeldes im landwirtschaftlichen Betrieb führen kann.

Für die Milchwirtschaft ist von Bedeutung, dass *M. avium* subsp. *paratuberculosis* thermoresistenter als andere Mykobakterien ist und lebensfähige Keime sporadisch in pasteurisierter Konsummilch nachgewiesen wurden. Seit Langem wird eine mögliche Bedeutung von *M. avium* subsp. *paratuberculosis* als Zoonoseerreger diskutiert, da wissenschaftliche Studien auf eine mögliche Ursache oder Mitursache dieses Mykobakteriums bei Morbus Crohn und anderen Autoimmunerkrankungen des Menschen hindeuten (→ Kap. 9.2.8.1). Obwohl die Pathogenese des Morbus Crohn nach wie vor unklar ist, sollte im Sinne eines vorbeugenden Verbraucherschutzes der Eintrag von *M. avium* subsp. *paratuberculosis* in die Lebensmittelkette vermieden werden.

Nachweisverfahren

M. avium subsp. *paratuberculosis* zählt (wie *M. bovis* und *M. caprae*) zu den langsam wachsenden Mykobakterien, sodass der **kulturelle Nachweis sehr aufwendig** ist und meist mehrere Monate benötigt. Als Nährmedien finden häufig das Löwenstein-Jensen-Medium, Herrold's egg yolk Medium, Middlebrook 7H10 Medium oder Middlebrook 7H11 Medium Verwendung. Als Zusatz ist Mycobactin J nötig, gegebenenfalls kann Pyruvat zugesetzt werden. Die Middlebrook-Medien enthalten eine komplexe Mischung an Antibiotika. Die Proben können vor der Anzucht chemisch dekontaminiert werden, um die Begleitflora zu reduzieren, dies kann jedoch auch zu einem Verlust an Sensitivität beim Nachweis führen.

Eine Alternative zum kulturellen Nachweis für die Routinediagnostik ist die **Polymerase-Kettenreaktion (PCR)** zum Nachweis *M. avium* subsp. *paratuberculosis*-spezifischer Genabschnitte wie IS*900* und IS*Mav2* (→ Tab. 9.28). Falsch-positive Ergebnisse können je nach verwendeten Primern daraus resultieren, dass die Insertionssequenz IS*900* – das Target, dessen Nachweis aufgrund der hohen Kopienzahl die größte Sensitivität aller

Basiswissen 9.27
Mycobacterium avium* subsp. *paratuberculosis

paratuberculosis: Betonung auf der vorletzten Silbe, Kombination aus *tuberculosis* (lat.) und dem griech. Wort πάρα = ähnlich)

- **Risikogruppe**: 2
- **Morphologie:**
  - grampositives Stäbchen
  - einzeln, in Ketten oder Bildung von Zellaggregaten
  - Größe: ca. 0,5 x 1,5 μm
  - Kolonie: ≤ 1,0 mm Durchmesser (z. T. nur mit Lupe erkennbar, einige Stämme bis 4 mm), glatt oder rau (z. T. konvexer Rand), nicht pigmentiert (selten orange Pigmentierung)
  - Bildung von Zellklumpen in Flüssigkultur

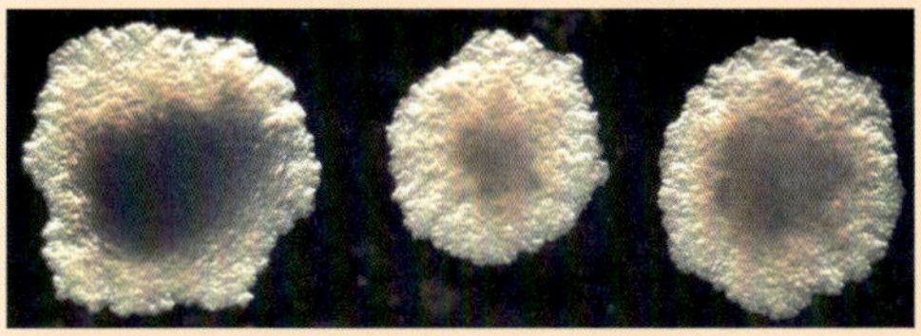

Koloniemorphologie *Mycobacterium avium* subsp. *paratuberculosis*

- **charakteristische Eigenschaften:**
  - unbeweglich
  - nicht Sporen bildend
  - obligat aerob
  - säurefest
  - hydrophobe Zellwand
  - Bildung von Exopolysacchariden
- **Wachstumsbedingungen:**
  - von Mycobactin J abhängiges Wachstum
  - in vivo intrazellulär (Makrophagen)
  - Temperatur: Optimum 37–42 °C
  - pH-Wert: Optimum bei 7,0
  - NaCl: < 5 %
  - Generationszeit: 1,3–4,4 Tage
- **Wärmebehandlung:**
  - Reduktion der Keimzahl bei 72 °C für 15 s: 1–6 $\log_{10}$-Stufen (im Mittel etwa 4 $\log_{10}$-Stufen)
  - Reduktion der Keimzahl bei 72 °C für 28 s: 3,7–6,9 $\log_{10}$-Stufen
  - $D_{71\,°C}$ = 9,8–16,5 s (in Milch)
- **resistent gegenüber:**
  - hohe Resistenz gegen: Hitze, Säuren, Laugen, gängige Desinfektionsmittel, Eintrocknen, Gefrieren
  - lange Überlebensfähigkeit in Wasser, Boden, Kot, Gülle
- **Reservoir:**
  - Umwelt: Boden, Gülle, Wasser
  - Tier: Fäzes
- **Bedeutung:**
  - Erreger der Johneschen Krankheit (Paratuberkulose) bei Rindern und anderen Wiederkäuern

PCR-basierten Nachweismethoden erreicht – eine hohe Homologie zu IS*900*-Sequenzen anderer Mykobakterien aufweist. Eine weitere Limitation der PCR-Technik ist, dass eine Unterscheidung zwischen toten und lebenden Erregern nicht möglich ist.

▸ Kontrollprogramme

Paratuberkulose der Wiederkäuer ist eine meldepflichtige Infektionskrankheit. Maßnahmen zur Bekämpfung der Paratuberkulose müssen auf Erzeugerebene ansetzen und basieren auf Hygienemaßnahmen und Monitoring- bzw. Kontrollprogrammen. Das Ziel dieser Programme ist es, die Tiergesundheit und den Tierschutz zu verbessern, wirtschaftliche Schäden zu vermeiden und vorbeugend dem Verbraucherschutz zu dienen. Die wichtigsten Maßnahmen sind in den Paratuberkulose-Leitlinien des BMVEL zusammengestellt und basieren auf:

- **Hygienemaßnahmen** in jedem Bestand zur Vermeidung der Weiterverbreitung von Paratuberkuloseerregern (Regeln für die Jungtieraufzucht, Kolostrummanagement, Remontierung und Zukauf etc.)

- **Bestandsüberwachung** mittels klinischer Überwachung und serologischer sowie bakteriologischer Untersuchung
- Vorbereitung einer flächendeckenden, bundesweiten **Überwachung** bzw. **Erfassung** der Verbreitung der Paratuberkulose

Je nach Stand der Maßnahmen kann für einen Betrieb ein Status (I–IV) definiert werden. Ein Betrieb wird als Paratuberkulose-unverdächtig (Status IV) eingestuft, wenn er mindestens fünf Jahre keine positiven serologischen bzw. bakteriologischen sowie klinischen Befunde hatte, die Untersuchungen regelmäßig weiter durchführen lässt und nur Tiere aus Betrieben mit Status IV zukauft.

9.2.11 *Salmonella* spp.

9.2.11.1 Allgemeines

Das Genus ***Salmonella*** (benannt nach dem Tierarzt D. E. Salmon, Betonung 3. Silbe) gehört zur Familie der *Enterobacteriaceae* und umfasst nach der heute weltweit auch in Fachzeitschriften, bei der WHO und anderen internationalen Organisationen am häufigsten verwendeten Taxonomie zwei Spezies (*S. bongori* und *S. enterica*), wobei der Spezies *S. enterica* mehrere Subspezies zugeordnet werden (→ Tab. 9.29). 2004 wurde eine dritte Spezies, *Salmonella subterranea*, beschrieben und 2005 auch durch die Aufnahme in die LPSN (List of Prokaryotic names with Standing in Nomenclature) validiert; inzwischen haben Untersuchungen allerdings gezeigt, dass der Stamm eng verwandt mit *Escherichia hermannii* ist und nicht zum Genus *Salmonella* gehört.

Die Gattung *Salmonella* beinhaltet derzeit mehr als 2 600 Serovaren (zur Schreibweise siehe Basiswissen 9.1). Alle Serovaren gelten als humanpathogen, auch wenn erhebliche Unterschiede hinsichtlich der Virulenz bestehen. Die stark an den Menschen adaptierten Serovaren *Salmonella* Typhi und Paratyphi rufen meist septikämische Allgemeininfektionen mit besonderer Beteiligung des Darms (Typhus und Paratyphus) hervor, während die **nicht-typhoiden Salmonellen** (Enteritis-Salmonellen) in der Regel für fiebrige Durchfallerkrankungen (enteritische Form) verantwortlich sind. Da bei den erstgenannten Serovaren die Infektion durch den Kontakt zu erkrankten Personen oder über fäkale Kontamination erfolgt, wird im Folgenden nur auf die Enteritis-Salmonellen näher eingegangen.

9.2.11.2 Charakteristika

Die Vertreter der Gattung *Salmonella* sind gramnegative, mesophile und mit wenigen Ausnahmen motile und peritrich begeißelte Stäbchenbakterien (Basiswissen 9.28), die zur Familie der *Enterobacteriaceae* gehören. Enteritis-Salmonellen kommen in der Umwelt (Wasser), in Futtermitteln und vor allem im Darm von Mensch und Tier (Geflügel, Schweine, Rinder, Schafe) vor und finden somit auch Eingang in die Lebensmittelproduktion. Unter den Tieren stellen nicht nur die der Lebensmittelgewinnung dienenden Nutztiere ein Reservoir dar, sondern auch Haustiere (Hunde, Katzen, Reptilien) sowie Tauben, Ratten, Mäuse, Insekten.

Neben den oben erwähnten humanpathogenen Serovaren (*Salmonella* Typhi und Paratyphi) gibt es auch Salmonellen, die stark an einen tierischen Wirt adaptiert sind, wie *Salmonella* Gallinarum (Huhn), *Salmonella* Dublin (Rind) oder *Salmonella* Choleraesuis (Schwein). Mit zunehmender Wirtspezifität sind eine Zunahme von Virulenz-

Tab. 9.29
Genus *Salmonella*

Spezies	Anzahl der Serovaren (Stand 2010, aktuell)
S. bongori	22
S. enterica	2 659
S. enterica subsp. *enterica*	1 586
S. enterica subsp. *salamae*	522
S. enterica subsp. *arizonae*	102
S. enterica subsp. *diarizonae*	338
S. enterica subsp. *houtenae*	76
S. enterica subsp. *indica*	13

Basiswissen 9.28
***Salmonella* spp.**

- **Risikogruppe**: 2 (*Salmonella* Typhi: 3**= Risikogruppe 3 mit teilweise reduzierten Anforderungen)
- **Morphologie:**
  - gramnegatives Stäbchen
  - einzeln oder doppelt
  - Größe: ca. 0,7–1,5 x 2–5 µm
  - Kolonie: 2–4 mm Durchmesser, rund, nicht pigmentiert (R- und S-Form)

Koloniemorphologie *Salmonella spp.*

- **charakteristische Eigenschaften:**
  - beweglich
  - fakultativ anaerob
  - Oxidase-negativ
  - Katalase-positiv
  - Laktose-negativ (bis zu 10 % der Isolate aus Milchprodukten sind Laktose-positiv!)
- **Wachstumsbedingungen:**
  - Temperatur: Optimum 37 °C; Toleranz (2 °C) > 5–48 °C (54 °C)
  - pH-Wert: (3,0) 4,05–9,5; Optimum = 6,5–7,5; Überleben in Fruchtsaft (3,5) 27 d (0 °C)
  - a_W-Wert: Minimum = 0,93
  - NaCl: Wachstum bis 4 (8) %
  - Generationszeit: 10–12 °C/3,4 h; 37 °C/20–60 min (in rekonstituierter Magermilch)
- **empfindlich gegenüber:**
  - Wärmebehandlung: $D_{72°C}$ = 0,1 s; z-Wert = 5,5 °C
- **resistent gegenüber:**
  - Trockenheit, Einfrieren, niedrigen pH-Werten
- **Reservoir:**
  - Umwelt: Wasser, Abwasser, Futtermittel, Einstreu
  - Mensch und Tier: Darm und Fäzes (symptomlose Ausscheider)
  - Lebensmittel und Gerätschaften: Biofilmbildung
- **Bedeutung:**
  - Lebensmittelinfektionserreger
  - systemische Infektion (Entwicklungsländer, sonst selten)

genen und eine Abnahme „allgemeiner“ Gene zu beobachten.

Salmonellen besitzen eine **hohe Tenazität** gegenüber Umwelteinflüssen und können in den verschiedensten Umgebungen z. T. **sehr lange überleben**. Insbesondere Trockenheit und Einfrieren haben nur einen geringen Einfluss. So konnten vermehrungsfähige Keime in Caseinpulver noch nach 10 Jahren und in Speiseeis (–23 °C) nach 7 Jahren nachgewiesen werden. Auch in anderen Milchprodukten sterben Salmonellen nur langsam ab (→ Tab. 9.30). Außerdem zeigen die Keime eine relativ hohe Resistenz gegenüber Reinigungs- und Desinfektionsmaßnahmen, die Fähigkeit zur Bildung von Biofilmen auf Gerätschaftsoberflächen sowie zur Vermehrung in einem nährstoffarmen Milieu.

Tab. 9.30
Überleben von Salmonellen in Milch und Milchprodukten

Milchprodukt	Überlebenszeit
Milch 15/37 °C	6 d/40 d
Butter pH 5,0; 4 °C/20 °C	91 d/52,5 d
Hartkäse 4 °C/22 °C/37 °C	> 120 d/66 d/50 d
Cheddar 4,5–7 °C	4–10 Mon.
Blauschimmelkäse	> 6 d
Weißkäse in Lake 4 °C/22 °C/37 °C	92 d/45 d/> 120 d
Quark pH 3,6; Zimmertemp./Kühlschrank	4 Wo./10 Wo.
Sahne 8–10 °C	17 d
Milchpulver 20 °C	12 Mon.
Caseinpulver 20 °C	23 Mon.–10 J.

9.2.11.3 Gastroenterale Erkrankungen

In der Europäischen Union waren 2013 Salmonellosen mit 82 694 bestätigten Fällen (20,4 Fälle pro 100 000 Einwohner) die zweithäufigste Ursache für bakteriell bedingte gastrointestinale Erkrankungen beim Menschen. Die 1 168 gemeldeten Ausbrüche von Lebensmittelinfektionen repräsentieren 22,5 % aller durch Lebensmittel übertragenen Infektionen. Im Vergleich zu 2012 ist das eine Abnahme um fast 24 %. Dieser **abnehmende Trend** ist auch in Deutschland seit vielen Jahren zu beobachten. An erster Stelle der mit hoher Sicherheit als Ursache identifizierten Lebensmittel standen **Eier und Eiprodukte** mit fast 45 %, gefolgt von Süßigkeiten und Schokolade (10,5 %), Schweinefleisch und daraus hergestellten Produkten (8,9 %) sowie Geflügel- und Rindfleisch bzw. daraus hergestellten Produkten mit je etwa 5 %. Bei durch Ei und Eiprodukte verursachten Ausbrüchen war *Salmonella* Enteritidis mit 60 % die am häufigsten identifizierte Serovar, bei denen durch Schweinefleisch *Salmonella* Typhimurium mit 47 %.

Milch und Milchprodukte waren 2013 mit knapp 2 % an den Ausbrüchen beteiligt. Da Salmonellen bei den üblichen Pasteurisierungsbedingungen abgetötet werden, sind milchbedingte Salmonellose-Ausbrüche mit dem Verzehr von Rohmilch oder unzureichend wärmebehandelter Milch sowie mit nach der Wärmebehandlung rekontaminierter Milch assoziiert. 2013 wurde in der EU nur ein Ausbruch durch Käse registriert, allerdings kam es in der Vergangenheit durch dieses Lebensmittel immer wieder zu Erkrankungen (→ Tab. 9.31). Dabei ist zu berücksichtigen, dass Salmonellen, wenn nach der Erhitzung eine Rekontamination stattfindet, in Milch und Milchprodukten lange überleben können (→ Tab. 9.30). Mit einem gewissen Risiko behaftet sind **Milchtrockenprodukte** (→ Tab. 9.31). Von Bedeutung ist in diesem Zusammenhang, dass Salmonellen aufgrund ihrer hohen Tenazität und der Fähigkeit zur Biofilmbildung in Lebensmittelbetrieben – nach einer primären Kontamination – lange Zeit persistieren und unter Umständen, z. B. in Milchtrockenpro-

Tab. 9.31
Beispiele für Salmonellosen durch Milch und Milcherzeugnisse

Jahr	Land	Lebensmittel	Erkrankte	Serovar (*Salmonella*)
1953	Deutschland	Camembert	> 6 000	Bareilly
1973	Trinidad	Milchpulver	3 000	Derby
1976	Australien	Rohmilch	> 500	Typhimurium
1984	Kanada	Cheddar	2 700	Typhimurium
1985	USA	past. (?) Milch	> 16 000	Typhimurium
1986	Deutschland	Magermilchpulver	30	Infantis
1994	USA	Speiseeis	224 000	Enteritidis
1997	Deutschland	Emmentaler	17	Bareilly
1998	Kanada	Cheddar	ca. 700	Enteritidis
2001/2002	Deutschland	Schokolade	733	Oranienburg
2005	Frankreich	Milchpulver	45	Worthington
2005	Frankreich	Ziegenkäse	13	Stourbridge
2005	USA	Speiseeis	15	Typhimurium
2007	USA	Käse „Mexican style“	34	Newport
2008	Kanada	Hartkäse	87	Enteritidis

Tab. 9.32
Klinische Symptomatik von Salmonellosen

	Enteritis-Salmonellen	*Salmonella* Typhi/Paratyphi
Inkubationszeit	8–72 h	8–28 d
Krankheitsdauer	bis 5 d	bis 30 d
Symptome	starker Durchfall (wässrig), starke Bauchschmerzen, Fieber (meist < 2 d), selten systemische Infektion	Durchfall (wechselnd mit Obstipation), Bauchschmerzen, länger anhaltendes Fieber, systemische Infektion (7 d nach Beginn der Erkrankung), Hautrötungen (Roseolen)

dukte herstellenden Betrieben, sogar in die „Hausflora“ integriert werden können.
Die klinische Symptomatik (→ Tab. 9.32) einer Salmonellose beim Menschen ist nicht sehr spezifisch, sodass meist eine Abgrenzung zu anderen Lebensmittelinfektionen nur durch entsprechende Laboruntersuchungen möglich ist. Wichtig im Hinblick auf die Kontamination von Lebensmitteln ist, dass der akuten Phase einer Salmonellose entweder eine kurze, intermittierende Ausscheidung der Erreger mit dem Stuhl oder eine über einen längeren Zeitraum (ein Jahr und mehr) anhaltende (chronische) Ausscheidung folgt. Die epidemiologische Auswertung mehrerer Ausbrüche zeigte, dass die mittlere Ausscheidungsdauer etwa fünf Wochen beträgt und nur weniger als 1 % der Betroffenen chronische Ausscheider werden.
Um ihre volle Virulenz entfalten zu können, benötigen Salmonellen eine Reihe von Faktoren, die die Fähigkeit zur Adhäsion, Invasion und zur intrazellulären Vermehrung vermitteln. Daneben sind Flagellen sowie die Fähigkeit zur Bildung von Biofilmen von Bedeutung. Inzwischen wurden über 60 mutmaßliche Virulenzfaktoren beschrieben, deren Zusammenspiel allerdings nicht in allen Details bekannt ist. Die wichtigsten Virulenzgene liegen auf sogenannten *Salmonella*-**Pathogenitätsinseln** (SPI, Basiswissen 9.29), von denen fünf für die Pathogenität wesentlich sind. Einige Serovaren, darunter die klinisch relevanten *Salmonella* Enteritidis, Typhimurium, Choleraesuis und Dublin, besitzen darüber hinaus ein Virulenzplasmid (pSLT), auf dem weitere Effektorproteine kodiert sind.
Nach der Aufnahme der Erreger, im Allgemeinen über ein kontaminiertes Lebensmittel, erfolgt die **Magenpassage** (Salmonellen besitzen Anpassungsmechanismen an den niedrigen pH-Wert) und die **Kolonisation** des hinteren **Dünndarmabschnitts** (Ileum). Zur Anheftung an die Zellen sind verschiedene Typen von Fimbrien, die u. a. an Laminin, Fibronektin oder Blutgruppenantigene binden, nötig. Über ein Typ-III-Sekretionssystem werden dann **Effektorproteine** (z. B. SipA wirkt analog zu IpaA, → Abb. 9.21) in die Wirtszelle injiziert, die das Zytoskelett verändern (ruffling) und so zur Aufnahme der Bakterien beitragen. Die Salmonellen befinden sich in der Wirtszelle in Vakuolen (*Salmonella*-containing vacuole, SCV). Für das Überleben in diesen intrazellulären Nischen sind über ein weiteres Typ-III-Sekretionssystem sekretierte Proteine essenziell. Der bevorzugte Eintrittsort der Salmonellen sind die **M-Zellen** der Peyerschen Platten, die eine wesentliche Rolle bei der Aufnahme von Antigenen aus

Basiswissen 9.29
Beispiele für Virulenzfakoren der *Salmonella*-Pathogenitätsinseln (SPI)

- **SPI-1:** Typ-III-Sekretionssystem; Adhäsion, Invasion, *Salmonella*-containing vacuole (SCV)-Bildung, SCV-Bewegung
- **SPI-2:** Typ-III-Sekretionssystem; Überleben in Makrophagen; Verhinderung der Fusion von SCV und Lysosomen; Effektor- und Translokalisationsproteine
- **SPI-3:** Adhäsion, Überleben in Makrophagen
- **SPI-4:** Typ-I-Sekretionssystem; Adhäsion
- **SPI-5:** Chloridsekretion, Virulenzfaktoren von *Salmonella* Dublin, systemische Infektion in Mäusen

dem Darmlumen spielen und z. B. auch EIEC (→ Kap. 9.2.8.4 und → Abb. 9.21) und anderen pathogenen Keimen als Eintrittspforte dienen. Daneben erfolgt aber auch das **Eindringen in Darmepithelzellen** bzw. die **Aufnahme in Phagozyten**. Nach mehreren Stunden kommt es zur VAP (vacuole-associated actin polymerization), zur Wanderung der SCV in den perinukleären Raum, zur Induktion langer, filamentöser SCV-Membranstrukturen – den sogenannten *Salmonella*-induced filaments (SIFs) – und zur Vermehrung der Salmonellen. Ein Teil der Salmonellen gelangt durch Transzytose der M-Zellen basolateral in die Submukosa und wird von Makrophagen aufgenommen. Das Effektorprotein SipB aktiviert wie IpaB bei den EIEC (→ Abb. 9.21) Caspase 1 in Makrophagen und führt zu deren Absterben. Freigesetzte Salmonellen können dann wieder basolateral in Enterozyten eindringen. Dem Eindringen und der Zerstörung der M-Zellen folgt die Einwanderung von Abwehrzellen, die in einer **Entzündung** des betroffenen Bereichs resultiert und begleitet wird von der Sekretion großer Flüssigkeitsmengen in das Darmlumen. Effektorpro-

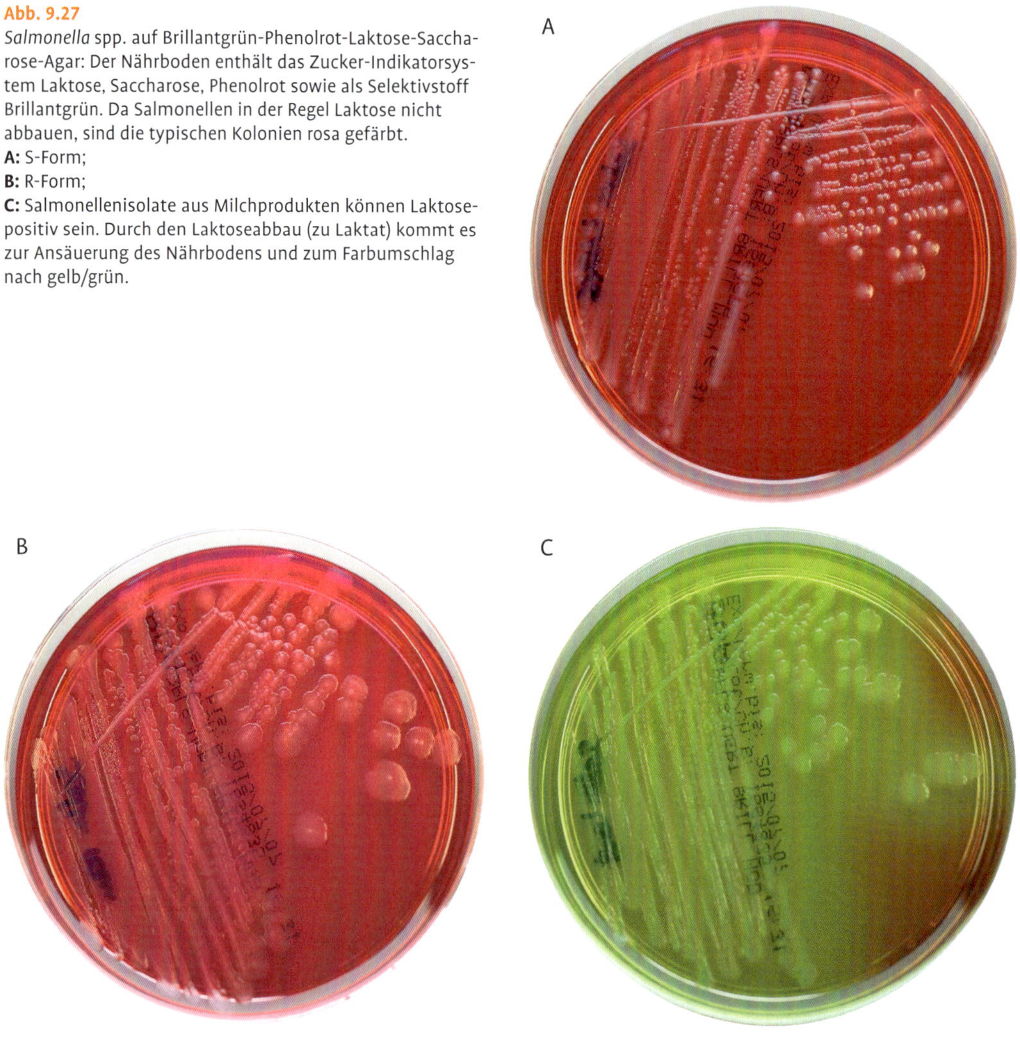

Abb. 9.27
Salmonella spp. auf Brillantgrün-Phenolrot-Laktose-Saccharose-Agar: Der Nährboden enthält das Zucker-Indikatorsystem Laktose, Saccharose, Phenolrot sowie als Selektivstoff Brillantgrün. Da Salmonellen in der Regel Laktose nicht abbauen, sind die typischen Kolonien rosa gefärbt.
A: S-Form;
B: R-Form;
C: Salmonellenisolate aus Milchprodukten können Laktose-positiv sein. Durch den Laktoseabbau (zu Laktat) kommt es zur Ansäuerung des Nährbodens und zum Farbumschlag nach gelb/grün.

teine der Keime verstärken die **Flüssigkeitssekretion** und die entzündlichen Reaktionen. In Makrophagen können die Salmonellen auch in andere Organe (Leber und Milz) transportiert werden. Spleno- und Hepatomegalie ist bei Infektionen mit nicht-typhoiden Salmonellen in Afrika bei einem hohen Prozentsatz (bis 45 %) der Patienten zu beobachten.

9.2.11.4 Nachweisverfahren

Die Untersuchung von Lebensmitteln auf Salmonellen beinhaltet üblicherweise eine Voranreicherung, eine Selektivanreicherung in flüssigen Selektivnährböden und den Nachweis auf festen Selektivnährböden sowie die Bestätigung verdächtiger Kolonien mit biochemischen und serologischen Verfahren (→ Kap. 9.1.3.4). Normalerweise werden als Salmonellen bestätigte Isolate serotypisiert (Bestimmung der Serovar), bei epidemiologischen Fragestellungen mithilfe molekularbiologischer Verfahren auch feindifferenziert.
Das vertikale kulturelle Verfahren zum Nachweis von *Salmonella* spp. in Milch und Milcherzeugnissen (ISO 6785/IDF 93:2007) beinhaltet eine **nicht-selektive Voranreicherung** der Probe (25 g) in gepuffertem Peptonwasser bei 37 °C für 16–20 Stunden zur Wiederbelebung subletal geschädigter Keime. Die **parallele selektive Anreicherung** erfolgt in Selenit-Cystein-Bouillon (Selenit stört die Biosynthese von bakteriellen Enzymen; Cystin fördert das Wachstum) für 24 und 48 Stunden bei 37 °C bzw. in Rappaport-Vassiliadis-Bouillon (selektiv durch hohen osmotischen Druck, niedrigen pH-Wert, Malachitgrün, geringes Nährstoffangebot und hohe Bebrütungstemperatur) für 24 und 48 Stunden bei 41,5 °C. Anschließend erfolgt der Ausstrich auf zwei selektive Nährböden – davon ist der **Brillantgrün-Phenolrot-Laktose-Saccharose-Agar** (BPLS, Brillantgrün als Hemmstoff) vorgegeben (→ Abb. 9.27) und der zweite frei wählbar – für 18 bis 48 Stunden bei 37 °C. Als zweiter Nährboden kann z. B. der **Mannit-Lysin-Kristallviolett-Brillantgrün-Agar** (MLCB) verwendet werden, der Kristallviolett und Brillantgrün als Hemmstoffe sowie Natriumthiosulfat und Eisen(III)ammoniumcitrat als Indikatorsystem enthält. Die typischen Kolonien sind durch die H_2S-Bildung schwarz gefärbt.
Zur biochemischen Bestätigung stehen verschiedene, kommerzielle Systeme zur Verfügung. Die Serotypisierung wird am Nationalen Referenzlabor durchgeführt.
Besonderheiten: Der BPLS-Agar dient zum Nachweis Laktose-negativer Salmonellen. Da Isolate aus Milchprodukten Laktose-positiv sein können (siehe Basiswissen 9.28, → Abb. 9.27 C), muss bei der Untersuchung dieser Lebensmittel ein zweiter Nährboden verwendet werden, dem ein anderes Indikatorsystem (z. B. MLCB) zugrunde liegt.
Inzwischen ist ein horizontales Verfahren zum Nachweis von Salmonellen in Erarbeitung (DIN EN ISO 6579-Teil 1), in das die wesentlichen Anforderungen an die Untersuchung von Milch und Milcherzeugnissen integriert wurden, sodass nach dessen Fertigstellung und Veröffentlichung der oben beschriebene vertikale Standard zurückgezogen werden kann. Insgesamt besteht DIN EN ISO 6579 aus drei Teilen. Teil 2, eine Technische Spezifikation, die bereits publiziert wurde, beschreibt ein Verfahren zur Zählung von Salmonellen; Teil 3, ein Technischer Bericht, enthält Angaben zur Taxonomie von *Salmonella* spp. und einen Leitfaden zur Serotypisierung von Salmonellen-Serovaren (→ Kap. 9.1.3.4).

9.2.11.5 Gesetzliche Bestimmungen, mikrobiologische Kriterien und Hygienemaßnahmen

Nach § 7 Infektionsschutzgesetz besteht Meldepflicht für alle direkten Nachweise von *Salmonella* Typhi und Paratyphi, für „*Salmonella*, sonstige" ist der direkte oder indirekte Nachweis zu melden, soweit die Nachweise auf eine akute Infektion hinweisen. Die Salmonellose der Rinder ist eine anzeigepflichtige Tierseuche, bei anderen Tierarten ist der Nachweis von „Salmonellose/*Salmonella* spp." meldepflichtig.
Für Milch und Milchprodukte wurden auf EU-Ebene die in Tabelle 9.33 angeführten Lebensmittelsicherheitskriterien für Salmonellen festgelegt.
Die **Kurzzeiterhitzung** (71,7 °C/15 s) ist ein sicheres Verfahren, um Salmonellen abzutöten. Neben der Verwendung salmonellenfreier Roh- und Zusatzstoffe bzw. der Vermeidung einer Rekontamination nach der Erhitzung sind als **Hygi-**

Tab. 9.33
Lebensmittelsicherheitskriterien: *Salmonella*

Lebensmittelkategorie	Grenzwerte[1,2]		
	n	c	m/M
Käse, Butter und Sahne aus Rohmilch oder aus Milch, die einer Wärmebehandlung unterhalb der Pasteurisierungstemperatur unterzogen wurden[3]	5	0	in 25 g nicht nachweisbar
Milch- und Molkenpulver	5	0	in 25 g nicht nachweisbar
Eiscreme (nur Speiseeis, das Milchbestandteile enthält), außer Erzeugnisse, bei denen das Salmonellenrisiko durch das Herstellungsverfahren oder die Zusammensetzung des Erzeugnisses ausgeschlossen ist	5	0	in 25 g nicht nachweisbar
getrocknete Säuglingsanfangsnahrung und getrocknete diätetische Lebensmittel für besondere medizinische Zwecke, die für Säuglinge unter 6 Monaten bestimmt sind	30	0	in 25 g nicht nachweisbar
getrocknete Folgenahrung	30	0	in 25 g nicht nachweisbar

[1] in Verkehr gebrachte Erzeugnisse während der Haltbarkeitsdauer
[2] analytische Referenzmethode: EN/ISO 6579
[3] ausgenommen Erzeugnisse, für die der Hersteller zur Zufriedenheit der zuständigen Behörde nachweisen kann, dass aufgrund der Reifungszeit und, wo angemessen, des a_w-Wertes des Erzeugnisses kein Salmonellenrisiko besteht

enemaßnahmen innerhalb eines Lebensmittel produzierenden Betriebes konsequente Personalhygiene sowie regelmäßige, auch mechanische Reinigung (Biofilmbildung) und Desinfektion (ausreichende Dosierung!) wesentlich.
Für den Verbraucher steht die Vermeidung von Kreuzkontaminationen, insbesondere durch rohe Geflügelprodukte, im Haushalt an erster Stelle. Die in Basiswissen 9.15 aufgeführten Hygienemaßnahmen gelten analog.

9.2.11.6 Standardisierte Nachweisverfahren

- DIN EN ISO 6579-1 Mikrobiologie der Lebensmittelkette – Horizontales Verfahren zum Nachweis, zur Zählung und zur Serotypisierung von Salmonellen – Teil 1: Horizontales Verfahren zum Nachweis von *Salmonella* spp. (Entwurf 2014)
- DIN CEN ISO/TR 6579-3:2014 Mikrobiologie der Lebensmittelkette – Horizontales Verfahren zum Nachweis, zur Zählung und zur Serotypisierung von Salmonellen – Teil 3: Leitfaden für die Serotypisierung von *Salmonella* spp.
- DIN CEN ISO/TS 6579-2:2012 Mikrobiologie von Lebensmitteln und Futtermitteln – Horizontales Verfahren zum Nachweis, zur Zählung und zur Serotypisierung von Salmonellen – Teil 2: Zählung unter Anwendung eines miniaturisierten Verfahrens der wahrscheinlichsten Keimzahl
- DIN EN ISO 6785/IDF 93:2007 Milch und Milcherzeugnisse – Nachweis von *Salmonella* spp.

9.2.12 *Staphylococcus aureus*

9.2.12.1 Allgemeines

Das Genus *Staphylococcus* (zusammengesetzt aus den griech. Wörtern σταφυλή für Traube und κόκκος für Korn oder Beere) umfasst derzeit 51 Spezies und 27 Subspezies und war früher der Familie *Micrococcaceae* zugeordnet, gehört heute aber mit den Genera *Jeotgalicoccus*, *Macrococcus*, *Nosocomiicoccus* und *Salinicoccus* zur Familie *Staphylococcaceae* (LPSN Stand Mai 2015). Die meisten Staphylokokken sind fakultativ anaerobe Kugelbakterien, die sich in mehreren Ebenen teilen und deshalb häufig traubenförmige Cluster bilden. Die Typspezies ist *Staphylococcus aureus*, die in die Subspezies *S. aureus* subsp. *aureus* und *S. aureus* subsp. *anaerobius* unterteilt wird.

Tab. 9.34
Koagulase-positive Staphylokokken

Spezies	Herkunft/Vorkommen
S. aureus subsp. *aureus*	Mensch, Tiere
S. aureus subsp. *anaerobius*	Schaf
S. intermedius	Hund, Pferd, Nerz, Taube
S. hyicus[1]	Schwein, Geflügel
S. delphini	Delfin
S. schleiferi subsp. *coagulans*	Hund (äußeres Ohr)
S. lutrae	Otter
S. pseudintermedius	Katze, Hund, Pferd, Papagei
S. agnetis[2]	Rind (Mastitiden)
S. schweitzeri	Rotschwanzmeerkatze
S. argenteus	Mensch

[1] über 50 % der getesteten Stämme Koagulase-positiv
[2] etwa 20–25 % der getesteten Stämme nach 24 h Koagulase-positiv

Unter medizinischen Erwägungen kann das Genus in **Koagulase-positive (KPS)** und **Koagulase-negative Staphylokokken (KNS)** eingeteilt werden, um apathogene oder minderpathogene (KNS) von pathogenen (KPS) Spezies abzugrenzen. Bei der Koagulase handelt es sich um ein von *S. aureus* und anderen Koagulase-positiven Staphylokokkenarten (→ Tab. 9.34) sezerniertes Protein, das Prothrombin aktiviert; dadurch entsteht ein Komplex, das sogenannte **Staphylothrombin**, das lösliches Fibrinogen in unlösliches Fibrin überführt.

9.2.12.2 Charakteristika

Staphylococcus aureus (Basiswissen 9.30) gilt als einer der wichtigsten Infektions- und Intoxikationserreger sowohl im human- als auch im veterinärmedizinischen Bereich. Er kann eitrige Abszesse, Entzündungen der Haut (Impetigo), Osteomyelitiden, Endokarditiden oder nosokomiale Infektionen verursachen. Darüber hinaus produziert der Erreger eine Vielzahl von Toxinen, wie die Staphylokokken-Enterotoxine (SE), die Staphylokokken-Enterotoxin-ähnlichen Toxine (SE-like) sowie das TSST-1 (toxic shock syndrom toxin-1), das Fieber, Blutdruckabfall, Herzprobleme und Kollaps hervorrufen kann. Von besonderer Bedeutung ist auch das weltweit zunehmende Auftreten antibiotikaresistenter Stämme (MRSA, Methicillin-resistente *Staphylococcus aureus*). Als Erregerreservoir gelten z. B. Nasen- und Rachenschleimhäute bei Menschen und Tier. Bei Milch liefernden Tieren ist *S. aureus* häufig die Ursache von subklinischen und klinischen Mastitiden und persistiert im Euter.

Tab. 9.35
Klinische Symptomatik von SE-Lebensmittelintoxikationen

Inkubationszeit	1–6 h
Krankheitsdauer	1–2 d
primäre Symptome	Erbrechen (82 %), Durchfall (68 %)
sonstige Symptome	Unwohlsein, Schweißausbrüche, Schwindelgefühl, Kopfschmerzen, Leibschmerzen, Muskelkrämpfe, Körpertemperatur normal bis subnormal

Basiswissen 9.30
Staphylococcus aureus

aureus: lat. golden, Betonung auf der 1. Silbe

- **Risikogruppe**: 2
- **Morphologie:**
  - grampositive Kokken
  - einzeln, Tetraden, kurze Ketten oder Traubenform
  - Größe: 0,5–1,0 µm Durchmesser
  - Kolonie: 1–5 mm Durchmesser, rund, erhaben, glatt, grau bis gelb (golden) oder orange pigmentiert

Koloniemorphologie *Staphylococcus aureus*

- **charakteristische Eigenschaften:**
  - unbeweglich
  - fakultativ anaerob
  - Katalase-positiv
  - Oxidase-negativ
  - Koagulase-positiv
- **Wachstumsbedingungen (Bereich der Enterotoxinbildung):**
  - Temperatur: 6–48 °C (10–46 °C)
  - pH-Wert: 4–10 (5–9,6)
  - a_W-Wert: 0,83 – >0,99 (0,86 – >0,99)
  - NaCl: 0–20 % (0–12 %)
  - E_h: > –200 mV (> –100 mV)
- **Generationszeit:** 40–50 min (30 °C; pH 7,0; 1 % NaCl, in TSB)
- **empfindlich gegenüber:**
  - Wärmebehandlung (Magermilch: $D_{60\,°C}$ = 3,14–3,29 min)
- **resistent gegenüber:**
  - Trocknen, Kühlen, Einfrieren, Lagerung bei Zimmertemperatur
- **Reservoir:**
  - Mensch: Schleimhäute, Nase, Rachen
  - Tier: Schleimhäute, Milchdrüse (Mastitis!)
  - Umwelt: Geräte zur Lebensmittelproduktion (Messer, Schneidemaschinen)
- **Bedeutung:**
  - Lebensmittelintoxikationserreger
  - Erreger systemischer und lokaler Infektionen bei Mensch und Tier

9.2.12.3 Gastroenterale Erkrankungen

Auslöser der Staphylokokken-Lebensmittelintoxikation (→ Tab. 9.35) sind die *S. aureus*-**Enterotoxine (SE)**, die unter geeigneten Bedingungen von den Keimen im Lebensmittel gebildet werden und ihre Wirkung im Gastrointestinaltrakt entfalten. Die Bildung von SE ist bei den Koagulase-positiven Spezies *S. aureus*, *S. intermedius*, *S. hyicus* und *S. delphini* nachgewiesen. SE sind Proteine mit einem Molekulargewicht zwischen 22 und 29 kDa, die gut in Wasser und salzhaltigen Flüssigkeiten löslich sind. Sie sind äußerst stabil gegenüber Säuren und Hitze und werden nicht durch Trypsin, Pepsin, Papain und Chymotrypsin inaktiviert.

SE sind Toxine (→ Tab. 9.36), die alle Superantigencharakter aufweisen. **Superantigene** sind Proteine, die gleichzeitig an den Klasse II-Haupthistokompatibilitätskomplex (MHC II) von antigenpräsentierenden Zellen und an den T-Zell-Rezeptor binden können, dies führt zu einer unspezifischen und überschießenden Immunantwort, wobei es durch eine massive Freisetzung von Zytokinen bis zum systemischen Schock kommen kann. Im Detail zeigen die einzelnen SE Unterschiede sowohl bei der Bindung an den T-Zell-Rezeptor als auch an MHC II. Ob die Superantigenwirkung eine mögliche Erklärung für die lokale Wirkung von SE im Darm (Diarrhoe) ist, bleibt fraglich. So sind SEA und SEC zwar potente Superantigene und wirken stark emetisch, sie lösen aber im Tiermodell (*Suncus murinus*) keine Diarrhoe aus.

Die emetische Wirkung nach oraler Aufnahme von SE ist nur bei Primaten zu beobachten, die molekularen Pathogenitätsmechanismen sind jedoch weitgehend ungeklärt. Im Tiermodell bindet SEA an Mastzellen der Submukosa im Darm und es kommt zur **Serotonin(5-Hydroxytryptamin, 5-HT)-Freisetzung**. Dieses stimuliert 5-HT_3-Re-

Tab. 9.36
Eigenschaften der Staphylokokken-Enterotoxine

Parameter	Eigenschaft
Struktur (MG)	Proteine (ca. 22–29 kDa)
Stabilität	thermostabil: Inaktivierung in Vollmilch bei 121,1 °C: SEA 13,8–14,8 min; SED 12,8–13,8 min stabil gegenüber Verdauungsenzymen
biologische Eigenschaften	Superantigene, die emetische Wirkung erfolgt wahrscheinlich durch Aktivierung von Rezeptoren des vegetativen Nervensystems (*N. vagus*)
Toxinbildung	im Lebensmittel
minimale toxische Dosis	ca. 0,02–0,4 µg SEA/Person[1]

[1] verschiedene Ausbrüche und Lebensmittel (z. T. rechnerisch ermittelt)

zeptoren afferenter Neuronen des vegetativen Nervensystems, wodurch letztendlich das medullare Brechzentrum gereizt wird. Ein spezifischer Rezeptor für SE auf Mastzellen oder neuronalen Zellen konnte bisher aber nicht identifiziert werden.

Derzeit sind die in Tabelle 9.37 aufgeführten *S. aureus*-Enterotoxine bekannt. SEF fehlt in der Liste, da das ursprünglich so bezeichnete Toxin später in TSST-1 umbenannt wurde, als sich die emetische Wirkung nicht bestätigen ließ. Voraus-

Tab. 9.37
Staphylokokken-Enterotoxine

Typ	MG (Da)	Gen	Lokalisation	Orale emetische Dosis (µg/Tier[1])
SEA	27 100	*sea*	Prophage (ΦMu50a ΦSa3ms, ΦSa3mw, ΦNM3, Φ252B)	25
SEB	28 336	*seb*	SaPI[2], Plasmid	100
SEC-1	27 531	*sec-1*	SaPI	5
SEC-2	27 531	*sec-2*	SaPI	5–10
SEC-3	27 563	*sec-3*	SaPI	< 10
SED	26 360	*sed*	Plasmid (pIB485-like)	5–10 µg/kg KG[3]
SEE	26 425	*see*	Prophage (ΦSa)	10
SEG	27 043	*seg*	*egc*1–4[4]	160–320
SEH	25 210	*seh*	Transposon	30
SEI	24 298	*sei*	*egc*1–3	300–600
SER	27 049	*ser*	Plasmid (pIB485-like, pF5)	< 100
SES	26 217	*ses*	Plasmid (pF5)	< 100
SET	22 618	*set*	Plasmid (pF5)	< 100

[1] im Affenmodell (z. B. *Macaca mulatta*)
[2] *S. aureus* pathogenicity island
[3] Körpergewicht
[4] enterotoxin gene cluster

setzung für die Bezeichnung als Enterotoxin ist der Nachweis der **emetischen Wirkung** im **Tiermodell**. Deshalb werden genetisch und strukturell verwandte Proteine, die dieses Kriterium nicht erfüllen, als *Staphylococcus aureus*-Enterotoxin-ähnliche Typen (SE-like) (SElJ – SElQ und SElU, SElV und SelX) bezeichnet. SEA-E stellen die „klassischen" Staphylokokken-Enterotoxine dar und sind für den Großteil aller Lebensmittelvergiftungen durch *S. aureus* verantwortlich.

9.2.12.4 Nachweisverfahren

In den Referenzverfahren zum quantitativen Nachweis Koagulase-positiver Staphylokokken wird entweder der Baird-Parker-Agar (BP) oder der Kaninchenplasma-/Fibrinogen-Agar (RPFA) verwendet. Zum Nachweis niedriger Keimzahlen findet ein MPN-Verfahren Anwendung.

Der feste **Selektivnährboden nach Baird-Parker** enthält als wesentliche Komponenten Eigelb, Tellurit, Lithiumchlorid, Glycin und Pyruvat. Bei Eigelb und Tellurit handelt es sich um indikative Prinzipien. Tellurit besitzt aber ebenso wie Lithiumchlorid auch hemmende Eigenschaften gegenüber der Begleitflora, Gleiches gilt für Glycin. Diesem sowie Pyruvat werden aber auch wachstumsfördernde Eigenschaften für *S. aureus* zugesprochen. Für Pyruvat gilt dies insbesondere beim Vorliegen geschädigter Bakterien. Der BP-Agar besitzt eine hohe Produktivität bei eingeschränkter Selektivität, was einen gewissen Mehraufwand für die Bestätigung verdächtiger Kolonien bedingt. Hinzu kommt, dass der Eigelbhof insbesondere bei bovinen *S. aureus*-Isolaten häufig fehlt. Deshalb wird bei den auf BP-Agar gewachsenen verdächtigen Kolonien auch zwischen „typischen" schwarz glänzenden (Telluritreduktion) mit einem Eigelbhof und „atypischen" andersfarbigen ohne Hof unterschieden. Die Bestätigung verdächtiger Kolonien erfolgt mit dem Koagulasetest.

Der **Kaninchenplasma-/Fibrinogen-Agar** ist eine eigelbfreie Modifikation des BP-Agars, dem zum direkten Nachweis der Koagulase Kaninchenplasma und Fibrinogen zugesetzt werden. Außerdem enthält der RPF-Agar einen Trypsin-Inhibitor zur Vermeidung einer plasminbedingten Fibrinolyse und er weist eine verminderte Tellurit-Konzent-

Abb. 9.28
S. aureus auf Baird-Parker-Agar: Der Nährboden nach Baird-Parker enthält als wesentliche Komponenten Eigelb, Tellurit, Lithiumchlorid, Glycin und Pyruvat.
A: *S. aureus* reduziert Tellurit zu Tellur, wodurch es zur Schwärzung der Kolonien kommt (Platte im Auflicht).
B: Durch die enzymatische Aktivität (Eigelbfaktor) von *S. aureus* entsteht der sogenannte Eigelbhof, eine opaleszierende Zone um die Kolonie (Platte im Durchlicht). Tellurit und Lithiumchlorid wirken als Selektivstoffe.

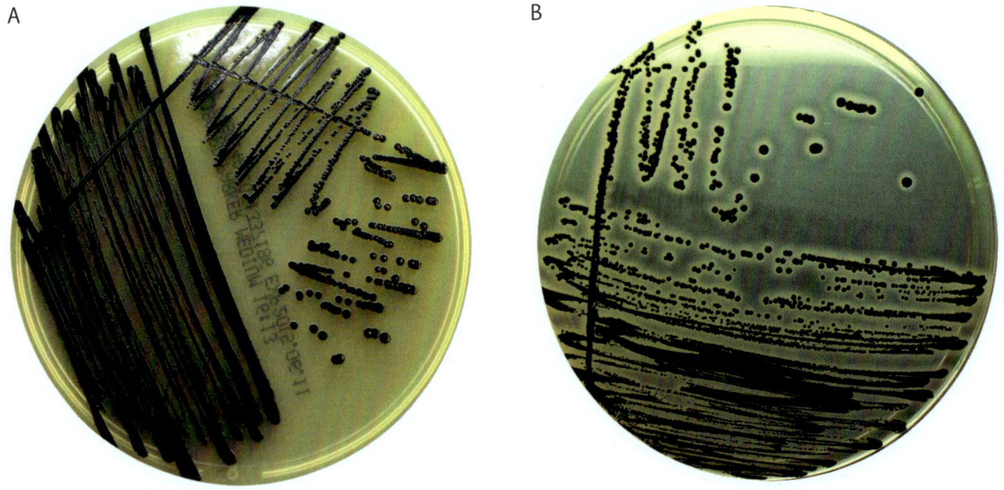

Tab. 9.38
Prozesshygienekriterien: Koagulase-positive Staphylokokken (VO (EG) 2073/2005)

Lebensmittelkategorie	**Grenzwerte (KbE/ml, g)[4]**		
	n/c	**m**	**M**
Käse aus Rohmilch[1]	5/2	10^4	10^5
Käse aus Milch, die einer Wärmebehandlung unterhalb der Pasteurisierungstemperatur unterzogen wurde[1, 2], und gereifter Käse aus Milch oder Molke, die pasteurisiert oder einer Wärmebehandlung über der Pasteurisierungstemperatur unterzogen wurden[1, 2]	5/2	100	10^3
nicht gereifter Weichkäse (Frischkäse) aus Milch oder Molke, die pasteurisiert oder einer Wärmebehandlung über der Pasteurisierungstemperatur unterzogen wurden[2, 3]	5/2	10	100
Milch- und Molkenpulver[2, 3]	5/2	10	100
sofern Werte >10^5 KbE/g nachgewiesen werden, ist die Partie auf Staphylokokken-Enterotoxine zu untersuchen; SE sind Lebensmittelsicherheitskriterium für Käse, Milch- und Molkenpulver	in 25 g nicht nachweisbar		

[1] zu einem Zeitpunkt während der Herstellung, zu dem der höchste Staphylokokkengehalt erwartet wird
[2] ausgenommen Käse, bei denen der Hersteller zur Zufriedenheit der zuständigen Behörde nachweisen kann, dass kein Risiko einer Belastung mit Staphylokokken-Enterotoxinen besteht
[3] Ende des Herstellungsprozesses
[4] analytische Referenzmethode: EN ISO 6888-1 oder 2

ration auf. Das Medium wird im Gussplattenverfahren beimpft und ist insbesondere für die Untersuchung von Probenmaterialen, bei denen ein hoher Anteil atypischer Kolonien zu erwarten ist (z. B. Rohmilch, Rohmilchkäse), geeignet.
Beim **MPN-Verfahren** erfolgt die Anreicherung in einer durch Zusatz von Tween 80 modifizierten Giolitti-Cantoni-Bouillon. Die Bestätigung von Wachstum in dieser Anreicherung erfolgt durch Ausstriche auf BP-Agar, die Bestätigung verdächtiger Kolonien mit dem Koagulasetest.
Für den **Koagulasetest** werden EDTA-stabilisiertes Kaninchenplasma und eine Bouillonkultur der zu testenden Kolonie inkubiert und nach 4–6 Stunden erstmalig auf Koagulation überprüft. Citrat eignet sich nicht als Stabilisator, da einige Bakterien, die den atypischen Kolonien von *S. aureus* ähnlich auf dem BP-Agar wachsen, Citrat spalten und so dem Plasma das Antikoagulans entziehen, was zu einem falsch-positiven Ergebnis führen kann.
Der **Nachweis der Staphylokokken-Enterotoxine** erfolgt üblicherweise mittels Enzymimmuntests. Im Zusammenhang mit der Verordnung (EG) 2073/2005 wurden inzwischen die Testkits „Vidas SET2" und „Ridascreen SET Total" validiert.
Besonderheiten: Mit kommerziellen Testkits ist derzeit nur der Nachweis von SEA, SEB, SEC1–3, SED und SEE möglich.

9.2.12.5 Mikrobiologische Kriterien und Hygienemaßnahmen

Für Milch und Milchprodukte wurden auf EU-Ebene die in Tabelle 9.38 angeführten Prozesshygienekriterien für Koagulase-positive Staphylokokken festgelegt. Beim Nachweis von mehr als 100 000 Keimen pro g gilt der Grenzwert für SE als Lebensmittelsicherheitskriterium.
SE sind in Lebensmitteln sehr widerstandsfähig gegenüber Erhitzung, Säuerung u. Ä., sodass sie durch die übliche Zubereitung eines kontaminierten Lebensmittels nicht oder nur teilweise inaktiviert werden. Allgemeinen Hygienemaßnahmen, insbesondere der **Personalhygiene**, kommt bei der Prävention einer SE-Lebensmittelintoxikation die größte Bedeutung zu. Bei der Produktion von Lebensmitteln sind ausreichende **Erhitzung** und

Kühllagerung wesentlich. Weiterhin ist zu berücksichtigen, das auch bei einem negativen kulturellen Nachweis von Koagulase-positiven Staphylokokken, z. B. nach einem Erhitzungsschritt, aktive Enterotoxine vorhanden sein können, wenn vor der Erhitzung geeignete Wachstumsbedingungen (Basiswissen 9.30) gegeben waren.

9.2.12.6 Standardisierte Nachweisverfahren

- DIN EN ISO 6888-3:2005 – Mikrobiologie von Lebensmitteln und Futtermitteln – Horizontales Verfahren für die Zählung von Koagulase-positiven Staphylokokken (*Staphylococcus aureus* und andere Spezies) – Teil 3: Nachweis und MPN-Verfahren für niedrige Keimzahlen (ISO 6888-3:2003), Deutsche Fassung EN ISO 6888-3:2003 + AC:2005
- DIN EN ISO 6888-1:1999 – Mikrobiologie von Lebensmitteln und Futtermitteln – Horizontales Verfahren für die Zählung von Koagulase-positiven Staphylokokken (*Staphylococcus aureus* und andere Spezies) – Teil 1: Verfahren mit Baird-Parker-Agar (ISO 6888-1:1999 + AMD 1:2003), Deutsche Fassung EN ISO 6888-1:1999 + A1:2003
- DIN EN ISO 6888-2:1999 – Mikrobiologie von Lebensmitteln und Futtermitteln – Horizontales Verfahren für die Zählung von Koagulase-positiven Staphylokokken (*Staphylococcus aureus* und andere Spezies) – Teil 2: Verfahren mit Kaninchenplasma-/Fibrinogen-Agar (ISO 6888-2:1999 + AMD 1:2003), Deutsche Fassung EN ISO 6888-2:1999 + A1:2003

9.2.13 *Streptococcus equi* subsp. *zooepidemicus*

9.2.13.1 Allgemeines

Das Genus *Streptococcus* (zusammengesetzt aus den griech. Wörtern στρεπτός für (Hals)kette und κόκκος für Korn oder Beere) gehört zur Familie der *Streptococcaceae*. Die Gattung beinhaltet viele human- und tierpathogene Spezies, von denen im Zusammenhang mit Milch und Milchprodukten die Erreger subklinischer und klinischer Mastitiden (→ Kap. 4) von Bedeutung sind. Als Lebensmittelinfektionserreger kommt *Streptococcus equi* subsp. *zooepidemicus* in Rohmilch und Rohmilchprodukten eine gewisse Bedeutung zu.

9.2.13.2 Charakteristika

Streptokokken sind grampositive, fakultativ anaerobe, unbewegliche, runde oder eiförmige Bakterien, die in Flüssigmedien häufig Ketten bilden (Basiswissen 9.31). *Streptococcus equi* subsp. *zooepidemicus* besitzt ein **breites Wirts-**

Basiswissen 9.31
Streptococcus equi* subsp. *zooepidemicus

equi: lat. des Pferdes, Betonung auf der 1. Silbe; *zooepidemicus*: griech. ζωον = Tier und επιδήμιος = einheimisch, Betonung auf der 5. Silbe

- **Risikogruppe:** 2
- **Morphologie:**
  - grampositive runde oder ovoide Kokken
  - einzeln, doppelt, kurze bis mittellange Ketten
  - Größe: < 2 µm Durchmesser
  - Kolonie: β-Hämolyse auf Blutagar, große unpigmentierte Kolonien (3–7 mm) auf Kälberserumagar
- **charakteristische Eigenschaften:**
  - unbeweglich
  - fakultativ anaerob
  - Katalase-negativ
  - Laktose- und Sorbitspaltung
  - serologische Gruppe C
- **Wachstumsbedingungen:**
  - Temperatur: Optimum = 37 °C; kein Wachstum ≤ 10 und ≥ 45 °C
  - pH-Wert: (4,6) 5–9,6
  - NaCl: kein Wachstum ≥ 6,5 %
- **empfindlich gegenüber:**
  - Wärmebehandlung *S. pyogenes*: $D_{71,1\,°C}$ = 0,22 s (Vollmilch)
- **Reservoir:**
  - Pferd: Genitalbereich, Nasenrachenraum, Milchdrüse
  - Rind, Schaf, Ziege: Milchdrüse
  - Hund: Nasenrachenraum, Lunge
- **Bedeutung:**
  - Lebensmittelinfektionserreger
  - Erreger systemischer und lokaler Infektionen bei Mensch und Tier

spektrum, hat viele Virulenzfaktoren mit *Streptococcus pyogenes* gemeinsam und zeigt auf Blutagar eine ausgeprägte β-Hämolyse, die durch **Streptolysin S** hervorgerufen wird. Der Keim kann auch beim Menschen zu Infektionen führen. Mehrere Ausbrüche und sporadische Fälle von Nephritis, Arthritis, Sepsis, Meningitis und Pneumonien im Zusammenhang mit Tierkontakt oder dem Konsum von Rohmilch wurden beschrieben.

9.2.13.3 Erkrankungen

Der erste registrierte Ausbruch durch Milch kontaminiert mit *Streptococcus equi* subsp. *zooepidemicus* ereignete sich vermutlich 1968 in Rumänien. Seitdem sind wenige weitere Fälle und Ausbrüche bekannt. Bei einem Ausbruch, bei dem *Streptococcus equi* subsp. *zooepidemicus* aus den Patienten und dem ursächlich involvierten Frischkäse (unzureichende Pasteurisation) isoliert werden konnte, zeigten die Patienten folgende Symptome: septische Arthritis, Bakteriemie, Meningitis, Pneumonie, Endokarditis. Fünf von fünfzehn betroffenen Personen starben, das Alter der meisten Infizierten lag bei über 60 Jahren (47–86) und viele wiesen eine Vorerkrankung auf. Dennoch kann aufgrund der meist schwer verlaufenden Infektion und der **hohen Letalität** (bis 66 %) dieser Keim als Zoonoseerreger nicht vernachlässigt werden.

9.2.13.4 Nachweisverfahren

Beim Nachweis von Streptokokken, die β-Hämolyse auf Blutagar zeigen (→ Kap. 4), ist im Hinblick auf das Vorkommen von *Streptococcus equi* subsp. *zooepidemicus* eine Differenzierung der Spezies durch biochemische oder molekularbiologische Tests nötig.

9.2.13.5 Gesetzliche Regelungen

Entsprechend der Anlage 9 zu § 17 der Tierische Lebensmittel-Hygieneverordnung dürfen **hämolysierende Streptokokken** in der Vorzugsmilch von Pferden bei einer monatlich durchzuführenden Kontrolle in 1 ml Milch nicht nachweisbar sein. Der Begriff „hämolysierende Streptokokken" in der Milch von Stuten ist weder in der Verordnung selbst noch in der Begründung zur Lebensmittelhygienerecht-Durchführungs-Verordnung näher erklärt. Es ist jedoch anzunehmen, dass damit *Streptococcus equi* subsp. *zooepidemicus* gemeint ist.

9.2.14 *Yersinia enterocolitica*

9.2.14.1 Allgemeines

Die Gattung *Yersinia* (nach dem Bakteriologen Alexandre Émile Jean Yersin) gehört zur Familie der *Enterobacteriaceae*. Von den derzeit 19 Spezies und 3 Subspezies (LPSN Stand Mai 2015; → Tab. 9.39) hat als Erreger von Gastroenteritiden des Menschen die Spezies *Yersinia enterocolitica* die größte Bedeutung. Weitere humanpathogene Spezies sind *Y. pestis* und *Y. pseudotuberculosis*, die genetisch eng verwandt sind, während *Y. enterocolitica* eine eigene evolutionäre Linie darstellt. *Y. enterocolitica* ist eine heterogene Spezies, die anhand von O-Antigenen in verschiedene Serovaren, von denen die Mehrzahl apathogen ist, und aufgrund biochemischer Eigenschaften in sechs Biotypen eingeteilt wird.

9.2.14.2 Charkteristika

Y. enterocolitica ist ein gramnegatives, psychrotophes und motiles Stäbchenbakterium (Basiswissen 9.32), das eine hohe Tenazität besitzt. *Y. enterocolitica* ist in der Lage, bei Kühlungstemperaturen zu wachsen, wird aber durch andere psychrotrophe Vertreter der Begleitflora gehemmt. Durch die Pasteurisierung (Kurzzeiterhitzung) wird es inaktiviert. *Y. enterocolitica* konnte von zahlreichen Tieren, dem Menschen, aus Wasser und verschiedenen Lebensmitteln isoliert werden. Pathogene Stämme der Serovaren O:3, O:5,27 kommen bei Infektionen des Menschen weltweit vor. In Europa, Nordamerika und Japan wurden zusätzlich pathogene Stämme der Serovar O:9, in den USA der Servar O:8 und einiger anderer Serovaren nachgewiesen. Als wichtiges Reservoir, vor allem für die humanpathogene Serovar O:3, gelten Schweine.

In roher Milch, aber auch in anderen Lebensmitteln kann *Y. enterocolitica* relativ häufig nachgewiesen werden, doch sind Yersiniose-Ausbrüche, die auf den Genuss von Rohmilch zurückgeführt

Tab. 9.39
Gattung *Yersinia*

Humanpathogene Spezies		Untergruppen
Y. pestis		
Y. pseudotuberculosis		21 Serovaren
Y. enterocolitica subsp. *enterocolitica* *Y. enterocolitica* subsp. *palearctica*	Biotyp:	pathogene Serovaren:
	1A	
	1B	O:4,32; O:8; O:13a; O:13b; O:18
	2	O:5,27; O:9
	3	O:1,2,3; O:3; O:5,27
	4	O:3
	5	O:2,3

für den Menschen vermutlich apathogene Spezies

Y. aldovae	*Y. frederiksenii*	*Y. mollaretii*	*Y. rohdei*
Y. aleksiciae	*Y. intermedia*	*Y. nurmii*	*Y. ruckeri*
Y. bercovieri	*Y. kristensenii*	*Y. pekkanenii*	*Y. similis*
Y. entomophaga	*Y. massiliensis*	*Y. philomiragia*	*Y. wautersii*

Basiswissen 9.32
Yersinia enterocolitica

zusammengesetzt aus den griechischen Wörtern ἔντερον = Intestinaltrakt und κόλον = Dickdarm, Betonung auf der 5. Silbe

- **Risikogruppe**: 2
- **Morphologie:**
  - gramnegatives Stäbchen
  - einzeln
  - Größe: ca. (0,5–0,8) x (1–3) µm
  - Kolonie: 0,1–1 mm Durchmesser, transparent bis opak

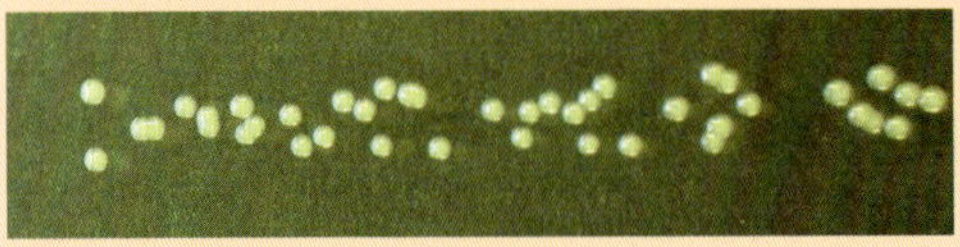

Koloniemorphologie *Yersinia* enterocolitica

- **charakteristische Eigenschaften:**
  - beweglich (unter 30 °C)
  - fakultativ anaerob
  - Oxidase-negativ
  - Katalase-positiv
- **Wachstumsbedingungen:**
  - Temperatur: Optimum 28–30 °C; Toleranz < 4–42 °C
  - pH-Wert: 3,9–10, Optimum ca. 7,6
  - a_W-Wert: Minimum = 0,94
  - NaCl: ≤ 5 %
  - Generationszeit: 7 °C/5 h; 22 °C/1 h; 28 °C/34 min
- **empfindlich gegenüber:**
  - Wärmebehandlung: $D_{72\,°C}$ = 0,3–0,9 s
  - Nitrat, Nitrit, organische Säuren, Chlor, Begleitflora
- **resistent gegenüber:**
  - alkalischen Bedingungen, nährstoffarmem Milieu (Wasser), Austrocknung, Einfrieren
- **Reservoir:**
  - Umwelt: Wasser, Abwasser
  - Tier: Schwein (häufig pathogene Serovaren), Rind, Hund
  - Mensch
- **Bedeutung:**
  - Lebensmittelinfektionserreger (geographische Verbreitung v. a. kühlere Zonen Europas/Nordamerikas, Japan)
  - Erreger lokaler und systemischer Infektionen

wurden, selten. Dies ist wahrscheinlich auch darauf zurückzuführen, dass kaum virulente Serovaren in Rohmilch gefunden werden. Zu größeren Ausbrüchen kam es in den USA durch Milch, Schokoladenmilch, Trockenmilch, Tofu, Sojabohnensprossen, Wasser und kontaminierte Schweinedärme für die Wurstherstellung. In der EU war die Yersiniose 2013 die dritthäufigste registrierte Zoonose, wenn auch der Trend seit 2009 abnehmend ist. Inwieweit lebensmittelbedingte Infektionen dabei eine Rolle spielen, ist aufgrund der Datenlage schwer abzuschätzen. Von 2007 bis 2012 wurden 104 Ausbrüche gemeldet, aber nur in 10 Fällen konnte das involvierte Lebensmittel (rohes Gemüse, Salat, Schweinefleisch oder gemischte Lebensmittel) festgestellt werden. Eine Studie des Robert Koch-Instituts (2012) führte allerdings zu dieser Schlussfolgerung: „Der wichtigste Risikofaktor für den Erwerb einer Yersiniose ist der Verzehr von rohem Schweinehackfleisch, wahrscheinlich als Mett oder Hackepeter."

9.2.14.3 Gastroenterale Erkrankungen

Y. enterocolitica ist ein fakultativ pathogener Krankheitserreger, der **Durchfall** und **Enterocolitis** hervorrufen kann. Betroffen sind meist Kinder unter fünf Jahren, die Inkubationszeit beträgt im Mittel etwa fünf Tage. Die Krankheitsdauer liegt zwischen 3 und 21 Tagen und die gastrointestinalen Symptome sind meist von leichtem Fieber und Kopfschmerzen begleitet. Bei Jugendlichen und Erwachsenen manifestiert sich die Yersiniose oft als eine Pseudoappendizitis (terminale Ileitis, akute Lymphadenitis) mit Fieber, aber häufig ohne Durchfall. Auch wird bei Erwachsenen häufig eine Pharyngitis diagnostiziert. In seltenen Fällen kann es zu Septikämien oder lokalen Infektionen sowie zu autoimmun bedingten Folgeerkrankungen, wie Arthritiden, kommen.

Y. enterocolitica ist ein invasiver, fakultativ intrazellulärer Infektionserreger, der sich verschiedene **Pathogenitätsmechanismen** (→ Tab. 9.40) zunutze macht und einen Tropismus für Lymphgewebe zeigt. Im Mausmodell erfolgt im Darm fast ausschließlich die Invasion über M-Zellen. Danach infiziert der Erreger lymphatische Zellen (mesenterale Lymphknoten) und es kommt zur Bildung von Mikroabszessen. Nach Eindringen in den Blutkreislauf können organspezifische Infektionen (Pneumonie, Endocarditis, Osteomyelitis, fokale Abszesse in Leber, Niere, Lunge, Milz u. a.) die Folge sein. Für die Infektion im Darmbereich scheinen die chromosomal verankerten Virulenzfaktoren auszureichen, während zum Überleben von *Y. enterocolitica* im Wirtsgewebe außerhalb von Zellen Effektorproteine, insbesondere die **Yersinia outer proteins (Yops)**, die über ein Typ III-Sekretionssystem bei Zellkontakt exportiert werden, erforderlich sind. Die Yops bestehen aus Translokationsproteinen (Transmembranproteine), die Effektorproteine in die Zelle einschleusen, welche die Phagozytose inhibieren. Die meisten

Tab. 9.40
Wichtige Virulenzfaktoren von *Y. enterocolitica*

Virulenzfaktor	Lokalisation (Gen)	Eigenschaften
Invasin	Chromosom (*inv*)	91 kDa-Membranprotein
Enterotoxin (hitzestabil)	Chromosom (*yst*)	30 AS, aktiviert Guanylcyclase
Attachment-invasion locus	Chromosom (*ail*)	17 kDa-Membranprotein
HPI (high pathogenicity island)	Chromosom	kodiert u. a. Yersiniabactin (*ybt*) und iron-regulated proteins (*irp*)
YSA-Pathogenitätsinsel	Chromosom	kodiert: Yersinia secretion apparatus (YSA)
Yersinia Virulenz Plasmid (pYV)	Plasmid	70 kB, kodiert: Typ III-Sekretionssystem, Effektorproteine (Yops), Regulatorproteine (VirF), Adhäsion- und Invasionsfaktor (YadA), Yop Chaperone u. a.

Yops und das Sekretionssystem sind Plasmid-kodiert und werden bei 37 °C, aber nicht unter 30 °C produziert, während das hitzestabile Enterotoxin nicht bei Temperaturen über 30 °C gebildet wird und somit für die Durchfallerkrankung vermutlich von untergeordneter Bedeutung ist.

9.2.14.4 Nachweisverfahren

Nach DIN EN ISO 10273, Mikrobiologie der Lebensmittelkette – Horizontales Verfahren zum Nachweis von pathogenen *Yersinia enterocolitica* (ISO/DIS 10273:2015) erfolgt der Nachweis in vier Schritten:

- Im **Direktausstrich** wird die Probe zunächst in einem flüssigen Anreicherungsmedium (Pepton-Sorbit-Gallensalz-Bouillon – PSB) homogenisiert, direkt auf zwei bis vier Cefsulodin-Irgasan-Novobiocin-Agar-Platten (CIN-Agar) ausgestrichen und anschließend bei 30 °C/24 h ± bebrütet.
- **Anreicherung in flüssigen Anreicherungsmedien** (PSB, ITC): Aus dem PBS-Ansatz wird in das selektive Irgasan, Ticarcillin und Kaliumchlorat-Anreicherungsmedium (ITC) übertragen und beide Medien (PSB, ITC) werden bei 25 °C für 44 h inkubiert.
- **Ausstrich nach der Anreicherung**: Aus den Anreicherungen wird nach einer Alkalibehandlung (KOH) auf CIN-Agar ausgestrichen (→ Abb. 9.29) und bei 30 °C für 24 h bebrütet. Verdächtige Kolonien werden identifiziert.
- **Identifizierung**: Die Bestätigung der verdächtigen Kolonien auf CIN-Agar sowohl aus dem Direktansatz als auch aus den Anreicherungen erfolgt mithilfe biochemischer Bestätigungen, evtl. unter Einbeziehung molekularbiologischer Verfahren (PCR), wobei Pathogenitätstests zur Unterscheidung virulenter und avirulenter Isolate ebenfalls zu berücksichtigen sind.

Besonderheiten: Wachstum apathogener *Yersinia*-Spezies (und anderer Keime) wird auf dem CIN-Agar nicht immer ausreichend gehemmt. Ein Verfahren auf der Grundlage der Polymerase-Kettenreaktion (CEN ISO/TS 18867) befindet sich zurzeit in Erarbeitung.

9.2.14.5 Gesetzliche Bestimmungen und Hygienemaßnahmen

Nach § 7 Infektionsschutzgesetz ist der direkte oder indirekte Nachweis von „*Yersinia enterocolitica*, darmpathogen“ zu melden, soweit die Nachweise auf eine akute Infektion hinweisen.
Auf EU-Ebene wurden bisher keine mikrobiologischen Kriterien für *Y. enterocolitica* in Lebensmitteln festgesetzt.

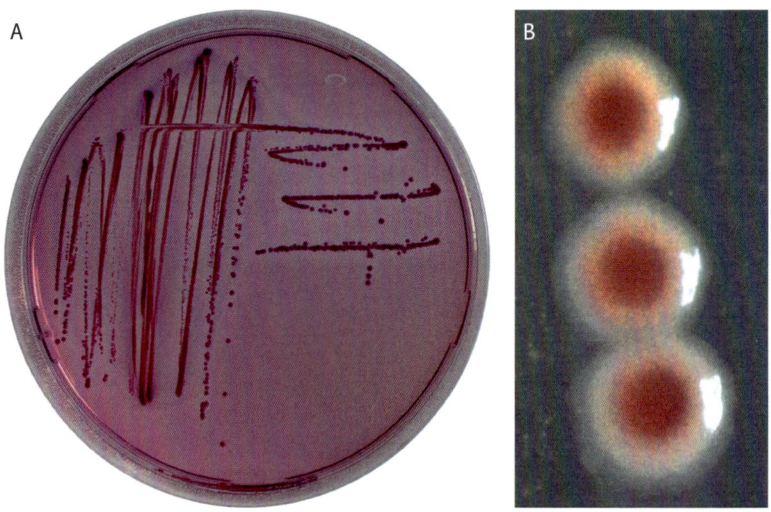

Abb. 9.29 *Yersinia enterocolitica* auf Cefsulodin-Irgasan-Novobiocin-Agar: Die Keime bilden auf dem Agar kleine Kolonien **(A)**, die in der Mitte rötlich gefärbt sind (**B:** „Spiegelei oder Ochsenauge“). Dies ist häufig erst bei Vergrößerung zu erkennen (**B:** stereomikroskopische Aufnahme) und entsteht durch den Abbau von Mannit im Zusammenspiel mit dem Indikator Neutralrot. Natriumdeoxycholat, Cefsulodin, Irgasan und Novobiocin sind dem Nährboden als Selektivstoffe zugesetzt.

Basiswissen 9.33
Hygienemaßnahmen zur Vermeidung einer Yersiniose

(gilt insbesondere für Risikokonsumenten)
- kein Verzehr von
  - rohem Schweinefleisch
  - rohen Schweinefleischprodukten
  - Rohmilch
- Erhitzungsverfahren wie Kochen, Braten und Pasteurisieren töten Yersinien ab
- Küchenhygiene (Vermeidung von Kreuzkontamination beim Umgang mit rohem Schweinefleisch)
- Händehygiene

9.2.14.6 Standardisierte Nachweisverfahren

- DIN CEN ISO/TS 18867: 2015 Mikrobiologie der Lebensmittelkette – Polymerase-Kettenreaktion (PCR) zum Nachweis von pathogenen Mikroorganismen in Lebensmitteln – Nachweis von pathogenen *Yersinia enterocolitica* und *Yersinia pseudotuberculosis*
- DIN EN ISO 10273:2007 Berichtigung 1
- DIN EN ISO 10273:2003 Mikrobiologie von Lebensmitteln und Futtermitteln – Horizontales Verfahren zum Nachweis von präsumtiv pathogenen *Yersinia enterocolitica*

9.2.15 Viren

9.2.15.1 Übersicht

Virusbedingte Durchfallerkrankungen führen mittlerweile weltweit die Statistiken der Lebensmittelinfektionen an. Im Unterschied zu bakteriellen Infektionserregern dient das **Lebensmittel** nur als **Vehikel für die Virusübertragung**. Theoretisch kann jedes Lebensmittel, das direkt oder indirekt durch Virusausscheider kontaminiert und danach nicht mehr ausreichend erhitzt wurde, eine Infektionsquelle darstellen. Die derzeit wichtigsten durch Milch und Milchprodukte übertragbaren Viren sind in Tabelle 9.41 zusammengestellt.

Noroviren sind spezies- und organspezifisch sowie hochinfektiös, sodass auch eine geringgradige Kontamination ein Risiko für den Konsumenten darstellen kann. Die Viruspartikel werden von infizierten Personen in hohen Zahlen im Stuhl oder in Erbrochenem ausgeschieden. Die **Übertragung** erfolgt häufig direkt **von Mensch zu Mensch**, bei mangelhafter Personalhygiene können aber auch Produktionsflächen und Lebensmittel kontaminiert werden. Das Norovirus verursacht bei gesunden Personen nach einer Inkubationszeit von 24–48 Stunden eine meist milde Form von Gastroenteritis, die selbstlimitierend ist und in der Regel nicht länger als fünf Tage (meist 12–60 Stunden) dauert. Als Symptome treten Erbrechen, nicht-blutiger Durchfall, abdominale Krämpfe und Schmerzen, Kopfschmerzen sowie Fieber auf. Von den Centers for Disease Control and Prevention (CDC) wird die jährliche Zahl durch Lebensmittel übertragener Norovirusinfektionen in den USA auf über 5 Millionen Fälle geschätzt (Scallan et al. 2011), wobei keine Lebensmittelkategorien angegeben sind. In der „Foodborne disease outbreak database" des CDC sind jedoch zwischen 1998 und 2006 acht Ausbrüche registriert, in die Käse aus pasteurisierter Milch (vermutlich nachträglich durch menschliche Ausscheider kontaminiert) involviert war. In der EU stehen Muscheln, Salate (verzehrsfertig) und (gefrorene) Früchte (Erdbeeren, Himbeeren) an erster Stelle der betroffenen Lebensmittel.

Das **Hepatitis-A-Virus** verursacht eine klinisch moderate Hepatitis mit Fieber, Unwohlsein, Ano-

Spezies	Genus	Familie
Norovirus (NoV)	*Norovirus*	*Caliciviridae*
Hepatitis-A-Virus (HAV)	*Hepatovirus*	*Picornaviridae*
MKS-Virus	*Aphthovirus*	*Picornaviridae*
FSME-Virus	*Flavivirus*	*Flaviviridae*

Tab. 9.41 Wichtige durch Milch und Milchprodukte übertragbare virale Erreger

rexie, Kopfschmerzen, abdominalem Unwohlsein und Gelbsucht. Kennzeichnend sind dunkel gefärbter Harn und erhöhte Serum-Bilirubin- und Aminotransferasenspiegel. Die Inkubationszeit liegt zwischen 15 und 50 Tagen, die Krankheit dauert meist nicht länger als zwei Monate. Hepatitis A ist nach Norovirusinfektionen die häufigste durch Lebensmittel, wiederholt auch durch Milch und Milchprodukte, übertragene Virusinfektion. Das Virus ist **humanspezifisch** und muss daher von menschlichen Ausscheidern mittelbar oder unmittelbar in oder auf das Lebensmittel gelangen.

Zecken sind Träger des **Frühsommer-Meningoenzephalitis-Virus** (FSME-Virus), diese übertragen das Virus auf Milchtiere (Ziegen und Kühe), von denen es mit der Milch ausgeschieden werden kann. Die Frühsommer-Meningoenzephalitis ist derzeit die wichtigste durch **Arthropoden** übertragene virale Infektion des Menschen in Europa. Als Symptome treten Fieber und Meningitis bis schwere Enzephalitis (teilweise mit Myelitis) auf. Infektionen durch kontaminierte Rohmilch traten insbesondere in FSME-endemischen Gebieten auf. Die höchste Inzidenz in der Bevölkerung (8,1–18,1 Fälle/100 000) wurde im letzten Jahrzehnt in Slowenien registriert.

Das **MKS-Virus** ist der Erreger der Maul- und Klauenseuche (MKS) der Paarzeher, eine akute und hochkontagiöse Erkrankung. Das Virus siedelt sich nach einem Virämiestadium in verschiedenen Organen an (u. a. Mundschleimhäute, Flotzmaul, Euter, Klauen) und führt dort zur charakteristischen Aphtenbildung. Beim Rind produziert das Milchdrüsenepithel bereits in einem sehr frühen Erkrankungsstadium große Mengen an Viren, die mit der Milch ausgeschieden werden. Infektionen des Menschen sind selten und treten im Allgemeinen durch Kontakt mit erkrankten Tieren (Melkpersonal, Tierärzte etc.), evtl. auch nach dem Genuss kontaminierter Rohmilch, auf. Beim Menschen zeigen sich meist nur milde Exantheme im Bereich der Hände und Unterarme sowie z. T. im Bereich der Mundschleimhäute.

Tab. 9.42
Thermische Inaktivierung viraler Erreger

Spezies[1]	Inaktivierungsbedingungen	Erregerreduktion ($\log_{10}$) oder Infektiosität (positiv/negativ)
HAV	71,7 °C/15 s/Milch	< 2
MKS-V	72 °C/18,6 s/Vollmilch	3–4 Restinfektiosität nachweisbar
Poliovirus	72 °C/15 s/Milch 72 °C/30 s/Milch	< 1 ≥ 5
FSME-V	65 °C/5–30 min/Vollmilch[2]	hohe Belastung: positiv niedrige Belastung: negativ
FSME-V	Kochen/3 min/Vollmilch[2]	hohe und niedrige Belastung: negativ
HAV, FCV	Kochen/1 min/Wasser	> 4
HAV, MNV	72 °C/1 min/Wasser	> 3,5
HAV, MNV	63 °C/5 min/Wasser	3–3,5
HAV	85 °C/1 min/Erdbeermus	1
MNV	75 °C/15 s/Himbeermus	2,8
MNV	65 °C/30 s/Himbeermus	1,9

[1] HAV Hepatitis-A-Virus; MKS-V Maul- und Klauenseuchevirus; FSME-V Frühsommer-Meningoenzephalitisvirus; FCV felines Calicivirus; MNV murines Norovirus
[2] in Röhrchen im Wasserbad erhitzt

9.2.15.2 Thermische Inaktivierung und Hygienemaßnahmen

Zur Überprüfung von Inaktivierungsmaßnahmen müssen für das zu prüfende Virus **quantitative Infektionsassays** Anwendung finden, die sicher vermehrungsfähige von inaktiverten Viren unterscheiden. Solche Tests stehen z. B. für Hepatitis-A-Virus (HAV), felines Calicivirus (FCV), murines Norovirus (MNV), MS2-Bakteriophagen, aviäres Influenzavirus (AIV) und verschiedene Enteroviren zur Verfügung. Für das Norovirus existiert kein entsprechender Assay, sodass für Versuche zur Inaktivierung dieses Virus FCV, MNV oder MS2 als Modelle dienen. Angaben zur Inaktivierung von Viren in Milch und Milchprodukten sind unvollständig und z. T. widersprüchlich, Tabelle 9.42 enthält deshalb nur einige ausgewählte Daten auch zu Wasser und Fruchtzubereitungen, die als Anhaltspunkt dienen können.
Die Kontamination von Lebensmitteln mit Norovirus und Hepatitis-A-Virus erfolgt durch direkten oder indirekten Kontakt (z. B. kontaminiertes Wasser oder Oberflächen) zu menschlichen Virusausscheidern. Umfassende Personalhygienemaßnahmen sind daher zur Prävention unverzichtbar.
Viren, wie das MKS-Virus oder das FSME-Virus, werden von den Tieren mit der Milch ausgeschieden. MKS ist eine anzeigepflichtige Tierseuche, Einzelheiten (auch zum Umgang mit Rohmilch) sind in der Verordnung zum Schutz gegen die Maul- und Klauenseuche geregelt. In endemischen FSME-Gebieten muss Milch ausreichend erhitzt werden (→ Tab. 9.42).

Basiswissen 9.34
Hygienemaßnahmen im Haushalt zur Vermeidung einer Virusinfektion

- allgemeine Hygienemaßnahmen, insbesondere Personalhygiene
  - Händehygiene
  - Küchenhygiene
- kein Verzehr von Rohmilch in FSME-endemischen Gebieten
- Kochen (mehrmals aufkochen) oder Braten (Temperaturen über 100 °C) töten Viren ab

9.2.16 Prion-Proteine

9.2.16.1 Übersicht

Prion-Proteine (PrP) sind **neuronale Glykoproteine**, die in der Zellmembran verankert sind und deren physiologische Funktion unklar ist. Die pathogenen Isoformen (PrP^{TSE}) des **körpereigenen** (zellulären, cellular) **Prion-Proteins (PrP^{C})** gelten als Verursacher der Transmissiblen Spongiformen Enzephalopathien (TSE), welche in einer Vielzahl von Säuger-Spezies vorkommen. Seit dem ersten Auftreten der bovinen Form dieser Erkrankung (BSE) bei Rindern in Großbritannien („BSE-Krise") wird die Möglichkeit der Übertragung von Prionen durch die Milch erkrankter Tiere diskutiert. Das körpereigene PrP^{C} wird nicht nur in **Nervenzellen**, sondern auch in einer Vielzahl anderer Zellen, darunter auch in den **Alveolarepithelzellen** der Milchdrüse (→ Kap. 2), exprimiert. Dabei zeigt sich eine **tierartspezifische Expression** bzw. Sekretion von PrP^{C}. Bei Rindern ist die Expression in aktiven Laktozyten am höchsten und erfolgt hauptsächlich basolateral, sodass vermutet werden kann, dass PrP^{C} in den Drüsenzellen eine physiologische Funktion erfüllt. Bei Schaf und Ziege gelangt PrP^{C} offensichtlich über die Sekretion der Fettkügelchen in die Milch.
Dagegen konnte die pathogene Isoform PrP^{TSE} in der Milch von erkrankten Rindern nie nachgewie-

Abb. 9.30
Immunohistochemische Darstellung von PrP^{C} in bovinem Eutergewebe während der Laktation: Die Hauptlokalisation ist basolateral in den Leukozyten (Insert) und in der Zellmembran (Pfeil) zu erkennen.

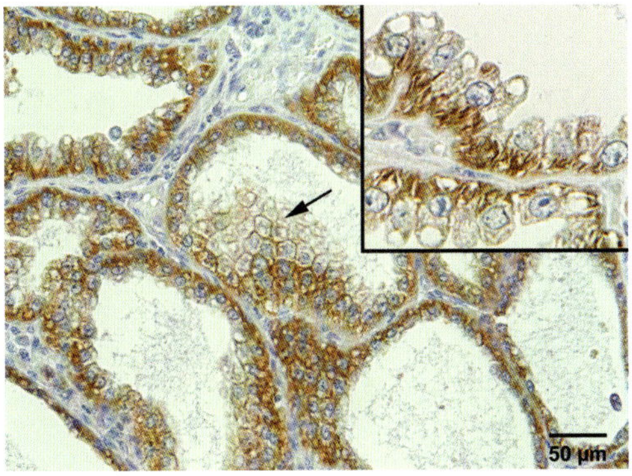

sen werden. Außerdem lieferten epidemiologische und experimentelle Studien bei Rindern bisher keine Hinweise auf eine **Übertragbarkeit von BSE durch Milch**. Milch von Kühen wird daher in die Kategorie „keine Infektiosität nachweisbar" eingeordnet. Nach Verordnung (EG) Nr. 999/2001 Anhang VII sind jedoch Milch und die Milcherzeugnisse von Schafen und Ziegen, „die sich zwischen dem Zeitpunkt der Bestätigung, dass BSE nicht auszuschließen ist, und dem Zeitpunkt der vollständigen Beseitigung der Tiere im Betrieb befinden, zu beseitigen". Im Falle der klassischen Traberkrankheit (Scrapie) „dürfen die Milch und die Milcherzeugnisse der zu beseitigenden Tiere [...] nicht zur Fütterung von Wiederkäuern verwendet werden, außer für die Fütterung von Wiederkäuern innerhalb desselben Betriebs".

9.2.17 Mykotoxine

9.2.17.1 Übersicht

Mykotoxine (Basiswissen 9.35) sind **giftige Stoffwechselprodukte** bestimmter Schimmelpilze, die pathologische Veränderungen in Mensch und Tier hervorrufen. Bis heute sind mehrere Hundert dieser z. T. sehr toxischen Substanzen bekannt. Der Begriff Mykotoxin stammt aus dem Griechischen und setzt sich aus den Wörtern „μύκης" für Pilz und „τοξικόν" für Gift zusammen. Die Kontamination von Milch und Milchprodukten mit Mykotoxinen kann direkt durch das Wachstum von **toxinbildenden Schimmelpilzen** auf den Nahrungsmitteln, z. B. Käse, oder indirekt durch den Übergang (Carry-over) von Mykotoxinen aus Futtermitteln in den tierischen Organismus erfolgen. Da Mykotoxine äußerst hitzestabil sind, werden sie durch die bei Milch und Milchprodukten üblichen Wärmebehandlungen nicht inaktiviert.

Von besonderer Bedeutung im Hinblick auf die **indirekte Kontamination** (Transfer vom Futtermittel in die Milch) sind **Aflatoxine**. Daneben können **Zearalenon**, ein Mykotoxin mit östrogener Wirkung, und das immunsuppressiv wirkende **T-2-Toxin** – beide von verschiedenen *Fusarium*-Arten produziert – bei hohen Konzentrationen im Futter in geringen Mengen in die Milch übergehen.

Im Hinblick auf die **direkte Kontamination** von Milchprodukten spielen verschiedene *Aspergillus*- und *Penicillium*-Spezies eine gewisse Rolle. Unter geeigneten Bedingungen (Sauerstoffzufuhr, Temperatur) können diese wachsen und Toxine (Aflatoxine, Ochratoxine, Sterigmatocystin u. a.) produzieren. Auch bei der Käseherstellung verwendete Schimmelpilze können Mykotoxine, wie **Roquefortin**, **Mycophenolsäure** oder **Cyclopiazonsäure**, bilden. Bei üblichen Verzehrsmengen stellt dies jedoch keine Gefahr für den Verbraucher dar.

Basiswissen 9.35
Mykotoxine (Abkürzung; Mikroorganismus)

- **indirekte Kontamination von Milch:**
  - Aflatoxin M1 (AFM1; *Aspergillus* spp.)
  - Zearalenon (ZEA; *Fusarium* spp.)
  - T-2-Toxin (T-2; *Fusarium* spp.)
- **direkte Kontamination von (Milch und) Milchprodukten:**
  - Ochratoxin A (OTA; *Penicillium* spp., *Aspergillus* spp.)
  - Aflatoxine (AFB1, AFB2, AFG1, AFG2; *Aspergillus* spp.)
  - Cyclopiazonsäure (CPA; *Penicillium camemberti*)
  - Mycophenolsäure (MPA; *Penicillium roqueforti*)
  - Roquefortin (RF; *Penicillium roqueforti*)

Abb. 9.31
Aspergillus niger

Tab. 9.43
Aflatoxin-Höchstgehalte in Lebensmitteln (µg/kg) (Verordnung (EG) Nr. 1881/2006, in der jeweils gültigen Fassung)

Erzeugnis	Aflatoxin B1	Aflatoxin[1] gesamt	Aflatoxin M1
verschiedene Lebensmittel	2,0–12,0	4,0–15,0	–
Babynahrung auf Getreidebasis	0,10	–	–
Säuglings- und Kleinkindernahrung auf Milchbasis	–	–	0,025
diätetische Lebensmittel für Säuglinge	0,10	–	0,025[2]
Milch	–	–	0,050

[1] Summe aus Aflatoxin B1, B2, G1, G2
[2] in Deutschland 0,05 µg/kg Aflatoxin gesamt und 0,01 µg/kg Aflatoxin M1 (Kontaminanten-Verordnung)

9.2.17.2 Aflatoxine

Aflatoxine werden u. a. von *Aspergillus flavus*- und *Aspergillus parasiticus*-**Stämmen** gebildet. Unter geeigneten Umweltbedingungen, insbesondere bezüglich Temperatur und Feuchtigkeit, können diese Pilze auf einer Vielzahl von Futtermitteln wachsen und Aflatoxine produzieren. Betroffen durch **direkte Kontamination** sind vor allem **Mais**, **Erdnüsse**, **Baumwollsaaten** und daraus hergestellte Produkte aus Ländern mit tropischem bzw. subtropischem Klima. Bei Säugetieren erfolgt, nach Metabolisierung in der Leber, ein Übergang der Toxine in die Milch, wobei Aflatoxin M1 mit einer Transferrate von 1–3 (8) % den Hauptmetaboliten von Aflatoxin B1 darstellt. Eine **indirekte Kontamination** von Milch und Milchprodukten kann somit überall dort erfolgen, wo **toxinhaltige Futtermittel** eingesetzt werden. Aufgrund der für das Wachstum von Aspergillen nötigen Bedingungen sind dies in erster Linie importierte Futtermittel, vereinzelt wurde jedoch auch in Silage, die unter den klimatischen Verhältnissen in Deutschland produziert wurde, eine Kontamination mit Aflatoxinen nachgewiesen. Die Gefahr für den Verbraucher liegt in den kanzerogenen, mutagenen, teratogenen bzw. chronisch toxischen Eigenschaften dieser Gifte.

Abb. 9.32
Aflatoxin M1

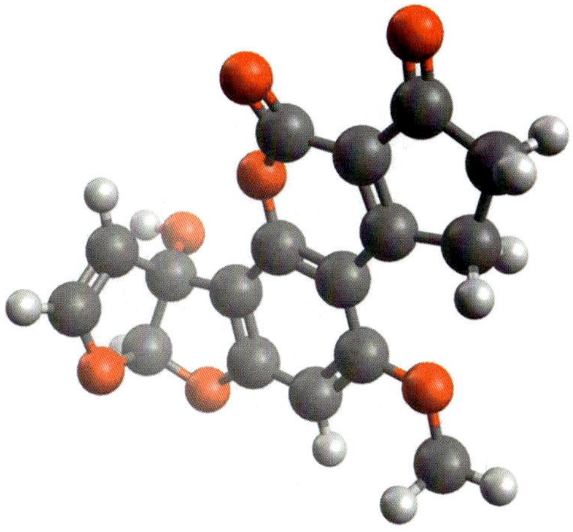

In der EU gelten die in Tabelle 9.43 aufgeführten Höchstgehalte an Aflatoxinen. In Deutschland gelten verschärfte Höchstmengen für Aflatoxin gesamt und Aflatoxin M1 in Säuglingsnahrung.

Aflatoxine sind **sehr hitzestabil** und werden durch die üblichen Wärmebehandlungsverfahren nicht inaktiviert, daher kommt **präventiven Maßnahmen** (aflatoxinfreie Roh- und Zusatzstoffe) zur Vermeidung einer Kontamination die größte Bedeutung zu. Da die Toxine auch über die erkennbar verschimmelten Stellen hinaus in das Produkt diffundieren können, sollten betroffene Lebensmittel nicht verzehrt werden. Aflatoxine sind in den Kontrolllisten der Australia Group (→ Kap. 9.2.1.3) aufgeführt.

9.2.18 Literatur

9.2.18.1 Allgemein

Rechtsvorschriften (Mikrobiologische Kriterien)

- Verordnung (EU) Nr. 365/2010 der Kommission vom 28. April 2010 zur Änderung der Verordnung (EG) Nr. 2073/2005 über mikrobiologische Kriterien für Lebensmittel im Hinblick auf das Vorkommen von Enterobacteriaceae in pasteurisierter Milch und sonstigen pasteurisierten flüssigen Milcherzeugnissen sowie das Vorkommen von *Listeria monocytogenes* in Speisesalz
- Verordnung (EG) Nr. 1441/2007 der Kommission vom 5. Dezember 2007 zur Änderung der Verordnung (EG) Nr. 2073/2005 über mikrobiologische Kriterien für Lebensmittel
- Verordnung (EG) Nr. 2073/2005 der Kommission vom 15. November 2005 über mikrobiologische Kriterien für Lebensmittel

Epidemiologische Daten (Krankheitsfälle, Ausbrüche)

- Centers for Disease Control and Prevention (CDC): Foodborne disease outbreak database, http://wwwn.cdc.gov/foodborneoutbreaks/
- European Food Safety Authority & European Centre for Disease Prevention and Control (2015): The European Union summary report on trends and sources of zoonoses, zoonotic agents and food-borne outbreaks in 2013. EFSA Journal 2015; 13(1), 3991
- Deutschland: Robert Koch-Institut Publikationsserver: Epidemiologisches Bulletin, Gesundheitsberichterstattung, edoc.rki.de

9.2.18.2 Kapitelbezogene Angaben

zu 9.2.1

Nationale Rechtsvorschriften

- Gesetz zur Verhütung und Bekämpfung von Infektionskrankheiten beim Menschen (Infektionsschutzgesetz – IfSG) Infektionsschutzgesetz vom 20. Juli 2000 (BGBl. I S. 1045), zuletzt geändert durch Artikel 2 Absatz 36 u. Artikel 4 Absatz 21 des Gesetzes vom 7. August 2013 (BGBl. I S. 3154)
- Verordnung über anzeigepflichtige Tierseuchen (TierSeuchAnzV) in der Fassung der Bekanntmachung vom 19. Juli 2011 (BGBl. I S. 1404), zuletzt geändert durch Artikel 6 der Verordnung vom 29. Dezember 2014 (BGBl. I S. 2481)
- Verordnung über meldepflichtige Tierkrankheiten (TKrMeldpflV) in der Fassung der Bekanntmachung vom 11. Februar 2011 (BGBl. I S. 252), zuletzt geändert durch Artikel 5 der Verordnung vom 17. April 2014 (BGBl. I S. 388)
- Verordnung über Sicherheit und Gesundheitsschutz bei Tätigkeiten mit biologischen Arbeitsstoffen (Biostoffverordnung – BioStoffV)

Rechtsvorschriften der Europäischen Union

- Verordnung (EG) Nr. 999/2001 des Europäischen Parlaments und des Rates vom 22. Mai 2001 mit Vorschriften zur Verhütung, Kontrolle und Tilgung bestimmter transmissibler spongiformer Enzephalopathien vom 22. Mai 2001, ABl. Nr. L 147, S. 1 vom 31.5.2001

Literatur

Doyle, M. P., Beuchat, L. R. (Hg.) (2007): Food Microbiology: Fundamentals and Frontiers. 3rd ed., Washington D. C.: ASM Press.

EFSA Panel on Biological Hazards (BIOHAZ) (2015): Scientific Opinion on the public health risks related to the consumption of raw drinking milk. EFSA Journal 13(1), 3940.

Morris, J. G., Potter, M. E. (Hg.) (2013): Foodborne infections and intoxications. San Diego: Academic Press.

Robert Koch-Institut (2015): RKI-Fachwörterbuch Infektionsschutz und Infektionsepidemiologie. Berlin.

Scallan, E., Hoekstra, R. M., Angulo, F. J., Tauxe, R. V., Widdowson, M.-A., Roy, S. L., Jones, J. L., Griffin, P. M. (2011): Foodborne illness acquired in the united states – major pathogens. Emerging Infectious Diseases 17, 7–15.

The Australia Group (http://www.australiagroup.net/en/index.html, letzter Zugriff: März 2016).

zu 9.2.2

Literatur

Becker, B. (Hg.), Becker, H., Bürk, C., Dietrich, R., Märtlbauer, E. (2005): *Bacillus cereus*. Hamburg: Behrs.

Drobniewski, F. A. (1993): *Bacillus cereus* and related species. Clinical Microbiology Reviews 6, 324–338.

Ehling-Schulz, M., Vukov, N., Schulz, A., Shaheen, R., Andersson, M., Märtlbauer, E., Scherer, S. (2005): Identification and partial characterization of the nonribosomal peptide synthetase gene responsible for cereulide production in emetic *Bacillus cereus*. Applied and Environmental Microbiology 71, 105–113.

Ehling-Schulz, M., Svensson, B., Guinebretiere, M. H., Lindback, T., Andersson, M., Schulz, A., Fricker, M., Christiansson, A., Granum, P. E., Märtlbauer, E., Nguyen-The, C., Salkinoja-Salonen, M., Scherer, S. (2005): Emetic toxin formation of *Bacillus cereus* is restricted to a single evolutionary lineage of closely related strains. Microbiology 151, 183–197.

Fagerlund, A., Lindback, T., Granum, P. E. (2010): *Bacillus cereus* cytotoxins Hbl, Nhe and CytK are secreted via the Sec translocation pathway. BMC Microbiology 10, 304.

Granum, P. E. (2007): *Bacillus cereus*. In: Doyle, M. P., Beuchat, L. R. (Hg.): Food Microbiology: Fundamentals and Frontiers. Washington D. C.: ASM Press, 445–456.

Heilkenbrinker, U., Dietrich, R., Didier, A., Zhu, K., Lindbäck, T., Granum, P. E., Märtlbauer, E. (2013): Complex formation between NheB and NheC is necessary to induce cytotoxic activity by the three-component *Bacillus cereus* Nhe enterotoxin. PLoS ONE 8, e63104.

Jeßberger, N., Dietrich, R., Bock, S., Didier, A., Märtlbauer, E. (2014): *Bacillus cereus* enterotoxins act as major virulence factors and exhibit distinct cytotoxicity to different human cell lines. Toxicon 77, 49–57.

Jeßberger, N., Krey, V. M., Rademacher, C., Böhm, M., Mohr, A., Ehling-Schulz, M., Scherer, S., Märtlbauer, E. (2015): From genome to toxicity – a combinatory approach highlights the complexity of enterotoxin-production in *Bacillus cereus*. Frontiers in Microbiology, 8, Article 560.

Lund, T., De Buyser, M. L., Granum, P. E. (2000): A new cytotoxin from *Bacillus cereus* that may cause necrotic enteritis. Molecular Microbiology 38, 254–261.

Lindbäck, T., Hardy, S. P., Dietrich, R., Sodring, M., Didier, A., Moravek, M., Fagerlund, A., Bock, S., Nielsen, C., Casteel, M., Granum, P. E., Märtlbauer, E. (2010): Cytotoxicity of the *Bacillus cereus* Nhe enterotoxin requires specific binding order of its three exoprotein components. Infection and Immunity 78, 3813–3821.

LPSN – List of Prokaryotic Names with Standing in Nomenclature. Curator: Parte, A. C. (http://www.bacterio.net/index.html, letzter Zugriff: Mai 2015).

Moravek, M., Dietrich, R., Buerk, C., Broussolle, V., Guinebretiere, M. H., Granum, P. E., Nguyen-The, C., Märtlbauer, E. (2006): Determination of the toxic potential of *Bacillus cereus* isolates by quantitative enterotoxin analyses. FEMS Microbiology Letters 257, 293–298.

Stenfors Arnesen, L. P., Fagerlund, A., Granum, P. E. (2008): From soil to gut: *Bacillus cereus* and its food poisoning toxins. FEMS Microbiology Reviews 32, 579–606.

Wehrle, E., Moravek, M., Dietrich, R., Bürk, C., Didier, A., Märtlbauer, E. (2009): Comparison of multiplex PCR, enzyme immunoassay and cell culture methods for the detection of enterotoxinogenic *Bacillus cereus*. Journal of Microbiological Methods 78, 265–270.

zu 9.2.3

Rechtsvorschriften

- Verordnung zum Schutz gegen die Brucellose der Rinder, Schweine, Schafe und Ziegen (Brucellose-Verordnung) in der Fassung der Bekanntmachung vom 20. Dezember 2005 (BGBl. I S. 3601), zuletzt geändert durch Artikel 4 der Verordnung vom 29. Dezember 2014 (BGBl. I S. 2481)
- Verordnung (EG) Nr. 853/2004 des Europäischen Parlaments und des Rates vom 29. April 2004 mit spezifischen Hygienevorschriften für Lebensmittel tierischen Ursprungs

Literatur

Mailles, A., Rautureau, S., Le Horgne, J. M., Poignet-Leroux, B., d'Arnoux, C., Dennetière, G., Faure, M., Lavigne, J. P., Bru, J. P., Garin-Bastuji, B. (2012): Re-emergence of brucellosis in cattle in France and risk for human health. Eurosurveillance 17 (30), pii=20227.

Morenoa, E., Cloeckaert, A., Moriyon, I. (2002): *Brucella* evolution and taxonomy. Veterinary Microbiology 90, 209–227.

Whatmore, A. M. (2009): Current understanding of the genetic diversity of *Brucella*, an expanding genus of zoonotic pathogens. Infection, Genetics and Evolution 9, 1168–1184.

WHO (World Health Organization) (2006): Brucellosis in humans and animals. Genf: WHO Press.

zu 9.2.4

Literatur

Epps, S. V. R., Harvey, R. B., Hume, M. E., Phillips, T. D., Anderson, R. C., Nisbet, D. J. (2013): Foodborne *Campylobacter*: Infections, Metabolism, Pathogenesis and Reservoirs. International Journal of Environmental Research and Public Health 10, 6292–6304.

Humphrey, T., O'Brien, S., Madsen, M. (2007): Campylobacters as zoonotic pathogens: a food production perspective. International Journal Food Microbiology 117, 237–257.

Perez-Perez, G. I., Kienesberger, S. (2013): *Campylobacter*. In: Morris, J. G., Potter, J. G. M. E. (Hg.): Foodborne Infections and Intoxications. San Diego: Academic Press, 165–186.

Goelz, G., Rosner, B., Hofreuter, D., Josenhans, C., Kreienbrock, L., Loewenstein, A., Schielke, A., Stark, K., Suerbaum, S., Wieler, L. H., Alter, T. (2014): Relevance of *Campylobacter* to public health – The need for a One Health approach. International Journal of Medical Microbiology 304, 817–823.

Nachamkin, I. (2007): *Campylobacter jejuni*. In: Doyle, M. P., Beuchat, L. R. (Hg.): Food Microbiology: Fundamentals and Frontiers. Washington D. C.: ASM Press, 237–248.

Kopecko, D. J., Hu, L., Zaal, K. J. M. (2001): *Campylobacter jejuni* – microtubule-dependent invasion. TRENDS in Microbiology (9), 389–396.

Patrick, M. E., Gilbert, M. J., Blaser, M. J., Tauxe, R. V., Wagenaar, J. A., Fitzgerald, C. (2013): Human infections with new subspecies of *Campylobacter fetus*. Emerging Infectious Diseases 19, 1678–1680.

Rollins, D. M., Coolbaugh, J. C., Walker, R. I., Weiss, E. (1983): Biphasic culture system for rapid *Campylobacter* cultivation. Applied and Environmental Microbiology 45, 284–289.

Silva, J., Leite, D., Fernandes, M., Mena, C., Gibbs, P. A., Teixeira, P. (2011): *Campylobacter* spp. as a foodborne pathogen: a review. Frontiers in Microbiology 2, 1–12.

Young, K. T., Davis, L. M., DiRita, V. J. (2007): *Campylobacter jejuni*: molecular biology and pathogenesis. Nature Reviews Microbiology 5, 665–679.

zu 9.2.5

Literatur

Andersson, A., Ronner, U., Granum, P. E. (1995): What problems does the food industry have with the spore-forming pathogens *Bacillus cereus* and *Clostridium perfringens*? International Journal of *Food Microbiology 28, 145*–155.

Brynestad, S., Granum, P. E. (2002): *Clostridium perfringens* and foodborne infections. *International Journal* of Food Microbiology 74, 195–202.

Chai, Q., Arndt, J. W., Dong, M., Tepp, W. H., Johnson, E. A., Chapman, E. R., Stevens, R. C. (2006): Structural basis of cell surface receptor recognition by botulinum neurotoxin B. Nature 444, 1096–1100.

Glass, K., Marshall, K. (2013): *Clostridium botulinum*. In: Morris, J. G., Potter, J. G. M. E. (Hg.): Foodborne infections and intoxications. San Diego: Academic Press, 371–387.

Johnson, E. A. (2007) *Clostridium botulinum*. In: Doyle, M. P., Beuchat, L. R. (Hg.): Food Microbiology: Fundamentals and Frontiers. Washington D. C.: ASM Press, 401–422.

Labbé, R. G., Juneja, V. K. (2013): *Clostridium perfringens* gastroenteritis. In: Morris, J. G., Potter, J. G. M. E. (Hg.): Foodborne infections and intoxications. San Diego: Academic Press, 99–112.

Lindström, M., Korkeala, H. (2006): Laboratory diagnostics of botulism. Clinical Microbiology Reviews 19, 298–314.

Lindström, M., Heikinheimo, A., Lahti, P., Korkeala, H. (2011): Novel insights into the epidemiology of *Clostridium perfringens* type A food poisoning. Food Microbiology 28, 192–198.

Lindström, M., Myllykoski, S., Sivelä, S. (2010): *Clostridium botulinum* in cattle and dairy products. Critical Reviews in Food Science and Nutrition 50, 281–304.

McAuley, C. M., McMillan, K., Moore, S. C., Fegan, N., Fox, E. M. (2014): Prevalence and characterization of food borne pathogens from Australian dairy farm environments. Journal of Dairy Science 97, 7402–7412.

Miyamoto, K., Li, J., McClane, B. A. (2012): Enterotoxigenic *Clostridium perfringens*: detection and identification. Microbes and Environments 27, 343–349.

Petit, L., Gibert, M., Popoff, M. R. (1999): *Clostridium perfringens*: toxinotype and genotype. Trends in Microbiology 7, 104–110.

Reindl, A., Dzieciol, M., Hein, I., Wagner, M., Zangerl, P. (2014): Enumeration of clostridia in goat milk using an optimized membrane filtration technique. Journal of Dairy Science 97, 6036–6045.

Sarker, M. R., Shivers, R. P., Sparks, S. G., Juneja, V. K., McClane, B. A. (2000): Comparative experiments to examine the effects of heating on vegetative cells and spores of *Clostridium perfringens* isolates carrying plasmid genes versus chromosomal enterotoxin genes. Applied and Environmental Microbiology 66, 3234–3240.

Swaminathan, S., Eswaramoorthy, S. (2000): Structural analysis of the catalytic and binding sites of *Clostridium botulinum* neurotoxin B. Nature Structural Biology 7, 693–699.

Wein, L. M., Liu, Y. (2005): Analyzing a bioterror attack on the food supply: the case of botulinum toxin in milk. Proceedings of the National Academy of Sciences of the United States of America 102, 9984–9989.

zu 9.2.6

Rechtsvorschriften

Verordnung über meldepflichtige Tierkrankheiten (TKrMeldpflV) in der Fassung der Bekanntmachung vom 11. Februar 2011 (BGBl. I S. 252), zuletzt geändert durch Artikel 5 der Verordnung vom 17. April 2014 (BGBl. I S. 388)

Literatur

Angelakis, E., Raoult, D. (2010): Q fever. Veterinary Microbiology 140, 297–309.

Bundesamt für Risikobewertung, BfR (2010): Q-Fieber: Übertragung von *Coxiella burnetii* durch den Verzehr von Lebensmitteln tierischer Herkunft unwahrscheinlich. Stellungnahme Nr. 018/2010 des BfR vom 15. März 2010.

Cerf, O., Condron, R. (2006): *Coxiella burnetii* and milk pasteurization: an early application of the precautionary principle? Epidemiology and Infection 134, 946–951.

Guatteo, R., Seegers, H., Taurel, A.-F., Joly, A., Beaudeau, F. (2011): Prevalence of *Coxiella burnetii* infection in domestic ruminants: A critical review. Veterinary Microbiology 149, 1–16.

Ransom, S. E., Huebner, R. J. (1951): Studies on the resistance of *Coxiella burnetii* to physical and chemical agents. American Journal of Hygiene 53, 110–119.

Schaik, E. J. van, Chen, C., Mertens, K., Weber, M. M., Samuel, J. E. (2013): Molecular pathogenesis of the obligate intracellular bacterium *Coxiella burnetii*. Nature Reviews Microbiology 11, 561–573.

Szymanska-Czerwinska, M., Niemczuk, K., Mitura, A. (2014): Prevalence of *Coxiella burnetii* in dairy herds – diagnostic methods and risk to humans – a review. Bulletin of the Veterinary Institute in Pulawy 58, 337–340.

zu 9.2.7

Literatur

Blazkova, M., Javurkova, B., Vlach, J., Goeselova, S., Karamonova, L., Ogrodzki, P., Forsythe, S., Fukal, L. (2015): Diversity of O Antigens within the Genus *Cronobacter*: from Disorder to Order. Applied and Environmental Microbiology 81, 5574–5582.

Codex-Alimentarius-Kommission (WHO/FAO) (2008): Code of hygienic practice for powdered formulae for infants and young children, CAC/RCP 66 – 2008.

Druggan, P., Iversen, C. (2009): Culture media for the isolation of *Cronobacter* spp. International Journal of Food Microbiology 136, 169–178.

Jaradat, Z. W., Al Mousa, W., Elbetieha, A., Al Nabulsi, A., Tall, B. D. (2014): *Cronobacter* spp. – opportunistic food-borne pathogens. A review of their virulence and environmental-adaptive traits. Journal of Medical Microbiology 63, 1023–1037.

Pagotto, F. J., Lenat, R. F., Farber, J. M. (2007): *Enterobacter sakazakii*. In: Doyle, M. P., Beuchat, L. R. (Hg.): Food Microbiology: Fundamentals and Frontiers. Washington D. C.: ASM Press, 401–422.

Schauer, K., Lehner, A., Dietrich, R., Kleinsteuber, I., Canals, R., Zurfluh, K., Weiner, K., Märtlbauer, E. (2015): A *Cronobacter turicensis* O1 Antigen-Specific Monoclonal Antibody Inhibits Bacterial Motility and Entry into Epithelial Cells. Infection and Immunity 83, 876–887.

Tall, B. D., Grim, C. J., Franco, A. A., Jarvis, K. G., Hu, L., Kothary, M. H., Sathyamoorthy, V., Gopinath, G., Fanning, S. (2013): *Cronobacter* species (formerly *Enterobacter sakazakii*). In: Morris, J. G., Potter, J. G. M. E. (Hg.): Foodborne infections and intoxications. San Diego: Academic Press, 251–260.

Yan, Q. Q., Condell, O., Power, K., Butler, F., Tall, B. D., Fanning, S. (2012): *Cronobacter species* (formerly known as *Enterobacter sakazakii*) in powdered infant formula: a review of our current understanding of the biology of this bacterium. Journal of Applied Microbiology 113, 1–15.

zu 9.2.8

Rechtsvorschriften

Verordnung über meldepflichtige Tierkrankheiten (TKrMeldpflV) in der Fassung der Bekanntmachung vom 11. Februar 2011 (BGBl. I S. 252), zuletzt geändert durch Artikel 5 der Verordnung vom 17. April 2014 (BGBl. I S. 388)

Literatur

Allerberger, F., Wagner, M., Schweiger, P., Rammer, H. P., Resch, A., Dierich, M. P., Friedrich, A. W., Karch, H. (2001): *Escherichia coli* O157 infections and unpasteurised milk. Eurosurveillance 6 (10), pii=379.

Bergan, J., Dyve Lingelem, A. B., Simm, R., Skotland, T., Sandvig, K. (2012): Shiga toxins. Toxicon 60, 1085–1107.

Bielaszewska, M., Mellmann, A., Zhang, W., Koeck, R., Fruth, A., Bauwens, A., Peters, G., Karch, H. (2011): Characterisation of the *Escherichia coli* strain associated with an outbreak of haemolytic uraemic syndrome in Germany, 2011: a microbiological study. Lancet Infectious Diseases 11, 671–676.

Bundesinstitut für Risikoforschung – BfR (2014): Schutz vor Infektionen mit entero-hämorrhagischen *E. coli* (EHEC). Merkblatt für Verbraucher (www.bfr.bund.de, letzter Zugriff März 2016).

Buchanan, R. L., Klawitter, L. A. (1992): The Effect of Incubation-Temperature, Initial pH, and Sodium-Chloride on the Growth-Kinetics of *Escherichia coli* O157-H7. Food Microbiology 9, 185–196.

Bürk, C., Dietrich, R., Acar, G., Moravek, M., Bülte, M., Märtlbauer, E. (2003): Identification and characterization of a new variant of Shiga toxin 1 in *Escherichia coli* ONT:H19 of bovine origin. Journal of Clinical Microbiology 41, 2106–2112.

Communicable Disease Surveillance Centre (1998): Cases of *Escherichia coli* O157 infection associated with unpasteurised cream in England. Eurosurveillance 2 (43), pii=1138.

Clarke, S. C., Haigh, R. D., Freestone, P. P. E., Williams, P. H. (2003): Virulence of Enteropathogenic *Escherichia coli*, a Global Pathogen. Clinical Microbiology Reviews 16, 365–378.

Clements, A., Young, J. C., Constantinou, N., Frankel, G. (2012): Infection strategies of enteric pathogenic *Escherichia coli*. Gut Microbes 3, 71–87.

Croxen, M. A., Finlay, B. B. (2010): Molecular mechanisms of *Escherichia coli* pathogenicity. Nature Reviews in Microbiology 8, 26–38.

Croxen, M. A., Law, R. J., Scholz, R., Keeney, K. M., Wlodarska, M., Finlay, B. B. (2013): Recent Advances in Understanding Enteric Pathogenic *Escherichia coli*. Clinical Microbiology Reviews 26, 822–880.

Curnow, J. (1999): *Escherichia coli* O157 outbreak in Scotland linked to unpasteurised goat's milk. Eurosurveillance 3 (24), pii=1387.

Deschênes, G., Casenave, C., Grimont, F., Desenclos, J. C., Benoit, S., Collin, M., Baron, S., Mariani, P., Grimont, P. A., Nivet, H. (1996): Cluster of cases of haemolytic uraemic syndrome due to unpasteurised cheese. Pediatric Nephrology 10, 203–205.

De Schrijver, K., Buvens, G., Possé, B., Van den Branden, D., Oosterlynck, C., De Zutter, L., Eilers, K., Piérard, D., Dierick, K., Van Damme-Lombaerts, R., Lauwers, C., Jakobs, R. (2008): Outbreak of verocytotoxin-producing *E. coli* O145 and O26 infections associated with consumption of ice cream produced at a farm, Belgium, 2007. Eurosurveillance 13 (1–3), 61–64.

Estrada-Garcia, T., Hodges K., Hecht, G. A., Tarr, P.I. (2013): *Escherichia coli*. In: Morris, J. G., Potter, J. G. M. E. (Hg.): Foodborne Infections and Intoxications. San Diego: Academic Press, 129–164.

Farrokh, C., Jordan, K., Auvray, F., Glass, K., Oppegaard, H., Raynaud, S., Thevenot, D., Condron, R., De Reu, K., Govaris, A., Heggum, K., Heyndrickx, M., Hummerjohann, J., Lindsay, D., Miszczycha, S., Moussiegt, S., Verstraete, K., Cerf, O. (2013): Review of Shiga-toxin-producing *Escherichia coli* (STEC) and their significance in dairy production. International Journal of Food Microbiology 162, 190–212.

Fraser, M. E., Fujinaga, M., Cherney, M. M., Melton-Celsa, A. R., Twiddy, E. M., O'Brien, A. D., James, M. N. G. (2004): Structure of shiga toxin type 2 (Stx2) from *Escherichia coli* O157:H7. Journal of Biological Chemistry 279: 27511–27517.

Fuller, C. A., Pellino, C. A., Flagler, M. J., Strasser, J. E., Weiss, A. A. (2011): Shiga toxin subtypes display dramatic differences in potency. Infection and Immunity 79, 1329–1337.

Hebbelstrup Jensen, B., Olsen, K. E., Struve, C., Krogfelt, K. A., Petersen, A. M. (2014): Epidemiology and clinical manifestations of enteroaggregative *Escherichia coli*. Clinical Microbiology Reviews 27, 614–630.

Jensen, C., Ethelberg, S., Gervelmeyer, A., Nielsen, E.M., Olsen, K. E., Mølbak, K. (2006): First general outbreak of verocytotoxin-producing *Escherichia coli* O157 in Denmark. Eurosurveillance 11 (1–3), 55–58.

Kaper, J. B., Nataro, J. P., Mobley, H. L. (2004): Pathogenic *Escherichia coli*. Nature Reviews in Microbiology 2, 123–140.

Karch, H., Tarr, P. I., Bielaszewska, M. (2005): Enterohaemorrhagic *Escherichia coli* in human medicine. International Journal of Medical Microbiology 295, 405–418.

Kauppi, K. L., Tatini, S. R., Harrell, F., Feng, P. (1996): Influence of substrate and low temperature on growth and survival of verotoxigenic *Escherichia coli*. Food Microbiology 13, 397–405.

Ludger, J., Römer, W. (2010): Shiga toxins – from cell biology to biomedical applications. Nature Reviews Microbiology 8, 105–116.

Martin, A., Beutin, L. (2011): Characteristics of Shiga toxin-producing *Escherichia coli* from meat and milk products of different origins and association with food producing animals as main contamination sources. International Journal Food Microbiology 146, 99–104.

Meng, J., Doyle, M. P., Zhao, T., Zhao, S. (2007): Enterohemorrhagic *Escherichia coli*. In: Doyle, M. P., Beuchat, L. R. (Hg.): Food Microbiology: Fundamentals and Frontiers. Washington D. C.: ASM Press, 249–269.

Müthing, J., Schweppe, C. H., Karch, H., Friedrich, A. W. (2009): Shiga toxins, glycosphingolipid diversity, and endothelial cell injury. Thrombosis and Haemostasis 101, 252–264.

Nauta, M. J., Dufrenne, J. B. (1999): Variability in growth characteristics of different *E. coli* O157:H7 isolates, and its implications for predictive microbiology. Quantitative Microbiology 1, 137–155.

Robert Koch-Institut (Hg.) (2008): Zum Auftreten mehrerer EHEC-Infektionen nach Rohmilchverzehr in einem Ferienlager. Epidemiologisches Bulletin (2), 16–18.

Scheutz, F., Teel, L. D., Beutin, L., Piérard, D., Buvens, G., Karch, H., Mellmann, A., Caprioli, A., Tozzoli, R., Morabito, S., Strockbine, N. A., Melton-Celsa, A. R., Sanchez, M., Persson, S., O'Brienbet, A. D. (2012): Multicenter Evaluation of a Sequence-Based Protocol for Subtyping Shiga Toxins and Standardizing Stx Nomenclature. Journal of Clinical Microbiology 50, 2951–2963.

Servin, A. L. (2014): Pathogenesis of human diffusely adhering *Escherichia coli* expressing Afa/Dr adhesins (Afa/Dr DAEC): current insights and future challenges. Clinical Microbiology Reviews 27, 823–869.

Sutherland, J. P., Bayliss, A. J., Braxton, D. S. (1995): Predictive Modeling of Growth of *Escherichia coli* O157-H7 – The Effects of Temperature, pH and Sodium-Chloride. International Journal of Food Microbiology 25, 29–49.

Tarr, P. I., Gordon, C. A., Chandler, W. L. (2005): Shiga-toxin-producing *Escherichia coli* and haemolytic uraemic syndrome. Lancet 365, 1073–1086.

Tesh, V. L. (2010): Induction of apoptosis by Shiga toxins. Future Microbiology 5, 431–453.

Zhang, W., Bielaszewska, M., Kuczius, T., Karch, H. (2002): Identification, characterization, and distribution of a Shiga toxin 1 gene variant (*stx*(1c)) in *Escherichia coli* strains isolated from humans. Journal of Clinical Microbiology 40, 1441–1446.

zu 9.2.9

Literatur

Angelidis, A. S., Kalamaki, M. S., Georgiadou, S. S. (2015): Identification of non-*Listeria* spp. bacterial isolates yielding a beta-D-glucosidase-positive phenotype on Agar Listeria according to Ottaviani and Agosti (ALOA). International Journal of Food Microbiology 193, 114–129.

McLauchlin, J., Rees, C. E. D. (2009): *Listeria*. In: DeVos et al. (Hg.): Bergey's Manual of Systematic Bacteriology 2nd Edition, Vol. III. Heidelberg: Springer, 244–257.

Becker, B., Schuler, S., Lohneis, M., Sabrowski, A., Curtis, G. D. W., Holzapfel, W. H. (2006): Comparison of two chromogenic media for the detection of *Listeria monocytogenes* with the plating media recommended by EN/DIN 11290-1. International Journal of Food Microbiology 109, 127–131.

Bertsch, D., Rau, J., Eugster, M. R., Haug, M. C., Lawson, P. A., Lacroix, C., Meile, L. (2013): *Listeria fleischmannii* sp. nov., isolated from cheese. International Journal of Systematic and Evolutionary Microbiology 63, 526–532.

Bundesinstitut für Risikoforschung – BfR (2008): Merkblatt „Schutz vor lebensmittelbedingten Infektionen mit Listerien" (http://www.bfr.bund.de/de/presseinformation/2008/06/listeria_ monocytogenes__der_ueberlebenskuenstler_unter_den_keimen-10961.html, letzter Zugriff März 2016).

Bunning, V. K., Crawford, R. G., Bradshaw, J. G., Peeler, J. T., Tierney, J. T., Twedt, R. M. (1986): Thermal resistance of intracellular *Listeria monocytogenes* cells suspended in raw bovine milk. Applied and Environmental Microbiology 52, 1398–1402.

Carpentier, B., Cerf, O. (2011): Review – Persistence of *Listeria monocytogenes* in food industry equipment and premises. International Journal of Food Microbiology 145, 1–8.

Dell'Era, S., Buchrieser, C., Couve, E., Schnell, B., Briers, Y., Schuppler, M., Loessner, M. J. (2009): *Listeria monocytogenes* L-forms respond to cell wall deficiency by modifying gene expression and the mode of division. Molecular Microbiology 73, 306–322.

Gandhi, M., Chikindas, M. L. (2007): *Listeria*: A foodborne pathogen that knows how to survive. International Journal of Food Microbiology 113, 1–15.

Graves, L. M., Helsel, L. O., Steigerwalt, A. G., Morey, R. E., Daneshvar, M. I., Roof, S. E., Orsi, R. H., Fortes, E. D., Milillo, S. R., den Bakker, H. C., Wiedmann, M., Swaminathan, B., Sauders, B. D. (2010): *Listeria marthii* sp. nov., isolated from the natural environment, Finger Lakes National Forest. International Journal of Systematic and Evolutionary Microbiology 60, 1280–1288.

Hamon, M., Bierne, H., Cossart, P. (2006): *Listeria monocytogenes*: a multifaceted model. Nature Reviews Microbiology 4, 423–434.

Lang Halter, E., Neuhaus, K., Scherer, S. (2013): *Listeria weihenstephanensis* sp. nov., isolated from the water plant *Lemna trisulca* taken from a freshwater pond. International Journal of Systematic and Evolutionary Microbiology 63, 641–647.

Leclercq, A., Clermont, D., Bizet, C., Grimont, P. A. D., Le Fleche-Mateos, A., Roche, S. M., Buchrieser, C., Cadet-Daniel, V., Le Monnier, A., Lecuit, M., Allerberger, F. (2010): *Listeria rocourtiae* sp. nov. International Journal of Systematic and Evolutionary Microbiology 60, 2210–2214.

Ooi, S. T., Lorber, B. (2005): Gastroenteritis due to *Listeria monocytogenes*. Clinical Infectious Diseases 40, 1327–1332.

Wang, S., Orsi, R. H. (2013): *Listeria*. In: Morris, J. G., Potter, J. G. M. E. (Hg.): Foodborne infections and intoxications. San Diego: Academic Press, 199–216.

zu 9.2.10

Nationale Rechtsvorschriften

- Tuberkulose-Verordnung in der Fassung der Bekanntmachung vom 12. Juli 2013 (BGBl. I S. 2445, 2014 I S. 47), in der jeweils gültigen Fassung
- Verordnung über meldepflichtige Tierkrankheiten vom 11. Februar 2011 (BgBl. IS. 3517)

Rechtsvorschriften der Europäischen Union

- Verordnung (EG) Nr. 853/2004 des Europäischen Parlaments und des Rates vom 29. April 2004 mit spezifischen Hygienevorschriften für Lebensmittel tierischen Ursprungs

Literatur

Aranaz, A., Cousins, D., Mateos, A., Dominguez, L. (2003): Elevation of *Mycobacterium tuberculosis* subsp. *caprae* Aranaz et al. 1999 to species rank as *Mycobacterium caprae* comb. nov., sp. nov. International Journal of Systematic and Evolutionary Microbiology 53, 1785–1789.

Bundesministerium für Verbraucherschutz, Ernährung und Landwirtschaft (Hg.) (2005): Leitlinien für den Umgang mit der Paratuberkulose in Wiederkäuerbeständen (Paratuberkuloseleitlinien) Bundesanzeiger vom 10.02.2005, S. 2165.

Domingo, M., Vidal, E., Marco, A. (2014): Pathology of bovine tuberculosis. Research in Veterinary Science 97 Suppl., S20–29.

Eltholth, M. M., Marsh, V. R., Van Winden, S., Guitian, F. J. (2009): Contamination of food products with *Mycobacterium avium paratuberculosis*: a systematic review. Journal of Applied Microbiology 107, 1061–1071.

Grant, I. R., Ball, H. J., Rowe, M. T. (1996): Thermal inactivation of several *Mycobacterium* spp. in milk by pasteurization. Letters in Applied Microbiology 22, 253–256.

Hammer, P., Kiesner, C., Walte, H.-G. C. (2014): Short communication: effect of homogenization on heat inactivation of *Mycobacterium avium* subspecies *paratuberculosis* in milk. Journal of Dairy Science 97, 2045–2048.

Hartung, M. (2013): Mycobacteria. In: Hartung, M., Käsbohrer, A. (Hg.): Erreger von Zoonosen in Deutschland im Jahr 2011. BfR-Wissenschaft 05/2013, 221–228.

Ignatov, D., Kondratieva, E., Azhikina, T., Apt, A. (2012): *Mycobacterium avium*-triggered diseases: pathogenomics. Cellular Microbiology 14, 808–818.

Johne, H. A., Frothingham L. (1895): Ein eigentümlicher Fall von Tuberkulose beim Rind. Deutsche Zeitschrift für Tiermedizin und Pathologie 21, 438–454.

Koch, R. (1882): Die Aetiologie der Tuberculose. Berliner Klinische Wochenschrift 19, 221–230.

McDonald, W. L., O'Riley, K. J., Schroen, C. J., Condron, R. J. (2005): Heat Inactivation of *Mycobacterium avium* subsp. *paratuberculosis* in Milk. Applied and Environmental Microbiology 71, 1785–1791.

Rindi, L., Garzelli, C. (2014): Genetic diversity and phylogeny of *Mycobacterium avium*. Infection Genetics and Evolution 21, 375–383.

Rodriguez-Campos, S., Smith, N. H., Boniotti, M. B., Aranaz, A. (2014): Overview and phylogeny of *Mycobacterium tuberculosis* complex organisms: Implications for diagnostics and legislation of bovine tuberculosis. Research in Veterinary Science 97 Suppl., S5–S19.

Rowe, M. T., Donaghy, J. (2008): *Mycobacterium bovis*: the importance of milk and dairy products as a cause of human tuberculosis in the UK. A review of taxonomy and culture methods, with particular reference to artisanal cheeses. International Journal of Dairy Technology 61, 317–326.

Sung, N., Collins, M. T. (1998): Thermal tolerance of *Mycobacterium paratuberculosis*. Applied and Environmental Microbiology 64, 999–1005.

Whittington, R. J., Marsh, I. B., Saunders, V., Grant, I. R., Juste, R., Sevilla, I. A., Manning, E. J. B., Whitlock, R. H. (2011): Culture Phenotypes of Genomically and Geographically Diverse *Mycobacterium avium* subsp. *paratuberculosis* Isolates from Different Hosts. Journal of Clinical Microbiology 49, 1822–1830.

zu 9.2.11

Literatur

Becker, H., Terplan, G. (1986): Salmonellae in milk and milk products. Journal of Veterinary Medicine Series B 33, 1–25.

Dega, C. A., Amundson, C. H., Goepfert, J. M. (1972): Growth of *Salmonella* Typhimurium in skim milk concentrates. Applied Microbiology 23, 82-87.

Elgazzar, F. E., Marth, E. H. (1992): Salmonellae, salmonellosis and dairy foods – A review. Journal of Dairy Science 75, 2327–2343.

Fabrega, A., Vila, J. (2013): *Salmonella enterica* serovar Typhimurium skills to succeed in the host: virulence and regulation. Clinical Microbiology Reviews 26, 308–341.

Feasey, N. A., Dougan, G., Kingsley, R. A., Heyderman, R. S., Gordon, M. A. (2012): Invasive non-typhoidal salmonella disease: an emerging and neglected tropical disease in Africa. Lancet 379, 2489–2499.

Foley, S. L., Lynne, A. M. (2008): Food animal-associated *Salmonella* challenges: pathogenicity and antimicrobial resistance. Journal of Animal Science 86, E173–187.

Hensel, M. (2004): Evolution of pathogenicity islands of *Salmonella enterica*. International Journal of Medical Microbiology 294, 95–102.

Humphrey, T. (2004): Science and society – *Salmonella*, stress responses and food safety. Nature Reviews Microbiology 2, 504–509.

Hurley, D., McCusker, M. P., Fanning, S., Martins, M. (2014): *Salmonella*-host interactions – modulation of the host innate immune system. Frontiers in Immunology 5, 481–481.

Ly, K. T., Casanova, J. E. (2007): Mechanisms of *Salmonella* entry into host cells. Cell Microbiology 9, 2103–2111.

Marcus, S. L., Brumell, J. H., Pfeifer, C. G., Finlay, B. B. (2000): *Salmonella* pathogenicity islands: big virulence in small packages. Microbes and Infection 2, 145–156.

Millette, M., Luquet, F. M., Lacroix, M. (2007): In vitro growth control of selected pathogens by *Lactobacillus acidophilus*- and *Lactobacillus casei*-fermented milk. Letters in Applied Microbiology 44, 314–319.

Sorqvist, S. (2003): Heat resistance in liquids of *Enterococcus* spp., *Listeria* spp., *Escherichia coli*, *Yersinia enterocolitica*, *Salmonella* spp. and *Campylobacter* spp. Acta Veterinaria Scandinavica 44, 1–19.

zu 9.2.12

Literatur

Becker, H., Märtlbauer, E. (2014): Koagulase-positive Staphylokokken (*Staphylococcus aureus* und andere Spezies). In: Baumgart, J., Becker, B., Stephan, R. (Hg.): Mikrobiologische Untersuchung von Lebensmitteln. Hamburg: Behrs.

Becker, H., Bürk, C., Märtlbauer, E. (2007): Staphylokokken-Enterotoxine: Bildung, Eigenschaften und Nachweis. Journal für Verbraucherschutz und Lebensmittelsicherheit 2: 171–189.

Cretenet, M., Even, S., Le Loir, Y. (2011): Unveiling *Staphylococcus aureus* enterotoxin production in dairy products: a review of recent advances to face new challenges. Dairy Science & Technology 91, 127–150.

Hennekinne, J.-A, De Buyser, M.-L., Dragacci, S. (2012): *Staphylococcus aureus* and its food poisoning toxins: characterization and outbreak investigation. FEMS Microbiology Reviews 36, 815–836.

Hu, D. L., Nakane, A. (2014): Mechanisms of staphylococcal enterotoxin-induced emesis. European Journal of Pharmacology 722, 95–107.

Landgraf, M., Destro, M. T. (2013): Staphylococcal Food Poisoning. In: Morris, J. G., Potter, J. G. M. E. (Hg.): Foodborne infections and intoxications. San Diego: Academic Press, 389–400.

Maina, E. K., Hu, D. L., Tsuji, T., Omoe, K., Nakane, A. (2012): Staphylococcal enterotoxin A has potent superantigenic and emetic activities but not diarrheagenic activity. International Journal of Medical Microbiology 302, 88–95.

Otto, M. (2014): *Staphylococcus aureus* toxins. Current Opinion in Microbiology 17, 32–37.

Schelin, J., Wallin-Carlquist, N., Cohn, M. T., Lindqvist, R., Barker, G. C., Radstrom, P. (2011): The formation of *Staphylococcus aureus* enterotoxin in food environments and advances in risk assessment. Virulence 2, 580–592.

Seo, K. S., Bohach G. A. (2007): *Staphylococcus aureus*. In: Doyle, M. P., Beuchat, L. R. (Hg.): Food Microbiology: Fundamentals and Frontiers. Washington D. C.: ASM Press, 493–518.

Stiles, B. G., Krakauer, T. (2005): Staphylococcal enterotoxins: A purging experience in review, Part I. Clinical Microbiology Newsletter 27, 179–186.

Stiles, B. G., Krakauer, T. (2005): Staphylococcal enterotoxins: A purging experience in review, Part II. Clinical Microbiology Newsletter 27, 187–193.

zu 9.2.13

Literatur

Bordes-Benitez, A., Sanchez-Onoro, M., Suarez-Bordon, P., Garcia-Rojas, A. J., Saez-Nieto, J. A., Gonzalez-Garcia, A., Alamo-Antunez, I., Sanchez-Maroto, A., Bolanos-Rivero, M. (2006): Outbreak of *Streptococcus equi* subsp. *zooepidemicus* infections on the island of Gran Canaria associated with the consumption of inadequately pasteurized cheese. European Journal Clinical Microbiology Infectious Diseases 25, 242–246.

Evans, D. A., Hankinson, D. J., Litsky, W. (1970): Heat resistance of certain pathogenic bacteria in milk using a commercial plate heat exchanger. Journal of Dairy Science 53, 1659–1665.

Heras, A. L., Vela, A. I., Fernandez, E., Legaz, E., Dominguez, L., Fernandez-Garayzabal, J. F. (2002): Unusual outbreak of clinical mastitis in dairy sheep caused by *Streptococcus equi* subsp. *zooepidemicus*. Journal of Clinical Microbiology 40, 1106–1108.

Kuusi, M., Lahti, E., Virolainen, A., Hatakka, M., Vuento, R., Rantala, L., Vuopio-Varkila, J., Seuna, E., Karppelin, M., Hakkinen, M., Takkinen, J., Gindonis, V., Siponen, K., Huotari, K. (2006): An outbreak of *Streptococcus equi* subspecies *zooepidemicus* associated with consumption of fresh goat cheese. BMC Infectious Diseases 6.

Lämmler, C, Hahn, G. (1993): Streptokokken-Infektionen. In: Blobel, H., Schließer, T. (Hg.): Handbuch der bakteriellen Infektionen bei Tieren. Jena/Stuttgart: Gustav Fischer, 15–142.

Pisoni, G., Zadoks, R. N., Vimercati, C., Locatelli, C., Zanoni, M. G., Moroni, P. (2009): Epidemiological investigation of *Streptococcus equi* subspecies *zooepidemicus* involved in clinical mastitis in dairy goats. Journal of Dairy Science 92, 943–951.

Priestnall, S., Erles, K. (2011): *Streptococcus zooepidemicus*: an emerging canine pathogen. Veterinary Journal 188, 142–148.

Waller, A. S., Paillot, R., Timoney, J. F. (2011): *Streptococcus equi*: a pathogen restricted to one host. Journal Medical Microbiology 60, 1231–1240.

zu 9.2.14

Literatur

Bundesinstitut für Risikobewertung BfR (2013): Yersinien in Lebensmitteln: Empfehlungen zum Schutz vor Infektionen. Stellungnahme Nr. 002/2013 vom 18. Januar 2013.

Bottone, E. J. (1999): *Yersinia enterocolitica*: overview and epidemiologic correlates. Microbes and Infection 1, 323–333.

Cornelis, G. R. (2002): The *Yersinia* Ysc-Yop 'Type III' Weaponry. Nature Reviews in Molecular Cell Biology 3, 742–752.

Dhar, M. S., Virdi, J. S. (2014): Strategies used by *Yersinia enterocolitica* to evade killing by the host: thinking beyond Yops. Microbes and Infection 16, 87–95.

Nesbakken, T. (2013): *Yersinia*. In: Morris, J. G., Potter, J. G. M. E. (Hg.): Foodborne infections and intoxications. San Diego: Academic Press, 187–198.

Robert Koch-Institut (2012): Yersiniose – Risikofaktoren in Deutschland. Epidemiologisches Bulletin, Berlin, Nr. 6, 13. Februar 2012.

Robins-Browne, R. M. (2007): *Yersinia enterocolitica*. In: Doyle, M. P., Beuchat, L. R. (Hg.): Food Microbiology: Fundamentals and Frontiers. Washington D. C.: ASM Press, 293–322.

Sorqvist, S. (2003): Heat resistance in liquids of *Enterococcus* spp., *Listeria* spp., *Escherichia coli*, *Yersinia enterocolitica*, *Salmonella* spp. and *Campylobacter* spp. Acta Veterinaria Scandinavica 44, 1–19.

Stern, N. J., Pierson, M. D., Kotula, A. W. (1980): Effects of pH and Sodium Chloride on *Yersinia enterocolitica* Growth at Room and Refrigeration Temperatures. Journal of Food Science 45, 64–67.

Viboud, G. I., Bliska, J. B. (2005): *Yersinia* Outer Proteins: Role in Modulation of Host Cell Signaling Responses and Pathogenesis. Annual Review of Microbiology 59, 69–89.

Virto, R., Sanz, D., Alvarez, I., Condon, S. Raso, J. (2005): Inactivation kinetics of *Yersinia enterocolitica* by citric and lactic acid at different temperatures. International Journal of Food Microbiology 103, 251–257.

zu 9.2.15

Rechtsvorschriften

Verordnung zum Schutz gegen die Maul- und Klauenseuche (MKS-Verordnung) in der Fassung der Bekanntmachung vom 20. Dezember 2005 (BGBl. I S. 3573), zuletzt geändert durch Artikel 14 der Verordnung vom 17. April 2014 (BGBl. I S. 388)

Literatur

Balogh, Z., Egyed, L., Ferenczi, E., Ban, E., Szomor, K. N., Takacs, M., Berencsi, G. (2012): Experimental infection of goats with tick-borne encephalitis virus and the possibilities to prevent virus transmission by raw goat milk. Intervirology 55, 194–200.

Bidawid, S., Farber, J. M., Sattar, S. A., Hayward, S. (2000): Heat inactivation of hepatitis A virus in dairy foods. Journal of Food Protection 63, 522–528.

Bosch, A., Pinto, R. M. (2013): Hepatitis A virus. In: Smulders, F. J. M., Norrung, B., Budka, H. (Hg.): Foodborne viruses and prions and their significance for public health, ECVPH Food safety assurance Vol. 6, 61–78. Wageningen: Wageningen Academic Publishers.

Hudopisk, N., Korva, M., Janet, E., Simetinger, M., Grgic-Vitek, M., Gubensek, J., Natek, V., Kraigher, A., Strie, F., Avsic-Zupanc, T. (2013): Tick-borne encephalitis associated with consumption of raw goat milk, Slovenia, 2012. Emerging Infectious Diseases 19, 806–808.

Koopmans, M., Duizer, E. (2004): Foodborne viruses: an emerging problem. International Journal of Food Microbiology 90, 23–41.

Niedersächsisches Landesamt für Verbraucherschutz und Lebensmittelsicherheit (2015): Leitfaden zum Umgang mit Rohmilch aus MKS-Restriktionsgebieten (http://www.tierseucheninfo.niedersachsen.de, letzter Zugriff März 2016).

Robilotti, E., Deresinski, S., Pinsky, B. A. (2015): Norovirus. Clinical Microbiology Reviews 28, 134–164.

Roelandt, S., Suin, V., Riocreux, F., Lamoral, S., Van der Heyden, S., Van der Stede, Y., Lambrecht, B., Caij, B., Brochier, B., Roels, S., Van Gucht, S. (2014): Autochthonous tick-borne encephalitis virus-seropositive cattle in Belgium: A risk-based targeted serological survey. Vector-Borne and Zoonotic Diseases 14, 640–647.

Scallan, E., Hoekstra, R. M., Angulo, F. J., Tauxe, R. V., Widdowson, M.-A., Roy, S. L., Jones, J. L., Griffin, P. M. (2011): Foodborne illness acquired in the united states – major pathogens. Emerging Infectious Diseases 17, 7–15.

Strazynski, M., Kramer, J., Becker, B. (2002): Thermal inactivation of poliovirus type 1 in water, milk and yoghurt. International Journal of Food Microbiology 74, 73–78.

Tomasula, P. M., Kozempel, M. F., Konstance, R. P., Gregg, D., Boettcher, S., Baxt, B., Rodriguez, L. L. (2007): Thermal inactivation of foot-and-mouth disease virus in milk using high-temperature, short-time pasteurization. Journal of Dairy Science 90, 3202–3211.

Van Beek, J., Koopmans, M. (2013): Introduction to norovirus. In: Smulders, F. J. M., Norrung, B., Budka, H. (Hg.): Foodborne viruses and prions and their significance for public health, ECVPH Food safety assurance Vol. 6., 41–60. Wageningen: Wageningen Academic Publishers.

Zuber, S., Butot, S., Baert, L. (2013): Effects of treatments used in food processing on viruses. In: Smulders, F. J. M., Norrung, B., Budka, H. (Hg.): Foodborne viruses and prions and their significance for public health, ECVPH Food safety assurance, Vol. 6., 113–136. Wageningen: Wageningen Academic Publishers.

zu 9.2.16

Rechtsvorschriften

Verordnung (EG) Nr. 999/2001 des Europäischen Parlaments und des Rates vom 22. Mai 2001 mit Vorschriften zur Verhütung, Kontrolle und Tilgung bestimmter transmissibler spongiformer Enzephalopathien

Literatur

Didier, A., Dietrich, R., Steffl, M., Gareis, M., Groschup, M. H., Müller-Hellwig, S., Märtlbauer, E., Amselgruber, W. M. (2006): Cellular prion protein in the bovine mammary gland is selectively expressed in active lactocytes. Journal of Histochemistry & Cytochemistry 54, 1255–1261.

Didier, A., Gebert, R., Dietrich, R., Schweiger, M., Gareis, M., Märtlbauer, E., Amselgruber, W. M. (2008): Cellular prion protein in mammary gland and milk fractions of domestic ruminants. Biochemical and Biophysical Research Communications 369, 841–844.

EFSA Panel on Biological Hazards (BIOHAZ) (2008): Human and animal exposure risk related to Transmissible Spongiform Encephalopathies (TSEs) from milk and milk products derived from small ruminants (doi:10.2903/j.efsa.2008.849; http://www.efsa.europa.eu/en/efsajournal/pub/849, letzter Zugriff März 2016).

European Commission Health & Consumer Protection Directorate-General, Directorate C – Scientific Opinions (2002): Update of the opinion on TSE infectivity distribution in ruminant tissues (http://ec.europa.eu/food/fs/sc/ssc/out296_en.pdf, letzter Zugriff März 2016).

zu 9.2.17

Rechtsvorschriften

- Kontaminanten-Verordnung vom 19. März 2010 (BGBl. I S. 286, 287), zuletzt geändert durch Artikel 2 der Verordnung vom 30. Juni 2015 (BGBl. I S. 1090)
- Verordnung (EG) Nr. 1881/2006 der Kommission vom 19. Dezember 2006 zur Festsetzung der Höchstgehalte für bestimmte Kontaminanten in Lebensmitteln

Literatur

Britzi, M., Friedman, S., Miron, J., Solomon, R., Cuneah, O., Shimshoni, J. A., Soback, S., Ashkenazi, R., Armer, S., Shlosberg, A. (2013): Carry-over of aflatoxin B1 to aflatoxin M1 in high yielding israeli cows in mid- and late-lactation. Toxins 5, 173–183.

Hymery, N., Vasseur, V., Coton, M., Mounier, J., Jany, J.-L., Barbier, G., Coton, E. (2014): Filamentous Fungi and Mycotoxins in Cheese: A Review. Comprehensive Reviews in Food Science and Food Safety 13, 437–456.

Usleber, E., Dade, M., Schneider, E., Dietrich, R., Bauer, J., Märtlbauer, E. (2008): Enzyme immunoassay for mycophenolic acid in milk and cheese. Journal of Agricultural and Food Chemistry 56, 6857–6862.

9.3 Verderb durch Mikroorganismen

Peter Zangerl

9.3.1 Allgemeines

Als Verderb werden jene nachteiligen Veränderungen von Lebensmitteln bezeichnet, die dazu führen, dass ein Lebensmittel für den **menschlichen Verzehr unbrauchbar** wird. Im Europäischen Lebensmittelhygienerecht ist der Begriff „Verderb" nicht definiert. Ein **verdorbenes Lebensmittel** gilt allerdings gemäß Artikel 14 Abs. 5 der Verordnung (EG) Nr. 178/2002 als „für den Verzehr durch den Menschen ungeeignet" und wird somit als nicht sicher und daher nach Artikel 14 Abs. 1 als **nicht verkehrsfähig** eingestuft. Der Verderb bewirkt üblicherweise starke sensorische (sinnfällige) Veränderungen, die sich in Geruchs- und Geschmacksfehlern („off-flavours"), Texturveränderungen (z. B. Gerinnung, Schleimbildung, bei Käse Blähung, Spalten- und Rissbildung) oder Verfärbungen äußern. Leichte sensorische Fehler führen zu Qualitätseinbußen, rechtfertigen jedoch nicht eine Einstufung als „verdorben". Andererseits kann ein Lebensmittel als „für den menschlichen Verzehr ungeeignet" beurteilt werden, ohne dass sensorische Abweichungen festzustellen sind. Dies ist dann gegeben, wenn aufgrund einer Ekel erregenden Beschaffenheit die Verbraucher bei Kenntnis dieses Umstandes vom Konsum eines solchen Lebensmittels Abstand nehmen würden (z. B. bei einer für das Produkt untypischen hohen Keimbelastung aufgrund von Hygienemängeln).

Wesentlich für die Beurteilung von **Qualitätsbeeinträchtigungen** oder **Verdorbenheit** ist die Kenntnis der Verkehrsauffassung über die Beschaffenheit der Waren, also eine **genaue Produktkenntnis**. Dies trifft aufgrund der großen Sortenvielfalt insbesondere auf Käse zu:

- So ist beispielsweise ein starker Milbenbefall der Käseoberfläche ein Zeichen von Verdorbenheit, andererseits werden **„Milbenkäse"** als regionale Spezialitäten angeboten.
- Bei Schimmelbefall gilt das Lebensmittel im Allgemeinen als verdorben; jedoch sind grünliche, bläuliche oder graue **Schimmelflecken** durch das Wachstum von *Penicillium* spp. für manche regionale französische Käsesorten charakteristisch; auch Graukäse, ein Sauermilchkäse aus Westösterreich, kann grau-grüne bis blau-graue Verfärbungen durch Schimmelwachstum aufweisen. Auf dem französischen Schnittkäse Saint-Nectaire bilden als Schadschimmel gefürchtete *Mucor* spp. neben *Geotrichum candidum* die typische dunkelgrau-fleckige Rinde, die – gemäß der Produktbeschreibung – in späteren Reifestadien mit gelben Schimmelflecken übersät sein kann.
- Bestimmte **Geschmacksausprägungen**, die im Allgemeinen als Fehlgeschmack gelten, sind für manche Käsesorten typisch. Beispiele dafür sind ein leicht hefiger Geschmack bei Taleggio, einem norditalienischen Weichkäse, ein leicht estriger bzw. hefiger Geschmack bei bestimmten Varianten des schon erwähnten Graukäses oder ein leicht seifiger Geschmack bei manchen italienischen Schafkäsen.

Sensorische Fehler und in weiterer Folge Verderb haben meist mikrobielle Ursachen. Bei der Vermehrung von Keimen werden durch **Glykolyse, Lipolyse oder Proteolyse** Stoffwechselprodukte gebildet, die zu sensorischen Abweichungen führen. Üblicherweise sind dazu Keimzahlen von mehr als 10^7/g Lebensmittel notwendig, psychrotrophe Bakterien können jedoch auch bei Keimzahlen von 10^6–10^7/g, Hefen und Schimmelpilze bereits zwischen 10^4 und 10^6/g zu sensorisch wahrnehmbaren Veränderungen in Milch und Milchprodukten führen.

Die **Verderbskeime** stammen aus der Rohmilch oder gelangen als Rekontaminanten in erster Linie aus Anlagen und Geräten, aber auch vom Personal, aus der Luft und Produktionsumgebung – speziell bei offenen Verarbeitungssystemen – in die Produkte.

9.3.1.1 Glykolyse

Vor Einführung einer effektiven Milchkühlung erfolgte der Verderb von Milch durch Glykolyse bzw. Laktosevergärung. Die Bildung von Laktat aus Laktose durch eine Reihe von Milchsäurebakterien (*Lactococcus*, *Streptococcus*, *Enterococcus*, *Leuconostoc*, *Pediococcus* und *Lactobacillus* spp.) führt zum **Sauerwerden der Milch** und zur **Gerinnung**. Eine spontane („wilde") Säuerung der Milch kann durch die Bildung von Methylaldehyden und Methylalkoholen aus den Aminosäuren Leucin, Isoleucin und Valin infolge einer Vermehrung von *Lactococcus lactis* biovar *maltigenes* einen karamelartigen, malzigen Geschmack bewirken. Aufgrund der heutigen Kühlsysteme spielt der glykolytische Verderb von Milch und Milcherzeugnissen nur mehr eine marginale Rolle. Ein solcher tritt auf, wenn bei der Herstellung von **Rohmilchkäse** die Aktivität der Starterkulturen zu gering ist und bestimmte Enterobakterien (Coliforme) die Laktose vergären. Das dabei entstehende CO_2 und H_2 führen zu einer **massiven Gasbildung** im jungen Käse (Frühblähung).

9.3.1.2 Lipolyse

Die Lipolyse von Milchfett führt zur **Freisetzung von Fettsäuren**, die **Geschmacksfehler** bewirken (ranzig durch kurzkettige Fettsäuren C4–C8, seifig durch mittelkettige Fettsäuren C10–C12). Eine Veresterung kurzkettiger Fettsäuren mit Ethanol führt durch die Bildung von Ethylacetat, Ethylbutyrat oder Ethylhexanoat zu fruchtigen, gärigen Geschmacksabweichungen. Mikroorganismen mit starker lipolytischer Aktivität sind Pseudomonaden und verwandte Arten (z. B. *Pseudomonas fluorescens*, *P. fragi*, *Shewanella putrefaciens*) sowie bestimmte Hefen.

9.3.1.3 Proteolyse

Proteolytische Enzyme einer Vielzahl von Mikroorganismen können das Milcheiweiß bis zu Aminosäuren abbauen, die dann weiter zu sensorisch wirksamen Stoffwechselprodukten, wie Ammoniak oder Schwefelverbindungen, metabolisiert werden können. Hohe Gehalte an **biogenen Aminen** sind vermutlich für den scharfen, brennenden Geschmack von Käse verantwortlich. Bitterkeit wird durch sogenannte **Bitterpeptide**, die aus dem Casein durch Proteasen entstehen, verursacht. Ein unreiner oder fauliger Fehlgeschmack ist wahrscheinlich die Folge von proteolytischen und auch lipolytischen Prozessen.

9.3.1.4 Qualitätsfehler durch chemisch-physikalische Vorgänge

Eine Beeinträchtigung der sensorischen Beschaffenheit ist auch durch chemisch-physikalische Prozesse möglich. Beispiele hierfür sind Kochgeschmack durch eine starke Hitzebelastung der Milch, „Lichtgeschmack" durch Lichteinwirkung (Fotooxidation), Oxidationsfehler oder Ranzigkeit durch Einwirkung von Sauerstoff oder milchoriginären Lipasen sowie Migration flüchtiger Verbindungen aus dem Verpackungsmaterial in das Lebensmittel.
Im Folgenden wird nur auf mikrobiologische Verderbsursachen eingegangen.

9.3.2 Rohmilch

9.3.2.1 Keimzahl und Keimarten frisch ermolkener Milch

Bei gesunden Tieren ist die Milch im Euter praktisch steril und wird erst während des Milchentzugs bei der Passage des Strichkanals mit Keimen kontaminiert. Die Keime in der Milch stammen von der Euter- und Zitzenoberfläche, den Liegeflächen (Einstreu, Kot), dem Futter, dem Melkpersonal, der Luft, den Geräteoberflächen der Melkanlage und dem Wasser, das für die Reinigung verwendet wird. Die überwiegend vorkommenden Keimarten sind in Tabelle 9.44 zusammengefasst.

▸ Euter- und Zitzenoberfläche

Während des Melkens wird die Milch mit der **Mikroflora** des Strichkanals und der Euterhaut (hauptsächlich Staphylokokken, Streptokokken und Mikrokokken) kontaminiert. Gleichzeitig gelangen in Abhängigkeit von der Melk- und Euterhygiene sogenannte **Melkverunreinigungen** (Kot, Erde, Einstreumaterial, Futterreste) in die Milch. Die resultiernde Flora setzt sich aus einer Vielfalt an grampositiven und gramnegativen Keimen zusammen (→ Tab. 9.44). Von Bedeutung sind insbesondere Krankheitserreger aus den Fäzes. Die Melkverunreinigungen spielen jedoch auch für die Kontamination der Milch mit den technologisch relevanten Schadkeimen *Bacillus* spp. und *Clostridium* spp. eine wesentliche Rolle.

▶ Geräte (Melkanlage, Milchleitungen, Lagertank)

Die Reinigung und Desinfektion aller Geräteoberflächen, die bei der Milchgewinnung und der Milchlagerung verwendet werden, beeinflusst wesentlich die Mikroflora und die Qualität der Rohmilch. Bei Reinigungsmängeln verbleiben **Milchrückstände** im Melksystem, die als Nährstoffe für Mikroorganismen dienen und – insbesondere in den Sommermonaten – zu einer **Keimvermehrung** in der Zwischenmelkzeit führen.
Länger andauernde Reinigungsmängel führen zur Bildung sogenannter **Biofilme**. Dabei handelt es sich um organische Ablagerungen auf den Oberflächen, in denen Mikroorganismen eingelagert und vor den Reinigungs- und Desinfektionsmitteln geschützt sind. Der Gehalt an Mikroorganismen in solchen Biofilmen kann stark schwanken und wird mit 10^3 bis 10^{11} KbE/g angegeben; die Mikroflora setzt sich im Wesentlichen aus Mikrokokken, Streptokokken, Coryneformen, gramnegativen Bakterien und Bazillen zusammen. Biofilme lassen sich nur sehr schwer von den Oberflächen entfernen und führen zu einer kontinuierlichen Kontamination der Milch.
Als **Kontaminationskeime** spielen in erster Linie psychrotrophe gramnegative Keime, wie *Pseudomonas* spp., *Shewanella putrefaciens*, *Alcaligenes*, *Flavobacterium* oder *Chromobacterium* spp. sowie Enterobakterien, eine Rolle. Von den *Enterobacteriaceae* sind in der Milchwirtschaft die **coliformen Keime** von besonderer Bedeutung, da sie die Laktose unter Säure- bzw. Gasbildung vergären und z. T. psychrotrophe Eigenschaften aufweisen. Zu den Coliformen zählen die Gattungen *Escherichia*, *Enterobacter*, *Klebsiella* und *Citrobacter*. Daneben werden auch die Gattung *Kluyvera* und Laktose-positive Stämme der Spezies *Hafnia alvei* und *Serratia liquefaciens* den Coliformen zugeordnet.
Der Internationale Milchwirtschaftsverband (IDF) definiert **psychrotrophe Keime** als Mikroorganismen, die sich unabhängig von der Optimaltemperatur bei 7 °C und darunter vermehren können. Den psychrotrophen Keimen kommt eine besondere Bedeutung zu, da sie sich während der Milchlagerung vermehren können. Ihre Enzyme katalysieren in den Produkten unerwünschte proteolytische und lipolytische Prozesse.

Neben Melkverunreinigungen stellen mangelhaft gereinigte Geräteoberflächen ein wichtiges Reservoir für Bazillensporen dar, da in stark mit Wasser verdünnten Milchlösungen vegetative Keime leicht sporulieren. Der **Sporulierungsvorgang** kann 16–24 Stunden andauern. Milchrückstände in der Melkmaschine sind auch eine Quelle für Clostridiensporen.

▶ Luft

Der quantitative Eintrag von Keimen über die Luft ist vernachlässigbar. Durch hohe **Staubbelastungen**, z. B. während der Fütterung, und durch andere **Stallarbeiten** vor und während des Melkens werden jedoch unerwünschte Sporen von Bazillen eingebracht, die selbst bei sehr niedrigen Ausgangskeimzahlen zum Verderb von pasteurisierter Milch führen können.

▶ Wasser

Über Wasser, das für die Euterreinigung und vor allem bei der Gerätereinigung verwendet wird, erfolgt der Eintrag von gramnegativen **Wasserkeimen** wie *Pseudomonas*, *Shewanella putrefaciens*, *Aeromonas*, *Xanthomonas*, *Flavobacterium*, *Alcaligenes*, *Acinetobacter*. Bei ungenügender Trinkwasserqualität können u. a. auch Enterobakterien oder Clostridien (*Clostridium sporogenes*, *C. perfringens*) eingebracht werden.

▶ Futter

Das Futter stellt eine Quelle für verschiedenste, auf Pflanzen und in der Erde beheimatete Mikroorganismen dar. Neben Milchsäurebakterien, Listerien, Hefen und Schimmelpilzen werden vor allem **sporenbildende Bakterien** in die Milch eingebracht. Silage kann eine wesentliche Quelle für die aeroben bis fakultativ anaeroben Bazillen und die strikt anaeroben Clostridien sein. Abhängig von der Silagequalität schwankt der Sporengehalt von Bazillen zwischen 10 und mehr als 10^5 KbE/g. Silagen minderer mikrobiologischer Qualität können über 10^5 Clostridiensporen/g enthalten. Die Sporen aus dem Futter werden über den Kot ausgeschieden und gelangen in erster Linie über Euter- bzw. Zitzenverschmutzungen in die Milch.

Tab. 9.44
Kontaminationsquellen für Keime in Rohmilch

Herkunft	Keimarten
Strichkanal, Zitzen- und Euteroberfläche	Mikrokokken, Staphylokokken, Streptokokken, Coryneforme, Laktokokken, Enterokokken, Laktobazillen, Clostridien, Bazillen, Propionsäurebakterien, Enterobakterien und andere gramnegative Keime
Geräte (Melkanlage)	vor allem gramnegative Keime, Bazillen, Clostridien, Propionsäurebakterien, *Microbacterium lacticum*
Luft	Mikrokokken, Sporen von Bazillen und Clostridien, Schimmelpilze, Hefen

▸ Personal

Das Melkpersonal spielt vor allem als Überträger von Mastitiserregern eine Rolle, es kann aber auch Quelle von humanpathogenen Keimen sein.

Bei entsprechender Gerätereinigung und Melk- bzw. Euterhygiene enthält die Milch einige Tausend Keime pro Milliliter. Die Zusammensetzung der Keimflora frisch ermolkener Milch ist in Tabelle 9.45 ersichtlich. Bei einer Infektion des Euters werden die Mastitiserreger in stark schwankenden Zahlen in einer Größenordnung von einigen Zehntausend pro Milliliter ausgeschieden.

In frisch ermolkener Milch mit **niedriger Keimzahl** (unter 10 000 KbE/ml) dominieren die Keime der Euteroberfläche (vor allem Mikrokokken, Staphylokokken, Coryneforme) und *Microbacterium lacticum*. Pseudomonaden und andere Psychrotrophe, wie *Flavobacterium*, *Alcaligenes* und *Chromobacterium*, sind üblicherweise nur in geringen Anteilen enthalten (unter 10 %). Bei **hohen Keimzahlen** (über 100 000 KbE/ml) überwiegen meist die gramnegativen Bakterien aus den Melkanlagen. Fehler bei der Reinigung der Melkanlage sind durch Kühlung nicht mehr zu korrigieren, da sich die gramnegativen Bakterien aus den Anlagen schon an das Medium Milch adaptiert haben – kurze bzw. keine Lag-Phase – und sich aufgrund ihrer psychrotrophen Eigenschaften in gekühlter Milch vermehren.

9.3.2.2 Thermodure Bakterienflora in Milch

Bakteriensporen sind die wichtigsten Vertreter der thermoduren Flora, die eine Wärmebehandlung der Milch überstehen können. Die Anzahl von Sporen in der Rohmilch ist sehr variabel und macht nur einen vernachlässigbaren Teil der Gesamtflora aus. Die in der Milch enthaltenen Sporen sind zu etwa 95 % der Gattung *Bacillus* sowie verwandten Genera (*Paenibacillus*, *Brevibacillus*) und zu etwa 5 % der Gattung *Clostridium* zuzuordnen.

▸ Bazillen

Das natürliche Reservoir der Bazillen ist der **Erdboden**. Sie finden sich auch in Staub, Stroh (Einstreu), Heu, Silage und im Kot. Die Zahl an *Bacillus*-Sporen in der Milch schwankt sehr stark und kann zwischen weniger als 10 und einigen Tausend pro Milliliter liegen. *Bacillus cereus, B. licheniformis*, *B. subtilis*, *B. pumilus*, *Brevibacillus brevis* und *Paenibacillus polymyxa* werden in unterschiedlichen Häufigkeiten aus Milch isoliert. Psychrotrophe Bazillenarten stellen nur einen kleinen Teil des Gesamtsporengehaltes dar. Ihre Konzentration beträgt normalerweise weniger als eine Spore/ml. **Psychrotrophe Bazillen** sind in-

Tab. 9.45
Zusammensetzung der Keimflora von frisch ermolkener Milch (Hassan und Frank 2011)

Keimflora	Prozentanteil
Mikrokokken, Staphylokokken	30–99
Bacillus, *Clostridium*	unter 10
Streptococcus, *Lactococcus*	0–50
Microbacterium, Coryneforme, *Lactobacillus*	unter 10
Pseudomonas, *Escherichia coli*, *Alcaligenes*, *Acinetobacter*	unter 10
Hefen und Schimmelpilze	unter 10

sofern von großer Bedeutung, da die Sporen die **Pasteurisierung überleben** und auch bei Kühlung zum Verderb pasteurisierter Trinkmilch und nicht fermentierter Milch- und Milchmischerzeugnisse führen.
Unter den Bazillen nimmt *B. cereus* eine Sonderstellung ein, da er als Krankheitserreger von Bedeutung ist. Mittlerweile ist die psychrotrophe Variante von *B. cereus* aufgrund des Vorhandenseins eines spezifischen Kälteschockproteingens als eigene Spezies *B. weihenstephanensis* anerkannt (→ Tab. 9.9). Diese Klassifizierung ist allerdings umstritten, da auch psychrotrophe *B. cereus*-Stämme isoliert wurden, die dieses Gen nicht besitzen. Vegetative *B. cereus* finden sich in der Rohmilch in Zahlen von unter 10 bis einigen Hundert pro Milliliter, die Sporenzahlen liegen auf einem wesentlich niedrigeren Niveau zwischen weniger als 10 bis einigen Tausend **pro Liter**. Quellen für Bazillensporen sind schmutzige Zitzen (Erd- und Kotverschmutzungen), Futter (insbesondere Silage ungenügender Qualität), Einstreu, Milchgeräte und Luft. Das Vorkommen von psychrotrophen aeroben bzw. fakultativ anaeroben Sporenbildnern in der Milch ist stark von der Jahreszeit abhängig. Studien in verschiedenen Ländern haben gezeigt, dass die höchsten Sporengehalte im Spätsommer und Frühherbst auftreten. Erdverschmutzungen des Euters während der Weidezeit scheinen für den hohen Sporengehalt in dieser Jahreszeit verantwortlich zu sein.

▸ Clostridien

Die Zahl an Clostridiensporen in der Rohmilch ist im Wesentlichen abhängig von der Art und der Qualität des Tierfutters sowie von der Hygiene bei der Milchgewinnung. Clostridien kommen in Erde, Schlamm, Staub, Futter, Kot und Abwasser vor. Generell ist eine Vermehrung der Keime unter **anaeroben Bedingungen** bei Vorhandensein von **organischem Material und Feuchtigkeit** möglich. Eine Vermehrung der strikt anaeroben Clostridien in Milch ist aufgrund des hohen Redoxpotenzials nicht möglich.
Hauptquelle für Clostridiensporen in Milch sind **Silagen minderer Qualität** (schlecht gesäuerte Silagen mit einem pH-Wert > 5, verschimmelte und verdorbene Silagen) oder andere **zuckerhaltige gärende Futtermittel**. Für den Keimeintrag ist die Erdverschmutzung des Futters von großer Bedeutung. Die Sporenbelastung von frischem Gras oder Heu ist dagegen sehr gering (Basiswissen 9.36). Die Sporen werden vom Tier mit dem Futter aufgenommen und im Verdauungstrakt etwa zehnfach konzentriert. Da sie über Euterverschmutzungen in die Milch gelangen, spielt die Stall- und Melkhygiene auch hinsichtlich des anaeroben Sporengehaltes der Milch eine entscheidende Rolle.

Basiswissen 9.36
Gehalte an Clostridiensporen im Futter pro Gramm
- frisches Gras, Heu: 10–1 000
- „gute“ Silage: unter 10 000
- „schlechte“ Silage: über 100 000

Die Gehalte an Clostridiensporen in Milch können sehr stark zwischen < 1 und > 1 000/ml schwanken. Die am häufigsten isolierten Clostridienspezies sind *C. sporogenes*, *C. tyrobutyricum*, *C. perfringens*, *C. beijerinckii* und *C. butyricum*. Bei Silagefütterung dominieren *C. sporogenes* und *C. tyrobutyricum*, die zusammen etwa 80 % der gesamten **anaeroben Sporenflora** der Milch ausmachen. Demgegenüber liegt nach jüngsten Untersuchungen der Anteil von *C. sporogenes* und *C. tyrobutyricum* in Milch von Tieren, die ohne Silage gefüttert wurden, lediglich bei etwa 40 %. *Clostridium botulinum* kommt in nur sehr geringen Mengen von weniger als einer Spore pro Liter Milch vor.
Unter den Clostridien hat *Clostridium tyrobutyricum* die größte Bedeutung, da diese Spezies für die Spätblähung von Käse verantwortlich ist. Der Keim vergärt 2 mol Laktat zu 1 mol Buttersäure, 2 mol Wasserstoff- und 2 mol Kohlendioxidgas und bewirkt im Käse neben Geschmacksfehlern auch eine Blähung, die während der Käsereifung frühestens nach einigen Wochen auftritt. Beim Clostridiennachweis in Milch ist daher nicht der Gesamtgehalt an anaeroben Sporen entscheidend, sondern derjenige der sogenannten **„käsereischädlichen Clostridien“**. Der Begriff wurde ge-

wählt, weil es bis heute kein Routineverfahren zum spezifischen Nachweis von *C. tyrobutyricum* gibt und daher auch andere Clostridien, die Buttersäure und Gas bilden, z. T. miterfasst werden (z. B. *C. sporogenes, C. butyricum, C. beijerinckii, C. bifermentans, C. perfringens*).

Bei Verzicht auf Silofutter und anderen gärenden Futtermitteln liegt der Gehalt an käsereischädlichen Clostridien üblicherweise unter 100 Sporen **pro Liter**. Die Sporenzahl kann allerdings auf über 200 Sporen/Liter ansteigen, wenn auf dem Bauernhof **ungenügende hygienische Verhältnisse** vorliegen, die eine Vermehrung von Clostridien im Umfeld der Milchgewinnung begünstigen (schlechte Heuqualität, verschmutzte Brunnentröge, schmutzige Tränkebecken und Futterbarren, morastige Auslaufhöfe, stark kontaminierte Einstreu, unsaubere Futtermischwagen), und wenn die Melkhygiene mangelhaft ist (ungenügende Euter- und Zitzenreinigung, ungenügende Reinigung der Melkutensilien). Da der Sporengehalt selbst durch eine optimale Euter- und Zitzenreinigung nur um das etwa Zehnfache reduziert wird, ist es wesentlich, die **Tiere sauber zu halten**.

Auch beim Zukauf von Tieren, die mit Silage gefüttert worden sind und daher hohe Zahlen an Clostridiensporen ausscheiden können, ist mit einem Anstieg des Sporengehaltes zu rechnen. Bei einer saisonalen Verfütterung von Silage ist zu berücksichtigen, dass die Sporen nach Beendigung der Silagefütterung noch bis zu ca. 4 Wochen mit dem Kot ausgeschieden werden.

Bei Verfütterung von Silage sind wesentlich höhere Sporengehalte zu erwarten. Silomilch weist einen Gehalt an käsereischädlichen Clostridien von unter 1 bis 10 Sporen, selten von 100 und mehr Sporen **pro Milliliter** auf. Aus diesem Grund wird ein stark ausgeprägter jahreszeitlicher Verlauf mit den höchsten Sporengehalten im Winter während der Silagefütterungsperiode beobachtet. Während der Weidefütterung im Sommer sinken die Zahlen stark ab, wenn nicht zusätzlich Silage zu dieser Jahreszeit verfüttert wird.

Bei der Verfütterung von Silage wird versucht, den Gehalt an potenziell käsereischädlichen Clostridiensporen auf unter 1 000 pro Liter Milch zu beschränken, da die Maßnahmen zur **Beherrschung der Buttersäuregärung** nur bei **moderaten Sporengehalten** effektiv genug sind. Ein niedriger Clostridiensporengehalt ist auch anzustreben, weil bei Schmelzkäse nicht nur *C. tyrobutyricum*, sondern eine Reihe anderer Clostridienspezies zum Verderb führen kann. Maßnahmen zur Reduzierung des Sporengehaltes sind in erster Linie die Herstellung einer entsprechenden Silagequalität, die Vermeidung einer Verfütterung verschimmelter oder verdorbener Silage sowie eine entsprechende Stall-, Euter- und Melkhygiene.

9.3.2.3 Keimflora von Anlieferungs- und Verarbeitungsmilch

Bis zur Abholung durch den Be- oder Verarbeitungsbetrieb wird die Milch am Bauernhof mehr oder weniger lange gelagert. Die zweimal tägliche Abholung ist heute eine Seltenheit (in bestimmten Regionen in Berggebieten); in der Regel wird die Milch einmal täglich oder alle zwei Tage gesammelt. Einige Molkereien holen die Milch nur mehr jeden dritten Tag ab. Abhängig vom **Abholungsintervall** sind in der Verordnung (EG) Nr. 853/2004 maximal zulässige **Lagertemperaturen** festgelegt (8 °C bei täglicher Abholung, 6 °C bei längeren Intervallen). Während des Transportes darf die Temperatur 10 °C nicht überschreiten und in der Molkerei muss die Milch auf 6 °C oder darunter abgekühlt werden, wenn sie nicht innerhalb von vier Stunden verarbeitet wird. Die Mitgliedsstaaten können bei der Herstellung bestimmter Erzeugnisse (z. B. Käse mit einer Reifezeit von mehr als 60 Tagen) höhere Temperaturen zulassen.

Die Kühlung der Milch nach dem Melken führt zu einer drastischen **Verschiebung der Keimflora** während der Lagerung. Gramnegative psychrotrophe Bakterien stellen in frisch ermolkener Milch nur einen geringen Teil der Gesamtflora (< 10 %) dar, ihre Zahl steigt jedoch während der Lagerung bei Kühltemperaturen (3–6 °C) an und sie dominieren die Flora bei Eintreffen der Milch in der Molkerei. Aus gelagerter Rohmilch wird eine Vielzahl von psychrotrophen gramnegativen Keimen isoliert (z. B. *Pseudomonas, Acinetobacter, Flavobacterium, Enterobacter, Alcaligenes, Achromobacter, Klebsiella, Aeromonas*). Die größte Bedeutung haben Pseudomonaden. Die am häufigsten isolier-

ten Spezies sind *Pseudomonas lundensis*, *P. fragi*, *P. fluorescens* und *P. pudita*.
Gramnegative psychrotrophe Bakterien sind hitzeempfindlich und werden durch die Kurzzeiterhitzung zuverlässig abgetötet. Sie bilden jedoch eine Reihe von **hitzeresistenten extrazellulären Enzymen**, die eine Pasteurisierung und sogar die UHT-Erhitzung überstehen. Sowohl Proteasen als auch Lipasen von Psychrotrophen behalten ca. 60–70 % ihrer Aktivität bei einer Erhitzung auf 77 °C für 17 s und ca. 30–40 % der Aktivität bei einer UHT-Behandlung von 140 °C für 5 s (McPhee/Griffith 2011).
Wird die Milch unverzüglich nach dem Melken auf 6 °C oder darunter gekühlt, hat dies kaum einen Effekt auf die bakteriologische Qualität der Milch, wenn sie bis zu 48 Stunden am Hof gelagert wird. Das **Wachstumspotenzial der Psychrotrophen** wird hingegen stark beeinflusst, da sich die Keime in der exponentiellen Phase befinden, wenn die Milch im Verarbeitungsbetrieb ankommt. Dies wirkt sich nicht nur auf die Vermehrungsgeschwindigkeit, sondern insbesondere auf die **enzymatische Aktivität** aus. So weisen Pseudomonaden, die aus einer drei Tage bei 7 °C gelagerten Milch isoliert wurden, eine 100- bis 1 000-fach höhere lipolytische und proteolytische Aktivität auf als Pseudomonaden aus frisch ermolkener Milch (McPhee/Griffith 2011). *Pseudomonas* produziert auch das Enzym Lecithinase, das durch die Hydrolyse von Lecithin die Fettkügelchenmembran angreift und damit die Anfälligkeit gegenüber Fettabbau durch milchoriginäre Lipasen erhöht. Aus diesen Gründen sollte Rohmilch nie länger als unbedingt notwendig gestapelt werden.
Geschmacksfehler durch **lipolytische und proteolytische Enzyme** der Rohmilchkeime können – abhängig von der Temperatur, Lagerdauer und dem pH-Wert der Produkte – schon bei Psychrotrophenkeimzahlen über 10^5 KbE/ml in der Verarbeitungsmilch auftreten. Bei über 10^6 Psychrotrophen/ml vor der Erhitzung kann es zu einer Gelierung von UHT-Milch während der Lagerung aufgrund starker Proteolyse kommen (verbunden mit Geschmacksfehlern wie „alt" oder bitter). Bei der Käseherstellung führt der proteolytische Caseinabbau bei solch hohen Keimzahlen auch zu Ausbeuteverlusten.

9.3.3 Konsummilch und nicht fermentierte Milcherzeugnisse und Milchmischerzeugnisse

Für Konsummilch ist in der Europäischen Union eine Wärmebehandlung (Pasteurisierung oder UHT-Erhitzung) vorgeschrieben. Eine Ausnahme bildet die direkte Abgabe von Rohmilch und Rohrahm durch den Tierhalter (Direktvermarktung), die jedoch national geregelt wird.

9.3.3.1 Pasteurisierte Milch und Milcherzeugnisse

Die **Haltbarkeit** von pasteurisierter Milch und pasteurisierten nicht fermentierten Flüssigmilch- und Milchmischerzeugnissen ist abhängig von der Zahl und Art der Rohmilchkeime, die die Pasteurisierung überleben (thermodure Keime), der Intensität der Wärmebehandlung (Erhitzungstemperatur und -zeit), dem Grad einer Kontamination mit Keimen nach der Pasteurisierung (Rekontamination) und der Temperatur während der Lagerung und Distribution.

▶ Hitzeresistente Flora

Durch die Pasteurisierung werden die hitzeempfindlichen Keime abgetötet. Die Keimzahl frischer, kurzzeiterhitzter Milch (Pasteurisierung bei 72–75 °C für 15–30 s) liegt üblicherweise weit unter 10 000 KbE/ml und die Flora besteht aus **hitzeresistenten grampositiven Vertretern** der Gattungen *Enterococcus*, *Streptococcus* (*Streptococcus thermophilus*), Mikrokokken (*Micrococcus luteus*, *Kokuria varians*), *Microbacterium* (*Microbacterium lacticum*), *Lactobacillus*, Corynebakterien und *Arthrobacter* sowie aus Sporen von *Bacillus*, *Paenibacillus*, *Brevibacillus* und *Clostridium*. Ein drastischer **Keimzahlanstieg** ist allerdings bei Betriebszeiten des Pasteurs von mehr als 6–8 Stunden möglich. Dabei kann *Streptococcus thermophilus* aus der Rohmilch die Kurzzeiterhitzung überleben, sich im Wärmetauscher festsetzen und sich im Temperaturbereich von 40–50 °C vermehren. Von den die Pasteurisierung überlebenden Keimen haben die **Bazillen** die größte Bedeutung, da sie sich bei Kühltemperaturen vermehren und sich gegenüber den anderen thermoduren Keimen während der Milchlagerung durchsetzen.

Bei **intensiverer Wärmbehandlung**, insbesondere bei Temperaturen über 95 °C, überleben nur mehr die **Sporen**. Während sich die Clostridiensporen in Milch und nicht fermentieren flüssigen Milch- und Milchmischerzeugnissen aufgrund der Sauerstoffspannung und der Kühllagerung nicht vermehren können, erfahren die Sporen von Bazillen und verwandten Genera (aerobe und fakultativ anaerobe Sporenbildner) durch die Wärmebehandlung eine **Hitzeaktivierung** und werden dadurch zum Auskeimen angeregt. Die Germinationszeit ist stark temperaturabhängig und kann unter günstigen Temperaturbedingungen wesentlich weniger als eine Stunde betragen. In der Literatur sind für verschiedene psychrotrophe Bazillenarten in Milch, die bei 6 °C gelagert wird, Germinationszeiten von 3 bis 276 Stunden und Generationszeiten von 7 bis 23 Stunden angegeben; bei 10 °C schwanken die Germinationszeiten zwischen 2 und 71 Stunden, die Generationszeiten zwischen 3 und 12 Stunden.
Die Bazillenflora in kurzzeiterhitzter Milch setzt sich hauptsächlich aus *B. cereus*, *B. licheniformis*, *B. circulans*, *B. coagulans*, *B. mycoides* und *Paenibacillus polymyxa* zusammen. Psychrotrophe Varianten dieser Bazillen sind in der Lage, sich während der Kühllagerung zu hohen Zahlen zu vermehren. Die Folge können Geschmacksfehler oder Süßgerinnung sein. Als **Geschmacksfehler** können – abhängig von der involvierten Bazillenart – bitter, faulig, unrein, alt, fruchtig, sauer (infolge des Abbaus von Laktose durch *B. circulans*, *Paenibacillus macerans*) und sogar hefig (*Paenibacillus polymyxa*) auftreten. Eine starke Proteolyse – insbesondere durch *B. cereus* und *B. coagulans* – führt zur sogenannten **Süßgerinnung**, einer labartigen Dicklegung der Milch durch Abbau des Caseins. Durch die spezifische Aktivität der Phospholipase (Lecithinase) von *B. cereus* und *B. mycoides* erfolgt eine Schädigung der Fettkügelchenmembran, die zur Aggregation des Fetts und damit zum Ausflocken führt („bitty cream"). Dieses Ausflocken wird vor allem beobachtet, wenn die Milch (oder der Rahm) zu heißen Getränken gegeben wird.
Bei der Herstellung von Sahne (Rahm) werden wesentlich höhere Pasteurisierungstemperaturen als bei kurzzeiterhitzter Milch angewandt (→ Kap.7.3.4.3 und 8.2.5). Dementsprechend länger ist auch die Haltbarkeit bei rekontaminationsfreier Herstellung.

▸ Rekontaminationsflora

Sporen von Bazillen in frisch pasteurisierten Flüssigerzeugnissen können nicht nur aus der Rohmilch stammen, sondern auch in der Molkerei bei **Reinigungsmängeln** (z. B. Sprühschatten, unzureichende Durchflussgeschwindigkeiten, zu niedrige Reinigungstemperatur, ungeeignete Reinigungsmittel oder zu geringe Konzentrationen der Mittel) durch Tanksammelwagen, Rohmilchtanks, Erhitzungsanlage und Abfülleinrichtung die Milch kontaminieren. Schwer zu **reinigende**

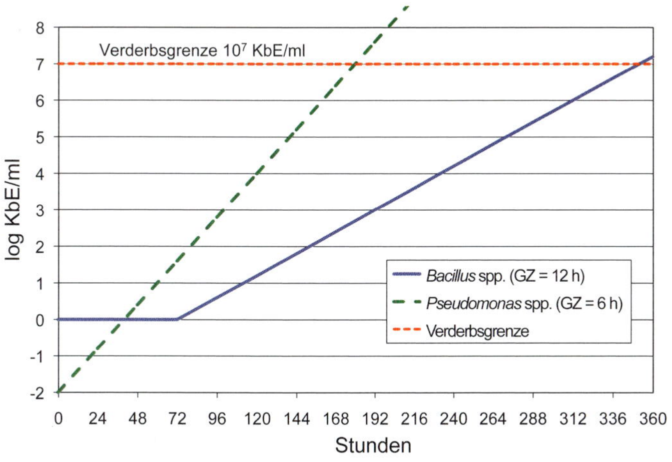

Abb. 9.33
Modell der Keimzahlentwicklung in pasteurisierter Milch bei einer Lagerungstemperatur von 6 °C

Anlagenteile (Toträume, Ventile, Pumpen, Dichtungen, raue Schweißnähte, Risse etc.) und **Biofilme** stellen wichtige Kontaminationsquellen dar. Die größte Bedeutung als Rekontaminationskeime haben Pseudomonaden, Enterobakterien bzw. Coliforme und andere gramnegative Keime. Insbesondere die **Pseudomonaden** führen aufgrund ihrer intensiven proteo- und lipolytischen Aktivität zu bitteren, fauligen, unreinen, fruchtigen Geruchs- und Geschmacksabweichungen sowie zur Süßgerinnung. Wie die Abbildung 9.33 verdeutlicht verringern schon geringfügige Rekontaminationsraten von wenigen Keimen **pro Liter** drastisch die Haltbarkeit. Gramnegative Bakterien werden daher auch als **Indikatorkeime** für eine ungenügende Verarbeitungshygiene herangezogen.

Die Abbildung 9.33 zeigt modellhaft die Auswirkung der Rekontamination mit gramnegativen Bakterien bei einer Lagerungstemperatur von 6 °C. Ausgehend von einer Keimzahl von **10 KbE pro Liter** (= 10^{-2} KbE/ml) in der frisch pasteurisierten Milch erreichen die Pseudomonaden in etwa sieben Tagen die Verderbsgrenze von 10^7 KbE/ml. Zugrunde gelegt wurde eine Generationszeit (GZ) von 6 Stunden. Demgegenüber würde diese Milch bei rekontaminationsfreier Abfüllung durch thermoresistente psychrotrophe *Bacillus* spp. erst nach 15 Tagen verderben, obwohl die Ausgangskeimzahl im Vergleich zu den Rekontaminationskeimen mit 1 KbE/ml hoch liegt. Die Ursache dafür liegt in der langen Germinationszeit von etwa 3 Tagen und in der längeren Generationszeit von mindestens 12 Stunden. Bei einer Erhöhung der Lagertemperatur auf 10 °C wird die Haltbarkeit drastisch verkürzt; in diesem Modell erreicht die *Pseudomonas*-Keimzahl bereits nach 4 Tagen die Verderbsgrenze (GZ = 3 h); in der nicht rekontaminierten Packung erreichen *Bacillus* spp. nach 6 Tagen die Verderbsgrenze (Germinationszeit = 48 h, GZ = 4 h).

▸ Haltbarkeit von pasteurisierter Konsummilch

Der Lebensmittelhandel verlangt heute bei kurzzeiterhitzter Milch („Frischmilch") eine Haltbarkeit von etwa neun bis elf Tagen. Diese Haltbarkeit kann nur dann sichergestellt werden, wenn bei der Produktion eine Rekontamination vermieden und die Lagertemperatur auf möglichst tiefe Temperaturen (6 °C und darunter) abgesenkt wird. Grob geschätzt kann gesagt werden, dass eine **Reduktion um 3 °C die Haltbarkeit** von pasteurisierter Milch **verdoppelt** (Rankin et al. 2011). Der Trend zu verlängerter Haltbarkeit hat zur Entwicklung sogenannter **ESL-Produkte** (extended shelf life) geführt (→ Kap. 7.3.4.3) Die Sporenzahlen in hocherhitzter ESL-Milch liegen bei unter 100 pro Liter, es wurden die Spezies *Bacillus licheniformis, B. subtilis, B. cereus, B. isolitus, B. coagulans* und *Brevibacillus brevis* nachgewiesen; aus mikrofiltrierter Milch wurden *Paenibacillus* spp. und *Bacillus cereus* isoliert. Die Haltbarkeitsdauer von ESL-Milch darf z. B. in Österreich bei Kühllagerung maximal 27, in Deutschland maximal 24 Tage betragen.

▸ Indikatorkeime zur Beurteilung der Produktionshygiene

Als Indikatorkeime für eine ungenügende Verarbeitungshygiene werden gramnegative Rekontaminationskeime herangezogen. In der Verordnung (EG) Nr. 2073/2005 über mikrobiologische Kriterien für Lebensmittel dienen die *Enterobacteriaceae* als **Prozesshygienekriterium** mit dem Probenplan n = 5, c = 0, m = M = 10 KbE/g. Zur Gewährleistung einer entsprechenden Haltbarkeit von mindestens 9–11 Tagen sollte die Packung allerdings frei von gramnegativen Rekontaminationskeimen sein. Der Nachweis erfolgt dabei nach einer Bebrütung der Packung für ca. 24 Stunden bei Zimmertemperatur durch Ausstrich auf VRB- oder VRBD-Agar.

Zur Beurteilung der Haltbarkeit gibt eine **Keimzahlbestimmung am Mindesthaltbarkeitsdatum** (MHD) Aufschluss. Die Keimzahl auf Plate-Count-Agar sollte dabei 10^5 KbE/ml nicht überschreiten. Die Zahl an *B. cereus* am MHD sollte unter 10^4 KbE/g liegen.

9.3.3.2 Ultrahocherhitzte (UHT) Milch und Milcherzeugnisse

Bei UHT-Erzeugnissen handelt es sich praktisch um **Sterilprodukte**, die über mehrere Monate bei Zimmertemperatur haltbar sind (→ Kap. 7.3.4.3). Vereinzelt können extrem hitzeresistente Sporen von *Geobacillus stearothermophilus* überleben. Aufgrund des Temperaturminimums von ca. 40 °C

könnten sich Haltbarkeitsprobleme jedoch nur bei einem Export in warme Länder ergeben. *Bacillus sporothermodurans* bildet ebenfalls sehr hitzeresistente Sporen, die Temperaturen von unter 150 °C überstehen. Eine Vermehrung in UHT-Milch erfolgt allerdings nur bis maximal 10^5 KbE/ml ohne Verderbserscheinungen.
Restaktivitäten proteolytischer Enzyme der Rohmilchkeime können zur sogenannten **Altersgelierung** (age gelation) oder Bodensatz sowie zur Bitterkeit führen. Daher sollte auch für UHT-Milch nur Rohmilch mit niedriger Keimzahl (unter 10^5 KbE/ml) verwendet werden.
Beim Auftreten von Rekontaminationen erfolgt aufgrund der Lagerung bei Zimmertemperatur ein rascher Verderb. Daher ist auch nach dem Öffnen der Verpackung eine Kühllagerung notwendig und die Haltbarkeit verkürzt.

9.3.4 Dauermilcherzeugnisse

Bei den Dauermilcherzeugnissen handelt es sich um **eingedickte Milch** (Kondensmilch) oder **Trockenmilchprodukte** (z. B. Milchpulver) (→ Tab. 8.1 und die → Kap. 8.2.6 und 8.2.7). Kondensmilch wird nach einem mehrstufigen **Eindampfprozess** in der Regel in der Verpackung sterilisiert oder ultrahocherhitzt; bei gezuckerter Kondensmilch wird nach der Eindampfung das Produkt nicht mehr sterilisiert, sondern durch den Zusatz von ca. 43 % Saccharose haltbar gemacht. Bei der Herstellung von Milchpulver wird die Milch nach einem Eindampfprozess mittels Sprüh- oder Walzentrocknung getrocknet, der Wassergehalt liegt bei maximal 5 Prozent.
Dauermilcherzeugnisse sind **mikrobiologisch stabil** und daher über lange Zeit bei Zimmertemperatur haltbar. Hinsichtlich der mikrobiellen Flora von ultrahocherhitzter Kondensmilch gilt Ähnliches wie für UHT-Milch; ein Verderb gezuckerter Kondensmilch ist durch osmophile Hefen (z. B. *Zygosaccharomyces* spp.) und bestimmte Schimmelpilzarten der Genera *Aspergillus* und *Penicillium* möglich, die sich im Kopfraum der Verpackung vermehren können. Aufgrund des niedrigen a_W-Wertes von Trockenmilchprodukten (0,2–0,4) ist ein mikrobieller Verderb nicht möglich. Dieser kann nur bei der Aufnahme von Feuchtigkeit durch das darauffolgende Wachstum von Schimmelpilzen und Bakterien auftreten. Nach Rekonstitution des Pulvers gelten dieselben Verderbsmechanismen wie für pasteurisierte Milch.

9.3.5 Fermentierte Milcherzeugnisse und Milchmischerzeugnisse

Fermentierte Milcherzeugnisse werden durch Fermentation von Milch mit unterschiedlichem Fettgehalt oder Rahm vorwiegend mithilfe von **Milchsäurebakterien** hergestellt (→ Kap. 8.2). Sie sind durch den niedrigen pH-Wert etwa vier Wochen bei Kühltemperaturen haltbar. Wesentlich längere Haltbarkeiten werden durch eine Wärmebehandlung nach der Fermentation erreicht, in diesem Fall enthalten die Erzeugnisse allerdings keine lebenden Milchsäurebakterien mehr. Geschmack und Textur werden primär von den verwendeten Spezies und Stämmen der Milchsäurebakterien (Starterkulturen) bestimmt. Aufgrund der hohen Temperaturen bei der Wärmebehandlung der Milch (über 85 °C) sind normalerweise Rekontaminationskeime für den Verderb der Produkte verantwortlich.

9.3.5.1 Verderb durch Bakterien

Bakterien spielen beim Verderb nur eine untergeordnete Rolle. Durch die hohen Erhitzungstemperaturen der Milch überleben nur mehr die Sporen von Bazillen und Clostridien. Aufgrund der niedrigen pH-Werte, die üblicherweise zwischen 3,9 und 4,6 liegen, des hohen Gehalts an organischen Säuren, insbesondere von Milchsäure, die in Konzentrationen von etwa 6 bis 13 g/l vorliegt, sowie aufgrund der bakteriziden Substanzen der Starterkulturen können die Sporen nicht auskeimen und bakterielle Rekontaminationskeime sich normalerweise nicht vermehren. Vielmehr sterben die meisten Bakterien (z. B. Enterobakterien, Pseudomonaden) im **Laufe der Lagerung** relativ rasch ab.
Zu einer **Vermehrung bakterieller Schadkeime** während der Produktion kann es nur in Ausnahmefällen kommen, wenn beispielsweise versucht wird, Joghurterzeugnisse mit sehr geringen Kul-

turimpfmengen und erniedrigten Bebrütungstemperaturen – und daher verzögerten Säuerungsgeschwindigkeiten – herzustellen. Dabei kann die Vermehrung von *Bacillus cereus* zu klumpiger Struktur, Molkelässigkeit und Geschmacksfehlern führen.
Ein bakterieller Verderb ist durch **säureresistente Keime**, insbesondere bei einer längeren Lagerung bei Temperaturen von über 10 °C, möglich. In Joghurt kann *Lactobacillus delbrueckii* subsp. *bulgaricus* größere Mengen an Milchsäure (mehr als 16 g/l) bilden und somit zu einer **Übersäuerung** führen. Gelegentlich führt eine zu starke Vermehrung von Citrat-positiven Laktokokken bzw. *Leuconostoc* (z.B. durch Phagenbefall der Kultur) oder eine Rekontamination mit fakultativ heterofermentativen Laktobazillen durch CO_2-Bildung aus dem Citratabbau bzw. der heterofermentativen Milchsäuregärung zu bombierten Packungen. In seltenen Fällen können bei ungenügender Kühlung **Essigsäurebakterien** (*Acetobacteriaceae*), die gelegentlich in Fruchtzubereitungen vorkommen, einen Verderb bewirken. Die strikt aeroben gramnegativen Essigsäurebakterien sind in der Lage, noch bei sehr niedrigen pH-Werten von 3,6 zu wachsen. *Gluconobacter oxydans* wurde als Verursacher von Braunverfärbungen auf der Oberfläche von Fruchtjoghurt identifiziert und hohe Keimzahlen von über 10^7 *Acetobacter aceti* pro Gramm führten bei unzureichender Kühlung zu einem Zusammenziehen von Fruchtjoghurtbechern (Foschino et al. 1993; Eliskases-Lechner/Ginzinger 1999).
Ein bakterieller Verderb kann durch Rekontaminatonsvermeidung, strikte Einhaltung der Kühlkette, Verhinderung eines Phagenbefalls der Kultur bzw. entsprechende Kulturenzüchtung sowie durch Gewährleistung einer raschen Säuerung verhindert werden.

9.3.5.2 Verderb durch Hefen und Schimmelpilze

Hefen und Schimmelpilze bevorzugen zur Vermehrung ein **saures Milieu**. Ihr pH-Optimum liegt zwischen 5–6, ihr Minimum bei 2–3. Aus diesem Grund sind psychrotrophe Pilze die wichtigsten Verderbsursachen bei fermentierten Milcherzeugnissen.

▸ Schimmelpilze

Als aerobe, säuretolerante Keime können **Schimmelpilze**, wie *Absidia, Alternaria, Aspergillus, Monilia, Mucor, Penicillium* und *Rhizopus*, auf der Produktoberfläche wachsen und zur Verschimmelung führen. *Mucor* nimmt dabei eine Sonderstellung ein, weil der Keim unter anaeroben Bedingungen ein hefeähnliches Wachstum zeigt, wodurch die Kontamination ohne Keimnachweis praktisch nicht erkennbar ist. *Mucor* kann bei anaerobem Wachstum neben Geschmacksfehlern, wie hefig, medizinisch, kunststoffartig oder ranzig, aufgrund der **alkoholischen Gärung** durch CO_2-Bildung auch zu einer **Bombage der Packung** führen. Bei höheren Lagertemperaturen ist sogar ein Zusammenziehen der Becher möglich. Dieses Zusammenziehen wird dadurch erklärt, dass das gebildete CO_2 reabsorbiert wird, wodurch ein partielles Vakuum entsteht. Schimmelpilze gelangen in erster Linie über die Umgebungsluft und das Verpackungsmaterial in die Produkte. Eine Kontamination wird durch eine Abfüllung in steriler Luft (UV-Strahler) sowie eine Entkeimung des Verpackungsmaterials mit H_2O_2 verhindert.

▸ Hefen

Die größte Bedeutung als Rekontaminationskeime haben die **fakultativ anaeroben Hefen**, da sie sich schneller vermehren können als Schimmelpilze. Die Generationszeiten betragen bei 1, 4, 6 und 10 °C etwa 100, 50, 20 und 10 Stunden, sie können allerdings je nach Hefeart beträchtlich variieren.
Hefekontaminationen verursachen bei einer Keimzahl ab etwa 10^5/g **Geruchs- und Geschmacksfehler** (hefig, gärig, estrig, muffig, alt, bitter oder fruchtig), **Bombagen** der Verpackung aufgrund von **Gasbildung** (CO_2 als Produkt alkoholischer Gärung) und Texturveränderungen. Auf der Produktoberfläche können sie zu Verfärbungen (beige bis gelblich, rosa) führen. Das höchste Verderbsrisiko weisen Produkte mit Zusatz von Früchten, Honig, Schokolade usw. auf. Durch die hohen Gehalte an Saccharose oder Fruktose finden hier alle Hefen und nicht nur die Laktose verwertenden (*Kluyveromyces*) ein ausgezeichnetes Vermehrungsmedium.

Die häufigsten Hefen in kontaminierten fermentierten Milchmischerzeugnissen bzw. Fruchtzubereitungen sind *Saccharomyces cerevisiae*, *Pichia* spp., *Hansenispora* spp., *Debaryomyces hansenii*, *Candida* spp., *Torulaspora delbrueckii* und *Clavispora lusitaniae*.

Unter den Hefen nimmt *Geotrichum candidum* eine Sonderstellung ein. Obwohl der Keim den Hefen zugeordnet wird, erfolgt aufgrund seines mycelartigen Wachstums z. T. immer noch eine Einstufung zu den Schimmelpilzen. Im Deutschen wird er deshalb auch fälschlicherweise als „weißer Milchschimmel" bezeichnet. Bei der Zählung von Hefen und Schimmelpilzen auf festen Nährmedien lassen sich Kolonien von *Geotrichum* allerdings sehr leicht von den Schimmelpilzkolonien durch den **„Ösentest"** abgrenzen. Das *Geotrichum*-Mycel kann im Gegensatz zu den Schimmelkolonien mittels einer Öse sehr leicht vom Agar abgelöst werden.

Kluyveromyces marxianus und *K. lactis* sind die einzigen Laktose vergärenden Spezies, die regelmäßig in Milch und Milchprodukten vorkommen. Sie können somit auch zu Bombagen in fermentierten Milcherzeugnissen ohne Frucht- bzw. Zuckerzusatz führen.

Eine Kontamination der Erzeugnisse mit Hefen kann über unzureichend gereinigte Anlagen und Geräte, Luft, Zutaten (z. B. Fruchtzubereitungen), Verpackungsmaterial (z. B. Kunststoffbecher) oder über kontaminierte Milchsäurebakterienkulturen erfolgen. Maßnahmen zur Kontaminationsvermeidung sind daher eine effektive Reinigung und Desinfektion sowie besondere Maßnahmen bei der Dosierung der Fruchtmasse (z. B. Vermeidung von schrittweisen Entleerungen der Container).

9.3.5.3 Indikatorkeime zur Beurteilung der Produktionshygiene

Der Nachweis gramnegativer Rekontaminationskeime wie Coliforme bzw. Enterobakterien ist aufgrund ihres relativ raschen Absterbens nur im frisch hergestellten Produkt sinnvoll. Bei einer entsprechenden Prozesshygiene liegen die Keimzahlen zu diesem Zeitpunkt auf alle Fälle unter 10 KbE/g. Dagegen eignen sich **Hefen** wesentlich besser als Indikatorkeime zur **Beurteilung der Prozesshygiene**. Zu ihrem Nachweis kann beispielsweise eine entsprechende Menge (100–200 g) des frisch hergestellten Produkts mit der gleichen Menge an sterilem Wasser 4–5 Tage bei Zimmertemperatur bebrütet und danach auf YGC- oder DRBC-Agar ausgestrichen werden. Bei einem positiven Nachweis ist die Produktionshygiene als unzureichend zu beurteilen. Eine andere Möglichkeit ist die Bestimmung der Hefekeimzahl am Mindesthaltbarkeitsdatum (Sollwert unter 10^5 KbE/g). Auf alle Fälle ist eine visuelle Kontrolle der Packung auf Schimmelbildung am Ende der Mindesthaltbarkeit notwendig.

9.3.6 Butter

Butter aus pasteurisiertem Rahm weist im Allgemeinen eine Haltbarkeit von bis zu sieben Wochen auf. Keime aus der Rohmilch werden zum Großteil durch die hohen Erhitzungstemperaturen von Rahm abgetötet (→ Kap. 8.3.3). Als Verderbserreger kommen daher **Rekontaminationskeime** in Frage. Für die Haltbarkeit von Butter ist die **Wasserverteilung** von entscheidender Bedeutung, da eine Keimvermehrung nur im Butterwasser („Serum") möglich ist. Der Butterungsprozess führt beim kontinuierlichen Verfahren in der Butterungsmaschine („Butterfritz" – Süßrahmbutter nach dem Fritz-Verfahren, Sauerrahmbutter nach dem Fritz-Eisenreich-Verfahren) zur Entstehung von kleinsten Wassertröpfchen mit nur ca. 10 μm Durchmesser, in denen Verderbskeime kaum Wachstumschancen haben. Beim traditionellen Verfahren im Butterfass (Chargenbetrieb), das bei geringen Verarbeitungsmengen Anwendung findet, wird diese feine Wasserverteilung nicht erreicht.

Welche Mikroorganismen für den Verderb verantwortlich sind, ist abhängig vom **pH-Wert im Butterserum**, also davon, ob es sich um Süßrahmbutter (pH 6,4–6,8), Sauerrahmbutter (pH ≤ 5,1) oder mild gesäuerte Butter (pH 5,1–6,4) handelt. Bei Süßrahmbutter spielen als Rekontaminationskeime in erster Linie gramnegative Bakterien, wie Pseudomonaden und Coliforme, eine Rolle. Diese können Geschmacksfehler oder Oberflächenverderb verursachen. Als **Kontaminationsquelle** ist das **Wasser** von besonderer Bedeutung, speziell dann, wenn das Waschen des Butterkorns im Chargenbetrieb erfolgt. Das Wasser muss an den Entnahmestellen Trinkwasserqualität aufweisen; daher ist auf eine regelmäßige Wartung der Wasserschläuche zu achten. Verderbsorganismen aus dem Wasser sind *Pseudomonas fluorescens*, *P. mephitica*, *P. fragi* und *Shewanella putrefaciens*. Der letztgenannte Keim führt durch das Wachstum auf der Oberfläche nach 7–10 Tagen bei einer Lagerung bei 4 °C–7 °C zu **Oberflächenfehlern**. Der dabei auftretende **unangenehme Geruch** wird durch organische Säuren, insbesondere Isovaleriansäure, verursacht. *P. fragi* und manchmal auch *P. fluorescens* führen zu Ranzigkeit durch die Hydrolyse von Butterfett unter Freisetzung freier Fettsäuren. Selten kann ein stinktierartiger Geruch durch *P. mephitica* auftreten.

Hefen und auch Schimmelpilze können sowohl Süßrahm- als auch Sauerrahmbutter durch das Wachstum vor allem auf der Oberfläche (Farbfehler) verderben. Involvierte Pilze sind Spezies der Genera *Cladosporium*, *Alternaria*, *Aspergillus*, *Mucor*, *Rhizopus*, *Pinicillium* und eine Reihe von Hefearten.

Neben dem Wasser kann eine Kontamination über **Anlagen und Geräte** inklusive Verpackungsmaschine, das **Verpackungsmaterial**, den **Säurewecker** oder die **Luft** erfolgen. Der Eintrag von Schimmelpilzen über die Luft spielt speziell beim Chargenverfahren eine Rolle.

▶ Indikatorkeime zur Beurteilung der Produktionshygiene

In der Verordnung (EG) Nr. 2073/2005 sind nur für Butter aus Rohrahm und thermisiertem Rahm **Prozesshygienekriterien** festgelegt (→ Kap. 8.3.4). Zur Beurteilung der Prozesshygiene bei Butter aus pasteurisiertem Rahm ist eine Bestimmung der Zahl an Coliformen oder Enterobakterien im frisch hergestellten Produkt sinnvoll (Sollwert unter 10 KbE/g). Ebenso kann die Hefekeimzahl am Mindesthaltbarkeitsdatum (Sollwert unter 10^5 KbE/g) als Indikator für entsprechende Verarbeitungsbedingungen herangezogen werden.

9.3.7 Käse

Käse sind frische oder in verschiedenen **Graden der Reife** befindliche Erzeugnisse, die aus dickgelegter Käsereimilch hergestellt werden. Der Verderb ist wesentlich von der Käseart abhängig (Frischkäse bzw. ungereifter Käse, gereifter Käse, Schmelzkäse).

9.3.7.1 Frischkäse und ungereifte Käse

Bei Frischkäse handelt es sich um ungereifte Käse. Typische Sorten sind Quark (österreichische Bezeichnung: Topfen), Cottage Cheese (Hüttenkäse) oder Gervais (Österreich). Die Käse werden üblicherweise mit **mesophilen Kulturen gesäuert**, meist unter Zugabe von geringen Mengen an Lab. Bei Mozzarella wird eine pH-Absenkung z. T. auch durch direkte Zugabe von organischen Säuren erreicht.

Die pH-Werte von Frischkäse liegen durch die Milchsäuregärung üblicherweise bei pH < 5. Bei einigen Frischkäsen (Cottage Cheese, Mozzarella, Mascarpone) können die pH-Werte allerdings deutlich über dem Wert 5 liegen. Käse mit solch hohen pH-Werten weisen ein besonderes Verderbsrisiko auf.

Der Verderb von Frischkäse erfolgt normalerweise durch **Rekontaminationskeime**. Bei pH-Werten unter 5 spielen als Verderbskeime praktisch nur **Hefen** und **Schimmelpilze** eine Rolle. Ein Verderb durch Schimmelbefall ist aufgrund der Mycelbildung auf der Produktoberfläche sehr leicht erkennbar. Hefen führen neben visuell sichtbaren Veränderungen durch Koloniewachstum auf der Oberfläche infolge von Fett- und Eiweißabbau im Produkt zu Geruchs- und Geschmacksfehlern.

Frischkäse mit pH-Werten von über 5 können jedoch auch durch gramnegative Bakterien, insbesondere durch **Pseudomonaden**, die üblicherweise aus dem Wasser stammen, verderben. Die strikt aeroben Pseudomonaden können sich als psychrotrophe Keime in diesen Produkten während der Kühllagerung auf der Oberfläche vermehren und zu gelblichen bis orangen Verfärbungen führen (→ Abb. 9.34). *P. fluorescens* wurde bei Mozzarella als Ursache einer **intensiven Blauverfärbung** identifiziert. Blauverfärbungen durch

Abb. 9.34
Orangeverfärbung der Oberfläche von Cottage Cheese durch Wachstum von *Pseudomonas* spp.

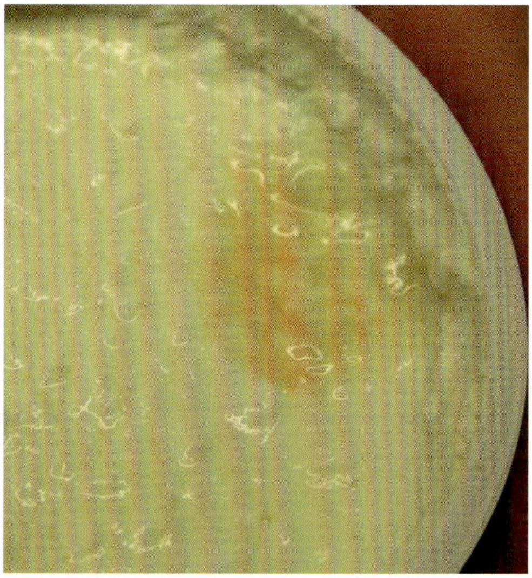

Pseudomonaden wurden auch bei Fleisch beobachtet. Das blaue Pigment wurde nur bei längerer Kühllagerung, nicht jedoch bei den üblichen Kultivierungsbedingungen gebildet.
Neben den im Kapitel 9.3.5 erwähnten Maßnahmen zur Kontaminationsvermeidung ist bei der Herstellung von Mozzarella die Verwendung von entkeimtem Wasser (Trinkwasserqualität ist nicht ausreichend) wesentlich.

▸ Indikatorkeime zur Beurteilung der Produktionshygiene

Zur Beurteilung der **Prozesshygiene** sind in der Verordnung (EG) Nr. 2073/2005 Probenahmepläne für *Escherichia coli* und Koagulase-positive Staphylokokken festgelegt (→ Kap. 8.4). Die Grenzwerte sind abhängig davon, ob die Erzeugnisse aus Rohmilch, thermisierter oder pasteurisierter Milch hergestellt sind. Bei den meisten Frischkäsen ist aufgrund des tiefen pH-Wertes die Untersuchung allerdings nur im frisch hergestellten Produkt aussagekräftig. Wie auch bei den fermentierten Milcherzeugnissen ist daher eine **Untersuchung auf Hefen** und eine **visuelle Kontrolle auf Schimmelbefall** zur Beurteilung der Prozesshygiene sinnvoll. Die Hefenkeimzahl lässt allerdings keine Aussage über die Produktionshygiene bei Erzeugnissen zu, die einer Behandlung im Salzbad unterzogen werden, da Hefen ein normaler Bestandteil der Salzbadflora sind.

9.3.7.2 Gereifte Käse

Die mikrobiologischen Vorgänge bei der Käseherstellung und Käsereifung sind äußerst vielschichtig. Dementsprechend ist eine Vielzahl von Käsesorten bekannt, die sich in ihrer mikrobiologischen Zusammensetzung stark unterscheiden können. Aufgrund der **Wechselwirkung** zwischen den Mikroorganismen und ihrer **Populationsdynamik** während der Herstellung und Reifung sind Käsefehler bzw. Verderb häufig nicht nur einer Ursache zuzuordnen. Eine nachteilige Beeinflussung der Qualität kann nicht nur durch **Geruchs- und Geschmacksfehler**, sondern auch durch **Verschimmelung** oder **Fäulnis** auf der Käseoberfläche, durch **Farbfehler** oder **Lochungsfehler** sowie durch die Entstehung von **Rissen**, **Spalten** und die **Blähung** von Käse erfolgen. Lochungsfehler, Blähung des Käses und Risse werden durch die Bildung von Gas (CO_2 bzw. H_2) verursacht. Das Wasserstoffgas ist besonders problematisch, da es – im Gegensatz zu CO_2 – im Käseteig praktisch nicht löslich ist und daher schon in sehr geringen Mengen zu Rissen oder zur Blähung führt. Risse und Spalten beeinträchtigen wesentlich die Qualität, da die Käse beim Portionieren auseinanderfallen.
Die folgenden Ausführungen geben einen Überblick über die wichtigsten Verderbsursachen.

▸ Gramnegative Bakterien

Bei einer zu starken Vermehrung von gramnegativen psychrotrophen Bakterien, wie Pseudomonaden und Enterobakterien, in der Rohmilch vor oder während der Verarbeitung können bei länger reifenden Käsen Geruchs- und Geschmacksfehler (unrein, ranzig, seifig, fischig oder bitter) entstehen. Viele **proteolytische und lipolytische Enzyme** gramnegativer psychrotropher Keime, die diesen unerwünschten Abbau verursachen, sind **hitzeresistent** und werden daher durch eine Pasteurisierung der Milch nicht inaktiviert. Auch bei der Herstellung von gebrann-

ten Hart- und Extrahartkäsen aus Rohmilch (z. B. Emmentaler, Bergkäse, Gruyère, Sbrinz) führen die hohen Temperaturen beim „Brennen“ (→ Kap. 8.4.3) zwar zur Abtötung der hitzeempfindlichen Rohmilchkeime, ihre hitzeresistenten Enzyme können jedoch bei der langen Reifezeit (bis zu 1–2 Jahren) und durch die teilweise hohe Reifetemperatur (Emmentaler) zu gravierenden **Geschmacksabweichungen** führen. Aus diesem Grund sollte die Rohmilchkeimzahl vor der Verarbeitung bzw. Pasteurisierung generell 10^5 bis 10^6 KbE/ml nicht überschreiten.
Stark proteolytische gramnegative Bakterien können im Fall einer ungenügenden Produktionshygiene bei schmieregereiften Käsen (→ Kap. 8.4.3) zu Faulstellen bzw. Verfärbungen der Schmiereoberfläche führen. Bei diesen Käsetypen kann auch ein kartoffelartiger Fehlgeruch durch eine Vermehrung von *Pseudomonas taetrolens* auftreten.
Unter den Enterobakterien nehmen in der Milchwirtschaft die **coliformen Keime** eine Sonderstellung ein. Aufgrund des Enzyms **β-Galaktosidase** sind sie in der Lage, die Laktose zu spalten und die Glukose zu Laktat, Acetat bzw. Ethanol und Ameisensäure abzubauen. Das Formiat wird weiter zu CO_2 und H_2 gespalten. Bei der Herstellung von Rohmilchkäse können sich coliforme Keime der Rohmilch bei Säuerungsstörungen (zu langsamer und ungenügender Abbau der Laktose zu Laktat) in der Kesselmilch stark vermehren und bei Keimzahlen von etwa 10^7 KbE/g durch **Gasbildung** Lochungsfehler und Blähungen schon im jungen Käse innerhalb von 1 oder 2 Tagen bewirken. Dieses Phänomen wird daher auch als **Frühblähung** bezeichnet. Neben der Gasbildung, die sich in der Bildung von vielen kleinen, meist stecknadelkopfgroßen Löchern äußert („Vielsatz“, → Abb. 9.35), treten auch Geschmacksfehler wie unrein oder „hefig“ durch Proteolyse und Lipolyse auf.
Ursachen von Säuerungsstörungen sind vor allem eine Verarbeitung von **antibiotikahaltiger Milch**. Dabei werden insbesondere die Bakterien der Säuerungskultur gehemmt, nicht jedoch die Coliformen. Als weitere Ursachen kommen die Verwendung einer **ungeeigneten** oder **überalterten Säuerungskultur** sowie ein **Phagenbefall** der Kultur (→ Kap. 9.4.7) infrage. Da Coliforme bei der Pasteurisierung abgetötet werden, ist eine Frühblähung von Käse aus pasteurisierter Milch bei entsprechender Produktionshygiene nicht zu erwarten. In der Vergangenheit sind Frühblähungen allerdings auch bei Käse aus pasteurisierter Milch aufgetreten, wenn bei mehreren Produktionszyklen im Chargenverfahren durch das Unterlassen einer Zwischenreinigung und -desinfektion eine „Aufschaukelung“ des Coliformengehaltes in der Kesselmilch nach einer Rekontamination erfolgte und die Kultur zu langsam säuerte.
Neben den Coliformen können in seltenen Fällen auch Hefen sowie *Paenibacillus polymyxa*, der in der Lage ist, CO_2 aus Laktose zu bilden, zur Frühblähung führen. Ebenso sind bei einem Vorhandensein von Restzucker auch käsereischädliche Clostridien in der Lage, eine Buttersäuregärung im jungen Käse zu bewirken und Frühblähung auszulösen, wenn die Kesselmilch massiv mit Sporen belastet ist.

Abb. 9.35
Frühblähung bei Schnittkäse

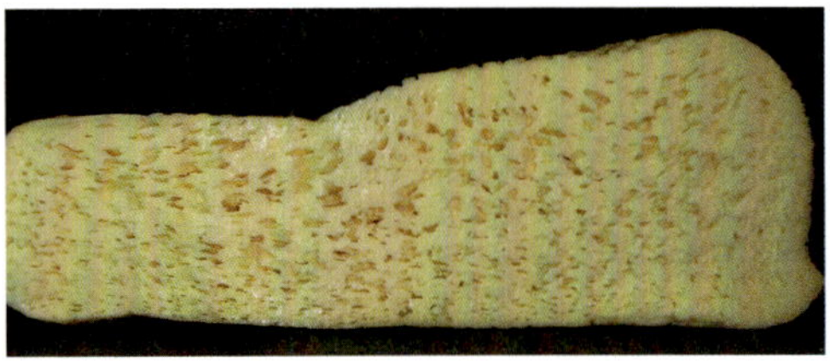

▸ Clostridien

Clostridien spielen in der Käserei eine bedeutende Rolle als **Schadkeime**. Der Verderb kann durch stark proteolytische Clostridien sowie durch Clostridien, die eine Buttersäuregärung verursachen, erfolgen. Außerdem sind sie als potenzielle Bildner von biogenen Aminen (hauptsächlich Histamin) anzusehen. Tabelle 9.46 gibt einen Überblick über die käsereischädlichen Clostridien und ihre wichtigsten technologisch relevanten Eigenschaften.

Clostridium sporogenes

Clostridium sporogenes kommt in der Rohmilch und in kontaminiertem Wasser vor. Bei Hart- und Schnittkäse – insbesondere bei Emmentaler (ge-

Tab. 9.46
Eigenschaften potenziell käsereischädlicher Clostridien (Jakob 2011)

Clostridium	a_W Min.	T (°C) Min.	pH Min.	pH Optimum	Glukose	Galaktose	Laktose	Laktat	Proteolytisch
butyricum	0,97[1]	≥ 7	≥ 4,8	um 6,5	+	+	+	+/–[5]	+/–
tyrobutyricum	0,96[2]	> 10	4,2–4,8	5,0–5,9	+	+/–	–	+	–
beijerinckii	0,96	≥ 7	≥ 4,8	k. A.	+	+	+	+/–	–
sporogenes	0,95[3]	≥ 10	5,0–5,8	6,0–7,5	+	k. A.	–	–	++
bifermentans	0,96	> 7	4,5	k. A.	+	k. A.	–	–	+
oceanicum	0,94[4]	≥ 3	5,5–6,0	6,5–8,6	+	k. A.	k. A.	k. A.	++

[1] NaCl < 5%; [2] NaCl < 6%; [3] NaCl ≤ 6%; [4] NaCl < 10 %, [5] pH > 5,3; Min. = Mininum; k. A. = keine Angabe

ringer Salzgehalt, relativ hoher pH-Wert, hohe Reifetemperaturen im „Heizkeller" von ca. 20 °C) – kann er aufgrund seiner starken proteolytischen Eigenschaften die sogenannte **Weißfäule** („Putrificus") verursachen, die sich in meist lokal begrenzten weißen Faulstellen im Käseinneren äußert (→ Abb. 9.36). Durch den intensiven Eiweißabbau werden z. T. übelriechende Stoffwechselprodukte sowie Gas (CO_2) gebildet. Der Fehler kann auftreten, wenn erhöhte Sporengehalte in der Milch vorliegen und gleichzeitig lokal Bruchkörner mit niedrigem Milchsäuregehalt und höherem pH-Wert vorhanden sind.

Abb. 9.36
Weißfäule im Inneren von Emmentaler

Clostridium oceanicum

Der Keim kommt in Meeressedimenten vor; eine Kontamination der Käseoberfläche erfolgt üblicherweise durch das Salzbad. Weitere Kontaminationsquellen sind ungenügend gereinigte Horden und Förderbänder. *C. oceanicum* ist salztoleranter als *C. sporogenes* und wie dieser stark proteolytisch.

Typisch ist die Bildung von Stäbchen mit zwei Sporen (→ Abb. 9.37). Bei foliengereiften Käsen kann sich der Keim zusammen mit *C. sporogenes* zwischen der Folie und der feuchten Oberfläche

Abb. 9.37
Mikroskopisches Bild von *Clostridium oceanicum* mit zwei Sporen

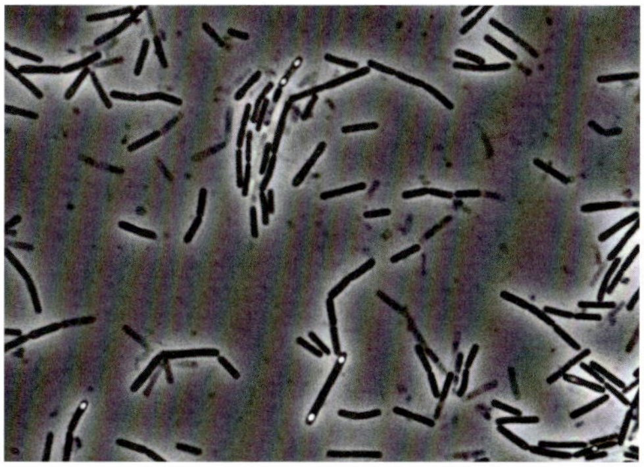

Abb. 9.38
Oberflächenfäulnis bei foliengereiftem Käse

Abb. 9.39
Spätblähung von Käse

des Käseteigs vermehren und aufgrund der starken proteolytischen Eigenschaften der Keime einen Ekel erregenden Fäulnisgeruch und -geschmack sowie **weißliche Verfärbungen** verursachen („Oberflächenfäulnis", → Abb. 9.38). Als typische Stoffwechselprodukte der proteolytischen Clostridien wurden in Fehlerkäsen Isocapronsäure, Isovaleriansäure und δ-Aminovaleriansäure festgestellt.

Clostridium tyrobutyricum

Clostridium tyrobutyricum stammt aus der Rohmilch und wird bei der Käseherstellung etwa zehnfach im Bruch konzentriert. Eine Pasteurisierung der Milch tötet die Sporen nicht ab, sondern beschleunigt vielmehr ihr Auskeimen im Käse. Die Keime können sich während der Käsereifung bei den in Hart- und Schnittkäse vorherrschenden pH-Werten von ca. 5,5 vermehren und hierbei einen typischen, als **Spätblähung** bezeichneten Käsefehler hervorrufen (→ Abb. 9.39). *C. tyrobutyricum* zeichnet sich dadurch aus, dass er aus Laktat Buttersäure, Kohlendioxidgas und Wasserstoff bildet (Buttersäuregärung). Die **Buttersäuregärung** bewirkt frühestens etwa drei bis sechs Wochen nach der Herstellung eine Blähung des Käses mit typischen Lochungsfehlern (große „unreine" oder nussschalige Lochung, hochgezogene Lochung bei Emmentaler, starke Riss- und Spaltenbildung). Es können auch sogenannte „Blastlöcher" (mindestens faustgroße Löcher) gebildet werden. Die gebildete Buttersäure verleiht dem Käse das typisch unrein-süßliche, ranzige Aroma. Dies führt dazu, dass die Käse aufgrund des abweichenden Geschmacks auch nicht als Schmelzrohware verwendet werden können, sondern vernichtet werden müssen.

Der Nachweis käsereischädlicher Clostridiensporen zur Abklärung, ob der Käsefehler durch eine Buttersäuregärung verursacht wurde, ist sehr unzuverlässig, da nur die Sporen – und nicht die vegetativen Zellen – nachgewiesen werden und außerdem die Keime im Käse sehr unregelmäßig verteilt sind. Wesentlich zuverlässiger ist dagegen der **Nachweis der Buttersäure** mittels Gaschromatografie oder HPLC.

Neben *C. tyrobutyricum* werden aus Fehlerkäsen regelmäßig auch andere potenziell käsereischädliche Clostridien, wie die ebenfalls Laktat vergärende Spezies *C. beijerinckii* sowie *C. butyricum*, *C. sporogenes* und *C. bifermentans*, isoliert; an der Spätblähung sind sie – wenn überhaupt – nur marginal beteiligt, indem sie zu einer Verstärkung der Buttersäuregärung bzw. der Fehlerausprägung führen können.

Je nach Käsesorte können schon 10 bis einige Hundert käsereischädliche Clostridiensporen **pro Liter** Verarbeitungsmilch zu einer Spätblähung in Hart- und Schnittkäse führen (Weichkäse sind hinsichtlich Spätblähung hauptsächlich aufgrund der kurzen Reifezeit üblicherweise nicht betroffen). Neben der Sporenbelastung der Milch ist das

Basiswissen 9.37
Maßnahmen zur Verhinderung der Spätblähung

- Gewinnung und Verarbeitung von Milch mit einem niedrigen Sporengehalt (silagefreie Fütterung)
- Entfernung der Sporen aus der Milch
- Verhinderung der Sporenkeimung und Vermehrung durch Einsatz von Konservierungsstoffen oder anderen Verfahren zur Keimhemmung

Auftreten der Buttersäuregärung in erster Linie vom Salzgehalt und pH-Wert des Käses, von der Käsegröße und den Reifebedingungen (Temperatur, Zeit) abhängig.
Je höher die **Reifetemperatur** und je länger die **Reifezeit**, umso höher ist das Risiko einer Spätblähung. Niedrige **pH-Werte** und **Kochsalz** hemmen das Auskeimen und die Vermehrung. Der **Käsegröße** kommt dabei insofern eine entscheidende Bedeutung zu, da die Dauer der Salzdiffusion im Käse nach Salzbad stark von der Größe des Käses abhängig ist und bei einem 10 bis 12 kg schweren Schnittkäse etwa zwei Monate beträgt. Aus diesem Grund besteht bei Cheddar-Käse kaum ein Risiko für eine Buttersäuregärung, da das Salz schon vor dem Pressen in den Käsebruch eingearbeitet wird und somit von Beginn der Reifung an ein hemmender Salzgehalt im Käse vorliegt.
Zur Verhinderung der Spätblähung können folgende Maßnahmen zum Einsatz kommen (Basiswissen 9.37, → Kap. 8.4.3):

- **Gewinnung und Verarbeitung von Milch** mit einem **niedrigen Sporengehalt** (silagefreie Fütterung): Der Clostridiengehalt der Milch kann auf einem niedrigen Niveau gehalten werden, wenn bei der Fütterung der Milchtiere auf Silage und andere gärende Futtermittel verzichtet wird. Dieses „Siloverbot" ist bei vielen gebrannten Hartkäsen mit geschützten Bezeichnungen in den Produktspezifikationen festgelegt. Beispiele dafür sind in Tabelle 9.47 angeführt. Der Grund für diese speziellen Fütterungsbestimmungen liegt darin, dass diese Käse aus Rohmilch hergestellt werden und somit der Einsatz einer Zentrifugal- oder Filtrationsentkeimung nicht zugelassen ist. Außerdem werden bei der Herstellung dieser Käse keine Zusatzstoffe verwendet. Milch aus silagefreier Fütterung wird auch als „Heumilch" oder „hartkäsetaugliche Milch" bezeichnet; in der Europäischen Union macht ihr Anteil nur etwa 2–3 % der Gesamtmilchproduktion aus. Zur Beurteilung der Käsereitauglichkeit von Heumilch wird für käsereischädliche Clostridien, die eine Buttersäuregärung verursachen, vielfach ein Richtwert von < 200 Sporen pro Liter angegeben. Da es kein international gültiges Verfahren zum Nachweis dieser Sporen gibt, werden unterschiedliche Verfahren zur Beurteilung der Käsereitauglichkeit herangezogen. Aus diesem Grund können die Richtwerte je nach angewandtem Verfahren schwanken.
- **Entfernung der Sporen** aus der Milch: Da die Verarbeitung von UHT-Milch zu einer unbefriedigenden Käsequalität führt (Mängel in Teigbeschaffenheit und Aroma, ungenügende Lochung), ist eine UHT-Erhitzung der Milch zur Abtötung der Sporen nicht anwendbar. Alternativen stellen die Zentrifugalentkeimung und die Mikrofiltration dar.

Tab. 9.47
Beispiele für gebrannte Hartkäse mit geschützten Bezeichnungen (generell nur mit Rohmilch hergestellt, Silage-Verfütterung an die Milchtiere nicht gestattet)

Land	Käse
Deutschland	Allgäuer Emmentaler g. U. Allgäuer Bergkäse g. U.
Österreich	Tiroler Bergkäse g. U. Tiroler Alm-/Alpkäse g. U. Vorarlberger Bergkäse g. U. Vorarlberger Alpkäse g. U.
Frankreich	Gruyère g. g. A. Beaufort g. U. Comté g. U.
Italien	Parmigiano Reggiano g. U.
Schweiz	Emmentaler Switzerland AOP Gruyère Switzerland AOP Sbrinz AOP

g. U. geschützte Ursprungsbezeichnung
g. g. A. geschützte geographische Angabe
AOP Appellation d'Origine Protégée

- **Zentrifugalentkeimung** (Baktofugierung): Entkeimungszentrifugen sind Zentrifugen mit einer hohen Zentrifugalbeschleunigung von ca. 10 000 g. Das Verfahren wird auch als Baktofugierung bezeichnet, da die von Alfa-Laval entwickelte Entkeimungszentrifuge unter dem Namen „Bactofuge" vermarktet wird. Das Baktofugat kann nach einer UHT-Erhitzung wieder der Milch zugesetzt werden. Mittels Zentrifugalentkeimung werden etwa 97–99 % der anaeroben Sporen aus der Milch entfernt. Diese Reduktionsraten reichen zur Verhinderung einer Spätblähung nur dann aus, wenn der Gehalt an käsereischädlichen Clostridien vor der Baktofugierung im Bereich von wenigen Sporen/ml liegt. Aus diesem Grund wird die Baktofugierung üblicherweise mit einem Lysozymzusatz oder einem stark reduzierten Zusatz an Nitrat (2,5 g/100 Liter Milch) kombiniert. Bei höheren Sporengehalten ist eine doppelte Baktofugierung notwendig, bei der eine Sporenreduktion von mehr als 99,9 % erreicht werden kann.
- **Filtrationsentkeimung** (Mikrofiltration, → Kap. 7.3.4): Die Mikrofiltration bewirkt eine Sporenreduktion um etwa 2–3 Zehnerpotenzen, bei manchen Verfahren um 4–5 Zehnerpotenzen. Das Retentat wird nach einer UHT-Erhitzung wieder der Milch zugesetzt.

- Verhinderung der **Sporenkeimung und Vermehrung**
  - **Nitrat:** Der Zusatz von Natrium- oder Kaliumnitrat (maximal 15 g pro 100 Liter Milch) ist das klassische Verfahren zur Verhinderung der Spätblähung. Für die Reduktion des Nitrats zum antimikrobiell wirksamen Nitrit ist das Milchenzym Xanthinoxidase verantwortlich (bei einer Hocherhitzung der Milch auf 85 °C für 10 s wird die Xanthinoxidase zerstört und das zugesetzte Nitrat kann die Spätblähung nicht verhindern). Das Nitrit unterdrückt das Wachstum keimender Sporen in den frühen Phasen der Käsereifung. In späteren Reifungsphasen, wenn die Salzdiffusion in den Käse abgeschlossen ist, übernimmt das Kochsalz diese Aufgabe. Bei einem zu hohen Gehalt an käsereischädlichen Clostridien in der Kesselmilch reicht der Nitratzusatz zur Unterdrückung der Spätblähung nicht immer aus. Coliforme sind in der Lage, das Nitrat abzubauen. Bei Keimzahlen von über 10^5 Coliformen/g im jungen Käse steigt das Risiko der Spätblähung, da das Nitrat dann zu schnell abgebaut wird. Hohe Coliformenzahlen sind beispielsweise möglich, wenn es infolge langer Produktionszyklen ohne Zwischenreinigung zu einer Vermehrung und Anreicherung der Rekontaminationskeime kommt. Bestimmte Stämme von mesophilen Laktobazillen und die Schmiereflora sind ebenfalls zum Nitratabbau befähigt. Traditionell wird das Nitrat der Milch zugesetzt. Da jedoch ein großer Teil des Nitrats mit der Molke verloren geht (verbunden mit Verwertungsproblemen der Molke), gibt man das Nitrat neuerdings dem Bruch-Molke-Gemisch zu, nachdem der größte Teil der Molke entfernt wurde. Bei der Herstellung von Emmentaler und anderen Großlochkäsen ist der Zusatz von Nitrat nicht üblich, da Nitrit auch die Propionsäurebakterien hemmt.
  - **Lysozym** (Muramidase): Lysozym ist ein Enzym, das vorwiegend aus Hühnereiweiß gewonnen wird und die Zellwand von Clostridien und anderen grampositiven Keimen lysiert (durch Hydrolyse von Pepdidoglycan). Beim Einsatz von Lysozym darf der Sporengehalt der Milch nicht zu hoch sein (z. B. unter 500 Sporen/l), da höhere Dosierungen die Aktivität der Milchsäurebakterienkulturen und auch die Propionsäuregärung hemmen können. Lysozym wird deshalb häufig in Verbindung mit einer Zentrifugalentkeimung angewandt.
  - **Andere Konservierungsstoffe:** In der Schmelzkäseproduktion wird Nisin, ein von bestimmten *Lactococcus lactis*-Stämmen gebildetes antibakterielles Polypeptid, zur Unterdrückung einer Clostridienvermehrung eingesetzt. Demgegenüber ist der Nisinzusatz bei der Hart- oder Schnittkäseproduktion problematisch, da ein großer

Teil des Nisins in der Molke verbleibt und das Bakteriocin die Milchsäurebakterien hemmt. Des Weiteren sind gemäß Verordnung (EG) Nr. 1333/2008 über Lebensmittelzusatzstoffe Phosphate bei der Herstellung von Schmelzkäse und Hexamethylentetramin bei der Herstellung von Provolone zugelassen.

- **Nisin bildende Starterkulturen:** Nisin bildende *Lactococcus lactis*-Starterkulturen haben sich nicht durchgesetzt, da sie neben den fakultativ heterofermentativen Laktobazillen auch die Starterkulturen *Leuconostoc* spp. und *Lactococcus lactis* subsp. *lactis* biovar *diacetylactis* hemmen können und dadurch die Lochbildung verhindern.

Clostridium butyricum

C. butyricum ist normalerweise nicht in der Lage, Laktat zu vergären. Auch weist er eine geringere pH- und Kochsalztoleranz als *C. tyrobutyricum* auf. Als Erreger der Spätblähung spielt er daher kaum eine Rolle. In seltenen Fällen kann er bei Anwesenheit von höheren Restzuckergehalten zu einer Frühblähung durch Buttersäuregärung führen.

▸ Bazillen

Aufgrund der im Käse vorherrschenden pH-Werte und der Konkurrenzflora spielen fakultativ anaerobe Bazillen als Verderbskeime nur eine vernachlässigbare Rolle. In der Literatur wird *Paenibacillus polymyxa* als Verursacher einer Frühblähung bei Emmentaler erwähnt. Der fakultativ anaerobe Sporenbildner ist in der Lage, Gas aus Laktose zu bilden. Eine Frühblähung ist jedoch nur bei einem hohen Eintrag dieser Keime in die Milch in Verbindung mit einer ungenügenden Säuerung zu erwarten.

▸ Propionsäurebakterien

Die anaeroben bis aerotoleranten Propionsäurebakterien kommen in Erde, Gras bzw. Silage, im Pansen und im Kot vor. Eine Kontamination der Milch erfolgt bei der Milchgewinnung durch ungenügend gereinigte Melkanlagen und mangelhafte Stall- und Melkhygiene (schmutzige Liegeflächen, schmutzige Euter, Kontamination mit Kot oder Einstreu). In der Käserei wird die Verarbeitungsmilch über ungenügend gereinigte Anlagen und durch eine Verschleppung von Bruch-/Molkeresten kontaminiert.

Abb. 9.40
Bergkäse mit Spalten, Rissen und intensiver Lochung durch Propionsäuregärung

In Emmentaler und Großloch-Schnittkäse sind die Propionsäurebakterien verantwortlich für die charakteristischen, mehrheitlich 1–3 cm großen **Löcher** und den typisch **süßlichen Geschmack**. Bei diesen Käsen werden bei der Herstellung *Propionibacterium freudenreichii*-Stämme als Kulturen zugesetzt. Bei der **Propionsäuregärung** wird das aus der Milchsäuregärung stammende Laktat zu Propionat, Acetat, CO_2 und H_2O verstoffwechselt. Die Gärung findet in der sogenannten Heizperiode statt, bei der Emmentaler etwa 4 Wochen bei 20–25 °C gelagert wird. Die anschließende Reifung erfolgt bei wesentlich tieferen Temperaturen von etwa 13 °C.

Eine zu intensive Propionsäuregärung führt allerdings zu Lochungsfehlern bzw. Rissen und wird als **Nachgärung** bezeichnet. Daneben können „wilde“ Stämme aus der Rohmilch zusätzliches CO_2 aus dem Aspartatmetabolismus bilden. Die beim Proteinabbau während der Käsereifung gebildete Asparaginsäure wird nach einer Desami-

Abb. 9.41
Propionsäurepunkte bei Emmentaler

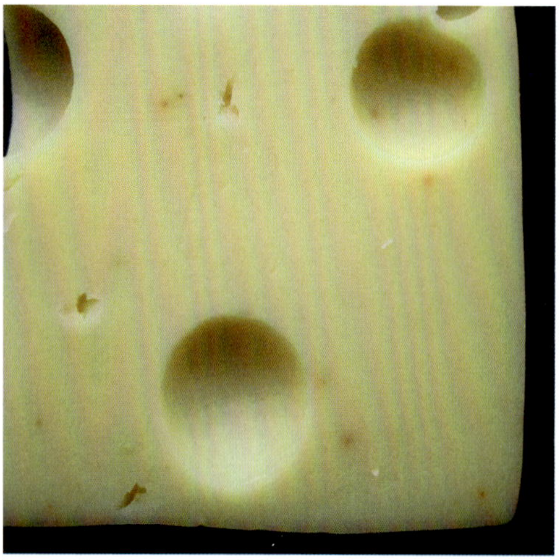

nierung in den Stoffwechsel integriert. Dadurch wird aus Laktat weniger Propionat und mehr Acetat und CO_2 gebildet.
Bei anderen länger gereiften Hart- und Schnittkäsen, wie Sbrinz, Bergkäse bzw. Gruyère, Appenzeller, Tilsiter mit Rundlochung, kann eine Propionsäuregärung zu Rissen bzw. Lochungsfehlern und zu einem untypisch süßlichen Geschmack führen (Abb. 9.40).
Propionsäurebakterien sind auch die Ursache von kleinen (ca. 0,5–1 mm), braunen bis rötlichen Punkten im Inneren von Hart- und Schnittkäsen (→ Abb. 9.41). Die braunen Punkte stellen sichtbare Kolonien von Propionsäurebakterien (üblicherweise *Propionibacterium freudenreichii*) dar. Diese werden als **P-Punkte** bezeichnet. Bei dem Käsefehler handelt es sich lediglich um einen optischen Defekt, d. h. einen „Schönheitsfehler", der den Geschmack der betroffenen Käse nicht beeinflusst.
Zur Vermeidung einer unerwünschten Propionsäuregärung sind vor allem eine entsprechende **Betriebshygiene** in der Käserei und eine entsprechende **Melkhygiene** bei der Milchgewinnung notwendig. Bei der Verarbeitung von Rohmilch sollte der Gehalt an Propionsäurebakterien unter 30 KbE/ml liegen. Weitere Maßnahmen sind eine **Erhöhung des Kochsalzgehaltes** der Käse (z. B. über 1,5 % bei Bergkäse) sowie niedrige Reifetemperaturen von unter 16 °C. Bei der Herstellung von Emmentaler ist neben einer entsprechenden Temperaturführung bei der Käsereifung ein höherer Keimeintrag von Propionsäurebakterien aus der Rohmilch zu vermeiden, da Wildstämme einen ausgeprägten Aspartatmetabolismus aufweisen können.

▸ Milchsäurebakterien

Kulturen von Milchsäurebakterien werden zur Säuerung der Milch eingesetzt, sie sind jedoch aufgrund ihrer proteo- und lipolytischen Aktivität auch an der Käsereifung durch die Beeinflussung der Textureigenschaften und die Bildung von Aromakomponenten beteiligt. *Lactococcus lactis* subsp. *lactis* biovar *diacetylactis* und *Leuconostoc* spp. bauen das in der Milch in Mengen von etwa 2 g/kg vorliegende Citrat zu Diacetyl/Acetoin, Acetat und CO_2 ab und sind dadurch an der Lochbildung beteiligt (z. B. Gouda, Edamer). Insbesondere bei Hart- und Schnittkäse aus Rohmilch tragen sogenannte **Nicht-Starter-Milchsäurebakterien** (NSLAB), wie fakultativ heterofermentative Laktobazillen, zur Aromabildung bei.
Unter bestimmten Umständen sind Milchsäurebakterien jedoch auch an der Entstehung von Käsefehlern beteiligt. Heterofermentative Laktobazillen können Geschmacksfehler, wie bitter, faulig, fruchtig, verursachen. Des Weiteren ist eine unerwünschte **Gasbildung** möglich. Dabei kann das CO_2 aus folgenden Quellen stammen:

- **Citratabbau** (→ Kap. 9.4.2.2) durch Citrat-positive Laktokokken und *Leuconostoc*: Bei einem Missverhältnis zwischen den Stämmen der mesophilen Kultur (z. B. während der Kulturenzucht oder bei der Käsung) kann es aufgrund eines starken Citratabbaus durch *Lactococcus lactis* subsp. *lactis* biovar *diacetylactis* und *Leuconostoc* spp. zu einer massiven Gasbildung in der Form bzw. im Salzbad kommen. Die Folge sind viele, meist stecknadelkopfgroße Löcher im Käseteig bzw. Blasen an der Oberfläche, wenn der Käse nicht gepresst ist.
- **Heterofermentative Milchsäuregärung** (→ Kap. 9.4.2.2) durch *Leuconostoc* und heterofermentative Laktobazillen:

- Bei zu kurzen Presszeiten oder beim Vorliegen von Säuerungsstörungen wird die Laktose nicht vollständig abgebaut. In diesem Fall enthält der Käse vor dem Einbringen in das Salzbad noch nennenswerte Mengen an Laktose und gegebenenfalls Galaktose, die als Restzucker bezeichnet werden. Ein erhöhter Restzuckergehalt im jungen Käse (Laktose bzw. Galaktose) kann zu einer heterofermentativen Milchsäuregärung durch *Leuconostoc* und/oder heterofermentative Laktobazillen führen. Durch die im DL-Säurewecker vorkommende Gattung *Leuconostoc* kann der Restzucker heterofermentativ u. a. zu CO_2 vergoren werden und eine unerwünschte größere und reichliche Lochung verursachen. Die unerwünschte Lochung wird durch die CO_2-Bildung aus dem Citratabbau verstärkt. Bei länger reifenden Käsen können bei Vorhandensein von Restzucker größere Mengen an CO_2 aufgrund einer heterofermentativen Milchsäuregärung durch das Wachstum mesophiler obligat heterofermentativer Laktobazillen (z. B. *L. brevis, L. buchneri, L. fermentum*) gebildet werden. Diese Keime sind nicht selten Ursache einer reichlichen Lochung (Vielsatz). Bei hohen Restzuckergehalten im Randbereich ist dort eine Rissbildung möglich. Neben der Rissbildung können die Keime auch zu Geruchs- und Geschmacksfehlern sowie in Cheddar zur Bildung von Calciumlaktatkristallen führen. Durch Racemisierung von L-Laktat entsteht ein Gemisch von L- und D-Laktat mit einer geringeren Löslichkeit. Außerdem gehören heterofermentative Laktobazillen zu den wichtigsten Produzenten von biogenen Aminen (hauptsächlich Histamin), die für den scharfen, brennenden Geschmack von Käse verantwortlich sind.
- Eine Sonderstellung nimmt die obligat heterofermentative Spezies *L. bifermentans* ein, die als Verursacher von Rissbildung in Käsen des Holländer-Typs bekannt ist, da sie Laktat zu Acetat, Ethanol, CO_2 und H_2 vergären kann.
- Bestimmte fakultativ heterofermentative Laktobazillen (*L. rhamnosus, L. plantarum*, Stämme von *L. paracasei*) können auch Citrat unter Freisetzung von CO_2 abbauen, wodurch meist nur sehr kleine Löcher entstehen.

Salztolerante Laktobazillen (z. B. *L. plantarum, L. casei*) weisen einen hochaktiven Aminosäurenmetabolismus auf, der in 4 bis 6 Monate alten Käsen zu einer exzessiven CO_2-Produktion führen kann sowie zu einer Reihe von Geschmacksfehlern (putrid, fruchtig, nach H_2S). Eine Kontamination der Käse erfolgt während der Salzbadbehandlung, wobei Keimzahlen im Salzbad von über 10^3 KbE/ml als problematisch angesehen werden.
Eine unerwünschte Gasbildung durch Milchsäurebakterien kann durch ein entsprechendes Kulturenregime, eine abgeschlossene Milchsäuregärung vor dem Salzbad und eine ausreichende Produktionshygiene, die auch eine regelmäßige Entkeimung des Salzbades miteinschließt, verhindert werden.

Hefen

Hefen gelten als ein normaler Bestandteil der Mikroorganismenflora zahlreicher gereifter Käse und sind an der Aromabildung beteiligt. In seltenen Fällen können Laktose vergärende Hefen (*Kluyveromyces*) Verursacher einer Frühblähung durch CO_2-Bildung aus der alkoholischen Gärung sein; dies ist der Fall, wenn infolge ungenügender Produktionshygiene oder durch die Verwendung von Molkekulturen eine Hefekontamination erfolgt und der junge Käse Restzucker aufgrund einer unzureichenden Säuerung enthält.
Bei **schmieregereiften Käsen** spielen Hefen für die Entsäuerung der Käseoberfläche (Oxidation von Laktat, Bildung von Ammoniak aus der Proteolyse) eine wesentliche Rolle und schaffen somit die Voraussetzung für das Wachstum der säureempfindlichen bakteriellen Rotschmiereflora. Auf der Oberfläche von geschmierten Käsen können weißliche Beläge durch Mycelwachstum von *Geotrichum candidum* auftreten, die unter Umständen fälschlicherweise als Schimmelbefall interpretiert werden. Das Wachstum von *Geotrichum candidum* auf schmieregereiften Käsen ist

erwünscht, da der Keim eine Abtrocknung der Schmiere bedingt.
Bei **schimmelgereiften Käsen** und **schmieregereiften Weichkäsen** kommen Hefen nicht nur auf der Oberfläche, sondern auch im Inneren vor. Sie sind Bestandteil der Reifungsflora und daher kein Indikator für mangelnde Hygiene. Häufigste „Kulturhefen" sind *Debaryomyces hansenii* und *Geotrichum candidum*. Gärende Hefen sind unerwünscht und führen zu Geschmacksfehlern wie hefig, estrig, fruchtig oder muffig. Bei manchen Käsen (Taleggio) ist jedoch eine leicht hefige Geschmacksausprägung typisch. Unter Umständen kann durch eine zu starke Hefeentwicklung das Auskeimen der Sporen von *Penicillium* spp. bei der Weißschimmelkäseproduktion gehemmt werden. Bestimmte Stämme von *Yarrowia lipolytica* können braune Pigmente aus der Aminosäure Tyrosin bilden und somit zu Braunverfärbungen an der Oberfläche bzw. an den Schnittflächen von Schimmelkäse führen. Bei Camembert kann allerdings diese Verfärbung auch durch stark proteolytische *Penicillium candidum*-Stämme verursacht werden. In **Sauermilchkäsen** sind Hefen hauptverantwortlich für die Produktcharakteristik.

▸ Schimmelpilze

Schimmelpilze spielen beim Verderb von Käse eine sehr große Rolle. Am häufigsten sind dabei *Penicillium*-Arten beteiligt, daneben kommen Spezies der Gattungen *Aspergillus*, *Cladosporium* („Schwärzepilz"), *Cephalosporium*, *Mucor*, *Phoma*, *Scopulariopsis* und *Syncephalastrum* vor. Der Verderb erfolgt durch die Bildung eines sichtbaren, meist gefärbten Mycels. Die Farbe des **Mycels** wird von der Farbe der Sporen bestimmt, die erst in späteren Entwicklungsstadien gebildet werden. Die Schimmelpilze können begrenzte **Kolonien** (Schimmelflecken) bilden oder **großflächig** über die Käseoberfläche verteilt sein (Verschimmelung). Bei einer nicht geschlossenen Oberfläche dringen die Schimmelpilze auch ins Käseinnere ein und bilden aufgrund des Sauerstoffeintrags Kolonien. Eine weitere Folge von Schimmelbefall sind Geruchs- und Geschmacksfehler (muffig, modrig, dumpf, erdig, bitter, ranzig, medizinisch, kunststoffartig oder pilzartig) infolge proteolytischer und lipolytischer Vorgänge. Daneben können einige Stämme bestimmter Spezies Mykotoxine (→ Kap. 9.2.17) bilden.

Abb. 9.42
Camembert mit *Mucor* spp. auf der Oberfläche

Penicillium spp. sind nicht nur notwendig bei der **Produktion von Schimmelkäsen** (*Penicillium camemberti* bei der Herstellung von Weißschimmelkäse, *P. roqueforti* bei der Grün- und Blauschimmelkäseherstellung), zu dieser Gattung zählen auch die bedeutendsten **Schadschimmel**. Meist weisen die Penicillien eine grüne Farbe auf (von gelb-, blau-, bis olivgrün). Für den Verderb spielt insbesondere die *Penicillium commune*-Gruppe eine Rolle. Dazu gehört der **Stinkschimmel**, der – in der Literatur als *P. verrucosum* var. *cyclopium* oder *P. cyclopium* bezeichnet – einen stark modrigen Geruch verursacht. Der derzeit gültige Name dieser Spezies lautet *P. aurantiogriseum*. Daneben können weitere Penicillien, wie *P. roqueforti*, am Verderb von Käse beteiligt sein. Aufgrund der bei vielen Käsesorten angewandten relativ niedrigen Reifetemperaturen von etwa 12–15 °C sind *Aspergillus* spp. nur selten am Verderb von Käse beteiligt (*A. versicolor*). Die Gattung ist jedoch wegen der Bildung von sehr giftigen Aflatoxinen durch Stämme von *A. flavus*, *A. parasiticus* und *A. nomius* von Bedeutung.

Mucor spp. kann als Schadschimmel in der Camembert-Käserei in Erscheinung treten. Ein Befall äußert sich in kleinen grau-schwarzen Punkten auf der sonst weißen Pilzoberfläche aufgrund der Bildung von Sporangien, die eine Vielzahl dunkel gefärbter Sporangiosporen enthalten. Für das Auftreten des Fehlers ist der **Kontaminationszeitpunkt** (einige Stunden vor oder nach dem Salzbad) entscheidend. Besonders problematisch ist ein Anstieg der Kontamination aufgrund mangelhafter Raumteilung, da es beim Aufplatzen der Sporangien zur Freisetzung hoher Sporenzahlen kommt und dadurch der Sporengehalt der Luft stark ansteigt.

Scopulariopsis kommt häufig als **Kellerschimmel** vor und kann Flecken auf der Käseoberfläche bilden.

Eine Schimmelbildung auf der Käseoberfläche wird durch regelmäßiges **Abwaschen der Rinde** mit Salzwasser und/oder durch Reifung bei **niedriger Luftfeuchtigkeit** verhindert. Als Alternativen bieten sich eine Reifung in Folie oder ein Überzug des Käses mit Paraffin oder Kunststoffdispersion, die häufig auch Natamycin als fungizide Substanz enthält, an. Bei der Herstellung geschmierter Käse spielt die schnelle Entwicklung der Rotschmiere infolge regelmäßigen Schmierens der Käserinde mit „Rotkultur“, die neben *Brevibacterium* auch Hefen zur schnelleren Entsäuerung der Oberfläche enthalten kann, eine entscheidende Rolle. Dadurch wird ein Schimmelwachstum effektiv unterdrückt, da Methanthiol als Hauptaromakomponente der Rotschmiereflora auch das Auskeimen von Schimmelsporen hemmt.

Wesentliche **Schimmelbekämpfungsmaßnahmen** sind eine entsprechende Reinigung und Desinfektion von Geräten, Anlagen und Räumen sowie ein Raumkonzept, das Kreuzkontaminationen effektiv verhindert. Heute spielen Reinraumsysteme, bei denen Schimmelsporen aus der Luft durch Filter eliminiert und Kontaminationen durch einen Überdruck im Raum verhindert werden, eine große Rolle. In Käsereifungsräumen werden häufig fungizide Wandanstriche verwendet. Wichtig ist eine entsprechende Isolierung der Wände zur Verhinderung von Kondenswasser.

Bei bestimmten regionalen Käsespezialitäten zählt eine spontane Schimmelpilzflora zur Produktcharakteristik. Diese Käse werden ohne den Zusatz einer Schimmelkultur hergestellt. Beispiele dafür sind höhlengereifte Emmentaler oder „Tessiner Bergkäse“ aus der Schweiz, Crottin de Chavignol, Tommette de L'Aveyron oder Pouligny-Saint-Pierre aus Frankreich, Taleggio aus Italien und Varietäten von Tiroler Graukäse aus Österreich. Bei diesen Käsen kann eine **Mykotoxinbildung** nicht ausgeschlossen werden. Aus diesem Grund sollte der Käse bzw. die Käserinde von den Herstellern im Rahmen ihrer Sorgfaltspflicht regelmäßig auf das Vorkommen von Mykotoxinen untersucht werden. Eine Mykotoxinbildung kann jedenfalls durch Herstellung schimmelfreier Käse oder durch den Einsatz geprüfter Schimmelkulturen verhindert werden.

▸ Indikatorkeime zur Beurteilung der Produktionshygiene

Zur Beurteilung der Produktionshygiene ist die Kenntnis der **Keimentwicklungsdynamik** der jeweiligen Käsesorte eine Voraussetzung. In der Verordnung (EG) Nr. 2073/2005 erfolgt der Nachweis der Prozesshygieneparameter *Escherichia coli* und Koagulase-positive Staphylokokken zu einem Zeitpunkt, zu dem die höchsten Keimgehalte zu erwarten sind. Die Grenzwerte sind abhängig davon, ob die Käse aus Rohmilch bzw. thermisierter oder aus pasteurisierter Milch hergestellt sind (→ Kap. 8.4.4).

Im Allgemeinen kommt es in der **ersten Phase der Säuerung** (im Käsekessel und auf der Käsepresse bzw. in der Käseform) zu einem **Anstieg** der in der Milch enthaltenen Indikatorkeime um etwa zwei bis drei Zehnerpotenzen. Dieser beinhaltet eine rein mechanische Anreicherung im Bruchkorn um etwa eine log-Einheit, der übrige Anstieg ist auf eine Keimvermehrung zurückzuführen. Eine verzögerte Anfangssäuerung in den ersten Stunden der Produktion führt zu einer wesentlich stärkeren Keimvermehrung; der Anstieg kann in diesem Fall bis zu fünf Zehnerpotenzen betragen.

Das Verhalten der Keime während der **Käsereifung** ist sehr unterschiedlich. Bei Weichkäse ist im Allgemeinen aufgrund des raschen Anstiegs des pH-Wertes mit einer Keimvermehrung zu rechnen, die umso stärker ist, je höher die Reifungs- und Lagertemperatur liegt. Die **Keiment-**

wicklung korreliert sehr stark mit dem **pH-Wert** im Käse und der **Lagertemperatur** bzw. **Lagerdauer**. Bei Schnittkäse nimmt die Zahl der Indikatorkeime während der Reifung üblicherweise aufgrund der ungünstigen Vermehrungsbedingungen mehr oder weniger rasch ab. Die Abnahme ist abhängig von

- der Käsesorte (Käsegröße, pH-Wert, Salzgehalt, Wassergehalt, im Käse vorherrschende Keimflora),
- der Keimart (*Staphylococcus aureus* nimmt wesentlich langsamer ab als *Escherichia coli*),
- der Reifungstemperatur (stärker bei höherer Reifetemperatur) und
- der Reifezeit (je länger, umso stärker).

Besondere Verhältnisse liegen bei **gebrannten** (→ Kap. 8.4.3) **Hartkäsen** und **„Extrahartkäsen"** aus Rohmilch vor. Dazu zählen u. a. Emmentaler, Bergkäse, Gruyère, Sbrinz oder Parmigiano Reggiano. Durch die Inaktivierung der Rohmilchkeime infolge der hohen Brenntemperaturen von 48 bis 57 °C und der hohen Temperaturen auf der Käsepresse liegen bei entsprechender Säuerung die höchsten Keimzahlen im Käsebruch bei Erreichen von etwa 46 °C vor. Bei Säuerungsstörungen kann es allerdings zu einem weiteren Keimanstieg bis zum Salzbad kommen. Im Käse vor dem Salzbad liegen bei Einhaltung der Guten Herstellungs- und Hygienepraxis die Gehalte an Koagulase-positiven Staphylokokken und *E. coli* meist unter 100 KbE/g.
Zusammenfassend kann gesagt werden, dass zwar allgemeine Aussagen über die Keimentwicklungsdynamik bei Hart-, Schnitt- und Weichkäse möglich sind. Aufgrund der Vielzahl an Käsesorten mit spezifischer chemischer und mikrobiologischer Zusammensetzung sollte jedoch im Einzelfall der Hersteller prüfen, inwieweit die allgemeinen Aussagen auf die spezifische Käsesorte zutreffen.

9.3.7.3 Schmelzkäse

Schmelzkäse werden aus Käse unter Zusatz von **Schmelzmitteln** (Phosphate und Citrate) durch Schmelzen bei etwa 85 bis 95 °C hergestellt. Zur Standardisierung werden u. a. Rahm, Butter, Milcheiweißerzeugnisse, Milch- oder Molkenpulver zugesetzt.

Durch die **hohen Erhitzungstemperaturen** sind in Schmelzkäse praktisch nur mehr Sporen von *Clostridium* spp. und *Bacillus* spp. enthalten. Durch die relativ hohen pH-Werte von 5,5 bis etwa 6,0 und durch das Vorhandensein von Laktose können neben *C. tyrobutyricum* beispielsweise auch *C. sporogenes*, *C. cochlearium*, *C. butyricum* oder *C. bifermentans* und die fakultativ anaeroben *Paenibacillus macerans* und *Paenibacillus polymyxa* zur Gasbildung und zu Geschmacksfehlern führen. *Bacillus licheniformis* und *B. cereus* kommen häufig in Schmelzkäse vor und können Geschmacksfehler verursachen. Bei Schmelzkäsezubereitungen ist der **Eintrag von Bazillensporen** durch die beigegebenen Lebensmittel möglich. Insbesondere Kräuter und Gewürze können hohe Gehalte an Bazillensporen aufweisen. Daneben ist ein Verderb durch Schimmelpilze bei Anwesenheit von Sauerstoff möglich.
Ein Verderb durch Spätblähung kann durch eine entsprechende Auswahl der Rohstoffe sowie eine UHT-Erhitzung bei 140 °C oder durch den Zusatz von Konservierungsstoffen, wie Nisin, verhindert werden. Eine Verschimmelung wird durch entsprechende Produktionshygiene, Verpackung in Schutzgas oder durch den Zusatz von Sorbaten als Konservierungsstoff vermieden.

9.3.8 Rechtsvorschriften

Rechtsvorschriften der Europäischen Union

- Verordnung (EG) Nr. 1333/2008 des Europäischen Parlaments und des Rates vom 16. Dezember 2008 über Lebensmittelzusatzstoffe
- Verordnung (EG) Nr. 2073/2005 der Kommission vom 15. November 2005 über mikrobiologische Kriterien für Lebensmittel
- Verordnung (EG) Nr. 853/2004 des Europäischen Parlaments und des Rates vom 29. April 2004 mit spezifischen Hygienevorschriften für Lebensmittel tierischen Ursprungs

9.3.9 Literatur

Büchl, N. R., Sailer, H. (2011): Yeasts in milk and dairy products. In: Fuquay, J. W., Fox, P. F., McSweeney, P. L. H. (Hg.): Encyclopedia of Dairy Sciences. 2nd Edition, San Diego: Academic Press, 744–753.

Busse, M. (2000): Qualitätssicherung in der Milchwirtschaft. Gelsenkirchen: Th. Mann.

Corry, J. E. L., Cavill, L. (2010): Blue-spot spoilage or raw beef primals caused by a *Pseudomonas* species. Poster Food Microbiology 30.08.–03.09.2010, Kopenhagen, Dänemark.

Eliskases-Lechner, F., Ginzinger, W. (1999): Farbfehler bei Milchprodukten. Deutsche Molkerei Zeitung 120, 102–266.

Foschino, R., Garzaroli, C., Ottogalli, G. (1993): Microbial contaminants cause swelling and inward collapse of yoghurt packs. Lait 73, 395–400.

Fuquay, J. W., Fox, P. F., McSweeney, P. L. H. (Hg.) (2011): Encyclopedia of Dairy Sciences. 2nd Edition, San Diego: Academic Press.

Griffith, M. W., Phillips, J. D. (1990): Incidence, source and some properties of psychrotrophic *Bacillus* spp. found in raw and pasteurized milk. Journal Society Dairy Technology 43, 62–66.

Hassan, A. N., Frank, J. F. (2011): Microorganisms associated with milk. In: Fuquay, J. W., Fox, P. F., McSweeney, P. L. H. (Hg.): Encyclopedia of Dairy Sciences. 2nd Edition, San Diego: Academic Press, 447–457.

Internationaler Milchwirtschaftsverband (1990): Methods of detection and prevention of anaerobic spore formers in relation to the quality of cheese. IDF Bulletin 251, 15-60.

Jakob, E. (2011): Analytik rund um die Buttersäuregärung. ALP forum Nr. 85.

Jakob, E., Winkler, H., Haldemann, J. (2010): Mikrobiologische Kriterien in der Käsefabrikation. ALP forum Nr. 77d.

Lycken, L., Borch, E. (2006): Characterization of *Clostridium* spp. isolated from spoiled processed cheese products. Journal Food Protection 69, 1887–1891.

Mayr, R., Gutser, K., Busse, M., Seiler, H. (2004): Indigenous aerobic sporeformers in high heat teated (127 °C, 5 s) German ESL (Extended Shelf Life) milk. Milchwissenschaft 59, 143–146.

McPhee, J. D.; Griffith, M. W. (2011): *Pseudomonas* spp. In Fuquay, J. W., Fox, P. F., McSweeney, P. L. H. (Hg.) Encyclopedia of Dairy Sciences. 2nd Edition, San Diego: Academic Press, 379–383.

Meer, R. R. (1991): Psychrotrophic *Bacillus* spp. in fluid milk products: A review. Journal Food Protection 54, 969–979.

Reindl, A., Dzieciol, M., Hein, I., Wagner, M., Zangerl, P. (2014): Enumeration of *clostridia* in goat milk using an optimized membrane filtration technique. Journal Dairy Science 97, 6036–6045.

Rankin, S. A., Lopez-Hernandez, A., Rankin, A. R. (2011): Liquid milk products: super-pasteurized milk (Extended Shelf-Life Milk). In Fuquay, J. W., Fox, P. F., McSweeney, P. L. H. (Hg.) Encyclopedia of Dairy Sciences. 2nd Edition, San Diego: Academic Press, 281–287.

Robinson, R. K. (Hg.) (1990): Dairy Microbiology Volume 1 + Volume 2. The Microbiology of Milk. London: Elsevier Applied Science Publishers LTD.

Schmidt, V. S. J., Kaufmann, V., Kulozik, U., Scherer, S., Wenning, M. (2012): Microbial biodiversity, quality and shelf life of microfiltered and pasteurized extended shelf life (ESL) milk from Germany, Austria and Switzerland. International Journal Food Microbiology 154, 1-9.

Sheehan, J. J. (2011): Avoidance of gas blowing. In: Fuquay, J. W., Fox, P. F., McSweeney, P. L. H. (Hg.): Encyclopedia of Dairy Sciences. 2nd Edition, San Diego: Academic Press, 661–666.

Stadhouders, J., Driessen, F. M. (1992): *Bacillus cereus* in liquid milk and other milk products. IDF Bulletin 275, 40–45.

Witthuhn, M., Triebel, I., Hinrichs, J., Atamer, Z. (2011): *Bacillus*-Sporen als Risiko für die Sicherheit von Schmelzkäse. Die Milchwirtschaft 2, 570–574.

Zangerl, P. (1989): Aspekte der Clostridienproblematik und Anaerobierzüchtung. Milchwirtschaftliche Berichte 101, 223–228.

9.4 Starter- und Reifungskulturen

Knut J. Heller und Horst Neve

9.4.1 Historische Aspekte

Die Nutzung **mikrobieller Fermentation** zur Herstellung von Milchprodukten findet seit Jahrtausenden Anwendung. Auch wenn die mikrobielle Natur der Fermentation nicht bekannt war, so gelang es den Menschen doch, den Prozess zu kontrollieren, z. B. dadurch, dass ein Teil eines Fermentationsansatzes für die Beimpfung eines neuen Ansatzes verwendet wurde. Louis Pasteur entdeckte 1857 das für die Milchsäuregärung verantwortliche Bakterium, welches ca. 20 Jahre später von Josef Lister in Reinkultur isoliert und *Bacterium lactis* (heute bekannt unter *Lactococcus lactis*) genannt wurde. Mit der Entwicklung von **Reinkulturen** und ihrem Einsatz für die Fermentation (1890 erstmalig von Hermann Weigmann in Kiel für die Butterherstellung beschrieben) war schließlich die Möglichkeit gegeben, Fermentationsprozesse durch Auswahl der für die Fermentation verantwortlichen Mikroorganismen gezielt zu steuern. War ursprünglich der Hauptaspekt der Fermentation die Haltbarmachung von Lebensmitteln, so stehen heutzutage Aspekte der Aromaentwicklung, der Reproduzierbarkeit oder auch der gesundheitlichen Wirkungen im Fokus des Interesses.

Für die verschiedenen Mikroorganismenkulturen haben sich unterschiedliche Bezeichnungen etabliert:

- **Starterkulturen** (ursprüngliche Bezeichnung: Säurewecker) sind Kulturen, die vor allem der Konservierung (durch Säure- oder Alkoholproduktion) dienen.
- **Reifungskulturen** dienen vorwiegend der Entwicklung des Aromas und des Geschmacks.
- **Schutzkulturen** werden zur Unterdrückung des Wachstums von Krankheitserregern eingesetzt.
- **Probiotische Kulturen** (kurz „Probiotika") sollen Lebensmitteln neue funktionelle, gesundheitlich positive Eigenschaften verleihen.

Für alle gezielt eingesetzten Kulturen gilt, dass ihre Merkmale stammspezifisch sind und damit nicht auf alle Stämme einer Spezies zutreffen.

9.4.2 Starterkulturen

Für die spontane Säuerung von Rohmilch sind vor allem bestimmte Milchsäurebakterien (MSB) verantwortlich. Sie gelangen beim Melkvorgang in die Milch. Trotz ihrer sehr hohen Nährstoffansprüche sind sie in der Lage, sich in der Milch sehr rasch zu vermehren und diese so schnell anzusäuern, dass Saprophyten und pathogene Mikroorganismen effektiv in ihrem Wachstum unterdrückt werden. Durch Selektion und Kombination bestimmter Stämme dieser MSB wurden Starterkulturen entwickelt, die nicht nur über **schnelle Säuerung** verfügen, sondern auch über bestimmte Eigenschaften der **Aroma- und Geschmacksentwicklung**.

9.4.2.1 Wichtige Mikroorganismen

Die Starterkulturen werden ganz grundsätzlich nach ihren Temperaturoptima des Wachstums unterschieden. **Mesophile** Kulturen wachsen und säuern am besten bei Temperaturen zwischen 20 und 30 °C. Wichtige Stämme dieser Gruppe stammen aus der Spezies *Lactococcus lactis* mit den beiden Subspezies *lactis* und *cremoris*, aus *Leuconostoc mesenteroides* mit den Subspezies *cremoris* und *lactis* sowie *Leuconostoc pseudomesenteroides*. Während *Lactococcus*-Stämme zu den homofermentativen MSB gehören, die die Laktose zu über 90% in Milchsäure (Laktat) umsetzen, sind die *Leuconostoc*-Stämme heterofermentativ und bilden aus der Laktose neben Laktat noch Ethanol (oder Essigsäure (Acetat)) und Kohlendioxid (CO_2). **Thermophile** Kulturen wachsen und säuern am besten bei Temperaturen zwischen 37 und 45 °C. Ihre wichtigsten Vertreter stammen aus den Spezies *Streptococcus thermophilus*, *Lactobacillus delbrueckii* subsp. *bulgaricus*, *Lactobacillus helveticus* und *Lactobacillus acidophilus*. Alle thermophilen Starterkulturen sind homofermentativ.

9.4.2.2 Physiologie

MSB im engeren Sinne gehören zur Ordnung der ***Lactobacillales.*** Den regelmäßig geformten, nicht sporenbildenden Stäbchen der Gattung *Lactobacillus* stehen die Kokken der Gattungen *Lactococcus, Streptococcus, Enterococcus, Leuconostoc* und *Pediococcus* gegenüber. Sie alle besitzen hohe Nährstoffansprüche, die in den von ihnen besiedelten Habitaten, wie Milch, Pflanzenmaterial und Intestinaltrakt, befriedigt werden. Für die Fermentation von Milch und die Herstellung fermentierter Produkte, wie Sauermilcherzeugnisse, Butter, Käse, sind insbesondere die saccharo- und proteolytischen Eigenschaften von Bedeutung sowie die Fähigkeit, Citrat zu verwerten. MSB besitzen keine funktionsfähige Atmungskette. Sie können daher die Kohlenhydrate für die Energiegewinnung lediglich anaerob abbauen.

Abb. 9.43
Homofermentativer Laktoseabbau

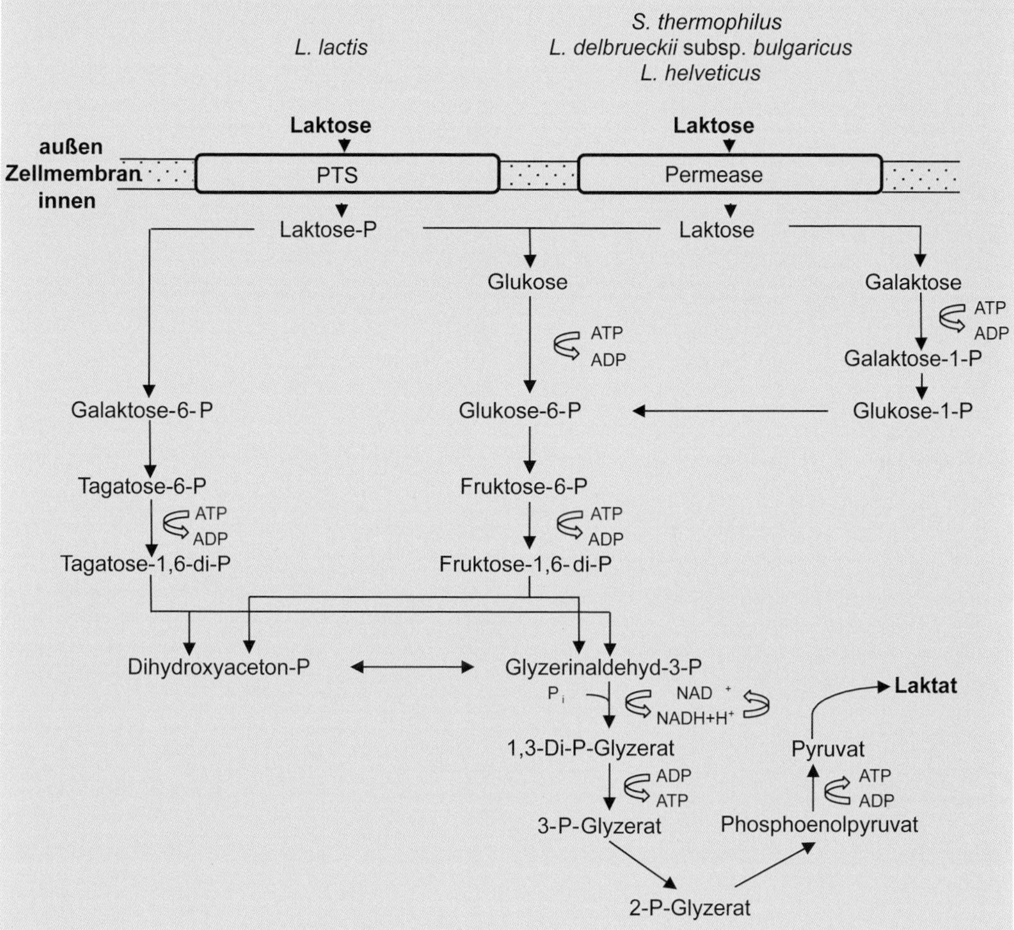

▸ Kohlenhydrat- und Citratstoffwechsel

Milch enthält als dominierende Zuckerform (ca. 50 g/l) das aus Glukose und Galaktose bestehende Disaccharid Laktose. Dieses wird nach Aufnahme in die Bakterienzellen in die Monosaccharide gespalten. Der Abbau der Monosaccharide erfolgt dann über zwei grundsätzliche Wege, den homofermentativen oder den heterofermentativen Weg.

Bei den **homofermentativen MSB** werden die Zucker nahezu quantitativ zu Milchsäure (Laktat) abgebaut (Abb.9.43). Der Abbau bis zum Pyruvat entspricht der Glykolyse. Zur Regenerierung der bei der Bildung des 1,3-Di-Phospho-Glyzerat verbrauchten Reduktionsäquivalente NAD^+ werden zwei Wasserstoffatome vom $NADH+H^+$ auf Pyruvat unter Bildung von Laktat übertragen.

Bei den homofermentativen MSB existieren **zwei** unterschiedliche **Transportsysteme** für Laktose. Im Fall der Aufnahme mittels Permease gelangt die Laktose unverändert in die Zelle und wird dort durch das Enzym β-Galaktosidase gespalten. Die Glukose wird am 6'-C-Atom phosphoryliert und dann weiter abgebaut. Die Galaktose, die häufig nicht verstoffwechselt und wieder in das Medium abgegeben wird, wird zunächst in Position 1' phosphoryliert und über zwei Schritte zu Glukose-6-Phosphat umgelagert, bevor der Abbau erfolgen

Abb. 9.44
Heterofermentativer Laktoseabbau

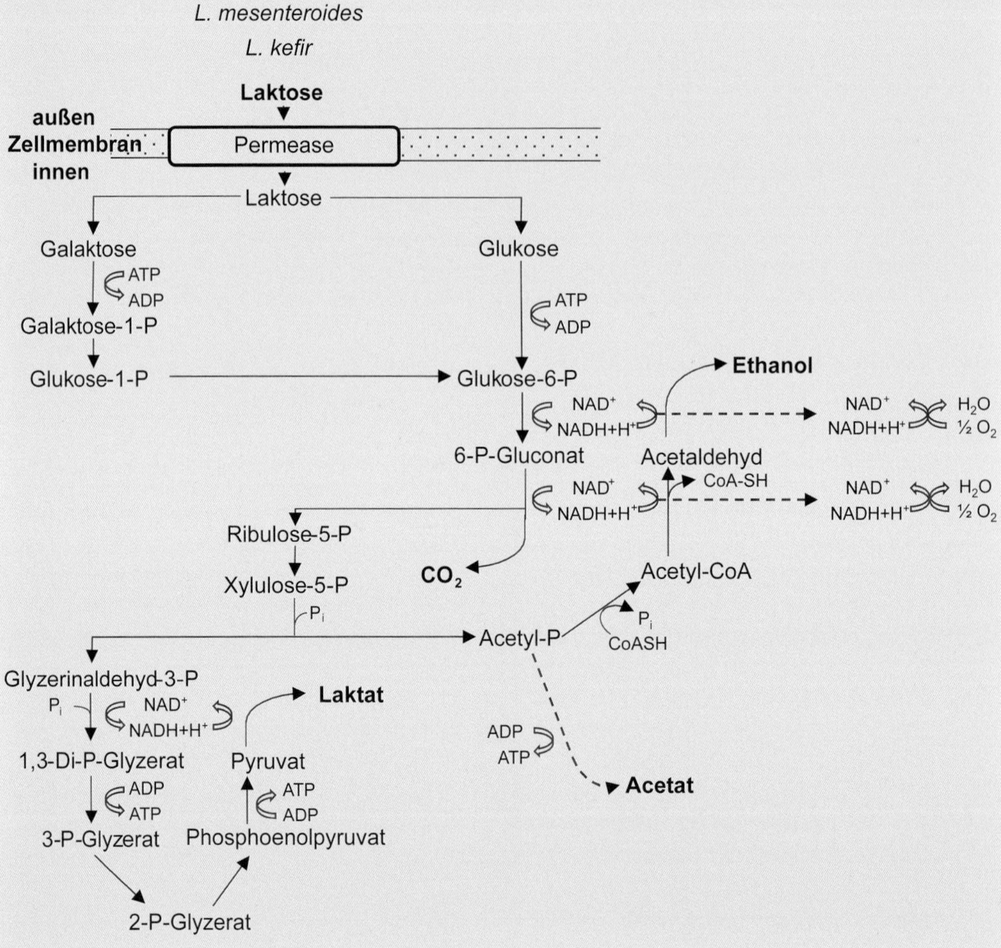

kann. Findet die Aufnahme über ein Phosphotransferase-System (PTS) statt, wird die Laktose bei der Aufnahme am Galaktoserest phosphoryliert, die Spaltung erfolgt dann mittels einer Phospho-β-Galaktosidase. Da in diesem Fall die Galaktose bereits am 6'-C-Atom phosphoryliert ist, wird sie analog zur Glukose direkt abgebaut. Dieser Weg wird **Tagatose-Weg** genannt, nach der Ketose-Form der Galaktose. Der Abbau eines Monosaccharids liefert jeweils netto zwei ATP.

Die **heterofermentativen MSB** nehmen die Laktose über Permease in die Zellen auf, wo sie in Glukose und Galaktose gespalten wird (→ Abb. 9.44). Auch bei diesen Mikroorganismen können beide Zucker nach Bildung des Glukose-6-Phosphats über denselben Weg verstoffwechselt werden. Die beiden folgenden Schritte – Oxidation zu 6-Phospho-Gluconat und Decarboxylierung unter Bildung von Ribulose-5-Phosphat – verbrauchen NAD^+. Aufgrund der Decarboxylierung kann das Restmolekül nur asymmetrisch gespalten werden. Der drei C-Atome enthaltende Rest wird – wie im homofermentativen Weg – zu Laktat umgesetzt. Der zwei C-Atome enthaltende Rest wird unter normalen anaeroben Bedingungen zu Ethanol reduziert, um die vor und während der Decarb-

Abb. 9.45
Citrat-Metabolismus

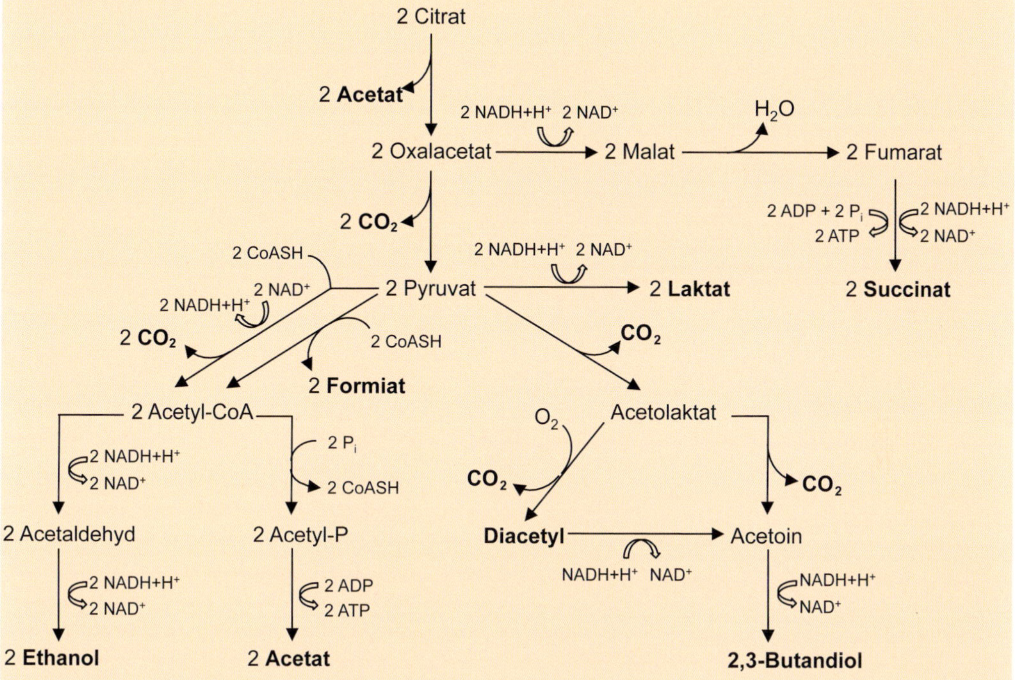

oxylierung benötigten NAD⁺-Moleküle zu regenerieren. Da die heterofermentative Milchsäuregärung netto lediglich ein ATP liefert, haben viele MSB **Sonderwege zur Erhöhung der ATP-Ausbeute** entwickelt:

- Einer besteht darin, im Falle der Anwesenheit von Sauerstoff, NAD⁺ mithilfe des Enzyms NAD-Oxidase zu regenerieren. Dabei wird der Wasserstoff des NADH+H⁺ anstatt auf Acetyl-CoA bzw. Acetaldehyd auf den Sauerstoff unter Bildung von Wasser übertragen. Das Acetyl-CoA wird dann unter Bildung eines ATP zu Acetat umgesetzt (→ Abb. 9.44).
- Ein weiterer Weg, der in Anwesenheit von Fruktose beschritten werden kann, besteht in der Übertragung des Wasserstoffs vom NADH+H⁺ auf Fruktose unter Bildung von Mannit. Damit wird ebenfalls der Weg zur Bildung eines ATP aus der Umsetzung von Acetyl-CoA zu Acetat möglich.

Grundsätzlich lässt sich feststellen, dass bei Anwesenheit **nutzbarer Wasserstoff-Akzeptoren** (wie z. B. Pyruvat oder Citrat) die ATP-Ausbeute durch Umsetzung des Acetyl-CoA zu Acetat gesteigert werden kann.

Die im Vergleich zu atmenden Mikroorganismen immer noch sehr geringe ATP-Ausbeute der MSB macht es notwendig, dass große Mengen an Substrat umgesetzt werden müssen, um die für das Wachstum notwendige Menge an ATP zu erzeugen. Dieses bewirkt die sehr schnelle Ansäuerung des Mediums durch Starterkulturen.

Das in der Milch enthaltene **Citrat** spielt eine wichtige Rolle für die **Aromaentwicklung** in fermentierten Milchprodukten. Nach Aufnahme in die Zelle wird es zunächst in Acetat und Oxaloacetat gespalten. Letzteres wird durch Decarboxylierung zu Pyruvat abgebaut. Pyruvat kann dann auf verschiedenen Wegen weiter abgebaut werden (→ Abb. 9.45), der einfachste besteht in der Bildung von Laktat (→ Abb. 9.43). Durch Bildung von Acetyl-CoA, sei es unter Abspaltung von Formiat mittels Pyruvat-Formiat-Lyase oder unter Decarboxylierung mittels Pyruvat-Dehydrogenase, kann der Abbau weiter bis zum Ethanol oder Acetat erfolgen (→ Abb. 9.45). Schließlich kann mithilfe der Acetolaktat-Synthase unter Kondensation zweier Pyruvat-Moleküle und gleichzeitiger Decarboxlierung Acetolaktat gebildet werden, aus dem dann Diacetyl und Acetoin und durch weiteren Abbau 2,3-Butandiol entstehen können. Von diesen Substanzen sind Acetaldehyd als typisches Aroma für Joghurt und Diacetyl als charakteristisch für Butter bekannt. Zusätzlich führen die an den verschiedenen Stellen des Abbaus stattfindenden Decarboxylierungen zu relativ starker Gasbildung, die bei einigen Käsesorten für die Lochbildung verantwortlich ist.

Welche Abbauwege in welchem Umfang beschritten werden, hängt ganz wesentlich vom Energie- und Redoxzustand der Zelle ab. Als heterotrophe Organismen sind die MSB von der **Verfügbarkeit von NAD^+** in der Zelle abhängig, da der Abbau von Kohlenhydraten und die damit verbundene Energiegewinnung in Form von ATP nur bei Anwesenheit ausreichender Konzentrationen an NAD^+ ablaufen kann. Die Regenerierung des NAD^+ geht häufig zulasten der ATP-Gewinnung.

▸ Proteolyse

Die komplexen Nährstoffansprüche der MSB sind u. a. darauf zurückzuführen, dass MSB nicht in der Lage sind, sämtliche für das Wachstum benötigte Aminosäuren selbst zu produzieren. Diese essenziellen Aminosäuren (u. a. Leucin, Histidin, Methionin) müssen von außen aufgenommen werden. Die Gehalte freier Aminosäuren in Milch reichen nicht aus, um Wachstum zu ermöglichen. Die meisten MSB besitzen daher ein komplexes proteolytisches System, mit dessen Hilfe Aminosäuren durch den Abbau von Casein verfügbar gemacht werden. Das System beinhaltet **drei** grundsätzliche **Komponenten**:

- eine Zellwand-gebundene extra-zytoplasmatische Proteinase
- mehrere Peptid-Transportsysteme
- eine Reihe verschiedener Peptidasen

Mithilfe der **Proteinase** wird Casein zu unterschiedlich großen Peptiden (Di-, Tri- und Oligopeptide) abgebaut. Welche Peptide entstehen, hängt von der Spezifität der jeweiligen Proteinase ab und ist bei den jeweiligen MSB verschieden. Die freigesetzten Peptide werden durch **Transportsysteme** in der Zytoplasmamembran aufgenommen, die sich hinsichtlich ihrer Spezifität für die Peptidgröße unterscheiden. Ein und derselbe Organismus kann jeweils zwei Transportsysteme für Di-/Tripeptide und eines für Oligopeptide besitzen. Im Zytoplasma werden die Peptide durch **Peptidasen** vollständig bis zu den Aminosäuren abgebaut. Für den kompletten Abbau werden verschiedene Endo- und Exopeptidasen (Spaltung der Peptide in der Mitte oder vom Ende her) sowie Prolin-spezifische Peptidasen benötigt. Nicht essenzielle Aminosäuren, die nicht direkt zur Energiegewinnung genutzt werden, können aus der Zelle herausgeschleust werden. Sobald sich mit fortschreitender Proteolyse ein entsprechender Gradient dieser Aminosäuren über der Zytoplasmamembran (innen hoch, außen niedrig) aufgebaut hat, kann dieser energetisch genutzt werden, z. B. durch Koppelung mit anderen Transportvorgängen.

9.4.2.3 Anwendungsbereiche für Starterkulturen

▸ Butter (Sauerrahmbutter und mild gesäuerte Butter)

Butter (→ Kap. 8.3) wird aus dem aus der Milch gewonnenen Rahm hergestellt, der auf mindestens 95 °C erhitzt wird, um Mikroorganismen und Enzyme zu inaktivieren. Durch mechanische Behandlung („Buttern") werden die **Phospholipidhüllen**, die die Fetttröpfchen in Emulsion halten, zerschlagen. Das freigesetzte Fett verbindet sich zu einer kontinuierlichen Phase und trennt sich vom Milchserum. Das in der kontinuierlichen Phase befindliche Restserum liegt in äußerst fein verteilten Tröpfchen vor. Butter stellt also eine **Wasser-in-Öl-Emulsion** dar.

Man unterscheidet drei Arten von Butter: Sauerrahmbutter, Süßrahmbutter und mildgesäuerte Butter. Zur Herstellung von **Sauerrahmbutter** wird der Rahm vor dem Buttern fermentiert. Die Fermentation ist dann beendet, wenn ein pH-Wert

Abb. 9.46
Rasterelektronenmikroskopische Aufnahme von *Leuconostoc mesenteroides* auf Filtermembran.

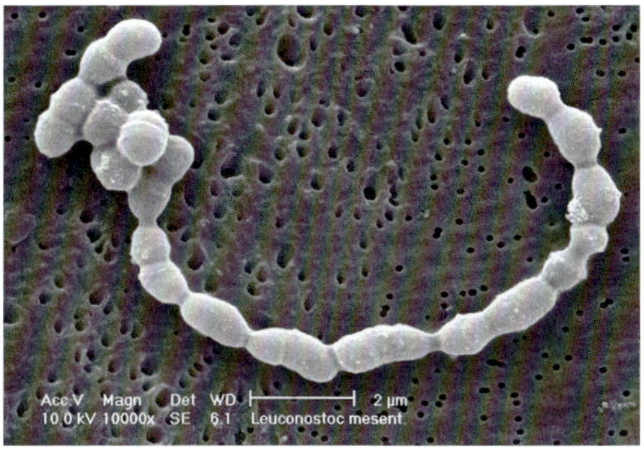

im Serum von 5,1 oder darunter erreicht ist. Zum Einsatz kommt eine mesophile Starterkultur, die sich durch intensive Aromabildung auszeichnet. Neben heterofermentativen *Leuconostoc mesenteroides* subsp. *cremoris*-Stämmen (→ Abb. 9.46) enthält die Kultur homofermentative *Lactococcus lactis* subsp. *lactis* bzw. subsp. *cremoris*-Stämme, darunter auch *Lactococcus lactis* subsp. *lactis* biovar *diacetylactis*, der in der Lage ist, Citrat zu verwerten, und dadurch relativ viel Diacetyl produziert.
Für die Herstellung von **Süßrahmbutter** (pH-Wert im Serum $\geq 6{,}4$) findet keine Fermentation des Rahms statt. Dementsprechend liegt auch das für die Ausbildung des typischen Butteraromas verantwortliche Diacetyl nur in geringen Konzentrationen vor. Süßrahmbutter ist weniger empfindlich als Sauerrahmbutter gegenüber Oxidationsvorgängen. Die in früheren Zeiten als Vorteil für Sauerrahmbutter angeführte bessere Haltbarkeit trifft heutzutage, insbesondere für industriell hergestellte Butter, praktisch nicht mehr zu. Neben der hygienischen Qualität des Ausgangsmaterials wird die Haltbarkeit vor allem durch die Feinverteilung des Wassers bestimmt. Je kleiner die Wassertröpfchen, umso geringer ist die Möglichkeit der Vermehrung unerwünschter Mikroorganismen, da die im Wasser gelösten Nährstoffe entscheidend für das Ausmaß des Wachstum sind.
Mildgesäuerte Butter (pH-Wert $< 6{,}4$) wird aus Süßrahmbutter hergestellt, in die ein diacetylhaltiges Aromakonzentrat geknetet wird. Dieses Konzentrat wird durch Wachstum stark Diacetyl produzierender Aromakulturen in Milch erhalten. Die Vorteile des Verfahrens liegen darin, dass die mildgesäuerte Butter im Aroma einer Sauerrahmbutter entspricht bzw. dass jeder gewünschte Aromagehalt eingestellt und auf die langwierige Fermentation des Rahms verzichtet werden kann.

▸ Sauermilch- und Joghurterzeugnisse

Sauermilchprodukte (→ Kap. 8.2.1) werden durch Fermentation von Milch bei 20–30 °C durch mesophile Starterkulturen erhalten: Typische Produkte sind **Sauermilch**, **Dickmilch** und **Sauerrahm**. Spezielle Anforderungen an die Kulturen werden nicht gestellt. Sie können aus homofermentativen *Lactococcus lactis* (→ Abb. 9.47), heterofermentativen *Leuconostoc*-Stämmen oder unterschiedlichen Mischungen davon bestehen, je nach den Ansprüchen an das Aromaprofil.
Joghurterzeugnisse (→ Kap. 8.2.2) werden bei Temperaturen zwischen 37 und 45 °C mit thermophilen Kulturen hergestellt. Im Falle von Joghurt bestehen die Kulturen zwingend aus *Streptococcus thermophilus* (→ Abb. 9.48 (A)) und *Lactobacillus delbrueckii* subsp. *bulgaricus* (→ Abb. 9.48 (B)). Diese beiden Mikroorganismen zeichnen sich dadurch aus, dass sie in gemeinsamer Kultur **assoziiertes Wachstum** (auch Protosymbiose oder Mutualismus genannt) zeigen. Beide Organismen

Abb. 9.47
Rasterelektronenmikroskopische Aufnahme von *Lactococcus lactis* in Dickmilch: Bei der Hintergrundstruktur handelt es sich um Milcheiweiß.

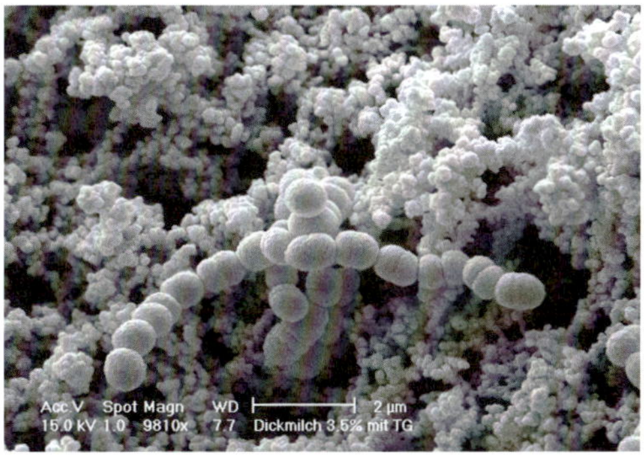

Abb. 9.48
Rasterelektronenmikroskopische Aufnahmen von *Streptococcus thermophilus* (**A**) und *Lactobacillus delbrueckii* subsp. *bulgaricus* (**B**): In A befinden sich die Zellen auf Filtermembran, in B sind einige kleine Ansammlungen von Milcheiweiß zu sehen (Pfeil).

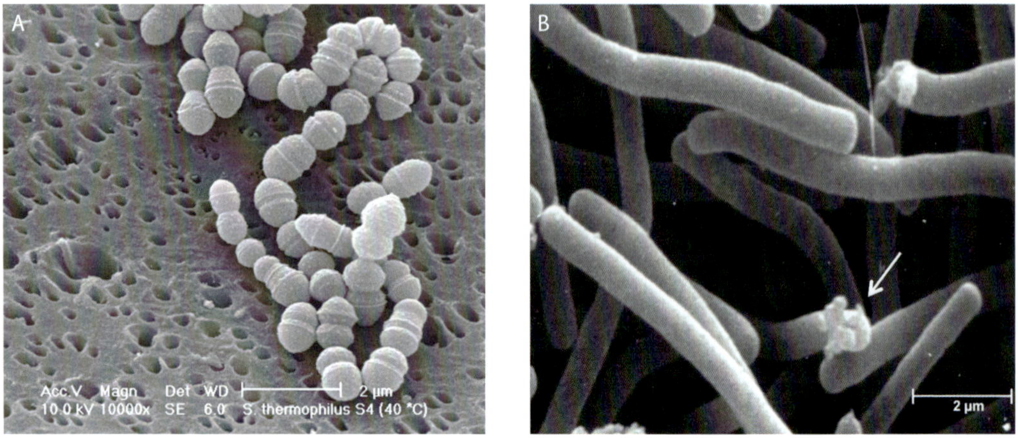

fördern sich gegenseitig in ihrem Wachstum, was zu schnellerer Fermentation und höheren Keimzahlen führt. *Lactobacillus bulgaricus* als proteolytisch besonders aktiver Mikroorganismus stellt dem überwiegend proteolytisch inaktiven *Streptococcus thermophilus* Peptide zur Verfügung, während dieser im Gegenzug Harnstoff zu CO_2 abbaut und damit die Anaerobiose und das Wachstum von *Lactobacillus bulgaricus* fördert. Zusätzlich wird das Wachstum durch Bildung geringer Mengen von Ameisensäure beim Laktoseabbau durch *Streptococcus thermophilus* gefördert.

Heutzutage wird in Deutschland vor allem „Joghurt mild" produziert. Auch dieses Produkt entsteht durch Fermentation bei thermophilen Bedingungen. Anders als bei klassischem Joghurt ist jedoch nur die Verwendung von *Streptococcus thermophilus* vorgeschrieben, während anstelle des *Lactobacillus bulgaricus* andere *Lactobacillus*- oder *Bifidobacterium*-Stämme eingesetzt werden können. Im fertigen Produkt müssen thermophile Stämme mit einem Temperaturoptimum von ca. 42 °C überwiegen.

▸ Labkäse (Frischkäse, Weichkäse, Schnittkäse, Hartkäse)

Starterkulturen (meso- (O, L, DL) und thermophile Kulturen, undefinierte Kulturen):
Käse unterscheidet sich von den Sauermilchprodukten vor allem dadurch, dass der dickgelegten Milch Molke entzogen wird und damit eine Erhöhung des Trockenmasseanteils erfolgt. Die größte Produktvielfalt ist für Labkäse bekannt, bei denen die **Dicklegung der Milch** (Gallerte-Bildung) enzymatisch durch Zusatz von Labextrakt erfolgt bzw. mittels pflanzlicher oder mikrobieller, Proteolyse-Enzyme enthaltender Extrakte. Nach der enzymatischen Dicklegung wird die Gallerte in Stücke (Bruchkorn) möglichst homogener Größe geschnitten, wobei die Größe des Bruchkorns den späteren Wassergehalt der Käse vorbestimmt: Je kleiner das Bruchkorn, desto intensiver der Molkeaustritt aus dem Bruchkorn (Synärese) und desto geringer der Wassergehalt der Käse. Die Käseverordnung nimmt eine Unterteilung der Käse **nach dem Wassergehalt** in **Käsegruppen** vor (→ Kap. 8.4).

Da die **Synärese** bei höheren Temperaturen verstärkt abläuft, wird vor allem in der Herstellung von Hartkäse das Bruch-Molke-Gemisch bis auf 57 °C erhitzt (Brennen des Bruchs). Die bereits vor der Dicklegung zugesetzten Starterkulturen sollten diese Temperaturen möglichst unbeschadet überstehen. Daher werden für Hartkäse überwiegend **thermophile Kulturen** bestehend aus *Streptococcus thermophilus, Lactobacillus helveticus* und *Lactobacillus delbrueckii* mit den beiden Subspezies *lactis* und *bulgaricus* eingesetzt. Die Säuerung bei Hartkäsen läuft typischerweise dennoch bei mesophilen Temperaturen um 30 °C ab, lediglich bei einigen besonders harten Käsen werden Säuerungstemperaturen bis ca. 37 °C angewandt.

Alle anderen Labkäse vom Typ Schnitt-, halbfeste Schnitt- und Weichkäse werden unter Verwendung **mesophiler Starterkulturen** bei Säuerungstemperaturen zwischen 20 und 30 °C hergestellt. Als Starterkulturen finden entweder traditionelle, undefinierte, mesophile Vielstamm-Kulturen (wie z. B. „Flora Danica"), die aus einer unbekannten Vielzahl von Stämmen der Spezies *Lactococcus lactis, Leuconostoc mesenteroides, Leuconostoc pseudomesenteroides* u. a. bestehen, oder aber Einzelstamm-Kulturen bzw. definierte Mehrstamm-Kulturen Verwendung. Letztere lassen sich hinsichtlich ihrer Zusammensetzung und der damit in Verbindung stehenden Aromabildung wie in Tabelle 9.48 dargestellt unterscheiden.

Welche Kultur zum Einsatz kommt, richtet sich nach den **Ansprüchen**, die an die Kultur gestellt werden. Die O-Kultur säuert schnell und stark, entwickelt aber wenig Aroma. In Bezug auf die Säuerung entspricht die D-Kultur der O-Kultur, sie bildet allerdings durch den zusätzlichen Citratabbau wesentlich mehr Aromabestandteile und CO_2. Letzteres ist für die Lochbildung wichtig. Die L-Kultur besitzt im Vergleich zur D-Kultur ein etwas anderes Aromaprofil, da sie heterofermentative *Leuconostoc*-Stämme enthält. Diese Stämme säuern wesentlich schwächer und sind auf die Säuerung der Laktokokken angewiesen, um ab etwa pH 4,5 auch Diacetyl aus dem Citratabbau zu bilden. Mit den DL-Kulturen lassen sich die Aromakomponenten der D- und L-Kulturen kombinieren. Für alle Kulturen – mit Ausnahme der O-Kultur – gilt, dass sich durch unterschiedliche Anteile der Aroma- und Gasbildner an der Gesamtkultur die CO_2-Bildung auf das Maß einstellen lässt, welches für die Lochbildung nötig und

Tab. 9.48
Definierte Mehrstamm-Kulturen für die Käseherstellung (jeweils mehrere Stämme der aufgeführten Subspezies eingesetzt) (modifiziert nach Weber 2006)

Kulturtyp	Zusammensetzung der Kultur
O-Kultur	*Lactococcus lactis* subsp. *lactis*, *Lactococcus lactis* subsp. *cremoris*
D-Kultur	*Lactococcus lactis* subsp. *lactis*, *Lactococcus lactis* subsp. *cremoris*, *Lactococcus lactis* subsp. *lactis* biovar *diacetylactis*
L-Kultur	*Lactococcus lactis* subsp. *lactis*, *Lactococcus lactis* subsp. *cremoris*, *Leuconostoc mesenteroides* subsp. *cremoris*
DL-Kultur	*Lactococcus lactis* subsp. *lactis*, *Lactococcus lactis* subsp. *cremoris*, *Lactococcus lactis* subsp. *lactis* biovar *diacetylactis*, *Leuconostoc mesenteroides* subsp. *cremoris*

ausreichend ist. Zusätzlich zur Hauptaufgabe der Säuerung tragen die Starterbakterien durch ihre proteolytischen Eigenschaften auch zur Aromaentwicklung während der Reifung bei. Häufig ist es dazu nötig, dass die Bakterien lysieren und ihre proteolytisch aktiven Enzyme, wie z. B. Peptidasen, freisetzen.

Bei der Herstellung von **Frischkäse** (Quark, Schichtkäse, Rahmfrischkäse) können prinzipiell alle Kulturen – mesophile als auch thermophile – eingesetzt werden. Da die Dicklegung bei Frischkäse sowohl mittels Lab als auch durch Säuerung erfolgt, müssen die Kulturen in der Lage sein, den pH auf Werte unter 4,7 zu bringen. Grundsätzlich gilt, dass thermophile Kulturen schneller säuern als mesophile, allerdings auch weniger Aroma bilden. Gasbildung ist in diesen Produkten unerwünscht. Da allerdings Frischkäse keine Reifungsphase durchlaufen, können auch D- und DL-Kulturen zum Einsatz kommen, da die Gasbildung im Wesentlichen erst während der Reifungsphase erfolgt. Ein interessanter Frischkäse ist **Hüttenkäse** (körniger Frischkäse). Für die Säuerung wird überwiegend O-Kultur verwendet. Anders als bei den übrigen Frischkäsen wird die Gallerte zu kleinen Bruchkörnern geschnitten, etwa so wie bei Hartkäse. Zudem findet ein Brennen des Bruchs und das Waschen mit kaltem Wasser statt, um die Festigkeit des Bruchkorns zu erhöhen. Das Brennen – und damit die mögliche Abtötung der Starterkultur – ist in diesem Fall problemlos anwendbar, da auch Hüttenkäse keiner weiteren Reifung unterliegt.

▶ **Sauermilchkäse**

Sauermilchkäse (Harzer, Quargel, Handkäse) werden in traditioneller Weise in **zwei Schritten bei zwei verschiedenen Herstellern** produziert. Beim ersten Hersteller wird lediglich der **Sauermilchquark** produziert, bei dem die Dicklegung der Milch ausschließlich durch Säuerung unter Verwendung überwiegend schnell säuernder Kulturen – meist Joghurtkulturen – geschieht. Nachdem die Molke abgezogen wurde, wird der Quark in Plastiksäcke zu meist 50 kg gefüllt und unter Luftabschluss für mehrere Tage bis einige Wochen bei ca. 18 °C gelagert. In dieser Phase entwickeln sich im Quark die Hefen (vor allem *Kluyveromyces marxianus* und *Candida krusei*), die essenziell für die Reifung sind (→ Abb. 9.49). Nach dieser Zeit wird der Quark zum **Käsehersteller** gebracht. Dort wird der Quark zerkleinert und es werden Reifungssalze zur Erhöhung des pH-Wertes und Gewürze zugefügt. Da für die weitere Reifung vor allem Mikroorganismen der Käseoberfläche verantwortlich sind, werden kleine Käsestücke geformt, damit eine möglichst große Oberfläche geschaffen wird. Bei diesen Käsen findet ein signifikanter Teil der Reifung bereits im Quark, also bereits vor der eigentlichen Käseherstellung statt.

Abb. 9.49
Rasterelektronenmikroskopische Aufnahme von Hefen und Milchsäurebakterien aus Harzer Käse: Die Hefen sind als große eiförmige Strukturen zu erkennen, zwischen denen die Bakterien der Joghurtkultur (*Streptococcus thermophilus* und *Lactobacillus delbrueckii* subsp. *bulgaricus*) zu erkennen sind. Weiterhin sind Reste von Milcheiweiß sichtbar.

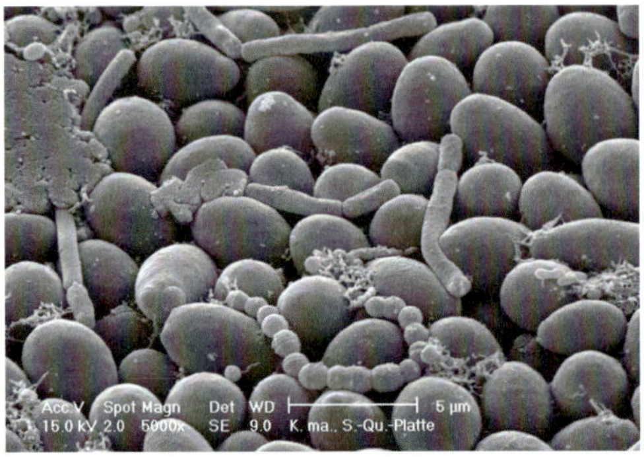

9.4.3 Reifungskulturen

Neben den Starterkulturen, deren Hauptaufgabe in der Säuerung besteht und die sich im Wesentlichen aus verschiedenen MSB zusammensetzen, werden bei der Käseherstellung häufig Reifungskulturen eingesetzt, um Aroma, Geschmack, Textur und Aussehen der Käse in spezifischer Weise zu beeinflussen.

9.4.3.1 Nicht-Starter Milchsäurebakterien NSLAB (Non Starter Lactic Acid Bacteria)

In nahezu allen länger gereiften Hartkäsen spielen Nicht-Starter Milchsäurebakterien (NSLAB) eine wichtige Rolle in der Reifung durch ihren Beitrag zur Aroma- und Geschmacksentwicklung. Als Teile der sekundären Mikrobiota entwickeln sie sich erst im Verlauf von einigen Wochen bis Monaten zu signifikanten Zellzahlen von ca. 10^8 KbE/g. Anders als bei den Starterbakterien scheint die Lyse der NSLAB keine Voraussetzung für den Beitrag zur Reifung zu sein. Wichtige Vertreter sind

Abb. 9.50
Rasterelektronenmikroskopische Aufnahme von *Lactobacillus paracasei*: An einigen Stellen sind Reste von Milcheiweiß zu sehen (Pfeil).

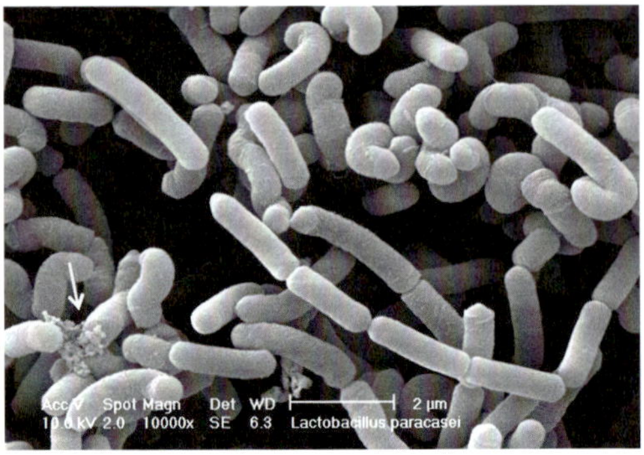

Lactobacillus paracasei (→ Abb. 9.50), *Lactobacillus plantarum* und *Lactobacillus brevis*.

9.4.3.2 Propionsäurebakterien

Propionsäurebakterien mit dem wichtigsten Vertreter *Propionibacterium freudenreichii* gehören zur charakteristischen Mikrobiota der Schweizer-Käse wie Emmentaler, Appenzeller, Gruyére etc. Sie sind in der Lage, Laktat wie folgt zu verstoffwechseln, wobei die Propionsäure über den Methylmalonat-Weg gebildet wird:

3 Laktat → 2 Propionat + 1 Acetat + 1 CO_2

Der Energiegewinn ist etwas größer als ein ATP für die angegebene Gesamtreaktion, da neben dem einen, direkt gebildeten ATP noch Protonen aus der Zelle geschleust werden und damit ein Beitrag zum Aufbau des Protonengradienten geliefert wird. Neben der Tatsache, dass Propion- und Essigsäure deutlich intensiver und schärfer als Milchsäure schmecken, kommt der CO_2-Bildung eine besondere Bedeutung zu, da sie für die Entstehung der großen Löcher in den lang gereiften Käsen verantwortlich ist.

In früheren Zeiten gelangten lebensfähige Propionibakterien mit dem Labextrakt aus Kälbermägen in die Milch. Heutzutage wird die Kesselmilch gezielt mit diesen Bakterien beimpft.

9.4.3.3 Rotschmiere

Rotschmiere ist ein wenig gut definiertes **Konsortium aus Bakterien und Hefen** (→ Abb. 9.51), welches sich auf der Oberfläche der Käse entwickelt und wesentlich zum Aroma der Käse beiträgt. In allen Käsegruppen – mit Ausnahme von Frischkäse – finden sich Rotschmiere-gereifte Sorten wie z. B. Gruyére, Comté und Bergkäse bei Hartkäsen, Tilsiter bei Schnittkäse, Steinbuscher bei halbfestem Schnittkäse, Münster und Limburger bei Weichkäse und Harzer bei Sauermilchkäse. Die Bildung der Rotschmiere auf der Käseoberfläche beginnt mit dem Wachstum von Hefen wie *Debaryomyces, Candida, Kluyveromyces* u. a., die in der Lage sind, Milchsäure aerob abzubauen. In Folge des dadurch bedingten pH-Anstiegs können sich proteolytisch aktive Bakterien auf der Oberfläche ansiedeln, deren häufigste Vertreter die Gattungen *Corynebacterium, Arthrobacter, Brevibacterium, Micrococcus* und *Staphylococcus* (z. B.

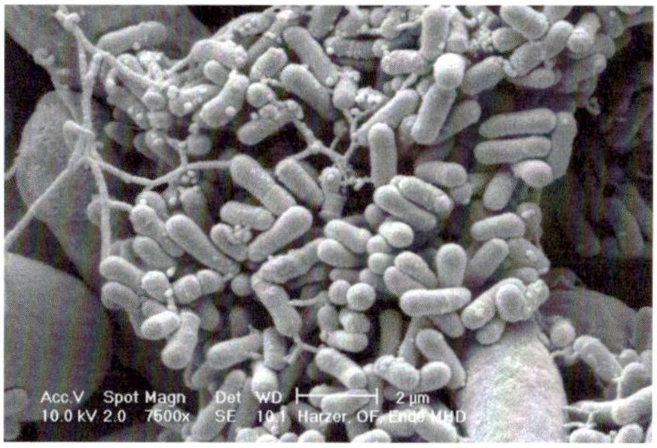

Abb. 9.51
Rasterelektronenmikroskopische Aufnahme von Rotschmierebakterien aus Harzer Käse: Im Hintergrund Hefen, Reste von Milcheiweiß sind sichtbar.

Staphylococcus equorum) sind. Neben der Entwicklung eines **starken Aromas**, insbesondere bedingt durch den Abbau schwefelhaltiger Aminosäuren, kommt es durch proteolytische Vorgänge auch zur Ausprägung einer **rötlichen Farbe** und einer **schmierigen Konsistenz**, auf die die Namensgebung zurückzuführen ist. Ein wichtiger Aromastoff, das Methanthiol, wird für die Hemmung von Schimmelpilzen verantwortlich gemacht.

Wurde die Rotschmiere früher auf die jungen Käse durch sogenanntes **„Alt-Jung-Schmieren"** übertragen, bei dem durch das Abbürsten der Oberfläche mit Salzlake die Mikroorganismen von den zuerst behandelten alten Käse in die Lake gelangten und danach auf die jungen Käse gebürstet wurden, so werden heute zunehmend Kulturen zur Beimpfung der jungen Käse angeboten. Der Grund sind immer wieder auftretende Kontaminationen mit Krankheitserregern wie *Listeria monocytogenes*, die durch das Alt-Jung-Schmieren über alle Käse verteilt werden.

9.4.3.4 Schimmelpilze

Schimmelpilze sind strikt aerobe Mikroorganismen, die sich durch die Produktion von **Enzymen** – Proteinasen und Lipasen – auszeichnen, die (von den Zellen) nach außen in das Medium sekretiert werden. Sie bewirken intensiven **Protein- und Fettabbau**, die beide entscheidend für Aroma- und Geschmacksentwicklung sind. Der Proteinabbau führt zur Erweichung der Textur und kann im Extremfall zur Verflüssigung der Käsematrix führen – dies lässt sich sehr einfach an warm gelagertem Camembert oder Gorgonzola erkennen. Eingesetzt werden zwei *Penicillium*-Arten: der **Weißschimmel** *Penicillium (P.) camemberti*, der als reiner Oberflächenschimmel zur Herstellung von Camembert und Brie Verwendung findet, und der Blauschimmel *Penicillium (P.) roqueforti*, der u. a. bei der Herstellung von Roquefort, Gorgonzola und Danablue zum Einsatz kommt. Der **Blauschimmel** wächst sowohl auf der Oberfläche als auch im Inneren der Käse. Dieses wird einerseits durch Verwendung gasbildender Starterkulturen, die Hohlräume im Inneren der Käse bilden, erreicht und andererseits durch Pikieren, das Einstechen der Käse, durch das die Hohlräume mit der Außenluft verbunden werden. Neben den beiden gezielt eingesetzten *Penicillium*-Arten findet bei anderen Käsen, wie z. B. bei korsischen Ziegenkäsen, eine spontane Oberflächenreifung mit verschiedenen Gattungen von Schimmelpilzen statt: *Mucor, Cladosporium, Penicillium* u. a. Dabei können gleichzeitig verschieden gefärbte Schimmelpilze (weiß, grau, grün) auf der Oberfläche wachsen.

9.4.3.5 Hefen

Wie bereits bei der Reifung von Rotschmiere- und Sauermilchkäsen beschrieben, kommt Hefen eine besondere Bedeutung zu. Während bei den Rotschmierekäsen vom Lab-Typ der Beitrag lediglich in der **Entsäuerung** der Oberfläche gesehen wird, ist der Beitrag bei den Sauermilchkäsen ungleich größer und betrifft auch das **Aroma**. Ein gut vorgereifter Sauermilchquark ist an seinem fruchtigen Geruch (Ester-Bildung) erkennbar. Schaut man sich rasterelektronenmikroskopische Bilder des Inneren von Harzer Käse an (→ Abb. 9.52), so kann man feststellen, dass es sich beim Harzer um einen Hefekäse handelt: Die Dominanz der Hefen ist eindeutig feststellbar und der Beitrag zum Aroma ist essenziell.

9.4.4 Schutzkulturen

Der hauptsächliche konservierende Effekt der Milchsäuregärung kommt durch die gebildete Milchsäure zustande. Neben der Milchsäure können von den MSB aber weitere antimikrobielle Substanzen gebildet werden, wie z. B. andere organische Säuren als Milchsäure, Bakteriozine, Benzoesäure, Wasserstoffperoxid, Reuterin und Reuterizyklin. Kulturen, die hauptsächlich wegen ihrer **antimikrobiellen Eigenschaften** eingesetzt werden, bezeichnet man als Schutzkulturen. Kommerzielle Kulturen werden hauptsächlich für die Herstellung von Rohwürsten angeboten, für Milchprodukte sind diese bisher wenig bekannt.

Abb. 9.52
Rasterelektronenmikroskopische Aufnahmen des Inneren von Harzer Käse (A): Eine dichte Besiedelung durch Hefen ist erkennbar (B).

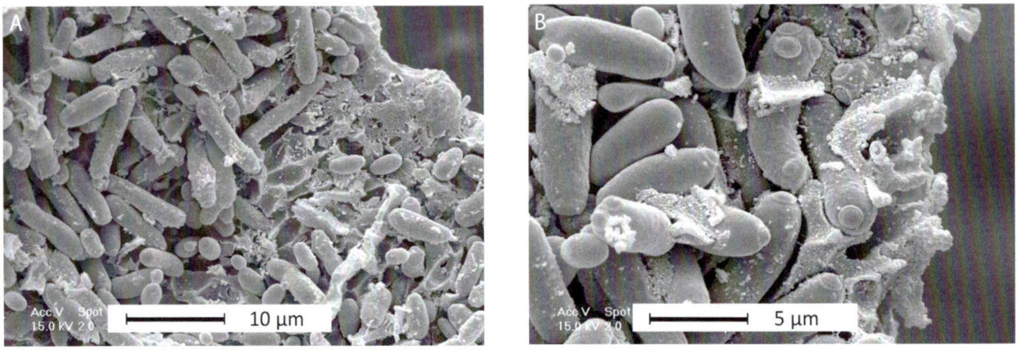

9.4.4.1 Milch- und Essigsäure

Die Bildung organischer Säuren, wie Milch- und Essigsäure, führt zu einer **Absenkung des pH-Wertes** des Lebensmittels. Unterhalb pH 4,5 wird das Wachstum der meisten pathogenen Mikroorganismen gehemmt. Allerdings ist die pH-Absenkung nicht das einzige Wirkprinzip organischer Säuren: In undissoziierter Form können sie durch biologische Membranen diffundieren und den pH-Wert des Zytoplasmas durch Dissoziation in der Zelle absenken. Durch diesen Mechanismus wird gleichzeitig der pH-Gradient über der Zytoplasmamembran ausgeglichen: Die Zelle muss Energie aufwenden, um den Gradienten wieder aufzubauen, was zum totalen Energiekollaps der Zelle führen kann. Organische Säuren mit relativ hohem pK_s-Wert, wie z. B. Essigsäure mit einem pK_s-Wert von 4,78 (pK_s ist der dekadische Logarithmus der Säurekonstante K_s: je kleiner der Wert von pK_s, desto stärker die Säure), sind in dieser Beziehung deutlich effektiver in Lebensmitteln mit pH-Werten zwischen 5 und 7 als Milchsäure mit ihrem pK_s-Wert von 3,68.

9.4.4.2 Bakteriozine

Bakteriozine sind antibakteriell wirksame Proteine oder Peptide. Sie werden von den klassischen Antibiotika abgegrenzt durch ihre ribosomale Synthese und ihr vergleichsweise enges Wirkungsspektrum. Sie können post-translational modifiziert werden. Die Bakteriozine der MSB sind vor allem gegen nahe verwandte grampositive Bakterien aktiv, die Produzentenzellen sind allerdings immun gegen das von ihnen gebildete Bakteriozin.

> **Basiswissen 9.38**
> **Klassen von Bakteriozinen der MSB**
> - **Klasse I:** kleine Proteine bzw. Peptide, die hitzestabil sind und als „lantibiotics" bezeichnet werden; sie enthalten Lanthionin, eine nicht-proteinogene Aminosäure, die mit dem Cystin verwandt ist und durch post-translationale Modifizierung entsteht
> - **Klasse II:** kleine Proteine bzw. Peptide, die hitzestabil sind, jedoch kein Lanthionin enthalten
> - **Klasse III:** große, hitzelabile Proteine, die überwiegend Murein-hydrolytische Aktivität zeigen

Bakteriozine der Klasse I und II sind in nanomolaren Mengen aktiv. Sie bewirken die Permeabilisierung der Zytoplasmamembran, die durch den Zusammenbruch der PMF (proton motive force) und den Austritt von Ionen und anderen essenziellen Molekülen aus der Zelle gekennzeichnet ist. Das bekannteste Bakteriozin ist das Nisin, welches bereits 1944 in Kulturen von *Lactococcus lactis* entdeckt wurde. In den vergangenen Jahren wurden von den Starterkulturenherstellern vor allem Schutzkulturen gegen *Listeria monocytogenes* auf den Markt gebracht, deren Wirkung auf der Bildung von Bakteriozinen beruht.

9.4.4.3 Benzoesäure

Benzoesäure ist ein bekanntes Konservierungsmittel, dessen ADI-Wert (accepted daily intake) 5 mg pro kg Körpergewicht beträgt. Einige MSB, wie z. B. *Lactobacillus casei*, sind in der Lage, die Hippursäure der Milch, die in Konzentrationen bis 50 mg/kg vorliegt, in Benzoesäure und Glycin zu spalten. In einigen gereiften Käsen konnten Konzentrationen bis 200 mg/kg nachgewiesen werden. In diesen Fällen wurde allerdings die zusätzliche Bildung von Benzoesäure aus Phenylalanin diskutiert.

9.4.4.4 Wasserstoffperoxid

In Gegenwart von Sauerstoff können einige heterofermentative MSB Wasserstoffperoxid in Konzentrationen bis zu 7 mM, entsprechend 200 mg/l, produzieren. Diese Konzentrationen liegen deutlich über denen, die bakteriostatisch z. B. auf Staphylokokken oder Pseudomonaden wirken. Der Einsatz peroxidbildender MSB ist allerdings begrenzt durch die negativen Effekte, die Peroxid z. B. auf die Lipidoxidation ausübt.

9.4.4.5 Reuterin

Reuterin ist der Trivialname für 3-Hydroxy-propionaldehyd, welches von einigen *Lactobacillus reuteri*-Stämmen in Konzentrationen bis 100 mM gebildet wird. Es hat ein breites Wirkungsspektrum gegen grampositive und gramnegative Bakterien, Hefen, Schimmelpilze und sogar einige

Protozoen. Bisher liegen jedoch keine ausreichenden Daten bezüglich seiner gesundheitlichen Unbedenklichkeit vor.

9.4.5 Probiotika

Nach der 1999 vom damaligen Bundesinstitut für gesundheitlichen Verbraucherschutz und Veterinärmedizin (BgVV) veröffentlichten Definition sind Probiotika „...definierte, lebende Mikroorganismen, die in ausreichender Menge in aktiver Form in den Darm gelangen und hierbei positive gesundheitliche Wirkungen erzielen". Probiotische Lebensmittel sind dementsprechend definiert als solche, „...die Probiotika in einer Menge enthalten, bei der die probiotischen Wirkungen nach dem Verzehr eines derartigen Lebensmittels erzielt werden". Bereits seit mehr als 100 Jahren werden Bakterien zur Vermeidung und Behandlung infektiöser Erkrankungen des Darmtrakts gezielt eingesetzt, fußend auf den Thesen E. Metschnikoffs von 1907, dass die im Joghurt enthaltenen MSB die „Fäulnis im Darm" unterdrücken. Der Begriff „Probiotikum" wurde erstmals 1974 durch R. B. Parker geprägt, allerdings für das Gebiet der Tierernährung und zwar im Zusammenhang mit der Möglichkeit, den Einsatz von Antibiotika zu reduzieren.

Abb. 9.53
Rasterelektronenmikroskopische Aufnahme von *Bifidobacterium animalis* subsp. *lactis* auf Filtermembran: Die typischen Merkmale – Verzweigungen, Y-Strukturen und Keulenform – sind deutlich zu erkennen.

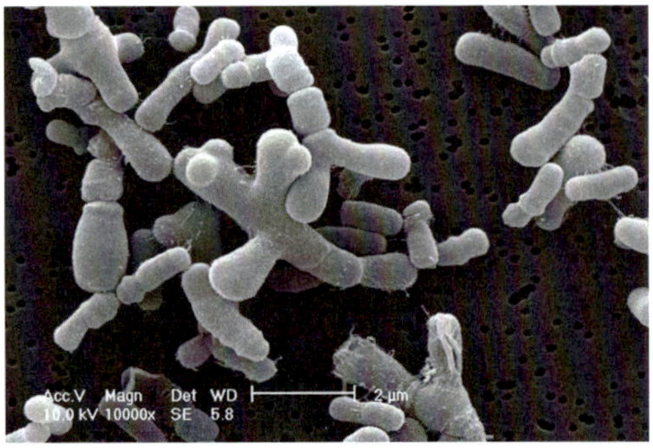

9.4.5.1 Laktobazillen und Bifidobakterien

Die heutzutage in Milchprodukten eingesetzten Probiotika rekrutieren sich insbesondere aus den Gattungen *Lactobacillus* und *Bifidobacterium*. Letztere bilden zwar ebenfalls Milchsäure (und Essigsäure), werden aber nicht zu den MSB im engeren Sinne gerechnet. Sie gehören aber, wie eine ganze Reihe von *Lactobacillus*-Spezies, zu den typischen Bewohnern des menschlichen Intestinaltrakts. Eine Auswahl der in kommerziellen Produkten eingesetzten Spezies ist: *Lactobacillus acidophilus, Lactobacillus casei, Lactobacillus fermentum, Lactobacillus gasseri, Lactobacillus johnsonii, Lactobacillus plantarum, Lactobacillus reuteri* und *Lactobacillus rhamnosus* sowie *Bifidobacterium (B.) animalis* (→ Abb. 9.53), *B. breve, B. infantis, B. longum*.

9.4.5.2 Health Claims

Bis 2007 galt in Deutschland und vielen anderen Staaten das Prinzip des **Verbots gesundheitsbezogener Werbung**, also von Werbung, die mit der Vorbeugung vor oder der Heilung und Behandlung von Krankheiten wirbt. Mit der am 1.7.2007 in Kraft getretenen Verordnung (EG) Nr. 1924/2006 des Europäischen Parlaments und des Rates vom 20. Dezember 2006 über nährwert- und gesundheitsbezogene Angaben über Lebensmittel besteht erstmals die Möglichkeit, mit gesundheitsbezogenen Aussagen (Health Claims) zu werben. Dabei ist zu beachten, dass

- krankheitsbezogene Aussagen nach dem LFGB weiterhin verboten sind und
- bei gesundheitsbezogenen Aussagen ein präventives Verbot mit Erlaubnisvorbehalt besteht.

Mögliche Aussagen werden auf Antrag von der EFSA (European Food Safety Authority) geprüft und – falls genehmigt – in die Liste der zugelassenen Aussagen (Anhang zu Verordnung (EU) Nr. 432/2012 der Kommission vom 16. Mai 2012) aufgenommen. Die aktuelle Liste enthält keinen zugelassenen Health Claim für Probiotika.

9.4.5.3 Das QPS-Konzept der EU (Qualified Presumption of Safety)

Die in Lebensmittelfermentationen zum Einsatz kommenden Mikroorganismen besitzen eine lange Tradition sicherer Anwendung in Lebensmitteln. Eine Zulassung ist nicht erforderlich. Es muss lediglich entsprechend dem LFGB sichergestellt sein, dass sie keine Gefahr für die Gesundheit der Verbraucher darstellen. Mit dem zunehmenden Einsatz probiotischer Mikroorganismen, für die keine Tradition einer sicheren Anwendung besteht, hat die EFSA die Notwendigkeit gesehen, ein Werkzeug zu entwickeln, mit dem die Festlegung von Prioritäten hinsichtlich einer Risikobewertung der in Lebens- und Futtermitteln eingesetzten oder einzusetzenden Mikroorganismen ermöglicht wird. Das entwickelte Werkzeug **QPS (Qualified Presumption of Safety)** stellt einen generischen Ansatz für eine von der EFSA durchzuführende Sicherheitsbewertung biologischer Agenzien (z. B. Bakterien, Hefen, Pilze oder Viren) dar, der sich an der sicheren Anwendung traditioneller Kulturen orientiert und der auf den vier Säulen **Taxonomie**, **Vertrautheit**, **Pathogenität** und **Nutzung** beruht (EFSA 2005). Der in Abbildung 9.54 dargestellte Entscheidungsbaum zeigt den Weg auf, wie es zur Anerkennung oder Ablehnung des QPS-Status biologischer Agenzien kommt, wenn diese zur Verwendung in regulierten Produkten vorgeschlagen werden, für die eine Marktzulassung vorgeschrieben ist. Dabei ist zu berücksichtigen, dass der **QPS-Status** immer nur für eine **bestimmte Anwendung des Mikroorganismus** gilt und nicht für den Mikroorganismus im Allgemeinen. Für die Anwendung mikrobieller Kulturen in Lebensmitteln ist der QPS-Status keine notwendige Voraussetzung. Dieses wird klar, wenn man an die im Milchbereich häufig eingesetzten undefinierten Vielstamm-Kulturen denkt. Da für diese keine taxonomische Einheit definiert werden kann, ist QPS auf sie auch nicht anwendbar. Grundsätzlich gilt aber: Wenn eine Sicherheitsbewertung nach QPS nicht möglich ist, muss eine umfassende **experimentelle Sicherheitsbewertung** durchgeführt werden. Für regulierte Produkte führt diese die EFSA durch. Bei nicht regulierten Produkten obliegt der Nachweis, dass das Produkt keine Gefahr

Abb. 9.54
Entscheidungsbaum für die Zuerkennung oder Ablehnung des QPS-Status

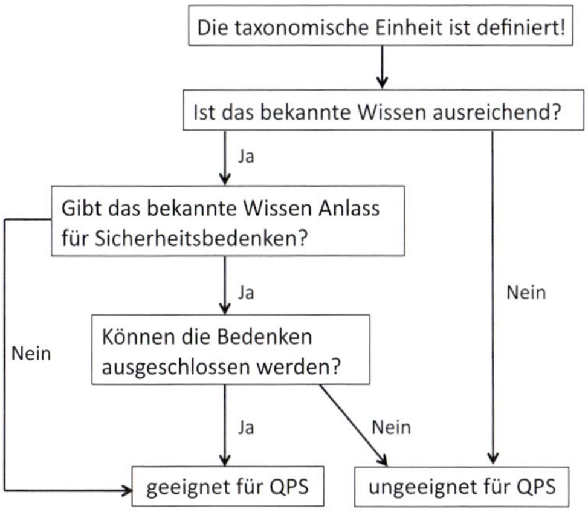

für den Verbraucher darstellt, dem, der das Produkt in Verkehr bringt.

9.4.6 Nachweisverfahren für Milchsäurebakterien

Da es sich bei MSB in Milchprodukten meist um erwünschte Mikroorganismen handelt, werden Nachweisverfahren häufig eher aus wissenschaftlichem Interesse durchgeführt als im Interesse des Verbraucherschutzes. Letzteres ist nahezu ausschließlich dann gegeben, wenn es um die Überprüfung der **korrekten Kennzeichnung** bzw. der **Mindestkeimzahlen am MHD** geht. Die Überprüfung der korrekten Inaktivierung zur Herstellung haltbarer oder steriler Produkte spielt bei fermentierten Produkten nur eine untergeordnete Rolle, dies ist auch beim Nachweis von MSB als Saprophyten der Fall. In Bezug auf Letzteres sind unerwünschte Gasbildung und Off-Flavour-Bildung durch heterofermentative sowie stark proteo- oder lipolytische MSB in bestimmten Produkten vorstellbar.

Die korrekte Kennzeichnung betrifft zum einen insbesondere Joghurt oder Joghurterzeugnisse, da die Starterkultur für Joghurt – *Streptococcus thermophilus* und *Lactobacillus delbrueckii* subsp. *bulgaricus* – exakt definiert ist. Zum anderen und in zunehmendem Maße sind probiotische Produkte betroffen, da der Mehrwert dieser auf den vermuteten gesundheitlichen Wirkungen der spezifischen Mikroorganismen beruht.

Für die Nachweise der verschiedenen MSB existieren **standardisierte Methoden**, die von ISO bzw. IDF publiziert werden. Üblicherweise erfolgt der Nachweis durch Gusskultur unter Verwendung von MRS-Agar (pH 5,7) und aerobe Inkubation für 72 h bei 30 °C (mesophile) oder 72 h bei 37 °C (thermophile). Durch Verwendung von YL-Agar (Yoghurt-Lactic-Agar nach Matalone und Sandine 1986) (Gussverfahren, 37 °C, 48 h Inkubation, aerob) können Laktobazillen und Streptokokken aus Joghurt auf einer Platte direkt differenziert werden. Die Bestätigung erfolgt durch Überprüfung der Morphologie (Stäbchen und/oder Kokken) und negative Katalasereaktion.

Für eine Spezies-Bestimmung werden aufgrund der Vielzahl verschiedener Spezies üblicherweise **molekularbiologische Verfahren** angewandt. Gängige Verfahren sind: Hybridisierung mit Spezies-spezifischen DNA-Sonden, qPCR mit Spezies-spezifischen Primern, ARDRA (amplified ribosomal rDNA restriction analysis), 16S rDNA-Sequenzierung etc. Bei probiotischen Bakterien ist eine Bestimmung der Spezies nicht ausreichend, da probiotische Eigenschaften stammspezifisch sind und nicht eine Eigenschaft einer gesamten Spezies. Der **„Gold-Standard“** des Stamm-spezifischen Nachweises ist die PFGE (Pulsfeld-Gelelektrophorese).

9.4.7 Bakteriophagen

Bakteriophagen (oder kurz Phagen) sind Viren, die sich in Bakterien vermehren. Die Bezeichnung geht auf die Beobachtung zurück, dass sich in einem trüben Bakterienrasen auf einer Agar-Platte im Laufe der Bebrütung klare Löcher (Plaques) bilden, so als wären an diesen Stellen die Bakterien „aufgefressen“ worden. Lebensmittelfermentationen, insbesondere wenn es sich um flüssige Substrate wie bei Milch handelt, sind einem hohen Risiko der Phageninfektion ausgesetzt, da die eingesetzten Substrate normalerweise bestenfalls pasteurisiert (also keimverarmt), aber nicht steril sind. Phageninfektionen können zur Verlangsamung oder gar zum Stillstand der Säuerung und zu Aromadefekten führen. Auf jeden Fall führen sie zu finanziellen Verlusten. Man rechnet, dass etwa 10 % aller Milchfermentationen mehr oder weniger stark von Phageninfektionen betroffen sind.

9.4.7.1 Infektionstypen

Für die Phagen der MSB kennt man zwei unterschiedliche Infektionstypen: Die **virulenten** (oder lytischen) **Phagen** infizieren Bakterienzellen durch Injektion ihrer DNA, vermehren sich in die-

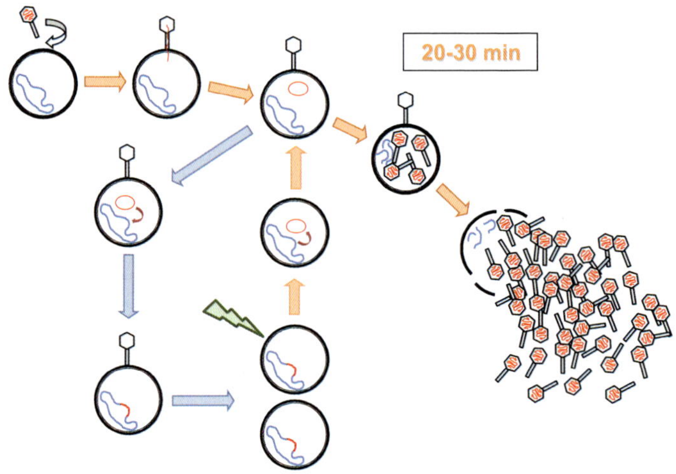

Abb. 9.55 Infektionstypen von Phagen der Milchsäurebakterien: orange: lytische Vermehrung; blau: lysogene Entwicklung

sen und können bis mehrere Hundert Nachkommenphagen durch Lyse der Zellwand freisetzen. Die **temperenten Phagen** können sich einerseits wie virulente Phagen verhalten, andererseits können sie aber auch ihre DNA in die DNA der Wirtszelle integrieren, um als sogenannter **Prophage** genetischer Bestandteil der Wirtszelle zu werden. Durch Umwelteinflüsse, die zur Schädigung der Wirts-DNA führen (z. B. UV-Strahlung), kann es zur Induktion des Prophagen kommen: Die Phagen-DNA wird aus der Wirts-DNA ausgeschnitten und setzt die virulente Vermehrung in Gang (→ Abb. 9.55).

Während virulente Phagen entweder mit der Rohmilch oder über Rekontaminationswege innerhalb der Molkerei oder Käserei in die Betriebskultur gelangen, können temperente Phagen zusätzlich aus der verwendeten Starterkultur freigesetzt werden. In den vergangenen Jahren sind die Hersteller von Starterkulturen immer mehr dazu übergegangen, Prophagen-freie Kulturen zur Verfügung zu stellen.

9.4.7.2 Säuerungs- und Aromadefekte

Säuerungsstörungen sind mittels pH-Messung und Vergleich mit vorherigen, ungestört verlaufenen Säuerungen einfach zu detektieren:

- Es findet gar keine Säuerung statt.
- Die Säuerung verläuft insgesamt langsamer als üblich.
- Die Säuerung verläuft anfangs normal und bricht erst später bei niedrigerem pH-Wert ab.

In den ersten beiden Fällen besteht häufig die Möglichkeit, durch Zugabe einer Kultur, die resistent gegen den die Probleme hervorrufenden Phagen ist, eine ausreichende Säuerung wieder herzustellen. Voraussetzung ist, dass über ein regelmäßiges Phagen-Monitoring im betreffenden Betrieb die für die Störung verantwortlichen Phagen bekannt sind. Im dritten Fall können schwerwiegende Probleme entstehen, da bei niedrigerem, aber noch nicht ausreichend tiefem pH-Wert die Milch bereits dickgelegt sein kann und somit die Zugabe einer anderen Kultur nicht mehr möglich ist. Die betroffene Charge ist dann zumindest für die Herstellung des beabsichtigten Produkts verloren.

Aromadefekte sind ungleich schwieriger zu detektieren, da sie sich erst nach der Reifung bemerkbar machen und es keine – ähnlich der pH-Wert-Messung – einfache Methode für die Detektion gibt. Daher gab es vor 2011 praktisch keine Kenntnisse über Phagen, die die Aromakomponente von Starterkulturen infizieren. Inzwischen ist bekannt, dass überall da, wo Starterkulturen mit *Leuconostoc* eingesetzt werden, auch Phagen gegen *Leuconostoc* gefunden werden und es liegen erste Untersuchungen vor, die die Bedeutung der Phagen für Aromadefekte wahrscheinlich machen.

9.4.7.3 Hitzeresistenz

Milchbestandteile, die in einem Verarbeitungsprozess isoliert werden, werden in zunehmendem Maße in andere Prozesse wieder eingeschleust. Wenn dieses zwischen verschiedenen Fermentationsprozessen passiert, können Phagen mit den Milchbestandteilen übertragen werden. Untersuchungen in den vergangenen Jahren haben gezeigt, dass für die **thermische Inaktivierung** über einige Zehnerpotenzen bei bestimmten Phagen sehr hohe Temperaturen (> 100 °C) eingesetzt werden müssen. Als besonders resistent haben sich einige Phagen aus der am häufigsten in Molkereien vorkommenden 936-Spezies erwiesen, die *Lactococcus lactis* als Wirt benutzen. Die hohe Hitzeresistenz dieser Phagen macht die Entwicklung neuer, nicht-thermischer Verfahren notwendig, um sie sicher aus möglichen Kreisläufen in der Molkerei zu entfernen.

9.4.7.4 Bakteriophagenresistente Kulturen

Einzelstamm-Kulturen reagieren besonders empfindlich auf Phageninfektionen, da alle Zellen der Kultur sensitiv sind. In Vielstamm-Kulturen ist immer nur eine begrenzte Anzahl von Stämmen sensitiv, während die anderen Stämme resistent sind. Das führt dazu, dass Phageninfektionen in manchen Fällen ohne jede Beeinträchtigung der Säuerung ablaufen können. Da sich aber durch solche Phageninfektionen das Spektrum der aktiven Stämme verschieben kann, kann die **Produktqualität variieren**. Um sowohl für Einzelstamm- als auch für Vielstamm-Kulturen phagenresistente Alternativen bereitzuhalten, sind die Hersteller der Starterkulturen gezwungen, über ständiges Phagen-Monitoring ständig neue Einzelstamm-Kulturen oder neue Zusammensetzungen von Vielstamm-Kulturen auf den Markt zu bringen, die einerseits die gewünschten **Fermentationskriterien** erfüllen und andererseits **unterschiedliche Phagenresistenzen** aufweisen. Hier kommt z. T. die Natur zu Hilfe, da z. B. in Laktokokken eine Vielzahl von Plasmiden vorliegt, die unterschiedliche Phagenresistenzgene tragen: Restriktions-/Modifikationssysteme, Abortive Infektionssysteme, Adsorptionshemmung u. a. m. Da aber die entsprechenden Stämme nur selten die benötigten Fermentationseigenschaften aufweisen, müssen durch gezielte Infektion mit definierten Phagen **resistente Mutanten** isoliert und anschließend auf die Beibehaltung ihrer Fermentationseigenschaften getestet werden. Ziel dieser Bemühungen ist es, einen Satz von fünf oder sechs Kulturen mit gleichen Eigenschaften bereitzuhalten, die sich lediglich in ihrer Phagenresistenz unterscheiden. Diese Kulturen können dann gewechselt werden, sobald sich eine Kultur als gestört erweist. Da die hierfür verantwortlichen Phagen die neue Kultur nicht infizieren können, verschwinden sie mit der Zeit. Sobald durch neue Phagen erneut Probleme auftauchen, kann wieder gewechselt werden. Die Hoffnung ist, dass zu dem Zeitpunkt, an dem wieder die erste Kultur eingesetzt wird, keine Phagen gegen diese Kultur mehr in der Molkerei vorhanden sind.

9.4.8 Rechtsvorschriften

- Verordnung (EU) Nr. 432/2012 der Kommission vom 16. Mai 2012 zur Festlegung einer Liste zulässiger anderer gesundheitsbezogener Angaben über Lebensmittel als Angaben über die Reduzierung eines Krankheitsrisikos sowie die Entwicklung und die Gesundheit von Kindern
- Verordnung (EG) Nr. 1924/2006 des Europäischen Parlaments und des Rates vom 20. Dezember 2006 über nährwert- und gesundheitsbezogene Angaben von Lebensmitteln.

9.4.9 Literatur

Atamer, Z., Ali, Y., Neve, H., Heller, K. J., Hinrichs, J. (2011): Thermal resistance of bacteriophages attacking flavour-producing dairy *Leuconostoc* starter cultures. International Dairy Journal 21, 327–334.

Bischoff, S. C. (Hg.) (2009): Probiotika, Präbiotika und Synbiotika. Stuttgart: Georg Thieme.

Bockelmann, W., Willems, K. P., Neve, H., Heller, K. J. (2005): Cultures for the ripening of smear cheeses. International Dairy Journal 15, 719–732.

Bockelmann, W., Willems, P., Rademaker, J., Noordman, W., Heller, K. J. (2003): Kulturen für die Oberflächenreifung geschmierter Weichkäse. Kieler Milchwirtschaftliche Forschungsberichte 55, 277–299.

EFSA European Food Safety Authority (Hg.) (2005): Opinion of the Scientific Committee on a request from EFSA related to a generic approach to the safety assessment by EFSA of microorganisms used in food/feed and the production of food/feed additives. The EFSA Journal 226,1–12.

Heller, K. J., Bockelmann, W., Brockmann, E. (2013): Identification of probiotics at strain level – Guidance document. Bulletin International Dairy Federation 462, 5–13.

Heller, K. J., Fieseler, L., Loessner, M. J. (2010): Bakteriophagen – Grundlagen, Rolle in Lebensmitteln und Anwendungen zum Nachweis sowie der Kontrolle von Krankheitserregern. Hamburg: B. Behr's Verlag.

Robinson, R. K. (2002): Dairy Microbiology Handbook. 3rd Edition, New York: John Wiley & Sons, Inc.

Salminen, S., von Wright, A. (Hg.) (2011): Lactic Acid Bacteria: Microbial and functional aspects, 4th Edition, Boca Raton: CRC Press, Taylor & Francis Group.

Weber, H. (2006): Starterkulturen in der Milch verarbeitenden Industrie. In: Weber, H. (Hg.): Mikrobiologie der Lebensmittel – Milch und Milchprodukte. 2. Aufl., Hamburg: B. Behr's Verlag, 127–177.

10 Hemmstoffe – Rückstände antimikrobiell wirksamer Substanzen

Madeleine Groß und Ewald Usleber

10.1 Allgemeines

Antimikrobiell wirksame Substanzen stellen für die Gewinnung und Verarbeitung von Milch die wichtigste Gruppe von Rückständen dar (→ Kap. 6.3.3). Die gesundheitlichen Risiken für den Verbraucher durch Antibiotikarückstände in Milch, aber auch das Risiko von finanziellen Verlusten durch Produktionsstörungen bei der Herstellung fermentierter Milcherzeugnisse resultierten in der Etablierung einer intensiven und insgesamt sehr effizienten **Kontroll- und Vermeidungsstrategie**. Die jährlich millionenfach durchgeführten Hemmstoffkontrollen in Anlieferungsmilch (Erzeugerbetriebsebene) sowie die finanziellen Konsequenzen positiver Befunde führen dazu, dass nur ein sehr geringer Anteil der an die Molkereien gelieferten Milch Rückstände enthält. Durch den Einsatz von **Schnelltestsystemen** (→ Kap. 10.4.2) auf Sammelwagenebene wird das Risiko des Eintrags von Rückständen weiter reduziert. Aufgrund dieser Kontrollmaßnahmen ist daher trotz des häufigen Einsatzes antimikrobiell wirksamer Substanzen bei laktierenden Tieren das von Rückständen dieser Stoffe ausgehende Risiko für den Verbraucher und für die Milchindustrie relativ gering (→ Abb. 10.1).

Der Begriff „Hemmstoff" ist eine Sammelbezeichnung für alle Wirkstoffe, die dazu geeignet sind, den Stoffwechsel oder die Vermehrung von Mikroorganismen zu beeinträchtigen. Von besonderer Bedeutung sind Hemmstoffe daher in der **Milchverarbeitung**. Hemmstoffe wurden in der Vergangenheit als primär technologisches Problem gesehen, heute stehen die Aspekte des Verbraucherschutzes im Vordergrund (→ Kap. 6.3).

Die technologische und wirtschaftliche Bedeutung von Hemmstoffen in Milch liegt darin begründet, dass der weitaus größte Teil der in Deutschland produzierten Milch einer Verarbeitung unter **Verwendung bakterieller Kulturen** unterzogen wird (z. B. Milchsäurebildner bei Joghurt, Aromakulturen bei Sauerrahmbutter, Reifungskulturen bei Käse, → Kap. 8 und 9.4). Das ist in diesem Ausmaß bei keinem anderen Lebensmittelrohstoff der Fall. Beispielsweise wird fast die Hälfte der Anlieferungsmilch zu Käse verarbeitet, weitere 20–30 % zu Milchfrischerzeugnissen oder Butter. In allen diesen Erzeugnissen werden bakterielle Kulturen zur Herstellung eingesetzt, deren Aktivität prinzipiell durch Hemmstoffe beeinträchtigt werden kann. Die Anwesenheit von Hemmstoffen **gefährdet** also in erheblichem Maße die **Herstellung von Milcherzeugnissen**. Aus der Sicht des Verbraucherschutzes stehen dagegen die möglichen **gesundheitlichen Schadwirkungen** durch Rückstände antimikrobiell wirksamer Tierarzneimittel in Milch und Milcherzeugnissen im Vordergrund.

10.2 Herkunft von Hemmstoffen

Milch verschiedener Spezies enthält eine Reihe von Inhaltsstoffen mit antimikrobieller Wirkung. Diese **originären Hemmstoffe** spielen in Anlieferungsmilch nur in Ausnahmefällen eine Rolle, wenn bei einem hohen Anteil der Tiere gleichzeitig erhebliche Abweichungen von der normalen Zusammensetzung vorliegen. Da die an die Molkerei gelieferte Anlieferungsmilch sich aus den Einzelgemelken vieler Tiere zusammensetzt, kann selbst eine drastische Abweichung der Zusammensetzung der Milch eines einzelnen Tieres durch Verdünnungseffekte aufgehoben werden.

Ein Beispiel für eine stark vom normalen Milchcharakter abweichende Sekretbeschaffenheit ist **Kolostralmilch** (→ Kap. 2.7), die aufgrund des

Basiswissen 10.1
Hemmstoffe in Milch

Herkunftsmöglichkeiten von Hemmstoffen in der Milch:

- originäre (milcheigene) Inhaltsstoffe
- Futtermittelinhaltsstoffe
- Desinfektionsmittel
- antimikrobiell wirksame Tierarzneimittel

hohen Immunglobulingehaltes und anderer stark erhöhter Inhaltsstoffe im Hemmstofftest positive Ergebnisse verursachen kann. Weitere originäre Inhaltsstoffe mit Hemmstoffwirkung sind bestimmte **Milchproteine**, z. B. Lysozym (→ Kap. 3.2.5) und Laktoferrin (→ Kap. 3.2.2). In Milch gesunder Kühe sind die Konzentrationen allerdings gering. Milch anderer Spezies kann dagegen im Vergleich zu Kuhmilch deutlich erhöhte Gehalte natürlich inhibitorisch wirksamer Substanzen aufweisen, wodurch die Anwendbarkeit von mikrobiologischen Hemmstofftests zum Rückstandsnachweis beeinträchtigt werden kann. Beispielsweise weist Stutenmilch natürlicherweise einen sehr hohen Gehalt an Lysozym auf, sodass die im Rahmen der Milch-Güteverordnung eingesetzten Hemmstofftests hier nicht ohne Weiteres eingesetzt werden können. Da es sich bei den meisten originären Hemmstoffen um thermolabile Enzyme oder andere Proteine handelt, können diese durch Erhitzen inaktiviert werden.

Manche **Pflanzen** enthalten ebenfalls antimikrobiell wirksame Inhaltsstoffe (z. B. Senfölglykoside). Gehen diese aus dem Futtermittel in die Milch über (carry-over), können sie in Routinetests Hemmstoffwirkung entfalten. Unter normalen Umständen spielen solche Inhaltsstoffe bei der in Mitteleuropa üblichen Fütterung keine Rolle. Denkbar wären erhöhte Gehalte an pflanzlichen Hemmstoffen in Milch bei Weidehaltung auf stark mit solchen Pflanzen bewachsenen Flächen.

Desinfektionsmittelrückstände, z. B. aus nach Reinigung und Desinfektion nicht ausreichend gespülten Melkanlagen, können ebenfalls Hemmstoffwirkung entfalten. Dies war vor Jahrzehnten bei der Einführung von Melkmaschinen aufgrund von Bedienungsfehlern durchaus eine relevante Hemmstoffursache, spielt aber heute nur noch in Ausnahmefällen eine Rolle. Um das Risiko eines Eintrags von Desinfektionsmittelrückständen in die Milch beim sogenannten „Zitzendipping" zu vermeiden, dürfen nur zugelassene Mittel entsprechend der Anwendungsvorschrift eingesetzt werden. Im Rahmen von Monitoring-Programmen wird Milch regelmäßig auf Rückstände von Reinigungs- und Desinfektionsmitteln untersucht.

De facto stellen heute Rückstände antimikrobiell wirksamer **Tierarzneimittel** die bei Weitem wichtigste Ursache für Hemmstoffe in der Milch dar. Aufgrund ihrer vielfältigen medizinischen Indikationen, ihrer Einsatzhäufigkeit sowie ihrer Wirkstoffvielfalt sind hier vor allem die **Antibiotika** zu nennen. Stoffe aus der Gruppe der bakteriostatisch wirkenden Sulfonamide spielen aufgrund des vergleichsweise seltenen Einsatzes bei Milchkühen eine geringere Rolle als Hemmstoffursache.

10.3 Rückstände antimikrobiell wirksamer Stoffe

10.3.1 Wirkstoffe und Anwendung

Die häufigsten und wichtigsten Erkrankungen von Milchkühen (Mastitis, Klauenerkrankungen) sind meist mit bakteriellen Infektionen verbunden. Daher ist auch der Einsatz von Antibiotika weltweit stark verbreitet, beispielsweise zur Therapie einer – klinischen oder subklinischen – **bakteriellen Mastitis**. Der Einsatz kann dabei sowohl während der Laktationsperiode erfolgen als auch im Rahmen des sogenannten **„Trockenstellens unter Antibiotikaschutz"** zwischen zwei Laktationsperioden (→ Kap. 4).

Die bei laktierenden Kühen jährlich eingesetzten Mengen an Antibiotika sind durchaus beachtlich. Seit 2011 werden in Deutschland über das Tierarzneimittelabgabemengenregister Angaben zu den von Industrie und Großhändlern an Tierärzte abgegebenen antimikrobiell wirksamen Stoffen erhoben und vom Bundesamt für Verbraucherschutz und Lebensmittelsicherheit (BVL) ausgewertet. Für 2014 gibt das BVL allein für die intramammäre Anwendungsart eine Gesamtmenge

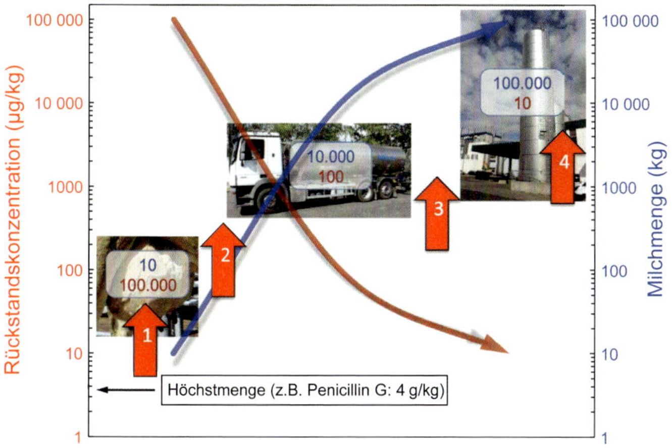

Abb. 10.1
Relevanz der Verschleppung von Antibiotikarückständen vom Einzeltier über den Milchsammelwagen bis zum Stapeltank in der Molkerei: 10 Liter Milch einer Kuh, die intramammär mit Antibiotika behandelt wurde, können z. B. 1 g (= 1 000 000 µg bzw. 100 000 µg pro Liter) an Penicillin G enthalten. In einem Sammelwagen mit einem 10 000 Liter-Tank ergibt das einen Antibiotikagehalt von 100 µg/Liter. Selbst in einem Stapeltank der Molkerei mit einem Fassungsvermögen von 100 000 Litern liegt die Antibiotikakonzentration mit 10 µg/Liter noch über der gesetzlichen Höchstmenge von 4 µg/Liter (Tab. 10.1).

Die roten Pfeile markieren die möglichen Kontrollpunkte: **1** – Untersuchung der Milch einer behandelten Kuh; **2** – Untersuchung der Anlieferungsmilch (Milch eines Betriebes) im Rahmen der Milch-Güteverordnung oder für Monitoring-Programme; **3** – Untersuchung der Sammelmilch auf Tankwagenebene mit Schnelltests oder Probenahme für Monitoring-Programme; **4** – Untersuchung auf Molkerei- bzw. Konsummilchebene.

von 9,3 Tonnen an. Rund die Hälfte der Gesamtmenge entfiel auf die sogenannten „Trockensteller“, deren Gesamtzahl an Einzeldosen das BVL auf 9,3 Millionen schätzte. Bei einer Anzahl von ca. 4,3 Millionen Milchkühen (→ Tab. 1.1) ergibt sich daraus, dass ein hoher Prozentsatz der Kühe unter Einsatz von Antibiotika trockengestellt wird. Zusätzlich werden auch parenterale Antibiotikabehandlungen bei Mastitis und anderen Erkrankungen innerhalb einer Laktationsperiode durchgeführt. Die je Behandlung verabreichte Wirkstoffmenge liegt für Penicillin G üblicherweise bei einigen Gramm, neuere cephalosporinhaltige Präparate werden teilweise niedriger dosiert.
Die Dimension der mit einem derartigen Einsatz verbundenen Risiken verdeutlicht die mögliche **Verschleppung von Antibiotikarückständen** über die Lieferkette Milch (→ Abb. 10.1, → Abb. 5.1). So kann die Milch einer Kuh, die intramammär mit Antibiotika behandelt wurde, im Extremfall die gesamte Tagesproduktion einer Molkerei mit Antibiotikarückständen über der Höchstmenge kontaminieren. Damit wird deutlich, dass bei der Anwendung von Antibiotika bei Milch liefernden Tieren äußerste Sorgfalt erforderlich ist, um einen Eintrag dieser Stoffe in die Nahrungsmittelkette zu vermeiden.

Bei Milchkühen stellen Substanzen aus der Gruppe der **Betalaktam-Antibiotika** seit Jahrzehnten die wichtigsten antimikrobiell wirksamen Stoffe dar. Dies liegt vor allem am relativ günstigen Preis vieler Präparate, vor allem der klassischen Penicilline. Außerdem sind sie gegen die wichtigsten Erreger bakteriell bedingter Euterentzündungen meistens gut wirksam.
Neben den klassischen Penicillinen hat in den letzten Jahren der Einsatz neuerer Betalaktam-Antibiotika aus der Gruppe der Cephalosporine (z. B. Ceftiofur, Cefquinom) erheblich an Bedeu-

Basiswissen 10.2
Die wichtigsten Antibiotika-Wirkstoffe

- Penicillin G zur Therapie von klinischen und subklinischen Mastitiden in der Laktationsperiode
- Cloxacillin als häufigster Wirkstoff in Trockenstellern
- Penicilline zur Mastitistherapie werden häufig als Kombinationspräparate, in denen Aminoglykosid-Antibiotika (Dihydrostreptomycin, Kanamycin, Neomycin) oder andere komplementär wirksame Antibiotika enthalten sind, eingesetzt

Tab. 10.1
Zur Anwendung bei laktierenden Tieren zugelassene Betalaktam-Antibiotika und andere antimikrobiell wirksame Stoffe (Zahlen in Klammern: Rückstandshöchstmenge Milch, MRL in µg/kg nach Verordnung (EU) Nr. 37/2010)

Betalaktam-Antibiotika	
Penicilline:	**Cephalosporine:**
Benzylpenicillin, Penicillin G (4)	Cefacetril (125)
Amoxicillin (4)	Cefalexin (100)
Ampicillin (4)	Cefalonium (20)
Oxacillin (30)	Cefapirin (60)
Cloxacillin (30)	Cefazolin (50)
Dicloxacillin (30)	Cefoperazon (50)
Nafcillin (30)	Cefquinom (20)
	Ceftiofur (100)
Andere Wirkstoffe/Wirkstoffgruppen	
Tetracycline:	**Chinolone:**
Chlortetracyclin (100)	Danofloxacin (30)
Oxytetracyclin (100)	Enrofloxacin (100)
Tetracyclin (100)	Marbofloxacin (75)
	Flumequin (50)
Aminoglykoside:	**Lincosamide:**
Gentamicin (100)	Lincomycin (150)
Kanamycin (150)	Pirlimycin (100)
Neomycin/Framycetin (1500)	
Spektinomycin (200)	**andere:**
Streptomycin/Dihydrostreptomycin (200)	Colistin (50)
	Monensin (2)
Makrolide:	Novobiocin (50)
Erythromycin (40)	Rifaximin (60)
Spiramycin (200)	Thiamphenicol (50)
Tilmicosin (50)	Sulfonamide (100)
Tylosin (50)	Trimethoprim (50)
	Bacitracin (100)

Abb. 10.2
Strukturformeln einiger wichtiger Betalaktam-Antibiotika

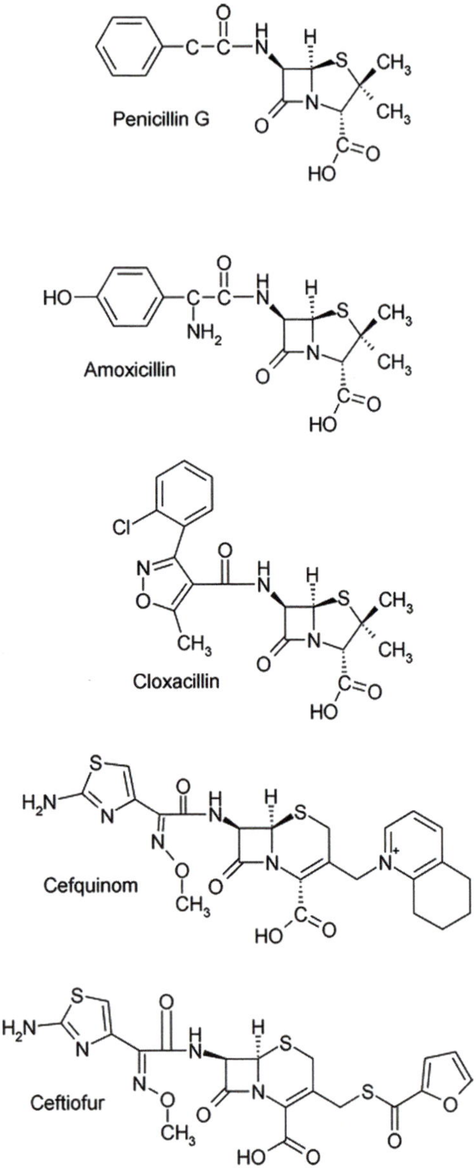

tung gewonnen. Gründe hierfür sind zum einen die gute Wirksamkeit gegen ein breites Spektrum bakterieller Erreger, zum anderen die im Vergleich zu Penicillin sehr kurzen Wartezeiten für die Milchabgabe.

Nach allen vorliegenden Untersuchungen sind im Hinblick auf die Rückstandsproblematik andere Wirkstoffgruppen im Vergleich zu den Betalaktam-Antibiotika bei laktierenden Kühen von geringerer Bedeutung. Erwähnenswert sind die Tetracycline und die Sulfonamide, die z. B. intrauterin bei postpartalen Infektionen eingesetzt werden sowie die bei bestimmten Infektionen des Euters und des Intestinaltrakts eingesetzten Chinolone (Gyrase-Hemmer).

10.3.2 Rechtliche Regelungen

Der Einsatz von Tierarzneimitteln bei zur Milchgewinnung gehaltenen Tieren ist – wie auch bei anderen Lebensmitteln tierischen Ursprungs – über die gesamte Produktionskette einer Vielzahl von Rechtsvorschriften unterworfen, die teilweise eng miteinander verzahnt sind. Rückstände antimikrobiell wirksamer Substanzen können praktisch nur während der landwirtschaftlichen Urproduktion in die Milch gelangen, daher betrifft die Mehrzahl der Vorschriften den Milcherzeuger sowie den für die medizinische Betreuung der Kühe zuständigen Tierarzt.

Der behandelnde **Tierarzt** hat bei der **Abgabe von Antibiotika** an den Tierhalter die Vorschriften der Verordnung über tierärztliche Hausapotheken (TÄHAV) zu beachten, insbesondere was den angemessenen Untersuchungsumfang und die Kontrolle der Anwendung und des Behandlungserfolgs betrifft. Der Tierarzt hat ferner die Pflicht, den Tierhalter auf die Einhaltung der Wartezeit des Arzneimittels hinzuweisen. Schließlich unterliegt der Tierarzt nach § 13 TÄHAV umfangreichen Nachweis- und Dokumentationspflichten bezüglich Verwendung und Verbleib der von ihm eingesetzten bzw. an den Tierhalter abgegebenen Arzneimittel. Die vom Tierarzt an den Tierhalter für krankheitsvorbeugende Maßnahmen (z. B. Trockenstellen unter Antibiotikaschutz) abgegebene Arzneimittelmenge darf in ihrem Umfang den – aufgrund der Indikation festgestellten – Bedarf nicht überschreiten.

Zu den Pflichten des **Tierhalters** als Lebensmittelunternehmer (Verordnung (EG) Nr. 178/2002) gehört es nach den Hygienevorschriften für Milcherzeugerbetriebe gemäß Verordnung (EG) Nr. 853/2004, dass nach Verabreichung zugelassener Erzeugnisse oder Stoffe die vorgeschriebene Wartezeit vor erneuter Abgabe der Milch dieses Tieres eingehalten wird.

Darüber hinaus müssen Tiere, die infolge einer tierärztlichen Behandlung Rückstände in die Milch übertragen können, gekennzeichnet werden. Milch, die vor Ablauf der vorgeschriebenen Wartezeit gewonnen wurde, darf nicht für den menschlichen Verzehr verwendet werden.

In diesem Zusammenhang stellt sich auch die Frage nach der Verwendung bzw. der **Entsorgung der** teilweise stark **mit Antibiotikarückständen kontaminierten Milch**, die innerhalb der Wartezeit ermolken wird. Insbesondere in den ersten Gemelken nach intramammärer Applikation von Antibiotika, einschließlich der Kolostralmilch nach Trockenstellen unter Antibiotikaschutz, sind Rückstandsgehalte in pharmakologisch wirksamer Konzentration zu erwarten, die weit über den für diese Rückstände festgesetzten Höchstmengen liegen. Beispielsweise kann das erste Gemelk nach intramammärer Gabe von 2 g Penicillin in ein Euterviertel Rückstandskonzentrationen in der Milch in einer Größenordnung von 100 mg/Liter enthalten.

Andererseits gelten die Bestimmungen der Verordnung (EG) Nr. 1069/2009 nicht für Rohmilch, Kolostrum und daraus gewonnene Erzeugnisse, die im Ursprungsbetrieb gewonnen, aufbewahrt, beseitigt oder verwendet werden. Die Verwendung solcher **Sperrmilch** als Futtermittel an Kälber oder andere zur Lebensmittelgewinnung

Basiswissen 10.3
Umgang mit antibiotikahaltiger Milch

Antibiotikahaltige Milch mit Rückstandsgehalten über der zulässigen Höchstmenge ist:

- Material der Kategorie 2 (nach den Bestimmungen der EU-Verordnung 1069/2009 über Hygienevorschriften für nicht für den menschlichen Verzehr bestimmte tierische Nebenprodukte; Ausnahme: Milch und Kolostrum, die unmittelbar im Ursprungsbetrieb selbst gewonnen, aufbewahrt, beseitigt oder verwendet werden)
- in einer zugelassenen Verbrennungsanlage durch Verbrennen direkt als Abfall zu beseitigen
- in einem zugelassenen Verarbeitungsbetrieb zu verarbeiten, wobei das aus dieser Verarbeitung hervorgegangene Material gekennzeichnet oder als Abfall beseitigt werden muss
- als unverarbeiteter Rohstoff in einer Biogas- oder Kompostieranlage zu verwenden oder auf Böden auszubringen, allerdings nur, wenn keine Gefahr der Verbreitung einer schweren übertragbaren Krankheit hiervon ausgeht

dienende Tiere ist jedoch, aufgrund der pharmakologisch relevanten Rückstandskonzentration, auch unter futtermittelrechtlicher Betrachtung sehr problematisch. Insgesamt besteht hier derzeit eine gewisse Rechtsunsicherheit.
Bezüglich der zur Verarbeitung als Lebensmittel angelieferten Milch (Anlieferungsmilch) muss der Lebensmittelunternehmer mit geeigneten Verfahren sicherstellen, dass der Gehalt an Rückständen von Antibiotika nicht über den zugelassenen Rückstandshöchstmengen gemäß der Verordnung (EG) Nr. 470/2009 bzw. der in Tabelle 1 der Verordnung (EU) Nr. 37/2010 genannten Werte (→ Tab. 10.1) liegt. Zum anderen ist gemäß der Verordnung (EG) Nr. 853/2004 im Falle einer Nichteinhaltung dieser Vorschrift die zuständige Behörde unverzüglich zu informieren. Somit ist jeder im Rahmen der Milch-Güteverordnung festgestellte **positive Hemmstoffbefund** in Anlieferungsmilch unverzüglich der zuständigen Behörde mitzuteilen (→ Kap. 6.3.2.2).
Die konkrete Umsetzung der Vorschriften der Verordnung (EG) Nr. 853/2004 zu den Anforderungen an die Rohmilch erfolgt in Deutschland gemäß § 14 Tierische Lebensmittel-Hygieneverordnung hauptsächlich durch die Untersuchungen im Rahmen der Verordnung über die Güteprüfung und Bezahlung der Anlieferungsmilch (Milch-Güteverordnung). Diese schreibt vor, dass Anlieferungsmilch mindestens **zweimal monatlich auf Hemmstoffe zu untersuchen** ist. Einige Kontrollverbände, beispielsweise der Milchprüfring Bayern e.V., gehen mit derzeit vier Hemmstoffuntersuchungen monatlich je Lieferant deutlich über diese Minimalanforderung hinaus. Als Untersuchungsverfahren ist hierbei ein **mikrobiologisches Testsystem** (Brillantschwarz-Reduktionstest) gemäß Amtlicher Sammlung von Untersuchungsverfahren nach § 64 Lebens- und Futtermittelgesetzbuch (Nr. L 01-01-1) vorgeschrieben.
Die Untersuchungen dürfen nur von einer Untersuchungsstelle durchgeführt werden, die von einer nach Landesrecht zuständigen Stelle zugelassen ist. Die nach Landesrecht zuständige Stelle kann zulassen, dass die Untersuchungen vom Abnehmer (Molkerei) selbst durchgeführt werden. Praktisch sind in den meisten Bundesländern die Milchgüteuntersuchungen logistisch bei den **Landeskontrollverbänden** (Milchkontrollverbände, Milchprüfringe etc.) angesiedelt, die als eingetragene Vereine strukturiert sind und meist auch die sogenannten Milchleistungsprüfungen durchführen. Werden im Rahmen einer Untersuchung nach Milch-Güteverordnung in einer Anlieferungsmilchprobe Hemmstoffe festgestellt, so ist unverzüglich der Milcherzeuger (Landwirt) und die zuständige Behörde (s. o.) zu informieren. Die **finanziellen Konsequenzen** eines positiven Hemmstoffbefundes für den Milcherzeuger sind erheblich. Jedes positive Untersuchungsergebnis führt zu einer Kürzung des Auszahlungspreises um 5 Cent/kg für den ganzen Abrechnungsmonat, wobei die Abzüge kumulativ mit der Zahl der in einem Monat festgestellten positiven Hemmstoffbefunde steigen.
Beispielsweise würde bei zwei Hemmstoff-positiven Untersuchungsergebnissen für Anlieferungsmilch eines Betriebes im Monat Januar der Auszahlungspreis für die gesamte, im Monat Januar angelieferte Milch um 2 x 5 Cent = 10 Cent/kg gekürzt werden. Bei einer Milchanlieferung von 30 000 Litern im Januar summiert sich dieser Abzug auf 3 000 Euro. Es ist verständlich, dass bei derartigen Beträgen gelegentlich auch die Ergebnisse des in der Milchgüteprüfung eingesetzten Hemmstofftests angezweifelt werden. Diese Ergebnisse sind jedoch für die Regelungen der Milch-Güteverordnung bindend und hinreichend, d. h., eine zusätzliche, weiter gehende Überprüfung Hemmstoff-positiver Befunde erfolgt nicht.
Auf der Ebene der Be- und Verarbeitung von Milch sowie des Inverkehrbringens von Milch und Milcherzeugnissen gilt § 10 des Lebensmittel- und Futtermittelgesetzbuches (LFGB). Demnach ist es verboten, vom Tier gewonnene Lebensmittel in den Verkehr zu bringen, wenn in oder auf ihnen Stoffe mit pharmakologischer Wirkung oder deren Umwandlungsprodukte vorhanden sind. Bei zugelassenen Arzneimitteln dürfen die **Höchstmengen** der Verordnung (EU) Nr. 37/2010 nicht überschritten werden.
Da das Ergebnis der Untersuchungen auf Hemmstoffe nach Milch-Güteverordnung in der Regel erst nach mehreren Stunden oder sogar erst am nächsten Tag vorliegt, ist die hemmstoffhaltige Milch bis dahin meist bereits verarbeitet und auf dem Weg in den Handel, sofern nicht durch zu-

sätzliche Untersuchungen in der Molkerei (mittels Schnelltest auf Betalaktam-Antibiotika) der betreffende Tankwageninhalt als rückstandshaltig identifiziert worden war. Daher sind die Untersuchungen im Rahmen der Milch-Güteverordnung nicht dazu geeignet, den Eintrag von Tierarzneimitteln im konkreten Einzelfall zu verhindern und genügen somit nicht allein zur Erfüllung der Anforderungen des § 10 LFGB.

Aus diesem Grund, und auch zur Schadensminimierung im Fall Hemmstoff-positiver Anlieferungsmilch, testen heute praktisch alle Milch verarbeitenden Betriebe (Molkereien) zusätzlich die Milch jedes ankommenden Sammelwagens auf Rückstände von Betalaktam-Antibiotika vor dem Abpumpen der Milch in den Stapeltank. Dies erfolgt mittels **Schnelltests**, die entweder bereits vom Fahrer des Milchsammelwagens oder aber vor Ort an der Abpumpstation der Molkerei durchgeführt werden. Weiterhin müssen im Rahmen der betrieblichen Eigenkontrollen stichprobenartig sowie stets im Verdachtsfall weiter gehende Untersuchungen der hergestellten Produkte oder ihrer Vorstufen auf antimikrobiell wirksame Substanzen durchgeführt werden. Dies betrifft insbesondere auch solche Substanzen, die mit dem mikrobiologischen Hemmstofftest nicht oder nur ungenügend erfassbar sind oder deren Anwendung bei Milch liefernden Tieren grundsätzlich verboten ist (→ Kap. 6.3.3).

10.3.3 Häufigkeit Hemmstoff-positiver Befunde in Anlieferungsmilch und Kontaminationsursachen

Der Anteil der Lieferanten, bei denen aufgrund eines Hemmstoff-positiven Befundes eine Kürzung des Auszahlungspreises vorgenommen wird, liegt seit Jahren bei 0,1 %. Die Anzahl positiver Proben, wie in Abbildung 6.8 angegeben, ist entsprechend niedriger (0,025–0,04 %), da von jedem Lieferanten mindestens zwei, häufig jedoch vier Proben pro Monat untersucht werden. Die von den verschiedenen Kontrolleinrichtungen Deutschlands mitgeteilten Werte schwanken dabei nur geringfügig. Hierbei ist zudem zu berücksichtigen, dass die einzelnen Kontrolllabors Hemmstoff-Testsysteme unterschiedlicher Hersteller einsetzen, die sich bezüglich der **Testempfindlichkeit** für individuelle Penicilline und Cephalosporine, aber auch für andere antimikrobiell wirksame Substanzen geringfügig unterscheiden. So ist es beispielsweise möglich, dass eine Milchprobe in einem Testsystem gerade noch als negativ, in einem anderen Testsystem jedoch bereits schon als positiv bewertet wird. Dies kommt vor allem bei solchen Proben vor, die Rückstände einer Substanz im Bereich der Höchstmenge enthalten.

Da aufgrund der hohen Untersuchungshäufigkeit im Rahmen der Milchgüteprüfung Hemmstoff-positive Anlieferungsmilch regelmäßig erkannt und positive Befunde erhebliche finanzielle Einbußen (Milchgeldabzug 5 Cent je kg) nach sich ziehen, kann vorsätzliches Handeln als Ursache für eine Kontamination mit Hemmstoffen vernünftigerweise ausgeschlossen werden. Das heißt, die Hauptursache liegt in unbemerkten Fehlern beim Umgang mit antimikrobiell wirksamen Substanzen im Milch erzeugenden Betrieb. Bei den **Kontaminationsursachen** ist zwischen einer sekretorischen und einer postsekretorischen Kontamination der Sammelmilch zu unterscheiden.

Eine **sekretorische Kontamination** der Sammelmilch kann beispielsweise aus einer Nichteinhaltung der Wartezeit nach antibiotischer Behandlung resultieren. Ursache hierfür ist ein versehentliches Mitmelken eines behandelten Tieres in den Milchtank, entweder aufgrund einer vergessenen oder schlecht angebrachten Kennzeichnung des Tieres (Eintrag in die Datenbank bei automatischen Melksystemen!) als „behandelt" oder aufgrund einer nicht dokumentierten zusätzlichen Applikation bzw. einer erhöhten Dosierung des Wirkstoffes. Eine fehlerhafte Anwendung eines Präparats, z. B. die intramammäre Applikation eines nur für subkutane Injektion zugelassenen Cephalosporins führt ebenfalls fast zwangsläufig zu einer sekretorischen Kontamination, da das Ausscheidungsverhalten nach intramammärer Gabe völlig anders ist als bei parenteraler Applikation. Sekretorische Kontaminationen resultieren oft auch aus generellen Managementfehlern oder aus Kommunikationsdefiziten zwischen den mit Tierbetreuung und Milchgewinnung befassten

Personen eines Betriebes. Der gelegentlich erwähnte Zukauf antibiotikabehandelter Kühe als sekretorische Kontaminationsursache dürfte dagegen nur ausnahmsweise für Hemmstoffe verantwortlich sein.

Eine verzögerte Ausscheidung eines Wirkstoffes über die Wartezeit wird oft als mögliche Hemmstoffursache angeführt, aber auch dies dürfte in der Praxis wohl nur eine geringe Rolle spielen, da die angegebene Wartezeit entsprechend der Ausscheidungskinetik bereits eine Sicherheitsspanne enthält. Es sind jedoch einige Fälle beschrieben, wobei aber jeweils zusätzliche Faktoren eine Rolle spielten. So führte beispielsweise eine unsachgemäße Lagerung von cephalosporinhaltigen Euterinjektoren (zu hohe Lagerungstemperatur) zu einer verlängerten Ausscheidung von Rückständen in relevanten Konzentrationen. Auch multiple Erkrankungen eines Tieres (Metritis und Mastitis) in Verbindung mit mehrfacher Behandlung mit verschiedenen Wirkstoffen könnte zu einem Ausscheidungsverhalten führen, das bei den im Rahmen der Wirkstoffzulassung durchgeführten Applikationsstudien keine Berücksichtigung fand.

Eine **postsekretorische Kontamination** ist das Resultat einer Verschleppung von Hemmstoffen in die ansonsten hemmstofffreie Tankmilch. Die konkreten Ursachen hierfür können vielfältig sein, sind aber in einem unsachgemäßen Umgang mit Antibiotikapräparaten bzw. in Fehlern bei der notwendigen strikten Trennung zwischen Anlieferungsmilch und antibiotikahaltiger Sperrmilch zu sehen. Beispielsweise können nach Applikation eines Euterinjektors Wirkstoffspuren auf den Händen der ausführenden Person verbleiben, was ein erhebliches Kontaminationsrisiko darstellt. Weiter sollten behandelte Tiere grundsätzlich zum Ende der Melkzeit gemolken werden, da eine Verschleppung selbst geringster Wirkstoffmengen über das Melkzeug ein erhebliches Kontaminationsrisiko darstellt. Eine Nichteinhaltung der Melkreihenfolge birgt insbesondere dann ein Risiko, wenn mehrere Personen mit dem Melken befasst sind. Schließlich sollten Antibiotikavorräte keinesfalls im Kuhstall, im Melkstand oder in der Milchkammer gelagert werden, da auch hier ein erhebliches Verschleppungsrisiko gegeben ist.

Basiswissen 10.4
Maßnahmen zur Vermeidung von Antibiotikarückständen in der Milch

- Behandlung und **Medikamente**
  - Behandlung nur durch oder auf Anweisung eines Tierarztes
  - sichere und sachgemäße Aufbewahrung der Medikamente
  - Verwendung von Einmalhandschuhen bei der Applikation
- **Kennzeichnung** der behandelten Tiere
  - deutlich und haltbar
  - elektronisch bei automatischen Melksystemen
  - am sichersten vor der Behandlung
- **Separierung** der behandelten Tiere (wenn möglich)
- Vermeidung von **Verschleppung**
  - Melkreihenfolge (behandelte Tiere zuletzt melken)
  - Verwendung von Einmalhandschuhen beim Melken
  - nach dem Melken behandelter Tiere Melkgeräte äußerst gründlich reinigen
- sichere **Entsorgung** antibiotikahaltiger Milch
  - eindeutige Kennzeichnung von „Sperrmilch"
  - keine Verfütterung an Kälber

Grundsätzlich erscheint es ratsam, vor einer Wiederaufnahme der Milchabgabe eines behandelten Tieres stets das Einzelgemelk auf Hemmstofffreiheit zu testen oder testen zu lassen. Teilweise bieten die Molkereien (bzw. die Kontrollverbände) dies als Service für ihre Lieferanten an.

10.3.4 Schädliche Auswirkungen von Hemmstoffen

Rückstände von pharmakologisch wirksamen Substanzen und insbesondere von antimikrobiell wirksamen Substanzen stellen prinzipiell ein **gesundheitliches Risiko** für den Verbraucher dar. Ein besonderer Fall sind in diesem Zusammenhang **Allergien** gegen die Betalaktam-Antibiotika. Diese sind zwar als niedermolekulare Substanzen

Basiswissen 10.5
Gesundheitliche Risiken durch antimikrobiell wirksame Stoffe

- Resistenzentwicklung bei
  - tierpathogenen Keimen
  - humanpathogenen Keimen
- Beeinträchtigung der natürlichen Darmmikrobiota
  - unerwünschte Keimselektion
- immunpathologische Wirkung
  - Allergien (Penicillin)
- direkte toxische Wirkung
  - Anämie (Chloramphenicol)
- mutagene und kanzerogene Wirkung
  - Nitrofurane
  - Dapson

nicht immunogen wirksam, können jedoch nach oraler Aufnahme allergen wirksame Konjugate bilden. Durch Aufspaltung des Betalaktam-Rings entstehen im Organismus reaktive Intermediärprodukte (z. B. Benzylpenicilloylsäure), die sich direkt an Proteine des Blutserums kovalent binden können. Diese stabilen **Penicillin-Protein-Konjugate** sind nun immunogen bzw. allergen wirksam. Während für die Induktion einer Penicillin-Allergie vermutlich höhere Wirkstoffkonzentrationen erforderlich sind, können bei bereits bestehender Allergie auch niedrige Rückstandskonzentrationen in Milch ein Problem darstellen. In der Frühzeit des Einsatzes von Penicillinen bei laktierenden Kühen (50er-/60er-Jahre des letzten Jahrhunderts) wurden tatsächlich sehr hohe Penicillinrückstandskonzentrationen in Konsummilch festgestellt, die heute allerdings aufgrund der **intensiven Kontrollmaßnahmen** sowie der **Verdünnungseffekte** (→ Abb. 10.1) bei Konsummilch nicht mehr möglich sind.

Einen heute wesentlich wichtigeren Aspekt von Antibiotikarückständen in der Nahrungskette stellen die Induktion und Verbreitung **bakterieller Antibiotikaresistenzen** dar (z. B. Extended Spectrum Betalaktamase (ESBL) bildende *Enterobacteriaceae*). Auch in dieser Hinsicht leistet die Wärmebehandlung der Konsummilch einen wesentlichen Beitrag zum Schutz des Verbrauchers. Ebenso dürften in lange gereiften Rohmilchkäsen

Basiswissen 10.6
Technologische Risiken durch antimikrobiell wirksame Stoffe

- Hemmung von Säuerungs- und Reifungskulturen
- längere Produktionszeiten (verzögerte Säuerung oder Reifung)
- Produktionsfehler durch Selektion unerwünschter Keime (z. B. Frühblähung, → Kap. 9.3.7.2)

antibiotikaresistente Bakterien weitgehend abgetötet werden. Rohmilcherzeugnisse, wie z. B. Rohmilch-Weichkäse, könnten jedoch (multi-)resistente Bakterien enthalten.

Einen Sonderfall stellen drei antimikrobiell wirksame Substanzen dar, das Chloramphenicol, die Nitrofurane (Furazolidon) und der Folsäureantagonist Dapson. Diese Wirkstoffe stellen in jeder Konzentration eine Gefahr für die Gesundheit des Verbrauchers dar. **Chloramphenicol** steht im Verdacht, auch in geringen Konzentrationen eine aplastische Anämie auslösen zu können; seine Anwendung ist deshalb bei Milchkühen bereits seit über 30 Jahren verboten. Bei den **Nitrofuranen** handelt es sich um mutagene und kanzerogene Substanzen, **Dapson** kann zu Störungen der Blutbildung führen und steht ebenfalls im Verdacht, genotoxisch zu sein. Der Einsatz von Nitrofuranen und von Dapson bei Lebensmittel liefernden Tieren ist ebenfalls bereits seit mehr als 20 Jahren verboten. Chloramphenicol, Nitrofurane und Dapson sind in Tabelle 2 („Verbotene Stoffe") der Verordnung (EU) Nr. 37/2010 über „Pharmakologisch wirksame Stoffe und ihre Einstufung hinsichtlich der Rückstandshöchstmengen in Lebensmitteln tierischen Ursprungs" gelistet.

Neben den gesundheitlichen Risiken, die durch Rückstände antimikrobiell wirksamer Substanzen in Milch für den Verbraucher ausgehen, stellen diese als **Störsubstanzen** bei der Herstellung fermentierter Milcherzeugnisse ein erhebliches technologisches Problem dar. Viele der in der Milchindustrie eingesetzten bakteriellen Kulturen, insbesondere Milchsäurebakterien, sind sehr empfindlich gegenüber Betalaktam-Antibiotika und anderen Wirkstoffen. Die Folge sind z. B.

Verzögerungen bei der Milchsäurebildung während der Joghurtherstellung oder Fehlgärungen bei der Herstellung von Käse. Da ein großer Teil der Anlieferungsmilch zu fermentierten Milcherzeugnissen verarbeitet wird, ist die Hemmstofffreiheit von Milch von essenzieller Bedeutung für die Milchindustrie. Für viele Antibiotika zeigen die im Rahmen des Zulassungsverfahrens bei der EMA (European Medicines Agency) vorzulegenden Daten zur akzeptablen täglichen Aufnahme (acceptable daily intake, ADI), dass die **mikrobiologische Risikobewertung** (Wirkung auf die menschliche Darmflora) zu deutlich **niedrigeren MRLs** (maximum residue limit) führt als die toxikologische Risikobewertung. Die MRLs für Antibiotika nach EU-Verordnung 37/2010 sind daher zumeist mikrobiologisch begründet und decken in der Regel auch die technologische Störgrenze in der Molkerei (Hemmung von Starterkulturen) ab.

10.4 Nachweis von Hemmstoffen

Eine wesentliche Voraussetzung für die Realisierung von Routineuntersuchungen, die jährlich millionenfach durchgeführt werden, ist die Verfügbarkeit kostengünstiger Testsysteme. Zudem müssen geeignete Nachweissysteme einfach und möglichst schnell in der Durchführung sein, die wichtigsten Wirkstoffe zuverlässig erfassen und reproduzierbare Ergebnisse liefern.

Basiswissen 10.7
Testprinzipien beim Hemmstoffnachweis

Beim Hemmstoffnachweis in Anlieferungsmilch werden heute im Wesentlichen zwei verschiedene Testprinzipien eingesetzt:

- wirkungsbezogene, mikrobiologische Hemmstofftests im Mikrotiterplattenformat
- Schnelltestsysteme zum Nachweis von Betalaktam-Antibiotika und anderen Antibiotika

10.4.1 Mikrobiologische Verfahren

Die einfachste Methode zum Nachweis von Hemmstoffen in Milch beruht auf der Verwendung besonders **antibiotikaempfindlicher Bakterienkulturen**. Die weltweit am häufigsten eingesetzten Testsysteme verwenden als Testkeim *Geobacillus (G.) stearothermophilus* var. *calidolactis*.

In der Routineuntersuchung, insbesondere zur Hemmstoffkontrolle nach Milch-Güteverordnung, werden meist kommerziell erhältliche Produkte des sogenannten **Brillantschwarz-Reduktionstests (BRT)** verwendet. Bei diesem Testsystem sind die Kavitäten einer Mikrotiterplatte befüllt mit einem festen Nährmedium (z. B. Müller-Hinton-Agar), in das Sporen von *G. stearothermophilus* var. *calidolactis* in relativ hoher Zahl eingemischt wurden. Zudem enthält das Medium den Redoxindikator Brillantschwarz, der dem Medium eine tiefblaue Farbe verleiht.

Basiswissen 10.8
Vorteile von *Geobacillus (G.) stearothermophilus* var. *calidolactis*

- hohe Empfindlichkeit gegenüber Penicillinen und vielen Cephalosporinen
- ausreichende Empfindlichkeit gegenüber zahlreichen weiteren Antibiotika und gegenüber Sulfonamiden
- Sporensuspensionen in Agar sind gekühlt wochenlang gebrauchsfertig haltbar
- thermophile Eigenschaften ermöglichen eine Testdurchführung bei hohen Temperaturen (63–65 °C), wodurch interferierendes Wachstum anderer Keime verhindert wird
- die relativ hohe Stoffwechselaktivität ermöglicht eine Testdauer von ca. 3 h
- eine Miniaturisierung (Mikrotiterplatten) sowie eine weitgehend automatisierte Testdurchführung und -auswertung sind möglich
- einfache Unterscheidungsmöglichkeit zwischen Hemmstoff-positiven und -negativen Milchproben durch Indikatorsubstanzen (Brillantschwarz, pH-Indikatoren)

Abb. 10.3
Aufnahme eines BRT-Mikrotitertests nach Testdurchführung: Negative Proben sind entfärbt (gelb/orange), während bei positiven Proben der ursprünglich blaue Farbton erhalten bleibt (fehlendes Wachstum des Testkeims).

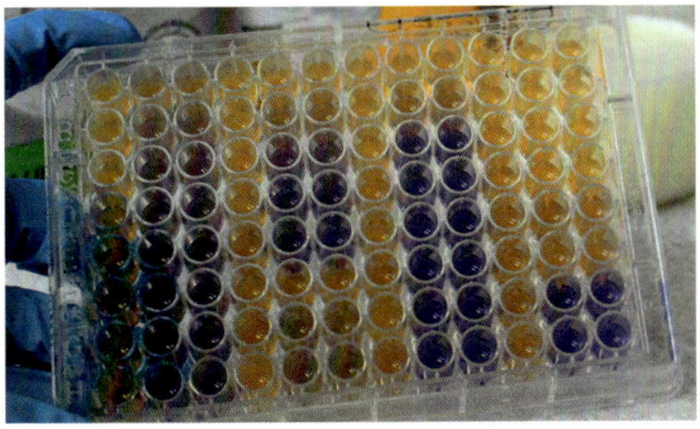

Abb. 10.4
Schematische Durchführung des BRT: Zur Testdurchführung wird jeweils eine definierte Menge (0,1 ml) der zu prüfenden Milch in die Kavität pipettiert. Als Kontrollen dienen hemmstofffreie Milch (Negativ-Kontrolle) bzw. Milch, die Penicillin G in einer Konzentration von 4 µg/kg enthält, entsprechend dem MRL für diese Substanz (Positivkontrolle).
Anschließend wird die Platte bei ca. 63 °C bebrütet, z. B. in einem Wasserbad. Enthält die Milch keine Hemmstoffe (linke Spalte, hellblau) keimen die Sporen aus und reduzieren den Farbstoff Brillantschwarz zu seiner farblosen Form. Dadurch entfärbt sich die entsprechende Kavität, sodass der gelborange Farbton des Agars erkennbar wird. Bei hemmstoffhaltiger Milch (rechte Spalte, rot) unterbleibt das Keimwachstum und der ursprüngliche blaue Farbton bleibt erhalten. Sobald die Negativkontrolle vollständig entfärbt ist (nach ca. 3 h), wird die Platte entweder mit bloßem Auge oder mittels eines Photometers ausgewertet.

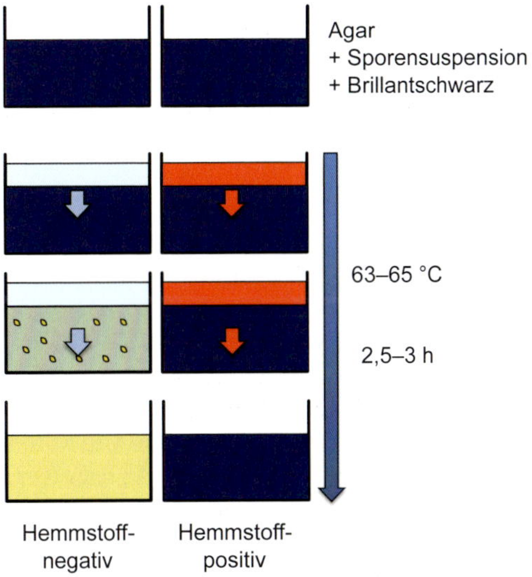

Alternativ zu Brillantschwarz können auch geeignete pH-Indikatoren dem Agar zugegeben werden. Die Stoffwechselaktivität von *G. stearothermophilus* var. *calidolactis* führt zu einer Säuerung des Nährmediums und damit zu einem Farbumschlag des Indikators.
Im Rahmen der Milch-Güteverordnung werden alle Milchproben, die zu einem blauen Farbton entsprechend der Positivkontrolle führen, als Hemmstoff-positiv gewertet. Als Hemmstoff-negativ werden alle Testergebnisse gewertet, bei denen eine teilweise oder vollständige Entfärbung festgestellt wird. Das heißt, auch schwach positive oder nicht eindeutig interpretierbare Ergebnisse werden als Hemmstoff-negativ interpretiert. Für die Untersuchungen im Rahmen der Milch-Güteverordnung ist dieses Ergebnis mit seinen Konsequenzen bindend, d. h., weitere Untersuchungen sind nicht erforderlich. Insbesondere ist es nicht erforderlich, eine Identifizierung oder Quantifizierung des Wirkstoffs vorzunehmen.
Für die Interpretation des BRT ist es jedoch wichtig zu wissen, dass nicht alle Antibiotika und Sulfonamide in Konzentrationen erfasst werden können, die dem jeweiligen MRL dieser Substanzen entsprechen. Hier sind die Herstellerangaben zu beachten, da es auch graduelle Unterschiede in der Testempfindlichkeit von Produkten verschiedener Hersteller gibt. Während Penicillin G, Ampicillin, Amoxicillin sowie die sogenannten Trockensteller (Oxa-, Cloxa-, Dicloxa-, Nafcillin) praktisch immer ausreichend empfindlich nachgewiesen werden können, werden Rückstände einiger wichtiger Cephalosporine erst beim Mehrfachen der MRL-Konzentrationen detektiert. Andere Wirkstoffgruppen (z. B. Tetracycline und Sulfonamide) werden meist im Bereich der MRL-Konzentrationen erfasst. Einige Wirkstoffe, z. B. Aminoglykoside oder das zur Anwendung bei Lebensmittel liefernden Tieren verbotene Chloramphenicol, werden nur unzureichend oder überhaupt nicht erfasst.
Die **Testsensitivität** wird letztlich durch die **spezifische Empfindlichkeit des Testkeims** gegenüber den verschiedenen Antibiotika definiert. Das be-

deutet aber auch, dass andere Stoffe mit pharmakologischer Wirkung, z. B. Antiparasitika oder Antiphlogistika, grundsätzlich nicht erfasst werden. Es können also mit der alleinigen Verwendung des BRT die Anforderungen des § 10 LFBG nicht vollständig und korrekt erfüllt werden. Aus diesem Grund werden die Untersuchungen im Rahmen der Milch-Güteverordnung durch spezielle Monitoring-Programme ergänzt (→ Kap. 6.3).
Allerdings ist es aber auch möglich, mit den mikrobiologischen Tests **zusätzliche Informationen** über Hemmstoff-positive Milchproben zu erhalten. Bei einer stark Hemmstoff-positiven Milch kann durch Untersuchung einer Verdünnungsreihe der Milchprobe die Dimension der Rückstandshöhe orientierend abgeschätzt werden. Bei Verdacht auf unspezifische, z. B. durch eine veränderte Milchzusammensetzung bedingte Hemmstoff-positive Testergebnisse kann eine Erhitzung der Milchprobe auf ca. 85 °C für 10–20 Minuten nützlich sein. Positive Ergebnisse durch hitzelabile Milchproteine, wie z. B. Lysozym, können so erkannt werden, da eine erneute Untersuchung im BRT nunmehr ein negatives oder deutlich schwächer positives Ergebnis liefert.
Durch zusätzliche Vorbehandlung der Milchproben mit dem Enzym **Penicillinase** („Penase") und erneuter Untersuchung im BRT kann zwischen Penase-empfindlichen Betalaktam-Antibiotika (z. B. Penicillin, Ampicillin, Amoxicillin) einerseits und Penase-festen Wirkstoffen (z. B. Cloxacillin, Cefquinom) bzw. anderen Wirkstoffgruppen andererseits unterschieden werden. Wird eine Hemmstoff-positive Milchprobe nach Penasebehandlung im BRT negativ, so handelt es sich beim Wirkstoff mit hoher Wahrscheinlichkeit um Penicillin G, Penicillin V, Ampicillin oder Amoxicillin, die alle mit einem MRL von 4 µg/kg belegt sind.
Sulfonamide führen auch in relativ hoher Konzentration nur zu einer unvollständigen Entfärbung des Agars. Bei entsprechendem Verdacht kann eine Bestätigung durch Zusatz von **Paraaminobenzoesäure** (PABA) zur Milchprobe und erneute Untersuchung im BRT erhalten werden. Da die bakteriostatische Wirkung der Sulfonamide durch PABA kompetitiv aufgehoben wird, führt die Untersuchung nunmehr zu einem Hemmstoff-negativen Ergebnis.

Abschließend ist darauf hinzuweisen, dass der BRT und andere mikrobiologische Hemmstofftests für die **Untersuchung von Kuhmilch** optimiert wurden und sich nicht automatisch für die Untersuchung der Milch anderer Spezies eignen. Beispielsweise kann die Untersuchung von Schaf- und Ziegenmilch zu deutlich erhöhten Entfärbezeiten auch bei Hemmstoff-negativen Proben führen. Besonders stark ausgeprägt ist dieser Effekt bei Stutenmilch, die aufgrund ihres hohen Lysozymgehalts stets zu falsch-positiven Hemmstofftests führt. Einige Hersteller bieten spezielle Versionen des BRT an, mit denen auch die Milch anderer Spezies auf Hemmstoffe untersucht werden kann.
Der BRT im Mikrotiterplattenformat ist grundsätzlich auf die parallele Untersuchung vieler Milchproben (> 40 Proben je Platte) ausgelegt. Einige Hersteller bieten auch BRT-Systeme zum **Einzelnachweis** in Milchproben an, z. B. für betriebliche Eigenkontrollen von Einzelgemelken oder der Tankmilch durch den Milch erzeugenden Betrieb. Hier ist jedoch wieder zu beachten, dass die Testempfindlichkeit dieser Röhrchentests von derjenigen des in der Milchgütekontrolle eingesetzten Tests abweichen kann.
Die Anwendung des BRT ist prinzipiell auch zur **Untersuchung von Konsummilch** geeignet. Eine Untersuchung von Milcherzeugnissen, insbesondere von gesäuerten Produkten, ist grundsätzlich nicht oder nur nach vorheriger Testvalidierung möglich.
Weitere milchwirtschaftliche Anwendungen mikrobiologischer Testsysteme zum Hemmstoffnachweis sind der Joghurt-Säuerungstest sowie der Blättchentest.
Beim **Joghurt-Säuerungstest** wird die zu prüfende Milch mit der zur Joghurtherstellung vorgesehenen Kultur beimpft und ein pH-Indikator (z. B. Lackmus) zugesetzt. Nach Bebrütung bei 40–45 °C wird bei Abwesenheit von Hemmstoffen die Milch dickgelegt und der pH-Indikator schlägt aufgrund der Milchsäurebildung um. Bei Hemmstoff-positiver Milch bleibt die Probe flüssig und der Indikator-Umschlag unterbleibt. Der Joghurt-Säuerungstest besitzt besondere Bedeutung zur Rohstoffüberprüfung in Molkereien, die Sauermilcherzeugnisse herstellen.

Der **Blättchentest** ist eine zur Milchuntersuchung kaum mehr eingesetzte, indikatorlose Version des BRT, die meist in Petrischalen durchgeführt wird. Hierbei werden runde Papierblättchen mit der zu prüfenden Milch getränkt und auf einen Nähragar aufgelegt, der eine Keim- oder Sporensuspension (z. B. *G. stearothermophilus* var. *calidolactis*) enthält. Die Bebrütungszeit und -temperatur steht in Abhängigkeit von den Erfordernissen des verwendeten Testkeims. Etwaig in der Milch vorhandene Hemmstoffe diffundieren in den Agar und bilden einen kreisrunden Hemmhof um das Blättchen im ansonsten sichtbar mit Mikrokolonien bewachsenen Agar. Aufgrund des hohen Arbeits- und Materialaufwands wird der Blättchentest im Milchbereich nur noch wenig eingesetzt, er spielt bei der Untersuchung von Fleisch und Fleischerzeugnissen aber nach wie vor eine große Rolle.

10.4.2 Rezeptortests

Da Untersuchungen auf Hemmstoffe im Rahmen der Milch-Güteverordnung lediglich retrospektive Befunde liefern und da eine Testdauer von rund drei Stunden für den BRT nicht mit den betrieblichen Abläufen in einer Molkerei vereinbar ist, hat sich in den letzten Jahren die zusätzliche **Prüfung von Sammelmilch** (Tankwagenebene) mittels **Schnelltest-Systemen**, insbesondere für Betalaktam-Antibiotika, durchgesetzt.
Bei diesen Testsystemen handelt es sich überwiegend um sogenannte **Rezeptortests** (Abb. 10.5). Hier werden aus Bakterien isolierte oder rekombinant hergestellte Rezeptorproteine (Penicillinbindende Proteine) eingesetzt, die **Betalaktam-Antibiotika irreversibel binden** können. Diese Rezeptoren können analog zu spezifischen Antikörpern in kompetitiven Testsystemen angewendet werden, bei denen die Anwesenheit von Hemmstoffen durch eine Reduktion des Messsignals (Farbintensität) angezeigt wird. Die Auswertung erfolgt durch visuellen Farbvergleich mit einer Negativkontrolle oder instrumentell durch Absorptionsmessung.
Die Testdurchführung variiert je nach Hersteller, die gesamte Testdauer bemisst sich meist in Minuten, die Durchführung erfordert keine besonderen Vorkenntnisse. Schnelltests werden daher routinemäßig von **Molkereien** eingesetzt, entweder zur schnellen Vor-Ort-Kontrolle des Inhalts eines Tankwagens auf Betalaktam-Antibiotika vor dem Abpumpen in den Stapeltank oder aber bei sehr großen Milchmengen bereits zur Kontrolle der Anlieferungsmilch während der Sammeltour durch den Fahrer des Milchsammelwagens.
Rezeptortests werden auch immer häufiger von den **Milcherzeugern** selbst eingesetzt, um Tankmilch oder aber Einzelgemelke eines Tieres nach Ablauf der Wartezeit zu kontrollieren. Zu beach-

Abb. 10.5
Schematische Durchführung eines Rezeptortests im Teststreifenformat zum Nachweis von Betalaktam-Antibiotika in Milch: A, B: In einem ersten Schritt wird die Milchprobe mit einer Lösung vermischt, die eine definierte Menge des – farbmarkierten – Rezeptors enthält. Da die Rezeptorbindung bei 40–50 °C am höchsten ist, erfolgt diese Vorinkubation bei einigen Systemen unter Verwendung einer Heizvorrichtung. Bei Anwesenheit von Betalaktam-Antibiotika wird der Rezeptor ganz oder teilweise irreversibel blockiert **(A)**, bei wirkstofffreien Proben bleibt er frei **(B)**. C, D: In einem zweiten Schritt erfolgt die Farbreaktion, in der z. B. ein Teststreifen in die Lösung getaucht wird. Dieser Teststreifen weist eine mit Betalaktam-Antibiotika beschichtete Testbande sowie eine Referenzbande auf. Letztere muss bei einem gültigen Test stets eine deutliche Farbentwicklung aufweisen. Die Testbande ist bei positiven Ergebnissen nicht oder nur schwach ausgeprägt **(C)**, da der blockierte Rezeptor nicht mehr an die mit Betalaktam-Antibiotika beschichtete Bande binden kann. Bei negativen Proben bindet der freie Rezeptor an die Testbande, es entsteht eine deutliche Farbentwicklung **(D)**. Aufgrund des kompetitiven Testprinzips sind also negative Proben an einer deutlich gefärbten Testbande erkennbar, fehlende Farbentwicklung zeigt die Anwesenheit von Rückständen von Betalaktam-Antibiotika an.

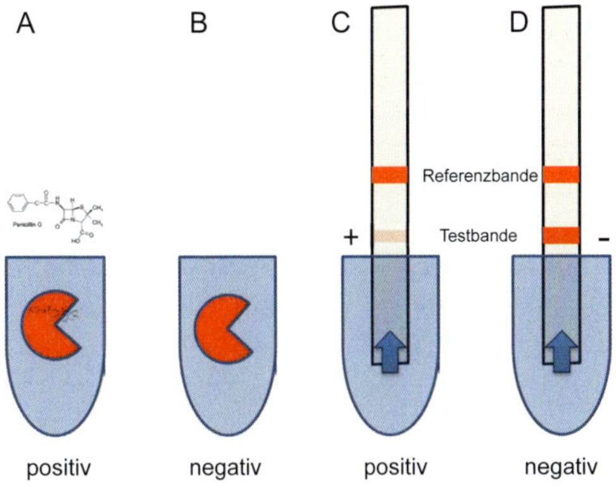

ten ist jedoch, dass mit den Betalaktam-Rezeptortests andere Wirkstoffgruppen grundsätzlich nicht erfasst werden können. Einige Hersteller bieten zwar mittlerweile Schnelltests auch für andere Wirkstoffgruppen an, diese sind bisher jedoch weit weniger gebräuchlich.
Obwohl sich die Hersteller von Rezeptortests an den MRLs für die verschiedenen Wirkstoffe orientieren, ist hier keine exakte Übereinstimmung gegeben. Zudem sind die Ergebnisse gruppenspezifischer Tests grundsätzlich qualitativ oder semiquantitativ, da nicht alle Wirkstoffe mit derselben Testempfindlichkeit erfasst werden. Einige Wirkstoffe, z. B. Cloxacillin, werden üblicherweise bereits deutlich unterhalb des MRL von 30 µg/kg nachgewiesen, andere Wirkstoffe werden erst im Bereich des MRL oder darüber sicher erfasst.
Insgesamt bieten Schnelltests den Molkereien einen wichtigen **zusätzlichen Schutz** vor einer mit hohen finanziellen Risiken behafteten Verarbeitung hemmstoffbelasteter Milch. Rezeptortests für Betalaktam-Antibiotika und andere Antibiotika-Schnelltests haben keinen Status als offizielle Untersuchungsmethoden, eine lebensmittelrechtliche Beanstandung von Milch aufgrund eines positiven Ergebnisses ist problematisch. Wird jedoch das Ergebnis des Schnelltests nicht durch geeignete Referenzanalysen widerlegt, so ist die betreffende Milch als nicht sicheres Lebensmittel nach Verordnung (EG) Nr. 178/2002 einzustufen und entsprechend zu behandeln.

10.4.3 Andere Testsysteme

10.4.3.1 Immunchemische Verfahren

Verschiedene antimikrobiell wirksame Stoffe bzw. Wirkstoffgruppen können weder mit mikrobiologischen Verfahren noch mit Rezeptortests erfasst werden. Ein Beispiel hierfür ist das **Chloramphenicol**, für das aufgrund des Anwendungsverbots bei Lebensmittel liefernden Tieren prinzipiell eine Nulltoleranz zu fordern ist. Das bedeutet, dass bei Verdachtsfällen und im Rahmen von Monitoring-Programmen eine weiter gehende Untersuchung von Milch und Milcherzeugnissen auf Chloramphenicol erforderlich ist. Dies schließt auch Importwaren aus Drittländern ein, die andere rechtliche Regelungen haben oder bei denen Zweifel an der Effizienz der lokalen Lebensmittelüberwachung bestehen.
Hier spielen **Enzymimmuntests** zum spezifischen Nachweis einzelner Substanzen oder von Substanzgruppen eine wichtige Rolle, da mit ihnen eine vergleichsweise schnelle und kostengünstige Untersuchung von Milch möglich ist. Da antimikrobiell wirksame Substanzen niedermolekulare Stoffe sind, kommen hierbei sogenannte **kompetitive Testsysteme** zum Einsatz, bei denen – ähnlich wie bei Rezeptortests – eine positive Probe zu einer Reduktion des Messsignals führt.
Für einige Wirkstoffgruppen (z. B. Tetracycline, Sulfonamide) existieren kommerziell verfügbare Schnelltestsysteme, die analog zu oder teilweise kombiniert mit Rezeptortests eingesetzt werden können. Zur Durchführung und Auswertung ist qualifiziertes Laborpersonal und eine adäquate Laborausstattung erforderlich. Seit einigen Jahren gibt es Bestrebungen, auf immunchemischen Detektionsprinzipien beruhende, automatisierte Verfahren zur individuellen und quantitativen Wirkstofferfassung in der Milchkontrolle zu etablieren (sogenannte Mikroarray-Systeme). Die derzeit verfügbaren Systeme werden jedoch bisher nur wenig eingesetzt.

10.4.3.2 Physikalisch-chemische Verfahren

Im Bereich der Referenzanalytik, z. B. im Rahmen der Tätigkeit staatlicher Untersuchungsstellen, gewinnen chromatografische Trennverfahren (Flüssigkeitschromatografie, LC) mit massenspektrometrischer Detektion (LC-MS/MS) immer mehr an Bedeutung. Dennoch ist ihr praktischer Einsatz in der Analytik antimikrobiell wirksamer Substanzen derzeit begrenzt. Dies liegt zum einen an den sehr unterschiedlichen physikalisch-chemischen Eigenschaften antimikrobiell wirksamer Substanzen, was die Entwicklung von Multimethoden erschwert. Zum anderen liegen die Untersuchungskosten aufgrund des instrumentellen und personellen Aufwands erheblich über denen der anderen Verfahren. Eine Substanzverifizierung in hemmstoffhaltigen Proben mittels LC-MS/MS oder vergleichbarer anderer physikalisch-chemischer Verfahren wird daher nur in Ausnahmefällen durchgeführt, z. B. für gerichtliche Zwecke oder im Rahmen des Nationalen Rückstandskontrollplans und ähnlicher Monitoring-Programme.

10.4.4 Bewertung der Methoden

Mikrobiologische Verfahren, insbesondere der Brillantschwarz-Reduktionstest gemäß amtlicher Sammlung von Untersuchungsverfahren nach § 64 Lebens- und Futtermittelgesetzbuch (Nr. L 01-01-1), sind die kostengünstigsten und vielseitigsten Verfahren, die Materialkosten je Probe liegen bei weniger als einem Euro. Sie sind für Massenuntersuchungen, wie z. B. die Milchgüteprüfung, hervorragend geeignet. Nachteilig sind der relativ unspezifische Nachweis und die für einige Wirkstoffe unzureichende Nachweisempfindlichkeit.
Rezeptortests und ähnliche Schnelltestsysteme stellen insbesondere für Vor-Ort-Untersuchungen auf Betalaktam-Antibiotika eine im Rahmen betrieblicher Eigenkontrollen sehr kostengünstige methodische Ergänzung zum BRT dar. Die Testkosten je Probe liegen bei einigen Euro. Rezeptortests sind nicht nur für die Molkerei, sondern auch für Milcherzeuger interessant – vorausgesetzt, bei den zur Behandlung eingesetzten Antibiotika handelt es sich um betalaktamhaltige Präparate.
Durch Zusatzuntersuchungen mit immunchemischen Verfahren (z. B. ELISA für Chloramphenicol) können die analytischen Lücken des BRT geschlossen werden. Stichprobenuntersuchungen mit solchen Tests sind zur Einhaltung lebensmittelrechtlicher Bestimmungen erforderlich. Mit Untersuchungskosten, die bei einigen zehn Euro je Probe liegen, ist der Einsatz immunchemischer Verfahren aber aus ökonomischen Gründen limitiert.
Physikalisch-chemische Verfahren ermöglichen einen individuellen und quantitativen Wirkstoffnachweis, was z. B. für gerichtliche Zwecke erforderlich sein kann. Aufgrund der hohen Untersuchungskosten ist ein breiterer Einsatz solcher Verfahren derzeit nicht realisierbar.

10.5 Rechtsvorschriften

Nationale Rechtsvorschriften

- Lebensmittel-, Bedarfsgegenstände- und Futtermittelgesetzbuch (Lebensmittel- und Futtermittelgesetzbuch – LFGB) in der Fassung der Bekanntmachung vom 6. Juni 2013
- Verordnung über tierärztliche Hausapotheken (TÄHAV) in der Fassung der Bekanntmachung vom 8. Juli 2009
- Verordnung über die Güteprüfung und Bezahlung der Anlieferungsmilch (Milch-Güteverordnung) vom 9. Juli 1980

Rechtsvorschriften der Europäischen Union

- Verordnung (EU) Nr. 37/2010 der Kommission vom 22. Dezember 2009 über pharmakologisch wirksame Stoffe und ihre Einstufung hinsichtlich der Rückstandshöchstmengen in Lebensmitteln tierischen Ursprungs
- Verordnung (EG) Nr. 470/2009 des Europäischen Parlaments und des Rates vom 6. Mai 2009 über die Schaffung eines Gemeinschaftsverfahrens für die Festsetzung von Höchstmengen für Rückstände pharmakologisch wirksamer Stoffe in Lebensmitteln tierischen Ursprungs, zur Aufhebung der Verordnung (EWG) Nr. 2377/90 des Rates und zur Änderung der Richtlinie 2001/82/EG des Europäischen Parlaments und des Rates und der Verordnung (EG) Nr. 726/2004 des Europäischen Parlaments und des Rates
- Verordnung (EG) Nr. 853/2004 des Europäischen Parlaments und des Rates vom 29. April 2004 mit spezifischen Hygienevorschriften für Lebensmittel tierischen Ursprungs
- Verordnung (EG) Nr. 1069/2009 des Europäischen Parlaments und des Rates vom 21. Oktober 2009 mit Hygienevorschriften für nicht für den menschlichen Verzehr bestimmte tierische Nebenprodukte und zur Aufhebung der Verordnung (EG) Nr. 1774/2002
- Verordnung (EG) Nr. 178/2002 des Europäischen Parlaments und des Rates vom 28. Januar 2002 zur Festlegung der allgemeinen Grundsätze und Anforderungen des Lebensmittelrechts, zur Errichtung der Europäischen

Behörde für Lebensmittelsicherheit und zur Festlegung von Verfahren zur Lebensmittelsicherheit

10.6 Literatur

Amtliche Sammlung von Untersuchungsverfahren nach § 64 LFBG: Nachweis von Hemmstoffen in Sammelmilch – Agar-Diffusionsverfahren (Brillantschwarz-Reduktionstest). L01.01-5, Februar 1996. Berlin: Beuth.

Beltran, M. C., Althaus, R. L., Berruga, M. I., Molina, A., Molina, M. P. (2014): Detection of antibiotics in sheep milk by receptor-binding assays. International Dairy Journal 34, 184–189.

European Medicines Agency, EMA: Maximum Residue Limits (http://www.ema.europa.eu/ema/index.jsp?curl=pages/regulation/document_listing/document_listing_000165.jsp&mid=WC0b01ac058002d89b, letzter Zugriff März 2016)

Kantiani, L., Farre, M., Barcelo, D. (2009): Analytical methodologies for the detection of beta-lactam antibiotics in milk and feed samples. Trends in Analytical Chemistry 28, 729–744.

Kress, C., Seidler, C., Kerp, B., Schneider, E., Usleber, E. (2007): Experiences with an identification and quantification program for inhibitor-positive milk samples. Analytica Chimica Acta 586, 275–279.

Milchprüfring Bayern e.V.: Statistiken (https://www.mpr-bayern.de/Downloadcenter/Statistiken, letzter Zugriff März 2016).

Wallmann, J., Bender, A., Reimer, I., Heberer, T. (2015): Abgabemengenerfassung antimikrobiell wirksamer Stoffe in Deutschland 2014. Deutsches Tierärzteblatt 9/2015, 1260–1265.

Verzeichnis der Autorinnen und Autoren

Erwin Märtlbauer
Prof. Dr. med. vet.
Fachtierarzt für Milchhygiene
Lehrstuhl für Hygiene und Technologie der Milch
Veterinärwissenschaftliches Department
Tierärztliche Fakultät der Ludwig-Maximilians Universität München
Schönleutnerstraße 8
85764 Oberschleißheim
e.maertlbauer@lmu.de

Heinz Becker
Dr. med. vet.
Fachtierarzt für Milchhygiene
Lehrstuhl für Hygiene und Technologie der Milch
Veterinärwissenschaftliches Department
Tierärztliche Fakultät der Ludwig-Maximilians Universität München
Schönleutnerstraße 8
85764 Oberschleißheim
H.Becker@mh.vetmed.uni-muenchen.de

Christian Baumgartner
Dr. med. vet.
Fachtierarzt für Rinder
Geschäftsführer Milchprüfring Bayern e.V.
Hochstatt 2, 85283 Wolnzach
Geschäftsführer Analytik in Milch – Produktions- und Vertriebs GmbH
Kaiser-Ludwig-Platz 2
80336 München
cbaumgartner@mpr-bayern.de

Cornelia Deeg
Prof. Dr. med. vet.
Fachtierärztin für Physiologie
Fachtierärztin für Immunologie
Philipps Universität Marburg
FB Medizin/Experimentelle Ophthalmologie
Baldinger Straße, 35033 Marburg
Cornelia.Deeg@uni-marburg.de

Klaus Fehlings
Prof. Dr. med. vet.
Fachtierarzt für Rinder
Dipl. ECBHM
ehem. Tiergesundheitsdienst Bayern e.V.,
85586 Poing (Grub)
Therese-Huber-Straße 12
9312 Günzburg
klaus.fehlings@t-online.de

Madeleine Groß
Prof. Dr. med. vet.
Juniorprofessur für Veterinärmedizinische Lebensmitteldiagnostik
Institut für Tierärztliche Nahrungsmittelkunde
Fachbereich Veterinärmedizin
Justus-Liebig-Universität
Ludwigstraße 21, D-35390 Gießen
Madeleine.Gross@vetmed.uni-giessen.de

Knut J. Heller
Prof. Dr. rer. nat.
Honorarprof. Universität Kiel, apl. Prof. Universität Konstanz
Dipl. Biol., habilitiert für Mikro- und Molekularbiologie, ehem. Leiter Institut für Mikrobiologie und Biotechnologie am Max Rubner-Institut (Bundesforschungsinstitut für Ernährung und Lebensmittel)
Hermann-Weigmann-Straße 1, 24103 Kiel
knut.heller@t-online.de

Johann Maierl
PD Dr. med. vet.
Fachtierarzt für Anatomie
Lehrstuhl für Anatomie, Histologie und Embryologie
Veterinärwissenschaftliches Department
Tierärztliche Fakultät der Ludwig-Maximilians Universität München
Veterinärstraße 13
80539 München
j.maierl@lmu.de

Horst Neve
Dr. rer. nat.
Diplom-Biologe
Institut für Mikrobiologie und Biotechnologie
Max Rubner-Institut
Hermann-Weigmann-Straße 1, 24103 Kiel
horst.neve@mri.bund.de

Ewald Usleber
Prof. Dr. med. vet.
Professur für Milchwissenschaften
Institut für Tierärztliche Nahrungsmittelkunde
Fachbereich Veterinärmedizin
Justus-Liebig-Universität
Ludwigstraße 21
35390 Gießen
Milchwissenschaften@vetmed.uni-giessen.de

Susanne Nüssel
Geschäftsführerin Verband der Bayerischen Privaten Milchwirtschaft e. V.
Geschäftsführerin Analytik in Milch – Produktions- und Vertriebs GmbH (AiM)
Kaiser-Ludwig-Platz 2
80336 München
nuessel@vbpm.de

Peter Zangerl
Dipl.-Ing. Dr. nat. techn.
Bundesanstalt für Alpenländische Milchwirtschaft
Mikrobiologie und Hygiene
Rotholz 50a, 6200 Jenbach
Österreich
peter.zangerl@bam-rotholz.at

Wolf-Rüdiger Stenzel
Prof. Dr. rer. nat.
Staatlich geprüfter Lebensmittelchemiker
Sachverständiger für Lebensmittel
Zionskirchstraße 33
10119 Berlin
wolf.stenzel@rund-ums-lebensmittel.de

Quellennachweis

Tabellen
Die Quellen für die in diesem Buch enthaltenen Tabellen sind in Klammern genannt und im kapitelbezogenen Literaturverzeichnis ausgeführt. Die Tabellen ohne explizite Quellenangabe basieren auf eigenen Zusammenstellungen der Autoren.

Abbildungen
Abb. 1.1: oben: Rechte vom Verlag geklärt; unten: Institut für Ägyptologie und Koptologie LMU München, Sammlung D. W. Müller; Boessneck, J. (1988): Die Tierwelt des Alten Ägypten: Untersucht anhand kulturgeschichtlicher und zoologischer Quellen. München: C. H. Beck Verlag
Abb. 1.2: Arbeitsgemeinschaft Deutscher Rinderzüchter e.V. ADR: http://www.adr-web.de/gut-zu-wissen/entwicklung-von-rinderbestaenden-und-milchleistung.html
Abb. 1.3: Zentrale Milchmarkt Berichterstattung GmbH ZMB, Berlin: Schätzungen, nationale Statistiken; IDF, FAO
Abb. 1.4: Zentrale Milchmarkt Berichterstattung GmbH ZMB, Berlin: Berechnungen aus nationalen Statistiken
Abb. 1.5: OECD (2015): „Dairy", in OECD-FAO Agricultural Outlook 2015, OECD Publishing, Paris; http://dx.doi.org/10.1787/agr_outlook-2015-11-en
Abb. 1.6: Thiele 2015, Institut für Ernährungswirtschaft (ife), Kiel
Abb. 1.7: Zentrale Milchmarkt Berichterstattung GmbH ZMB, Berlin 2013
Abb. 2.1–2.8: J. Maierl
Abb. 2.9–2.14: C. Deeg
Abb. 3.1–3.7: E. Märtlbauer
Abb. 4.1: C. Deeg
Abb. 4.2: Adisarta, K. O. (2010): Differenzialzellbild in Milch und somatische Zellzahl. Bachelorarbeit, Mikrobiologie, Hochschule Hannover
Abb. 4.3–4.8: E. Märtlbauer
Abb. 4.9: K. Fehlings
Basiswissen 4.1: C. Deeg
Abb. 5.1: C. Baumgartner
Abb. 5.2: E. Märtlbauer
Abb. 5.3: C. Baumgartner
Abb. 6.1–6.3: E. Märtlbauer
Abb. 6.4: C. Baumgartner
Abb. 6.5: E. Märtlbauer
Abb. 6.6–6.8: C. Baumgartner
Abb. 6.9: www.qm-milch.de, aktuelle Version 2.0, Stand Oktober 2015/C. Baumgartner
Abb. 6.10: C. Baumgartner
Abb. 7.1–7.5, Basiswissen 7.3: E. Märtlbauer
Abb. 8.1–8.3: E. Märtlbauer
Abb. 8.4–8.11: Landesvereinigung der Bayerischen Milchwirtschaft LVBM
Abb. 8.12, 8.13: Bundesanstalt f. alpenländische Milchwirtschaft BAM, Rotholz/P. Zangerl
Abb. 8.14: P. Zangerl
Abb. 8.15: Bundesanstalt f. alpenländische Milchwirtschaft BAM, Rotholz/P. Zangerl
Abb. 8.16: P. Zangerl
Abb. 9.1–9.29: E. Märtlbauer
Abb. 9.30: reprinted from Biochemical and Biophysical Research Communications 369, 841–844 Didier, A., Gebert, R., Dietrich, R., Schweiger, M., Gareis, M., Märtlbauer, E. und Amselgruber, W. M. (2008): Cellular prion protein in mammary gland and milk fractions of domestic ruminants with permission from Elsevier.
Abb. 9.31: E. Märtlbauer
Abb. 9.32: E. Märtlbauer nach Datenquelle CID 15558498/PubChem Compound, NCBI
Abb. 9.33: P. Zangerl
Abb. 9.34–9.36: Bundesanstalt f. alpenländische Milchwirtschaft BAM, Rotholz
Abb. 9.37, 9.38: MIH, Dr. Huefner
Abb. 9.39–9.42: Bundesanstalt f. alpenländische Milchwirtschaft BAM, Rotholz
Abb. 9.43–9.45: K. Heller
Abb. 9.46–9.53: Institut für Mikrobiologie und Biotechnologie, Max Rubner-Institut, Kiel
Abb. 9.54, 9.55: K. Heller
Basiswissen 9.2, 9.11, 9.12, 9.16, 9.20, 9.22, 9.24, 9.27, 9.28, 9.30, 9.32: E. Märtlbauer
Abb. 10.1–10.5: E. Usleber

Sachregister

D

E

F

T

U

V

W

X

Y

Z